DICTIONNAIRE

D'ASTRONOMIE.

TYPOGRAPHIE DE H. FIRMIN DIDOT. — MESNIL (EURE).

DICTIONNAIRE

D'ASTRONOMIE

A L'USAGE

DES GENS DU MONDE,

D'APRÈS

W. ET Jn. HERSCHELL, LAPLACE, ARAGO, DE HUMBOLDT, LEVERRIER, FRANCOEUR, SCHUMACHER, STRUVE, NURNBERGER, MITCHELL ET AUTRES AUTEURS LES PLUS MODERNES ;

Avec Figures et Planisphères;

PRÉCÉDÉ

D'UN ABRÉGÉ HISTORIQUE DE LA SCIENCE ET DE NOUVELLES CONJECTURES SUR LES FORMATIONS PLANÉTAIRES,

PAR A. M. A. DE GUYNEMER.

DEUXIÈME ÉDITION,

revue avec soin et considérablement augmentée.

PARIS,

CHEZ FIRMIN DIDOT FRÈRES, FILS ET Cie, ÉDITEURS,

IMPRIMEURS DE L'INSTITUT DE FRANCE,

RUE JACOB, 56.

1857.

PRÉFACE.

L'astronomie, comme toutes les autres sciences, devait avoir un Dictionnaire que chacun pût consulter à l'instant, sur un mot ou un sujet ayant fixé l'attention.

Comment, en effet, ne pas s'intéresser à des connaissances si généralement utiles dans leurs applications journalières à la vie civile?

Pourrait-on, sans elles, régler le cours du temps, l'heure du travail, du repos et des affaires; connaître par avance l'étendue des éclipses et la hauteur des marées; se guider vers les contrées lointaines dont les productions alimentent le commerce et l'industrie, en répandant dans toutes les classes de la société l'aisance et le bien-être?

Orgueil de l'esprit humain, la véritable astronomie n'a-t-elle pas délivré les peuples des terreurs occasionnées jadis par l'apparition des météores ou des comètes, que l'ignorance considérait comme des signes de la colère divine? n'a-t-elle pas dissipé les rêves et les erreurs de l'astrologie judiciaire? ne combat-elle pas incessamment les préjugés, comme les fausses prédictions, qui trouvent encore trop de créance, même parmi les classes que plus d'étude et d'instruction devrait en préserver?

L'Église catholique elle-même, dont le principe ne doit jamais se prêter à la mutabilité des choses humaines, a dû cependant reconnaître les vérités qui paraissaient contraires aux textes des saintes Écritures.

Les lois qui régissent l'univers peuvent s'enseigner aujourd'hui; on a compris que les merveilles de la nature font admirer davantage la puissance qui les a créées.

a

Il y a d'ailleurs *tant de choses dans les cieux*, que chacun, suivant ses goûts ou ses aptitudes, peut y trouver des sujets inépuisables de distractions ou de travaux.

Et d'abord, quel beau spectacle que celui qui est déployé, dans une belle nuit, par le panorama mobile de la voûte étoilée ! De quelle surprise un observateur attentif n'est-il pas frappé lorsqu'il voit sans cesse de nouveaux point lumineux s'élever d'un côté, descendre et disparaître à l'opposé, en conservant toujours la même distance et le même ordre, quoique marchant avec des vitesses différentes?

En reconnaissant la cause de ces mouvements apparents dans la rotation réelle de la terre sur laquelle il est placé, l'observateur veut pénétrer plus avant dans les mystères célestes. Armé d'une forte lunette, il distingue bientôt entre les étoiles les principales planètes et leurs satellites; les particularités et la constitution singulière de la lune; il peut séparer en deux ou plusieurs astres distincts une grande partie de ceux qui, pour les siècles passés, n'étaient qu'une seule et même étoile; reconnaître dans l'espace une comète invisible à l'œil nu; observer le nombre et la direction des taches du soleil; admirer, enfin, des millions d'astres lumineux dont il ne soupçonnait pas même l'existence.

Que d'idées et de réflexions se présentent à la vue de tels phénomènes! Mais ce n'est pas tout encore... à ces magnificences du ciel vont succéder de plus étonnantes merveilles!

Placez-vous à l'oculaire de ces modernes réfracteurs, ou portez vos regards au fond de ces tubes gigantesques dont les miroirs réfléchissent, en les amplifiant dix mille fois, les objets qu'ils vont surprendre aux dernières régions de l'espace... Voici des amas d'étoiles imperceptibles aux meilleures vues, et qui cependant vont éclairer le télescope de tout l'éclat du jour.

Puis des soleils de toutes les couleurs, groupés dans toutes les directions sous les formes les plus variées; des *nébuleuses en travail* pour enfanter d'autres astres et d'autres mondes : voilà des lueurs parties de régions incommensurables, qui attestent, non des créations de 6,000 années, mais d'au moins 6,000 siècles!

A ces limites de la science, l'esprit confondu doit s'arrêter, en livrant à l'imagination le vaste champ des hypothèses.

Dans le cercle des observations pratiques, que de recherches intéressantes restent à faire, que de problèmes sont encore à résoudre !

La lumière zodiacale, les lueurs polaires, les astres changeants et multiples, la nature et la périodicité des bolides ou étoiles filantes, les fonctions de l'éther et des forces qui s'y montrent rebelles aux lois de l'attraction, les véritables causes de la variation du périgée, de la précession des équinoxes, et même de certaines inégalités lunaires, s'offrent aux méditations, comme aux efforts de l'intelligence.

Pour le travailleur patient et attentif, des cartes célestes indiquent la place des étoiles jusqu'à la douzième grandeur, dans la région où se meuvent toutes les planètes déjà connues ; *un seul déplacement bien observé* peut lui faire découvrir un nouveau monde, en éternisant son nom.

Ainsi l'astronomie a des plaisirs accessibles à tous, des occupations intéressantes pour un grand nombre et des récompenses pour quelques-uns.

INTRODUCTION.

PREMIÈRE PARTIE.

REVUE DES PROGRÈS DE L'ASTRONOMIE.

Les sciences viendraient à s'éteindre que les découvertes astronomiques se feraient encore, à peu près dans le même ordre.

(MITTCHEL , *Orbs of Heaven.*)

La reine des sciences en est aussi la plus ancienne; son origine se perd dans la nuit des temps avec l'établissement des premières sociétés.

L'attention des hommes livrés à la chasse et à la pêche, aux soins des troupeaux et plus tard à l'agriculture, dut naturellement se porter vers les astres qu'ils voyaient briller dans les cieux.

Le soleil, en s'élevant davantage ou en étendant sa marche, leur donnait des jours plus longs et des saisons plus chaudes; la lune les éclairait une partie des nuits, et ses différentes phases pouvaient mesurer le temps qu'ils voulaient donner à leurs travaux; avec le lever de certaines étoiles correspondaient des pluies et des inondations qui venaient interrompre leurs occupations ou s'opposer à leurs entreprises.

Quelques hommes plus attentifs, en contemplant ces phénomènes, s'aperçurent bientôt de leur renouvellement régulier ou de leurs coïncidences; ils purent ainsi les prévoir et les annoncer, ce qui les fit passer pour des esprits supérieurs qu'on devait consulter dans les circonstances d'un intérêt général.

Les honneurs et la puissance, qui dans la première origine ne s'attachaient qu'à la force ou à l'adresse, devinrent ainsi le prix du savoir. La connaissance des choses célestes, mystérieusement cultivée et transmise, fit nommer ceux qui la possédaient, chefs ou législateurs des peuplades qui tendaient à s'affermir en se civilisant.

Certaines familles s'attribuèrent alors le privilège d'observer les astres, de consulter les idoles ou les dieux établis, de faire rendre des oracles, de régler les fêtes et les occupations du peuple.

Les notions astronomiques mystérieusement indiquées sous des emblèmes, des figures, des caractères hiéroglyphiques ou sacrés, n'étaient intelligibles qu'aux membres des corporations et à leurs initiés.

Les contrées de l'Orient conservèrent longtemps le dépôt de ces connaissances, dont une partie peut-être leur était parvenue avec les migrations et les envahissements de peuples plus anciens, descendus du Nord, des hautes montagnes de l'Asie et de celles de l'Afrique; car on peut raisonnablement supposer que le berceau du genre humain fut placé aux régions hyperboréennes, refroidies bien des milliers d'années avant celles où les rayons du soleil entretiennent davantage l'incandescence primitive de la terre.

Suivant certains commentateurs, les peuples que nous considérons comme les plus anciens ne seraient que les successeurs mélangés de conquérants plus instruits et par conséquent plus âgés sur le globe; leurs noms, conservés dans certains documents historiques de l'Inde et de l'Égypte, donnent quelque probabilité à ces opinions du savant Bailly, qui ne sont pas admises généralement par les savants modernes, et moins encore par les autorités religieuses.

Aristote, auquel un lieutenant d'Alexandre avait envoyé le recueil d'observations faites à Babylone depuis *depuis dix-neuf cents ans*, mentionne cependant *que des connaissances plus anciennes ont été perdues ;* il indique une circonférence de la terre, dont la mesure se rapporte au climat de la Tartarie, sans dire comment et par qui elle avait été calculée; tandis que les annales de la Chine expliquent cette opération sans en indiquer le résultat.

Les peuples de ce pays, auxquels Fohi, l'un de leurs rois, avait expliqué les mouvements célestes, et qui calculaient l'obliquité de l'écliptique *onze cent cinquante ans avant notre ère*, ont laissé perdre de telles connaissances, et se sont bornés, depuis, à d'insignifiantes observations.

Avant l'école d'Alexandrie, on connaissait les cinq planètes qui, avec le soleil et la lune, avaient donné aux jours de la semaine les noms correspondant à ceux qu'ils ont encore aujourd'hui chez presque tous les peuples.

Des périodes astronomiques, qui ne peuvent être trouvées et calculées qu'après des siècles d'observations, étaient en usage chez les Chaldéens, qui, outre le *saros* adopté par les Grecs, avaient, selon Josèphe, un cycle de 600 ans, que cet historien fait remonter aux patriarches. Ils avaient encore une période de 1,600 ans et même une de 25,900 années, durée de la rétrogradation apparente des étoiles autour des pôles.

La fondation de Persépolis, l'an 3209 avant notre ère, est fixée par les traditions à l'époque et au jour où, le soleil, entrant dans le Bélier, commençait une année de 365 jours 1/4; ce qui attesterait, chez les conquérants sous la conduite d'Actis, une astronomie déjà perfectionnée par des observations séculaires.

Le culte du soleil, répandu chez les Perses et les Égyptiens, n'a pas dû prendre naissance dans les pays brûlés de ses feux, mais dans les régions du nord où sa chaleur est un véritable bienfait.

Quoi qu'il en soit de l'origine des sciences imparfaites que l'Orient nous a transmises, il est certain qu'elles étaient la base de la puissance civile et religieuse aux temps historiques les plus reculés; Zoroastre, Confucius, Thalès, Pythagore, Anaximandre et d'autres philosophes de la Grèce, allèrent en Égypte et jusque dans les Indes pour se faire initier aux connaissances des corporations sacrées; mais déjà leurs représentants dégénérés n'en pouvaient plus traduire tous les symboles, ni expliquer exactement les figures allégoriques sous lesquelles on avait voulu les conserver, en les cachant aux profanes.

Les notions astronomiques commentées par de tels disciples se répandirent ensuite dans leurs républiques avec la réserve et les réticences commandées par les lois établies.

Des sphères, des zodiaques, quelques autres instruments d'observation, furent introduits à Athènes, à Lacédémone, et plus tard chez les Romains, mais sans un grand avantage pour l'astronomie pratique.

L'école d'Alexandrie, les travaux d'Hipparque et de Ptolémée, comme les théories des écoles ionienne et pythagoricienne, faute de moyens matériels, ne pouvaient pas pousser plus loin les progrès de la science. Il a fallu tout le génie des Tycho, des Képler, des Copernic et des Newton pour la faire avancer jusqu'au point où elle se trouvait avant l'invention des lunettes.

Quelle force morale devait avoir celui qui le premier résolut de lire dans les cieux et de comprendre leurs révolutions, en commençant ainsi le travail des siècles; veillant nuit par nuit, année par année; examinant et méditant, jusqu'à ce qu'un rayon de lumière eût percé pour lui les ténèbres qui enveloppaient le monde!

Mais qui connaît son nom et sa patrie?

Qui sait même en quels temps il a vécu?

Qu'importe au surplus le silence de l'histoire, comme l'absence des traditions sur les observateurs dont les découvertes subsistent depuis des milliers d'années et dureront aussi longtemps que les planètes tourneront dans l'espace! La chaîne des découvertes est d'une telle nature que l'éclat d'un seul anneau révèle avec certitude ceux qui sont ensevelis dans les brouillards du temps passé.

Si les notes astronomiques des premiers âges avaient été gravées sur le granit et qu'on en sût déchiffrer les hiéroglyphes, il est certain qu'elles seraient telles et dans l'ordre que l'astronome moderne peut les indiquer aujourd'hui.

Dans le muet étonnement des premiers hommes à l'aspect du soleil, de la lune et des étoiles, il n'y eut pendant longtemps aucune réflexion ni aucune étude; mais, si notre imagination se transporte au delà des temps diluviens, auprès de ceux qui, excités par le désir de savoir, se consacrèrent entièrement à l'examen des corps célestes, nous les trouverons, dès leurs premières veilles, occupés à l'observation de la lune, dont les différentes phases avaient nécessairement frappé leurs regards.

D'où, se disaient-ils, peuvent provenir ces changements? Le soleil conserve toujours la même forme; les étoiles ont toujours le même éclat relatif, tandis que la lune, après une absence de deux nuits, reparaît comme un mince croissant qui s'élargit chaque jour; devient, en augmentant d'éclat, un disque entier, puis décroît peu à peu en ne laissant plus apercevoir qu'un faible croissant tourné en sens contraire du premier, et enfin disparaît totalement pour recommencer sans cesse les mêmes transformations?

Un deuxième fait vient ajouter à la surprise des observateurs : ils s'aperçoivent que la lune, voisine la nuit précédente de certaines étoiles, s'en était éloignée; des observations plus précises confirment cette découverte. Ils reconnaissent bientôt que cet astre marche en sens contraire du mouvement général des étoiles, en dépassant ainsi toutes celles qui se trouvent sur sa route, jusqu'à ce qu'elle soit revenue à sa première place.

En recherchant si l'augmentation et la diminution de son disque dépendent de sa position, on remarque que les mêmes étoiles disparaissent toujours plus tard sous l'horizon, chaque fois que la lune *paraît se renouveler*.

On trouve 29 jours et demi entre chaque phase ou nouvelle lune; tandis que pour se retrouver dans le même groupe d'étoiles, l'astre n'en met que 27 1/3 ! Ce retard de la lune occupa bien longtemps les investigateurs; il leur semblait impossible que ce luminaire, participant en apparence de la marche vers l'ouest, que suivaient tous les autres, eût *à la fois* un mouvement opposé; ils s'arrêtèrent enfin à l'idée fausse, mais naturelle, d'une vitesse moins grande qui la faisait ainsi dépasser par les étoiles.

La longue surveillance nécessitée par la place différente que la lune occupait chaque nuit au milieu des étoiles les avait fait ranger par groupes et enfin par *constellations*, comprenant certains contours désignés par des noms distincts.

On s'aperçut alors que *les signes* situés sur le passage de la lune venaient tour à tour se plonger dans les feux du soleil, l'aspect du ciel se trouvant ainsi changé pendant chaque lunaison.

De nouveaux groupes se montraient le soir à l'orient pour remplacer ceux qui disparaissaient à l'occident, jusqu'à ce que les principales étoiles qu'on avait vues briller les dernières au crépuscule fussent aperçues de nouveau de l'autre côté du ciel. Ce phénomène parut d'abord inexplicable ; mais, quand on eut observé que, vers le nord, les mêmes étoiles sont toujours visibles; que d'autres ne disparaissent sous l'horizon que pour y revenir bientôt un peu plus loin; qu'enfin les cercles décrits par ces astres sont d'autant plus grands qu'ils s'éloignent davantage d'une certaine étoile, immobile au centre de ce mouvement général des cieux, ces contemplateurs crurent avoir deviné la vérité.

Comme on l'avait remarqué pour la lune, on constata que le soleil se mouvait lentement parmi les étoiles, mais en sens opposé à sa marche journalière. Or, comme la voûte étoilée ne pouvait pas tourner en *un mois avec la lune* et dans un temps *douze fois plus long avec le soleil*, on dut penser que ces deux luminaires marchaient dans la même direction au-dessous comme au-dessus de la terre, avec des vitesses différentes et au rebours des étoiles, ou que celles-ci marchaient en sens contraire.

Dans les deux cas, le firmament devait être une enveloppe arrondie autour de la terre : les étoiles n'étaient invisibles le jour que par l'éclat plus grand du soleil, et la terre était un globe au centre d'une voûte étoilée !

Avec ces connaissances, qui certainement exigèrent une longue durée d'observations assidues et de profondes méditations, l'astronomie devint une science destinée à de brillants progrès.

Une ligne menée du centre de la terre à l'étoile du nord fut considérée comme l'axe du monde autour duquel il tournait sans cesse, le soleil et la lune étant alors les seuls corps *errants* parmi *les fixes*.

La marche de la lune à travers les constellations pouvait être facilement déterminée ; mais, pour suivre le mouvement plus lent du soleil, pour marquer sa trace d'étoile en étoile, jusqu'à son retour au même signe, il fallut une longue persévérance.

Enfin la longueur de l'année est fixée, et l'entrée du soleil dans certaine constellation indique le commencement de chaque saison.

En surveillant la marche rétrograde de cet astre à travers les étoiles, l'observateur, qui note attentivement sa position relativement à l'une des plus brillantes, est surpris de voir, quelques jours après, leur rapport se modifier, l'étoile se rapprocher de l'astre, et puis disparaître dans son éclat.

L'étoile est-elle tout à fait perdue, ou, comme toutes les autres, reparaîtra-t-elle à l'orient avec l'astre du jour ? Après une longue inquiétude, il la reconnaît enfin à la blancheur argentée de sa lumière précédant l'aurore ; elle avait dépassé le soleil ; la première planète était trouvée : *Vénus était sortie des ondes lumineuses !*

On peut juger quels furent les soins de l'observateur à examiner les mouvements de l'étoile errante ; ses écarts, ses stations, ses retours vers le soleil, ses nouvelles disparitions, étaient autant de problèmes aussi surprenants qu'incompréhensibles ; le temps qui s'écoule entre chacune de ces stations, à l'est et à l'ouest, au-dessus du soleil, est plusieurs fois supputé, et la période de 224 jours est connue !

Cette découverte mène à plusieurs autres de la même nature : Jupiter, parfois si brillant, fut sans doute la deuxième planète reconnue ; puis

Mars, Saturne, et enfin Mercure, presque toujours plongé dans les rayons solaires.

Là dut s'arrêter, après une minutieuse investigation de toutes les étoiles visibles, le nombre des planètes, puisque toutes celles qu'on a trouvées depuis ne peuvent s'apercevoir à la vue simple.

L'examen attentif de ces planètes vint révéler des faits importants : Mars, Jupiter et Saturne accomplissaient leurs mouvements dans la même direction que le soleil et la lune, mais avec cette différence, que tantôt elles ralentissaient leur marche, s'arrêtaient, retournaient en arrière, puis s'arrêtaient de nouveau pour revenir encore en avant.

Leurs périodes de révolution furent trouvées par l'observation du temps que ces astres errants emploient à revenir à la même étoile fixe : leurs mouvements à travers les mêmes constellations, toujours parcourues uniformément par le soleil et la lune, firent remarquer davantage ces *signes*, qui indiquèrent dans la suite la zone du zodiaque, ou les demeures successives du soleil.

Quelle que soit la lumière qui vienne illuminer les hiéroglyphes et les monuments des anciens temps, on ne peut espérer de découvrir à quelle nation sont dus ces premiers éléments de l'astronomie stellaire.

Ces documents mêmes pourraient être trompeurs en indiquant, comme faites à une époque, des observations antérieures. Les déluges partiels dont le souvenir s'est perpétué d'âge en âge, les guerres, la barbarie et la servitude, détruisaient ou dispersaient les populations à peine civilisées, ainsi que la plus grande partie des connaissances acquises. Ce qui échappait à la violence, à la conquête et aux émigrations, était, dans les intervalles de repos, écrit ou figuré, sans avoir égard aux siècles écoulés depuis les découvertes que l'on voulait transmettre à l'avenir.

Ainsi les anciens poëtes, de même que les ignorants successeurs de maîtres plus instruits, ont attribué à leur siècle des notions liées à des phénomènes naturels que, par des calculs ayant une base certaine, l'astronome moderne peut reporter à des temps bien plus reculés.

Qu'importe d'ailleurs à l'humanité quel fut le peuple primitif; à quels observateurs, de quels temps, sont les connaissances précédemment indiquées! Peut-être furent-elles acquises, perdues, retrouvées ou refaites plusieurs fois; mais l'ordre des recherches et des résultats a toujours été le même, parce qu'il ressort de la nature des choses ; il peut donc aussi servir d'échelle à ceux qui désirent s'élever, des ténèbres de l'ignorance, aux clartés merveilleuses de l'astronomie moderne.

———

Les succès obtenus encourageant de nouveaux efforts, les observateurs continuent la tâche qu'ils se sont imposée, et veulent pénétrer plus avant dans les mystères célestes.

Ils avaient reconnu que la durée entre le lever et le coucher des étoiles était la même dans toutes les saisons, tandis que pour le soleil l'intervalle entre ces deux instants variait continuellement dans le cours d'une année ; sa marche n'était donc pas *parallèle* aux cercles décrits par ces étoiles dans leur révolution diurne ; elle était oblique, et, tout en participant à ce mouvement journalier pendant que l'astre accomplissait son mouvement annuel, elle le portait vers le nord jusqu'à une certaine distance où il semblait s'arrêter, puis retourner vers le sud, y rester de nouveau stationnaire et recommencer à osciller de chaque côté de sa moyenne position.

Quelle était la nature de la courbe ainsi tracée parmi les étoiles ? était-elle un cercle, comme on l'avait supposé pour tous les mouvements des corps lumineux ?

La longueur des ombres *à midi* donna la solution du problème : à l'approche de l'été, elles devenaient de plus en plus courtes ; et, quand le soleil atteignait sa place la plus haute, elles étaient à leur minimum. L'étude de ces ombres méridiennes, observées jour par jour, conduisit à la détermination des limites du mouvement solaire vers le nord comme vers le midi ; de sa route à travers les étoiles ; de la durée des saisons et de celle de l'année déjà connue approximativement.

Pour examiner plus sûrement ces faits, on imagina de fixer perpendiculairement une tige d'une certaine hauteur dont le sommet pointu portait une ombre bien nette, c'est-à-dire un *gnomon*.

Le plus simple et le premier des instruments de l'astronomie donna des résultats de la plus grande valeur.

Parmi les ombres méridiennes marquées durant toute une année, quatre points très-importants furent reconnus : celui où dans l'été se trouvait le soleil, quand l'ombre était la plus courte et aussi quand il avait atteint sa plus extrème déclinaison boréale. Alors l'ombre restait la même à midi pendant quelques jours; l'astre semblait *s'arrêter*, c'était le *solstice d'été*. Six mois après, l'ombre la plus longue donnait le *solstice d'hiver* au point le plus méridional, avec les jours les plus courts, comme au premier point, ils étaient les plus longs.

Deux autres points à égale distance des précédents coïncidaient avec l'égalité des jours et des nuits ; alors le soleil paraissait tracer un cercle parfait de l'orient à l'occident, en sorte que, si sa trace annuelle parmi les fixes avait pu se marquer par un autre cercle lumineux, le soleil se serait trouvé à leur intersection.

Le cercle diurne fut nommé l'*équateur céleste ;* le cercle annuel, l'*écliptique,* et les lieux où ils se croisaient, *points équinoxiaux de printemps et d'automne.*

L'*inclinaison* ou l'*obliquité* des deux cercles fictifs fut encore obtenue par l'ombre des gnomons. Les rayons projetant l'ombre méridienne la plus courte et la plus longue devaient, en effet, avoir un angle d'inclinaison double de celui que l'équateur faisait avec l'écliptique, et cette inclinaison devait marquer avec exactitude le mouvement du soleil du sud au nord, et du nord au sud.

Le nombre des jours entre les deux solstices donnait encore la mesure de l'année ou le temps employé par le soleil à faire sa complète révolution.

On conçoit que, dans ces temps primitifs, les corps célestes, et surtout celui qui était la source de la vie et de la lumière, furent des objets d'adoration même pour les astronomes : on devait alors penser que ce maître du monde avait un mouvement régulier, dans un cercle parfait, comme il appartenait à son rang suprême.

Quel dut être l'étonnement des observateurs en découvrant que le nombre des jours entre les deux solstices était inégal, et qu'ainsi le soleil mettait *un temps différent* à passer de ces points aux équinoxes, ou de ceux-ci à ceux-là, lorsque d'ailleurs la route était partagée *en quatre portions égales !*

Ces faits bien reconnus ne furent expliqués que par d'autres générations.

En conséquence de la marche oblique du soleil, il était difficile de déterminer sa trace, c'est-à-dire la direction de l'écliptique à travers le ciel : pour reconnaître toujours un cercle aussi important, on imagina enfin de fixer deux cercles d'airain l'un à l'autre, sous un angle égal à celui que l'écliptique faisait avec l'équateur; d'autres cercles perpendiculaires à l'équateur et passant par les points solsticiaux et équinoxiaux complétèrent ce deuxième instrument astronomique : *une sphère céleste*.

Monté sur un axe perpendiculaire à l'équateur et de manière à tourner comme les cieux, son axe fut placé ou orienté vers l'étoile polaire; les cercles représentant l'équateur et l'écliptique furent divisés en un certain nombre de parties égales, au moyen desquelles les mouvements des corps célestes furent suivis avec une précision qu'on n'avait pas encore obtenue.

Au moyen de cet appareil, on put constater que la lune et toutes les planètes traversent deux fois la trace du soleil à chacune de leurs révolutions, en demeurant à peu près le même temps au nord qu'au midi de cette ligne; cette remarque fit déterminer plus exactement la durée des révolutions respectives.

Avec une plus grande certitude dans l'observation des mouvements de la lune et du soleil, on revint aux problèmes qui jusqu'alors avaient exercé vainement la sagacité des investigateurs, c'est-à-dire aux phases de la lune et aux éclipses.

La cause des éclipses du soleil fut d'abord reconnue, par le fait que jamais la lune n'était alors visible, ainsi que les planètes et les étoiles; en recherchant sa place de la veille et du lendemain d'un tel phénomène, on fut certain que, sous un mince croissant, elle se trouvait près du soleil, et que, par son mouvement de l'ouest à l'est, elle avait dû passer sur l'astre du jour au moment de l'éclipse.

Ainsi : des deux luminaires qu'on croyait d'égale grandeur et à égale distance, l'un ne brillait que d'une lumière empruntée aux rayons de l'autre.

De cette remarque à l'explication des phases de la lune il n'y avait qu'un pas. Après la nouvelle lune, le mince croissant illuminé du côté du soleil s'augmentait à mesure que la partie obscure diminuait, jusqu'à ce qu'elle fût arrivée en opposition et *pleinement éclairée;* l'effet contraire avait lieu quand la lune venait à se rapprocher du soleil.

Ces phases, longtemps inexpliquées, indiquaient encore que la lune était un corps globulaire, et que son orbite était située entre la terre et le soleil. On crut alors que les corps célestes circulaient à des distances proportionnelles à leurs périodes de révolution ; ce qui fit placer le soleil plus près de la terre que Mars, Jupiter et Saturne.

La cause des éclipses lunaires était plus difficile à découvrir : aucun corps ne pouvait s'interposer entre cet astre et la terre ; l'ombre portée par les corps éclairés conduisit à la solution du problème. On reconnut enfin, par la position respective de la terre et du soleil au moment des phénomènes, que l'ombre projetée par la terre devait atteindre la pleine lune et la cacher quand cet astre venait à traverser le cône d'obscurité que la terre produisait dans l'espace, et, comme cette ombre dessinait alors sur la lune une *trace circulaire*, il devenait évident que la terre *était ronde*.

L'inclinaison de l'orbite lunaire sur l'écliptique fit aussi connaître pourquoi les éclipses de lune n'arrivaient pas chaque fois que cet astre paraissait en opposition, et comment le soleil n'était pas éclipsé à chaque nouvelle lune.

Les veilles et le travail des siècles avaient porté leurs fruits ; l'astronome put enfin se hasarder *à prédire* ces éclipses, autrefois inexplicables.

Les traces du soleil et de la lune parmi les étoiles se croisaient en deux points appelés *nœuds ;* une attentive observation fit connaître que ces points n'étaient pas fixes, mais procédaient toujours vers l'ouest, parcourant ainsi le cercle entier de l'écliptique en dix-neuf années environ.

Chaque éclipse, avec toutes ses circonstances, étant bien observée, on put se convaincre qu'aucune n'avait lieu, hors de ces nœuds ; il ne s'agissait donc plus que de retrouver les points où, dix-neuf années auparavant, une éclipse de lune ou de soleil avait eu lieu.

L'événement justifia la prédiction du hardi calculateur. Au jour indiqué, le soleil s'obscurcit peu à peu, et finit par disparaître ; l'astronomie avait remporté sa plus belle victoire.

Si maintenant vous demandez quel est cet homme que ses compatriotes durent considérer comme un Dieu, l'histoire ne peut vous répondre. Mais interrogez l'astronomie actuelle sur les éclipses mentionnées dans les chroniques de Paris depuis dix siècles, dans les manuscrits arabes de 2,000 années, dans les annales de Babylone depuis 3,000 années, elle vous dira non-seulement *à quel jour*, mais *à quel instant* ont eu lieu ces phénomènes.

Tel fut, selon *Mitchell*, l'ordre des découvertes cachées dans les nuages de l'antiquité; leur flot va se continuer à la lumière de l'histoire.

La période comprenant 223 nouvelles ou pleines lunes, après laquelle les nœuds de cet astre recommençaient à tomber aux mêmes points sur la trace du soleil, amenant ainsi les mêmes éclipses aux époques correspondantes, était d'une extrême importance, et sa durée exacte de dix-neuf ans et onze jours fut connue des Chaldéens sous le nom de *saros*, trente siècles au moins avant notre ère. Elle fut retrouvée chez les Indiens, les Chinois et les Égyptiens, séparés par de grandes distances, ce qui l'a fait attribuer à un peuple antérieur même aux Chaldéens.

La division du temps par semaines de sept jours remonte aussi à la plus haute antiquité, et fut en usage dans tout l'Orient sous des noms analogues à ceux qui désignaient les sept planètes, en comptant la lune et le soleil.

L'observation des équinoxes, et surtout de celle qui coïncide avec le réveil de la nature, remonte aux premiers âges du monde, et sans doute aussi à ces peuples venus du nord, et dont toutes les nations de l'Asie ont gardé le souvenir. Le retour du printemps était, en effet, plus impatiemment attendu aux contrées boréales, que dans les climats où l'histoire a placé ses plus anciennes traditions.

Toujours est-il que l'approche de cette époque pouvait être annoncée par le lever de quelque étoile notable, dont l'apparition devenait le signal accoutumé du jour équinoxial; il en fut ainsi, peut-être durant plusieurs siècles, par l'incertitude de la vision simple ou de l'imperfection des instruments; mais enfin il fallut s'apercevoir que l'équinoxe avait eu lieu, que le printemps avait étalé ses magnificences, et que le précurseur étoilé ne se montrait plus avant l'aurore.

On se rappelle alors que, depuis longtemps, l'arrivée de ce messager des beaux jours retardait de plus en plus.

Les observateurs soumettent ces faits à la réflexion, et reconnaissent, contre les idées établies, que la marche du soleil au milieu des étoiles n'était pas invariable, et que son point d'intersection avec l'équateur reculait lentement vers l'ouest, en laissant les étoiles derrière lui.

La même rétrogradation avait été reconnue, mais plus rapide, dans le mouvement des nœuds de la lune sur l'équateur, le soleil arrivant ainsi *plus tôt* aux points équinoxiaux qui procédaient en sens inverse.

Ce mouvement fut nommé *précession des équinoxes*.

L'explication de cette découverte, l'une des plus importantes de l'antiquité, n'était pas en son pouvoir; c'était déjà beaucoup d'avoir pu constater un fait aussi mystérieux, mais qui, une fois connu, devait servir de cadran séculaire pour mesurer les révolutions du ciel dans tous les âges.

La rétrogradation du soleil, ou plutôt la précession des équinoxes, emploie environ 26,000 années pour une révolution complète; en sorte que chacune des douze divisions du zodiaque est parcourue par les points équinoxiaux en 2,180 ans, ou trois degrés en 218 ans.

De telles indications n'ont pas besoin d'être gravées sur le granit des temps passés, pour donner sûrement la date d'un fait rapporté à une équinoxe ou à un solstice. Ainsi, quand Virgile écrivait que le *Taureau blanc aux cornes d'or ouvrait telle année*, on peut aisément savoir si cette annonce résultait d'une observation de son temps, ou n'était qu'une ancienne tradition, qui, en effet, remontait au moins à 2,000 années.

Enrichis des précédentes découvertes, les Grecs auraient dû faire de rapides progrès dans la connaissance des choses célestes; et cependant, malgré l'activité et la persévérance de leurs recherches, l'astronomie pratique resta chez eux stationnaire: l'ère des observations à la vue simple était près de sa fin.

Avant d'aller plus loin, il fallait ramener tous les faits amassés, et tous les mouvements reconnus, à l'harmonie et à la simplicité. Tel était le problème sur lequel les philosophes, depuis Platon jusqu'aux derniers disciples des écoles grecques, ont exercé leur intelligence; problème que tous leurs efforts ne purent résoudre, et qui, pendant plus de vingt siècles, a suspendu les progrès de l'astronomie.

Expliquons les causes qui s'opposèrent à la manifestation de la vérité jusqu'à l'époque de Copernic.

L'examen le plus attentif de l'univers montrait la terre comme le centre de tous les mouvements célestes. Les étoiles les plus brillantes ne changeaient pas de forme ni d'éclat, depuis qu'elles étaient observées; elles avaient conservé leurs positions relatives: le soleil et la lune avaient une vitesse presque uniforme, et leurs diamètres ne variaient pas sensiblement; toutes ces circonstances semblaient prouver l'immobilité de notre planète au centre du monde. Comment ébranler une foi si bien appuyée, soutenue par les sens, conforme aux sentiments de l'esprit, s'accordant avec les faits comme avec le raisonnement?

Aussi chaque tentative pour expliquer les phénomènes célestes rencontrait d'abord cette opinion inattaquable, que la terre était le centre de tout mouvement; si la lune se mouvait, le soleil devait en faire autant. On démontrait avec la même évidence l'un et l'autre de ces mouvements; rejeter celui-ci, admettre celui-là, eût été déraisonnable et contraire à la logique.

Le point central une fois déterminé, la nature de la courbe décrite autour de lui ne présentait aucune incertitude; la simplicité, la beauté, la perfection du cercle l'indiquait comme seule convenable. Sa forme était régulière; elle n'avait ni commencement ni fin; elle était le symbole de l'éternité du temps comme des mouvements qu'il s'agissait de représenter.

D'après ces considérations, tous les corps célestes faisaient leurs révolutions diurnes sous cette forme, qui devait être aussi celle de leurs orbites.

Ce fut donc un principe hors de doute, que tous les systèmes devaient admettre des mouvements et des orbites circulaires, ainsi que l'immobilité de la terre.

Les premiers philosophes grecs qui allaient recueillir les connaissances conservées dans les temples de l'Égypte et des Indes établissaient, à leur retour, des théories fondées sur des raisonnements plus ou moins spécieux.

Ainsi Pythagore, mêlant les grandes découvertes de l'antiquité à de vagues spéculations, plaçait, dit-on, le soleil au centre du système planétaire, et faisait circuler la terre dans une orbite; mais il ne justifiait la hardiesse de ces assertions qu'en prétendant que le feu du soleil était *plus noble* que les substances terrestres, et devait ainsi occuper au centre la place la plus honorable. Nicétas, son disciple, ajoutait que la révolution des cieux n'était qu'une apparence produite par la rotation diurne de la terre sur son axe. Malheureusement la justesse de ces idées n'étant appuyée par aucune raison satisfaisante, elles passèrent comme de vains rêves et tombèrent bientôt dans l'oubli.

D'autres philosophes enseignèrent longtemps, dans la Grèce, différentes doctrines qui n'avançaient pas la science et détournaient les esprits des recherches qui eussent amené de meilleurs résultats.

Possidonius mesura cependant la distance de Rhodes à Alexandrie, par la hauteur comparée de l'étoile Canopus, et il en déduisit la circonférence de la terre à peu près exactement.

Ératosthène ainsi qu'Aristarque de Samos calculèrent les distances à la lune et au soleil; leurs évaluations, fort approximatives pour la première, s'éloignaient beaucoup de la vérité pour le dernier, mais donnaient néanmoins, de l'éloignement de cet astre, une idée plus juste que celles d'alors.

La durée de l'année solaire, fixée à 365^j 1/4 par Eudoxe, est à peu près la durée indiquée par la science moderne.

Aristille et Timocharis firent de nombreuses observations, et déterminèrent les positions relatives de quelques étoiles au temps d'Ératosthène, cent cinquante ans avant Hipparque.

Pithéas, contemporain d'Aristote, poussa ses voyages au nord jusqu'à la hauteur de l'Islande, où il vit que le soleil ne quittait pas alors l'horizon, recommençant à monter lorsqu'il y était descendu.

Hipparque, reprenant la suite des observations fructueuses, détermine d'abord, avec l'irrégularité déjà connue dans la marche du soleil, le point de l'orbite où sa vitesse était la plus grande; puis il découvre que ce point s'avançait à chaque révolution. L'examen plus attentif des mouvements lunaires lui fait apercevoir les mêmes circonstances; il devient alors évident que, si les orbites de ces deux astres étaient des cercles réguliers, la terre n'en pouvait occuper exactement le centre; ce point obtenu, l'*excentricité* ou la distance du véritable centre est mesurée.

En ce temps-là, une étoile nouvelle vient se montrer tout à coup : Hipparque, qui ne croit plus à l'incorruptibilité des cieux enseignée par Aristote, consacre alors le reste de sa vie à déterminer la grandeur et la position de 1108 étoiles, dont le catalogue est considéré comme le plus riche héritage de la Grèce.

Ptolémée rassemble et résume tous les documents astronomiques antérieurs; il rejette les sphères de cristal inventées par Eudoxe, comme les idées pythagoriciennes, et propose enfin le système du monde qui a réglé et arrêté la science pendant plus de quatorze siècles.

b.

Supposant la terre au centre, les excentricités, les stations et les rétrogradations des autres corps célestes y étaient fort ingénieusement expliquées au moyen de cycles, d'épicycles ou de petits cercles dont les centres se mouvaient dans la circonférence d'un plus grand.

Le résumé des connaissances acquises, gravé dans le temple de Minerve, traduit du grec par les Arabes, puis en latin, et connu sous le nom d'*Almageste*, est parvenu jusqu'à nos jours.

Quand les sciences s'éteignirent dans la Grèce au milieu des ténèbres qui couvrirent pendant dix siècles le reste de l'Orient, l'astronomie, réfugiée chez les Arabes, y fit de nouveaux progrès. La renaissance des lettres en Europe y retrouva la succession des faits et du savoir sans aucune interruption depuis l'école d'Alexandrie, dont ces conquérants avaient brûlé la bibliothèque et détruit les temples. Des observatoires étaient établis à Méragha et à Samarcande; Almamoum, Ulug-Beg Ebn-Junis, Abu-Bekri et autres astronomes avaient continué les travaux et perfectionné les tables de Ptolémée.

Les Romains, toujours occupés de conquêtes, absorbés par les soins de leur domination sur les autres peuples, ou livrés à leurs discordes civiles, restèrent toujours étrangers aux véritables connaissances astronomiques. Théophraste, Plutarque, Sénèque et Cicéron mentionnent bien quelques anciennes notions sur les corps célestes; mais ces éclairs isolés ne pouvaient percer les ténèbres que la religion et la politique étendaient sur la science.

Le christianisme, vainqueur avec Constantin, proscrivit à son tour les enseignements philosophiques qui semblaient contredire quelques passages des saintes Écritures; de longs siècles remplis de disputes théologiques, où l'infaillibilité d'Aristote et l'astronomie de Ptolémée régnaient sans partage, nous conduisent enfin à l'époque de Copernic.

Remontant aux anciennes sources, le moine de Thorn, après trente ans d'études et d'observations, rebuté par les complications qu'il fallait sans cesse imaginer pour accorder le système de Ptolémée avec les véritables mouvements célestes, doute enfin de sa réalité.

Les oscillations régulières de Mercure et de Vénus de chaque côté du soleil lui font penser que ces corps tournent autour de lui dans des plans presque parallèles à la vision terrestre. Ainsi les stations et les rétrogradations planétaires étaient expliquées comme les prêtres égyptiens l'avaient enseigné à Pythagore!

La simplicité, attribut de la nature, ne permettant plus de placer la terre au centre des mouvements, n'était-ce pas le plus grand et le plus brillant des corps célestes qui devait occuper cette place?

Puisque Mercure et Vénus étaient déjà ses satellites, puisque ses mouvements étaient si intimement liés à la terre, l'immobilité de celle-ci devait être aussitôt attribuée à celui-là.

Se transportant en idée dans le soleil, Copernic voit notre planète, tournant sur elle-même, parcourir les cieux sur la même trace, dans le même temps, et avec toutes les inégalités qu'on supposait à l'astre du jour. Il observe les autres planètes, et son imagination lui montre tous ces corps en circulation autour de lui, à différentes distances, mais dans la même direction que la terre suit dans son orbite.

De son merveilleux observatoire, l'astronome cherche la lune et l'aperçoit à peine, suivant la terre dans son exil en tournant autour d'elle, comme celle-ci autour du soleil.

La position centrale de cet astre simplifiait les principales irrégularités planétaires, mais n'expliquait pas les inégalités des mouvements, ni s'ils avaient lieu dans des *cercles* auxquels Copernic s'était attaché, comme le monde depuis deux mille ans, en adoptant les mêmes expédients qui caractérisaient les théories de Ptolémée.

Si la terre tournait en 24 heures sur un axe invariable, ses pôles devaient répondre à des étoiles différentes, en décrivant l'immense orbite qu'elle avait maintenant à parcourir chaque année autour du soleil, tandis que, dans toutes les saisons, l'étoile polaire était toujours observée sous la même inclinaison. On ne pouvait répondre à cette objection qu'en supposant les étoiles *tellement éloignées* que le déplacement de la terre ne changeait pas sensiblement la position relative de ces astres.

Les astronomes modernes ont mis hors de doute ce qui n'était alors qu'une conjecture présentée avec défiance; quant à la première difficulté, sa solution était réservée au génie et aux longues investigations de Képler.

L'incertitude de Copernic sur la vérité de ses théories, comme aussi le désir de ne pas s'exposer aux persécutions de l'Église, qui avait déclaré le système de Ptolémée *conforme aux Écritures saintes,* les lui fit présenter au pape Paul III comme de simples hypothèses. Il ne faut donc pas s'étonner de la froideur et même de l'opposition qu'elles rencontrèrent pendant si longtemps. Tycho-Brahé, imbu des vieilles doctrines, quoique ayant fait lui-même de très-utiles observations, fut un de leurs détracteurs les plus acharnés, et voulut leur substituer le système connu sous son nom, et qui ajoutaient encore aux complications du syctème de Ptolémée.

Deux grands hommes viennent illustrer cette période, qui appartient encore en partie à la vision naturelle, aidée toutefois de moyens perfectionnés, permettant de mesurer des angles *d'une minute de degré* dans la position des corps célestes.

Képler, adoptant l'immobilité du soleil au centre des mouvements planétaires, vient à douter de la forme circulaire qui rendait certaines inégalités inexplicables. Il applique tous les efforts de sa patiente énergie à l'étude de la théorie de Mars. Après huit années de travaux, il peut enfin prononcer que, dans aucune hypothèse, les planètes ne peuvent se mouvoir dans un cercle régulier. Une fois cette courbe rejetée, la plus simple qui se présentait était *l'ellipse* avec ses *deux foyers,* dont les géomètres de la Grèce avaient eu la première idée. De nombreuses tentatives demeurent infructueuses; mais, plaçant le soleil *au foyer commun de l'ellipse,* toutes les circonstances du mouvement de Mars suivent la figure qu'il a tracée, une orbite est enfin trouvée.

Ce résultat s'appliquant bientôt aux autres planètes et à la lune, Képler proclame cette première loi : *Les planètes se meuvent dans des orbes elliptiques autour du soleil, qui occupe le foyer commun de toutes ces orbites.*

Jamais l'esprit humain n'avait fait une découverte plus importante ; elle affranchissait l'astronomie des entraves et des complications qui l'avaient enchaînée pendant des milliers d'années ; le cercle avait perdu son divin caractère. Les dieux qui avaient si longtemps habité les planètes étaient bannis de leurs demeures.

Ainsi récompensé de sa persévérance, Képler suppose qu'une autre loi règle le mouvement des corps célestes; il place le soleil à l'un des foyers de l'orbite de Mars, et marque sur cette trace le lieu que chaque planète occupe relativement; une suite d'observations lui révèle cette seconde loi : *Les aires décrites par les rayons vecteurs sont proportionnelles aux temps, c'est-à-dire sont égales dans des temps égaux.*

Non content de ces belles découvertes, Képler se met dans l'idée que toutes nos planètes devaient être soumises à un rapport mutuel entre l'étendue de leurs révolutions et leur distance au centre du foyer commun. Il se met héroïquement, comme Christophe Colomb, à la recherche de l'inconnu. En cas de succès, le prix était inestimable, puisque la seule distance d'une planète au soleil avec le temps connu de sa révolution indiquait alors, sans le secours d'aucun instrument, les distances respectives de tous les corps célestes.

Après des milliers de supputations, numériques celle des carrés des révolutions, comparée aux cubes des distances au soleil, est rejetée comme les autres, par suite d'une erreur matérielle dans les calculs.

Une heureuse inspiration lui fait reprendre, quelque temps après, la même combinaison des temps et des distances relatives, entre Jupiter et Saturne; le quatrième terme de la proportion est cette fois conforme à son attente! Il ne peut en croire ses yeux; il compare aussitôt les éléments de Mars avec ceux de Jupiter : le résultat est encore le même; sa conviction est complète, il a atteint le but de dix-sept années de travaux et d'infatigables efforts : *Les carrés des révolutions sont entre eux comme les cubes des distances.*

Le régulateur des cieux, en proclamant sa troisième loi, s'écrie dans son enthousiasme : *Peu m'importe maintenant, je puis attendre un siècle pour un lecteur, Dieu a bien attendu six mille ans pour un observateur!*

Deux cents ans ont passé sur ces découvertes; plus de soixante planètes ou satellites ont été successivement ajoutés à notre système; les immenses profondeurs qui nous séparent des étoiles ont été mesurées; des milliers de soleils circulant dans l'espace ont été reconnus, et tous ces corps célestes suivent les lois de Képler en proclamant, dans un majestueux silence, le triomphe de l'infatigable travailleur.

Les lois trouvées par Képler confirmaient les hypothèses de Copernic; elles allaient bientôt devenir des vérités incontestables.

Galilée Galilei, ami de Képler, démontre les erreurs d'Aristote, en donnant les véritables lois de la chute des graves et des forces impulsives. Partisan du système de Ptolémée, il considéra d'abord comme de folles visions les conjectures proposées par le moine de Thorn; mais, conduit à l'examen plus attentif des nouvelles théories, sa conversion fut complète, et il se montra depuis leur plus ardent promoteur.

Apprenant, en 1608, que Jansen de Hollande avait construit un instrument qui rapprochait les objets vus à distance, et très-versé lui-même dans la science de l'optique, telle qu'elle était alors, il réussit, après beaucoup d'essais, à faire lui-même une lunette grossissant près de trente fois, et qui, dirigée vers la lune, lui montra les particularités de sa surface et les ombres de ses montagnes changeant avec la position du soleil.

Les planètes lui laissèrent distinguer leur disque arrondi; Jupiter, les bandes obscures de son équateur, et, tout auprès, trois brillantes étoiles invisibles à l'œil nu. Il remarque leur position pour constater par elles le mouvement de cette planète; mais quelle est sa surprise, en les observant de nouveau, de les retrouver dans une autre disposition relative! Une quatrième étoile est encore aperçue : *les satellites sont découverts!*

Ces quatre lunes, présentant dans leurs révolutions autour de Jupiter l'image des planètes tournant, selon Copernic, autour du soleil, semblaient trouvées tout à point pour démontrer la vérité de ses doctrines. Une autre découverte allait bien mieux les confirmer : Vénus, disaient justement ses adversaires, devrait avoir des phases comme la lune; si la lunette de Galilée ne les avait pas montrées, le système était nécessairement faux; mais *le croissant prédit par Copernic était en vue,* aucune incertitude ne pouvait plus rester!

Galilée mourut, comme Jordan Bruno, victime de ses convictions sur le mouvement de la terre; mais il avait encore montré les taches et la rotation du soleil, ainsi que l'anneau de Saturne.

Les observations directes et la connaissance des lois de Képler se prêtant un mutuel secours, on avait bientôt déterminé l'étendue de toutes les orbites planétaires, leur plus grand axe, leur position dans l'espace et leur inclinaison sur l'écliptique; le temps des révolutions indiquait la place et la vitesse de chaque planète au moment donné.

Les rapports proportionnels entre les temps périodiques et les moyennes distances au soleil unissaient tous ces corps en une grande famille; il semblait maintenant que le système solaire était complétement établi, et qu'il ne restait presque plus rien à découvrir; on n'était cependant qu'à l'aurore des grandes révélations!

Pourquoi les orbites étaient-elles elliptiques et non pas circulaires? quelle était la cause de l'accélération des planètes à l'approche du soleil; quel pouvoir retenait-il les planètes et leurs satellites dans leurs orbites?

Tels sont les problèmes que la haute intelligence de Newton se proposa de résoudre.

Képler avait déjà pensé qu'une force centrale réglait tous les mouvements planétaires; en observant le phénomène des marées ainsi que la marche de la lune, il avait hardiment annoncé qu'un lien invisible, une puissance cachée, inhérente à cet astre, soulevaient les flots et les forçaient à suivre ses évolutions autour de la terre. Il attribuait un pouvoir semblable au soleil sur les planètes, et même conjecturait que cette force inconnue diminuait comme le carré des distances.

Descartes avait expliqué l'action des forces centrifuges, proportionnellement au carré de la vitesse des corps en révolution; par l'introduction de l'analyse dans la géométrie, il avait rapidement perfectionné l'étude des mouvements circulaires, mais son génie s'égare dans les tourbillons de son système, où les comètes ne peuvent se mouvoir.

On avait acquis une connaissance plus exacte de la circonférence et du diamètre de la terre.

La distance de la lune aux différents points de son orbite avait été obtenue avec une grande précision.

Tous ces éléments conduisent Newton *à la démonstration* du principe *supposé* par Képler.

Il applique à la lune les principes de la chute des graves, en admettant que l'action de la force centrale décroît comme le carré des distances. Après dix-sept années de travail, il trouve (en comptant, suivant les géographes d'alors, 60 milles par degré du méridien) que la lune tombe sur la terre, d'une distance qui diffère d'*un sixième* avec celle indiquée par la gravitation.

Le hasard lui fait connaître, longtemps après, que Picard a mesuré plus exactement le diamètre de la terre, dont chaque degré contient 69 milles au lieu de 60; il refait les calculs sur cette nouvelle base, et cette fois le résultat est conforme à son attente; il a reconnu la puissance qui gouverne tout l'univers!

Ainsi, *chaque particule de matière attire toute autre, avec une force proportionnelle à la masse des particules réunies dans les corps, et décroissant comme le carré des distances qui les séparent.*

Les trois grandes lois de Képler étaient la conséquence nécessaire de cette nouvelle loi de Newton; les deux investigateurs avaient atteint le même but par des voies différentes; *l'astronomie d'observation* était arrivée à son extrême limite.

La connaissance de l'attraction universelle ouvre la période de l'astronomie physique, pendant laquelle l'observation n'est plus la base des découvertes, mais ne sert qu'à vérifier la solution des plus étonnants problèmes.

Si la terre existait seule autour du soleil, son orbe elliptique serait éternellement parcouru avec la même régularité et la même vitesse dans toutes ses parties; mais, avec la lune qui accompagne notre planète, et l'influence variable que le soleil exerce sur notre satellite, selon la position relative *des trois corps*, on conçoit que les mouvements de la lune et de la terre soient incessamment modifiés.

Les théories de la gravitation expliquent toutes les actions perturbatrices, aussi bien que la masse des matières qui composent les corps célestes, ou la quantité qu'il en faudrait de chacune, pour égaler la masse du soleil.

Par les observations d'éclipses rapportées dans les annales de Babylone, on apprend que la lune employait alors un temps plus long à accomplir sa révolution. Les astronomes arabes avaient confirmé ce fait extraordinaire, encore certifié par la comparaison de leurs éclipses avec celles des temps modernes. Cette accélération séculaire, qui semblait menacer l'existence de notre système, a été expliquée par l'attraction réunie des autres planètes, qui tend à diminuer insensiblement, pendant des millions d'années, l'excentricité de l'orbite terrestre jusqu'à ce que, devenue tout à fait circulaire, les mêmes causes rétablissent cette excentricité.

La précession des équinoxes et le changement de l'étoile polaire avaient été observés depuis plus de 2,000 années sans qu'on en pût découvrir la cause; on sait aujourd'hui que ces effets sont occasionnés par la forme de la terre, renflée à l'équateur, et dont l'attraction combinée du soleil et de la lune entraîne successivement toutes les parties au-dessous du plan de l'écliptique, en même temps que les parties opposées se relèvent de la même quantité au-dessus de ce plan. L'axe de la terre suit nécessairement le même mouvement, facilité par la vitesse de

rotation diurne, et répond ainsi dans le ciel à des étoiles différentes.

Le ménisque terrestre agit à son tour sur la lune, et change le plan
de son orbite.

La théorie qui explique ces effets a de même indiqué la figure de la
terre plus exactement que les mesures directes et matérielles prises à
sa surface.

En interrogeant encore notre satellite, il nous répondra avec la
même précision sur le poids de la terre comparé à celui du soleil; sur
son homogénéité, l'épaisseur de son enveloppe solide, sa distance au
soleil, la permanence de son axe, l'uniformité de sa rotation, la
longueur des jours et des nuits.

En 1682, Halley, ami de Newton, calcule l'orbite des comètes et prédit
sûrement leur retour.

Bacon annonce que la lumière ne se transmet pas instantanément,
comme on le croyait jusqu'alors, et Roëmer détermine la mesure de sa
vitesse par l'observation des éclipses de Jupiter; Bradley découvre le
phénomène de l'aberration.

Clairault, Euler, Flamstead, La Caille, les Cassini, d'Alembert,
Lagrange et bien d'autres astronomes ou géomètres, continuent les
travaux, font ou préparent de nouveaux pas dans la science.

Le grand Herschell survient avec ses énormes miroirs; il entreprend
le jaugeage des cieux, compte les étoiles de la Voie lactée, en détermine
l'étendue et la profondeur; les classe, suivant leur intensité lumineuse,
depuis la 1re jusqu'à la 1344me grandeur; il évalue, depuis 10 années
jusqu'à 350,000 la durée que doit exiger la lumière de ces astres pour
nous parvenir.

Par delà ces étoiles, il découvre d'autres groupes, d'autres nébuleuses
par milliers; plus loin encore, aux limites que ses instruments peuvent
atteindre, d'autres soleils distincts dont la lumière emploie deux milliers
de siècles de plus pour arriver à la terre; enfin d'autres lueurs, qui
aujourd'hui résolues en étoiles par le télescope de lord Rosse, ne
peuvent être visibles qu'après trois millions d'années.

Herschell reconnaît que, parmi ces astres, des milliers composent des
systèmes doubles, triples, multiples, en mouvement les unes autour
des autres; il constate leur mouvement universel autour d'une région
centrale, et la direction de notre soleil vers les étoiles d'Hercule.

Il découvre enfin un nouveau monde, quatre-vingts fois plus gros que la terre et entouré de six satellites, qui viennent s'ajouter au cortége de notre soleil.

Le siècle présent s'ouvre par la découverte d'une huitième planète soupçonnée par Képler, et à laquelle viennent bientôt se joindre trois corps semblables circulant, comme le précédent, entre Mars et Jupiter.

L'illustre Laplace établit les lois de la mécanique céleste, explique toutes les perturbations planétaires, et rassure le monde savant sur la stabilité du système solaire; sans sortir de son cabinet, le calcul des perturbations lunaires par le soleil lui fait trouver la parallaxe de cet astre. L'exactitude de son évaluation est au moins aussi grande que celle obtenue par vingt astronomes qui de différents points du globe calculaient cette parallaxe par le passage de Vénus sur son disque.

Les lois connues sous son nom donnent les rapports simples entre les mouvements des satellites et la masse de leurs planètes.

D'autres calculs du savant géomètre, expliquent les causes de stabilité et l'action subie par les anneaux de Saturne, comme Herschell les découvre par ses observations directes et postérieures. Il donne la théorie des marées et la masse de notre satellite qui les occasionne. Il démontre la stabilité des mers par leur densité comparativement plus faible que celle de la terre. Il expose enfin des conceptions cosmogoniques qui, malgré les lacunes et les points inexplicables qu'elles présentent, ont un caractère de vraisemblance beaucoup plus grand que toutes les théories précédentes.

Les astronomes modernes ajoutent sans cesse de nouvelles richesses à celles qui sont acquises. Les instruments d'observations les font pénétrer de plus en plus dans les profondeurs de l'espace; la distance réelle de quelques étoiles est enfin obtenue avec une précision inespérée; leurs mouvements et leurs variations constatés révèlent la translation, la direction et la vitesse de notre soleil vers le point qui l'attire actuellement, avec tous les corps soumis à sa puissance.

Quarante trois nouvelles planètes, dont l'une cent fois plus grosse que la terre, et reculant de *quatre cents millions de lieues* les bornes de cette puissance, augmentent nos richesses.

Les comètes, soigneusement observées, n'affectent plus les formes exagérées que la frayeur et l'ignorance de leur nature faisait attribuer à ces corps ; leur retour, au lieu d'être un objet d'épouvante, est impatiemment attendu pour les soumettre à de nouvelles études ; la périodicité d'un certain nombre est déjà réglée par des calculs qui les font comprendre dans les corps intérieurs de notre système, d'où elles ne peuvent plus sortir ; véritables planètes diaphanes, elles servent à peser les masses de celles qui se trouvent sur leur passage, et nous révèlent l'action du milieu éthéré qui accélère leur marche.

Si maintenant nous voulons suspendre cette rapide esquisse de l'histoire astronomique et porter nos regards sur le vaste théâtre ouvert à notre admiration, la curiosité la plus ardente peut se satisfaire.

Elle ne trouvera plus, il est vrai, notre chétive demeure au centre de l'univers, comme le but et le principal objet de la création, selon les récits de Moïse ; mais, dans le mouvement qui l'emporte à travers l'espace, combien le spectacle s'agrandit pour nous !

Des deux luminaires qu'on nous disait de grandeur à peu près égale, et faits pour nous éclairer alternativement, l'un, soixante-dix millions de fois moins gros et obscur par lui-même, reste invisible une grande partie des nuits, et reçoit de notre globe quinze fois plus de lumière qu'il ne nous en transmet ; l'autre partage ses rayons entre plus de soixante-douze corps planétaires, connus jusqu'à présent, et dont quelques-uns sont *cent fois*, *sept cents fois*, *quatorze cents fois* plus considérables que le nôtre.

Les étoiles, ces milliers de points lumineux que l'on croyait fixés au *firmament* pour charmer notre vue, sont autant de soleils séparés les uns des autres par des distances infinies, et circulant comme le nôtre dans la profondeur des cieux.

Par delà ces astres lointains sont encore, vers tous les points, d'autres milliards de soleils restés inconnus à toutes les générations qui nous ont précédés sur la terre, et que l'arrangement *fortuit* de deux verres nous a fait découvrir.

Parfois de nouveaux astres viennent tout à coup nous apparaître avec l'éclat des plus belles étoiles, brillent à nos yeux pendant quelques années, puis s'éloignent ou s'éteignent insensiblement ; d'autres corps, précédés ou suivis de nébulosités changeantes, s'approchent de nous et du soleil avec une rapidité prodigieuse, disparaissent pour quelque temps, ou s'éloignent pour toujours.

Des myriades d'étoiles filantes, astéroïdes microscopiques, traversent l'espace en quelques secondes, soit isolément, soit par troupes nombreuses, ou même en pluies inconcevables.

Tantôt notre satellite, entièrement éclairé, se cache dans l'ombre de la terre, tantôt il fait un anneau lumineux du soleil, ou l'éclipse tout à fait : alors deviennent visibles, autour du disque éclipsé, des nuages enflammés, des crêtes continues ou des masses isolées, qui semblent circuler dans son atmosphère ; des couronnes éclatantes d'où partent des jets, des aigrettes, et des rayons plus intenses.

Les instruments dont les astronomes peuvent maintenant disposer leur présentent, au delà des régions de la Voie lactée, des milliers de nébuleuses de toutes les formes, qui presque toutes, se résolvent en étoiles.

Les unes s'allongent en navette, ou s'arrondissent en couronnes ; s'étendent dans tous les sens et comme au hasard ; d'autres, au contraire, sont tout à fait régulières ; celles-ci ne semblent que des amas de matière laiteuse où brillent çà et là des points plus lumineux; celles-là se contournent en spirales avec un ou plusieurs centres. (*Voyez* pl. v et vi.)

Parmi ces taches d'une intensité si différente, on peut en remarquer plusieurs qui vont se séparer, mais que réunit encore un très-mince filet de la même matière ; d'autres, plus condensées, font deviner la puissance qui les anime ; ici, les contours sont encore plus prononcés, un noyau plus lumineux paraît se former au milieu de la matière nébuleuse ; voilà des masses tout à fait circulaires, dont l'éclat diminue graduellement du centre à la circonférence : ce sont des étoiles nébuleuses, des nébuleuses stellaires ; enfin voici de véritables étoiles, ou de nouveaux soleils.

Ainsi vous pouvez assister à la formation des astres, non pas en observant sur un seul les transformations successives dont l'accomplissement exige des périodes séculaires; mais, ainsi que dans une forêt, vous pouvez reconnaître, sur des sujets de différents âges, tout les degrés de développement qui ont produit les arbres les plus anciens et les plus étendus.

Ces astres innombrables ne se forment pas ou ne sont pas inutilement allumés dans l'espace ; autour de chacun circulent sans doute des corps opaques, des satellites aussi nombreux et aussi divers que ceux de notre monde solaire : essayons de pénétrer les mystères et le but de telles créations.

DEUXIÈME PARTIE.

EXPOSITION DES DIFFÉRENTS SYSTÈMES PLANÉTAIRES.

Nous avons indiqué les modifications que paraît subir la matière né-buleuse pour passer de l'état élémentaire à celui de perfection dans l'un de ces soleils lointains dont la puissance, la chaleur et la lumière animent sans doute des mondes comme le nôtre.

Voici maintenant les bases sur lesquelles s'appuient les hypothèses les plus vraisemblables de notre système solaire.

Il est généralement admis que l'astre radieux qui nous éclaire est un corps opaque, enveloppé d'une atmosphère nuageuse très-profonde, surmontée d'une photosphère de gaz lumineux, dont les couches supérieures, plus rares et plus subtiles, peuvent seulement s'apercevoir dans les courts instants des éclipses totales.

La masse de toutes ces matières solides ou vaporeuses est douze fois moins dense que la masse de Mercure ; quatre fois moins que celle de Vénus, de la Terre et de Mars ; presque égale à celle de Jupiter, ou un peu plus forte que les densités de Saturne, d'Uranus et de Neptune.

Les planètes de notre système, réunies avec leurs satellites en un seul volume, ne formeraient pas la *sept centième* partie du soleil ; toutes sont renflées à l'équateur et aplaties vers les pôles, proportionnelle-ment à leur vitesse de rotation.

La lune et tous les autres satellites, ainsi que les anneaux de Saturne, présentent toujours la même face à leurs planètes, en tournant sur eux-mêmes dans un temps égal à la rotation des corps qui les retiennent suivant les lois de l'attraction.

La lune est criblée d'excavations, de cratères volcaniques mainte-nant éteints, et de montagnes bien plus hautes que les nôtres. Mer-cure, Vénus et Mars paraissent avoir des inégalités très-grandes.

La surface de notre globe présente aussi de nombreux volcans, dont quelques-uns sont encore en activité ; la chaleur de son intérieur s'accroît à mesure que l'on pénètre dans des couches plus profondes ; toutes ses substances sont vitrifiables, ou peuvent se volatiliser.

Les mouvements de tous ces corps ont lieu dans le même sens que la rotation du soleil.

Les orbites planétaires sont peu inclinées sur le plan de l'équateur du soleil, à l'exception de quelques-unes, décrites par les plus petits de ces corps.

L'inclinaison des axes est, au contraire, très-différente pour toutes les planètes, au moins pour les cinq que l'on a pu reconnaître.

La durée des révolutions est exactement proportionnelle aux distances du soleil, mais non les vitesses rotatives.

Les densités, les masses, les volumes et les distances n'ont entre eux aucun rapport proportionnel.

Toutes les surfaces planétaires qu'on peut examiner ont, comme notre globe et son satellite, des inégalités attestant de grandes convulsions intérieures.

L'ensemble de ces faits indique, dans les formations de notre monde solaire :

1° Une origine commune ;

2° Un même état de fluidité ou de fusion primitive ;

3° *Des causes et des impulsions de même nature*, en même temps que l'action *de forces perturbatrices* capables de produire les anomalies et les exceptions que l'on peut y observer.

Parmi les systèmes proposés pour expliquer l'origine de notre monde particulier, les théories de **Buffon** et de **Laplace** ont seules mérité l'examen sérieux de la science.

Nous allons brièvement les faire connaître, avec les objections qu'on peut justement leur opposer.

Selon le grand naturaliste :

« Une comète tombant obliquement sur la surface liquide du soleil
« en a chassé des torrents de matières incandescentes, qui ont formé
« tous les corps planétaires dont les mouvements dans le même sens
« auraient été produits par la même force d'impulsion.

« L'anneau de Saturne et les autres satellites seraient des parties de
« matière que l'obliquité du choc ou la vitesse de rotation ont détaché
« des équateurs planétaires. »

On oppose à ces suppositions :

1° Que les comètes presque vaporisées, lorsqu'elles s'approchent du soleil, ne peuvent détacher la moindre partie de sa masse, qui est solide, et entourée seulement d'atmosphères gazeuses.

2° Qu'un seul choc peut bien donner à plusieurs corps le même mouvement de translation, mais que la rotation dans le même sens ne s'ensuit pas nécessairement pour chacun d'eux.

Suivant Laplace :

« Une chaleur excessive avait dilaté l'atmosphère du soleil au delà
« des limites où se meuvent aujourd'hui les planètes les plus éloignées :
« elle s'est ensuite resserrée successivement jusqu'à ses limites ac-
« tuelles ; ce qui peut avoir eu lieu par les mêmes causes qui ont fait
« briller pendant seize mois la fameuse étoile de Cassiopée, en 1572.

« Cette atmosphère s'est condensée en accélérant sa vitesse primi-
« tive... Les molécules élevées dans la région équatoriale jusqu'au
« point où la force attractive du noyau était balancée par la force cen-
« trifuge, ont dû se refroidir, se séparer en *anneaux* qui se sont en-
« suite rompus les uns après les autres ; la masse la plus forte, atti-
« rant les plus faibles, a formé successivement toutes les planètes.

« Chacune de ces planètes à l'état de vapeurs, et par les mêmes causes,
« a produit, soit les anneaux de Saturne, soit les satellites. Les comètes
« qui ont pénétré dans l'atmosphère ainsi dilatée sont tombées sur le
« soleil par des spirales, et ont dérangé les orbites planétaires, qui
« *sans cela* auraient exactement coïncidé avec le plan équatorial de cet
« astre. »

Sans trop nous arrêter sur cette *chaleur excessive* et la cause inconnue qui aurait dilaté l'*atmosphère du soleil*, faisons seulement remarquer que cette atmosphère, au sein de laquelle se seraient successivement condensées les planètes de Mercure, de Vénus, de la terre
et de Mars, aurait contenu des matières quatre fois et douze fois plus
denses que le corps même du soleil ; circonstance contraire aux lois de
la pesanteur, qui, dans la condensation primitive de la nébuleuse solaire,
ont dû attirer au centre toutes les matières les plus denses.

Quelle serait aussi la loi physique dont l'action eût séparé les molécules *qui, en se refroidissant* par anneaux sphériques d'une étendue
de 30, 19, 9 et 5 fois la distance de la terre au soleil, aurait successivement formé Neptune, Uranus, Saturne et Jupiter?

N'est-ce pas à mesure que le mouvement rotatif les portaient à l'élé vation où la force centrifuge pouvait s'en emparer, que les molécules refroidies *devaient se séparer*, c'est-à-dire continuellement, ou par d'innombrables filets concentriques, ne formant ainsi que des multitudes de petits corps planétaires.

L'intervention des comètes pour justifier le défaut de parallélisme des orbites est tout aussi inexplicable ; car, puisque dans ce système les planètes se formaient *les unes après les autres*, lors même qu'on admettrait l'action perturbatrice de ces amas de vapeurs, combien faudrait-il en supposer, pour troubler successivement l'orbite de toutes les planètes, et pour que l'un d'eux ait pu rencontrer Neptune, dans l'orbite de *sept milliards et demi* de lieues, que cette planète décrit en *cent soixante-six ans autour du soleil?*

Comment aussi expliquer, dans un état de *condensation paisible et régulière*, le mouvement *rétrograde* des satellites d'Uranus?

Bien d'autres impossibilités se trouvent encore dans un tel mode de formations, où tous les rapports *devaient être proportionnels*, tandis que, dans notre système solaire, tous les faits sont *irréguliers* et se refusent aux règles qu'on veut y établir.

Les molécules d'un corps qui se resserre en se condensant tournent nécessairement de plus en plus vite, et cette loi physique rend bien compte des mouvements de translation et de rotation, ainsi que de la direction dans le même sens de tous les corps planétaires ; mais, dans les hypothèses de Laplace, manquerait toujours la cause première, *la puissance impulsive*, la force énergique que nous voyons se manifester sous toutes les formes, dans les cieux comme dans notre atmosphère, et à la surface comme à l'intérieur de notre globe.

Cette force de projection des masses sphériques en mouvement rotatif sur elles-mêmes est certainement *la cause physique des formations planétaires*, ainsi que de leur circulation autour de l'astre originaire.

« Hook avait très-bien vu, » dit l'illustre auteur de la *Mécanique céleste*, « que les mouvements des corps planétaires sont le résultat d'*une* « *force primitive de projection,* combinée avec celle attractive du soleil. »

« Les formations célestes, » écrit aussi M. de Humboldt, « ont été pro- « duites par le *conflit de forces multiples* agissant dans des conditions « inconnues.... Il a fallu, » dit-il, « que des *actions bien énergiques* aient « dirigé les mouvements des satellites d'Uranus pour les faire mouvoir « dans le sens inverse de la planète..... »

Ces objections suffisent pour démontrer que les théories précédemment exposées ne peuvent être admises par la science, et qu'elles n'indiquent pas les véritables causes qui ont formé les planètes de notre système solaire. L'origine de tous ces corps que la nature doit reproduire autour de chacun des foyers lumineux semés dans l'espace, doit avoir des causes physiques plus générales et plus constantes.

Les idées cosmogoniques que les découvertes modernes nous ont fait concevoir paraîtront peut-être plus vraisemblables.

NOUVELLES CONJECTURES SUR LES FORMATIONS.

> Les yeux de l'esprit peuvent suppléer dans certains cas aux plus puissants télescopes, et conduire aux découvertes du premier ordre.
>
> (F. ARAGO, *Éloge de Laplace.*)

Si l'on remonte par la pensée à ce qui fut pour nous le commencement des choses ; si l'on a pu reconnaître, dans les formes progressivement plus régulières des nébuleuses, l'action des lois éternelles qui président à la transformation de la matière cosmique, on concevra :

Qu'une immense région de la Voie lactée, où l'on reconnaît des fourmilières d'étoiles semblables à notre soleil, s'est d'abord condensée sur quelques points dont les masses les plus faibles, en se rapprochant de la masse la plus forte ou la plus centrale, ont déterminé le mouvement primordial de toutes les molécules autour de la puissance attractive. Peu à peu les matières en mouvement se sont resserrées, et, la forme sphérique se prononçant davantage, cette immense nébuleuse s'est animée d'une vitesse progressive, en se concentrant de plus en plus autour du noyau qui se formait. Suivant les lois de la dynamique, ces masses de molécules fluides ont dû se porter et s'élever de plus en plus vers l'équateur de l'axe de rotation.

C'est dans cette zone que les réactions entre les substances de toute nature devaient occasionner aussi des projections de la plus extrême violence.

Les hautes montagnes de Mercure, de Vénus et de la lune ; les immenses et innombrables cratères si visibles à la surface de notre satellite; l'étendue des déjections volcaniques sur la terre; la puissance des éruptions dont nous sommes encore témoins, peuvent faire juger, par analogie, la de force des répulsions qui ont dû se manifester au sein des océans de matière ainsi amoncelées.

La nébuleuse continuant à se condenser et à se concentrer, d'autres soulèvements ont eu lieu à différentes époques, avec des circonstances nécessairement variables.

Et, si l'on se rappelle que la masse totale de tous les corps planétaires ne représente pas la *sept-centième* partie de celle du soleil actuel, on admettra qu'elle se soit aussi naturellement détachée, avant la consolidation, d'un corps aussi volumineux.

Les parties les plus denses ou les plus considérables des matières projetées, attirant les plus petites, en ravageant, pour ainsi dire, leurs zones de circulation, ont produit d'abord les grosses planètes, d'une densité généralement très-faible, et successivement les plus petites et les plus compactes. Les soulèvements qui ont donné ces dernières n'ont eu lieu que lorsque la nébuleuse solaire était déjà plus concentrée, et qu'ainsi les molécules chassées des régions équatoriales devaient avoir une densité plus grande.

Les mêmes effets, se manifestant dans les masses de matières qui avaient formé les planètes principales, ont produit tous leurs satellites, ainsi que les anneaux de Saturne, amas de vapeurs et de corps irréguliers, étendus et soudés ensemble.

Aux régions de la Voie lactée, environnant l'espace où s'est condensée notre nébuleuse, la matière stellaire a dû se mettre en mouvement de tous les points vers cette nébuleuse qui faisait le vide autour d'elle, se condenser isolément, et former les nombreux corps cométaires qui décrivent, dans toutes les directions, des ellipses très-allongées, dont cependant notre soleil, centre originaire le plus proche et le plus puissant, occupe toujours l'un des foyers. Les comètes intérieures ou à courtes périodes auraient été retenues dans notre système par l'attraction du soleil, se combinant avec les perturbations accidentelles de nos corps planétaires.

Des parties soulevées postérieurement à la masse dans laquelle s'est formé Jupiter, et projetées plus ou moins obliquement, ont ainsi produit tous les astéroïdes déjà découverts, ainsi que ceux qu'on trouvera sans doute encore dans cette zone céleste.

Des milliers d'autres parcelles qui ne se sont pas réunies aux masses principales circulent isolément dans l'espace, et, sous le nom *d'étoiles filantes,* deviennent visibles, suivant notre position et la direction de leurs mouvements, lorsqu'ils tombent, par l'effet de leurs chocs fréquents, dans l'atmosphère de la terre.

Les matières les plus subtiles, participant de la nature des corps opaques et lumineux, formeraient, selon les opinions de Laplace, la lumière zodiacale qu'on aperçoit le soir ou le matin, à certaines époques, vers les régions équatoriales du soleil.

Il paraît aussi, d'après les observations faites pendant les dernières éclipses totales de soleil, que des corps opaques d'une nature incandescente flottent dans son atmosphère gazeuse et circulent au-dessous des vapeurs subtiles formant les auréoles et les jets lumineux remarqués dans les courts instants de ces phénomènes.

Les conjectures que nous venons d'exposer peuvent admettre toutes les anomalies et les irrégularités qui existent dans notre monde solaire, et qui sont incompatibles avec la formation des planètes, dans une atmosphère se condensant et se resserrant paisiblement.

Il est important de remarquer : 1° Que dans notre hypothèse, en effet, les soulèvements ont pu se produire sur une étendue et avec une force plus ou moins grande, ainsi que sous une obliquité différente, relativement au plan équatorial;

2° Que non-seulement *l'impulsion et l'attraction réciproque des parties projetées ont pu changer la direction de leurs mouvements en éloignant leur périhélie du soleil* (ainsi que Laplace l'a reconnu pour les projections supposées dans le système de Buffon), mais que, de même que les anneaux supposés par le grand géomètre, les masses soulevées comme nous le concevons ont dû continuer leur mouvement, avec les vitesses originaires, accélérées par la force d'impulsion que ces masses ont pu recevoir;

3° Qu'aux périodes successives des soulèvements, la nébuleuse à l'état de vapeurs n'avait pas la force attractive du soleil actuel;

4° Que le mouvement propre d'au moins 50 lieues par minute, qui emporte cet astre dans l'espace, a pu changer aussi les orbites comme la distance des corps planétaires, suivant l'époque des projections qui les ont produites; qu'enfin, lors même qu'*à l'origine*, les ellipses auraient eu de plus grandes excentricités, la persistance des effets de l'attraction, pendant les *milliers de siècles* qui ont amené l'état actuel, a dû nécessairement les diminuer.

Les mêmes causes ont balancé les mouvements des satellites de Jupiter, ajusté les anneaux de Saturne, et modifié, même *depuis les temps historiques*, les mouvements moyens de Mercure et de notre satellite.

Le plan invariable présentement établi dans notre monde solaire n'a certainement pas été fait tout à coup et d'un seul jet.

La circulation des satellites d'Uranus paraît s'effectuer à peu près dans le plan équatorial de cette planète, dont l'axe de rotation est presque parallèle à l'écliptique. Une telle position, unique dans notre système solaire, n'a pu être occasionnée que par une violente convulsion intérieure; l'axe s'étant alors incliné de plus de 90 degrés relativement à l'écliptique, le mouvement rotatif s'est continué *en se renversant*, et doit nous paraître s'effectuer en sens inverse. Les satellites, entraînés par le déplacement équatorial de la planète, doivent présenter les mêmes apparences, quoique leur révolution ait toujours lieu dans la direction primitivement imprimée à toutes les particules de la nébuleuse originaire.

Dans toutes les suppositions possibles, il faudrait, tout au moins, admettre *les causes de perturbation que nous avons conçues*, afin d'expliquer les irrégularités qu'existent dans notre monde solaire.

Nous reconnaissons d'ailleurs, avec tous les astronomes modernes, que les conjectures cosmogoniques, auxquelles manque *nécessairement* l'épreuve du calcul, ne sauraient être accueillies qu'à titre d'hypothèses; mais, comme il est évident que la vérité doit se rencontrer dans l'une de celles que l'esprit humain peut concevoir, il est toujours bon d'appeler l'examen sur les combinaisons qui ont une certaine vraisemblance, et qui se prêtent mieux que les hypothèses antérieures à l'explication des phénomènes connus.

Les causes physiques de l'attraction, imaginées par M. Boucheporn, ajouteraient un nouveau degré de probabilité à nos conceptions *sur l'origine commune* des planètes de notre système, *le mode de leur formation*, et les causes de leur circulation autour de l'astre central qui les entraîne, dans sa puissante aspiration, à travers les champs éthérés de l'espace.

AVERTISSEMENT.

Les lieues indiquées dans cet ouvrage sont celles de 4,000 mètres (27-78 au degré).

Les désignations d'étoiles, soit dans le texte, soit aux planisphères, sont en lettres de l'alphabet grec, dont les premières indiquent généralement l'ordre de leur grandeur apparente.

α	Alpha.		ν	Nu.
β ϐ	Bêta.		ξ	Xi.
γ	Gamma.		ο	Omicron.
δ	Delta.		π	Pi.
ε	Epsilon.		ρ	Rho.
ζ	Zêta.		σ ς	Sigma.
η	Èta.		τ	Tau.
θ	Thêta.		υ	Upsilon.
ι	Iota.		φ	Phi.
κ	Kappa.		χ	Chi.
λ	Lambda.		ψ	Psi.
μ	Mu.		ω	Oméga.

Quand la signification d'un mot, n'est pas suffisamment connue du lecteur, il doit s'y reporter dans l'ordre alphabétique. Voyez à la fin du volume les errata et addenda.

DICTIONNAIRE

D'ASTRONOMIE.

A

ABAISSEMENT. La terre tournant sur elle-même, et circulant comme toutes les autres planètes autour du soleil, semble néanmoins diriger toujours l'axe de ses pôles de rotation vers le même point de l'espace, ce qui ne peut s'expliquer que par l'éloignement prodigieux des étoiles.

Il en résulte que, les régions polaires ayant sans cesse certaines étoiles à leur zénith, tandis que les habitants de l'équateur ont constamment les mêmes astres à l'horizon, la hauteur ou l'*abaissement* de ces étoiles change pour chaque lieu proportionnellement à sa latitude.

Ainsi l'étoile la plus voisine du pôle boréal, c'est-à-dire celle qui nous indique la direction de l'axe de rotation du globe, est *à Paris abaissée* de 11° 9′ 47″ relativement à la direction verticale, ou *élevée* de 48° 50′ 13″ au-dessus de l'horizon.

Si l'on s'avance vers le nord on remarquera que l'étoile polaire s'élève de plus en plus, tandis qu'en marchant au midi, le pôle semblera *s'abaisser* chaque jour davantage ; à Port-Vendres, limite extrême des Pyrénées-Orientales, on trouvera que le pôle s'est *abaissé* de 6 degrés un tiers.

Au delà de l'équateur, notre étoile polaire serait descendue sous l'horizon, mais alors on pourrait apercevoir les astres voisins du pôle austral, et voir *s'abaisser* à leur tour ceux qu'on avait précédemment au-dessus de sa tête.

C'est donc l'inclinaison ou, en d'autres termes, l'angle que l'étoile polaire fait avec l'horizon du lieu qui indique sa latitude, ou l'*abaissement apparent du pôle*.

L'abaissement du ciel autour de nous n'est qu'un effet d'optique produit par l'atmosphère qui enveloppe notre planète, et dont l'étendue ou plutôt l'épaisseur est nécessairement plus considérable à l'horizon, puisque, dans la direction verticale, la vue n'a pas à parcourir la distance de l'observateur aux limites de la surface de la terre qu'elle doit traverser horizontalement, et au delà de laquelle se trouve encore une épaisseur semblable à l'épaisseur zénithale. En outre de cette plus grande étendue des couches atmosphériques dans le sens de l'horizon, il faut encore ajouter l'effet qui doit résulter de leur densité matérielle, beaucoup plus forte à la surface du globe qu'aux régions élevées de l'atmosphère, et qui diminue tellement l'éclat du soleil à son lever qu'il est alors jusqu'à douze cents fois moins vif qu'au méridien.

Le même effet de perspective paraît dilater tous les astres et les constellations voisines de l'horizon, quoiqu'en réalité les mesures angulaires, comme les distances relatives entre les étoiles, soient absolument les mêmes dans toutes les positions.

Quant à l'abaissement, ou plutôt à l'aplatissement qui a été reconnu sous les pôles de la terre et des autres planètes qu'on a pu suffisamment observer, c'est l'effet dynamique de leur rotation qui leur a fait prendre la forme sphéroïdale lorsqu'elles étaient encore à l'état de malléabilité.

L'abaissement du sol au-dessous du niveau moyen, ainsi qu'on l'a constaté dans quelques régions, en Russie, en Afrique, en Australie, etc., peut être attribué soit à l'enfoncement de ces parties de la croûte terrestre aux époques de sa formation, soit à la chute des eaux de l'atmosphère, lorsque le refroidissement du globe leur a permis de s'en rapprocher et de s'y précipiter ensuite avec une violence inimaginable.

ABERRATION *de la lumière.* Nous apercevons tous les corps par les rayons lumineux qui nous transmettent leurs images, et comme il est démontré que la lumière ne traverse pas instantanément l'espace, mais qu'elle emploie, à raison de 32,000 myriamètres par seconde, 8′ 17″,8 à franchir la distance qui nous sépare du soleil, il en résulte nécessairement que pendant cette durée elle a dû s'avancer de 20″,44 dans l'orbite qu'elle parcourt annuellement autour de cet astre.

Ainsi le soleil nous apparaît toujours comme s'il était réellement *en arrière de cette quantité*, qui est *la constante de l'aberration* par rapport à lui, et ce fut Bradley qui découvrit ce phénomène.

On peut matériellement constater un effet semblable dans une voiture ouverte par devant et marchant avec vitesse, pendant la pluie qui pénètre alors dans l'intérieur, lors même qu'elle tombe perpendiculairement.

Dans ce cas même, on s'en garantit en restant en repos sous un parapluie, tandis qu'elle vous frappe au visage si vous venez à courir et quelle que soit la direction du vent. Chacun sait aussi qu'une pierre détachée d'une grande hauteur au moment où l'on passe dessous tombe derrière nous sans nous atteindre; c'est encore la même cause qui fait viser un bon chasseur *en avant* du gibier qu'il tire pendant son vol.

Ainsi l'aberration de la lumière est le temps qu'elle emploie à franchir la différence entre la place apparente d'un astre et sa position réelle au moment de l'observation; en d'autres termes et pour le soleil, c'est l'effet du mouvement de la terre dont l'horizon vient se placer dans la direction des rayons précédemment émis par cet astre.

Elle se calcule alors comme s'il était en repos pendant que la terre tourne autour de lui; mais, pour connaître l'aberration de la lumière émise par un autre corps dont le mouvement est connu, on doit avoir égard à la valeur angulaire de ce mouvement, ainsi qu'à celui de notre globe pendant la durée que la lumière emploie à traverser la distance qui sépare les deux corps. On obtient alors le montant total du déplacement apparent dont l'effet a lieu dans une direction contraire à la marche du corps observé.

Cette équation se compose donc de l'aberration proprement dite occasionnée par la marche de la terre dans son orbite, plus du temps que la lumière met à traverser un espace variable, puisque le rayon qui nous apporte l'image d'un objet n'est pas celui qui s'en détache à l'instant auquel nous le regardons, mais celui qui en est parti quelque temps auparavant, c'est-à-dire le temps employé par ce rayon pour traverser l'intervalle entre nous et cet objet.

Si l'on observe attentivement une étoile située dans le plan de l'écliptique, elle paraît se déplacer en ligne droite de 20″ pendant six mois d'occident en orient, puis de la même quantité en sens contraire pendant les six mois suivants. Les autres étoiles entre le pôle et l'écliptique semblent décrire de petites ellipses d'autant plus aplaties qu'elles sont plus rapprochées de cette ligne. Ce fait, qui avait jusque-là échappé à l'attention, fut enfin remarqué de Bradley, qui avec un secteur zénithal, constata en 1727 le mouvement particulier de l'étoile γ du Dragon ; mais il fallait en trouver la cause, ce qui arriva, dit-on, de la manière suivante : se promenant un jour sur la Tamise, cet astronome remarqua que la girouette en haut d'un mât tournait chaque fois qu'on virait de bord, comme si le vent changeait en même temps que la navire exécutait ces mouvements. Les mariniers lui dirent que c'était la différence de direction du bateau qui occasionnait cette apparence de mouvement, et cela mit Bradley sur la voie du phénomène dont il cherchait la cause. Il la vit dans le mouvement combiné de la terre et de la lumière projetée par le soleil avec une vitesse déjà mesurée par Roëmer, et dix mille fois plus grande que celle de translation de notre planète, différence qui suffit pour expliquer la valeur de cette aberration (1).

Elle se calcule pour les étoiles paraissant décrire un petit cercle annuel autour du point où elle correspondrait toujours, si notre planète restait en repos, au lieu de modifier incessamment par sa marche la ligne de notre vision.

La rotation diurne ajoute très-peu à cet effet, auquel il faut bien avoir égard dans la direction des instruments d'observation.

Ce phénomène, si peu sensible, est cependant une preuve mathématique du mouvement de la terre et de la durée dans la propagation de la lumière.

ABOUL-WEFA. C'est l'un des astronomes arabes qui, dans le dixième siècle, portèrent la science *des choses célestes* à des limites qui n'avaient pas encore été atteintes. Nos instruments d'optique ont seuls manqué pour leur donner une plus grande précision. Ce fut lui qui découvrit la variation lunaire produite par l'attraction du soleil, et qui s'étend à 1° 4′ de la longitude moyenne de notre satellite.

ACCÉLÉRATION. Selon les principes de la mécanique, un corps sphérique tourne de plus en plus vite à mesure que ses molécules se resserrent.

Si tous ceux de notre monde solaire ont été primitivement en état d'incandescence, ils ont éprouvé, depuis, des retraits de refroidissement, et par conséquent *une diminution de volume* qui a dû *accélérer* leur mouvement de rotation. La persistance des effets de l'attraction tend aussi à diminuer l'excentricité des orbes planétai-

(1) Tiré en partie de l'article Bradley de la *Biographie générale* de MM. Firmin Didot.

res, et produit nécessairement *une accélération* dans la translation de tous ces corps autour du soleil.

Par les observations d'éclipses, on a pu s'assurer que depuis le temps d'Hipparque la vitesse moyenne de la lune s'était accélérée sensiblement, et qu'elle est aujourd'hui de $2°$ en avance de la place qu'elle occuperait, si cette accélération de $11''$ de degré par siècle n'avait pas eu lieu.

Si cet effet devait se continuer indéfiniment, la lune finirait par tomber sur la terre, celle-ci sur le soleil, de même que toutes les autres planètes; mais Laplace a démontré la fixité *des grands axes* planétaires en attribuant l'accélération de la lune à la diminution d'excentricité dans l'orbite de la terre tendant à devenir de plus en plus circulaire par l'action réunie des autres planètes. Il en résulte que la distance périhélie de la terre s'augmentant peu à peu, son attraction sur la lune devient aussi plus sensible, et son mouvement s'accélère davantage qu'il ne ferait si l'orbite de la terre conservait toujours la même excentricité. Après des millions d'années, l'orbite terrestre étant devenu tout à fait circulaire, un effet contraire rétablira peu à peu l'excentricité, et par conséquent augmentera la durée du mouvement moyen de la terre et de son satellite.

Ainsi l'accélération se change en retardation, et après chaque période la valeur originaire se rétablit pour se modifier de nouveau pendant dix millions d'années.

Un semblable phénomène a été constaté dans le mouvement moyen de Mercure. Sans aucun doute il en a été ainsi pour la terre, dont l'année était originairement plus longue.

On entend par *accélération des fixes*, l'excès du jour moyen sur le jour sidéral, ou la différence *en moins* qu'une étoile met à revenir chaque jour au méridien, quand on la compare au soleil moyen, c'est-à-dire à un soleil fictif qui marcherait toujours avec la même vitesse.

Cette accélération apparente des étoiles fixes est produite par le balancement de l'axe de la terre, que l'attraction des autres planètes fait procéder contre l'ordre des signes du zodiaque, dans une période d'environ *vingt-six mille années*.

Laplace, croyant à la combustion du soleil, pensait que sa masse devait diminuer avec le temps, et qu'ainsi sa rotation et son mouvement de translation devaient s'accélérer proportionnellement; mais les idées plus modernes sur la nature de la lumière ne permettent pas d'adopter les opinions de l'illustre géomètre à cet égard.

ACHARNAR ou **ACHERNAR**. Étoile primaire de la constellation de l'Éridan, située au-dessous d'Orion, à 32° du pôle sud, et qu'ainsi nous ne pouvons apercevoir sans nous avancer vers l'équateur.

Cette étoile était comprise dans le Catalogue de l'Almageste, quoiqu'elle fût alors à plus de 9° au-dessous de l'horizon d'Alexandrie ; ainsi Ptolémée n'a pu la connaître qu'en se transportant au sud de la mer Rouge ou sur la côte de Malabar.

ACHROMATISME. Ce perfectionnement dans la construction des lunettes consiste principalement dans l'addition d'un ou plusieurs verres entre l'objectif et l'oculaire de ces intruments.

Jusqu'à cette découverte de Dollond, l'irisation des images augmentait avec la force des lentilles ; pour éviter cet inconvénient que Newton avait déclaré insurmontable, on avait imaginé de placer parallèlement les verres sur deux supports à de grandes distances l'un de l'autre, et même de construire des lunettes de 100 mètres de longueur, qu'il était presque impossible de manœuvrer.

Les combinaisons modernes de l'*achromatisme* ont permis de pousser les grossissements à une puissance inespérée ; nos lunettes de spectacle sont aujourd'hui plus puissantes que celles avec lesquelles Galilée a fait ses premières découvertes. *Voyez* LUNETTES.

ACRONIQUE. Le lever et le coucher des astres sont dits *acroniques* quand ils ont lieu le soir, après la disparition du soleil. Dans les anciens temps, le calendrier trop défectueux ne coïncidant pas avec les véritables mouvements célestes, il fallait se régler sur le lever *acronique* de Sirius ou de toute autre étoile remarquable pour connaître l'époque de la célébration de certaines fêtes des mystères et cérémonies civiles ou religieuses.

ADAHER (*Betelgeuse*). Belle étoile primaire et changeante, d'une couleur rougeâtre, située à l'angle supérieur et à gauche du quadrilatère d'*Orion* (*voyez* ce mot). Elle varie de la première à la deuxième grandeur, dans une période de 196 jours environ.

AÉROLITHES. Pierres tombées du ciel après l'apparition de quelque météore, et qui sont d'une nature particulière ; le fer et le nickel s'y trouvent à l'état métallique, ce qui n'a pas lieu dans les autres agrégations terrestres. Il faut donc que ces substances proviennent de corps cosmiques extérieurs à notre atmosphère, mais faisant partie de notre système solaire.

On peut trouver dans ces phénomènes, dit M. de Humboldt, la cause des anomalies remarquées sur notre globe, sous le rapport de sa constitution physique extérieure.

Laplace attribuait ces projections aux volcans de la lune; mais, comme elle a perdu son atmosphère, si cette opinion pouvait être admise, ces petits corps résulteraient alors d'anciennes projections, circulant autour de la terre jusqu'à ce qu'un choc les amènent dans son atmosphère, ils deviennent alors un instant visibles, en s'enflammant par la prodigieuse vitesse dont ils sont animés. Leur chute a lieu d'ordinaire dans une direction opposée au mouvement de notre globe, et partant le plus souvent de la région stellaire de Persée ou de celle du Lion. Leur abondance, à certaines époques, a fait penser, surtout depuis la découverte de nombreuses petites planètes, que ces aérolithes, qu'on désigne aussi sous le nom de bolides ou d'étoiles filantes, pourraient être des astéroïdes tourbillonnant par milliers dans l'espace, et traversant l'écliptique près des points où se trouve la terre. On doit aux observations chinoises les plus anciennes remarques sur la chute des aérolithes, dont seize cas sont rapportés depuis l'année 644 avant J. C. jusqu'à l'année 333 de notre ère.

L'un de ces événements eut lieu à Agos, soixante-deux ans avant la victoire de Lysander, sur le même emplacement : ce qui le rendit célèbre dans la Grèce et détermina sans doute les philosophes de l'école ionique à s'occuper particulièrement de ces phénomènes.

Selon Théophraste, Anaxagore disait qu'entre la lune et la terre circulaient des corps obscurs, capables d'occasionner les éclipses de notre satellite. Diogène Apollonien enseignait qu'il existait des étoiles *invisibles* et sans noms, tombant quelquefois sur la terre et s'y éteignant, comme celle de pierre tombée à Agos.

Ces chutes de pierres météoriques ont lieu parfois sans apparition de phénomène lumineux et dans un temps très-clair, mais toujours avec une forte détonation.

Elles présentent une grande variété de composition, quoiqu'à l'extérieur elles aient généralement la même apparence; noire, brillante et veinée.

En outre du fer, ces pierres extramondaines offrent du nickel, du cobalt, du cuivre, du chrome, et même de l'étain.

Des blocs de cette nature ont été retrouvés à de grandes profondeurs dans des couches de formations antédiluviennes.

Les chutes de fer météorique sont beaucoup plus rares que celles de pierres, mais il est encore plus singulier que dans l'une de ces premières masses, tombée au Chili, on ait constaté l'existence de *plomb* pur dans ses cavités vésiculaires. En 1802 il en tomba plus de 4,000 dans le département du Haut-Rhin; à l'Aigle, plus de 300, en 1803; en Calabre, ils ont couvert, en 1813, une très-grande étendue du pays.

On cite des aérolithes fort extraordinaires par leur grosseur. Le sixième volume des *Transactions philosophiques* rapporte qu'un de ces corps, dont le volume fut estimé à plus de soixante millions de quintaux métriques, est passé à 36 kilomètres de la terre, avec une vitesse de 28 kilomètres par seconde : le choc d'une telle masse aurait eu certainement de graves conséquences pour notre planète. Il n'y a certainement pas plus de différence entre la masse d'un tel aérolithe et l'une des petites planètes télescopiques, qu'entre la masse de Mercure et celle du soleil.

AÉROSTATION. Les progrès obtenus dans cette science et l'impulsion qu'elle a reçue dans ces derniers temps, font espérer qu'elle pourra devenir utile à l'astronomie, en permettant des expériences sur les réfractions à de grandes hauteurs, et particulièrement sur celles qui doivent se manifester dans le cône d'ombre projeté par la lune pendant les éclipses de soleil.

On obtiendra sans doute aussi des observations exactes sur la dégradation des couches d'air qu'on suppose se continuer au delà des limites où l'on n'a pu encore parvenir dans notre atmosphère.

AFFAISSEMENTS (*Système des*). Certains géologues, d'accord en cela avec l'opinion vulgaire, attribuent exclusivement l'existence des montagnes à l'action d'une force intérieure ayant *soulevé*, sur quelques points, la surface primitive de la terre.

La théorie contraire, c'est-à-dire leur formation par voie d'*affaissement*, paraît aujourd'hui plus généralement adoptée.

Il est certain que notre planète, originairement incandescente, a dû peu à peu se refroidir et se consolider d'abord à l'extérieur, qui, suivant les lois de la dynamique, avait pris la forme d'une sphère aplatie sous les pôles de rotation.

Et comme tous les corps se resserrent en se refroidissant, l'enveloppe primitive de notre globe, portant sur la masse intérieure toujours liquide, a été nécessairement plus volumineuse auparavant qu'après les époques successives de refroidissement.

De là sont résultés des plissements, des ruptures et *des affaissements à la surface*, tandis que des parties plus solides conservaient leur position première. Certaines portions, en s'enfonçant, d'un côté, dans la masse liquide, ont pu se relever, de l'autre, au-dessus du niveau originaire.

On peut aussi concevoir que, la température générale de la planète venant à s'abaisser, l'épaisse nébulosité qui l'accompagnait à distance tendait à s'en rapprocher; que ses gaz et ses vapeurs, pouvant enfin se condenser, se sont précipités sur la terre en y occasionnant encore des affaissements et des dislocations par le contact des eaux avec la matière intérieure qu'elles venaient à rencontrer.

Ainsi, sauf quelques exceptions, les principales chaînes de montagnes auraient été formées par la chute et l'affaissement des parties environnantes.

On a constaté que les régions de l'Aral et de la mer Caspienne se sont affaissées au-dessous du niveau qu'elles avaient autrefois, pendant que, par une action contraire, les côtes de la Baltique se relèvent de plus en plus.

Les montagnes volcaniques sont d'une formation plus récente, et le produit de substances intérieures soulevées et rejetées par une force sous-jacente, comme on peut encore l'observer aujourd'hui.

Un grand nombre de montagnes observées sur la lune ont cette dernière origine, mais il n'en est pas de même pour les grands espaces connus sous le nom de *taches*. Ce sont en réalité *des affaissements* au-dessous du niveau moyen de la surface, et qui devaient former le lit des mers lorsqu'il en existait sur notre satellite. (*Voyez* Surface de la terre.)

AGE DE LA TERRE. Selon les Juifs, la création de notre globe, pour lequel le soleil et la lumière, la lune, les étoiles, et par conséquent tous les corps de l'univers auraient été faits, ne remonterait, du 13 septembre 1855, qu'à 5,616 années, et suivant les computations de la période julienne, à 6,568 ans.

Les Indiens, les Égyptiens, les Chinois et autres anciens peuples de l'Asie conservent des traditions bien différentes et qu'il est fort difficile d'accorder, comme toutes les suppositions auxquelles manquent l'épreuve et les calculs de la science.

Ainsi, quand le physicien veut, indépendamment des relations de Moïse auxquelles nos croyances religieuses attribuent l'autorité de la parole divine, rechercher dans la nature même l'époque originaire de notre petite planète, il lui faut compter au moins par *quinze millions d'années chacun des six jours de la création.*

Tout atteste, en effet, l'incandescence primitive et l'entière fusion de la terre ; or, si, d'un côté, l'on considère sa masse, et, de l'autre, la loi de refroidissement des laves, des basaltes et autres matières fondues, on trouvera qu'il a fallu plus de *cent millions d'années* pour faire passer à l'état solide son enveloppe actuelle.

Si le géologue, en retrouvant parmi les couches de houille certaines plantes qui ne peuvent végéter aujourd'hui que sous une température moyenne de **28** *degrés*, cherche le laps de temps nécessaire pour abaisser cette température à la moyenne actuelle de 10 *degrés*, c'est encore *neuf millions* d'années qu'il doit ajouter à l'ancienneté de la terre.

Que la puissance suprême, suspendant le cours du temps et les lois générales du monde, ait pu établir, *en un instant*, la consolidation des matières ignées qui ont formé notre globe, un tel miracle est tout aussi simple, aux yeux de la foi, que celui de Josué arrêtant le soleil, ou seulement la terre dans sa rotation diurne ; mais alors *à quoi bon* cette fusion primitive de notre globe, ainsi que celle de tous les autres découverts et bien observés depuis les récits de l'Écriture ?

En ceci comme en beaucoup d'autres points, il est à croire que le législateur du peuple de Dieu l'a fait parler selon les hommes qu'il avait à diriger et les connaissances physiques de son temps ; bien des siècles après lui, on croyait encore la terre une surface plate où s'étaient accrus et dispersés les premiers hommes et quelques milliers d'animaux, sous un firmament de cristal au-dessus duquel tournaient journellement la lune, le soleil et les étoiles créés tout exprès pour les éclairer. Les plus anciens législateurs n'avaient aucune idée des glaces polaires, de l'étendue des océans et des continents qu'ils entourent ; ils ignoraient la multitude des planètes, dont plusieurs sont beaucoup plus considérables que la nôtre ; la nature, la distance et l'innombrable quantité des étoiles que les instruments nous ont fait connaître ; ils ne pouvaient supposer la rotation de la terre ; sa circulation annuelle autour du soleil et la stabilité relative de cet astre immense ; ils n'avaient pas interrogé, comme les voyageurs modernes, les atterrissements du Nil, de l'Indus et des autres grands fleuves; mesuré année par année l'accroissement successif de leurs immenses deltas ; reconnu les nombreux systèmes de montagnes produites par les convulsions intérieures, à mesure que l'enveloppe de la terre se resserrait en se refroidissant ; ils n'avaient pas observé ces nombreuses couches de laves superposées, émissions volcaniques dont *la dernière* n'a pas même laissé de trace dans les traditions de la race humaine.

Les glaces maintenant amoncelées aux pôles, où l'on a retrouvé des collines entières formées de bois à tous les états, ne s'y sont établies et augmentées que successivement, puisqu'à l'origine l'incandescence était universelle. Une végétation si vigoureuse dans ces régions aujourd'hui stériles attesterait seule des milliers de siècles de refroidissement et de vieillesse.

Si l'on veut consulter l'astronomie sur l'époque de la création, voici d'abord ce qu'elle va répondre :

Ces myriades d'étoiles que vos yeux ne peuvent apercevoir sans le secours des instruments modernes ont été inconnues aux générations précédentes, qui, sur les milliards actuellement observables, n'en pouvaient distinguer plus de quatre mille. Elles n'ont donc pas été créées pour la terre, ni pour ses habitants.

Toutes sont de la même nature que l'étoile la plus rapprochée de nous, c'est-à-dire, que *notre soleil,* autour duquel la terre et tous les autres corps de notre monde particulier accomplissent leurs révolutions ; sa formation a donc précédé celle de ses satellites.

Or sa lumière ne nous arrive pas *instantanément,* comme on le croyait autrefois ; elle met plus de huit minutes à franchir la distance qui nous en sépare ; et comme les étoiles qui en sont les plus voisines, telles que α du Centaure, sont, *de science certaine,* plus de deux cent mille fois plus loin, il est évident que les rayons qu'elles émettent ne peuvent arriver à la terre *en moins de trois ans.* D'autres encore cent fois, mille fois plus éloignées en moins de 300, et de 3,000 années. Voilà maintenant des nébuleuses, dont l'image, imperceptible avec d'autres instruments, vient se réfléchir au miroir d'un gigantesque télescope : eh bien ! la lumière de ces groupes d'étoiles, pour arriver à la place où se trouve notre monde solaire, doit employer au moins *cinq cent mille années !*

Qu'il soit donc permis de croire qu'un nouveau Moïse s'exprimerait différemment aujourd'hui !

Veut-on fermer les yeux devant ces preuves lumineuses de l'antiquité de l'univers, et se borner à rechercher l'âge de notre planète.

dans les monuments ou les traces matérielles de ses anciens peuples, nous serons obligés de dépasser encore les temps assignés au *commencement des choses par* le législateur des Juifs. Selon les récits de Moïse, le déluge universel aurait eu lieu vers l'an 2300 avant notre ère; or les observations astronomiques de Babylone envoyées à Aristote par Calisthènes remontent, sans interruption, jusqu'à *soixante-trois ans après* la date assignée à un tel cataclysme *dont elle ne font aucune mention!*

Comment admettre que la seule famille de Noé ait pu, dans un intervalle aussi court, s'accroître au point de bâtir cette ville en Chaldée et d'y fonder un collége de prêtres observateurs?

Suivant les recherches du savant Bailly, les peuples que nous considérons comme les plus anciens auraient eux-mêmes été précédés par d'autres descendus soit du nord, soit des montagnes de la Tartarie et de la haute Égypte. On peut se faire une idée des longues périodes qu'il faut à la race humaine pour parvenir à un certain degré de civilisation, par les tribus encore sauvages de l'intérieur de l'Amérique, de l'Afrique et même de l'Asie, où les Anglais viennent de découvrir au nord du Bengale, au milieu de l'ancienne civilisation, une peuplade encore à l'état de barbarie. Ces habitants, nommés Schonds, cachés et renfermés par de hautes montagnes, sont antérieurs à la conquête de l'Inde, et faisaient encore à la terre des sacrifices humains pour se la rendre propice. Il en a été de même pour les animaux et les végétaux dont aucune des espèces actuelles n'existait dans les premiers âges de la terre habitable.

Les zodiaques indiens et égyptiens échappés aux dévastations auraient quinze mille années d'existence si les figures allégoriques qui y sont sculptées désignaient le lever cosmique des constellations, et seulement 4,500 ans en admettant, avec certains commentateurs, qu'elles indiquent leurs levers acroniques, ou du soir.

Les roches de la Thébaïde dont on a construit les temples égyptiens et leurs pyramides montrent encore *vives* et *rosées* les entailles des outils qui en ont séparé des blocs, tandis que les parties voisines sont recouvertes d'un vernis noir et luisant; quel temps a-t-il fallu à la nature pour donner cet aspect aux masses intactes si des entailles de cinquante siècles paraissent encore si récentes?

Il faudra remonter bien plus loin, si l'on veut tenir compte du temps employé à la *pétrification* de ces roches où l'on peut distinguer les espèces de coquilles entrées dans leur composition.

Platon, à son retour d'Égypte, racontait qu'il y avait vu des sculptures faites depuis dix mille années, et qui étaient aussi belles que celles de la Grèce.

Hérodote a écrit que pendant une période de 11,340 ans, on a vu le soleil se lever huit fois aux lieux où il se couche, ce qui veut dire que cet astre avait coïncidé autant de fois à la même étoile; or huit fois 1,417 années de 365 jours 1/4 temps après lequel le soleil se retrouve au même point du ciel, font à 4 années près le nombre indiqué par ce premier des historiens.

La découverte faite en 1851 des souterrains de Sakarah (ancienne Memphis), où dans la chambre encore intacte d'un Apis l'on a trouvé, entre autres précieux documents sur les dynasties égyptiennes, la preuve que cette chambre sépulcrale avait été consacrée par Scha-en-Djoim, fils de Ramsès le Grand (Sésostris), de la XIXe dynastie, fait remonter cette consécration à trente-trois siècles avant notre ère. Le tombeau de Meukères ou Mycérinus, découvert par Wyse, est de plus de 4,000 années avant J. C. Dans un temple fondé sous la IVe dynastie, se trouvent des chambres et des galeries en blocs gigantesques d'albâtre et de granit, où l'on a trouvé des statues et des bijoux ciselés, dont le travail peut soutenir la comparaison avec les produits modernes.

Combien de siècles avaient dû s'écouler avant que les descendants des premiers hommes aient pu ériger de tels monuments et fait de telles œuvres d'art, *il y a 6,000 années!*

AGE DE LA LUNE. On suppose que cet astre se renouvelle à chaque conjonction; son âge est donc toujours compté depuis cet instant, qui n'est pas celui où le croissant reparaît, mais celui qui partage ce moment et le temps écoulé depuis que le bord opposé a cessé d'être visible. Entre deux néoménies comme entre deux pleines lunes, ou entre deux quartiers, il s'écoule 29^j 12^h 44^m 2^s, 9, et cette durée ou lunaison a fait établir alternativement des mois lunaires de 29 et de 30 jours, qu'on fait accorder avec l'année solaire en intercalant 7 lunaisons en 19 ans; c'est au moyen de ce calcul que Méthon a composé la période connue sous le nom de *Nombre d'or.*

Si l'on connaît l'âge de la lune, c'est-à-dire le temps écoulé depuis la néoménie, on peut savoir d'avance la date de toutes les suivantes, et par conséquent l'âge de la lune à une époque quelconque. En faisant chaque année de douze lunaisons et intercalant sept lunaisons par 19 ans, l'erreur ne serait que d'un jour après deux siècles.

L'âge de la lune, ou le temps écoulé depuis la nouvelle lune, est *l'épacte astronomique*.

AIGLE (L'). Constellation placée au-dessous du Cygne et de la Lyre ; elle se distingue par trois étoiles voisine et sur la même ligne ; celle du milieu, nommée *Altaïr*, est de première grandeur, et passe au méridien vers le 1er septembre, à neuf heures du soir ; celle supérieure γ est de troisième grandeur, et β celle au-dessous est de quatrième ; au-dessus et très-près d'Altaïr, sur la gauche, les lunettes font distinguer une petite étoile qu'on ne peut apercevoir à la vue simple ; deux autres tertiaires voisines, ε et ζ, dont la première est double, sont situées à droite vers α d'Ophichus au-dessous d'Albiréo. Cette constellation comprend encore du côté opposé et inférieur *Antinoüs*, dont une tertiaire θ, voisine de l'équateur, marque la main droite, et λ le pied gauche ; une étoile semblable δ, à 4 degrés au-dessus de cette ligne, indique l'épaule ; et enfin une quartaire η, qui est variable, se trouve entre θ et δ sur la même ligne.

AIGUILLE AIMANTÉE. On connaissait à la Chine, 250 ans avant notre ère, la propriété qu'a l'aimant de tourner vers le nord les pointes qui en sont chargées ; Thalès la connaissait six cents ans auparavant ; mais ce ne fut qu'en 1150 qu'on en fit usage en Europe pour s'orienter.

On obtient la méridienne avec une boussole, si l'on fait correspondre la pointe aimantée au degré du cadran qui indique le nord suivant la déclinaison du lieu : à Paris, cette déclinaison était de 20° 10′ 8″ le 2 septembre 1854 ; *l'inclinaison*, qui varie de 3′ degré par année, était de 66° 28′ au 4 décembre de la même année.

Les zones de déclinaison de la boussole sont maintenant généralement connues, et paraissent dépendre des courants magnétiques annuellement variables, mais toujours en rapport avec la position de la terre relativement au soleil. Selon quelques astronomes, les taches observées à la surface de cet astre auraient une certaine influence sur *cette loi générale*.

En profitant des observations du colonel Sabine, le P. Secchi de l'Observatoire romain, est parvenu à les combiner de manière à démontrer que la loi d'opposition signalée dans les pays tropicaux, comme en rapport avec la déclinaison solaire, subsiste aussi pour toutes les autres régions du globe, c'est-à-dire que le soleil exerce partout sur la terre une action magnétique opposée, selon qu'il se trouve au nord ou au sud de l'équateur.

La seule inspection des courbes horaires, tracées par la déclinaison de cet astre pendant chaque mois, démontre, dit ce savant, qu'elles produisent, *par interférence*, toutes les variations observées dans les différentes saisons, et font de plus supposer très-vraisemblablement que le soleil agit comme un aimant sur la terre.

On doit néanmoins reconnaître que, si les relations de distance et de positions angulaires du soleil suffisent à expliquer les oscillations périodiques, l'action des causes météorologiques occasionne parfois les perturbations extraordinaires de l'aiguille, comme celles remarquées dans les courants magnétiques réguliers. *Voyez* DÉCLINAISON et INCLINAISON.

AIR. Ce milieu fluide, mélange de 79 parties d'azote et de 21 d'oxygène, en outre d'une certaine quantité de vapeurs aqueuses dans les couches inférieures, enveloppe la terre; il ne se rapporte à l'astronomie que par l'influence qu'il exerce sur les phénomènes lumineux et les instruments d'observation. Naturellement bleu, parce que ses molécules sphériques ont l'épaisseur qui satisfait à la réflexion du rayon de cette couleur, il réfléchit, réfracte et éteint la lumière.

L'air des couches inférieures, comprimé par le poids des couches supérieures, s'échauffe, puis s'élève et se refroidit en se dilatant dans les hautes régions de notre atmosphère; les courants ainsi produits donnent aux pentes des montagnes la basse température qu'on y éprouve. Aussi dit-on justement qu'il neige sur les hauteurs quand il pleut dans la plaine; c'est aussi la cause qui fait gonfler au sommet d'une montagne une vessie contenant de l'air pris à sa base.

Son poids à la température de zéro est de 1er, 293, 187 pour un litre, et fait à Paris équilibre à une colonne de mercure de 76 centimètres environ, ou à une colonne d'eau de 10^m 345. Cette propriété élastique de l'air, qui décroît proportionnellement avec la température et l'élévation au-dessus du niveau des mers, sert à mesurer la hauteur des montagnes : ainsi au sommet du Puy-de-Dôme, dont la hauteur est de 1,465^m, le baromètre s'abaisse à 70^c 1/2. Il descend à 42^c à la cime du mont Blanc, élevée de 4810^m. Il existe des tables calculées selon l'état de la température qui décroît de 1° par 150 à 200^m d'élévation. suivant les lieux. *Voyez* ATMOSPHÈRE.

AIRE. C'est l'espace parcouru, dans un temps donné, par le rayon d'un cercle ou d'une ellipse ; suivant la première des lois de Képler, les rayons vecteurs, c'est-à-dire les lignes qu'on suppose pivoter sur le centre du soleil, décrivent des *aires proportionnelles aux temps;* comme il est toujours facile de reconnaître le mouvement d'un corps céleste en comparant l'arc qu'il décrit, dans un temps donné, avec celui de tout autre corps dont la durée de révolution est déjà connue, on obtient sa distance moyenne au centre du soleil.

ALAMAC. Étoile entre la deuxième et la troisième grandeur, située au-dessous de Cassiopée, et marquant le pied d'Andromède dans la figure de cette constellation. Elle se trouve la quatrième dans la ligne des cinq étoiles équidistantes formant une ligne courbe de la diagonale du carré de Pégase à la *luisante* de Persée.

ALBATÉGNIUS. Prince et astronome arabe très-savant, qui réforma une partie des travaux de Ptolémée. Il indiqua qu'une seule loi régissait les corps célestes, et fit un Traité de la science des étoiles... On ne sait rien de plus sur lui que l'époque de sa mort, se rapportant à l'an 929 de notre ère.

ALCOR (*Le témoin*). Les Arabes avaient donné ce nom à une étoile aujourd'hui de cinquième à sixième grandeur, parce qu'elle servait alors *d'épreuve* pour la bonté de la vue. Il paraît que depuis son éclat a augmenté, puisque maintenant on peut aisément la distinguer à environ 12′ de degré à gauche et un peu au-dessus de mizar, étoile secondaire marquant le milieu dans la queue de la grande Ourse.

ALCYONE. Étoile de troisième grandeur (tertiaire), la plus brillante des Pléiades, marquée η dans les cartes célestes.

Madler et d'autres astronomes modernes indiquent cette étoile comme le centre de gravité autour duquel notre monde solaire circulerait dans l'espace; mais l'observation des mouvements propres et arbitraires des étoiles n'est pas encore assez ancienne pour qu'on adopte cette idée ; c'est au temps à la confirmer ou à la modifier.

ALDÉBARAN. Étoile de première grandeur, d'une teinte un

peu rouge, placée à l'œil du Taureau dans les figures qui représentent cette constellation zodiacale. Elle se distingue à l'extrémité de la ligne inférieure d'un V oblique formé par les cinq étoiles des Hyades, sur la direction qui, partant du pôle boréal, passe entre Persée et la Chèvre. Elle était chez les Égyptiens l'une des quatre étoiles royales, et passe au méridien 12 heures environ après Antarès du Scorpion, à laquelle elle est opposée.

ALEMBERT (D'). On doit à ce profond mathématicien, fils naturel de madame de Tencin et de Destouches, l'explication de la précession des équinoxes, la résolution du problème des trois corps, et un Traité des recherches sur le système du monde. Né en 1717, il est mort à l'âge de soixante-six ans.

ALGÉNIB. C'est le nom arabe de l'étoile secondaire marquant l'angle inférieur et à gauche du grand carré de Pégase, sur le prolongement d'une ligne allant de l'étoile δ de la grande Ourse à l'étoile polaire et passant par l'étoile β de Cassiopée.

ALGOL (*Tête de Méduse*). Étoile *changeante*, entourée d'un groupe de petites étoiles au-dessous de l'arc de Persée, et indiquée β dans cette constellation sur les cartes qui la représentent.

Pendant $2^{j.}13^{h.}1/2$ on la voit de deuxième grandeur ; ensuite elle descend à la quatrième en $3^{h.}1/2$, y reste un quart d'heure, et revient progressivement à la deuxième en $3^{h.}1/2$. La période totale est de $2^{j.}20^{h.}49^{m.}$; mais, d'après les récentes observations de Goudrieke, elle tend à s'abréger graduellement pour s'accélérer sans doute de nouveau, ainsi que cela a lieu dans d'autres combinaisons stellaires.

Un intervalle aussi court et aussi régulier dans l'intensité lumineuse fait nécessairement supposer qu'un corps opaque et planétaire vient, pendant ce temps, s'interposer sur une partie du disque de cette étoile.

Ses variations furent remarquées à l'œil nu par un fermier des environs de Dresde, nommé Palitzch, qui s'était rendu familière la situation des astres en les observant avec assiduité. Ce fut lui, dit-on, qui découvrit à la vue simple la comète de Halley en 1756, un mois avant tous les astronomes, qui, les yeux à leurs lunettes, épiaient vainement son retour.

ALIDADE. Règle munie de deux pinnules, et mobile autour

d'un cercle gradué; la ligne de vision indique ainsi les degrés angulaires à partir du point déterminé sur ce cercle. Tycho-Brahé ainsi qu'Hévellius mesuraient très-exactement les astres avec des alidades perfectionnées, mais en s'obstinant à ne pas y attacher de lunettes que Morin, en 1634, avait imaginé d'appliquer aux instruments d'observation.

ALMAGESTE. Résumé des connaissances géométriques et astronomiques des temps antérieurs à Ptolémée, qui, sous Marc-Aurèle, les fit graver dans le temple de Minerve à Alexandrie, pour les conserver à la postérité. Frédéric II fit traduire ce recueil de l'arabe en latin vers l'an 1230; il l'avait été du grec en arabe vers l'année 800, par l'ordre du calife Alma-Moun.

Cette collection paraissait d'autant plus précieuse que pendant longtemps elle fut le seul document scientifique qu'on croyait échappé à la destruction des barbares.

ALMANACH. Dans toutes les langues orientales, *man* signifie la lune, et, comme les mois étaient comptés par lunaison, le mot d'almanach a été d'abord employé pour *celui de calendrier*. Ces publications jouissent d'une grande faveur, parce qu'elles contiennent des recettes, des conseils et surtout des prédictions, auxquelles le vulgaire croit bien plutôt qu'aux préceptes de la vraie science et aux sages leçons de l'expérience.

Les calendriers romains étaient déjà accompagnés de pronostics sur le temps, d'après des observations et des remarques puériles et contradictoires, que Pline nous a transmises. Ils indiquaient les jours *néfastes*, comme maintenant encore quelques almanachs populaires indiquent les jours bons pour semer ou se mettre en voyage.

L'astrologie, longtemps en possession d'expliquer seule les phénomènes célestes, composait les almanachs, qu'une seule prédiction favorisée par le hasard rendait à jamais célèbres.

Régiomontanus, médecin de Provence, publia, depuis 1550 jusqu'à sa mort, un almanach qui renfermait des prédictions sur le temps, en outre de ses centuries en vers inintelligibles, dans lesquels il annonçait les événements futurs les plus remarquables.

Les almanachs de Matthieu Laensberg, publiés à Liége, eurent une grande vogue, surtout après que, celui de 1774 ayant annoncé qu'une *dame des plus favorisées jouerait son dernier rôle au mois d'avril*, on put rapporter cette prédiction à la disgrâce de Mme Du-barry, pendant la maladie de Louis XV.

On cite encore les almanachs de Nostradamus et même ceux de Rabelais, qui du moins se moquait le premier de ses pronostics.

Arago raconte, d'après Lagrange, que l'académie de Berlin ayant voulu supprimer de son ancien almanach les pronostics qu'il renfermait, à la honte de la science, en vit le débit décroître tel-lement qu'elle fut obligée de revenir aux anciens errements pour conserver son principal revenu fondé sur de telles annonces.

Aujourd'hui cependant, les annuaires et les publications des so-ciétés savantes, affranchies de cette nécessité, combattent autant que possible les préjugés longtemps entretenus par le charlatanisme et subsistant encore dans toutes les classes. *Voyez* CALENDRIER.

ALPHERAT ou **SIRRAH**. Étoile secondaire de la constellation d'Andromède, et marquant à gauche l'angle supérieur du grand carré de Pégase; cette étoile étant située à 41ˢ,60 de temps du point origine, c'est-à-dire de celui qui marque sur l'équateur l'équinoxe du printemps, peut indiquer la hauteur de cette ligne sur l'horizon quand elle passe au méridien.

ALPHONSE. Ce roi de Castille, grand amateur de la science astronomique, frappé des irrégularités contraires à la simplicité et à la grandeur des lois qui ont dû présider à la création, déclara, dit-on, dans une assemblée scientifique, que si Dieu l'avait appelé à son conseil, les choses de ce monde eussent été mieux ordonnées.

Il fut accusé d'impiété et détrôné à cause de ces paroles, mal interprétées par les inquisiteurs d'alors.

ALTAIR. Étoile primaire double et jaunâtre de la constellation de l'Aigle; elle se trouve entre deux tertiaires formant une ligne oblique dirigée au nord vers la Lyre. *Voyez* AIGLE.

ALTITUDE. On emploie cette expression pour désigner la dis-tance verticale d'un point au-dessus du sol ou du niveau des mers. La *hauteur* d'un astre est la valeur de l'angle formé par le rayon visuel et par le plan horizontal de l'observateur.

AMPHITRITE. Petite planète trouvée simultanément le 1er mars 1854, à Londres par M. Marth, et à Paris par M. Chacornac, à l'Observatoire. Elle a l'apparence d'une étoile de neuvième à dixième grandeur, et circule entre Mars et Jupiter à une distance de 2,553 du soleil, sous une inclinaison de 6° 7'41" relativement à l'écliptique. La durée de sa révolution sidérale, calculée par M. J. Vilarceau, est de 4 ans, 38 j., 7 h. 1/2 environ; l'excentricité de son orbite est de 0,0745.

AMPLIFICATION. Les instruments d'observation ont pour but d'amplifier les angles que les objets placés à distance présentent à la vision naturelle.

Une lunette grossissant trente fois, comme celle construite par Galilée, doit donc amplifier trente fois dans tous les sens l'objet observé à l'œil nu. Il est entendu que, la valeur angulaire étant proportionnelle à la distance de l'œil à l'objet, il convient préalablement de déterminer la base d'où l'on puisse combiner la portée de la vision naturelle avec les instruments.

Pour les objets très-éloignés on suppose l'angle de vision tel qu'il serait si l'œil était à la place et au centre de l'objectif.

La valeur de l'amplification dépend du champ de vision que peut embrasser l'objectif et de la force de l'oculaire : si, par exemple, ce champ est de 20 centimètres et l'oculaire de 4, l'amplification sera de cinq fois, et de dix fois avec un oculaire de 2 centimètres.

Dans les télescopes ou réflecteurs, elle égale le quotient du miroir concave observé à travers l'oculaire.

Il est difficile de se persuader que les astres observés aient réellement l'amplification indiquée par les constructeurs; que la lune, par exemple, examinée avec un grossissement de dix fois, puisse offrir une surface cent fois plus grande que le disque apparent; cela tient à une illusion des sens, et surtout au défaut d'habitude dans l'observation.

Pour faire cesser une telle incrédulité, il suffit d'examiner plusieurs fois la lune avec un œil à la lunette, et simplement avec l'autre : les grandeurs relatives en deviendront alors plus sensibles. On peut encore s'assurer que *vingt* tuiles de la couverture d'un toit éloigné ne présentent pas plus de surface avec un grossissement de dix fois que *deux* des mêmes tuiles observées à l'œil nu.

Aujourd'hui les verriers produisent des objectifs et des lentilles qui grossissent ou rapprochent les objets beaucoup plus que le grand télescope d'Herschell, dont l'amplification pouvait être portée jusqu'à six mille fois.

Déjà l'un des télescopes établi à Parsontown par lord Rosse a fait découvrir des particularités nouvelles et décomposer en étoiles des nébuleuses que le grand astronome croyait uniquement formées de matière diffuse et phosphorescente. Le pouvoir amplifiant des globes de cristal, creux et remplis d'eau, était connu des anciens; on a même trouvé dans les fouilles de Ninive une petite lentille plano-convexe qui semble avoir appartenu à quelque instrument d'optique. *Voyez* GROSSISSEMENT DES LUNETTES.

AMPLITUDE. C'est l'étendue de la courbe décrite par un astre depuis le point où il se lève jusqu'à celui où il se couche, et dont le milieu indique le méridien. Les étoiles ont ainsi des amplitudes d'autant plus grande qu'elles sont plus voisines de l'équateur céleste, dans leur marche apparente d'orient en occident. L'observation de cette amplitude est utile aux marins, parce que la déviation de l'aiguille aimantée étant égale à la différence entre l'amplitude occidentale *calculée* et celle *observée* au compas, si l'on voit que le coucher d'un astre ait lieu dans une autre partie du compas que celle indiquée par le calcul, la cause n'en peut s'attribuer qu'à la déviation véritable de l'aiguille vers le nord.

AN. La terre, tournant chaque jour sur elle-même d'occident en en orient, parallèlement à l'équateur, circule continuellement autour du soleil en suivant toujours, parmi les étoiles, la même trace qu'on nomme l'écliptique. A la réalité de ce double mouvement, on substituait autrefois celui plus apparent du soleil autour de notre petite planète, et l'on dit encore aujourd'hui que l'année est révolue quand cet astre est revenu à la même étoile, ou correspond au même point qu'il paraissait occuper à la fin de sa révolution précédente.

Cette durée tropique ou le retour à la même équinoxe est exactement de 366,242,217 jours sidéraux (366^{j}·, 5^{h}·, 48^{m}·, 47^{s}·, 550^{t}·).

Mais comme le mouvement annuel de la terre semble faire rétrograder, chaque jour, de 4 minutes le soleil sur les étoiles, il en résulte que, pour tout observateur, cet astre passe au méridien une fois de plus par année que ces étoiles; ce qui fait compter un jour solaire de moins, et réduit l'année à 365 jours solaires, avec la même fraction que celle précédemment indiquée.

Il en est de même pour un voyageur faisant le tour de la terre de l'est à l'ouest, c'est-à-dire en sens opposé à celui de rotation diurne.

et qui, à son retour, se trouve avoir compté *un jour de moins* que les habitants du lieu.

Sans l'exactitude que l'astronomie a pu enfin obtenir dans la mesure de l'année, toutes les saisons, les époques des travaux et des récoltes, des débordements et des expéditions maritimes, les fêtes et les dates historiques, seraient insensiblement déplacées, ainsi que dans les anciens temps où l'année, d'abord lunaire de 354 jours, fut ensuite de 360, puis de 365 et enfin de 365 1/4, durée seulement approximative, et qu'il faut corriger encore par des bissextiles et des retranchements séculaires. *Voyez* ANNÉE.

ANALÈME. Cette expression a été employée comme projection de la sphère, pour désigner les problèmes à résoudre sur la hauteur, l'heure ou l'azimut d'un astre, l'un de ces éléments étant donné.

ANAXAGORE DE CLAZOMÈNE. Né 500 ans avant J. C., il mourut à Lampsaque, à l'âge de soixante-quatorze ans, ayant séjourné trente ans à Athènes, où il eut pour disciples Archélaüs, Euripide, Périclès et peut-être Socrate. Ce philosophe de l'école ionique s'est beaucoup occupé d'astronomie, de physique, et de la recherche des causes premières; il expliquait les éclipses, et disait que le soleil était une pierre plus grande que le Péloponèse, opinion taxée par Xénophon *de ridicule exagération*. Il enseignait que le mouvement de la sphère céleste, de *l'est à l'ouest,* était produit par l'action des forces *centrifuges,* occasionnant aussi la chute des aérolithes. Que la lune était un corps opaque éclairé par le soleil; que l'éloignement seul des étoiles empêchait de sentir la chaleur de leurs rayons. Son fameux principe : *Tout est dans tout,* indiquait la connexion universelle de toutes les parties primitives entre elles. Rien, disait-il, ne se perd ni ne périt; ce qui est se mêle, se sépare, se décompose et se recompose. Ces premières idées sur les forces de la nature, ainsi que d'autres que ce philosophe émettait sur l'unité de Dieu, et un esprit distinct de la matière, lui suscitèrent de nombreux ennemis, parmi lesquels Démocrite se faisait remarquer; condamné à mort, cette sentence fut commuée en celle de l'exil, par l'influence de Périclès.

ANAXIMANDRE, philosophe grec, disciple de Thalès, chef de l'école ionienne, né à Milet, 611 ans avant J. C.

On lui a attribué l'invention de la sphère céleste, parce qu'il en transporta une d'Égypte avec un zodiaque à Lacédémone.

Il y fit aussi établir le premier gnomon d'après les connaissances qu'il avait acquises dans ses voyages.

Devançant les idées modernes, il disait que les planètes étaient habitées comme la terre, et que les étoiles étaient des soleils qui éclairaient d'autres mondes.

Ce philosophe, ne pouvant pas néanmoins concevoir qu'un corps céleste puisse rester suspendu dans l'espace, croyait, ainsi qu'Anaximènes, Aristote, Pythagore, Eudoxe et Euclide, les meilleurs des astronomes et géomètres de la Grèce, que les cieux étaient solides et que des sphères de cristal, emboîtées les unes dans les autres, servaient de supports aux planètes comme au soleil, à la lune et à toutes les étoiles fixées à la surface de la dernière de ces sphères. Cicéron, un peu avant notre ère, était encore de cette opinion, base de toutes les anciennes théories astronomiques, et qui ne fut mise en doute que du temps de Sénèque.

ANDROMÈDE. Constellation comprenant trois étoiles de première à troisième grandeur, équidistantes, disposées en ligne courbe sur le prolongement de la diagonale du carré de Pégase, allant ensuite jusqu'à Persée, au-dessous de Cassiopée : la première, α, qui marque la tête d'Andromède et complète le carré de Pégase, se nomme *Sirrah* ou *Alpherat ;* celle du milieu, β, s'appelle *Mirach*, et la troisième, γ, *Alamak*. La première de ces étoiles passe au méridien 41′ 60 après le point équinoxial, pris pour origine des longitudes célestes ou de l'ascension droite des étoiles. Au-dessus de Mirach et près de l'étoile ν, vers Cassiopée, l'on peut apercevoir à la vue simple une très-belle nébuleuse ayant la forme d'un fuseau et figuré au n° 3 de la planche IV ; les fortes lunettes la décomposent en étoiles. La constellation d'Andromède est au zénith de Paris le 1er novembre, vers neuf heures du soir.

ANES *du Cancer.* On appelle ainsi les étoiles δ et γ entre lesquelles se trouve un groupe de petites étoiles ou nébuleuse dite le *Præsepe* ou l'Étable. Suivant les fables grecques, c'est la monture de Bacchus, ou ceux dont les cris ont effrayé les Titans révoltés contre Jupiter.

ANGLE. Lorsque deux lignes se rencontrent en un point, l'espace qui existe entre elles est l'angle qu'elles sous-tendent. A quelque distance que les lignes soient prolongées, la mesure de l'angle est toujours la même, c'est-à-dire du même nombre de degrés, sur les circon-

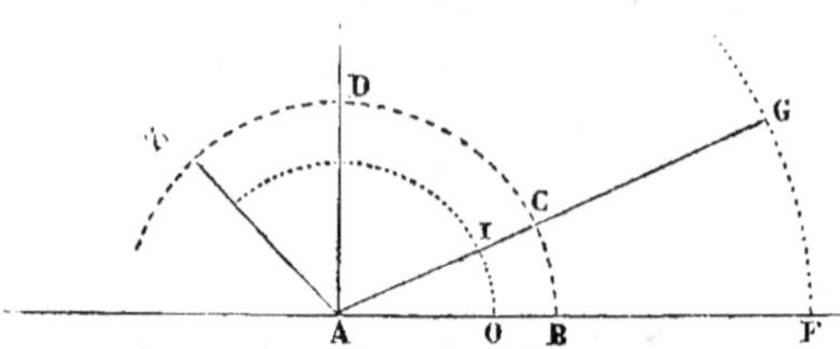

férences ou les arcs qu'on peut tracer autour du même centre comme sommet ou point de rencontre. L'angle *droit* BAD est de 90°; BAC, qui a moins de 90°, est un angle *aigu;* BAZ, qui a plus de 90°, est un angle *obtus;* les angles OAI, BAC, FAG ont la même mesure, malgré la différence de leurs côtés.

C'est au moyen de cette figure qu'on peut évaluer le diamètre et la distance des objets les plus éloignés.

On obtient la distance qu'on ne peut mesurer directement à cause d'un obstacle interposé en cherchant d'abord avec le gra-

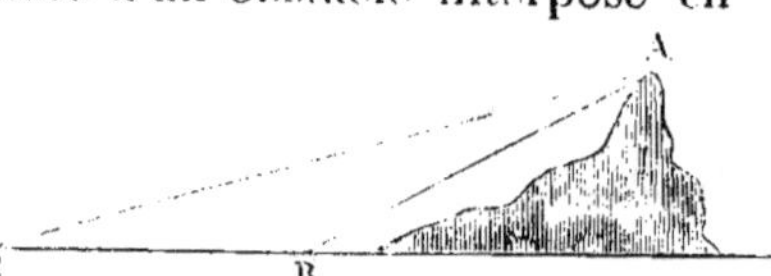

phomètre, ou tout autre instrument convenable, l'angle que, par exemple, l'objet A, dont il s'agit d'apprécier l'éloignement, sous-tend d'un point B, derrière lequel on puisse s'éloigner dans la même direction, jusqu'à ce que l'objet ne soustende plus que la moitié de l'angle trouvé d'abord. En mesurant l'espace libre entre les deux points d'observation B et C, on aura nécessairement la distance du premier point à l'objet, puisque celle-ci doit être la moitié de la valeur trouvée par un angle moitié plus petit.

Il a été ainsi reconnu qu'à 57 mèt. 30 cent. un objet d'un mètre de hauteur ou de diamètre sous-tend ou mesure un angle de 1°, c'est-à-dire la trois cent soixantième partie du cercle dont le rayon serait la distance de cet objet à l'observateur. Si l'angle n'est que d'une minute, ou de la soixantième partie d'un degré, la distance sera soixante fois plus grande, ou de 3,438 mèt. ; pour une seconde cette distance sera augmentée de soixante fois, ou de 206,280 mèt.

Le rapport très-approximatif du diamètre à la circonférence est de 1 à 3,1415; en doublant le dernier rayon indiqué, le diamètre est 412560ᵐ, lequel multiplié par 3,1415 donne, à 57″ près, les 1,296,000″ dont se compose la circonférence.

Pour la première distance, d'où un objet de 1ᵐ sous-tend un angle de 1°; le rayon 57^m,'30^c étant doublé, si l'on multiplie le diamètre 114^m, 60^c par le même rapport 3,1415, on retrouve encore les 360° de la circonférence.

On peut donc obtenir exactement la distance d'un corps céleste dont on connaît le diamètre, et réciproquement. L'observation d'un corps céleste sous-tendant un angle différent indique que l'on s'est éloigné ou rapproché de ce corps.

D'autres propriétés des angles ont permis de mesurer la distance de la terre aux corps célestes dont on ne pouvait connaître le volume, par exemple : l'éloignement où nous sommes de la lune et du soleil.

On entend par *angle de position*, l'angle formé sur le point central d'un astre par son cercle de longitude et celui de déclinaison ; quand les angles menés d'une étoile au pôle de l'écliptique et à celui de l'équateur (éloignés l'un de l'autre de 23° 1/2 environ) ne sont pas dans le même méridien, les arcs se coupent à leur point central et donnent l'*angle de position*.

Dans les systèmes d'étoiles doubles, la position de la petite se désigne de même.

Les *angles horaires* indiquent comme les azimuts la hauteur d'un astre relativement au pôle, ou la valeur angulaire entre les cercles horaires, laquelle se compte de 0° à 360° sur l'équateur céleste à partir d'un point fixe pris pour origine et dans le sens du mouvement diurne de la sphère.

On appelle angle d'incidence, celui qui est fait par un rayon de lumière tombant obliquement sur une surface réfringente ; il est égal à celui *de refraction*, c'est-à-dire que, relativement au plan perpendiculaire, le rayon incident s'écarte de la même quantité en se réfléchissant dans un même milieu. *Voyez* Incidence, Parallaxe et Triangle.

ANNALES *astronomiques*. Les plus anciens documents de cette nature sont les observations chaldéennes trouvées à Babylone et remontant à l'an 2234 avant J. C.; c'est-à-dire 63 ans seulement après l'époque assignée par les livres juifs au déluge universel, dont elles ne font aucune mention.

Les livres sacrés des prêtres indiens contiennent un certain nombre de faits concernant les choses célestes, que les philosophes de la Grèce allaient y étudier, ainsi qu'auprès des corporations religieuses de l'Égypte.

Les Chinois ont aussi des annales officielles où, pendant 1835 ans, sont rapportées les observations astronomiques, à commencer de l'an 613 avant notre ère. Elles mentionnent surtout l'apparition des étoiles et des comètes extraordinaires, les éclipses et les chutes nombreuses de bolides ou étoiles filantes. Ces annales, connues sous le nom de Ma-touan-lin, ont été compulsées et traduites en partie par E. Biot; elles sont d'ailleurs très-imparfaites et manquent de la précision qui en rendrait seule les observations intéressantes.

ANNEAUX DE SATURNE. Corps opaques et irréguliers dont l'équateur de Saturne paraît entouré comme d'une immense couronne, à la distance de 3,700 myriam. (9,200 lieues). L'intervalle entre la planète et cette couronne, formée de parties concentriques séparées par un intervalle à travers lequel on peut apercevoir l'épaisseur to-

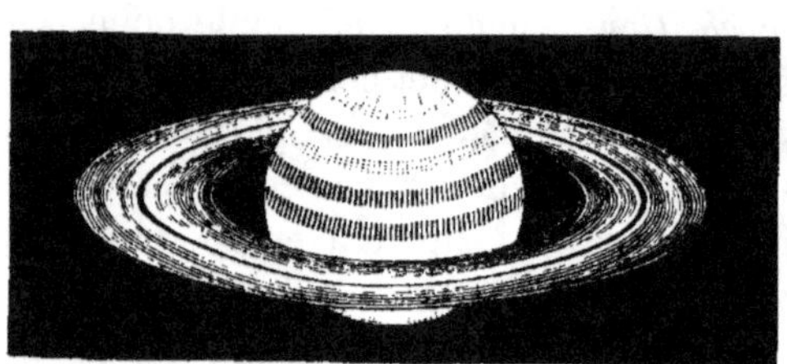

tale des anneaux, est d'environ 3,000 myriamètres (7,500 lieues;) l'espace vide entre ces deux premiers anneaux est d'environ 700 lieues, mais la largeur, ou plutôt sa tranche, à peine visible avec de très-fortes lunettes, est tout au plus de 16 myriamètres (40 lieues).

Short a distingué plusieurs bandes ou parties plus obscures dans l'épaisseur de cette ceinture, ce qui a fait croire à de plus grandes divisions, ou même à une suite d'agglomérations de satellites unis et étendus ensemble lors de leur projection en état de fluidité primitive.

En 1850 M. Bond a reconnu l'existence d'un anneau intérieur moins brillant que les deux premiers, lesquels sont eux-mêmes séparés par un anneau obscur et *transparent*, selon M. Jacob et Lassell.

M. Bond et Struve ont mesuré à Poulkowa les dimensions de l'anneau intérieur aperçu par le premier et qui paraît s'augmenter, puisque sa distance de la planète est aujourd'hui moins grande que du temps d'Huygens.

On peut donc s'attendre à la prochaine jonction de ces deux corps, et peut-être à la destruction de cette forme exceptionnelle dans notre système solaire.

Cet anneau intérieur, observé par M. Lassell, en 1852, de l'île de Malte, n'offrait plus qu'une surface *unie* et obscure; la constitution de cette étendue diaphane paraît donc sujette à des changements très-rapides dans sa forme.

Ces anneaux, où l'on a récemment reconnu des inégalités en forme de montagnes, circulent autour de la planète précisément dans le même temps, et en lui présentant toujours la même face allongée vers elle, ainsi que fait la lune relativement à la terre. Ils semblent environnés d'une atmosphère qui rend visibles les parties non éclairées, par l'effet de ses réfractions. Leur masse a été évaluée par Bessel au 12me à peu près de celle de la planète.

On peut se représenter ce singulier phénomène par une roue en mouvement, dont les rais, disparaissant tout à coup, seraient remplacés par la force invisible de l'attraction universelle, qui unirait seule alors les jantes et le moyeu. *Voyez* Figure des planètes.

ANNÉE. C'est l'*anneau*, le *circuit* du temps, suivant Macrobe. Les astronomes en ont plusieurs de différente durée, dont aucune cependant ne peut s'appliquer exactement à la révolution de la terre dans son orbite : 1° *L'année* solaire ou *tropique*, qui se compte entre deux passages du soleil par le même point : elle est en temps sidéral de 366 j, 5 ^h· 48 ^m· 47^s· 55 quant à présent, car le changement d'obliquité de l'écliptique et la précession des équinoxes la diminue insensiblement; elle se trouve aujourd'hui de 12 secondes plus courte que du temps d'Hipparque, il y a *deux mille ans*. Selon l'Almageste, elle était de 365 j. 5^h· 55^m· 12, et l'année sidérale avait 19 minutes de plus, ce qui donnait à la précession un arc annuel de 46″8 ou de 1° 18′ par siècle, quantité reconnue trop grande. L'année tropique a été fixée par Bessel, pour 1834, à 365 jours, 24221575.

Cette petite différence accumulée par les siècles fait des heures et des jours, dont il faut tenir compte dans les observations comparatives pour vérifier les faits et les phénomènes d'une autre époque. Si la terre avait été l'objet principal de la création de notre univers, sa translation autour du soleil eût été certainement d'un nombre entier de jours; alors chaque équinoxe comme chaque solstice aurait coïncidé toutes les années au commencement du même jour.

On pense que l'année égyptienne fut d'abord de 360 jours, divisés par mois de 30 jours comme le cercle en 360 degrés; mais il fallut bientôt ajouter à ce *circuit du temps* cinq jours complémentaires pour le faire accorder à peu près avec le retour du soleil au même point du ciel.

Les anciens peuples qui voulurent fixer la longueur de l'année par l'ombre des gnomons la trouvèrent d'abord de 365 jours; mais à chacune des années suivantes l'ombre s'éloignait du premier point, et ce ne fut, la quatrième année, que le trois cent soixante-sixième jour qu'elle y revint, ils firent donc l'année de 365ᴶ 1/4. Cette mesure n'était encore qu'une approximation, et plus tard elle fut déterminée plus exactement. Alne Wahendi, astronome arabe, la fixa, vers l'an 800, à 365ᴶ 242181, résultat d'une grande précision.

Les Perses avaient trouvé un mode d'intercalation au moyen duquel 8 jours étaient ajoutés en 33 ans; il n'y avait, après 10,000 années civiles, qu'une différence de deux jours avec l'année astronomique.

2° *L'année civile* se corrige en intercalant un jour au mois de février tous les quatre ans. Ainsi, les années de 365 jours sont comptées comme courantes, et non pas comme écoulées. — Cette intercalation un peu trop forte donnant encore six heures de trop tous les cent ans, le pape Grégoire XIII ordonna la suppression des bissextiles séculaires, sauf pour les années multiples de quatre; ainsi l'an 2000 sera bissextil, et non celui de 1900. Avec cette correction il y aura encore près d'un jour de trop par trente siècles, ce qu'on eût pu éviter en déclarant que chaque quatre millième année serait de 365 jours. Les Russes, qui n'ont pas admis la réforme grégorienne, ont maintenant une année qui commence douze jours après la nôtre, et dans cinquante ans elle sera de 13 jours en retard. Sans les inconvénients qu'entraînerait dans nos habitudes, nos relations avec les autres peuples et la chronologie déjà trop compliquée des *ères* différentes, une nouvelle réforme du calendrier grégorien, il serait aisé de le rendre presque parfait en fixant au solstice d'hiver le commencement de l'année civile, en sorte que chaque saison s'ouvrirait avec le premier jour d'un mois. Celui de février devrait aussi se composer ordinairement de 29 jours et d'un jour de plus dans les années bissextiles, les autres mois seraient alternativement de 30 et de 31 jours.

3° *L'année sidérale*, c'est-à-dire le temps du retour à la même étoile, est de 365ᴶ 6ʰ 9ᵐ 11ˢ,5.

4° *L'année anomalistique* est le temps du retour à l'apside, et surpasse l'année tropique de 25ᵐ 7ˢ·2, durée que la terre met à décrire la portion de son orbite, dont l'apogée et l'équinoxe se sont éloignés.

5° Douze lunaisons de 29ᴶ· 12ʰ· 44ᵐ· 2ˢ· 9, terme moyen, composent *l'année lunaire* de 354ᴶ·, qui a par conséquent environ 11 jours de moins que l'année solaire.

Méton, chez les Athéniens, avait fixé l'année solaire à 365^j· 5/19mes, ce qui la faisait d'environ 30^m· trop longue.

Cet astronome avait aussi compté la révolution synodique de la lune à 29^j· 12^h· 45^m·57^s· 26^t·, au lieu de 29^j· 530589 ou 29^j 12^h· 44^m· 2^s· 9^t·; en sorte que chacune des 19 années de sa période lunaire étant trop grande de 23^m·,5 il en résultait un excédant de plus de 7 heures à la fin de chaque période qui constituait le cycle de Méton ou le *nombre d'or,* dont toutes les phases et les éclipses devaient se représenter dans le même ordre pendant les périodes suivantes. Aussi, par la suite, fut-on obligé de la rectifier.

On avait désigné sous le nom d'*année vague* celle de 365^j·, parce que, l'année solaire ayant environ six heures de plus, les saisons ne correspondaient plus aux mêmes dates après un certain nombre de révolutions.

Après 36 ans elles étaient interverties, mais l'ordre primitif se rétablissait dans les 36 années suivantes, ce qui fit ajouter cinq jours à l'année vague.

Au bout de 730 ans, la fraction d'un quart de jour, qui avait été négligée, ayant produit les mêmes perturbations dans la concordance des saisons avec les phénomènes célestes, on fit une période dite *sothiaque* de 1460 ans vagues, pendant laquelle chaque jour était passé successivement dans toutes les saisons.

Les Turcs et les Arabes éprouvent toujours cet inconvénient parce qu'ils ont conservé le calendrier lunaire primitif de 12 mois de 29 et de 30 jours, en ajoutant seulement un jour au dernier mois, dont le dixième se trouve leur grande fête. Cette intercalation a lieu neuf fois en 30 ans, en sorte que ces années-là sont de 355 jours au lieu de 354. Elles n'ont donc aucun rapport avec la révolution de la terre autour du soleil, ni avec l'ordre des saisons des travaux et des récoltes, puisque, après 17 de ces années, le mois qui commençait l'hiver commence l'été.

L'année des Juifs ne doit jamais commencer le dimanche, le mercredi et le vendredi, pour la faire accorder avec les saisons, et, avec cette condition, il a fallu recourir à des intercalations très-compliquées par suite desquelles les années ont 353, 354, 355, 383, 384 et 385 *jours.*

Dès le onzième siècle, les Persans avaient une année civile, concordant plus exactement que la nôtre actuelle avec l'année tropique, fixant les équinoxes ainsi que les solstices à leur véritable époque. Leur méthode d'intercalation consistait à ajouter 8 jours en 33 ans. Ainsi

10,000 de ces années comprenaient, à deux jours près, le même nombre de jours que 10,000 années astronomiques, tandis que la réforme grégorienne laisse 3 jours de trop après la même période.

En France, sous Charlemagne, l'année commençait le jour de Noël; vers l'année 755, au 1er mars; à Pâques, aux douzième et treizième siècles; au 1er janvier 1563, par un édit de Charles IX.

En Angleterre elle commençait au 25 mars jusqu'à l'année 1752, époque de l'adoption de la réforme grégorienne.

L'Église ne voulant pas commencer l'année par le mois *païen* de Janus, il s'ensuivait des confusions inextricables; ainsi l'an 1347, ayant commencé le 1er avril (jour de Pâques), ne s'était écoulé que le 20 avril suivant à la même fête; cette année de 12 mois et 20 jours avait donc eu *deux* 1ers *avril, deux* 3 *avril*, etc., jusqu'au 19 *avril!*

La *grande année*, ou la période parfaite mentionnée dans Platon, Plutarque et Cicéron, exprimait le temps que les sept planètes employaient pour revenir à la même position relative, qui, selon Bérose, devait être sur une ligne droite.

Quand on croyait que les destinées humaines étaient réglées par le cours des astres, la supposition de cette *grande année*, après laquelle tout devait se reproduire dans le même ordre, semblait assez rationnelle; mais si un tel arrangement était presque impossible alors qu'on ne connaissait que 5 planètes avec le soleil et la lune, on conçoit son absurdité maintenant que plus de 40 planètes, sans compter 20 autres satellites, ont été découvertes.

ANNUAIRE. Un grand nombre de corps savants publient chaque année des recueils d'observations, de tables et de notices qui se rapportent plus ou moins à l'astronomie.

Celui que le Bureau des longitudes fait imprimer en France depuis l'année 1798 est fort utile aux marins, astronomes et même à différentes professions, qui y trouvent des tableaux de réductions et de conversions, des calculs tout faits, des relevés officiels sur la population, la mortalité, etc., etc. Ces annuaires, souvent enrichis de notices, intéressent surtout quand elles ont rapport à des phénomènes physiques ou astronomiques, à des questions industrielles ou scientifiques, toujours traitées d'une manière supérieure et avec une clarté qui les fait comprendre de tout lecteur un peu attentif.

Ce sont de précieux documents que la science a recueillis et dont nous avons souvent profité dans la rédaction de cet ouvrage, où, à l'exemple du maître, nous avons voulu mettre chaque sujet à la portée de toutes les intelligences, sans les calculs et les chiffres qui les embarrassent dans presque tous les traités astronomiques.

ANNULAIRE. Lorsque, sous la forme d'un anneau lumineux, le soleil éclipsé déborde autour du disque de la lune, on dit que l'éclipse est ANNULAIRE, comme on a pu le voir le 9 octobre 1847 à Paris et en divers lieux. En 1851 le même phénomène a eu lieu pour les habitants du cap de Bonne-Espérance et de la Nouvelle-Orléans.

ANOMALIE. Ce terme signifie *irrégularité* ou *inégalité*. En astronomie, c'est la différence des arcs décrits en des temps égaux par les rayons vecteurs d'une planète autour du centre. L'anomalie vraie diffère de l'anomalie moyenne, comme un mouvement angulaire visible et irrégulier diffère, en temps proportionnel, du mouvement régulier mais fictif d'un rayon vecteur dans l'orbite d'une planète. Elle s'obtient par des corrections sur les anomalies moyennes et excentriques. L'anomalie excentrique se reconnaît par sa différence avec l'anomalie vraie. L'anomalie moyenne est indiquée par la position véritable d'une planète, et sa position moyenne, c'est ce qu'on appelle *équation du centre*. L'aphélie est le point de départ pour le calcul des anomalies planétaires ; mais, pour les comètes qui ne sont visibles qu'à leur périhélie, on ne calcule l'anomalie qu'à partir de ce dernier point. *Voyez* APOGÉE et APHÉLIE.

ANTARCTIQUE. Le pôle de ce nom est aussi nommé le *pôle sud* ou *austral*, qui ne peut être visible pour nous, étant diamétralement opposé à celui de notre hémisphère boréal. Les mêmes phénomènes de température, de magnétisme et d'aurores s'y manifestent, mais, dit-on, avec une moindre intensité. Aucune étoile n'en marque la place, et la plus voisine est une tertiaire de l'Hydre, qui en est encore à plus de 12 degrés.

ANTARÈS. Étoile de première à deuxième grandeur, d'une teinte rouge, placée au cœur du Scorpion, et formant un grand triangle avec Véga de la Lyre et Arcturus du Bouvier ; elle est aussi le centre d'une ligne courbe formée par sept étoiles de diverses grandeurs situées vers la Balance.

ANTINOÜS. Petite constellation principalement formée de deux tertiaires et de deux quartaires à peu près disposées en quadrilatère, au midi de l'Aigle.

ANTIPODES. La terre est un globe suspendu tournant sur lui-même et circulant dans l'espace ; il n'y a donc ni haut ni bas pour aucun des points de sa surface. Les antipodes de chaque lieu, en supposant le globe tout à fait sphérique, ce qui n'est qu'à peu près vrai, sont situés au point opposé où aboutirait une ligne tirée de ce lieu et passant par le centre de la terre, dont tous les habitants sont retenus à la surface *par la force de pesanteur.* Pour Paris ce point est dans l'océan Pacifique, entre l'Amérique méridionales et la Nouvelle-Hollande.

Cette difficulté apparente était opposée à Galilée, quand il soutenait la rotation diurne de la terre que Pythagore avait annoncée. Newton en a fait connaître les lois universelles, sans néanmoins pouvoir en expliquer la cause.

ANTISCIENS. On désigne ainsi les peuples ou les pays qui, relativement à nous, se trouvent placés de l'autre côté de l'équateur terrestre, et dont l'ombre à midi est tournée dans une direction opposée à celle que portent les corps à la surface de notre hémisphère.

Ainsi ce que nous appelons le nord est pour eux le midi, et réciproquement.

Sous la ligne équinoxiale, à midi, le style d'un cadran ne porte aucune ombre, et celles qui peuvent exister sont perdiculaires aux corps qui les projettent.

APHÉLIE. C'est le point le plus éloigné auquel une planète puisse se trouver du soleil, dans le cours de sa révolution sidérale. Ce terme est synonyme d'*apogée. Voyez* ce mot.

APIS. Plutarque a écrit que le bœuf Apis était le symbole de la conjonction du soleil et de la lune, et qu'il mourait au bout de vingt-cinq ans ; ce qui voulait dire que le cycle lunaire était compris dans cette période pour les Égyptiens ; on trouve, en effet,

que 25 fois 365 jours donnent le même nombre que 309 lunaisons
de 29 ʲ· 5307443 , durée de la révolution synodique de la lune *à
cette époque. Voyez* AGE DU MONDE.

APLATISSEMENT *des planètes*. Cette dépression observée
sous les pôles des globes planétaires a été certainement produite
par leur rotation, qui, selon les lois de la mécanique, a dû porter
plus énergiquement vers les régions équatoriales les masses de
chacun de ces corps, pendant leur état de fluidité primitive.

Pour tous ceux dont la distance, la position de l'axe sur l'é-
cliptique et la nature de l'atmosphère qui les environne, laissent
mesurer les dimensions, la différence de courbure ou l'aplatissement polaire est à peu près proportionnel aux vitesses de rotation.

On conçoit néanmoins que la constitution physique des planètes
et leur distance au soleil aient pu modifier cette loi, en prolongeant
plus ou moins leur période de refroidissement.

Cet effet des forces centrifuges peut aisément s'observer au
moyen d'un vase à moitié plein d'eau et qu'on fait tourner horizontalement sur la corde qui le suspend ; alors la surface de l'eau
devient concave, elle quitte ainsi l'axe de rotation pour se porter
vers les parois jusqu'à ce que sa hauteur fasse équilibre avec la
pression qu'elle exerce sur le fond du vase, où, sans cet obstacle,
elle prendrait la forme convexe.

Si l'on cesse peu à peu le mouvement de rotation, la concavité
de l'eau diminue, elle s'abaisse sur les bords, et le centre s'élève
insensiblement jusqu'à ce que la surface, qui n'a pas cessé d'être
unie, soit revenue à son état horizontal.

Antérieurement à toutes les mesures entreprises pour constater
matériellement le défaut de sphéricité de la terre, Newton avait
calculé et démontré ce phénomène comme devant résulter de sa
rotation ; la théorie des forces centrifuges donnait un 289me d'excédant au diamètre équatorial.

Il est résulté de la mesure géodésique d'arcs très-étendus, depuis l'équateur jusqu'au delà du soixante-sixième degré boréal, une
différence de 49,036 mètres entre le diamètre polaire et celui
équatorial, ce qui donne sur chaque pôle un aplatissement d'environ 6 lieues.

Voici les évaluations de M. Airy, presque identiques avec celles
de Bessel :

Kilom.

Longueur du diamètre équatorial. . . 14678 — 300
id   id   polaire. . . . . 14629 — 260

Différence en kilomètres : . . . . 49 — 40

Ces mesures donnent ainsi un 299me d'ellipticité, au lieu d'un 289me indiqué par la théorie.

On concevra mieux ces résultats en se rappelant que l'espace linéaire compris dans un arc ou dans chaque degré d'un cercle est toujours proportionnel à l'étendue de la circonférence, et par conséquent à la grandeur du rayon.

Que dans une sphère dont tous les rayons seraient égaux, toutes les parties de la surface seraient également éloignées du centre, et qu'ainsi les arcs d'un ou de plusieurs degrés auraient partout la même étendue.

Qu'enfin il n'en peut être de même pour un globe comprimé, une sphère aplatie, un ellipsoïde de révolution ayant des centres et des rayons de courbure différents.

Si la terre a l'une de ces figures, les degrés célestes, qui ont toujours la même mesure, devraient donc correspondre vers les pôles à un plus grand espace que vers l'équateur, et c'est effectivement ce qui a été reconnu par les opérations géodésiques et astronomiques mentionnées ci-dessus.

Ces mesures ont été rapportées au niveau des eaux tranquilles et indépendamment des montagnes qui existent sur tous les points; il convient encore de faire remarquer que si le mouvement rotatif de la terre ne déplace plus aujourd'hui les parties solides des pôles, il n'en est pas ainsi des eaux de l'Océan, qui tendent continuellement à quitter l'axe de rotation pour se porter vers l'équateur, où le niveau se maintient toujours d'environ six lieues plus haut que vers les pôles, comme pour la surface de la terre.

Newton avait aussi indiqué qu'au moyen du pendule et des variations lunaires, on pouvait reconnaître l'aplatissement et par conséquent la forme elliptique de notre planète.

Le ménisque équatorial doit en effet déterminer une attraction plus grande sur notre satellite que les régions polaires, et, selon sa position relativement à la terre, occasionner des *inégalités* de distance qui n'auraient pas lieu si la terre était parfaitement ronde.

On avait préjugé les effets par la cause; ici c'est la méthode contraire, et le capitaine Sabine, de la marine anglaise, l'ayant employée dans le cours d'un voyage de 1822 à 1824, en a déduit la mesure du diamètre équatorial, fixé par lui à 1,719 milles géographiques (3173, 8 lieues), et le même aplatissement polaire à peu près que celui indiqué précédemment.

La lune ne présente aucun aplatissement, parce que sa rotation, ou plutôt le pivotement qu'elle fait sur elle-même, en nous présentant toujours la même surface, a lieu très-lentement.

Dans la rotation du soleil, chaque point de son équateur a plus de 28 lieues à décrire par minute, tandis que la zone équatoriale de la terre en fait à peine 7 dans le même temps; on n'a pu cependant trouver avec certitude une différence entre les deux diamètres de cet astre.

L'aplatissement reconnu sur les différentes planètes est de un 253me pour Mercure, un 306me pour Vénus, un 345me pour Mars, un 13me pour Jupiter, un 17me pour Saturne. La position d'Uranus rend fort difficile la comparaison de l'axe de ses pôles à celui de son équateur. Aussi Mädler lui suppose un aplatissement d'un 10me, tandis que Gruithuisen, de Munich, ne l'estime qu'à un 60me. Neptune est trop éloigné pour qu'on puisse mesurer son aplatissement.

La dépression de notre planète vers ses pôles et l'élévation graduelle de sa surface aux régions équatoriales démentent l'opinion qu'un choc a pu changer la position de l'axe de rotation originaire, à moins de supposer que, par suite de ce cataclysme, les parties solides de l'équateur primitif s'étant délayées et refondues dans la masse mobile des eaux, une élévation nouvelle se serait formée à la place actuelle.

APPARENCES. Tout paraît disposé dans notre système solaire pour tromper les yeux et troubler le jugement des hommes; aussi les révélations des législateurs et des corporations religieuses des anciens peuples n'ont été faites que conformément *aux apparences*, et non selon la vérité, qui eût été trop difficilement comprise.

La terre, en effet, semblait immobile au centre de l'univers; elle paraissait l'objet le plus important et le but principal de la création.

En réalité cependant, notre planète, tournant et se balançant sur son axe, circule autour d'un soleil quatorze cent mille fois plus considérable, et qui n'est qu'une étoile comme toutes les autres.

En apparence, la lune est de la même grosseur et placée à la même distance que le soleil; en réalité, elle est quatre cents fois plus près et soixante-dix millions de fois moins volumineuse.

Ce satellite de notre globe lui avait été donné, croyait-on, pour l'éclairer en l'absence de l'astre du jour, et la plupart des nuits il reste invisible ; il paraît se lever et se coucher fort souvent avec le soleil, ou bien on l'aperçoit, en plein midi, comme une lanterne vide, reflétant des rayons inutiles !

Vénus, qui semble suivre et précéder l'astre du jour, a passé longtemps pour deux étoiles différentes ; ainsi que Mercure, elle paraît s'écarter du soleil, puis s'arrêter, rétrograder et recommencer la même marche au côté opposé ; en réalité, ces deux planètes circulent, comme toutes les autres, autour du foyer commun de chaleur et de lumière.

Si, dans une belle nuit, nous portons nos regards sur la voûte céleste, nous croyons y voir des étoiles innombrables tourner sur nos têtes avec des vitesses différentes ; tandis que la vue la plus perçante n'en peut distinguer plus de quatre mille, au-devant desquelles notre horizon s'élève, roule et s'abaisse successivement.

La voie lactée, comme les nébuleuses visibles, ne sont *en apparence* que de la matière vaporeuse répandue dans l'espace, mais les lunettes actuelles font de ces atomes lumineux des millions d'étoiles groupées en anneaux, en spirales, ou sous les formes les plus variées et les plus étranges.

Et si maintenant, écartant toutes ces apparences, nous parvenons à comprendre les faits et les phénomènes réels de l'univers particulier dans lequel notre planète est presque imperceptible, nous serons encore exposés à de nouvelles illusions.

Ce soleil, que nous concevons immobile au milieu de tous les corps qu'il retient par son attraction, est lui-même animé d'un mouvement de rotation, et des forces plus puissantes l'emportent avec nous dans les champs de l'immensité. Toutes les étoiles, si fixes en apparence, tournent isolément, ou autour d'autres astres ; notre étoile polaire, ce phare des navigateurs, n'indique qu'*à peu près* l'axe de rotation, et n'est que passagèrement à cette place, où brillait une autre auparavant, et qu'une nouvelle occupera dans quelques siècles. *Voyez* ILLUSIONS.

APPARENT. Par l'effet de la rotation diurne de la terre et de sa translation annuelle autour du soleil, cet astre nous semble animé de *mouvements apparents* et contraires à ceux que notre planète fait elle-même.

Les rétrogradations que nous pouvons observer dans les orbites planétaires ne sont aussi que des mouvements apparents.

On entend par le *diamètre apparent* du soleil et de la lune, l'étendue que ces deux globes paraissent occuper sur un grand cercle de la circonférence céleste; ce diamètre un peu variable, selon la proximité, est d'un peu plus d'un demi-degré, en sorte que l'hémisphère limité par notre horizon, étant de 180°, contiendrait 348 de l'un ou l'autre de ces astres supposés sur la même ligne.

Les diamètres apparents des planètes et des autres corps célestes dépendent de la force des instruments d'observation.

Le lever comme le coucher des astres ne sont aussi que des *phénomènes apparents ;* d'abord, parce que c'est la terre dont les différentes zones viennent successivement se présenter aux images que leurs rayons émettent incessamment dans l'espace, ou qui ne peuvent plus en être frappées.

Ensuite parce que la réfraction atmosphérique nous fait apparaître ces astres *plus tôt,* c'est-à-dire en avance de la place qu'ils occupent réellement, ou nous les fait apercevoir quand ils sont déjà sous notre horizon.

APPARITION. On désigne ainsi l'arrivée des astres à l'horizon, soit qu'elle ait lieu par l'effet de leur mouvement propre, soit parce que la rotation diurne de la terre nous amène au point d'où les corps lumineux tels que le soleil et les étoiles, à peu près fixes dans l'espace, sont régulièrement rendus visibles à la place que nous occupons.

La région comme la limite de la *perpétuelle apparition* de ces corps lumineux dépendent de la latitude des lieux qu'on occupe; vers l'équateur *toutes* les étoiles du ciel peuvent être observées *chaque jour,* s'élevant et s'abaissant alternativement à droite et à gauche du spectateur; sous les pôles on n'aperçoit jamais que *les mêmes étoiles* décrivant des cercles entiers parallèlement à l'horizon; pour notre latitude de 48° 50', le cercle de perpétuelle apparition comprend les étoiles situées jusqu'à cette distance du pôle boréal; mais, par l'effet de cette position intermédiaire et de l'inclinaison de l'axe de la terre, nous apercevons successivement pendant sa révolution annuelle la plus grande partie des étoiles des deux hémisphères célestes, celles situées près du pôle austral demeurant seules cachées pour nous.

L'apparition des étoiles filantes et des météores est subite et irrégulière, cependant les premières semblent soumises à une espèce de périodicité.

Il en est à peu près de même pour les comètes dont les apparitions ont souvent eu une grande influence sur les événements historiques; on ne les craint plus aujourd'hui, et même on leur attribue vulgairement une action bienfaisante sur les récoltes.

Quant à la science, elle en est à regretter la désertion de ceux de ces corps dont les apparitions successives ont occasionné les plus grandes frayeurs; ainsi les astronomes attendent impatiemment le retour de la grande comète de 1556, qui fit alors abdiquer Charles-Quint.

Sa périodicité, d'environ 292 années, devait la ramener en 1848, mais elle manque encore à l'appel, et l'on calcule peut-être vainement les perturbations planétaires qui ont pu modifier les éléments de son orbite.

Qui sait si la rencontre d'une autre comète, ou celle d'une planète encore inconnue, ne l'a pas éloignée définitivement de notre système solaire?

APOGÉE. La terre est à son apogée, ou *aphélie*, vers le 1ᵉʳ juillet, c'est-à-dire qu'elle est au point le plus éloigné où elle puisse se trouver du soleil. Cette distance est alors de 15,592,000 myriam. (38,980,000 lieues).

On se sert également de ce mot pour désigner le point le plus éloigné dont un corps céleste puisse s'écarter du soleil qui le fait circuler autour de lui, ou le ramène dans sa sphère d'activité selon les lois de l'attraction.

APSIDE. La terre décrit autour du soleil une courbe elliptique dont le foyer ou le centre se déplace continuellement; au solstice d'été elle arrive au point le plus éloigné dans cette orbite, c'est-à-dire à son apogée; elle est au point le plus rapproché du soleil, soit au périgée, vers le solstice d'hiver; ces deux points se nomment *les apsides* dont la ligne passe par les foyers de l'orbite. La différence de distance de la terre au soleil à l'une et l'autre de ces deux positions est de 1/30, ou de 464,000 myr. (1,160,000 lieues).

Ainsi nous sommes plus près du soleil pendant l'hiver; mais l'obliquité de notre position nous empêche d'en éprouver aussi longtemps et aussi fortement la chaleur.

La ligne des apsides partage l'orbite en deux parties égales, de sorte que la terre décrit les deux moitiés dans le même espace de temps. C'est à Képler qu'on doit la méthode au moyen de laquelle on reconnaît la ligne des apsides, et notamment celles des apsides de la terre dans son orbite.

La précession des équinoxes fait varier constamment les apsides, c'est-à-dire la place où ces deux points extrêmes vont répondre dans le ciel; il en résulte que l'époque des saisons est insensiblement modifiée.

L'an 4089 avant notre ère, l'un des apsides, celui d'hiver, se trouvait au point alors désigné par l'équinoxe d'automne. En 6480, il répondra au point où se trouve aujourd'hui l'équinoxe de printemps.

Le plan de l'orbite que la lune décrit autour de la terre change continuellement; ses nœuds, c'est-à-dire les endroits où elle coupe l'écliptique, reculent sur cette ligne, à chacune de ses révolutions, d'environ 3 degrés en sens contraire à son mouvement, qui se fait de l'ouest à l'est; ce phénomène, qui constitue ce qu'on appelle révolution *des apsides lunaires*, s'accomplit en 9 années environ. Il produit une grande variation dans la distance de notre satellite, puisque dans l'espace de quatre ans et demi l'axe de son orbite est complétement renversé, l'apogée se trouvant alors où était le périgée, et réciproquement.

Le mouvement propre du soleil doit aussi devenir sensible après un grand nombre de siècles, et changer, par conséquent, la position relative des apsides avec les astres répandus dans l'espace.

ARAGO (*François*). Né à Estagel, petite commune des Pyrénées-Orientales, d'une famille originaire d'Espagne, et mort à Paris en 1853.

Sa vocation parut d'abord tournée vers l'état militaire, et ce fut pour en sortir avec le grade d'officier qu'il se présenta à l'École polytechnique, où il fut admis des premiers.

La place de secrétaire du Bureau des longitudes, qui lui fut offerte, et les conseils de quelques amis le déterminèrent cependant à se livrer aux sciences, pour lesquelles il avait une aptitude qui le fit bientôt remarquer en lui attachant des collaborateurs déjà célèbres. Il fit avec M. Biot de nombreuses expériences sur les réfractions, et fut choisi pour aller mesurer l'arc du méridien entre Barcelone et les îles Baléares.

Nommé membre de l'Institut à son retour, il s'occupa principalement de questions d'optique et de physique; en prouvant que le passage de la lumière à travers une lame de cristal en ralentissait le mouvement, il contribua puissamment à donner gain de cause aux partisans du système des ondulations contre ceux de l'émission directe, qui, selon cette doctrine, se propageait avec une plus grande vitesse dans les milieux les plus denses.

Ses expériences sur la polarisation et la nature de la lumière solaire le placèrent aux premiers rangs dans la science, qui lui doit encore le principe de la télégraphie électrique; mais ce fut surtout son cours public d'astronomie qui lui valut l'immense renommée dont il a joui pendant sa longue carrière.

Personne, en effet, ne savait se faire mieux comprendre de ses auditeurs; la force de raisonnement, la clarté et la précision du savant simplifiaient pour eux les questions les plus compliquées. Sa riche imagination ne lui permettait pas des travaux assidus, et, malgré qu'il ait inventé ou ait indiqué un grand nombre de procédés, d'appareils et d'instruments qui ont concouru aux progrès des sciences, à son nom ne s'attache pas néanmoins l'une de ces grandes découvertes qui ont immortalisé les Képler, les Newton et les Laplace.

Les notices insérées dans les Annuaires seront comptées parmi ses œuvres les plus remarquables; mais celle qui l'intéressait principalement était une astronomie populaire dont il avait annoncé maintes fois la publication. Malheureusement il ne lui a pas été permis d'achever lui-même ce travail de prédilection, qu'il aurait rendu sans doute plus concis et plus élémentaire que l'ouvrage, d'ailleurs fort bien fait, dont deux premiers volumes ont paru jusqu'à ce jour.

On lui attribuait à chaque occasion des pronostics sur le temps, que lui-même démentait toujours, disant que le meilleur astronome ne pouvait, à cet égard, rien préjuger sûrement 24 heures d'avance.

La popularité dont il jouissait l'avait porté aux affaires publiques; mais peut-être faut-il regretter, dans l'intérêt de la science, le temps qu'il dut consacrer à la politique, puisque, député, membre du gouvernement sous la république et chargé de deux ministères, on ne peut rien lui attribuer qui ait justifié ce qu'on attendait de sa haute intelligence.

Comme secrétaire perpétuel de l'Institut, sa prodigieuse mémoire, son étonnante faculté d'analyse et d'exposition, furent inappréciables; mais, depuis longtemps malade et presque aveugle, il a pu souvent envier, comme directeur de notre Observatoire, les heureux travaux et les découvertes qui illustraient à l'étranger les établissements du même ordre.

ARATUS. Poëte astronome, né à Solis, dans l'Asie Mineure, 276 ans avant notre ère. Il fit un poëme en trois parties, intitulé *les Phénomènes*, dans lequel il décrivait, d'après Eudoxe de Cnide, les figures et la situation relative des constellations, l'origine de leurs noms en Grèce et en Égypte, les fables qui s'y rapportaient, le lever et le coucher des étoiles. Ce poëme fut traduit par Cicéron et Germanicus. Saint Paul en indique un passage avec éloge dans son *Épître aux Athéniens*. Ovide le cite aussi plusieurs fois, il n'en reste que quelques fragments, où se trouvent les seuls écrits d'Hipparque qui nous soient parvenus.

ARC DU MÉRIDIEN. Il a été reconnu par des opérations géodésiques que l'arc d'un degré du méridien sous les pôles est plus grand que celui de l'équateur d'environ 800 mètres, et que cette différence décroît proportionnellement aux latitudes intermédiaires.

On en a déduit l'aplatissement de la terre vers les pôles.

Le mètre, qui correspond à $3^{pds.}\ 11^{lig.},296$, ancienne mesure, est la dix-millionième partie du quart du méridien passant par Paris. On est donc toujours assuré de retrouver le type d'une telle mesure de longueur, comme de toutes celles qui en dérivent. Toutes les nations, pour déterminer plus exactement la figure de la terre ainsi que les latitudes dans les contrées qu'elles habitent, ont fait exécuter des triangulations plus ou moins étendues à cet effet. L'Angleterre, la Russie, la Compagnie des Indes, ont ainsi fait mesurer des arcs qui ne laissent plus aucun doute sur l'élévation des régions équatoriales et la dépression vers les pôles.

ARC-EN-CIEL. Les rayons de lumière décomposés par les globules aqueux que l'air tient en suspension se réfléchissent suivant leur nature particulière, et toujours dans le même ordre; savoir : rouge, orange, jaune, vert, bleu, indigo, et violet. Le phénomène est souvent double et même quelquefois triple, par l'effet de réfractions différentes, soit dans l'atmosphère, soit dans les cataractes, les cascades et les jets d'eau dont les molécules divisées en vapeurs offrent aux observateurs convenablement placés ces arcs colorés qu'on n'admet plus aujourd'hui comme un présage de beau temps, mais qui sont au contraire une preuve de l'humidité de l'air environnant.

La production et l'arrangement des couleurs consistent dans la vitesse et la grandeur des molécules constituantes, qui les rendent plus ou moins réfrangibles, mais toujours dans le sens vertical.

ARCHÉLAÜS. Ce philosophe grec, surnommé le Physicien, a été disciple d'Anaxagore et le maître de Socrate. Les uns le font naître d'Apollodore, tandis que d'autres historiens, avec plus de probabilité, lui donnent pour père Mydon de Milet. Il fut le dernier des philosophes de l'école ionienne fondée 150 ans auparavant par Thalès. Il enseignait à Athènes, 444 avant J. C. : *que le soleil n'était qu'une étoile plus grande et plus proche que les autres*, et que la terre était ronde, puisque le soleil s'élevait à des heures différentes pour chaque pays.

ARCHIMÈDE. Né à Syracuse 287 ans avant notre ère, et tué à soixante-quinze ans par un soldat de Marcellus, à la prise de cette ville.

Cet illustre géomètre de l'antiquité construisit une sphère représentant tous les corps célestes (alors connus), se mouvant avec la vitesse particulière à chacun d'eux.

Il estimait le diamètre du soleil neuf fois plus grand que celui de la lune et six fois plus étendu que celui de la terre; s'élevant ainsi, bien au-dessus des opinions vulgaires, qui, d'après le diamètre apparent et presque égal de ces deux *luminaires*, les plaçaient à la même distance de notre planète.

On lui doit le rapport de la sphère et du cylindre, resté comme le plus beau théorème de la géométrie élémentaire. Il inventa l'hélice ou vis d'Archimède, pour diriger les eaux du Nil sur des terrains que l'inondation ne pouvait pas atteindre.

Chargé par Hiéron de la construction d'un grand navire, on croit qu'il l'avait mis en mouvement au moyen d'une hélice tournant par une mécanique, comme celles d'aujourd'hui par la vapeur.

L'histoire rapporte encore qu'il incendia la flotte des Romains avec des miroirs ardents, ce qui, à cause de la distance, n'était possible que par la combinaison de miroirs plans.

ARCTIQUE (*Pôle*). C'est le pôle *boréal*, seul visible en Europe, inaccessible par les glaces qui l'entourent comme le pôle austral, et qui doivent s'accroître de plus en plus par l'effet du refroidissement du globe. En admettant l'incandescence primitive, il est certain que pendant de très-longues périodes la glace devait y être inconnue, et que les pôles pouvaient être occupés par les végétaux et les animaux qu'on trouve aujourd'hui dans les régions équatoriales.

ARCTURUS. Étoile de première grandeur, d'une teinte rougeâtre, et dont la scintillation, suivant la remarque de Kepler, offre toutes les couleurs de l'arc-en-ciel. Elle se trouve dans la constellation du Bouvier, sur la direction prolongée de la queue de la grande Ourse, à 20° environ de l'équateur. — Depuis le temps d'Hipparque, la position de cette étoile relativement aux plus petites qui l'avoisinent a varié de deux fois et demie le diamètre de la lune, c'est-à-dire de plus de 1° 15'. Parmi les étoiles de première grandeur visibles sur notre hémisphère, c'est celle dont le mouvement propre est la plus considérable; son déplacement annuel étant de 2″ 25, répondrait à une vitesse de plus de 80 kilomètres par seconde. *Voyez* Bouvier.

ARISTARQUE. L'astronome de ce nom, né à Samos, fit, suivant l'Almageste de Ptolémée, une observation du solstice d'été 280 ans avant J. C. Comme Galilée, dix-neuf siècles plus tard, il fut persécuté pour enseigner que la terre tournait sur elle-même, et que les étoiles *de la même nature que le soleil* étaient seulement plus éloignées.

Il reste de lui un traité sur la grandeur et l'éloignement du soleil et de la lune relativement à la terre : il estima que le premier en était dix-neuf fois plus loin que la lune. Cette appréciation encore si loin de la vérité prouvait néanmoins que ce philosophe, ainsi qu'Aristarque, qu'Archimède et d'autres philosophes, avaient sur les corps célestes des idées plus justes que celles qui étaient alors généralement répandues.

Pour obtenir cette distance relative, il avait imaginé de saisir le moment où notre satellite se trouve en quadrature, et de mesurer l'angle d'élongation dont la lune est alors le sommet.

Il évaluait ainsi à 56 demi-diamètres de la terre la distance de notre satellite; ce qui est à peu près exact.

Par le cône d'ombre de la terre à l'endroit où la lune le traverse dans ses éclipses, il trouva aussi approximativement que son diamètre était à peu près le tiers de celui de notre globe.

ARISTOTE. Le plus savant des philosophes de l'antiquité, né à Stagire, en Macédoine, 384 ans avant notre ère, et mort à l'âge de soixante-six ans.

Il avait annoncé l'existence d'autres grands continents entourés, comme les terres alors connues, par la mer universelle, et qui ne furent trouvés fortuitement que dix-huit siècles après, par Christophe Colomb, s'imaginant avoir atteint les côtes orientales de la Chine, dont il était encore éloigné de plus de 5,000 lieues, c'est-à-dire de la moitié du globe !

On ne conçoit pas qu'un esprit aussi supérieur ait pu rejeter l'enseignement astronomique des pythagoriciens et croire à l'incorruptibilité des cieux, c'est-à-dire à la fixité éternelle du soleil et des étoiles.

Son autorité, qui passait pour infaillible, fut longtemps opposée aux partisans du système de Copernic ; mais elle commença à être ébranlée par l'expérience publique que Galilée fit des lois de la pesanteur, au moyen de boules tombant du haut de la tour de Pise.

On avait admis d'après le Stagiriste que la chute s'effectuait avec une vitesse d'autant plus grande que le poids total des corps était plus considérable, tandis que les boules de même densité arrivaient en bas en même temps que celles qui étaient doubles en poids et en volume.

Aristote adoptait les inventions d'Eudoxe sur les sphères célestes de cristal, et prétendait que chacune était dirigée par un génie qui y résidait, comme l'esprit dans l'homme, pour diriger les mouvements de son corps.

On trouve dans ses ouvrages les premières idées sur la théorie des ondulations de la lumière, actuellement en faveur.

ARMILLE. Instrument composé de cercles assemblés suivant ceux qu'on supposait à la sphère céleste et qui servait autrefois, mais très-imparfaitement, à l'observation des astres. Les principaux étaient l'écliptique avec sa ceinture zodiacale, incliné sur l'équateur suivant l'angle alors observé ; un cercle horizontal et un méridien. Des alidades mobiles devaient indiquer, relativement à ces différents cercles, les angles de position des autres observés. *Voyez* ASTROLABE.

ARTÉMIDORE. Né à Éphèse un siècle avant J. C., ce philosophe, au rapport de Sénèque, soutenait que le nombre des planètes est infini, mais que la faiblesse de leur lumière, ainsi que leur éloignement, empêchaient de les apercevoir.

Les nombreux corps planétaires que les instruments d'observation ont récemment fait découvrir, les nouvelles idées sur les étoiles filantes, sont venus, après vingt siècles, confirmer les enseignements d'une science imparfaite, mais où l'on retrouve cependant le germe de toutes les vérités modernes.

ASCENSION DROITE. C'est l'angle que fait avec le méridien du lieu le plan horaire d'une étoile ou de tout autre corps céleste à l'instant où vient y passer le signe du Bélier, fixé dans l'origine pour marquer l'équinoxe du printemps, ou plutôt le point qui l'indique aujourd'hui.

Ainsi l'ascension droite du soleil à midi est l'heure sidérale de son passage au méridien.

L'ascension droite des corps célestes est établi par leur passage au méridien, au moyen de la lunette méridienne et par la pendule sidérale exactement réglée, quand on connaît le point origine ou équinoxial du printemps, ainsi qu'on le fait pour les longitudes terrestres à compter du premier méridien.

Toute étoile dont la position serait exactement déterminée pourrait être prise comme point de départ des ascensions droites, comme pour les longitudes terrestres que chaque nation fait partir d'un premier méridien à son choix.

Les ascensions droites sont insensiblement modifiées par la précession des équinoxes dont les points rétrogradent constamment sur l'écliptique et de l'est à l'ouest, contrairement à la marche apparente du soleil. Il en résulte que, pour déterminer les longitudes célestes, il faut ajouter chaque année environ 50 secondes de degré à la valeur reconnue, comme il a été dit précédemment. Cette même fraction a néanmoins changé de 30 degrés le lieu des équinoxes depuis les premiers catalogues, et leur fait parcourir le tour entier de l'écliptique en 26,868 années.

C'est le mouvement conique, ou le petit cercle que décrit lentement l'axe de la terre par l'effet de sa vitesse de rotation et des attractions exercées sur le ménisque de son équateur, qui produit cette rétrogradation autour du pôle de l'écliptique, en changeant ainsi le point origine des assensions droites.

L'ascension droite ou les longitudes célestes se comptent d'occident en orient depuis 0 jusqu'à 360 degrés, à partir du point équinoxial du printemps. Elles s'indiquent aussi en temps à partir du même point, de zéro à vingt-quatre heures, à raison de 15 degrés par heure divisée par minutes et secondes autour de la ligne de l'équateur. (Voyez le planisphère, planche 1re.)

Le mouvement diurne et apparent des astres étant contraire à la rotation de notre planète, les longitudes terrestres se comptent en sens inverse, c'est-à-dire vers l'ouest de 0 à 360 degrés.

Cette position d'un astre étant indiquée, ainsi que sa déclinaison, on peut toujours retrouver et marquer sa place dans le ciel à un moment donné.

La pendule sidérale, qui doit marquer zéro à l'instant du passage du point équinoxial au méridien, doit marquer 40^{s.} 75 quand α d'Andromède vient à y passer. La même pendule doit indiquer 12^{h.} au passage du point équinoxial d'automne. L'*ascension oblique* est donnée par l'arc de l'équateur, compris entre le point fixé pour l'équinoxe de printemps et le point qui se lève simultanément avec l'astre dont on veut déterminer la position; elle change donc avec la hauteur polaire relativement à l'observateur. Pour les astres sur notre hémisphère, elle est moins grande que l'ascension droite; leur différence dite ascensionnelle est fort usitée en astronomie.

ASPECTS. Les astrologues paraissaient attacher une grande importance aux positions relatives des astres, sur lesquelles ils fondaient leurs prédictions.

L'astronomie moderne en tient aussi grand compte, mais seulement pour calculer les effets réels de leurs attractions réciproques.

Ainsi, dans les conjonctions, quand la lune est entre le soleil et la terre, la pesanteur de notre satellite est moins grande, elle tend à s'éloigner de nous, proportionnellement à l'attraction alors plus grande du soleil.

Les *aspects lunaires*, c'est-à-dire la position relative de notre satellite, occasionnent la hauteur des marées plus fortes dans les *syzygies* et plus faibles dans les *quadratures*. (*Voy.* ces mots.)

Si la lune pouvait avoir des habitants, ceux de l'hémisphère constamment tourné vers notre planète, lui trouveraient une surface douze fois plus grande, avec les mêmes phases que nous présente notre satellite pendant une lunaison; mais la rotation diurne de la terre en changerait successivement l'aspect; les mers et les continents du globe terrestre seraient pour ces séléniens une horloge régulière et invariable, tandis que ceux situés sur l'hémisphère opposé n'auraient connaissance de notre planète que par les récits de leurs antipodes ou par les voyages plus ou moins grands qu'ils auraient à faire pour arriver aux limites d'où notre globe commence à être visible. L'observateur ainsi placé le verrait s'élever insensiblement de quelques degrés au-dessus de son horizon, puis redescendre et se coucher vers le même point après 14 jours, pour recommencer sans cesse les mêmes oscillations qui lui sembleraient inexplicables.

Mars et Vénus nous présentent aussi l'aspect de phases ou de formes variables; les planètes plus grosses, plus éloignées et dont la densité est très-faible, n'offrent que des bandes irrégulières plus ou moins obscures, à l'exception des anneaux de Saturne dont l'aspect est pour les astronomes un perpétuel sujet d'études et de curieuses investigations.

Comme philosophe, Kant plaçait en première ligne la contemplation de la loi morale intérieure; en second lieu l'aspect matériel du ciel étoilé sur nos têtes. Ce dernier phénomène étonne davantage, mais l'indifférence succède bientôt à une admiration passagère. Combien de gens, dans l'Europe civilisée, n'en savent pas plus que l'homme sauvage sur ces points brillants que la voûte céleste offre vainement à leurs regards, sur la nature des corps planétaires, sur les lois qui régissent leurs mouvements, sur l'organisation et les merveilles de l'univers!

ASPIRATION (*Force d'*) Pour expliquer mathématiquement les phénomènes de l'attraction universelle que la théorie newtonienne fait dépendre d'une propriété chimérique et inconcevable de la matière, l'auteur d'un ouvrage récemment publié établit qu'elle est produite par l'action physique des corps en mouvement dans l'espace, proportionnellement à leur volume et à la vitesse originaire dont ils sont animés.

On peut en effet concevoir que le fluide éthéré, résistant au passage de ces corps et choqué latéralement, revienne en tourbillonnant se précipiter en arrière, *aspiré* par le vide qui s'y fait à chaque instant; que l'effet d'une telle aspiration est de frapper d'une *impulsion contraire* le corps dont la surface antérieure éprouve, ou doit éprouver la résistance de l'éther, et qu'ainsi les forces de résistance et d'impulsion se trouvant balancées, la marche des corps célestes ne soit aucunement ralentie dans l'orbite qu'ils décrivent suivant des causes exposées ailleurs.

On comprend aussi que cette force d'aspiration agisse de proche en proche jusqu'aux dernières limites de notre système, en raison inverse du carré des distances, comme dans la théorie newtonienne.

La masse immense du soleil, animée d'une vitesse de cinquante lieues par minute, entraîne donc à sa suite tous les corps planétaires éprouvant l'effet de sa puissante aspiration qui se combine pour la lune et les autres satellites avec les forces d'aspiration résultant des volumes et des vitesses de leurs principales planètes.

A l'égard des comètes et suivant la nouvelle théorie dont nous venons de donner un aperçu, la force d'impulsion dépendant de leur vitesse propre est toujours supérieure à celle d'aspiration du soleil, en sorte qu'elle augmente dans une raison plus grande que ne diminue le carré de la distance, ce qui peut expliquer les perturbations qu'elles subissent si fréquemment dans leur marche.

La force d'aspiration a cela de particulier qu'elle tient par ses effets à la puissance imaginaire de l'attraction newtonienne, comme à l'impulsion des philosophes atomistes, qu'on aurait admise depuis longtemps si ses partisans avaient pu leur trouver, avec une source inépuisable, un principe d'éternel mouvement.

ASTÉRISME. C'est le nom qu'on donne encore quelquefois aux contours figurant des hommes, des animaux, des objets de toute nature, et renfermant un certain assemblage d'étoiles. Les Égyptiens paraissent avoir composé ces premières constellations, dont les Grecs ont ensuite augmenté le nombre, qui n'était que de 48 dans le Catalogue de Ptolémée, savoir : 12 zodiacales, 21 boréales et 15 australes, parmi lesquelles 12 ne sont pas visibles en Europe. La belle constellation de la Croix du Sud, qui s'élevait alors très-peu sur l'horizon d'Alexandrie, n'en faisait pas partie ; elle s'en éloigne de plus en plus, et sous l'hémisphère australe on peut maintenant l'observer au zénith vers le 1er avril.

ASTÉROIDES. On désignait ainsi les quatre petits corps planétaires trouvés, au commencement de ce siècle, dans l'intervalle qui interrompait la série à peu près proportionnelle des distances relatives, entre les planètes et le soleil.

Képler avait, pour cette raison, soupçonné l'existence d'un autre corps entre Mars et Jupiter ; mais, après la découverte d'Uranus par Herschell, quelques astronomes, résolus à explorer plus soigneusement les régions de l'écliptique, s'en partagèrent l'observation, et, le premier jour de l'année 1800 qui suivit ce projet, Cérès fut trouvée par Piazzi. Trois autres astéroïdes furent encore découverts dans les années suivantes, savoir : Pallas en 1802, Junon en 1804, et Vesta en 1807. Le cinquième ne fut trouvé que 38 années après; mais, depuis, le nombre de ces petites planètes s'est rapidement augmenté, et il est maintenant de 39, qui certainement s'accroîtra encore.

Les orbites de ces petites planètes ont des inclinaisons très-variées, mais cependant coupent l'écliptique vers les mêmes points, ce qui avait d'abord fait supposer à Olbers qu'elles étaient les débris d'une plus grosse, éclatée par une cause fortuite.

On pense généralement aujourd'hui qu'elles ont été formées comme les planètes plus considérable, et qu'elles suivent les mêmes lois.

La durée moyenne de leurs révolutions est d'environ 1,378 jours ; voici leurs noms, selon leur distance au soleil :

Flore.	Pomone.
Melpomène.	Irène.
Victoria.	Thalie.
Euterpe.	Eunomia.
Vesta.	Proserpine.
Uranie.	Circé.
Iris.	Junon.
Métis.	Cérès.
Phocéa.	Pallas.
Massalia.	Atalante.
Hébé.	Bellone.
Lutetia.	Polymnie.
Fortuna.	Leucothéa.
Parthénope.	Calliope.
Thétis.	Psyché.
Fides.	Thémis.
Amphitrite.	Hygie.
Égérie.	Euphrosine.
Astrée.	Eucharis.

Leur apparence est celle d'étoiles de huitième à onzième grandeur, visibles seulement à l'aide d'une bonne lunette, et, selon les meilleures observations, leurs diamètres réels ne dépassent pas le douzième de celui de la terre.

Selon les calculs de M. Leverrier, la masse de ces nombreux astéroïdes ne dépasse pas e quart de la masse terrestre, puisque, s'il en était autrement, leur attraction aurait produit dans le mouvement du périhélie de Mars des inégalités plus grandes que les inégalités reconnues jusqu'à présent. Elles n'en ont pas moins une certaine importance scientifique par la distribution de la matière ayant formé ces corps, qu'on peut répartir en deux groupes dont le premier en comprendrait aujourd'hui vingt–trois circulant à une distance moyenne de 2,55 (celle de la terre au soleil étant l'unité), et le deuxième, moins nombreux d'un tiers, à une distance moyenne de 2,85.

L'excentricité, comme l'inclinaison fort considérables pour quelques-unes de ces petites planètes, ne paraissent pas devoir être modifiées par les deux grosses planètes entre lesquelles ces deux groupes décrivent leurs orbites. Elles ont donc la même origine et suivent la même loi que les planètes principales.

ASTRE. On désigne plus généralement ainsi, les corps célestes lumineux par eux-mêmes, c'est-à-dire le soleil et les étoiles ; mais comme il n'est pas encore établi que les comètes n'ont pas de lumière propre, ni Vénus une phosphorescence particulière, en outre de l'éclat qu'elle emprunte au soleil ; comme d'ailleurs les étoiles filantes, les bolides et les météores brillent au moins quelques instants sans emprunter aucune lumière, on donne le nom d'*astre* à tous ces corps, ainsi qu'à la lune, dont cependant le disque est seulement visible par les rayons directs du soleil, ou par la lumière que notre globe lui réfléchit.

ASTRÉE, petite planète trouvée, le 8 décembre 1845, par M. Hencke de Driesen ; c'est le cinquième des astéroïdes dont la découverte a été faite trente-huit ans après le quatrième. Elle circule entre Mars et Jupiter, ou plutôt entre Egerie et Pomone à une distance moyenne de 38 millions de myriamètres du soleil (environ 98 millions de lieues), dans une orbite inclinée de 5° 19′ 23″ sur l'écliptique, et dont l'excentricité est d'environ les 19/100 du rayon moyen. La durée de sa révolution est de 1,511 jours 8 heures 51 minutes.

ASTROGNOSIE. M. de Humboldt, dans son *Cosmos*, désigne ainsi les phénomènes qui se rapportent aux étoiles *fixes*, par opposition aux mouvements plus sensibles des étoiles *mobiles* ou *er-*

rantes, comme les anciens nommaient les planètes de notre monde solaire.

Cette science comprend en général les connaissances relatives aux astres visibles, à leur description et à leur nomenclature, ce qu'on obtient aisément au moyen des globes et des cartes célestes. Il ne faut pas la confondre avec l'astronomie, qui comporte des connaissances plus étendues.

ASTROLABE. Cet instrument d'observation était formé d'abord de cercles disposés sur une surface plane où l'on projetait les constellations. Celui que Ptolémée fit construire à Alexandrie était disposé parallèlement à l'équateur, et la visée était alors à l'un des pôles ; tous les méridiens passant sous ce point de mire étaient des lignes droites perpendiculaires au plan de projection, et les degrés pouvaient se subdiviser sur les bords d'une manière assez nette, mais ils se confondaient vers le centre ; la grandeur de l'appareil ne remédiait que très-imparfaitement à cet inconvénient, et les constellations tracées sur ce planisphère étaient défigurées et méconnaissables.

Gemme-Frisius avait pris le méridien au solstice d'été pour plan de projection, c'était le précédent renversé : l'équateur était une ligne droite, et la visée était placée à l'intersection de cette ligne et de celle du zodiaque.

Jean de Royas, en disposant de même son astrolabe, supposait l'œil placé à une distance infinie, de sorte que l'équateur et tous les degrés de latitude devenaient parallèles entre eux et perpendiculaires au plan de projection.

M. de la Hire a corrigé les défauts de ces instruments en plaçant l'œil sur un méridien prolongé de la valeur de son sinus de 45° ; cela fait que la ligne tirée de ce point au milieu du quart de cercle passe précisément par le milieu du rayon qui lui répond.

De nos jours, M. Parent a encore perfectionné cet instrument, dont on fait usage pour prendre la hauteur du pôle, du soleil ou d'une étoile. *Voyez* PLANISPHÈRE.

ASTROLOGIE. Ce mot, qui signifie *interprétation des astres*, a été longtemps employé comme celui d'*astronomie*, avec lequel on le confondait. Les livres sacrés conservés par les Brahmes portent même que les actions des hommes sont inscrites dans les astres, et pouvaient être annoncées par leurs mouvements et leur aspect relativement à l'écliptique.

4.

Manéthon (prêtre d'Héliopolis) a fait un ouvrage intitulé *de l'Influence des astres*. Il a été traduit en allemand par Axt.

Josèphe prétend que c'est aux enfants de Seth qui ont peuplé l'Asie qu'on doit les préceptes de cette science, et qu'Adam ayant annoncé que la terre périrait par l'eau et par le feu, ses descendants avaient construit, pour résister à l'un ou à l'autre de ces éléments, des colonnes de pierres et de briques, sur lesquelles ils avaient gravé leurs connaissances pour les transmettre à ceux qui survivraient à la conflagration ou au déluge universel. Cet historien assure que, de son temps, ces colonnes se voyaient encore en Asie.

L'idée que les astres étaient en rapport avec les hommes et les empires est de toute ancienneté. Les météores, les comètes, tous les phénomènes extraordinaires étaient considérés comme des effets ou des présages de la colère des dieux ; c'est ce qui les a fait observer et recueillir plus soigneusement que d'autres auxquels l'ignorance et la superstition n'attachaient pas la même importance.

En 1179 des astrologues juifs, arabes et chrétiens annoncèrent une conflagration générale pour l'année 1186. L'insuccès de cette fameuse prédiction ne détruisit par la confiance dans ces charlatans de la science, et les efforts de bons esprits, tels que Pic de la Mirandole n'eurent pas plus d'efficacité.

Ticho-Brahé s'occupait sérieusement de ces chimères, et Képler son disciple fit aussi, mais sans y croire, des almanachs de prédictions ; le célèbre Bacon y croyait fermement.

Cassini ne fut d'abord qu'un astrologue ; mais bientôt, revenu de ses erreurs, il se consacra tout entier à la vraie science. Chacun connaît les superstitieuses croyances de Marie de Médicis aux rêves de l'astrologie judiciaire, et la colonne de Soissons qu'elle fit bâtir pour y consulter les astres.

Cette aveugle confiance aux prédictions écrites dans les cieux a servi l'astronomie, en faisant rechercher et conserver les anciennes observations. Il en a été de même pour la chimie née dans les creusets trompeurs des alchimistes.

Hippocrate, le père de la médecine, range l'astrologie parmi les sciences les plus utiles au médecin.

L'astrologie *naturelle*, se bornant à prévoir le temps, les maladies, les bonnes ou mauvaises récoltes, etc., est un peu moins vaine que l'astrologie *judiciaire*, qui est l'art mensonger de prédire les choses futures et de connaître la destinée des hommes d'après les étoiles ou les constellations sous lesquelles ils sont nés, établissant ainsi de prétendus rapports entre le ciel et la terre.

Les faits ayant toujours des causes naturelles, on peut croire que l'observation attentive des circonstances qui les ont déjà produits doit aider à prédire leur prochain retour; mais ces causes sont si indirectes et si variables, elles dépendent de phénomènes si nombreux, si imprévus et si fortuits, que le *plus savant* des astronomes modernes est forcé de convenir qu'il ne peut sûrement prédire le temps vingt-quatre heures d'avance.

ASTRONOMÈTRE. Appareil destiné à l'appréciation de l'intensité lumineuse des corps célestes, et particulièrement des étoiles. Il n'en existe cependant pas encore qui puisse mesurer la lumière avec la précision désirable. *Voyez* Photométrie.

ASTRONOMIE. Chez les anciens peuples, cette *science des astres* a été considérée comme la première et la plus importante. Les chefs religieux en faisaient leur principale occupation, et célébraient par des fêtes les grandes époques astronomiques.

Ils en conservaient les connaissances dans des livres sacrés écrits en caractères hiéroglyphiques.

Des zodiaques, des figures allégoriques sculptés dans les temples et les monuments, devaient en perpétuer la mémoire. Selon Suidas et Diodore de Sicile : Bélus, roi d'Assyrie, Atlas et Uranus auraient les premiers fait connaître les mouvements des corps célestes.

Philon rapporte que Moïse en fut instruit par les prêtres égyptiens; mais plusieurs passages de ses livres semblent démentir ce fait, ou indiquent, tout au moins, que ses professeurs n'étaient pas alors fort savants.

Avant le déluge, dont il raconte les circonstances, on avait fait cependant de bonnes observations astronomiques, puisque la Genèse suppute les années du monde par mois de trente jours, et que les sept jours de la création se rapportent évidemment à la division de la semaine d'après les sept planètes connues des Indiens, des Chinois et des Égyptiens.

Les observations chaldéennes trouvées par Alexandre à Babylone remontent jusqu'à cent quinze années après celle assignée à ce cataclysme, c'est-à-dire à quinze années depuis la tour de Babel et la confusion des langues; mais ces événements n'y sont pas même mentionnés.

Le silence des quatre livres sacrés des Indiens et de leurs Tables astronomiques, encore plus anciennes, n'est pas non plus en faveur de la chronologie du législateur des Juifs.

Il paraît seulement qu'il existait encore en Asie des colonnes sur lesquelles avaient été gravées les connaissances acquises par les populations primitives, et dont la tradition, suivant Aristote, était déjà perdue. C'est probablement à cet exemple que les Égyptiens ont construit les pyramides qui subsistent aujourd'hui.

Les philosophes de la Grèce enseignaient, 1800 avant Galilée, que la terre tournait sur son axe, autour du soleil immobile dans l'espace ; que d'autres mondes circulaient encore autour de cet astre ; l'astronomie était alors sur la voie de la véritable science que Ptolémée lui fit malheureusement abandonner, en adoptant dans son système les mouvements apparents de tous les corps célestes autour de notre petite planète.

Cette concession aux opinions vulgaires fut sans doute exigée de cet habile astronome par les corporations religieuses, ne révélant qu'à un petit nombre d'initiés les vérités et les connaissances dont elles gardaient le dépôt.

On peut facilement admettre une telle supposition, quand on sait toutes les difficultés et les persécutions que rencontrèrent, quinze siècles après, tous ceux qui voulurent enseigner de nouveau les véritables lois de l'univers ; quand de nos jours, en croyant faciliter l'explication des phénomènes astronomiques, nos corps savants écrivent encore dans leurs Annuaires : Le soleil *entre* tel jour dans tel signe ! le soleil se lève, ou se couche à telle heure !

L'observation citée par Ptolémée, dans l'*Almageste*, d'un lever héliaque de Sirius, *le quatrième jour après le solstice d'été*, remonte à 2,500 ans avant notre ère ; c'est ainsi que l'astronomie donne le moyen de constater les époques historiques avec lesquelles se trouve lié quelque phénomène céleste.

Les premières observations astronomiques ont fait croire que la terre était le but principal de la création, puique tous les corps célestes paraissaient tourner autour d'elle, qui semblait immobile dans ce mouvement général : aussi l'esprit humain a-t-il eu besoin de longs efforts pour détruire cette illusion des sens. (*Voyez* l'Introduction, première partie.)

L'astronomie moderne a principalement pour but la mécanique céleste ; c'est-à-dire le mouvement dans tous les corps de notre univers, selon des lois mathématiques formulant, avec une exactitude rigoureuse, toutes les découvertes des siècles antérieurs.

ATALANTE, petite planète (n° 36) dont la découverte a été faite le 5 octobre 1355 par Goldmich, et dont l'orbite très-excentrique, située entre celle de Pallas et de Bellone, est à 2,770900 de distance moyenne du soleil; son inclinaison sur l'écliptique est de 19° 6′ 45″, et le temps de sa révolution est de 1,684 jours 7/10es.

ATLAS, roi des temps fabuleux, que Manéthon et Dicéarque font naître d'Uranus, l'un des inventeurs de l'astronomie; suivant les traditions indiennes qui lui attribuent l'invention de la sphère, ainsi qu'une partie des connaissances astronomiques recueillies et conservées par les brahmes, il aurait régné sur les Atlantes 3,800 ans avant l'ère chrétienne.

L'Éthiopie s'appelait alors les Indes, et Strabon dit qu'elle tenait à l'Asie par le détroit de Bab-el-Mandeb, que la mer Rouge n'avait pas encore creusé pour envahir cette partie de l'Arabie.

Platon, ami d'Eudoxe, astronome de l'antiquité, Plutarque, Diodore de Sicile et autres historiens les plus anciens, citent les Atlantes et l'île Atlantide; mais toutefois en lui donnant différentes positions relatives.

Les montagnes s'étendant au nord de l'Afrique ont encore le nom d'Atlas, qui, selon les Grecs, portait le monde.

Toutes ces traces indiquent l'existence d'un chef, honoré pour les connaissances célestes qu'il a répandues chez un grand peuple aux temps les plus reculés, et dont l'histoire a gardé le souvenir.

ATMOSPHÈRE. Notre globe est pressé de toutes parts par un fluide composé de parties aqueuses et gazeuses, dont les combinaisons multiples produisent les phénomènes physiques qui frappent nos yeux ou échappent encore à toutes les investigations. L'étendue de cette enveloppe paraît s'élever à environ 6 myr. (15 lieues) au-dessus de la mer, avec une densité finale très-faible et inappréciable. A 16,000 mèt. (4 lieues) les nuages ne peuvent plus se soutenir, et l'air doit y être huit fois plus rare qu'à la surface.

Si la densité de l'atmosphère égalait dans toutes ses parties celle de l'air à zéro de température, sa hauteur ne serait pas de 8,000 mètres. Son étendue est quinze fois plus grande à l'horizon qu'au zénith, en outre de la réfraction, qui est de 33′ 47″.

On a calculé que le volume de cette atmosphère pouvait représenter le vingt-neuvième du volume de la terre et seulement la millionième partie de sa masse.

Le mercure descend dans le tube du baromètre en proportion arithmétique, à mesure que l'échelle des hauteurs croît en proportion géométrique; au sommet du mont Blanc, cet instrument ne marque plus que la moitié de la hauteur ordinaire à Paris, c'est-à-dire ne se soutient plus qu'à 380 millimètres (14 pouces) et le ciel y paraît presque noir.

Sans l'atmosphère, le jour succéderait tout à coup à la nuit, et les points frappés directement par le soleil seraient seuls éclairés; mais la réfraction des rayons lumineux les rejette dans toutes les directions avec une intensité qui dépend de l'obliquité des lieux, des obstacles et du nombre de réfractions; sous l'équateur, le soleil paraît se lever et se coucher perpendiculairement à l'horizon; l'aurore et le crépuscule y sont beaucoup plus courts que dans nos climats; sous les pôles, ces demi-jours s'étendent jusqu'à trois mois.

Jusqu'alors il était généralement admis que plus on s'élevait dans l'atmosphère, plus le calorique des couches traversées diminuait, et que même, à une certaine hauteur, les voyageurs comme les aéronautes ne pouvaient pas résister longtemps à l'intensité du froid; mais un rapport de M. Georges Elliot, de Pétersbourg, en Virginie, viendrait contredire cette opinion, puisque, arrivé à 8,000 mètres, c'est-à-dire à 1,000 mètres de plus que MM. Biot et Gay-Lussac, il éprouva une telle chaleur qu'il fut obligé de redescendre vers les nuages pour trouver une température plus supportable.

Comme on connaît toujours la position relative du soleil, on a pu calculer la hauteur des dernières couches de l'atmosphère qui nous réfléchissent les rayons de cet astre : c'est ainsi qu'on a obtenu le mininum de 6 myr. indiqué précédemment. Quand le soleil est à 18° au-dessous de l'horizon, ou plus exactement à 17° 11', à cause de la réfraction atmosphérique, l'obscurité devient totale; vers le solstice d'été, époque à laquelle cet astre paraît remonter avant d'être descendu à cette limite, l'aurore suit immédiatement le crépuscule, et il n'y a pas de nuit complète.

Laplace a démontré que l'atmosphère terrestre, malgré ses courants et sa mobilité, avait une certaine influence sur l'axe de rotation, comme si elle formait une masse solide et adhérente à notre globe.

Il est certain que cette atmosphère est aujourd'hui bien différente de ce qu'elle devait être originairement et même après la consolidation superficielle de sa masse terrestre encore brûlante. La haute température de cette époque ne permettait pas à l'épaisse nébulosité qui l'environnait dans sa marche à travers l'espace, de se condenser et de précipiter à la surface du globe les eaux suspendues, ainsi que cela dut arriver après d'autres milliers de siècles de convulsions produites par le contact des éléments contraires.

Les soulèvements d'un côté, la chute et la dislocation sur d'autres points de l'écorce primitive, ont peu à peu fait retirer les mers dans les cavités intérieures et les dépressions de la surface terrestre ; mais pour que les êtres actuels aient pu naître et se perpétuer, il a fallu que l'atmosphère se soit dégagée de l'acide carbonique en excès qui favorisait au contraire le développement des végétaux et des animaux gigantesques dont les débris fossiles se trouvent aux plus grandes profondeurs des couches de houille, ou des terrains de première formation.

Les reliefs du sol maintenant émergé, en recevant et répandant partout les eaux pluviales, ont refroidi de plus en plus la surface de notre planète, dont l'atmosphère est appropriée aux productions comme aux habitants de ses différentes parties ; mais cet état, qui paraît stable, subira néanmoins, avec le temps, d'inévitables modifications.

L'atmosphère du soleil paraît composée de deux enveloppes (peut-être d'un plus grand nombre), dont l'extérieure, plus lumineuse, est celle qui nous éclaire ; et comme l'atmosphère de tout corps céleste ne peut s'étendre au delà des limites où circulerait un autre corps dans un temps moindre que la rotation du premier, on peut croire qu'aucune planète dont la révolution se ferait en moins de 25^{j}· 1/2 n'existe autour du soleil.

En examinant la mobilité et la diversité d'éclat du disque solaire, on ne peut, dit Herschell, se défendre de l'idée d'un milieu lumineux, mêlé mais non confondu avec une atmosphère transparente et non lumineuse ; tels sont les nuages flottant dans notre atmosphère, ou la traversant parfois en colonnes enflammées ; telles encore sont les vagues des aurores boréales dirigées perpendiculairement à la surface de la terre.

La lune n'a point d'*atmosphère* appréciable, elle ne saurait donc avoir des végétaux et des animaux de la même nature que ceux de notre planète, auxquels l'air est indispensable.

Toutes les autres planètes, ainsi que les satellites qu'on a pu observer convenablement, paraissent entourées de nébulosités, dont quelques-unes très-intenses.

La nature ou la densité de ces différentes atmosphères peut compenser, sous le rapport de la température, l'effet des rayons du soleil sur les planètes très-éloignées, comme sur celles plus rapprochées que la terre, de ce foyer de chaleur et de lumière. Des animaux et des plantes pourraient ainsi y exister, malgré les positions extrêmes où elles se trouvent relativement à la terre. Autrement leurs surfaces seraient tellement calcinées ou congelées que des êtres organisés tels que nous les concevons n'y pourraient habiter.

ATOMES. On entend par cette dénomination les particules élémentaires, simples et impénétrables, de forme, de grandeur et peut-être aussi de nature différentes qui constituent matériellement tous les corps.

Il résulte de la philosophie newtonienne que cette matière primordiale serait douée d'une faculté attractive s'exerçant par réciprocité en raison des distances et des masses agglomérées.

Cette propriété des atomes, incompatible avec l'inertie que d'un autre côté on leur suppose plus rationnellement, est aussi en désaccord avec l'observation des affinités chimiques, qui devraient se manifester avec une énergie beaucoup plus forte dans les combinaisons métalliques très-denses que dans celles dont les molécules sont moins rapprochées et dont cependant la force de cohésion est généralement plus grande.

Des philosophes épicuriens, tels que Leucippe et Démocrite, avaient imaginé que des *atomes* imperceptibles, agissant au hasard et dans tous les sens, produisaient un mouvement moyen et vertical qui organisait tous les corps, en les retenant à la surface de la terre.

Descartes avait renouvelé ces idées dans son système des tourbillons, renversé bientôt par les lois de Képler, le mouvement des comètes et l'attraction newtonienne.

Lesage (de Genève), perfectionnant les théories émises par Varignon, Fatio de Duillier et Rédéker, publia, en 1758, un nouveau système, dont voici quelques aperçus :

1° S'il grêlait de toutes parts sur la terre, d'une hauteur supérieure à la lune, celle-ci serait poussée vers nous; les eaux de l'Océan, éprouvant partout ailleurs une forte pression, s'élèveraient successivement *sous ce bouclier mobile*, et les marées seraient ainsi *mathématiquement expliquées*, même en substituant à la grêle *tout autre fluide*.

2° Une matière *éthérée* dont le mouvement serait rectiligne et d'une vitesse prodigieuse, dont les corpuscules, infiniment petits et isolés, se succédant sans cesse, viendraient frapper les corps célestes de tous les points de l'espace, sauf dans la direction de leurs centres, les pousserait les uns vers les autres, *en raison de leurs surfaces et de leurs distances*.

3° Le fluide magnétique, l'électricité, la lumière, l'air et le calorique circulent dans tous les corps et dans l'atmosphère sans se faire obstacle ; il en serait de même du fluide gravifique supposé.

4° Les effets de l'attraction newtonienne ont lieu sous une cloche, sous les voûtes les plus épaisses : l'impulsion gravifique des atomes se manifesterait de même à travers les corps, qui *tous* sont reconnus poreux et perméables.

Huyghens et autres savants du dernier siècle ont adopté et défendu ces idées, reproduites aux États-Unis par M. Buisson, mais avec certaines modifications... *Ses atomes ultramondains* agiraient différemment sur les planètes et dans l'espace ; l'impulsion gravifique tendrait, comme dans les théories de Lesage, à rapprocher tous les corps célestes ; et la pesanteur serait occasionnée par le choc des atomes sur l'enveloppe atmosphérique des planètes, qu'ils ne pénétreraient pas, mais où ils produiraient *une oscillation moléculaire* se propageant de proche en proche et dans tous les corps jusqu'au centre de ces planètes.

Si l'on pouvait concevoir l'existence de ces atomes, la nature et la source de cette éternelle émission, on comprendrait mieux leur action, que la vertu magique de l'attraction newtonienne, aujourd'hui cependant généralement adoptée.

Il est vrai que nous ne connaissons pas mieux la nature du magnétisme et de l'électricité, qui agissent sous nos yeux, et que, sans pouvoir encore en expliquer les effets, nous sommes certains d'être en communication, non-seulement avec notre soleil et les autres corps célestes de notre système particulier, mais encore avec les innombrables étoiles que nous pouvons apercevoir dans toutes les profondeurs et sur tous les points de l'espace. L'impulsion qui en résulte nécessairement, dans un milieu de plus en plus dilaté, est peut-être la cause ou l'une des causes de la pesanteur dans notre système solaire.

Que des *atomes imperceptibles*, ou bien une force attractive inhérente à la matière, soient les agents du pouvoir suprême qui régit l'univers, les résultats sont les mêmes, et les causes restent aussi impénétrables dans les deux systèmes. *Voyez* ATTRACTION, GRAVITÉ.

ATTRACTION. On désigne ainsi la force invisible et universelle en vertu de laquelle toutes les molécules de la matière s'attirent réciproquement, en proportion de leur masse et de leur distance. La vitesse de cette attraction est évaluée par Laplace à plus de huit millions de fois celle de la lumière; elle tendrait à réunir tous les corps célestes en une seule masse, si les forces de projection qui leur ont imprimé un mouvement contraire, lors de leur formation, venaient à cesser.

La combinaison de ces deux forces opposées a produit le mouvement circulaire ou elliptique, selon que l'une des forces a prédominé sur l'autre.

Selon cette théorie, le soleil comme la masse la plus forte, attire vers son centre toutes les planètes et celles-ci leurs satellites. Sa masse étant représentée par une sphère d'un rayon cent douze fois plus grand que celui de la terre, son attraction est alors comme $355,500^{m}$, divisés par le carré de 112, est à 1, ou 28 34, quantité dont les corps tombent à la surface solaire, ce qui fait une vitesse de 139^{m} dans la première seconde de leur chute et de 278^{m} dans la deuxième seconde, vitesse comparable à la balle d'un fusil.

Au lieu de 1 mètre, la longueur d'un pendule qui battrait les secondes devrait avoir plus de 28 mètres sur le soleil, et des êtres de la même nature que nous ne pourraient s'y mouvoir.

A mesure qu'une des deux forces s'accroît, l'autre diminue proportionnellement. Ainsi la terre, parcourant son ellipse, éprouve vers son périhélie une attraction plus grande et son mouvement s'accélère; plus ensuite elle s'éloigne de ce point, plus sa vitesse se ralentit, parce que la force centrifuge augmente et agit davantage à son tour. L'effet contraire a lieu vers l'apogée ou l'aphélie.

Les mêmes causes produisent éternellement les mêmes effets, soit pour notre globe, soit pour tous les autres corps en mouvement dans les cieux.

L'esprit humain, qui peut concevoir et comprendre les forces impulsives, n'a pu s'expliquer encore celles de l'attraction, *inhérentes* à chaque particule de matière, et s'ajoutant les unes aux autres, par le rapprochement et l'agglomération.

Au moyen d'atomes circulant directement dans tous les sens et de toutes les directions, certains géomètres ont voulu ramener l'attraction à une *impulsion*, et expliquer physiquement les effets de la pesanteur universelle ; mais la difficulté de concevoir l'origine et l'émission incessante de ces atomes a empêché jusqu'ici d'en adopter les différentes conceptions.

Les savants actuels admettent généralement dans la matière une vertu attractive que Newton a proclamée comme la loi universelle de la nature, en expliquant toutefois, dans son livre des *Principes*, qu'il ne faut pas entendre par le mot *attraction* un mode d'action, mais que les mots *impulsion* et *propension* peuvent indiquer les mêmes effets.

L'attraction dite newtonienne est donc admise aujourd'hui, non *par conviction*, mais comme *un fait* qui s'accorde exactement avec les mouvements des corps célestes, dont l'infatigable génie de Képler avait trouvé les lois.

Il en a été ainsi du système de Ptolémée, fondé sur les apparences, et qui a régi notre univers pendant quatorze siècles. Qu'un autre Copernic vienne révéler la véritable cause de l'impulsion, et prouver que l'attraction n'est qu'une chimère, le monde savant sera tout étonné de sa longue erreur.

Notre soleil n'est qu'une étoile de la même nature que toutes les autres, dont les milliards projettent incessamment leur lumière et leurs émanations de tous les points de l'espace vers toutes les directions : là pourrait être le fluide impulsif et encore inconnu que la mystérieuse nature met en action pour régulariser la marche de toutes les créations célestes, et produire la stabilité dans tous les mondes.

M. de Humboldt (vol. III du *Cosmos*) s'exprime ainsi :

« Si les courants électriques développent les forces magnétiques ; « si le soleil lui-même, suivant une hypothèse d'Herschell, est dans un « état perpétuel d'aurore boréale, c'est-à-dire dans un orage électro-« magnétique, il ne paraîtra pas trop hasardé de supposer que, dans « l'espace aussi, la lumière du soleil soit accompagnée de courants « magnétiques. »

Le P. Secchi, dans un Mémoire récent sur les variations magnétiques, considère le soleil comme agissant à la manière d'un aimant, ce qui, dit-il, ne doit pas surprendre les physiciens.

Dans un ouvrage récemment publié sous le titre *Du principe général de la philosophie naturelle*, et sous l'inspiration des idées réalistes dont nous venons de parler, M. de Boucheporn a repris sur de nouvelles bases ce grand problème des causes matérielles de la gravitation. C'est aussi par l'impulsion d'un fluide universellement répandu dans l'espace, et que les belles découvertes de Young, Fresnel et Arago ont fait reconnaître comme agent des phénomènes lumineux, que l'auteur attribue le principe universel des lois physiques. Ce qui caractérise le nouveau système, est d'exposer des *preuves* mathématiques et expérimentales, dont le résultat serait de fonder désormais sur des bases réelles et incontestables la théorie de l'éther appliquée aux lois de la gravitation, en affranchissant ainsi la science de cette vague hypothèse de l'*attraction* considérée tacitement, depuis Newton, comme une qualité propre à la matière. Analysons-en quelques preuves, en évitant toutefois d'entrer dans les détails mathématiques sur lesquels est fondée la partie démonstrative de l'ouvrage.

M. de Boucheporn n'attribue pas, au moins explicitement, comme Lesage de Genève, une force imaginaire d'impulsion à l'ensemble de l'éther ; partant de ce grand fait : la translation du soleil dans l'espace, acquis à la science depuis les mémorables observations de W. Herschell, c'est dans le mouvement même des corps qu'il a cherché le principe et la cause des impulsions du fluide universel, dont il suppose les particules entièrement inertes.

Selon lui, les corps, en traversant le fluide, y produisent à chaque instant une sorte de tourbillonnement, par la tendance qu'éprouvent les particules éthérées à refluer vers le *vide* formé en arrière du mobile et à revenir le frapper de toutes parts à l'arrière d'un effort concentrique, et proportionnel à la force qui l'écarte à l'avant. En vertu de cette *force de remous* déjà sensible dans nos phénomènes hydrauliques, et qui doit être incomparablement plus puissante dans un fluide aussi rapidement mobile que l'éther, chacun des corps célestes se trouverait enveloppé d'une pression générale dirigée vers son centre, et il serait accompagné dans sa marche par un mouvement de tourbillon centré sur le vide qui se forme à chaque instant derrière lui. Cet effet, se propageant dans l'espace jusqu'à l'infini, diminuerait d'énergie en raison inverse du carré des distances, suivant la loi de Newton, à cause de son extension progressive à des surfaces sphéroïdales de plus en plus développées. Si, dans cette propagation du tourbillon, un autre corps moins considérable vient à se rencontrer, la pression qui s'exerçait autour de lui, en vertu de son mouvement propre, devra cesser sur l'hémisphère tourné vers l'astre prépondérant, tandis qu'existant toujours sur l'hémisphère opposé, il en résultera nécessairement de ce côté une impulsion qui portera le corps entier vers le premier astre.

Ici l'effet est absolument le même que celui de l'*attraction* newtonienne ; tandis que d'autre part la résistance de l'éther en avant du mouvement effectif, n'agissant plus que sur un quart d'hémisphère du satellite, à cause du vide instantanément formé sur une de ses moitiés, n'aura plus sur lui qu'une action *excentrique*, insuffisante pour modifier la loi de son mouvement central.

Ce mode d'impulsion n'explique pas seulement ainsi les faits connus, comme le système newtonien, mais il présente en outre des conditions toutes particulières, de l'observation et du calcul desquelles l'auteur a su déduire un certain nombre de lois astronomiques nouvelles, capables d'emporter la vérification expérimentale de ses théories.

Si la gravitation, s'est-il dit, a réellement pour cause le mouvement imprimé à l'éther par le déplacement des corps célestes, il s'ensuivra que *leur masse* ou l'intensité de leur force d'attraction respective doit être mesurée par la *quantité de mouvement* que chacun d'eux imprime à l'éther, c'est-à-dire par la quantité de fluide déplacé pendant l'unité très-petite de temps multipliée par la vitesse du déplacement ; en d'autres termes : les *masses* respectives des planètes, par exemple, doivent être égales *au volume de chacune d'elles multiplié par le carré de sa vitesse*. Eh bien, cette loi si simple et si nette, convenablement appliquée, donne en effet par le calcul un résultat absolument conforme à la série des masses planétaires fournies par l'observation astronomique. C'est donc là un ensemble imposant de huit grandes vérifications pour la théorie émise par M. de Boucheporn, et ce n'est pas être trop hardi que d'y voir pour le système général de l'*impulsion* un fondement assuré.

On trouve encore une série de preuves non moins frappantes dans une relation propre au système, entre la vitesse de l'astre *attirant* et celle du satellite, relation impossible à prévoir dans la théorie newtonienne fondée sur la fixité de l'astre attirant tous les autres, et qui d'ailleurs se vérifie sur l'ensemble des satellites planétaires. Enfin l'auteur parvient à expliquer, par ses principes, diverses autres lois, telles que celle de la distance des planètes, celle des rotations satellitaires, etc. Nous aurons, à l'article des Marées, à en citer une autre application non moins importante.

On voit, par les détails qui précèdent, que la conception de M. de Boucheporn semble former une sorte de retour au système des *tourbillons* de Descartes, mais avec cette dissemblance toutefois : que les tourbillons nouveaux, au lieu d'être liés comme ceux de Descartes au mouvement de rotation de l'astre attirant, sont liés à son mouvement de translation. C'est sans doute à ce principe particulier qu'ils doivent de satisfaire aux lois de Képler et de Newton, avec lesquelles le système cartésien n'avait pu encore être mis en harmonie.

Le nouveau système s'éloigne aussi de celui de Descartes en ce qu'il se plie parfaitement à la théorie du mouvement des comètes ; il explique même les caractères particuliers de cette classe de corps, en les rattachant à une condition mathématique qui dérive à la fois du grand volume de ces astres relativement à leur quantité de matière, et de leur origine lointaine.

L'auteur déduit encore de ses calculs cette circonstance particulière que les comètes, tout en satisfaisant à la loi de Newton, en ce sens que la force d'attraction solaire sur l'astre entier est toujours inversement proportionnelle au carré de la distance, ne se conformeraient pas toutefois comme les planètes à la 3e loi de Képler. L'attraction sur leur *unité de matière* augmenterait plus par le rapprochement du corps attirant que ne diminuerait le carré de la distance : ce qui explique à la fois et leurs faciles perturbations par l'approche des planètes et l'accélération constante de leurs retours au périhélie, comme on l'a constaté pour ceux de la comète *à courte période*.

Tous ces détails du mécanisme de notre système planétaire étant ainsi démontrés par la méthode nouvelle, il ne paraît pas impossible néanmoins que l'idée même de Descartes ne se trouve réalisée quelque part dans l'ensemble des mondes : c'est du moins le résultat auquel paraîtraient conduire les conjectures émises accessoirement par M. de Boucheporn lorsqu'il indique que l'on pourrait admettre comme le pivot possible de tous les mouvements célestes un corps central de volume immense, tournant sur lui-même avec une immense rapidité.

Si cela ne suffisait pas encore pour assurer l'efficacité du système de l'impulsion tel qu'il est émis par M. de Boucheporn, peut-être serait-il possible d'ajouter comme *une constante* aux équations formulées par l'auteur, la force impulsive des innombrables soleils semés dans l'espace, devant agir sur tous les corps de notre système planétaire et dans toutes les directions, mais *plus faiblement sur les lignes joignant leurs centres*.

Les lois de l'attraction ou de l'impulsion paraissent aussi être les régulateurs des mouvements entre les soleils doubles et multiples semés dans l'espace.

Il faut que cette force soit bien extraordinaire, ou qu'il y ait encore une autre cause, pour agir sur Neptune à une distance trente fois plus grande que celle de la terre au soleil, et même à une distance vingt-huit fois plus considérable encore que cette dernière, puisqu'elle a ramené dans notre système solaire la grande comète de 1680, qui s'en était éloignée de 11,800 millions de myriamètres (28,500 millions de lieues).

La 61ᵉ étoile du Cygne indique que la même loi régit son mouvement à une distance de 18, 240 fois celle de Neptune au soleil.

Les grandes masses de montagnes faisant dévier le fil à plomb, on en conclut leur densité comme pour les planètes dont les forces perturbatrices ont pu être observées. *Voyez* ATOME, PESANTEUR, GRAVITÉ.

AURÉOLE. Les corps lumineux paraissent entourés d'une auréole dont l'intensité et l'étendue dépendent de l'état atmosphérique au moment de l'observation de ce phénomène.

Les couronnes colorées sont très-fréquentes autour de la lune, et sont engendrées par la réfraction de la lumière dans les molécules condensées ou refroidies tenues en suspension à une certaine hauteur de l'atmosphère; les mêmes causes produisent aussi les halos solaires; mais les auréoles qui ont surtout fixé l'attention des astronomes sont les couronnes, simples ou doubles, observées pendant les éclipses totales de soleil.

Alors le disque de la lune est débordé par un cercle lumineux dont l'intensité s'affaiblit de plus en plus vers les limites mal terminées, et sillonnées de rayons d'un éclat plus vif; lors de l'éclipse du 8 juillet 1842, cette auréole paraissait séparée en deux parties concentriques, dont l'intérieur était plus éclatante et presque uniforme, tandis que la couronne extérieure s'affaiblissait insensiblement vers les bords les plus éloignés du centre.

Dans l'éclipse du 28 juillet 1851, l'auréole n'était pas divisée en deux zones, mais s'affaiblissait insensiblement, depuis le disque de la lune jusqu'à ses limites qui se perdaient dans l'obscurité du ciel.

En produisant une éclipse artificielle sur le disque solaire, on peut observer à l'entour du diaphragme employé une auréole ayant à peu près les mêmes apparences que celles des éclipses véritables, qui d'ailleurs sont très-variables et d'une intensité plus faible que la lumière réfléchie par la lune, puisqu'elles font à peine porter une ombre aux objets interposés.

AURORE. Sa durée varie, comme celle du crépuscule, suivant les lieux et les saisons; à Paris, vers le 25 juin, au solstice d'été, elle succède immédiatement à celui-ci, parce que, le soleil ne descendant pas alors à plus de 17° et 1/2 sous l'horizon, les couches supérieures de l'atmosphère peuvent nous en réfléchir la lumière, soit du côté du coucher, soit du côté où il va se lever. Les astronomes arabes avaient calculé que cet effet de réfraction commençait quand le soleil était encore à 19° sous l'horizon. *Voyez* CRÉPUSCULE.

AURORE BORÉALE. On croit que ce phénomène lumineux, presque journalier et plus intense aux régions polaires, est produit par des courants électriques circulant de l'équateur aux pôles avec une intensité qui s'accroît en s'approchant de ces points dans les hautes régions de l'atmosphère où ont lieu les décharges électriques qui constituent les phénomènes variés de ces aurores. — Ces courants reviennent ensuite des pôles à l'équateur par le globe terrestre, qui est un très-bon conducteur de l'électricité. Il se produit quelquefois dans l'atmosphère un arc bien tranché dont le point culminant est le pôle magnétique à égale distance des deux points d'intersection de cet arc avec l'horizon.

La cause qui amène ces amas de molécules matérielles à l'état rayonnant est encore inconnue; mais il est certain qu'elle est en relation avec le magnétisme terrestre.

Les lueurs blanchâtres et parfois rosées de cette illumination, qui n'offrent aucune trace de polarisation, semblent généralement partir des couches inférieures de l'horizon, et se diriger obliquement vers le nord-est en larges traînées ascendantes, quelquefois en aigrettes plus brillantes qui se détachent sur le fond moins éclairé ou tout à fait obscur du ciel.

Parfois aussi les jets lumineux se produisent des hautes couches vers l'horizon.

A Paris, mais rarement, on a le spectacle de cet étrange phénomène, imitant la lueur d'un incendie lointain.

Aux États-Unis, où ces phénomènes ont été soigneusement observés, on a reconnu qu'en moyenne, en 1849 comme en 1848, sur cent nuits, il y en a eu trente-neuf avec des aurores plus ou moins intenses ; qu'elles sont presque journalières en novembre, ne se montrent pas en juin ni juillet, et ne descendent pas vers l'orient aussi bas que vers l'occident, où elles ne dépassent guère le 40e degré de latitude. Suivant les observations faites à Christiania de 1837 à 1853, il y aurait par année deux maxima et deux minima : le premier a lieu vers les équinoxes, et le second vers les solstices, surtout à celui d'été.

Les phénomènes *ordinaires* commencent à la fin du crépuscule, sous l'aspect d'une lueur uniforme, et durent jusqu'à dix ou onze heures du soir ; mais les aurores à effets *extraordinaires* persistent quelquefois toute la nuit ; leurs ondes inférieures précèdent les jets, les arches et les couronnes qui les distinguent.

L'étendue, la vitesse des mouvements, leur apparition *à la même heure* pour des *longitudes* bien différentes, ont fait penser à M. Olmsted, qui a observé longtemps ces phénomènes dans l'Amérique du Nord, qu'ils sont produits par un corps nébuleux, demi-transparent, inflammable et de nature magnétique, existant autour du soleil, ainsi que dans certaines régions interplanétaires.

La rotation diurne de la terre amènerait alors chaque point des mêmes zones en vue de l'un de ces amas de substances aurorales circulant dans l'espace, et dont l'origine cosmique serait ainsi hors de notre atmosphère.

Au temps d'Aristote, trois siècles avant J.C., des auteurs grecs ont mentionné plusieurs fois l'apparition de ces *lueurs polaires* sous des formes très-variées. Sénèque et Pline en ont aussi donné des descriptions.

Il paraît que depuis cette période la direction des phénomènes s'est déplacée de l'est à l'ouest en se rapprochant aussi du nord. Sir John Ross, qui a longtemps séjourné aux régions arctiques, attribue ces phénomènes à l'action du soleil, quand il est *au-dessous* du pôle, sur les masses de glaces colorées par ses rayons dont la réflexion éclaire alors les nuages qui se trouvent *au-dessus* de l'horizon, et qui étaient auparavant invisibles à cause de leur extrême ténuité. Le bruit qui accompagne souvent les clartés de ces orages magnétiques fait plutôt penser qu'ils sont le résultat de courants dirigés de l'équateur vers les pôles par les hautes régions de l'atmosphère et y revenant par l'intérieur du globe.

Les perturbations diurnes du magnétisme terrestre, toujours en sens opposé dans les deux hémisphères, et dont les intensités paraissent suivre les variations thermométriques en chaque saison, autorisent encore quelques physiciens modernes à attribuer les phénomènes en question à des jonctions orageuses de circuits électriques à travers les gaz non conducteurs de l'atmosphère.

Les courants verticaux qui s'élèvent de chaque région du globe, successivement frappée du soleil, se dirigent proportionnellement aux latitudes, de l'équateur vers les deux pôles; c'est-à-dire : à l'ouest pour notre hémisphère et à l'est pour l'hémisphère austral, *pendant le jour;* le renversement d'orientation pendant la nuit occasionne nécessairement alors une direction contraire à ces courants magnétiques, en produisant, à leurs points de rencontre vers les pôles, les effets observés, dont le nombre et l'intensité se trouvent en rapport avec les variations barométriques.

On peut assigner aux mêmes causes les phénomènes orageux qui se remarquent parfois sous nos latitudes pendant les chaleurs de l'été, sous l'action des courants produits dans la direction parallèle des latitudes, soit de l'est, soit de l'ouest.

Les aurores boréales pourraient être encore occasionnées par le dégagement d'électricité provenant des nuages arrivant aux régions polaires; leurs parties aqueuses se changent alors en neige, et ils deviennent phosphorescents en abandonnant le calorique dont ils étaient chargés.

AUSTRAL. Les parties au delà de l'équateur relativement à nous sont les régions australes. On dit l'hémisphère austral et le pôle austral pour indiquer celui qui est opposé au pôle boréal, et comme lui envahi par les glaces.

Les constellations australes, en grande partie inconnues des anciens, sont par conséquent invisibles pour nous.

(*Voyez* la planche ıı, représentant les constellations de cet hémisphère.)

AUTEL (L'). Petite constellation australe ayant trois étoiles tertiaires situées sous la queue du Scorpion, et presque invisible dans nos climats.

AUTOMNE. Lorsque, par suite de la translation de la terre autour du soleil, cet astre paraît arriver au point actuellement indiqué par le signe de la Balance, les jours sont égaux aux nuits; c'est l'équinoxe d'automne vers le 22 septembre. Alors commence cette saison, qui nous prépare à l'hiver comme le crépuscule à la nuit.

AVANCE DES ÉTOILES. Si l'on observe chaque jour le passage du soleil au méridien, on reconnaît que dans vingt-quatre heures il a retardé de quatre minutes environ sur une étoile prise à volonté. Après cent quatre-vingt passages, cet astre sera donc d'environ douze heures en retard, et l'étoile de comparaison sera au méridien quand le soleil passera au point opposé, c'est-à-dire au point du ciel répondant aux antipodes du lieu des observations.

Après trois cent soixante-cinq jours un quart, la différence est de vingt-quatre heures, et l'étoile aura passé au méridien une fois de plus que le soleil; c'est en quoi consiste *l'avance* des étoiles, qui en réalité n'est qu'une illusion produite par la translation annuelle de la terre, d'où l'on voit changer progressivement la position du soleil relativement aux étoiles.

Il en serait de même pour un voyageur qui, faisant le tour du globe, reviendrait au lieu du départ un jour plus tôt ou un jour plus tard, selon qu'il aurait marché pendant une année vers l'orient ou vers l'occident.

Par la même raison une montre réglée au soleil doit avancer de quatre minutes par degré, ou d'une heure par quinze degrés si on la transporte à l'est; elle retarde de la même quantité *sur le soleil* en la portant à l'ouest. Au moyen de chronomètres, c'est-à-dire de montres bien réglées, on peut donc savoir chaque jour de combien de myriamètres on s'est écarté du point de départ, en comparant l'avance ou le retard qu'elles présentent à midi sur le soleil. *Voyez* RETARD.

AXE. Ligne matérielle ou imaginaire passant par deux points et par le centre d'un corps sphérique.

Pour la terre, ces points fixes sont les pôles boréal et austral, à égale distance de son équateur; la direction de l'axe terrestre prolongé va marquer dans l'espace les pôles célestes, autour desquels et par l'effet de la rotation diurne de notre globe, toutes les étoiles paraissent accomplir des révolutions journalières, en conservant leurs positions respectives.

L'axe des pôles est incliné sur l'écliptique de 66° 33', et sur notre horizon de 48° 50′ 12″ latitude actuelle de Paris, au sommet du Panthéon.

La permanence de *l'axe de rotation* terrestre ne présente aucun doute *depuis les temps historiques*, puisque la position des étoiles, relativement aux pôles, est encore la même que lors des premières observations, en ayant égard, toutefois, au mouvement de précession, qui paraît faire parcourir à ces astres une entière révolution dans une période de 26,000 années.

L'uniformité de vitesse de *l'axe de rotation* paraît aussi n'avoir subi aucune altération, puisque le retour de la même étoile au même point du ciel a lieu dans le même laps de temps qu'autrefois, ou que le jour sidéral est de la même durée.

Les *axes des orbites*, c'est-à-dire l'étendue des ellipses que décrivent tous les corps planétaires, éprouvent, au contraire, des variations périodiques, occasionnées par les forces perturbatrices et réciproques se combinant avec les forces tangentielles, avec la puissance attractive du soleil, et sans doute avec d'autres causes dont la nature est encore inconnue.

Ainsi, d'après les nombreuses observations de M. Leverrier, le grand axe de l'orbite de la terre, ou, en d'autres termes, le point le plus rapproché de son ellipse autour du soleil, éprouve des oscillations qui s'étendent à une minute de degré, dans une durée périodique de soixante-six ans et 2/3, en outre de l'excentricité connue et originairement produite par les forces précédemment mentionnées.

AZIMUT. Valeur angulaire de l'arc de l'horizon compris entre le point méridional et le cercle vertical d'un astre. Il est donc oriental ou occidental et nul au moment de la culmination, c'est-à-dire quand l'astre passe au méridien du lieu.

L'azimut diffère de la hauteur méridienne en ce que celle-ci marque simplement l'élévation d'un astre au-dessus du plan de l'horizon, tandis que l'azimut exprime la mesure de l'angle que fait sur l'horizon, à un moment donné, avec le méridien du lieu, le plan vertical passant par l'objet dont on veut indiquer la position. L'appareil destiné à l'observation de ces positions se nomme un *azimut ;* son axe vertical porte un cercle correspondant à l'horizon céleste et un second dont le plan coupe le premier à angle droit et indique les distances zénithales.

Le calcul des azimuts peut être utilement employé pour reconnaître les hauteurs éloignées.

Ainsi M. de Zach, étant à Marseille, et prenant l'azimut du soleil couchant ainsi que l'angle que, suivant les cartes, devait faire la ligne de vision vers le Canigou, a pu apercevoir cette montagne située très-loin dans la chaîne des Pyrénées-Orientales.

Les azimuts se comptent de 0 à 180° vers l'est ou vers l'ouest, en les rapportant au pôle visible; ils déterminent à peu près les courants magnétiques et les déviations du pendule, depuis les pôles jusqu'à l'équateur.

L'azimut du soleil étant connu, on peut en déduire la déclinaison de l'aiguille aimantée pour chaque lieu.

B

BAILLY (J. SYLVAIN). Né en 1736, et mort en 1793 sur l'échafaud, après avoir joui d'une grande réputation comme savant, et d'une grande popularité comme maire de Paris.

On lui doit une bonne histoire de l'astronomie, continuée jusqu'en 1781; un grand nombre d'observations sur les satellites de Jupiter, dont il a rattaché les mouvements à l'attraction universelle, en indiquant des moyens très-simples pour distinguer le moment de leur disparition réelle de celui où ils disparaissent en apparence.

Dans ses lettres à Voltaire sur l'origine des sciences et sur l'Atlantide de Platon, il cite un grand nombre de documents historiques et astronomiques qui placeraient dans le Nord la source des connaissances humaines, répandues ensuite, par les envahissements et les émigrations, chez les peuples qui, selon lui, passent à tort comme les premiers habitants du monde.

Ces idées sur la science des chinois et des Égyptiens n'ont pas été adoptées par les commentateurs, surtout depuis qu'on a pu mieux connaître jusqu'à quel point les mathématiques et l'astronomie avaient été poussées dans les Indes.

BALANCE (LA) ♎. Constellation zodiacale, dont les *plateaux* sont indiqués par deux étoiles tertiaires α et β, situées à gauche de l'épi de la Vierge. La première est sur l'écliptique.

Cette constellation avait été instituée par les Égyptiens, lorsque, il y a trois mille ans, le soleil paraissait arriver à l'équinoxe d'automne. Suivant Letronne le signe de la Balance ne fut introduit dans le zodiaque que du temps d'Hipparque, et peut-être par cet astronome lui-même qui n'en fait aucune mention, du moins dans les fragments qui nous sont parvenus ; Eudoxe et Archimède n'en parlent pas davantage.

Par l'effet de la précession, cette époque remarquable n'a plus lieu que *dans la Vierge*, très-près du Lion.

BALEINE (LA). Constellation australe, s'étendant au-dessous du Bélier et des Poissons ; elle comprend une étoile de deuxième à troisième grandeur : *Menkab*, marquant l'angle d'un petit parallélogramme dont les autres angles sont indiqués par une *tertiaire* γ et deux quartaires ; à droite de *Menkab* et sur l'équateur se trouve une autre quartaire δ, et, dans la même direction, la belle étoile double et changeante nommée *Mira* par Hévélius, et située un peu au-dessous de l'équateur. Plus loin, sur la même ligne, on voit un grand trapèze irrégulier formé par cinq tertiaires dont l'étoile ζ est double ; encore au-dessous, à droite, une secondaire β ou *Diphda*, qui marque la queue de la Baleine, vers *Fomalhaut*. *Voyez* MIRA.

BANDES DES PLANÈTES. On peut observer parallèlement à l'équateur de Jupiter deux bandes plus obscures qui se rompent et se dispersent quelquefois sur le disque, en y formant de grandes taches. Cette circonstance fait supposer que des nuages ou que des masses fluides sont emportés dans ces zones par la rotation de cette planète, et qu'il s'y forme ainsi des courants d'une extrême violence.

Mars et Saturne présentent des lignes semblables. *Voyez* les noms de ces planètes.

BAROMÈTRE. Instrument inventé par Toricelli pour mesurer la pesanteur de l'atmosphère ; le mercure qu'il contient dans un tube de verre fait équilibre avec la colonne d'air qui le presse : sa hauteur varie donc suivant les lieux, l'état du calorique, et l'élasticité des couches atmosphériques.

A Paris, le mercure se soutient en moyenne dans ces instruments à 0^m,758 (28 pouces).

Cet appareil est surtout utile dans les observations ayant pour but la mesure des points élevés, ou la hauteur à laquelle on peut parvenir au moyen des aérostats.

Quant aux prédictions qu'on lui demande sur le temps, elles sont fort incertaines, et il ne faut s'y fier que pour une durée très-courte. C'est un instrument qui constate l'état actuel de l'atmosphère avec plus de sensibilité et d'exactitude que nos organes ne peuvent le faire; mais cet état dépend de causes si fortuites et de phénomènes si multiples que fort souvent les indications les plus favorables sont bientôt remplacées par d'autres tout à fait contraires, si le vent vient à changer. Cet instrument n'est d'ailleurs pas sensible à certaines combinaisons de l'air occasionnant très-souvent la pluie.

BAYER. Astronome d'Augsbourg dont les cartes célestes, publiées de 1603 à 1627, sont aujourd'hui précieuses pour constater les changements ayant eu lieu depuis cette époque dans les régions étoilées.

BÉLIER (LE) Υ. Cette constellation du zodiaque annonçait autrefois l'équinoxe du printemps, qui a lieu maintenant dans les Poissons; elle se distingue par deux étoiles voisines dont α secondaire et β tertiaire se trouvent au-dessous des étoiles d'Andromède, et dont la direction prolongée traverse la constellation du Taureau au-dessus des Pléiades, et atteint l'étoile β du Cocher, au-dessous de la Chèvre.

Une quartaire γ se trouve un peu à droite et au-dessous de β. Un petit triangle composé d'une petite tertiaire qui est double et de deux quartaires, situé à gauche vers les Pléiades, se nomme la Mouche.

Le signe du Bélier, qui marque toujours l'équinoxe de printemps, se place aujourd'hui au-dessus et à droite d'*Algénib* de Pégase, étoile située à 15° environ de l'équateur.

BELLATRIX (*La Guerrière*). Étoile de deuxième grandeur, située à l'angle supérieur à droite du grand carré d'Orion, vers Aldébaran du Taureau.

BELLONE. C'est le vingt-neuvième astéroïde trouvé entre Mars et Jupiter, par M. Luther de Bilk, près Dusseldorff, le 1er mars 1854. Elle a l'apparence d'une étoile de 9me à 10me grandeur; son inclinaison sur l'écliptique est 9° 22' 33", et son excentricité de 0,15468.

BESSEL (Frédéric Guillaume). Né à Minden, le 22 juillet 1784, et mort le 17 mars 1846, à Kœnigsberg. Sur la recommandation d'Olbers, il fut nommé professeur à l'université de Gœttingue, où il présida, en 1812 et 1813, à l'établissement de l'observatoire dans lequel il fit, de 1824 à 1833, une série de 75,000 observations sur la position des étoiles jusqu'à la neuvième grandeur, comprises entre l'équateur et 15 degrés de déclinaison soit boréale, soit australe. Il détermina le premier la distance de la 61me étoile du Cygne, et prouva l'immense éloignement des étoiles filantes.

En 1840 il signala, dans ses lectures sur des questions scientifiques, l'existence d'une masse planétaire au delà d'Uranus, en se fondant sur des considérations qui ont sans doute contribué à la découverte de Neptune.

BÉTEIGEUSE. *Voyez* Adaher.

BISSEXTILE (année). Depuis Jules César, qui avait admis une année solaire de trois cent soixante-cinq jours un quart, on intercalait un jour tous les quatre ans, le 24 février, et on l'appelait le second sixième jour des calendes de mars, *bissexto*, d'où est venu le nom de bissextile donné aux années de 366 jours, pour faire accorder l'année civile avec les phénomènes célestes ; mais, comme le rapport était de 10^m 48^s trop fort par année, ces bissextiles, après plusieurs siècles, avaient produit une grande discordance.

Pour y remédier, le pape Grégoire XIII, en 1582, ordonna de retrancher dix jours de cette année, et de supprimer à l'avenir la dernière bissextile de chaque siècle dont le nombre ne pouvait pas se diviser par quatre. Ainsi la bissextile de 1600 fut conservée, non celles de 1700, 1800 et 1900 ; mais celle de l'an 2000 sera maintenue, et ainsi par la suite.

Ces corrections approchent de l'exactitude, sans néanmoins y arriver complétement.

Il résulte de l'intercalation des bissextiles que la nouvelle année ne commence jamais en réalité, comme on le croit, après minuit le 31 décembre ; ni le nouveau siècle à la fin de la dernière année du précédent, mais toujours quelques heures après.

Les Russes et les Grecs schismatiques, qui n'ont pas admis la réforme grégorienne, ont maintenant une année qui commence douze jours plus tard.

BODE (Jean). Astronome né à Hambourg, le 19 janvier 1747, et mort à Berlin, le 23 novembre 1826.

Sa vocation pour la connaissance des choses célestes lui fit, très-jeune encore, observer les astres par l'ouverture d'un grenier, avec une lunette qu'il avait pu construire lui-même, et dès l'âge de vingt ans il publia un traité d'astronomie élémentaire.

Appelé à Berlin pour y diriger l'Observatoire, il y publia ses éphémérides en vingt feuilles indiquant la position de plus de 17,000 étoiles.

On lui doit la découverte de la première des comètes dites *à courte période*, dont il annonça le prochain retour; mais sa réputation parmi les savants date principalement de la loi connue sous son nom, et qu'il avait trouvée en ajoutant, par une heureuse inspiration, le nombre quatre à la proportion géométrique : 0, 3, 6, 12, 24, 48, 96, 192, pour indiquer les distances relatives de toutes les planètes, qui furent alors représentées par les nombres 4, 7, 10, 16, 28, 52, 100 et 196 ; mais d'abord la différence entre 4 et 7, indiquant les distances de Mercure et de Vénus au soleil, se trouve ainsi *la même* qu'entre 7 et 10 représentant les distances de Vénus et de la terre, tandis que cette différence ne devrait être que de *la moitié* pour s'accorder avec les autres termes de la proportion.

Ensuite la découverte de Neptune en 1846 est venue renverser cette combinaison, puisqu'au lieu d'y occuper le nombre 388 comme elle le devrait, sa distance réelle la place à 300.

BOLIDE. On désigne particulièrement ainsi les corps lumineux dont la chute a lieu fréquemment, et parfois en masse considérables, sur notre planète. Ces météores extra-atmosphériques paraissent d'une nature particulière, et doivent avoir été produits par des molécules qui ne se sont par originairement réunies aux masses des planètes principales.

Des chocs fortuits résultant de leur nombre prodigieux et de leur petitesse amènent quelquefois ces corps dans notre atmosphère, d'où ils tombent sur la terre, sous la forme de pierres, d'é-clats ou de poussière. *Voyez* Aérolithes et Étoiles filantes.

BORÉAL. Le pôle ainsi nommé est celui qui est visible dans nos climats; il indique la direction du nord correspondant sur notre planète à ce point de la voûte céleste.

Les constellations *boréales* paraissent tourner autour de ce point près duquel se remarque une étoile nommée *la polaire*, mais qui cependant perdra cette désignation, lorsque, dans quelques siècles, elle sera remplacée par une autre étoile de Céphée; ces constellations sont, en conservant leurs positions respectives, plus ou moins longtemps sur l'horizon de Paris, selon qu'elles se trouvent placées plus près ou plus loin de ladite étoile.

Le pôle boréal prend aussi le nom de pôle arctique.

BOUSSOLE. L'aiguille aimantée a la propriété de se diriger vers le nord avec des variations à peu près constantes pour un même lieu, dans la même année; la boussole, où l'on a disposé convenablement une de ces aiguilles au centre d'une rose des vents, cadran horizontal divisé en trente-deux parties égales, guide les marins dans leurs voyages, sert à obtenir la méridienne, et s'emploie fort utilement dans un grand nombre d'opérations géodésiques. *Voyez* COMPAS.

BOUVIER (LE). Cette constellation a pour principale étoile *Arcturus* de première à seconde grandeur, et vers laquelle se dirigent toujours les trois étoiles en ligne courbe formant la queue de la grande Ourse.

Au-dessus d'Arcturus, vers le Dragon, se trouvent trois tertiaires disposées en triangle dont l'étoile δ, voisine de la Couronne, est double comme ε ou *Mirac* entre δ et Arcturus. A gauche de cette brillante étoile on distingue trois autres tertiaires, dont la plus élevée ξ est double. La plus basse indiquée ζ était *Janus*, le dieu du temps chez les Romains, parce qu'au temps de Numa elle se montrait à l'horizon précédant le lever de la Vierge et annonçant une nouvelle année. Enfin de l'autre côté se trouve une tertiaire double η, et plus bas une quartaire υ.

Le Bouvier, dans les figures qui représentent cette constellation, tient en lesse les chiens de chasse dont le *Cœur de Charles*, étoile changeante, marque le collier d'un de ces levriers placés sous la queue de la grande Ourse. *Voyez* LEVRIERS.

BRADLEY. L'un des premiers astronomes de l'Angleterre, né en 1692 et mort en 1762. Il s'occupa d'abord à observer quelques étoiles doubles dont Herschell détermina plus tard les orbites, et muni d'une lunette de 212 pieds de distance focale, il détermina le diamètre de Vénus. C'est à lui qu'on doit la découverte des phénomènes de l'*aberration* et de la *nutation*. *Voyez* ces mots.

On lui doit, de plus, de nombreuses et très-précieuses observations d'étoiles faites à Greenwich depuis 1750 jusqu'à l'époque de sa mort ; ces observations, rectifiées et employées par Bessel de Kœnigsberg à fixer la position de l'équinoxe, la valeur de l'obliquité de l'écliptique, la détermination des 36 étoiles fondamentales et les coordonnées de plus de 3,000 autres, ont été, récemment encore, corrigées par Leverrier, qui en a déduit la position exacte en ascension droite et la variabilité de mouvement propre de Sirius, le plus lumineux de ces astres.

Nommé, le 3 février 1742, directeur de l'Observatoire royal, il refusa l'augmentation de traitement que la reine Anne voulait lui faire, parce que, disait-il, « si la place valait trop, ce ne serait plus un astronome qu'on choisirait pour la remplir ! » *Voyez* ABBERRATION et NUTATION.

BRUNO JORDAN. Moine philosophe, né à Nola vers 1550, et brûlé à Rome le 17 février 1600, par sentence *très-clémente* de l'Inquisition, afin, dit-elle, d'éviter l'effusion du sang.

Contemporain de Galilée, mais plus hardi, il enseignait publiquement, comme des vérités incontestables, les opinions de Copernic sur le système du monde.

Il fit plusieurs ouvrages sur le principe des choses, sur les étoiles fixes et la constitution de l'univers, qui, selon lui, était infini, peuplé d'autres soleils et d'autres mondes, et dont par conséquent le centre n'était nulle part.

Il s'expatria à l'âge de trente ans, et voyagea dix années en enseignant partout ses doctrines religieuses et scientifiques ; il fut d'abord à Genève, puis en France, de là en Angleterre où il fut docteur à Oxford. Il passa ensuite en Allemagne ; mais, s'étant hasardé à revenir dans sa patrie et ensuite à Venise, il y fut arrêté, mis pendant six ans sous les plombs, et enfin livré à l'inquisition romaine.

Refusant de rétracter ses opinions philosophiques, il fut condamné à les expier par le feu quelques années avant la découverte des lunettes, qui établirent la réalité des faits en contradiction avec les passages de l'Écriture que ce savant religieux avait osé critiquer.

« Je soupçonne, » dit-il à ses juges, « que vous prononcez cet arrêt avec plus de crainte que je ne l'entends ! »

Ces intolérants inquisiteurs durent en effet bien hésiter à prononcer une telle sentence, au moment même où le pape *Grégoire XIII* entreprenait la réforme du calendrier et de la cosmologie catholique.

BUFFON. Né à Montbard, le 7 septembre 1707, et mort à Paris le 16 août 1788. Son premier volume de l'*Histoire naturelle* lui ouvrit en 1739 les portes de l'Académie, et lui fit donner la direction du jardin du roi. Ce grand naturaliste a marqué sa place dans l'astronomie par son *Système du monde*, dont cependant la base n'a pu résister aux connaissances actuelles sur la nature des comètes, à l'une desquelles il attribuait la projection, dans l'espace, de la 650e partie de la masse fluide du soleil, ayant formé toutes les planètes à des distances différentes. Selon cette théorie, qui donne à notre univers 96,000 années d'existence, notre planète, dont le mouvement diurne a produit la sphéricité, aurait mis 43,000 années à se refroidir assez pour que les plantes et les animaux puissent s'y établir.

Ces calculs sont faits sur l'expérience d'un globe de métal rougi à blanc, et mettant à se refroidir un temps proportionné à son diamètre. Si l'on connaissait *la température du milieu* dans lequel les planètes circulent autour du soleil, il est évident qu'une telle expérience serait concluante ; mais on est encore bien loin d'une appréciation fondée sur des faits reconnus.

Au système de Buffon, reçu d'abord avec une grande faveur, a succédé celui de Laplace, dont les conjectures s'accordent davantage avec les observations modernes, mais laissent encore beaucoup à désirer. Il fit construire un miroir ardent avec lequel on pouvait mettre le feu à 200 pieds de distance, ce qui n'avait été vu qu'à Syracuse et à Constantinople.

Les *Époques de la nature* passent pour son plus bel ouvrage et son chef-d'œuvre de style.

Ses publications successives sur l'histoire naturelle imprimèrent un grand mouvement scientifique dans toutes les classes de la société. *Voyez* l'INTRODUCTION, 2e partie.

C

CADRANS SOLAIRES. Le changement perpétuel de la déclinaison apparente du soleil rend un peu inégaux les angles horaires, si ce n'est aux solstices, seules époques où *midi soit le milieu du jour*.

La première moitié, à l'équinoxe de printemps, est plus courte de 1^m 12^s que la deuxième; à l'équinoxe d'automne, c'est le contraire; c'est-à-dire qu'il s'écoule 1^m 12^s de moins ou de plus entre le moment où le soleil apparaît et celui où il est au méridien, qu'entre cet instant et le moment où il semble se coucher.

Au moyen d'un gnomon, ou tige fixée sur un plan horizontal, on peut reconnaître ces quatre époques par la grandeur de l'ombre donnée par cette tige à midi. Cette ombre est plus courte le jour du solstice d'été qu'à toute autre époque; au solstice d'hiver l'ombre méridienne est, au contraire, la plus longue.

Si autour de ce gnomon on a tracé une ou plusieurs circonférences; qu'à droite et à gauche de la ligne marquée *par l'ombre à midi*, on ait tiré des rayons comprenant entre eux des arcs de 15° et autant de rayons intermédiaires; un tel cadran donnera les heures et les demi-heures avant comme après midi.

Cet instrument donne donc les angles horaires et la déclinaison du soleil comme la machine paraliactique. On peut donc, après avoir marqué la méridienne, indiquer les lignes horaires par le calcul et suivant la latitude du lieu. Pour Paris l'angle formé au centre doit être de 2° 49′ 30″ à 11^h 3/4 et midi 1/4; de 5° 39′ 37″ à 11^h 1/2 et midi et demi; de 8° 31′ à 11^h 1/4 et midi 3/4; de 11° 24′ 18″ à 11 heures et 1^h; 17° 19′ 10″ à 10^h 1/2 et 1^h 1/2; 23° 29′ 32″ à 10^h et à 2^h; 30° 0 50″ à 9^h 1/2 et 2^h 1/2; 36° 58′ 26″ à 9 et 3^h; 44° 27′ 14″ à 8 1/2 et 3^h 1/2; 37° 29′ 4″ à 8 et 4^h; 19° 35′ 30″ à 7 et 5^h.

On peut aussi tracer seulement les heures que l'on veut indiquer.

Le cadran vertical est donné par le renversement du cadran horizontal, dont le style parallèle à l'axe de la terre et situé dans le méridien fait avec l'horizon un angle égal à la latitude du lieu.

On connaît un grand nombre de procédés pour établir de tels instruments, soit sur des surfaces horizontales ou verticales, soit sur des plaques portatives : pour ces dernières il faut avoir égard à la latitude du lieu où l'on veut les placer, afin d'en orienter la tige parallèlement à l'axe de la terre et dans le plan de la méridienne ; il faut aussi vérifier si la surface est exactement horizontale, au moyen d'un niveau. L'ignorance de ces conditions rendit inutile à Rome le cadran que Valérius Messala y avait apporté, et qui avait été construit pour la ville de Catane en Sicile. En l'absence du soleil, les Romains ne connaissaient alors les heures qu'au moyen de sabliers et de clepsydres, d'un usage fort incertain.

Il n'est pas douteux que les Égyptiens et les autres anciens peuples ne connussent l'art de construire des cadrans, bien qu'on n'en ait encore retrouvé aucune trace, car Plutarque rapporte qu'ils se servaient, pour mesurer la hauteur du pôle, d'une tablette faisant un angle aigu sur un plan. On connaissait ces cadrans dans la Judée plus de 800 ans avant J. C., puisque, selon Isaïe : *Dieu fit rétrograder l'ombre sur le cadran d'Achaz!*

On lit dans Hérodote que les cadrans solaires furent apportés de Babylone dans la Grèce ; c'est aussi de cette ville que, pendant leurs captivités, les Juifs acquirent quelques notions astronomiques.

Le *Scaphé* qu'Ératosthène fit connaître dans la Grèce était sans doute un instrument des Égyptiens dont il s'attribua l'invention. Cette espèce de cadran solaire consistait en un hémisphère creux, ayant au centre un style perpendiculaire et vertical, qui traçait par son ombre sur la surface concave la hauteur du soleil.

Le *cadran équinoxial* se compose d'un plan parallèle à l'équateur, et percé d'une tige perpendiculaire dont l'ombre marque les heures sur le cercle, divisé de 15 en 15° en dessous comme au-dessus. Le jour des équinoxes, le soleil à midi n'éclaire que le bord du cadran, et, selon que la déclinaison de l'astre est boréale ou australe, on lit les heures dessus ou dessous le cadran pendant toute la journée. Le plan de six heures est perpendiculaire à la méridienne, c'est-à-dire forme sur le cadran des angles droits de chaque côté avec cette ligne qui est horizontale, puisque le méridien est un plan vertical.

Rien n'est plus simple que la construction d'un tel cadran sur un papier transparent ou sur une glace ; pour s'en servir il faut le placer de manière que la tige soit parallèle à l'axe de la terre, c'est-à-dire qu'elle soit inclinée suivant la hauteur du pôle (à Paris de 48° 50' 49''), et que l'ombre, *à midi,* tombe sur la ligne tracée perpendiculairement à celle de six heures. *Voyez* MACHINE PARALLACTIQUE.

Au lieu de régler comme autrefois sa montre au cadran solaire, il faut aujourd'hui, pour avoir l'heure moyenne généralement adoptée et que doit toujours marquer un bon instrument, rectifier le sien en l'avançant ou en le retardant de la quantité dont le soleil est en avance ou en retard sur le temps moyen ; c'est-à-dire sur un soleil qui marcherait uniformément, et non pas tantôt plus vite et tantôt plus lentement, ainsi que notre soleil paraît le faire et comme la terre le fait réellement. Voici, pour différentes époques de 1856, l'heure à laquelle il convient de mettre sa montre ou une horloge quand le cadran solaire marque midi :

1er janvier	0h.	3m.	36s.
31 janvier	0	13,	40
11 février	0	14,	32
20 mars	0	7,	32
15 avril	0	0,	12
15 mai	11	56,	8
15 juin	0	0,	11
4 juillet	0	4,	6
1er août	0	6,	1
31 août	0	0,	4
22 septembre	11	52,	33
25 octobre	11	44,	8
21 novembre	11	46,	9
24 décembre	0	0,	3

CALENDES, chez les Romains le premier jour du mois se nommait *calende*, d'où est venu le nom de *calendrier*, pour indiquer la répartition des jours et des fêtes de l'année.

Les *nones* étaient le 5, et les *ides* le 13 ; les autres jours se désignaient en rétrogradant. La veille était (*pridie*) le premier jour ; l'avant-veille était désignée, non comme le second, mais comme le troisième jour des calendes d'avril, pour indiquer les 31, 30 mars, et de même jusqu'au 14, à l'exception des mois de mars, mai, juillet et octobre, où la rétrogradation n'avait lieu que jusqu'au seizième jour.

Le deuxième jour des nones était le 4, le troisième le 3, etc.

Le deuxième des ides était le 12, le troisième le 11, etc., etc. Dans les quatre mois ci-dessus, les nones étaient le 7, et les ides le 15 : on les comptait toujours de même en rétrogradant ; les *ca-*

lendes seules ne changeaient pas de date ; elles avaient seulement deux jours de moins dans les mois ci-dessus.

Les Grecs n'avaient pas de calendes ; ainsi, quand on y renvoyait quelqu'un, c'était pour se jouer de lui, ou lui indiquer une époque qui ne viendrait jamais.

Ces peuples, dont quelques philosophes avaient été puiser en Égypte et jusque dans les Indes les connaissances astronomiques, n'avaient que des combinaisons fort insuffisantes pour régler le retour de leurs fêtes et fixer les événements de leur histoire, avant la révélation du cycle de Méton.

CALENDRIER. Après leur civilisation, les différents peuples ont dû s'efforcer de régler leurs travaux et leurs fêtes par l'observation des phénomènes célestes. C'est principalement par les phases de la lune que les premiers calendriers, ou plutôt les premiers modes de supputer le temps, se sont nécessairement établis. La division par année appartient à des époques postérieures, et fut réglée sans doute par les corporations religieuses.

Ptolémée attribue aux *anciens astronomes* une période de dix-neuf mille cent cinquante-six jours, pendant laquelle la lune avait à faire six cent soixante-neuf révolutions pour se rapporter à la même position avec le soleil.

Gemmius, astronome du temps de Sylla, a laissé des éléments d'astronomie dans lesquels il fait remonter cette période aux Chaldéens, avant l'école d'Alexandrie. Le calendrier chaldéo-macédonien commençait l'an 314 avant J. C., le 28 septembre, époque où la nouvelle lune coïncidait avec l'équinoxe d'automne.

Les Égyptiens ne comptaient que trois cent soixante-cinq jours pour leur année civile, divisée en douze mois de trente jours, en ajoutant cinq jours à la suite du dernier mois. Ils retrouvaient la différence d'environ six heures, négligée par année, après une période dite *sothiaque* de quatorze cent soixante années vagues, pendant laquelle chaque jour passait dans toutes les saisons. Alors l'année civile et l'année solaire recommençaient en même temps. M. Biot a rétabli, sur des documents hiéroglyphiques, dont quelques-uns remontent à 1,200 ans avant notre ère, un calendrier astrologique de ces anciens temps.

Le calendrier égyptien, dont Champollion n'avait pu copier que les premières lignes, a été enfin mis à découvert par M. Greene, Américain. Il sera donc bientôt tout à fait connu.

Chez les Grecs, on suivait une année *luni-solaire* de trois cent cinquante-quatre jours, avec des intercalations de trois mois en huit années, pour faire accorder les mouvements de la lune et du soleil.

La période de dix-neuf ans que Méton proposa aux Athéniens, et qu'on nomma le nombre d'or, avançait d'un jour sur le cours de la lune après soixante-seize ans; on la corrigea en établissant une autre grande période de quatre cycles.

Le calendrier musulman est lunaire, avec des mois de 29 et de 30 jours alternativement; mais on est obligé d'y intercaler onze jours en trente ans, en faisant de 30 jours les derniers mois de onze années.

Les Perses intercalaient huit jours tous les trente-trois ans pour faire accorder l'année civile avec l'année solaire; cela suppose qu'ils donnaient à cette dernière année une valeur encore plus exacte que celle du calendrier grégorien.

Le calendrier républicain commençait le 22 septembre 1792, à l'équinoxe d'automne; il avait 5 ou 6 jours complémentaires qui évitaient toute intercalation. Il fut supprimé en 1806 par un décret du sénat qui fit revenir au calendrier grégorien, sur le rapport de Laplace et de Regnaud de Saint-Jean-d'Angely.

L'année chinoise commence au solstice d'hiver depuis un temps immémorial.

Les Romains, sous Romulus, avaient une année de dix mois, auxquels Numa en ajouta deux avec des intercalations compliquées, qui les firent négliger de telle sorte que J. César, deux années après celle dite *de confusion*, 46 avant J. C., fut obligé, pour rétablir la concordance, d'ajouter avec l'aide de Sosigène, astronome d'Alexandrie, quatre-vingt-dix jours entre novembre et décembre; de sorte que cette année (celle 708 de Rome, 45 ans avant notre ère) fut de 445 jours. Trente-six ans après, Auguste fut obligé de retrancher encore douze jours pour autant de bissextiles intercalées de trop, depuis la réformation de J. César, par l'erreur des prêtres chargés de ces intercalations. Le calendrier *Julien* fut enfin réformé en 1582 par le pape Grégoire XIII, et établi tel qu'il est maintenant en usage chez les chrétiens, sauf chez ceux du rit grec. D'après cette réforme, il n'y a plus qu'une différence de trois jours en trop sur cent siècles entre les années civiles et les années astronomiques.

Avant Charles IX, l'année commençait le jour de Pâques, que les décisions de l'Église ont fixé au premier dimanche après la pleine lune de mars. A l'époque du concile de Nicée, l'équinoxe d'automne fut fixée au 21 mars, et, 1,300 années après, elle arrivait le 11 de ce mois. C'est pourquoi le réformateur ordonna de retrancher 10 jours de cette année. Les schismatiques, n'ayant pas voulu se conformer à cette ordonnance grégorienne, ont maintenant une année commençant douze jours plus tard, différence qui s'accroîtra de plus en plus.

Pour établir notre calendrier, on prend d'abord la lettre *dominicale* qui règle la dénomination de chaque jour, puis le *nombre d'or* qui fait connaître l'*épacte*, d'où résultent les néoménies de mars et d'avril, et par conséquent le jour de Pâques; enfin on distribue les fêtes mobiles à la distance convenue.

CALLIOPE, petite planète trouvée le 15 novembre 1852 par M. Hind, de Londres ; ce 22ᵉ astéroïde circule comme tous les autres antérieurement découverts dans l'espace existant entre Mars et Jupiter. Sa distance au soleil est à peu près le triple de celle de la terre, et le temps de sa révolution de 1812 jours $19^h 36^m$.

CALORIQUE. Le *calorique* est l'âme de la nature; s'il n'est pas la cause première de la vie dans tous les corps, il serait au moins, selon les idées les plus modernes, l'effet du mouvement comme force pouvant produire, en certaines circonstances, soit de la chaleur, soit de l'électricité.

Herschell, M. de Humboldt et plusieurs physiciens modernes pensent que la chaleur solaire peut être produite par une cause extérieure.

La rotation de l'astre sur lui-même, sa circulation dans l'espace avec une vitesse de cent vingt myriamètres par minute dans l'éther résistant, occasionnerait à sa surface des vibrations magnétiques qui expliqueraient l'éternelle émission de rayons calorifiques, sans aucune diminution dans la masse ni dans le volume du soleil.

On a jusqu'à ces derniers temps considéré le calorique comme un fluide impondérable, électrique, naturel ou latent, pouvant produire les phénomènes électriques, et répandu dans tous les corps matériels.

D'après quelques modernes, sa nature se rapporterait au principe de la lumière, comme modification de l'éther, aux ondulations duquel on attribue les phénomènes lumineux, même les radiations de la chaleur obscure qui, suivant Melloni, ne sont que des radiations invisibles de lumière.

D'autres savants, s'appuyant sur de récentes expériences, pensent que le calorique ne résulte que d'un simple mouvement ondulatoire ou de la vibration des molécules formant tous les corps.

Dans ce dernier système, il faut admettre qu'une force *répulsive* agit toujours entre ces molécules pour qu'elles puissent alternativement s'attirer et se repousser, ce qui implique contradiction ; en outre, on ne conçoit guère quelle serait cette force répulsive.

Resterait à expliquer la production du calorique dans certaines circonstances, et entre autres par le frottement, à moins de supposer que le calorique peut acquérir alors plus d'intensité d'action sans augmentation dans sa quantité, de même que, lorsqu'un corps devient lumineux par l'action de la chaleur, celle-ci se transforme seulement en lumière.

En effet, plus la température d'un corps s'élève, plus les rayons calorifiques qu'il émet se rapprochent des qualités des rayons lumineux. De même aussi la lumière la plus vive se change en calorique obscur lorsque, étant absorbée par les corps opaques, elle en émane ensuite sous la forme de rayonnement calorifique ne pouvant plus traverser le verre.

Les rayons du soleil sont les agents du calorique à la surface de la terre, où tout serait en congélation s'ils cessaient d'y arriver pendant quelques semaines, malgré la chaleur interne qui s'accroît d'un degré par environ trente-deux mètres de profondeur, sans qu'on puisse savoir à quel point s'arrête cette progression. Il est certain qu'il existe une relation intime entre la chaleur, l'électricité et le magnétisme à la surface de la terre, et la science s'occupe à en déterminer les rapports.

On a recherché si la température avait changé *depuis les temps historiques*, et l'on a employé à cet effet le thermomètre végétal, qui permettait ces observations ; la comparaison des cultures de la Judée, de quelques points de l'Italie et de l'Espagne semble répondre négativement.

Le mouvement moyen de la lune et la durée du jour sidéral ne paraissent pas avoir diminué non plus, comme cela aurait eu lieu si le volume de la terre avait subi cet effet inévitable du refroidissement depuis les premières observations recueillies.

Il est généralement admis cependant que la formation des montagnes est plutôt l'effet des affaissements que des soulèvements à la surface du globe ; que des pays maintenant à sec, par la retraite des eaux qui les couvraient, *ne sont pas disloqués*, et qu'ainsi le niveau des mers a dû s'abaisser.

On comprend, d'un autre côté, que la haute température existant sur toute la terre à l'époque de sa consolidation a éprouvé une décroissance progressivement plus forte depuis les contrées équatoriales jusqu'aux régions polaires, dont le rayon est moins considérable, et qui d'ailleurs sont alternativement privées du soleil pendant plusieurs mois, tandis que sa présence continuelle aux régions tropicales y entretient la chaleur primitive, ou, tout au moins, en retarde un peu la déperdition.

Il est certain que la production des glaces, soit aux pôles, soit aux grandes élévations du globe, *n'est pas originaire ;* que les contrées hyperboréennes sont, au contraire, celles où les végétaux, les animaux et la race humaine ensuite, pouvaient primitivement s'établir et se multiplier, pour s'étendre plus tard vers les régions méridionales, devenues plus tempérées quand les pôles se furent refroidis dans une proportion beaucoup plus grande.

Par l'effet de sa position relativement au soleil, la température de la terre a pu s'abaisser d'*un degré*, par exemple, vers les pôles, quand le climat de la Judée et des parties méridionales de l'Espagne ou de l'Italie ne s'affaiblissait pas d'*un trentième* de degré. Les cultures de ces pays peuvent donc être à peu près les mêmes aujourd'hui qu'il y a deux mille ans, sans que cette considération soit d'un grand poids contre le système du refroidissement général, et d'une diminution successive dans le volume de notre planète.

Qu'est-ce, en effet, que cette courte durée d'observations incertaines, comparativement aux longues périodes que la géologie sait reconnaître et nous montrer dans la constitution physique de la terre? Une aussi faible diminution de température en plus de vingt-deux siècles ne prouve que l'ancienneté de la terre, ainsi que les milliers de siècles qu'il a fallu pour amener son refroidissement et la consolidation actuelle, de l'état primitif de fusion qu'on ne peut révoquer en doute, à moins d'admettre les traditions s'appuyant sur des miracles et que la science n'a pas à discuter.

La même considération peut aussi répondre aux arguments tirés de la permanence des mouvements lunaires et du jour sidéral, depuis les observations auxquelles on compare celles d'aujourd'hui ; car, si peu sensibles que soient les différences, elles n'en sont pas moins réelles.

La stabilité du globe, depuis les traditions les plus anciennes, ne dément pas davantage les cataclysmes antérieurs, dont les effets sont sous nos yeux dans les nombreux systèmes de montagnes, comme dans les végétaux fossiles dont l'apparition a précédé les premiers êtres organisés.

Ne sait-on pas, au surplus, que les glaces du Nord tendent à s'accroître, que la vie et la végétation y disparaissent insensiblement avec le calorique, et que ces contrées deviennent de plus en plus inhabitables?

La géologie a bien constaté que des *glaciers actuels* sont d'une date récente, et qu'ils ont eu plus d'extension dans les vallées des Alpes, des Pyrénées, des Vosges, de l'Écosse, même sur de hautes montagnes où l'on ne trouve plus que les traces irrécusables de leur existence; mais c'était à l'époque de la vie du globe où la quantité de neige tombée l'hiver dépassait la quantité qui se fondait pendant l'été.

Alors l'Europe était presque submergée, les montagnes formaient des îles où l'humidité et le froid étaient bien plus grands qu'après l'*émersion* de notre continent, par l'affaissement de certaines parties, la retraite des eaux dans des cavités, et l'*immersion* d'autres terres auparavant à sec.

De longues périodes pendant lesquelles se sont accompli les grands changements à la surface de la terre, par suite de son refroidissement, ont précédé l'époque actuelle.

Des continents alternativement submergés et émergés, disloqués ou soulevés, gardent ainsi la trace des glaciers disparus sous les eaux, et reparus après leur dernière retraite. L'emplacement de ces glaciers, aujourd'hui cultivé et habité, n'en indique pas moins aux géologues leur ancienne existence.

Les *causes actuelles* continuent leur action ; mais la masse intérieure, sans doute encore liquide et ardente, est maintenant enveloppée d'une croûte assez épaisse, assez consolidée pour qu'elle se maintienne à la même température, ou que les effets de son refroidissement ne se fassent pas sentir à la surface.

Les espaces raréfiés où la terre et toutes les planètes accomplissent leurs révolutions s'emparent continuellement du *calorique* qu'elles laissent échapper ; la température, par cela seulement, doit s'y abaisser, à moins que le calorique résultant de l'émission incessante des rayons du soleil qui pénètrent le globe ne puisse compenser cette déperdition.

CANCER. Le tropique de ce nom est un cercle imaginaire que le soleil paraît décrire au *solstice d'été*, à 23° 28′ du pôle boréal.

C'est l'époque où cet astre paraît être à la plus grande hauteur pour notre hémisphère.

La constellation du *Cancer*, ou de l'*Écrevisse*, par allusion à la marche du soleil qui paraît rétrograder à partir de ce point, est la moins apparente du zodiaque ; une quartaire, *Sertan*, se trouve dans la direction qui va du cœur de l'Hydre aux têtes des Gémeaux ; plus haut sont deux autres quartaires, δ et ν, nommées les Anes, entre lesquelles, et au moyen d'une faible lunette, on peut distinguer un grand nombre de petites étoiles. — Ce groupe, désigné sous le nom de la *Ruche d'abeilles* ou de l'*Étable*, présente à l'œil nu une faible tache nébuleuse qui se change encore en étoiles quand on l'observe avec une bonne lunette.

CANICULE. Dans les temps anciens, le lever héliaque de Sirius, alors nommé Sothis, Grand Chien, ou *Canicule,* annonçait aux Égyptiens la prochaine inondation du Nil, vers le 20 juin.

Par l'effet de la précession des équinoxes, ce phénomène n'a lieu maintenant que vers le 1er août ; 300 ans avant J. C. il arrivait vers le 20 juillet, époque à laquelle commençaient les jours qu'on appelait *caniculaires*.

CANOPUS. Étoile de la constellation du Navire, à 38° du pôle sud, et la plus belle de l'hémisphère austral ; ainsi que Sirius, elle annonçait l'inondation du Nil par son lever héliaque avec les premières étoiles du Lion.

C'est par le déplacement angulaire de cette étoile que Possidonius détermina la distance de Rhodes à Alexandrie, ainsi que la circonférence totale de la terre par une simple règle de proportion. (*Voyez* le planisphère austral, planche II.)

CAPACITÉ. Lorsque l'on considère tout à la fois l'étendue en longueur, en largeur, comme en profondeur, entre certaines limites appréciables à nos instruments ou à notre intelligence, l'espace se présente alors à l'idée comme *capacité* pouvant renfermer des corps célestes ou seulement la matière subtile qui paraît exister soit dans notre univers particulier, soit dans les régions les plus reculées où se meuvent d'autres soleils et d'autres mondes.

La capacité d'un corps sphérique, c'est-à-dire l'étendue circonscrite par sa surface extérieure, prend le nom de *solidité*. (*Voyez* ce mot et le mot *Espace*).

CAPRICORNE (LE). Le tropique ainsi nommé est le point céleste opposé à celui du Cancer et à la même distance du pôle austral que ce dernier du pôle boréal ; il marque le *solstice d'hiver*, qui arrive vers le 25 décembre, époque à laquelle le soleil paraît commencer à monter, parce qu'alors la terre se dirigeant au-dessous du plan équatorial de cet astre, notre hémisphère reçoit ses rayons dans une direction dont l'obliquité diminue de plus en plus jusqu'à l'autre solstice.

La constellation du Capricorne a deux étoiles α et β de troisième grandeur, très-voisines, situées sur le prolongement d'une ligne qui unirait Véga de la Lyre à Altaïr de l'Aigle, au-dessous d'Antinoüs ; la première, *Giédi*, est double. Une autre tertiaire, δ, se trouve entre celles-ci et Fomalhaut du Poisson austral.

CARDINAUX (POINTS). La ligne méridienne, c'est-à-dire la direction de l'ombre à midi, indique, au côté opposé, le nord, où se trouve à peu près l'étoile polaire. L'observateur qui regarde ainsi le midi a l'orient à sa gauche et l'occident à sa droite.

Ces quatre points sont à 90° l'un de l'autre ; les lignes équinoxiales et solsticiales qui les unissent sont donc perpendiculaires entre elles.

CARTES CÉLESTES. Ces plans, ou projections astronomiques, ont pour objet la représentation exacte des étoiles ou des nébuleuses, dans la situation relative qu'elles occupent. Quand ces cartes sont bien établies, elles donnent le moyen de reconnaître plus tard tous les changements qui ont pu s'effectuer dans la position ou la forme de ces objets célestes. Ce furent Aristille, Timocharis et ensuite Hipparque qui entreprirent les premières cartes, aujourd'hui très-précieuses, malgré leur imperfection.

Le dernier de ces astronomes a fait aussi une carte du monde alors connu, d'après une précédente d'Ératosthène et ses propres observations.

Des cartes plus modernes et plus exactes ont déjà fait connaître des modifications importantes survenues dans le mouvement des étoiles et dans la forme de certaines nébuleuses.

Les cartes du soleil et de la lune indiquent, jour par jour, la place occupée par ces astres, les inégalités de leurs mouvements et tout ce qui peut intéresser les marins et les astronomes.

Au moyen des lunettes dont on peut disposer aujourd'hui, il a été fait des *cartes* sélénographiques où les moindres particularités de la constitution de la lune sont indiquées. La méthode orthographique permet d'établir ces cartes avec une exactitude satisfaisante, parce que le rayon visuel peut être dirigé presque perpendiculairement vers chaque partie de la surface; elles sont alors la représentation de notre satellite, telle qu'on peut la contempler avec une forte lunette.

A cause de l'éclat que cet astre réfléchit, on ne peut guerre employer des amplifications au-dessus de mille fois, avec lesquelles on en distingue les particularités comme s'il n'était qu'à cent lieues de nous. Un grossissement dix fois plus fort, si on peut jamais l'utiliser, nous en rapprocherait de 10 lieues, ce qui ne permettrait pas encore d'y distinguer des objets aussi gros que nos plus grands animaux, sinon par leur déplacement, s'il pouvait en exister qui fussent constitués de manière à pouvoir vivre sans air ni eau. Au moyen des cartes actuelles l'on pourra constater à l'avenir toute espèce de changements, s'il en survenait, à la surface de notre satellite. (*Voy.* pl. IV.)

CASSINI (Jean-Dominique et Jacques). Le premier naquit à Perinaldo, le 8 juin 1675, et fut sous Louis XIV le premier directeur de l'Obsertoire, où il fit de nombreuses et importantes découvertes astronomiques.

Il avait fait déjà de bonnes observations sur la comète de 1652 et distingué le premier les ombres projetées sur la planète par les satellites de Jupiter, dont le retour de ces taches lui permit de déterminer le temps de la rotation, ainsi que l'aplatissement de ses pôles, qui eut une grande influence sur l'appréciation faite par Newton de la figure de la terre. Ce fut en 1669 qu'il vint à Paris, où il fut naturalisé en 1673. Il ajouta quatre satellites à celui qu'Huygens avait découvert à Saturne. Il travailla à la méridienne, et la poussa en 1700 jusqu'au Canigou, dans les Pyrénées-Orientales (alors Roussillon).

Son fils et ses petits-fils se firent aussi connaître par des travaux remarquables; c'est à eux qu'on doit les cartes de France connues sous ce nom.

Le dernier, né à Paris le 30 juin 1747 et mort en 1845, succéda à son père César-François, fils de Jacques, dans la direction de l'Observatoire, comme celui-ci, né en 1667 et mort en 1756, avait succédé à Jean-Dominique.

CASSIOPÉE. Constellation toujours en opposition à la Grande Ourse, de l'autre côté de l'étoile polaire.

Elle a une étoile, β, de deuxième grandeur, une changeante α qui s'élève de la troisième à la deuxième grandeur (*Shédir*), trois tertiaires et une quartaire, disposées en forme de chaise renversée, ou plutôt de deux triangles ayant un angle commun à l'étoile v.

Trois quartaires, dont celles φ et n° 56 sont doubles, forment un triangle équilatéral au-dessus de ε, vers le pôle.

Une nébuleuse planétaire se trouve à la limitte inférieure de cette constellation au-dessus de θ d'Andromède.

CASTOR. Étoile de première à deuxième grandeur, située au nord et à la tête de l'un des Gémeaux, dans les cartes qui représentent cette constellation.

Castor, qui est double (comme Pollux), se compose de deux étoiles blanches, dont l'une de troisième grandeur et l'autre de septième tournant autour de la première en trois cents ans au moins; elle fait avec Aldébaran et la Chèvre un grand triangle presque isocèle, dont la dernière étoile occupe le sommet de l'angle obtus.

En 1603, Bayer indiquait Castor comme plus brillante que *Pollux;* aujourd'hui c'est le contraire : il est vrai qu'Argelander conteste que, dans les cartes de Bayer, les étoiles les plus lumineuses soient toujours marquées les premières dans l'ordre alphabétique.

CATALOGUES. Afin de reconnaître les changements opérés dans les cieux après un certain temps, les astronomes se sont dévoués, dès la plus haute antiquité, à des travaux immenses pour constater le nombre, l'intensité lumineuse et la position des étoiles que l'on croyait fixées à la voûte mobile, tournant, chaque nuit, d'un point de l'horizon au point opposé.

Aristote avait déclaré les cieux *incorruptibles*, c'est-à-dire non sujets à se modifier dans la forme et la nature des astres dont le mouvement paraissait si régulier.

Cependant une très-brillante étoile qui se montra tout à coup du temps d'Hipparque, 138 ans avant notre ère, lui fit consacrer la plus grande partie de sa vie à composer un catalogue que Ptolémée a inséré dans *l'Almageste*, et qui comprend mille vingt-cinq étoiles, plus cinq nébuleuses.

Ce nombre n'est qu'à peu près le quart des étoiles qu'on pouvait voir à l'œil nu sous le parallèle d'Alexandrie, mais il est à peu près complet pour celles de la première à la quatrième grandeur.

Ce catalogue avait trois divisions pour chaque grandeur, que les astronomes modernes distinguent par 10es.

Aristylle et Timocharis paraissent avoir précédé Hipparque dans cette entreprise, mais avec beaucoup moins d'exactitude.

Les tables hachemites d'Ebn-Junis, en 1007, ainsi que celles d'Eddin-Tusi, constructeur de l'observatoire de Méragha en 1259, et dont la Bibliothèque impériale possède un manuscrit, étaient plus exactes que les tables dressées par Ptolémée.

Le catalogue qu'Ulug-Beg, astronome arabe, fit en 1437, constatait déjà d'importants changements avec les tables de l'astronome égyptien. Il donnait la position de 1019 étoiles, auxquelles Abu-Bekri ajouta 300 en 1533.

La collection des annales de la Chine, compulsée par Ed. Biot, remonte à l'an 613 avant notre ère, et comprend jusqu'en 1222 les observations d'un grand nombre d'étoiles extraordinaires, mais sans déterminations exactes.

Le catalogue attribué à Hipparque par Aratus paraît seulement une copie de celui de Ptolémée, d'après un manuscrit de l'Almageste dont on avait supprimé toutes les latitudes. Les positions se rapportent à l'an 63, quoique Ptolémée eût entendu les rapporter au commencement du règne d'Antonin.

L'erreur provient sans doute de l'imparfaite connaissance que l'astronome d'Alexandrie avait de la précession des équinoxes, ce qui lui a fait établir 0°,28′ trop bas ses positions.

En 1600, Ticho-Brahé, avant l'invention des lunettes, et à l'occasion de l'étoile qui parut de son temps dans la constellation de Cassiopée, avait établi un catalogue plus complet que tous les précédents.

Ce catalogue, revu par Képler, ne déterminait cependant qu'un millier d'étoiles, dont un quart de la sixième grandeur. Hévélius, astronome de Dantzig, en porta le nombre à 1,564 pour l'année 1660, en observant, comme Tycho, à la vue simple, quoique les lunettes fussent inventées depuis un demi-siècle.

Le grand atlas de Flamstead, publié en 1712, fut suivi des observations de Bradley, Lacaille, Mayer, Harding et Lalande; les catalogues de ce dernier contiennent 47,000 étoiles, dont un grand nombre sont de neuvième grandeur.

Dans ces derniers temps, les travaux se sont étendus et perfectionnés.

Le grand ouvrage de Bessel, comprenant 50,000 observations, a été continué par Argelander de Bonn et par Weisse de Cracovie.

Les tables de Berlin présentent toutes les étoiles au-dessous de la dixième grandeur et une partie de cette dernière intensité, se trouvant à 15 degrés au-dessus comme au-dessous de l'écliptique (presque le quart de l'espace céleste.)

Maintenant les cartes célestes contiennent plus de *cent mille étoiles* des deux hémisphères jusqu'à la onzième grandeur, de sorte que le déplacement des plus petites peut être aussitôt reconnu. De nouvelles entreprises s'occupent à étendre encore ces explorations.

C'est ainsi que les nouvelles planètes, ayant en général l'apparence d'étoiles de *neuvième* à *onzième* grandeur, et qui ne pouvaient être aperçues autrefois, sont aujourd'hui successivement découvertes par d'infatigables observateurs.

Les catalogues de nébuleuses dressés par W. John Herschel, Messier autres astronomes modernes, contiennent plus de quatre mille de ces amas de matière diffuse, dont les instruments actuels ont déjà résolu plus de quatre cents en étoiles distinctes groupées sous des formes différentes, mais dans lesquelles cependant on entrevoit des dispositions à s'arranger autour d'un ou de plusieurs centres de gravité.

Il existe aussi des *catalogues* de toutes les comètes qui ont pu être observées, et dont sept ou huit seulement ont des éléments assez bien déterminés pour en prédire le retour.

CAUSES. Nous avons exposé, dans l'introduction à cet ouvrage, les *causes probables* de formation pour tous les corps de notre système solaire.

Celles de leurs mouvements respectifs sont moins problématiques, parce qu'il ne s'agit plus de faits passés dans des régions hors de notre portée et depuis une longue suite de siècles, mais de *causes actuelles*, toujours en action, et dont nous pouvons incessamment mesurer les effets, soit dans l'espace, où nos instruments vont les observer, soit sur la terre, en chaque lieu et autour de nous.

Képler a formulé les lois de ces mouvements; Newton a proclamé l'attraction comme la force régulatrice de l'univers, « non pas, »

dit-il, « que je reconnaisse cette puissance comme un attribut de la
« matière, car les mots *propension* et *impulsion* pourraient signi-
« fier les mêmes effets. »

Ce grand géomètre, calculant les courbes concaves décrites par
les projectiles vers le centre de la terre, avec la force qui fait tomber tous les corps graves à sa surface, dans une direction perpendiculaire au plan horizontal, s'est élevé, par induction, jusqu'à la
hauteur d'où notre satellite tomberait sur notre globe sans la force
centrifuge qui tend sans cesse à l'en éloigner.

Suivant les principes de la mécanique, un corps dans lequel cette
force balancerait la force centrale à la surface de la terre, circulerait autour d'elle en 1^h 23^m 22^s; s'il était placé à la distance
de la lune, il devrait employer 10^h 45^m 30^s à sa révolution circulaire.

Comme on sait que cet astre met 27^j 7^h 43^m pour accomplir ce mouvement, il faut donc que la force attractive soit, à la
hauteur de soixante fois le rayon terrestre, près de trois mille six
cents fois moindre qu'à la surface de la terre.

Si l'attraction doit ainsi s'affaiblir proportionnellement au carré
des distances, on peut difficilement concevoir qu'elle ait encore
assez de puissance pour retenir autour du soleil des corps tels que
Neptune, situé à 1,150 millions de lieues, et des amas de vapeurs
cométaires s'en éloignant à plus de dix fois cette distance, dans
leur course elliptique de 1,500 et de 3,000 années.

Les doutes qui se sont élevés sur un tel pouvoir ont fait naître,
à différentes époques, les théories fondées sur l'impulsion d'atomes
lancés dans l'espace, de tous les points et dans toutes les directions. Cette pression universelle, si elle était matériellement reconnue, et quelle qu'en soit la source, expliquerait d'une manière
plus mathématique que l'attraction newtonienne la propension
des corps célestes à se porter les uns vers les autres dans la ligne
joignant leur centre, les phénomènes de la marée et l'action de la
pesanteur à la surface de la terre.

En attendant que la science soit définitivement fixée sur *la véritable cause* dont les effets sont attribués à l'attraction, on doit reconnaître qu'elle satisfait merveilleusement à l'explication de tous
les faits connus, sauf cependant à ceux qui ont été observés dans la
traînée diaphane des comètes. (Voyez *Attraction*.)

CAVENDISH. Célèbre chimiste anglais, né en 1753, auquel

on doit les belles expériences d'où l'on a pu déduire la densité moyenne de la terre.

CENTAURE (LE). Constellation australe située au dessous de la Vierge. Dans les belles soirées de juillet, on peut apercevoir deux de ses étoiles à environ 34° au-dessous de l'équateur. La première ι de 3ᵉ grandeur dans la direction de l'Épi, et l'autre κ de la 2ᵐᵉ grandeur, plus à gauche. On y distingue encore une tertiaire et quatre plus petites marquant la tête du Centaure; cette constellation comprend deux belles primaires α et β, dont la première, d'une belle couleur orange, a un compagnon de 2ᵐᵉ à 3ᵉ grandeur, d'une teinte un peu plus foncée, tournant autour de lui dans une durée périodique de 77 années.

Les étoiles de la Croix du Sud, voisines de celle-ci, donnent à cette région du ciel une splendeur encore plus grande que celle qui est produite dans notre hémisphère par les étoiles d'Orion. (Voir la planche II.)

Alpha du Centaure, dont le mouvement propre reconnu par Anderson pour 4′, par année, paraît être l'étoile la plus rapprochée de notre système; et sa parallaxe, évaluée à plus de 9/10 de seconde, est la plus forte qui ait été obtenue; c'est ce qui a fait choisir cette mesure par G. Herschell pour unité parallactique.

La lumière de cette étoile emploie trois années à nous parvenir, et l'on a ainsi calculé que, si notre soleil était transporté à la même distance, on ne l'apercevrait plus que comme une étoile *de troisième grandeur.*

CENTRE DE GRAVITÉ. Dans tous les corps il y a toujours un point, quelle que soit leur forme, vers lequel tendent toutes ses molécules, de manière à le mettre en équilibre et en repos, ou le faire tourner sur lui-même dans un sens ou dans un autre autour d'une ligne relativement immobile.

Ce point est le *centre de gravité ;* et comme, en astronomie, tous les corps connus sont sphérique, le centre de gravité est le point central du sphéroïde. Il paraît cependant que, dans les anneaux de Saturne, leur centre de gravité n'est pas situé au centre de leur figure, car, dit Laplace, cette arche immense suspendue autour de la planète ne pourrait résister aux attractions qui s'exercent sur elle.

Lorsqu'un corps tourne autour d'un autre, ce mouvement s'effectue suivant les lois de la mécanique, proportionnellement aux densités et aux masses respectives.

Ainsi, la terre étant la 355ᵉ millième partie de la masse solaire, le centre de sa gravité, c'est-à-dire le point immuable autour duquel a lieu sa circulation, se trouve placé à 38ᵐʸʳ,80 (97 lieues) seulement du centre du soleil, distance égale à la 3,555ᵉ partie de son diamètre, *à partir de ce point;* ou, en d'autres termes : l'attraction du soleil est égale à celle de trois cent cinquante-cinq mille globes terrestres réunis.

Le centre de gravité de notre monde planétaire n'est pas non plus au centre du soleil, mais il varie selon les positions de Jupiter et de Saturne, qui sont les masses les plus fortes; ainsi le centre de gravité est tantôt dans les corps du soleil, et plus souvent à côté de sa circonférence.

On a cherché à déterminer le centre de gravité autour duquel se meut l'ensemble de notre système : Argelander croit le trouver dans la constellation de Persée; Madler, dans le groupe des Pléiades vers Alcyone, au-dessus du Taureau; mais, dans l'état actuel des observations, ces conjectures sont au moins prématurées.

CENTRE DE LA TERRE. La distance des étoiles est si prodigieuse qu'on les voit toujours dans la même situation relative, de tous les points du globe; mais il n'en est pas ainsi du soleil et des autres corps célestes, dont la position dans l'espace paraît différente selon les lieux d'où on les observe.

Pour qu'on puisse comparer et utiliser au besoin les observations de chaque lieu, on les suppose toutes *faites du centre de la terre*.

Son rayon étant connu, de simples calculs suffisent à tous les astronomes pour rapporter à leur résidence ce qui a été vu de tout autre point du globe.

Selon les principes de l'attraction newtonienne, l'action de la gravité s'exerce sur les corps comme si toutes les molécules qui composent notre planète étaient réunies *à son centre*. Il en est ainsi pour le soleil et toutes les planètes, dans les calculs de la pesanteur qui doit exister à leurs surfaces ou relativement à l'attraction que ces corps exercent sur ceux qui sont placés à distance.

CENTRIFUGE (*Force*). On désigne ainsi la tendance des corps à s'écarter du cercle qu'une action combinée leur fait décrire autour d'un centre d'attraction.

Lorsque dans son mouvement rectiligne un corps reçoit un choc, il prend aussitôt, suivant les lois de la mécanique, une direction oblique ou curviligne, selon le point qui a été frappé.

Si c'est une force attractive qui oblige ce corps à dévier de sa route primitive, il se meut alors dans une courbe ou section conique, déterminée par la puissance qui l'attire et par l'impulsion primitivement reçue.

Que l'attraction vienne à cesser ou à diminuer, la *force centrifuge*, c'est-à-dire l'impulsion première, reparaît, et le mobile reprend sa direction originaire, ou bien la courbe se modifie.

Ainsi le mouvement ne se perd jamais.

Dans le maniement d'une fronde, c'est la *force centrifuge* qui tend les cordons et qui lance la pierre dès que la *force centrale* qui la faisait tourner cesse de la retenir. Plutarque a employé cette figure pour expliquer comment la lune est forcée de circuler autour de la terre.

Une expérience plus démonstrative de cette force est celle d'un seau suspendu perpendiculairement par une corde et que l'on fait tourner sur lui-même. On s'aperçoit aussitôt que la surface de l'eau qu'il contient, au lieu de rester horizontale, devient *concave*, que le liquide *s'élève* vers les bords du vase en pressant sa circonférence intérieure jusqu'à ce que la hauteur de l'eau contre-balance la *force centrifuge* et qu'un état d'équilibre soit établi entre son action et celle de la pesanteur de l'eau. Si l'on diminue la vitesse du mouvement, la concavité du liquide diminue aussi, comme son élévation autour des parois qui la retiennent; le centre déprimé se relève enfin peu à peu jusqu'à ce que, le mouvement ayant tout à fait cessé, l'eau ait repris son état horizontal.

Cette force, qui fait varier l'axe des orbites, est proportionnelle au carré de la vitesse transmise. Ainsi une corde qui retient une boule tournant avec une vitesse de cinquante mètres par seconde devrait être *quatre fois plus forte* pour ne pas rompre, si la vitesse venait *à doubler*.

Dans un sphéroïde en mouvement, les molécules fluides ou mobiles s'élèvent des pôles par la vitesse de rotation jusqu'au point où, vers l'équateur, la *force centrifuge* ou tangentielle balance la pesanteur; si la vitesse venait à augmenter, ces molécules s'échapperaient dans l'espace comme si elles étaient lancées par un volcan, et décriraient, à distance, des ellipses plus ou moins allongées.

Sur la terre, dont on connaît les dimensions et le temps de la rotation, on a pu calculer que la force centrifuge à l'équateur est la 289me partie de celle de la pesanteur qui attire le corps au centre, de la terre, et qu'il suffirait que la vitesse de rotation devînt *dix-sept fois* plus grande pour produire l'effet indiqué ci-dessus. Le point où, dans ce cas, la force centrifuge se manifesterait ne peut s'étendre au delà du tiers de l'axe des pôles de rotation ; mais il peut être moins haut, selon la rapidité du mouvement.

On doit concevoir maintenant que, nos pôles étant plus aplatis que les régions équatoriales, la force centrifuge est moins grande aux premiers points qu'aux derniers, où d'ailleurs la vitesse de rotation est la plus considérable.

Ainsi l'on peut considérer les eaux équatoriales comme *plus légères,* ou pouvant se soutenir à un niveau plus élevé, c'est-à-dire plus éloigné du centre de la terre que les océans polaires. La théorie seule aurait donc prouvé l'ellipticité de la forme terrestre, lors même qu'on n'aurait pu la reconnaître par les mesures directes de ses différents méridiens.

On comprend aussi que cette force soit différente selon les latitudes, ou, en d'autres termes, qu'elle soit proportionnelle aux distances de la surface au centre, c'est-à-dire aux rayons, dont la longueur diminue progressivement de l'équateur jusqu'aux deux pôles.

Les expériences du *pendule* prouvent la vérité de cette théorie. (*Voyez* PENDULE.)

CENTRIPÈTE (*Force*). Puissance dont le principe est encore inconnu, et qui retient les molécules de tous les corps autour de leur *centre de gravité.* Les lois de l'*attraction newtonienne* exigent que cette force centrale soit proportionnelle aux masses et en raison inverse du carré des distances. Sur notre globe, un objet d'un poids quelconque à l'équateur pèsera donc davantage si on le transporte à l'un des pôles, puisque la surface de la terre est plus près du centre à ces derniers points qu'au premier, originairement renflé par la rotation.

La théorie de l'impulsion, pressant de toutes parts les sphères perméables et se communiquant de proche en proche de la surface jusqu'au centre, explique mathématiquement cette force, qui autrement serait *inhérente à la matière,* et agirait par une vertu magique. *Voyez* ATTRACTION.

CÉPHÉE. Constellation boréale entre Cassiopée, d'un côté, le Dragon et le Cygne, de l'autre. Elle se distingue principalement par trois tertiaires, disposées en arc dont la concavité est tournée vers Cassiopée; une autre tertiaire se trouve encore à droite de α, qui est double, ainsi que β placée au milieu de l'arc; cinq étoiles de quatrième grandeur, dont une, δ, est changeante, se trouvent plus bas au-dessus du Lézard.

CERCLE. Surface plane terminée par une ligne courbe dont tous les points sont également éloignés d'un centre commun.

La section d'une sphère par un plan ou par une surface plane donne des cercles dont les plus grands passent par le centre de cette figure; ceux qu'on désigne par petits cercles de la sphère ne passent pas par ce point. Ainsi les méridiens ou les plans horaires, l'équateur, la ligne équinoxiale, sont les grands cercles qui peuvent se tracer à la surface de la terre et répondre aux mêmes plans de la voûte céleste.

Les degrés de latitude, les tropiques et les cercles polaires sont de petits cercles.

On croit que la division du cercle en 360 degrés tire son origine de l'année primitive des Égyptiens, qui était de 12 mois de 30 jours. Ses subdivisions *sexagésimales* tiennent sans doute aussi à la période, fort en usage chez les anciens peuples.

Astronomiquement, on appelle ainsi des traces figurées dans la sphère céleste pour indiquer la position des astres à un moment donné, ou leur marche dans l'espace.

Les méridiens sont des *cercles* qui coupent perpendiculairement l'équateur. Ils servent à indiquer la longitude des lieux correspondants, de même que les degrés de latitude, parallèles à l'équateur, indiquent la distance à ce *cercle principal*, dans les cieux comme sur la terre.

Le cercle vertical perpendiculaire au méridien et qui passe ainsi à l'horizon par les points est et ouest, s'appelle le *premier vertical*.

Les cercles *horaires*, passant tous par les pôles et par l'équateur, coupent le globe en deux parties égales; la ligne courbe perpendiculaire à l'horizon est le méridien du lieu où se trouve l'observateur.

Le cercle *mural*, portant une lunette orientée comme lui dans le plan méridien, est fixé sur un axe horizontal et tournant parallèlement au mur ou au pilier dans lequel l'appareil est fortement assujetti; il fait connaître instantanément la hauteur d'un astre, sa déclinaison, et l'instant de son passage au méridien. Abu-Mohamet se servait d'un demi-cercle ou sextant colossal, sur lequel le soleil marquait à midi, *par un tuyau* disposé dans la voûte de l'observatoire, le complément de sa hauteur.

Le *cercle répétiteur* inventé par T. Mayer, et employé d'abord aux opérations géodésiques, fut ensuite appliqué à l'astronomie par Borda. Il se compose d'une lunette mobile autour d'un axe commun à deux cercles, dont l'extérieur gradué est fixe, et l'intérieur mobile avec la lunette. Le bras qui porte un vernier (*voyez* ce mot) est garni de deux armatures, au moyen desquelles il peut s'ajuster avec l'un des cercles, ou s'en détacher à volonté.

En faisant un grand nombre d'observations alternatives avec ces deux systèmes, les erreurs se compensent, et l'on obtient alors une moyenne fort exacte.

Les cercles de Fortin et de Gambay, employés par les astronomes de notre observatoire, ainsi que celui d'Ertel à Pulkowa, jouissent d'une réputation européenne par l'exactitude de leurs divisions.

Le *cercle de réflexion* est comme le sextant; mais il est complet et ordinairement muni de trois verniers, pour lire à distance les degrés marqués autour de trois manières, ce qui évite ainsi toute chance d'erreur.

Le cercle de *perpétuelle apparition* indiqué au planisphère changera insensiblement pour notre latitude, comme pour toute autre, à la surface de la terre; il y a 4,000 ans que Cassiopée se couchait à l'horizon de Paris et que les étoiles du Centaure et de la Croix du Sud y brillaient de tout leur éclat.

Le cercle d'*illumination* sur la terre, comme sur la lune et les autres planètes ou satellites empruntant leur lumière au soleil, comprennent toujours un hémisphère entier de ces globes; mais, par suite des positions relatives, ils varient continuellement pour nous en produisant ce qu'on appelle des *phases ;* leur disparition se désigne par nouvelle lune ou éclipse totale.

Pour les satellites et les planètes très-éloignés, leur cercle d'illumination paraît toujours complet et leurs occultations sont toujours totales.

CÉRÈS. C'est la première des petites planètes dites *astéroïdes*, qui fut découverte par Piazzi, le premier jour du dix-neuvième siècle.

Comme on l'a dit quelque temps pour Neptune trouvé sur les indications de Le Verrier, cette petite planète, que Piazzi n'avait pu suivre que pendant 4 degrés dans la constellation du Taureau, s'était plongée dans les feux du soleil et fut tout à fait introuvable pendant une année, quoique son orbite calculée l'indiquât comme l'astre qu'on supposait exister entre Mars et Jupiter, pour combler l'intervalle trop grand qui interrompait la série des distances indiquées par la loi de Bode, alors en grande faveur. Gauss, ayant imaginé une nouvelle méthode servant à déterminer l'orbite des comètes, saisit cette occasion d'en démontrer la bonté, en recherchant *théoriquement* la place où devait alors se trouver la planète *perdue*. La lunette dirigée sur ce point la fit effectivement découvrir, et l'astronomie put triompher une première fois des railleurs !

Herschell croyait son diamètre de 20 myriamètres (50 lieues) seulement ; mais, selon les observations de Schrœter, il serait au moins cinq fois plus grand. Elle paraît entourée d'une atmosphère très-dense.

Sa distance au soleil est de deux fois et quatre cinquièmes celle de la terre à cet astre, et la durée de sa révolution d'environ 1,681 jours dans une orbite peu excentrique et inclinée de 10° 37′ sur l'écliptique.

CHALEUR DU GLOBE. En sondant ou en pénétrant dans l'intérieur de la terre, on peut remarquer que la chaleur s'accroît d'un degré par 30 mètres environ, sans toutefois que la progression soit partout régulière.

Cette augmentation n'est certainement pas continuée proportionnellement jusqu'aux parties les plus centrales, dont nous ne connaîtrons jamais l'état réel ; toutefois il est généralement admis que le refroidissement des couches peu profondes a dû occasionner successivement et par périodes les irrégularités de la croûte terrestre qui s'était d'abord formée à la surface.

Il est incontestable qu'à une certaine époque le globe entier était incandescent, et qu'aucune partie de sa surface n'était glacée, comme actuellement sous les pôles et sur les points très-élevés ; l'atmosphère devait être alors bien plus étendue et plus chargée de vapeurs.

On peut donc trouver dans ces circonstances la cause du développement et des immenses dépôts de végétaux fossiles appartenant aux périodes qui nous ont précédés sur la terre.

Depuis ces périodes primitives, pendant lesquelles se sont effectués les retraits, les affaissements, les ruptures, les ondulations et les excavations qui ont changé la face du globe, les couches situées au-dessous de la surface actuelle paraissent avoir acquis un état de stabilité et de température qui tend sans cesse à s'égaliser.

Des tremblements de terre, des éruptions volcaniques, des projections sous-marines, les laves rejetées, partout de *la même nature* que celles qui bouillonnent encore au fond des cratères volcaniques, annoncent un état d'incandescence à des points peu éloignés de la surface; mais il ne se produit plus de dislocations pareilles à celles qui ont dû former les nombreux systèmes de hautes montagnes sillonnant toutes les parties du monde, et produites par la rupture de la première enveloppe refroidie après de nombreux siècles d'existence.

Depuis deux mille ans, la température des latitudes les plus exposées aux rayons du soleil ne paraît pas avoir varié, puisque les mêmes productions se retrouvent encore sous les mêmes latitudes, et que les plus anciennes observations lunaires sont encore à peu près exactes aujourd'hui; ce qui n'aurait pas lieu si le volume de la terre avait diminué *sensiblement*.

Quelle est donc l'ancienneté de notre globe, originairement fluide et incandescent, pour que la croûte actuelle se soit formée, que la chaleur se soit affaiblie de telle sorte qu'aujourd'hui la température extérieure ne soit pas modifiée par la chaleur intérieure; qu'elle ne dépende plus que de la position relativement au soleil, et qu'enfin depuis 2,000 années elle n'ait pas diminué d'un quart de degré?

CHAMBRE NOIRE. Nous devons donner quelques détails sur cet appareil d'optique inventé par Porta, parce qu'il a été employé d'abord par Képler pour y observer les taches du soleil, et qu'il promet d'être plus utile encore à l'astronomie par les représentations qu'on peut obtenir instantanément des objets célestes au moyen des procédés photographiques que l'on connaît aujourd'hui.

La chambre noire ou obscure consistait, dans l'origine, en un espace fermé dans lequel les rayons de la lumière, pénétrant par une étroite ouverture, allaient, en se divergeant, produire sur la paroi opposée l'image naturelle, mais renversée, des objets mis en présence.

Les images étaient d'autant plus étendues que l'ouverture avait plus de longueur et la face opposée plus d'éloignement.

Les chambres obscures employées maintenant sont des boîtes munies d'un tube portant un objectif ou verre convexe dont le foyer se règle comme dans une lunette.

La plaque opposée est enduite d'une substance très-sensible à la lumière, et les objets viennent s'y dessiner avec une exactitude mathématique.

Au moyen de grands réflecteurs convenablement disposés, on obtient des images de la lune dont le diamètre est presque celui de sa grandeur apparente, et dans lesquelles les plus petits détails de sa topographie sont reproduits.

De telles images, comparées à celles qu'on prendra au bout d'un certain temps dans les mêmes conditions, feront reconnaître un jour les changements qui surviendraient dans la disposition extérieure de notre satellite. (*Voyez* la planche IV.)

Une suite de tableaux constatant l'état du soleil à des dates certaines et longtemps continuées donnerait aussi de très-utiles matériaux pour établir la périodicité des taches, leur rapport avec la température et les variations de l'aiguille aimantée.

CHAMP DE VISION ou **DES LUNETTES.** On désigne ainsi l'espace circulaire que l'œil peut embrasser *à la fois*, au travers d'une lunette, ou dans le miroir d'un télescope.

L'étendue de ce champ ne dépend pas seulement de l'ouverture de l'instrument ou du diamètre de son objectif, mais encore de la longueur du tube et surtout de la disposition de l'oculaire.

Depuis longtemps Lalande a dit avec raison que plus une lunette grossit, plus son champ de vision diminue. En effet, si l'oculaire n'a que dix centimètres de foyer, le diamètre de l'ouverture ne saurait en avoir davantage.

Les instruments sont toujours construits ou ramenés à ce principe au moyen de diaphragmes convenables; les oculaires sont disposés pour tirer le plus grand parti possible, sous le rapport de l'amplification et de la netteté des images, soit de la longueur du tube, soit de la grandeur de l'objectif, qui, en général, règlent le grossissement qu'on peut donner à une lunette.

Le champ de vision du télescope de lord Rosse comprend cinquante-deux pieds carrés anglais, ou près de six mètres.

La grande lunette parallactique de notre observatoire pourra supporter un foyer sidéral d'une très-grande étendue.

CHANGEANTE. On indique ainsi les étoiles dont l'éclat ou la couleur varie, soit périodiquement, soit irrégulièrement. Elles sont indiquées par de petits traits croisant leurs signes, dans les deux planisphères, planches 1re et 2e de cet ouvrage. (*Voyez* ÉTOILES CHANGEANTES.)

CHANGEMENTS. Tout change ou se modifie dans les cieux comme sur la terre. Le soleil n'est immobile que relativement aux corps planétaires entraînés par lui dans l'espace et conservant à peu près leurs distances respectives. Cet astre tournant sur lui-même est d'ailleurs sujet à des révolutions intérieures qui agitent et soulèvent ses atmosphères. Les étoiles, les *fixes* d'autrefois, offrent à nos instruments des vitesses prodigieuses; on les voit changer d'éclat et de couleur, disparaître périodiquement ou pour toujours.

Ce *firmament,* que nos pères croyaient de cristal et d'une nature *incorruptible,* est le théâtre de mouvements et de révolutions qui dépassent la pensée. Des nébuleuses par milliers, comme celle où nous sommes placés, présentent différentes formes, agitées dans tous les sens.

Partout la matière est en mouvement pour former de nouveaux astres et de nouveaux mondes; la science observe soigneusement aujourd'hui ces perturbations et ces *changements,* afin d'en connaître les lois et de faciliter les recherches de l'avenir.

Les astronomes modernes, et surtout Laplace, ont indiqué les causes des changements périodiques qui se manifestent dans l'excentricité des orbes planétaires, et principalement dans celle de l'orbite lunaire, qui a diminué de plus d'un degré depuis les premières observations sur lesquelles on puisse compter. L'accélération du moyen mouvement de Mercure a été aussi reconnue et expliquée; mais toutes ces perturbations, qui n'ont d'ailleurs aucun effet sur les grands axes des orbites, se réduisent à des mouvements limités, après lesquels l'état originaire vient à se rétablir, pour se modifier de nouveau par les mêmes causes et pendant les mêmes périodes.

CHARIOTS (*Le grand et le petit*). C'est le nom vulgaire qu'on donne aux deux constellations de l'Ourse, où l'on distingue d'abord sept étoiles qui semblent présenter l'aspect de cette figure, dont l'une est toujours renversée relativement à l'autre. (*Voyez* OURSE.)

CHARLES (*Le cœur de*). Cette étoile double est très-remarquable, parce qu'étant très-blanche, la petite qui l'accompagne est d'une couleur bleue.

Elle se trouve dans la constellation des Lévriers au-dessous de la queue de la grande Ourse, et marque le cœur d'un de ces chiens de chasse. Plus bas, à droite et à gauche de cette étoile, sont deux nébuleuses.

CHEVAL (*Le petit*). Constellation très-faible et voisine de l'équateur ; elle se compose principalement de deux étoiles quartaires α et δ, qu'on peut trouver à droite de l'étoile ε de Pégase.

CHEVELURE DE BÉRÉNICE. Constellation peu apparente, indiquée cependant par un groupe de petites étoiles très-rapprochées et très-nombreuses, lorsqu'on les examine avec une forte lunette. Ce groupe est situé entre Arcturus et le Lion, dans le prolongement d'une ligne tirée de l'extrémité de la queue de la grande Ourse au Cœur de Charles, et à peu près à égale distance. Ce fut Tycho-Brahé qui ajouta cette constellation, ainsi qu'Antinoüs, aux constellations précédemment indiquées.

CHEVELURE DES COMÈTES. On désigne ainsi les nébulosités qui entourent, précèdent ou suivent le noyau des comètes : ces *chevelures* ne sont jamais adhérentes au corps de la comète, mais semblent recourbées ou inclinées vers le soleil ; ce qui leur a fait aussi donner le nom de *barbes*.

L'astronomie physique n'a pas encore expliqué d'une manière satisfaisante ces effets de vaporisation de la matière des comètes lorsqu'elles s'approchent du soleil ou qu'elles deviennent visibles pour nous, après avoir traversé des régions où sans doute elles ont été exposées à de très-hautes températures.

La brume la plus légère est incomparablement plus dense que la matière nébuleuse et dilatée des comètes, à travers laquelle se distinguent toujours les plus faibles étoiles.

La lumière n'y éprouve même aucune réfraction dans les parties les plus centrales, et par conséquent les plus condensées. Une toile d'araignée, dit un auteur moderne, opposerait plus de résistance à une balle de fusil. On voit alors combien la rencontre de telles matières serait peu dangereuse pour notre planète.

CHÈVRE (LA). Étoile de première grandeur, et la principale de la constellation du Cocher ; elle se trouve dans la direction prolongée de la queue de la petite Ourse. Un triangle étroit et allongé, formé par trois petites étoiles qu'on nomme *les Chevreaux*, se fait remarquer près de cette primaire, et sert à la distinguer de toutes les autres.

Cette étoile paraît être maintenant plus brillante qu'autrefois, et certains astronomes modernes la classent dans les étoiles variables. Elle n'atteint jamais cependant à la moitié de l'éclat de Sirius.

CHIENS (LES). Constellations australes, visibles sur notre horizon. Le grand Chien porte *Sirius*, la plus belle étoile du ciel, que l'on voit briller dans les nuits d'hiver, un peu au-dessous de la ligne prolongée des Trois Rois, formant le baudrier d'Orion.

Cette belle étoile marque l'angle supérieur et oriental d'un grand quadrilatère dont une secondaire ε et deux tertiaires indiquent les autres angles. A gauche de ε on voit encore deux tertiaires δ et η vers le Navire.

Le petit Chien se trouve entre la Licorne et les Gémeaux ; son corps est indiqué par *Procyon*, belle étoile primaire faisant un triangle équilatéral avec Sirius et l'étoile α de l'angle supérieur du carré d'Orion. La tête est marquée par une tertiaire voisine de Procyon, dans une direction oblique et supérieure. Une tertiaire β se trouve à droite et un peu au-dessus de Procyon.

La constellation des Levriers se désigne aussi quelquefois sous le nom de *Chiens de chasse*.

CHLADNI. Physicien allemand, mort en 1827, à l'âge de soixante-onze ans, et qui a laissé de nombreuses observations sur les étoiles filantes, dont il a supposé la périodicité.

CHOCS. Ces causes matérielles de tous les phénomènes célestes, comme de tous les déplacements à la surface de notre globe, manifestent leurs effets suivant des lois générales dont la mécanique apprend à calculer les combinaisons les plus compliquées.

Pour aider à l'intelligence de quelques articles de cet ouvrage, nous devons expliquer celles qui se rapportent aux mouvements astronomiques.

1° Un corps choqué par une puissance capable de surmonter sa force d'inertie fuirait toujours à l'opposé si d'autres chocs ou de nouvelles forces ne venaient changer la direction primitive ; ainsi, par exemple, la terre lancée dans l'espace irait se perdre dans les profondeurs de l'infini, si la puissance attractive du soleil ou des forces impulsives extérieures ne la ramenaient pas incessamment vers ce foyer lumineux. Notre soleil, obéissant lui-même à un choc antérieur modifié par une force continuellement agissante, décrit avec tous les corps qui le suivent une courbe immense dont le point central ne peut encore se déterminer avec certitude.

2° Un corps choqué obliquement ou hors de son centre, tourne aussitôt sur lui-même en se transportant dans l'espace selon la direction des forces qui le sollicitent; c'est ainsi que tous les satellites, leurs planètes, ainsi que le soleil, sont aussi animés d'un mouvement de rotation dont la vitesse dépend de la force du choc, du point où il a eu lieu, et peut-être aussi d'autres lois ayant rapport à des impulsions qui en ont modifié l'état primitif.

3° Par le choc d'un corps il ne faut pas toujours entendre l'action d'un autre corps solide mis en contact, comme peut l'occasionner la rencontre d'une comète avec la terre; l'attraction newtonienne, la force impulsive d'atomes lumineux ou éthérés, la projection, quels qu'en soient le mode et la cause, sont de véritables chocs s'exerçant au moyen de fluides élastiques, mais toujours selon les mêmes lois.

4° L'effet d'un nouveau choc sur un sphéroïde en mouvement serait de déplacer son axe de rotation et de modifier l'étendue ou la direction de son orbite. Un tel cataclysme, dans l'état de notre planète, n'aurait pourtant qu'un effet momentané, parce que l'aplatissement de ses pôles, et surtout l'élévation de ses régions équatoriales maintenant consolidées, rétabliraient sans doute le mouvement des parties fluides autour de l'axe actuel.

CHRONOLOGIE. Cette science des temps a pour objet la détermination par ordre de date des faits et des événements remarquables relativement, soit à l'histoire des peuples, soit aux phénomènes de la nature.

Le *temps*, qu'il est plus facile de comprendre que de définir, n'a qu'une seule mesure exacte, autrefois donnée par le lever des mêmes étoiles à l'horizon de chaque lieu, et maintenant, avec plus de régularité, par la rotation de la terre autour de son axe.

Les phénomènes astronomiques, tels que les éclipses, les équinoxes, la conjonction des astres, les phases de la lune, etc., etc., sont quelquefois d'une grande utilité aux chronologistes pour *la vérification des dates* citées par les historiens, lorsqu'elles concordent avec l'un de ces phénomènes ou qu'on peut les y rapporter.

C'est ainsi qu'il a été possible de fixer le jour de telle bataille, et même du pays où elle a eu lieu ; de la mort de tel souverain, du commencement de tel cycle, ou de l'ère en usage chez tel peuple ou sous telle dynastie. --

CHRONOMÈTRES (*Mesure du temps*). Montres très-perfectionnées, dont on se sert particulièrement à bord des vaisseaux pour déterminer la longitude du point où l'on se trouve.

Ces montres, bien réglées au départ sur le méridien du lieu, indiquent, par l'heure écoulée, la différence du méridien de l'observation, ou la distance parcourue.

Il faut toutefois vérifier souvent la régularité de ces instruments par les phénomènes célestes.

On donne aussi ce nom aux pendules perfectionnées à l'usage des astronomes. A terre, les chronomètres peuvent se régler par la télégraphie électrique. Chaque jour, à midi vrai, l'observatoire de Greenwich fait un signal au moyen duquel tous les capitaines de navires peuvent régler leurs chronomètres.

CHUTE DES CORPS. Les corps graves abandonnés à eux-mêmes tombent perpendiculairement à la surface de la terre ; si un obstacle s'interpose, le corps pèse sur lui ; sur un plan oblique, il roule en participant à la fois de la chute et de la pression.

Le premier de ces mouvements est seul du ressort de l'astronomie, et sa cause paraît être dans l'attraction, qui dans tout corps sphérique fait tendre ses molécules vers le centre.

Selon les principes newtoniens, cette gravité serait une loi générale de la matière ; elle agit sur la terre comme sur les autres planètes, et règle tous les systèmes répandus dans l'espace.

Sur le même parallèle, c'est-à-dire sous la même latitude, les corps tombent avec une égale vitesse de la même hauteur, proportionnellement à leur masse, non à leur volume, comme on le croyait avant Galilée, qui a démontré qu'un poids d'une livre tombait aussi vite qu'un quintal de la même matière ou d'une densité semblable.

Des ponts suspendus, construits maintenant à des hauteurs considérables, chacun peut s'assurer que des cailloux différents en volume, mais de même nature et de même forme, tombent en même temps dans la rivière.

Cette première loi de la chute des corps graves fait abstraction de la résistance de l'air, car il est évident qu'un corps lourd, dont la figure est plus propre à vaincre cette résistance, tombe moins vite qu'un autre du même poids et présentant plus de surface à cette résistance.

Aussi, dans le vide, tous les corps tombent avec la même vitesse ; une plume et une balle de plomb arrivent en même temps au bas d'un tube privé d'air.

Sous les pôles, les forces attractives ayant toute leur action, les corps tombent plus vite que partout ailleurs où la rotation du globe se manifeste ; sous l'équateur, où chaque point décrit dans le même temps un arc plus étendu, les forces de la gravité étant combattues par les forces centrifuges, les corps y tombent avec la vitesse relative la moins grande.

La seconde loi galiléenne fait tomber les corps avec une vitesse qui s'accélère à chaque moment de la chute, c'est-à-dire que les espaces parcourus sont proportionnels aux temps de la chute, ou augmentent comme 1, 3, 5, 7, 9.

Ainsi, à Paris, les corps tombent d'environ 15 pieds dans la première seconde, de 45 pieds dans la deuxième seconde, de 75 dans la troisième, de 105 dans la quatrième, etc.

En 1641, Toricelli, inventeur du baromètre, perfectionna les formules de Galilée.

Le calcul des masses fait connaître la force de la gravité sur les autres planètes ; on estime donc qu'un poids d'un kilogramme sur notre planète pèserait 2 kilogr. 1/2 à la surface de Jupiter.

Les corps, en tombant d'une certaine hauteur sur la terre, dévient toujours vers l'est, c'est-à-dire à l'orient de la ligne verticale au point d'où le corps est parti. Cette déviation a été reconnue de 7 lignes 2/5 pour 240 pieds, hauteur de la tour de Bologne, d'où le physicien Guillelmini fit une suite d'expériences en 1792. On sait qu'un tel effet est dû à la rotation de la terre projetant dans la direction de son mouvement les corps tombant à sa surface. (*Voyez* GRAVITÉ, PESANTEUR, etc.)

CIEL. On a longtemps discuté pour prouver que l'espace était plein, ou qu'il était vide. Ce qui est certain, c'est qu'il est traversé dans tous les sens par les rayons lumineux qui partent continuellement des astres innombrables semés dans l'immensité, et qui continuent indéfiniment leur marche rectiligne, même après que ces astres ont pu disparaître.

Les planètes, dont la densité et la force primitive d'impulsion sont considérables, ne paraissent pas sensiblement arrêtées par les matières gazeuses ou éthérées répandues dans les cieux ; néanmoins, avec le temps, tout obstacle produit son effet, et ce qui n'est pas encore appréciable pour nous le sera peut-être un jour.

L'observation plus attentive des comètes a fait reconnaître que les queues ou les traînées lumineuses qui les suivent ordinairement, éprouvent dans leur région moyenne *une résistance* qui occasionne la concavité remarquée dans leur direction ; cette circontance fait supposer que l'éther agit sur ces corps vaporeux, quoique ses effets soient insensibles sur la marche des corps plus compactes.

Le *ciel d'un pays* n'est pas celui d'un autre ; malgré la rotation de la terre et sa translation annuelle autour du soleil, jamais nous ne voyons que les astres et les constellations d'une partie du ciel ; il faut s'avancer vers l'hémisphère austral pour connaître successivement toute la sphère céleste.

Par l'effet de la précession, le ciel change cependant, mais presque insensiblement pour chaque pays de la terre ; ainsi le pôle boréal n'était pas occupé autrefois par l'étoile qui s'y trouve à peu près aujourd'hui ; dans quelques siècles, x de Céphée en sera plus voisine, des étoiles de l'hémisphère austral seront visibles sur notre horizon, et d'autres qu'on y voit maintenant auront alors disparu.

CIRCÉ. Petite planète découverte le 6 avril 1855 par M. Chacornac, à l'observatoire de Paris ; elle circule entre Proserpine et Junon en 1,583 jours environ, avec une inclinaison de $5^{o}\,2'\,48''$. Le demi-grand axe de son orbite est de 2,6575, et l'excentricité de 0.1078 correspondant à 4° environ.

CIRCOMPOLAIRE. On désigne ainsi les étoiles voisines des pôles, et qui dans leur marche apparente autour de ces points ne descendent pas au-dessous de l'horizon ; ainsi celles de la petite et de la grande Ourse, du Dragon, de Céphée, de Cassiopée et de Persée sont toujours visibles pour nous ; c'est pour cela que les anciens disaient de l'Ourse *qu'elle ne buvait jamais dans la mer !*

CIRCONFÉRENCE. On démontre que les circonférences sont proportionnellement entre elles comme leurs diamètres ou leurs rayons ; mais le rapport du diamètre avec la circonférence n'existe pas. Néanmoins, au moyen du calcul décimal, on en approche tellement qu'on peut donner, à un millimètre près, la circonférence la plus étendue dont on indique le rayon.

Pour les usages ordinaires, on se sert du rapport de un à trois et quatorze centièmes.

La circonférence de la terre est d'environ 4,000 myr. (10,000 lieues), l'ellipse équatoriale excède celle des pôles de 67 kilomètres.

La circonférence du soleil est de 412,000 myr. (1,032,000 lieues), et celle de la lune, de 1,260 myr. (3,140 lieues).

Une circonférence de la terre, citée par Aristote, donne cent mille stades au quart du méridien; mais on ne connaît pas sur quelle base et comment cette mesure a été obtenue.

CLAIRAULT. Célèbre géomètre, né en 1713 et mort à cinquante-deux ans. Il a laissé un traité sur la figure de la terre, une théorie de la lune, etc. Il s'est fait surtout connaître des astronomes par ses calculs et ses prédictions sur la comète de 1682, en prouvant qu'elle avait dû être retardée de six cent dix-huit jours par l'attraction de Jupiter et de Saturne, et qu'alors on ne devait pas attendre son retour plus tôt, ce qui fut vérifié par l'événement en 1759.

CLEPSYDRE. On donnait ce nom aux instruments de différentes espèces, et à des machines hydrauliques servant autrefois à mesurer le temps. Vitruve cite comme ayant joui d'une grande célébrité le clepsydre construit par Ctésibius, qui vivait à Rome vers l'année 120 avant J. C. L'eau d'un niveau constant s'échappait par les yeux d'une figure paraissant ainsi pleurer la fuite du temps; son poids accumulé faisait élever une autre figure armée d'une baguette indiquant sur une colonne l'heure qui s'était écoulée. Les jours et les mois étaient aussi marqués par la rotation de cette colonne sur elle-même dans l'espace d'une année.

Le principe de ces clepsydres, qui sont hors d'usage depuis l'invention des horloges, est cependant fort ingénieusement appliqué par le capitaine Kater à la mesure de petits intervalles.

Ayant rempli de mercure un vase dont le poids total a été déterminé, il fait écouler ce liquide dans un autre vase au moment précis qu'il veut constater; puis, fermant à volonté le robinet et pesant le premier vase avec ce qui y reste de mercure, il connaît le temps qu'a duré l'observation, en comparant le poids du liquide écoulé avec celui qui peut s'échapper par le même orifice, dans un intervalle quelconque, mesuré par une montre.

Les Arabes remplacèrent ces instruments, dans leurs observations astronomiques par des pendules à oscillations.

CLIMAT. Dès le temps de Ptolémée, on divisait le globe terrestre en climats ou par heure et demi-heure, depuis l'équateur jusqu'aux pôles, comme nous le faisons aujourd'hui par degrés de latitude.

Le climat d'un pays dépend, en général, de la direction plus ou moins oblique sous laquelle il reçoit pendant un temps certain les rayons du soleil, et surtout de la longueur alternative des jours et des nuits. Sous la ligne que le soleil paraît incessamment parcourir, ou sous *un climat de douze heures*, la température est toujours très-basse, parce que la terre n'a pas le temps de se refroidir du rayonnement presque à plomb qui l'a frappée pendant la moitié du jour. A Paris *le climat* est d'environ *seize heures;* c'est la durée, à quelques minutes près, des plus longues nuits comme des plus longs jours. Il est de *vingt-quatre heures* au fond du golfe de Bothnie et de trois mois sous les pôles.

Des causes générales ou particulières modifient profondément pour certaines contrées le climat qu'elles devraient avoir suivant leurs positions géographiques ou leur distance à l'équateur.

Les hautes montagnes, le voisinage de la mer, les grandes forêts, les vastes plaines de sable, et surtout les vents qui règnent le plus constamment, déterminent un état climatérique exceptionnel, soit local, soit pour des régions très-étendues. Ainsi la rotation plus rapide de la terre aux régions équatoriales soulève et porte les eaux chaudes de l'Atlantique vers les côtes du nouveau monde, qui les repoussent vers le golfe du Mexique et les États-Unis, du sud au nord; ce large courant revient ensuite vers le nord de l'Europe, dont il suit les côtes occidentales, puis celles de l'Afrique, en revenant vers le Mexique, pour recommencer la même circulation. Un courant semblable existe dans les eaux chaudes de la mer Pacifique portées vers la Nouvelle-Hollande, remontant au nord vers l'Asie et tournant à l'est pour se porter vers l'Amérique du Nord. On conçoit que les vents réguliers, rasant ces fleuves océaniques d'eau tiède, apportent aux continents qu'ils traversent le calorique dont ils se sont chargés, et qu'ainsi l'Europe occidentale comme l'Orégon et la Californie jouissent d'une température beaucoup plus basse que les contrées sous la même latitude, mais où règnent d'ordinaire les vents partis des mers ou des régions glacées de l'un ou de l'autre pôle. La France, située sous les mêmes parallèles que le Canada et de l'autre côté du même Océan, jouit d'un climat beaucoup plus doux; Marseille et Boston ont la même latitude, et, quand la première de ces villes connait à peine la neige, l'autre voit ses eaux geler à plusieurs pieds pendant plusieurs mois de chaque année.

La chaleur intérieure, qui se manifeste davantage en quelques endroits, contribue aussi à changer les démarcations désignées sous le nom de *lignes isothermes*, c'est-à-dire la limite des végétations et des neiges perpétuelles. Certains pays situés sous les mêmes degrés de latitude ont des climats très-différents ; des lieux situés beaucoup plus haut ont des températures bien plus douces que des lieux moins élevés. Ainsi on peut à peine respirer et séjourner quelques instants sur le mont Blanc, tandis qu'au Pérou il existe des fermes et des maisons de poste presqu'à la même hauteur et toujours habitables.

Sous l'équateur, la limite des neiges est à 4,800 mètres, quand aux Pyrénées elle est à 2,550 mètres et seulement à 1,500 mètres sous le 65ᵉ degré (Norwége).

Aux premières époques du refroidissement de notre planète, les contrées boréales, aujourd'hui envahies par les glaces, ont dû jouir avant toutes les autres d'un climat propice à la vie animale et végétale ; mais, depuis les temps historiques et la consolidation entière du globe, les climats ne paraissent pas changés sensiblement. Quelques documents conservés sur les cultures de la Judée, de l'Italie et de l'Espagne établissent qu'elles ne sont pas sensiblement modifiées depuis 2,000 ans. En France, la vigne semble avoir été cultivée beaucoup plus au nord qu'elle ne peut l'être actuellement, quoiqu'en général le climat y semble plus tempéré qu'il y a quelques siècles, par l'effet des déboisements et des défrichements, du desséchement des marais et des étangs, de l'endiguement des cours d'eau, de la présence et des travaux d'une plus grande population à la surface du sol.

La vigne a même été cultivée en Angleterre assez en grand pour y produire du vin, ce qui ne peut avoir lieu aujourd'hui dans la position la plus favorable. On peut supposer que les autres planètes ont des climats différents et déterminés par leurs distances et leurs inclinaisons relativement au soleil, foyer commun de chaleur et de lumière dans notre monde particulier. L'inclinaison de l'orbite de Mars (28°) sur le plan de l'équateur solaire, et le temps de sa rotation étant à peu près de même que pour la terre, les saisons et les climats doivent être analogues aux nôtres, ainsi que la longueur des jours. La chaleur y doit être bien moins grande, à moins que la nature spéciale de sa constitution physique ne fasse compensation avec l'éloignement de cette planète.

L'atmosphère très-épaisse de Vénus, plus près du soleil, établit peut-être une compensation en sens contraire pour ramener ses climats à une température convenable à ses productions.

L'axe de la lune étant presque perpendiculaire à l'écliptique, les climats y sont toujours les mêmes pour les différentes régions de sa surface qui passent successivement, en quinze de nos jours, d'une excessive chaleur, au froid le plus intense, et à l'obscurité que diminue seulement le *clair* de terre vers la néoménie.

COCHER (LE). Constellation boréale figurée par un grand pentagone irrégulier, dont la Chèvre, belle étoile primaire, marque l'un des angles; cette étoile forme aussi, avec une secondaire β et une autre secondaire β du Taureau, un triangle isocèle ayant sa base au nord. Trois petites étoiles changeantes nommées *les Chevreaux* forment près de la Chèvre un petit triangle dont la base est en sens inverse du grand triangle de cette constellation qui comprend encore une étoile tertiaire δ, au-dessus de β vers la polaire.

COLATITUDE. C'est la distance angulaire du pôle au zénith de chaque lieu, ou le *complément* de la latitude. — Aussi la colatitude étant obtenue par des observations zénithales, au moyen d'un cercle mural ou répétiteur, on en déduit aussitôt la latitude du lieu.

COLLIMATEUR. Petite lunette dont les astronomes se servent pour fixer la direction dans l'espace, quand l'objectif d'un télescope ou d'une lunette est muni de fils très-fins croisés à son foyer, et qui peuvent s'éclairer instantanément, au moyen d'une lampe ou d'une pile électrique.

Si l'on place un miroir plan de manière que les deux collimateurs se réfléchissent l'un dans l'autre et que le réticule de la lunette soit exactement concentrique avec les collimateurs, cette lunette fera un angle de 45° avec la direction zénithale, et l'image pourra être observée comme si elle était réellement dans cette direction; l'intersection de la croix du collimateur peut ainsi être observée comme une étoile, à telle proximité que soient placés les deux instruments.

Un vase rempli de mercure donne la direction horizontale, si l'on place un collimateur de telle sorte que sa croix vienne s'y réfléchir exactement : on obtient ainsi le *zénith du lieu* avec une grande précision.

COLLIMATION (*Ligne de*). Pour qu'une lunette donne la position exacte des objets qu'on veut observer, il importe que l'objectif et l'oculaire soient parallèlement fixés dans le tube qui les porte, de telle sorte que la *ligne de vision* passe invariablement par le centre de ces deux verres.

Cette *ligne de collimation* se vérifie dans les petites lunettes en les retournant, et en visant à un signal placé à une grande distance, ou à des étoiles circompolaires, ou bien à un collimateur placé en prolongement, objectif contre objectif.

On peut encore vérifier l'exactitude de cette ligne dans la lunette d'un cercle astronomique, en la renversant au-dessus d'un bain de mercure éclairé par une lampe. La croix du réticule, quand la position de l'instrument est tout à fait verticale, doit se réfléchir dans le liquide, et puis son image revenir exactement au foyer de l'objectif, d'où, examinée de l'oculaire, coïncidant avec le système du réticule, elle indique à la fois le parallélisme de l'axe, et sur le cercle, le point correspondant au nadir et au zénith.

Pour les grands réfracteurs qu'il est trop difficile de retourner, les astronomes connaissent différents moyens de vérifier leur direction verticale ou horizontale, sans toucher à ces lunettes.

COLURES. On désigne ainsi deux cercles horaires qui se coupent perpendiculairement en passant par les pôles, et traversant à angles droits, l'un l'écliptique aux points solsticiaux, et l'autre l'équateur aux équinoxes.

COMBUSTION SOLAIRE. Jusqu'aux expériences d'Arago sur la nature de la lumière, on pouvait croire que le soleil était une masse embrasée, dont par conséquent le diamètre devait toujours se réduire, quoique d'une manière presque insensible même, dans une période de *trois mille années.*

Il est démontré maintenant que nous ne sommes éclairés que par l'atmosphère extérieure et gazeuse de cet astre, dont l'émission paraît se faire avec une grande *force.*

Reste à savoir comment se reproduisent les gaz de cette atmosphère; s'ils sont émis par le corps du soleil ou par l'atmosphère nuageuse qui l'entoure, ou encore par des courants électriques venant d'une cause extérieure, telle que le mouvement de cet astre à travers l'éther qui remplit l'espace et dont la résistance produirait à la surface de l'astre un effet magnétique et l'émission éternelle de la lumière et de la chaleur qu'il répand autour de lui.

COMÈTES. (*Astres chevelus.*) Ces corps étranges, dont les parties constituantes ne sont pas encore bien connues, paraissent être des amas de vapeurs avec ou sans noyau, dont les molécules diaphanes s'étendent et se divisent d'une manière prodigieuse lorsque ces corps approchent du soleil, autour duquel ils circulent dans des ellipses très-allongées.

Les Chaldéens, suivant Apollonius, croyaient à la périodicité de *ces nuages de lumière* venus des profondeurs célestes.

Les annales chinoises, s'étendant depuis l'an 613 avant J. C. jusqu'à l'année 1644 de notre ère, ont deux sections qui rapportent avec soin l'apparition de ces corps. On y reconnaît, aux particularités des événements, la septième apparition, en 1378, de la comète de Halley, dont le retour en 1456 fut pour la première fois calculé par les astronomes européens. On y retrouve de même en 1097 celle qui fut reconnue par Galle en 1840.

Les calendriers mexicains mentionnent, comme les registres officiels de la Chine, l'observation de la comète de 1490, vingt-huit années avant l'arrivée de Cortès sur leurs côtes.

Avant l'invention des lunettes, la plus grande partie des comètes, étant peu remarquables passaient inaperçues dans les cieux, et les observateurs les plus attentifs confondaient ces corps avec les étoiles, ou bien les prenaient pour des météores traversant l'atmosphère.

Les comètes, dont les queues et l'éclat extraordinaire offraient des phénomènes plus frappants, répandaient alors une terreur générale parmi les populations, qui leur attribuaient une influence *toujours funeste* sur les événements ou les personnages les plus considérables.

D'après les observations chinoises, on a pu calculer avec exactitude les orbites de quatre anciennes comètes qui parurent en 240, 539, 565 et 837 de notre ère; cette dernière fut longtemps à moins d'un million de lieues de l'orbite de la terre; elle répandit un si grand effroi que Louis le Débonnaire, pour lui échapper, fit vœu de fonder plusieurs monastères.

Depuis environ deux cents ans que ces astres sont plus soigneusement observés, on ne leur voit plus ces formes étranges et ces énormes dimensions que la peur ou l'imagination leur prêtait autrefois; tout au plus maintenant sont-ils encore, pour quelques esprits crédules, le présage de bonnes récoltes. (*Voyez* INFLUENCES.)

Généralement ces nébulosités n'ont qu'une masse très-faible, surtout vers leur périhélie, où elles éprouvent une telle chaleur que la dilatation de leur substance s'étend quelquefois en traînée lumineuse excédant la distance de la terre au soleil.

On cite comme les plus remarquables parmi ces astres, ceux qui se montrèrent en 1577, 1744, 1807, 1811 et 1843, et qui étaient visibles en plein jour, comme la comète de J. César l'an 43 avan notre ère. La comète de 1843 a passé à 20,000 lieues du soleil, et celle de 1668 à moins de 5,000 lieues.

Les comètes de 1585 et de 1763, quoique très-grandes, n'avaient aucune queue. Celle de Halley, que le pape Caliste III *fit conjurer* en 1456, et à l'occasion de laquelle il fit établir l'*Angelus* de midi encore en usage, passa près de la terre; une autre s'en approcha davantage encore en 1770, et l'on put s'assurer alors que ce corps n'était pas la cinq millième partie de notre globe, dont le mouvement ne fut aucunement troublé par cette proximité. La comète passa même et repassa entre les satellites de Jupiter, sans y occasionner le moindre dérangement. La collection chinoise des observations recueillies par *Ma-tuan-lin* contient la citation d'un grand nombre de ces corps, dont la plupart y sont considérés comme des étoiles extraordinaires; ces observations remontent jusqu'à l'an 613 avant notre ère.

Le mouvement des comètes a lieu dans des orbites très-allongées, changées quelquefois, par l'attraction des planètes, en hyperboles qui les éloignent à jamais de notre monde solaire; ceux de ces corps dont on peut calculer l'orbite doivent, au contraire, y avoir déjà fait une ou plusieurs apparitions. Vers leur périhélie, ce mouvement s'accélère dans une proportion tout à fait inconcevable; la comète de 1472 fit en un seul jour plus de 40 degrés, vitesse de 100 myriamètres ou de 250 lieues par seconde.

A mesure que ces nébulosités s'éloignent du soleil, leur mouvement se ralentit de telle sorte, que leur retour peut n'avoir lieu qu'après des milliers d'années.

Le plus souvent, ainsi que les astronomes chinois et même Sénèque chez les Romains l'avaient fait remarquer, la dilatation des molécules cométaires affecte une direction opposée au soleil et au mouvement de ces corps; mais ces *queues* offrent parfois dans leur étendue une concavité telle que, si un fluide résistant, ou l'éther que quelques astronomes croient exister dans l'espace, s'opposait à la marche de ces parties volatilisées et si subtiles, qu'on distingue les plus petites étoiles à travers leur plus grande épaisseur.

En outre d'une queue dans la direction ordinaire, la comète de 1823 en offrait une seconde tournée vers le soleil.

Il arrive aussi que les comètes paraissent précédées de barbes ou de chevelures tantôt adhérentes au noyau, tantôt avec un intervalle obscur entre ces nébulosités qui prennent toutes aujourd'hui le nom de *queues.*

La tête, souvent plus lumineuse que le noyau de la comète, en est presque toujours séparée par un intervalle. Les comètes sont dites *intérieures* lorsque leur orbite ne dépasse pas les limites de la dernière planète de notre système.

La pl. III montre que l'orbitre de la comète d'Encke ne s'étend même pas aussi loin du soleil que celle d'Hygie, l'une de nos plus petites planètes.

Sur plus de six cents comètes observées depuis J. C., il y en a près de deux cents dont les orbites ont été calculées, mais il n'y en a encore que neuf dont on puisse prédire à peu près exactement le retour ; savoir : deux *extérieures* et sept *intérieures.*

1° La comète dite de Halley, qui en 1006 jetait le quart de la lumière de la lune, qu'on a revue sous différentes formes depuis l'an 12 avant notre ère, et surtout en 837 sous Louis Ier. Ce roi *débonnaire,* fils de Charlemagne, et qui s'occupait d'astrologie, croyant que cette comète annonçait sa mort, tomba dans une profonde tristesse et n'y survécut que deux ans; son apparition en 1066, lors de l'invasion de l'Angleterre par Guillaume de Normandie, en fut considérée comme le précurseur. Elle figurait dans une tapisserie faite à Bayeux par la reine Mathilde, femme de ce conquérant. On l'a revue en 1531, 1607, 1759 (*voyez* planche III) et 1835, sa période moyenne est de vingt-sept mille huit cent soixante-six jours (76 ans 3 mois et demi environ).

2° La comète de Newton, avec une période d'environ cinq cent soixante-quinze ans, et qui, à sa dernière apparition de 1680, s'est approchée de 5,200 myr. (13,000 lieues) du soleil.

En remontant de sept périodes, certains commentateurs ont calculé que cette comète avait dû passer près de la terre l'an 2349 avant J. C., époque assignée au déluge de Moïse; mais, si elle avait pu occasionner un tel cataclysme par sa rencontre avec notre planète, il est évident que la marche de l'un de ces corps en eût été troublée, et qu'ainsi cette comète-là du moins en est innocente.

3° L'une des plus grandes comètes dont les observations chinoises font plusieurs fois mention est celle apparue pour la dernière fois en 1556, époque à laquelle elle détermina l'abdication de Charles-Quint, et dont la périodicité est de 292 années à peu près, car elle fut avancée de trois ans, de 975 à 1264. Elle aurait dû reparaître en 1848, et se trouve donc retardée de sept années, en admettant la durée périodique ci-dessus, d'après les apparitions des années 104, 395, 683 et 975. Un astronome de Middelbourg en Zélande ayant entrepris pour cette comète les mêmes calculs que Clairaut avait faits pour celle de Halley en 1758, il en est résulté que différentes perturbations planétaires ont dû retarder son retour jusqu'en 1858, avec une incertitude de deux ans en plus ou en moins.

4° La comète dite *à courte période*, calculée par Encke en 1819 et observée depuis à chacun de ses retours, dont le dernier a été constaté le 12 juillet 1855 au cap de Bonne-Espérance, où elle a été visible pendant deux mois. Sa périodicité, fixée d'abord à environ trois ans et un tiers, tend à se raccourcir, par l'effet des perturbations qu'elle éprouve en traversant notre système solaire.

Cette comète, aperçue d'abord par Pons à Marseille le 26 novembre 1818, a été reconnue comme s'étant montrée déjà en 1786, 1795 et 1805.

En 1822 et 1825, elle a été reconnue à l'observatoire fondé dans la nouvelle Hollande par le général Brisbane; elle a été revue en 1829, 1832, 1835, 1838, 1842, 1848 et 1852, à peu près à la place et vers l'époque indiquées par avance.

5° La comète de Biela ou de Gambart, dont la périodicité est de 6 ans 62, ou de 2,417 jours, coupant l'écliptique, sur laquelle son orbite est inclinée seulement de 12° 34', ce qui rend fort possible sa rencontre avec la terre; on attend son retour pour déterminer plus exactement la masse de notre planète. (*Voyez* pl. III.)

En 1832, cette comète a passé à 7,000 lieues seulement de l'orbite terrestre; mais celle-ci était alors fort éloignée de ce point, où elle ne passa qu'un mois après.

On a calculé qu'à une telle distance, et en supposant la masse de la comète égale à celle de la terre, l'obliquité de l'écliptique serait modifiée, et la longueur de notre année considérablement augmentée.

Après son passage au périhélie en 1846, elle s'est divisée en deux masses, ayant chacune leur queue particulière et marchant paral-

lèlement, à une distance d'au moins dix minutes de degré , en parcourant ainsi un espace de 70°; la partie la plus avancée était beaucoup moins brillante , mais elle le devint ensuite davantage que
celle marchant en arrière.

L'un des noyaux de cette comète a été aperçu par M. Secchi
à l'observatoire de Rome, le 13 août 1852, mais à 6 degrés du lieu
qu'elle aurait dû occuper selon les calculs précédents; M. O. Struve
a découvert le second noyau et constaté ainsi l'identité de l'astre,
qui paraît sujet à de grandes perturbations. (*Voyez* planche III.)

En 1846, la distance entre les deux parties n'était que d'environ
60,000 lieues; le P. Secchi la trouva de 500,000 en 1952.

On avait observé de telles divisions en 371 ans, puis en 1618,
1661 et 1664. Les annales chinoises citent trois *doubles* comètes
marchant ensemble dans l'année 896.

6° M. Faye , de l'observatoire de Paris , a reconnu en novembre
1853 un de ces corps qui aurait un retour périodique d'environ
sept ans cinq mois et 2/3 ou 2,718 jours. Au 1er janvier 1851, il
paraissait aux États-Unis s'allonger un peu dans la direction du
soleil; à Pulkowa, le 10 février de la même année, il était aussi
visible qu'en mars 1844. Cette comète pourra servir à déterminer
aussi plus exactement la masse de Mars.

7° La comète de Brossen, dont le retour paraît s'effectuer
après deux mille trente-neuf jours (5^a 7^m 6^j), dans une orbite
incliné de 30° sur notre écliptique.

8° Une autre comète que l'on croit périodique a été observée,
fin juin 1851, par M. d'Arrest; elle aurait une révolution d'environ
6 ans et demi, qui la ramènerait vers la fin de 1857.

Enfin on désigne encore la comète de Vico comme ayant une périodicité de mille neuf cent quatre-vingt-seize jours (5^a 5^m 18^j);
mais elle n'a pas été revue en 1850 ni en 1855.

La comète observée le 24 juillet 1852 par M. Westphal, à
Gœttingue, paraît décrire son ellipse autour du soleil en 60 ans environ, durée de 24 années moins longue que la durée employée par
Uranus, et le tiers seulement du temps que Neptune met à accomplir sa révolution autour du foyer commun.

La comète trouvée en 1766 par Messier paraît être la même que celle
qui a été observée en 1819 par Pons, à Marseille, et à laquelle les
calculs d'Encke donnent une périodicité d'environ 5 ans 7 mois 2/3.

Plusieurs autres petites comètes récemment reconnues auront
sans doute aussi des retours à peu près périodiques; mais la rencontre

possible des planètes, et surtout de celles qui circulent en si grand nombre entre Mars et Jupiter, doit occasionner de fréquentes perturbations dans la marche de ces amas de vapeurs dont le mouvement est direct, comme celui de tous les corps planétaires de notre système, c'est-à-dire d'occident en orient, à l'exception de celui de Halley, qui est rétrograde, ainsi que celui de la comète de 1843.

Argelander et Bessel, ayant calculé l'orbite de la comète de 1811, visible pendant près de dix mois, en ont évalué la périodicité à près de trois mille années. Ce dernier a aussi estimé à quinze cent quarante ans environ le retour de la comète de 1807.

On a remarqué que, dans les orbites cométaires dont l'inclinaison sur l'écliptique est au-dessous de 17°, les mouvements sont directs, et qu'au-dessus de cette inclinaison un tiers seulement est rétrograde.

Depuis 350 ans, 56 comètes ont été visibles à l'œil nu, mais les comètes télescopiques sont en bien plus grand nombre, puisqu'on a pu en observer cent quarante depuis l'année 1806, et que, dans ces derniers temps, leur nombre paraît s'augmenter avec celui des observateurs.

Ainsi il en a été trouvé quatre dans chacune des années 1819, 1825, cinq en 1826, huit en 1846, six en 1847, cinq en 1854, et trois en 1855. Depuis dix ans la moyenne dépasse trois par année.

Selon Duséjour, sur soixante-trois comètes observables, vingt-huit sont rétrogrades, et l'inclinaison moyenne est de 45°, ce qui indiquerait que ces corps ont été projetés au hasard dans l'espace, ou, suivant les idées émises dans l'introduction de cet ouvrage, qu'ils ont été formés tout autour de la région où notre nébuleuse originaire s'est condensée dans la voie lactée.

Chladni a observé des mouvements ondulatoires d'une vitesse plus grande que celle de la lumière, dans la queue des comètes de 1807 et de 1811.

Ordinairement ces queues s'élargissent en éventail, ou plutôt *en cône creux*, dont le milieu paraît plus obscur : on conçoit, en effet, que les parois de ces masses de vapeurs dilatées doivent nous réfléchir plus de lumière que la partie moyenne, toujours opposée au soleil et moins exposée à sa chaleur, en admettant même le mouvement rotatif de ces amas de matières nébuleuses.

Quelques astronomes pensent que les comètes ont une lumière propre, indépendante de la lumière polarisée qu'elles émettent, et que leurs éléments tiennent à la fois de la nature du soleil et de celle des corps planétaires.

Cette opinion est surtout probable relativement à ceux de ces corps dont les longues périodes et la prodigieuse excentricité font supposer qu'ils reviennent ou qu'ils paraissent pour la première fois dans notre monde solaire, après avoir traversé des régions d'une température très-élevée; mais, pour les comètes *à courtes périodes*, peut-être doit-on seulement les considérer comme des corps planétaires à l'état de vapeurs plus ou moins condensées, puisque leurs ellipses sont renfermées *dans les limites* circonscrites par Uranus et Saturne.

COMPAS. Cette dénomination de la boussole est plus spécialement employée par les marins qui mesurent par les degrés de son cadran la marche ou la situation d'un navire.

Il paraît certain que cet instrument fut connu en Chine et au Japon bien longtemps avant qu'il en fût question en Europe.

Pline et Lucrèce citent bien quelques particularités sur l'attraction du fer par la pierre d'aimant, mais il n'est aucunement fait mention par les anciens auteurs de la vertu magnétique de cette substance.

Le compas ou boussole de mer, primitivement fort imparfait, fut probablement employé dans la pratique avant 1300, époque à laquelle un Napolitain du nom de Slavio Jota y fit quelques améliorations.

Depuis, tous les peuples navigateurs se sont efforcés de perfectionner un instrument devenu si nécessaire dans les voyages de long cours; les Anglais lui ont donné les premiers *la suspension*, qui le maintient toujours dans un plan horizontal, quels que soient les balancements et le roulis du vaisseau qu'il sert à diriger.

Le cadran du compas, qui, en Chine et au Japon, se divise en douze ou vingt-quatre parties, comprend dans la marine moderne trente-deux divisions ou *rumbs* de vent. (*Voyez* Boussole.)

COMPENSATION. La durée périodique des révolutions planétaires n'est pas *exactement* commensurable, à cause des inégalités occasionnées par les perturbations réciproques qui font varier les excentricités et la longueur des axes, en sorte que chaque conjonction n'a pas lieu au même point de l'orbite. Il en résulte *des compensations* à faire lorsque les astronomes veulent établir rigoureusement leurs calculs, mais elles ne peuvent s'expliquer dans un ouvrage tel que celui-ci.

COMPLÉMENT. On emploie ce mot dans les calculs ou les désignations astronomiques, pour indiquer les quantités de degrés à ajouter aux mesures déjà connues d'un angle ou d'un arc de cercle, afin de compléter la valeur de 90 degrés.

En certains cas, c'est aussi la valeur supplémentaire jusqu'à 180 et même jusqu'à 360 degrés; mais alors il convient d'indiquer que le complément doit s'appliquer à la demi-circonférence ou au cercle entier.

Dans les tables de la lune, on se sert du mot *supplément* pour exprimer la différence entre l'orbite totale de cet astre et la distance de l'un ou de l'autre de ses nœuds à l'écliptique.

La hauteur du pôle au lieu d'une observation est le complément à l'équateur, comme la distance de l'équateur au pôle est le complément de la hauteur polaire. Cette hauteur étant à Paris de 48° 50′ 12″, le complément ou la colatitude est de 41° 9′ 48″.

Les *jours complémentaires* employés par les Égyptiens, et encore en usage chez les Cophtes, furent introduits dans le calendrier républicain, qui portait à la fin du dernier mois (celui de fructidor), cinq ou six de ces jours, selon que l'année était ou non bissextile.

COMPRESSION. Ce mot s'applique, comme celui d'*aplatissement*, aux planètes dont l'axe des pôles est plus petit que l'axe équatorial, en sorte que ces corps paraissent comprimés dans un sens relativement aux autres. (*Voyez* APLATISSEMENT.)

Un tel phénomène, loin d'être cependant l'effet d'une compression, n'a été produit que par l'élévation des régions équatoriales vers lesquelles, et suivant les lois de la mécanique, ont dû se porter les molécules des corps célestes, en leur état de fluidité primitive, c'est-à-dire d'incandescence originaire.

La *compression* exercée à la surface de la mer par la pesanteur de l'air qui nous environne, est évaluée, en moyenne, à un poids de 1^k, 633 par centimètre carré; cette force maintient le mercure du baromètre à environ 76 centimètres de hauteur, laquelle varie selon les lieux et l'état de l'atmosphère.

CONE D'OMBRE. Tous les corps sphériques éclairés projettent dans l'espace une ombre en forme de cône, dont l'étendue est toujours proportionnelle à leur diamètre et à leur distance du foyer de lumière. En raison de l'excentricité de l'orbite lunaire, la longueur du cône d'ombre de notre satellite varie depuis 56 jusqu'à 62, 6 rayons terrestres.

C'est dans le cône d'ombre de la terre, dont la longueur moyenne est de 217 rayons terrestres (800 lieues), que passe la lune dans les éclipses de ce satellite; elles sont fréquentes, parce qu'à la distance de ces deux corps la largeur de l'ombre de la terre a plus de quatre fois le diamètre de la lune.

Lorsque c'est la lune qui se trouve interposée entre le soleil et la terre, le cône d'ombre qu'elle projette sur la surface de notre planète, étant très-court, la traverse sous la forme d'une tache obscure fort peu étendue; il faut alors se trouver sur la ligne parcourue de gauche à droite par cette tache, pour avoir une éclipse *totale* du soleil.

De chaque côté du cône d'obscurité existe toujours une partie moins intense qui se nomme *pénombre*, et qui est produite par la réfraction.

L'interception d'une partie seulement des rayons lumineux diminue l'éclat du jour pour les zones où l'éclipse n'est que partielle, comme on a pu l'observer à Paris le 28 juillet 1851.

CONFIGURATIONS. Les occultations des satellites, leur passage sur la planète et leurs différentes positions par rapport à elle ou relativement à eux-mêmes, présentent sans cesse de nouveaux aspects désignés sous cette dénomination.

Les éphémérides des principales nations, comme la *Connaissance des temps,* donnent ces configurations pour chaque jour de l'année.

Elles se rapportent principalement aux satellites de Jupiter.

CONJONCTION. Lorsque deux astres ont la même longitude, c'est-à-dire lorsque leurs arcs coïncident au même point de l'écliptique, on dit qu'ils sont en conjonction; ils sont en opposition, ou à 180° l'un de l'autre, lorsqu'ils se trouvent en ligne droite et de chaque côté, relativement à un troisième considéré comme centre.

Ainsi la nouvelle lune a lieu lorsque, par rapport à la terre, elle se trouve du même côté que le soleil, ou *en conjonction* avec cet astre. Cet instant ne peut se déterminer par une observation directe, à moins qu'il n'y ait éclipse et qu'elle ne se projette alors sur le soleil.

La pleine lune a lieu lorsque, étant de l'autre côté ou en opposition, nous voyons alors toute sa surface éclairée par le soleil.

Que la terre se trouve *exactement* sur la même ligne, dans l'une ou l'autre des positions ci-dessus indiquées, il y a nécessairement, dans le premier cas, éclipse du soleil; dans le second cas, c'est notre satellite qui est éclipsé.

Si la lune s'était originairement placée en conjonction sur le plan de l'écliptique, circulant avec la même vitesse que notre globe, elle lui aurait éternellement caché le soleil, comme elle le fait dans les éclipses totales, et la terre, toujours plongée dans l'obscurité, eût été inhabitable.

Les traditions indiennes mentionnent une conjonction de toutes les planètes dont le retour devait arriver après *vingt-six mille années*. Bien que l'on ne connût alors que sept de ces corps, leur conjonction simultanée semble très-problématique. Celle de Saturne et de Jupiter, observée au Caire par Ebn–Junis le 31 octobre 1007, est beaucoup plus certaine.

Une conjonction de Mercure, Venus et Mars a pu être observée à la vue simple, les 6 et 7 février 1855, dans le voisinage de Jupiter, après le coucher du soleil. La lune est venue dix jours plus tard s'ajouter à cette réunion d'astres vers le même point du ciel, ce qui ne s'était pas encore présenté depuis l'année 1180, époque à laquelle cette conjonction devait occasionner, disait-on, un cataclysme universel.

CONNAISSANCE DES TEMPS. Chaque année le Bureau des longitudes fait publier, sous ce titre, un volume contenant les tables et autres documents astronomiques calculés avec la plus grande exactitude, afin d'éviter aux astronomes et aux marins la perte du temps qu'il faudrait employer pour établir eux-mêmes les bases de leurs observations.

CONSTELLATIONS. Tous les anciens peuples connus, les Indiens comme les Chinois, les Égyptiens comme les Péruviens, ont eu l'idée de grouper les étoiles en un certain nombre de figures ou de constellations, pour mieux les observer et les reconnaître.

Ces groupes d'étoiles n'ont en réalité aucun rapport avec les objets qu'on a figurés sur leurs contours, et qui sont tout à fait arbitraires. D'abord on s'est borné à dénommer les principales étoiles; puis successivement on a été conduit à tracer des lignes, des démarcations entre lesquelles on a dessiné plus tard des animaux, des êtres fabuleux ou des objets usuels, en marquant chaque étoile d'un même groupe ou d'une même figure par une lettre ou un signe quelconque. Homère et Hésiode citent les noms particuliers donnés à des groupes et à des étoiles isolées, tels que le Chariot, le Bouvier, les Pléiades, les Hyades, Sirius, etc.

Newton a fait observer qu'une grande partie de ces noms est tirée des choses et des personnages ayant figuré dans la guerre de Troie et l'expédition des Argonautes.

Bailly rapporte que les Iroquois appellent l'*Ourse* le groupe d'étoiles que les peuples anciens désignaient ainsi; d'où il pense que ce nom est originaire du Nord, ainsi que beaucoup d'autres notions astronomiques.

Homère ayant répété deux fois que cette constellation seule ne plonge jamais dans l'Océan, on peut en conclure que les étoiles boréales, qui ne se couchent pas non plus sous la même latitude, n'avaient pas encore été rangées dans les constellations du Dragon, de Céphée et de la petite Ourse par les Grecs, chez lesquels le zodiaque ne fut introduit que cent ans après Thalès, au temps d'Anaxagoras, par Œnopidès de Chio; cette ceinture céleste ne comprenait alors chez ces peuples que onze signes inégalement espacés, étroitement unis et entremêlés, les uns occupant 35 à degrés, et les autres de 19 à 23.

Les Indiens et les Égyptiens attachaient surtout une grande importance aux constellations zodiacales que le soleil semble parcourir successivement, et qui étaient pour eux des *signes* d'inondation ou d'époques favorables à l'agriculture.

Ils en ont voulu éterniser la représentation en les sculptant aux voûtes de leurs temples. Les zodiaques prouvent la haute antiquité de ces peuples, aussi bien que les changements opérés dans l'aspect du ciel par le mouvement de précession.

Selon Dupuis, l'explication des zodiaques fixerait au printemps le signe de la Balance, quand le lever héliaque du soleil avait lieu dans cette constellation; ce qui donnerait une rétrogadation de sept signes, ou une période historique de 16,500 années.

Pluche et autres commentateurs prétendent que ce signe indiquait l'équinoxe d'automne, en admettant le lever *acronique* et non celui *héliaque;* l'époque indiquée par la disposition des figures, si toutefois elles ne sont pas arbitrairement rangées dans ces processions monumentales, ne remonterait alors qu'à 4,600 ans.

Les constellations zodiacales sont par ordre : le Bélier, le Taureau, les Gémeaux, le Cancer, le Lion, la Vierge, la Balance, le Scorpion, le Sagittaire, le Capricorne, le Verseau et les Poissons.

Les principales constellations boréales sont : la grande et la petite Ourse, Cassiopée, Céphée, le Dragon, Pégase, Andromède, le

Cocher, le Bouvier, la Couronne, la Lyre, le Cygne, Hercule et l'Aigle. (*Voyez* la pl. i.)

On distingue dans les constellations australes : la Baleine, Orion, le grand Chien, l'Hydre, le navire Argo, dont on peut apercevoir les premières étoiles au-dessous de Procyon, et quelques autres telles que l'Éridan, le Triangle, et le Centaure, comprenant la Croix du Sud et les plus belles étoiles de l'autre hémisphère (*voyez* la planche ii), qui ne sont jamais visibles sur notre horizon.

L'avenir changera successivement la disposition de ces *cadrans célestes* des deux hémisphères ; un temps viendra où pas un seul des groupes constellés qui brillent aujourd'hui sur nos têtes ne sera reconnaissable ; les étoiles y seront toujours, mais leur position relative sera tellement changée que nos dessins et nos cartes seront tout à fait inintelligibles pour les observateurs, s'il en existe alors qui puissent consulter ces monuments de notre âge. Au surplus, les étoiles ne sont plus indiquées, dans les ouvrages d'astronomie, par les constellations qui les renferment, mais par leurs positions relativement à l'équateur ou à l'écliptique, ainsi que par leurs distances du point équinoxial pris pour origine des ascensions droites.

Leur nombre, leur grandeur et leur place réelle peuvent ainsi se désigner plus exactement pour les observateurs. (*Voyez* Zo-DIAQUE.)

CONTEMPLATION. La faculté de comprendre et d'admirer les merveilles de l'univers est certainement l'une de celles qui distinguent le plus l'espèce humaine de toutes les autres créatures.

Dès l'origine des peuples pasteurs, ceux qui se livrèrent assidûment à la *contemplation* des cieux y puisèrent, dans l'intérêt commun, des connaissances utiles qui leur en firent donner la surveillance et la conduite.

Ainsi commencèrent sans doute les *colléges* ou les corporations religieuses qui devinrent si puissantes, et qui partout se réservaient l'observation des astres, le règlement des fêtes et des travaux, l'annonce des bons ou des mauvais présages.

L'arbre de la science, comme d'autres figures allégoriques sous lesquelles les prêtres égyptiens cachaient des connaissances interdites au vulgaire, signifiait surtout qu'il était défendu de s'occuper des choses célestes, sources *du bien et du mal*, aux temps des sociétés primitives.

Il en est de même de l'immobilité de la terre, de la marche du soleil et d'autres faits physiques que l'auteur de nos traditions a voulu citer autrement qu'on ne les explique aujourd'hui.

Les vérités astronomiques sont maintenant à la portée de tous, et si les gens de loisir savaient quelles attrayantes occupations, quel intérêt toujours plus vif, s'attachent à leur étude, les charmes de la contemplation du ciel seraient bientôt partagés par un plus grand nombre.

Quel spectacle est d'abord comparable à celui de la voûte céleste pendant une belle nuit?

De quelle surprise n'est-on pas frappé à la vue de ces milliers d'astres lumineux, de différent éclat, bizarrement alignés, mais décrivant éternellement des cercles parallèles et inégaux, sans jamais se dépasser l'un l'autre, ni perdre leurs distances relatives!

L'impossibilité de concevoir des mouvements si bien combinés a fait croire que toutes les étoiles étaient *fixées* à un firmament de cristal, tournant tout d'une pièce autour de la terre; mais, pour *chacune des planètes* qu'on venait à distinguer et qu'on regardait comme des étoiles *errantes*, il fallait un firmament de plus; chaque comète aurait augmenté le nombre de ces sphères diaphanes, si l'on n'avait pas enfin reconnu que la rotation de notre planète expliquait d'une manière beaucoup plus simple tous les mouvements apparents.

Parmi les groupes ou les lignes d'étoiles dont on a formé des figures arbitraires et sans rapports directs avec les dispositions réelles des astres, on désire connaître le nom des plus brillantes étoiles et des constellations les plus remarquables. La grande Ourse ou le Chariot, l'Étoile polaire, la Croix du Cygne, Cassiopée ou la Chaise, Céphée, la Lyre, l'Arc de Persée, la Chèvre de Bouvier, ainsi que ses deux Chevreaux, presque toujours visibles sur notre horizon, sont les premiers objets qu'on cherche à distinguer.

Plus bas, suivant l'heure ou les saisons, se montrent successivement: les pléiades, Aldébaran du Taureau, les Trois Rois au milieu du quadrilatère d'Orion, Sirius, la plus belle étoile du ciel, Castor et Pollux, Régulus du Lion, l'Épi de la Vierge, Arcturus du Bouvier, la Couronne, l'Aigle, le grand Carré de Pégase et les étoiles d'Andromède. (*Voyez* pl. I.)

Ces principales constellations étant connues, leur contemplation plus habituelle permettra de remarquer au milieu d'elles d'autres constellations ou lignes d'étoiles moins importantes sous le rapport de leur grandeur apparente. D'abord le Dragon, dont la queue sépare les deux Ourses, et qui a sa tête figurée par un carré se trouvant vers la Lyre ; au-dessous, les étoiles d'Hercule et d'Ophiucus ; sous la queue du grand Chariot sont les Levriers et la Chevelure de Bérénice ; à droite des pléiades : la Mouche, le Triangle, et plus bas les deux étoiles du Bélier.

Un examen plus attentif en fera connaître dont la lumière change périodiquement d'intensité. Mira de la Baleine, Algol de Persée, Albiréo du Cygne, d'autres encore, présentent ce phénomène.

L'éclat extraordinaire de Vénus et de Jupiter pendant certaines périodes, le grand nombre d'étoiles filantes vers les solstices, les aurores boréales, la ceinture lumineuse de la Voie Lactée, la lumière zodiacale et enfin les comètes de différentes formes traversant l'espace dans tous les sens, sont autant de sujets qui alimentent la curiosité comme la méditation.

La vue naturelle aidée de quelques artifices avait mené des esprits supérieurs à la découverte des principales vérités astronomiques ; mais, depuis l'invention des lunettes qui nous ont dévoilé tant de nouveaux corps célestes, les innombrables étoiles de la Voie Lactée et des autres nébuleuses, les particularités planétaires, la constitution physique de la lune et du soleil, l'attrait de la *contemplation*, quoique toujours aussi grand qu'autrefois, doit nécessairement conduire *à l'observation*. (*Voyez* ce mot et l'Introduction, Ier partie.)

CONVEXES (*Verres*). Toute section sphérique d'une masse de verre dévie les rayons lumineux qui viennent frapper sa surface courbe ou *convexe*.

Lorsque deux sections semblables plano-convexe, sont appliquées l'une à l'autre, ou qu'une seule masse a ses surfaces courbes opposées, cette *lentille* ou verre bi-convexe réfracte également les rayons de lumière, mais en les réunissant derrière elle, à une distance focale différente.

Cette dernière disposition s'applique principalement à l'oculaire des lunettes. (*Voyez* LENTILLE ET VERRES.)

COORDONNÉES. La position d'un corps céleste peut se déterminer d'abord en mesurant sa hauteur verticale et la valeur angulaire de l'arc horizontal compris entre ce vertical et un autre pris à volonté ; c'est la méthode des *hauteurs* et des *azimuts*.

L'autre système de coordonnées est celui des *angles horaires* et des *déclinaisons*.

Les premières se comptent sur l'équateur vers l'ouest, de 0 à 360°, et ces dernières, à partir de cette ligne, sur les cercles horaires de 0 à 90°.

Le premier système s'appuie donc sur la verticale et l'horizon du lieu; le deuxième, sur la ligne des pôles et l'équateur céleste.

Ainsi, pour indiquer la place d'une étoile à un moment donné, on peut exprimer soit son azimut et sa hauteur, soit la valeur de son angle horaire et sa déclinaison.

Un troisième système de coordonnées célestes est celui des *ascensions droites* et *des déclinaisons;* il ne diffère du précédent que par le sens dans lequel se comptent les degrés d'ascensions droites qui se calculent *vers l'est*, à partir de l'étoile prise pour origine du jour sidéral, ou de l'heure de son passage au méridien.

Les coordonnées terrestres, c'est-à-dire les longitudes et les latitudes, sont analogues au second système des coordonnées célestes, et se comptent aussi, les unes sur l'équateur de 0 à 360° vers l'ouest en partant du méridien qui passe par Paris, les autres par les arcs du méridien compris entre l'équateur et les pôles, ou par la distance du lieu *au-dessus* comme *au-dessous* de l'équateur. Cette latitude est positive dans le premier cas et négative dans le second, indiquant alors une position dans l'hémisphère austral.

COPERNIC. Ce savant moine, né en 1473, à Thorn en Prusse, d'abord destiné à la médecine, montra de bonne heure des dispositions aux études mathématiques, qu'il suivit avec un grand succès à l'université de Cracovie. A vingt-cinq ans, il se rendit en Italie pour s'y livrer à l'astronomie pendant quelques années. Retourné dans son pays et pourvu d'une modeste position ecclésiastique, il s'établit à Frauenberg, petite ville près de l'embouchure de la Vistule, et s'y livra à la méditation des mouvements célestes. Il fit aussi quelques observations à l'étage supérieur d'une petite ferme, mais avec des instruments imparfaits, qui ne pouvaient lui faire rien ajouter aux découvertes de l'astronomie pratique, tâche réservée à Tycho-Brahé, qui vint cinquante ans plus tard.

Les dispositions de Copernic le portaient moins à la recherche de nouveaux corps qu'à étudier les causes de leurs mouvements réels ou apparents.

Il fut conduit, dit-il, à la pensée que ces apparences étaient dues à la rotation diurne de la terre, par l'observation des mêmes effets à la surface, tels que la marche apparente des rives lorsqu'on se trouve dans un bateau en mouvement, ou celle des arbres de la route, si l'on est emporté dans une voiture en sens contraire.

La simplicité de la nature le persuadait aussi de plus en plus que les corps célestes ne pouvaient se mouvoir avec les complications imaginées par les astronomes de l'école d'Alexandrie.

Les philosophes pythagoriciens conjecturaient, 500 ans avant l'ère chrétienne, et probablement sur des notions tirées de l'Inde et de l'Égypte, que le mouvement du soleil et de la lune, de l'est à l'ouest, résultait de la rotation diurne de la terre en sens opposé.

Ces opinions, devenues chez Copernic plus que des conjectures, avaient néanmoins besoin, pour se changer en vérités, du secours des lunettes, qui n'étaient pas encore inventées.

On lit dans la préface de son livre intitulé *De revolutionibus orbium*, que Copernic fut encouragé à présenter son système par les anciennes autorités scientifiques, et par celle même du cardinal Cusa, qui attribuait un mouvement à la terre.

Ignorant les lois de la gravitation et de la mécanique, il ne put pénétrer plus avant dans les conséquences de ses hypothèses, et ce fut seulement à la fin de sa vie et à l'instigation de ses amis qu'il se décida à les publier, prévoyant sans doute l'opposition bigote dont la fureur tomba plus tard sur la tête de Galilée enseignant les mêmes doctrines.

Cet ouvrage expose les véritables lois de notre monde solaire; mais le prudent chanoine, en le dédiant au pape Paul III, ne les proposa néanmoins qu'à titre d'hypothèses, qui n'en furent pas moins condamnées, le 5 mars 1616, par les cardinaux inquisiteurs.

Quelques années après, l'Église permit cependant de les reproduire, comme d'ingénieuses conjectures, en interprétant la contradiction qui paraissait exister entre certains passages des Écritures saintes et la réalité des mouvements célestes, par la nécessité de parler aux hommes selon les apparences et les croyances du temps.

Copernic mourut à l'âge de soixante-onze ans, en recevant le premier exemplaire de son ouvrage, dont le succès ne fut généralement établi qu'au milieu du dix-septième siècle.

Comme en l'absence de toutes preuves à l'appui du nouveau système, l'ancien pouvait encore se défendre, on s'étonnera d'autant moins qu'il ne fût pas plus tôt adopté, que Tycho-Brahé le combattit avec acharnement en proposant, dans le système qui porte si malheureusement son nom, de nouvelles complications à celui de Ptolémée.

9.

Sans la découverte des lunettes, il est donc probable que les conceptions de Copernic seraient tombées dans l'oubli ; mais, à peine Galilée eut-il dirigé le premier de ces instruments vers le ciel, que les taches du soleil, les phases de Vénus et le cortége des satellites de Jupiter ne laissèrent plus aucun doute sur la vérité des nouvelles conceptions.

On dit aussi que Copernic mourut avec le regret de n'avoir jamais pu apercevoir à travers les brumes de la Baltique la planète de Mercure, dont cependant il avait fait des tables fort exactes.

CORBEAU (LE). Constellation australe peu importante, figurée principalement par un quadrilatère d'étoiles tertiaires qu'on peut apercevoir au midi de la Vierge, au-dessous et à droite de l'*épi*.

CORPS CÉLESTES. On désigne ainsi toute réunion de matière solide ou gazeuse, occupant une certaine place en mouvement dans l'espace ou qu'on y voit briller, soit d'une lumière propre, soit d'un éclat emprunté à notre soleil, qui les retient tous autour de lui.

Les bolides, comme les comètes, prennent aussi cette dénomination.

La forme de ces corps est généralement sphérique ; le soleil, les étoiles, les planètes et leurs satellites, même les comètes lorsqu'on commence à les apercevoir dans une région fort éloignée, affectent cette figure.

Les corps solides et vaporeux qui entourent la planète de Saturne ont la forme annulaire, et font ainsi exception à la règle.

La Voie lactée, qui n'est, comme toutes les autres nébuleuses, qu'une agglomération de corps lumineux par eux-mêmes, ne présente d'irrégularité que dans la disposition de tous les astres qui projettent les lueurs blanchâtres que notre vue ou les instruments d'observation peuvent apercevoir.

En s'approchant du soleil, quelques comètes changent leur apparence première par l'effet de la chaleur qu'elles éprouvent ; leur noyau, quand elles en ont un distinct, se sépare de sa nébulosité ; la dilatation des molécules légères qui forment ces corps produit des queues, des chevelures ou des barbes d'une grande étendue et très-variées dans leurs formes ; mais, en s'éloignant de nous, ces vapeurs se refroidissent, se concentrent et reprennent à peu près leur forme globuleuse.

Les météores, les bolides, les étoiles filantes, se présentent toujours comme des globes ignés, laissant après eux des traces lumineuses.

Les aurores boréales ; la lumière zodiacale, dont l'éclat, la figure et l'étendue varient suivant les lieux et les saisons; les masses colorées que, lors des dernières éclipses totales du soleil, on a vu flotter dans son atmosphère sous l'apparence de crêtes de montagnes, de chapelets, de figures triangulaires et isolées, font aussi partie des *corps célestes*, sur la nature desquels on n'a pas encore d'explications satisfaisants.

CORRECTIONS. Les astronomes désignent ainsi les quantités à ajouter ou à retrancher des résultats d'une mesure dans laquelle il faut tenir compte, soit des effets de la réfraction, de la nutation ou de l'aberration, soit de la précession des équinoxes, soit enfin de variations périodiques devant affecter les observations établies d'a bord, comme si ces divers phénomènes n'existaient pas.

L'ascension droite apparente des étoiles et leur déclinaison doivent être corrigées de quantités constantes ou variables, pour les *réduire* à la vraie position. Les corrections relatives à la précession et à la nutation qui n'affectent pas les rapports des corps célestes entre eux sont simplement techniques. Celles de réfraction, d'aberration et de parallaxe sont dites *réelles* et se rapportent toutes à des points définis de convergence dans la sphère céleste. Ainsi la réfraction fait converger tous les objets célestes vers le zénith de l'observateur ; la parallaxe géocentrique vers le nadir ; l'aberration vers un point de l'écliptique à 90 degrés derrière la place du soleil dans cette ligne un peu elliptique.

Les Annuaires indiquent quelques *corrections à faire* pour déterminer l'heure des levers et des couchers du soleil en des lieux différents que ceux indiqués par les tableaux du Bureau des longitudes pour Paris seulement.

COSMIQUE. On désigne ainsi le lever et le coucher des astres, lorsqu'ils ont lieu quand le soleil paraît sur l'horizon.

Puisque cet astre semble retarder chaque jour de quatre minutes de degré environ sur les étoiles, les levers et couchers cosmiques précèdent ou suivent d'environ quinze jours les levers ou les couchers *héliaques*, ainsi nommés lorsqu'ils arrivent une heure avant l'apparition du soleil, ou une heure après qu'il a disparu. M. de Humboldt emploie fréquemment ce mot à la désignation de tous les corps circulant dans l'espace, et même à cet espace lui-même, relativement à sa température, à sa transparence, ainsi qu'au milieu *résistant* qui paraît s'y trouver. (*Voyez* LEVER ACRONYQUE, HÉLIAQUE.)

COSMOGONIE. Exposition d'idées systématiques sur les formations planétaires et les phénomènes célestes.

COSMOGRAPHIE. C'est la science des rapports entre les parties du monde visible; *l'astronomie* doit s'entendre dans un sens plus étendu.

COSMOLOGIE. Cette science embrasse tout ce qui a rapport à l'univers matériel, sans avoir égard à son origine, ni à son mode de formation, que recherche particulièrement la *cosmogonie*.

Elle comprend donc : l'astronomie, la géographie, la géologie, la physique générale, l'ensemble des lois et des phénomènes de la nature, en un mot tout ce qu'on peut considérer dans les corps en leur état de permanence et de stabilité.

M. de Humboldt a montré, dans son grand ouvrage intitulé *Cosmos*, toute l'étendue de ces diverses connaissances.

COUCHANT. Chaque jour le soleil nous paraît se coucher vers un point plus rapproché du nord, à partir du solstice d'hiver, au 22 décembre, jusqu'à celui d'été, vers le 22 juin; puis rétrograder pendant six autres mois, jusqu'à sa première position.

Cet effet provient de l'inclinaison de l'axe de la terre et de l'obliquité de son mouvement autour du soleil.

Si la terre, dans sa translation annuelle, présentait toujours parallèlement son équateur à celui de cet astre, comme aux époques des deux équinoxes, on compterait partout douze heures entre le lever et le coucher apparent du soleil; les deux pôles ne l'apercevraient jamais qu'à l'horizon, et il y aurait une température constante sous la même latitude. (*Voyez* OCCIDENT.)

COUCHER *des astres*. La rotation régulière et diurne de la terre sur elle-même produit à l'horizon la fin du mouvement que tous les corps célestes paraissent exécuter en sens contraire, c'est-à-dire d'orient en occident.

Si l'on a observé le moment du *lever* d'un astre et celui de son passage au méridien, ou mesuré l'arc qu'il a décrit dans cet intervalle, on pourra connaître le moment ou le lieu de son *coucher*, parce que l'arc à décrire ou le temps nécessaire pour le parcourir est toujours égal au temps indiqué par la première moitié de la marche apparente.

L'arc décrit ou à décrire peut se convertir en temps, à raison de 15 degrés par heure ou de 15 secondes de degré pour une seconde de temps.

Ainsi, le lever du soleil ayant eu lieu à cinq heures du matin le 20 avril (le temps moyen coïncidant alors presque avec le temps vrai), l'arc qu'il a parcouru jusqu'à son passage au méridien a été de 105°, correspondant à 7 heures de temps vrai ; le moment de son coucher sera à 7 heures du soir, après avoir décrit un second demi-arc de 105°.

Si seulement on a observé le moment du lever et du coucher d'un astre, ou mesuré l'amplitude de l'arc qu'il a paru décrire entre ces deux instants, on aura le moment et le lieu de sa culmination, en prenant la moitié de l'arc ou du temps employé à le décrire.

Le coucher des comètes, dont le mouvement est irrégulier ou qui ne passent pas au méridien, ne peut être indiqué que par des calculs plus compliqués, dépendant de leur vitesse et de leur position relativement à notre planète.

La lune se déplace chaque jour d'environ 13° 10′ 35″ dans le sens direct, c'est-à-dire de la droite à la gauche d'un observateur tourné vers le midi ; elle se rapproche donc des étoiles situées vers l'est d'à peu près la largeur de son diamètre en moins d'une heure ; mais, par suite du mouvement rotatif de la terre dans le même sens, elle paraît toujours *se coucher* vers l'ouest, ainsi que le soleil. D'un jour à l'autre le retard qui a lieu dans le coucher de notre satellite varie considérablement, par suite de sa position relativement à l'équateur terrestre ; ainsi, par exemple, du 7 au 8 septembre, le retard est de 1ʰ 21ᵐ, tandis qu'il n'est que de 17ᵐ du 21 au 22 du même mois (du 2 au 3 octobre 1ʰ 25ᵐ, et seulement 14ᵐ du 19 au 20 du même mois).

A Paris, la plus grande différence entre deux couchers consécutifs du soleil est de deux minutes. Les plus précoces ont lieu à 4ʰ 1ᵐ du 8 au 16 décembre, et les plus tardifs à 8ʰ 5ᵐ du 21 juin au 2 juillet.

Le planisphère (planche 1ʳᵉ) indique, dans le cercle intérieur de perpétuelle apparition, les étoiles qui ne se couchent jamais sous notre horizon.

COULEURS. Un rayon de lumière reçu sur un prisme de cristal se décompose, et présente toutes les couleurs de l'arc-en-ciel, qui sont, par ordre : rouge, orange, jaune, vert, bleu, indigo et violet. Ces couleurs dites primitives peuvent se réduire à trois principales : rouge, jaune et bleu, dont les divers mélanges donnent les quatre autres; le noir est l'absence ou l'absorption de toute couleur. Si l'on supprime le rayon rouge, les six autres donnent une image verte; si l'on retranche le vert du faisceau lumineux, l'image est rouge : ces deux couleurs sont donc complémentaires l'une de l'autre. On trouve toutes les couleurs dans les étoiles, quand on peut les observer avec de forts instruments. Les étoiles réellement blanches ou légèrement teintées en rouge, jaune ou bleu, donnent à la vue simple des variations de couleur; mais c'est un phénomène de scintillation; aux lunettes elles paraissent toujours et uniformément de la même nuance.

Les effets de *contraste* sont produits par le voisinage d'une couleur forte sur une lumière faible, qui prend alors la teinte complémentaire de la première.

Dans les étoiles doubles, la différence de couleur est souvent un effet de contraste; aussi tel observateur appelle bleue la petite compagne d'une étoile rouge ou jaune, quand un autre astronome voit cette petite étoile verte. On s'assure de la couleur réelle en faisant sortir l'une de ces étoiles accouplées hors du champ de la lunette. (*Voyez* Étoiles.)

COUPE (la). Petite constellation située sous le Lion, entre le Corbeau et le Sextant; elle se compose principalement de six étoiles quartaires disposées en ligne courbe ouvrant vers la Vierge.

COURBES. Les astres paraissent décrire autour de l'axe des pôles, c'est-à-dire autour d'une ligne idéale, inclinée de 48° 50′ 12″ sur notre horizon, des courbes ou parties d'un cercle d'autant plus grand qu'il est plus éloigné du point central, à peu près indiqué par l'étoile polaire.

Toutes ces courbes sont relativement parallèles, et conservent leur distance réciproque dans toutes les positions où ce mouvement, *oblique pour nous*, place successivement toutes les constellations

La courbe la plus belle et la plus parfaite est le cercle : sa régularité et sa simplicité faisaient croire qu'il avait été choisi par la puissance créatrice pour la marche des corps célestes. Lorsque Képler se fut bien convaincu du contraire, il pensa de suite que leurs mouvements devaient s'effectuer dans la courbe qui rapprochait le plus du cercle, c'est-à-dire dans l'ellipse, et il réussit cette fois à y circonscrire toutes leurs révolutions.

Les courbes tracées dans l'espace par la translation des planètes et des comètes sont plus ou moins circulaires, elliptiques ou paraboliques. Elles subissent des altérations régulières ou fortuites, par l'effet des lois de l'attraction, dans la combinaison de leurs mouvements divers.

La *courbure* exprime la mesure dont une ligne dévie de la direction rectiligne, ou de la surface d'un plan ayant tous ses points touchés par une ligne droite. La courbure du sphéroïde terrestre a pour effet de cacher les objets situés à une certaine distance de l'observateur ; ainsi une montagne d'une lieue de hauteur, qui pourrait se voir à plus de 600 lieues si la terre était plate, n'est plus visible quand on s'en éloigne de 50 lieues seulement.

COURONNE (LA). Deux constellations portent ce nom : l'une boréale entre le Bouvier, le Serpent et Hercule, formée principalement de sept étoiles, dont une secondaire au centre (Margarita) se trouve dans la direction de β du carré de la grande Ourse et de la dernière de la queue ; la concavité de cette demi-couronne est tournée vers la tête du Dragon. L'étoile ρ, voisine de Margarita, est changeante ; l'étoile marquée η, opposée à Margarita, est double, mais difficile à séparer.

La Couronne australe est formée de très-petites étoiles au-dessous du Sagittaire. (*Voyez* AURÉOLE, PARHÉLIE, HALOS.)

CRÉATIONS. Nous n'avons pas à nous occuper ici de la création du monde suivant les récits du législateur des Hébreux. Ce qui est de tradition, ce qui appartient aux croyances religieuses, doit rester dans le domaine de la foi, qui sait interpréter tous les faits nouveaux au point de vue des saintes Écritures.

Il en est autrement des questions scientifiques, dont l'examen peut être soumis à la raison et à l'intelligence accordées à la nature humaine.

On conçoit ainsi que l'astronomie moderne veuille porter ses regards au delà du monde connu des temps anciens, et que, pour elle, la création ne soit pas bornée à la terre, au soleil, à lune et à quelques milliers d'étoiles alors visibles. Un instrument merveilleux, découvert presque aussitôt que le véritable mouvement des corps célestes, a reculé pour nous les limites de l'univers, en confirmant les prévisions des esprits philosophiques sur la Voie lactée, maintenant reconnue pour des fourmilières d'étoiles, cent mille fois plus nombreuses que les étoiles perceptibles à la vue simple.

Depuis que la terre a pu tourner librement sur elle-même en circulant chaque année autour du soleil, des multitudes de planètes, dont plusieurs bien plus importantes que la nôtre, accompagnées de deux, de quatre, de six et même de huit lunes semblables à celle qui nous suit dans l'espace, nous ont été dévoilées, circulant autour du foyer commun de chaleur et de lumière, en outre des nouvelles comètes qui, chaque année, nous révèlent leur existence.

Sans parler des autres corps tourbillonnant dans notre système particulier, les télescopes nous montrent encore, dans les profondeurs du ciel, des milliards d'étoiles inconnues aux générations précédentes ; des groupes nébuleux, myriades d'autres soleils, animés d'un mouvement de concentration ou circulant les uns autour des autres ; partout la matière en mouvement pour former de nouveaux mondes selon des lois établies par la puissance suprême qui ne peut jamais s'arrêter ni se reposer.

Quant aux causes premières de toute création, ni l'esprit, ni l'intelligence ne peuvent les concevoir ; l'origine d'un brin d'herbe nous est aussi cachée que celle d'une nouvelle étoile. On peut néanmoins chercher à reconnaître le mode suivant lequel les créations matérielles ont eu lieu, soit à la surface de la terre, soit pour tous les corps faisant partie du système solaire, et par analogie dans tous les autres systèmes dont chaque étoile est sans doute l'astre central.

Toutes nos planètes paraissent en effet tirer leur origine du soleil, qui régit leurs principaux mouvements et dont la lumière entretient la vie végétale et animale de leurs créations primitives en les modifiant selon les temps et les zones qu'elles occupent ou qu'elles ont antérieurement occupées.

L'étude des nébuleuses jettera sans doute quelque lumière sur le mode de condensation et de concentration de la matière élémentaire paraissant former d'abord des astres lumineux, qui à leur tour doivent semer autour d'eux les mondes, où la puissance créatrice fait ensuite paraître les plantes et les animaux appropriés à la constitution physique des différents corps planétaires. (*Voyez* MATIÈRE DIFFUSE, FORMATIONS, et la 2ᵉ partie de l'INTRODUCTION.)

CRÉPUSCULE. Si les couches atmosphériques n'avaient pas la propriété de réfracter les rayons lumineux, la nuit remplacerait tout à coup le jour, et aussitôt que le soleil aurait disparu sous l'horizon ; mais les couches supérieures, qui sont encore longtemps frappées de sa lumière, nous la réfléchissent sous des angles dont le sommet, s'élevant de plus en plus, nous renvoie successivement moins de lumière ; la théorie, comme l'observation, montre que le soleil est à 18° au-dessous de l'horizon quand s'y réfléchissent les dernières lueurs du crépuscule, ayant souvent des couleurs plus vives que l'aurore, à cause des vapeurs plus épaisses qui sont alors à l'horizon.

Vers le solstice d'été, cet astre ne descendant pas à Paris au-dessous de cette quantité de degrés relativement à notre latitude, il en résulte que le crépuscule est immédiatement remplacé par l'aurore.

Au solstice d'hiver, ces deux phénomènes ont une durée plus grande, parce que, le mouvement de la terre étant plus oblique pour nous, le soleil paraît plus longtemps à parcourir les 18° pendant lesquels ses rayons réfléchis peuvent nous arriver. La cause contraire fait succéder plus tôt le jour à la nuit, et celle-ci à celui-là, dans les régions équatoriales où le soleil paraît s'élever ou descendre *perpendiculairement* à l'horizon.

Vers les pôles, le crépuscule et l'aurore ont jusqu'à un mois et demi, durée qui décroît progressivement en s'éloignant des latitudes extrêmes.

Le cercle crépusculaire, ou la ligne courbe qui sépare matériellement cette zone de l'obscurité, est parfois très-distinctement aperçue dans l'espace opposé au soleil.

CROISSANT. Lorsque la terre se trouve placée au sommet d'un angle droit que formeraient des lignes menées au centre du soleil et au centre de la lune, celle-ci ne nous montre que la moitié de sa surface éclairée ; elle est alors en quadrature, et le *croissant* que nous apercevons a sa concavité tournée à droite ou à gauche, selon que le soleil est à droite ou à gauche de la terre.

C'est alors que ce satellite obliquement éclairé présente ses iné-galités sous le jour le plus favorable aux observations.

Le croissant augmente ou diminue à mesure que la lune, en-traînée par la terre, s'éloigne ou se rapproche du soleil.

CROIX (LA). Trois constellations sont désignées sous ce nom : 1° la *grande Croix* ou le carré de Pégase, formé de quatre belles étoiles dont une de deuxième grandeur. Elles se remarquent au-dessous et à droite de Cassiopée, et passent au méridien douze heures après les étoiles de la grande Ourse.

Alphérat, de deuxième grandeur, qui marque l'angle supérieur à gauche du carré, appartient à la constellation d'Andromède, ainsi qu'une tertiaire δ, une secondaire β nommé *Mirach*, et une autre tertiaire γ, qui figurent le pied de la Croix.

2° La *Croix du Cygne*, opposée aux Gémeaux de l'autre côté du pôle nord, à l'orient de la Lyre. (*Voyez* CYGNE.)

3° La *Croix du Sud*, formée d'une belle primaire, d'une tertiaire et de deux secondaires placées entre les jambes du Centaure, et tou-jours invisibles pour notre hémisphère.

Trois mille années avant notre ère, cette constellation était vi-sible des contrées environnant la mer Baltique, puisqu'elle devait se trouver à 7 degrés au-dessus du niveau de cette mer. Il y avait alors 400 ans que la grande pyramide d'Égypte était construite.

CROWN-GLASS. Substance d'une nature très-réfrangible, et com-posée principalement pour les lentilles convexes des lunettes.

Le meilleur crown-glass connu est celui de Guinand, à l'acide borique, quoiqu'il soit d'une densité inférieure aux crowns de Dolland et de Boutems.

Les lentilles de crown, d'une teinte plus verdâtre que celles de *flint*, s'appliquent sous les verres concaves, dans la construction de l'objectif des réflecteurs.

Sur 100 parties, les lentilles bi-convexes des objectifs sont compo-sées de 60 de sable, 30 de potassium, 15 de salpêtre, 1 de bo-rax, 245 grammes d'arsenic et 34 gr. de pierre brune.

CULMINATION. Le point culminant de toute étoile est celui où, relativement à l'observateur, elle cesse de s'élever dans le plan du méridien qui divise en deux parties égales la révolution apparente et diurne de ces astres.

Ce point peut être fixé en observant d'abord la hauteur de l'étoile à l'est de la ligne méridienne ; si on attend ensuite qu'elle soit à la *même hauteur* de l'autre côté, la demi-somme du temps écoulé entre ces deux observations donnera l'heure et par conséquent le lieu de sa culmination.

CYANOMÈTRE. Cet instrument, inventé par Arago, est un polariscope perfectionné au moyen d'un système de plaques de verre.

Il est établi sur le fait que la couleur bleue du ciel qui se rencontre dans les images de la lumière polarisée, à peine sensible près du point neutre, augmente d'intensité avec le nombre des rayons polarisés.

En amenant cette teinte bleue reçue sur un écran, à la couleur du ciel vu à l'œil nu, la mesure donnée par l'inclinaison de la pile peut ensuite se comparer avec d'autres, obtenues par des instruments *semblables*.

CYCLE. Période d'une certaine étendue, à la fin de laquelle les phénomènes astronomiques doivent se représenter ou se retrouver dans la même position relative', soit entre eux, soit avec d'autres auxquels ils ont été rapportés dans l'origine.

En Arabie et dans les Indes, on suivait l'année intercalaire qui fait accorder l'année civile avec la marche apparente du soleil, tandis que les prêtres égyptiens maintenaient l'année vague de 365 jours.

Pour ramener le jour initial de ces années à l'époque de l'inondation du Nil, annoncée par le lever héliaque de Sirius, ils avaient imaginé le *cycle caniculaire* ou sothiaque, de 1,460 années solaires ou de 1,461 années civiles, après lesquelles le Phénix revenait des Indes pour se brûler dans le temple du soleil à Héliopolis.

Tous les événements et les phénomènes arrivés dans cette période devaient se reproduire dans le même ordre, à chacune des périodes suivantes.

C'est probablement l'origine de la période plus mystérieuse encore que les Égyptiens avaient faite de 36,525 années, nombre qui contient autant de siècles que l'année solaire contient de jours.

A la fin de cette période, l'âge d'or devait revenir sur la terre, opinion d'ailleurs conservée dans tous les cultes anciens.

L'astrologie, qui entretenait ces idées, faisait remarquer que le renouvellement de cette période avait eu lieu 1322 ans avant notre ère, sous le beau règne de Sésostris, puis en l'an 138, sous celui du bon Antonin, et en 1598, sous le règne de Henri IV.

L'an 433 avant notre ère, l'astronome Méton exposa aux Grecs qui célébraient les jeux Olympiques les observations et les calculs d'une période de 235 lunaisons, renfermant toutes les phases et toutes les éclipses qui devaient ensuite se représenter exactement aux mêmes époques des périodes suivantes.

Les Athéniens firent graver ces calculs en lettres d'or pour mieux les conserver, et de là est venu le *nombre d'or* qui figure encore aujourd'hui dans nos calendriers.

Ce *cycle* luni-solaire *de Méton* manquait cependant d'exactitude, puisque, trois cent douze ans et demi après, les phénomènes arrivaient un jour avant l'indication donnée par ces nombres d'or.

Calippe fit connaître une période de 940 lunaisons, équivalant à soixante-seize années solaires, approchant beaucoup plus de la réalité.

Le *cycle Julien*, imaginé par Scaliger, est de 7,980 années juliennes, produit de 15, période de l'indiction, par 19, nombre des années du cycle de Méton, et par 28, cycle solaire ou des lettres dominicales. Le total 4,713 serait l'année du monde avant J. C., époque à laquelle ce cycle aurait commencé, et la date des événements ne serait pas interrompue par notre ère, si son usage était adopté.

Le *cycle solaire*, ou de 28 ans, ramène aux mêmes dates les jours de la semaine, et se reproduit après sept bisextiles. Comme il commence neuf années avant notre ère, en ajoutant ce nombre au millésime et divisant par 28, le reste indique le cycle solaire de l'année courante : ainsi 1,856 ans plus 9 égalent 1,865, lequel nombre divisé par 28 donne 66 et une fraction de 17, indiquant le nombre d'années écoulées depuis le renouvellement du cycle solaire.

Ce cycle de 28 ans, multiplié par 19 années du cycle lunaire ou du saros, qui ramène la nouvelle lune au même jour du même mois, donne la période dionysienne de 532 ans, après laquelle chaque phase revient le même jour de la semaine et du même mois ; puis, multipliée par 15 du cycle d'indiction, elle donne le cycle julien de 7,980 ans.

Si, pour constater une erreur chronologique ou la date d'un événement rapportée au cycle julien, avec l'indication du millésime et des époques correspondantes des cycles solaires, luni-solaire et d'indiction, on divise par 15 ou par 28, les unités du quotient feront connaître combien de cycles d'indiction ou de cycles luni-solaires sont renfermés dans le temps écoulé depuis l'événement, et combien d'années il faut encore compter depuis la fin de l'une de ces deux périodes. (*Voyez* Périodes.)

CYGNE (*la Croix du*). La constellation du *Cygne* se trouve à gauche de la Lyre ; elle a une étoile α, *Déneb*, de première à deuxième grandeur, qui marque la partie de la Croix dirigée vers Céphée, et qui ne descend jamais sous l'horizon de Paris ; quatre étoiles tertiaires en arc et une changeante, nommée Albireo, située beaucoup plus bas, complètent la Croix avec la secondaire déjà indiquée.

Entre Déneb et l'étoile ζ qui marque l'extrémité du bras gauche de la Croix, se trouvent deux étoiles voisines de cinquième grandeur, dont la plus élevée, n° 61, paraît l'un des astres les plus rapprochés de notre système solaire ; la parallaxe de cette étoile a été obtenue par Bessel avec exactitude.

Près de la tertiaire ε se trouve un groupe de petites étoiles, et au-dessous à gauche, une nébuleuse planétaire.

D

DATES HISTORIQUES. L'astronomie est souvent très-utile pour vérifier la date des événements et des faits que l'histoire rapporte à un phénomène céleste.

Ainsi, on a pu s'assurer qu'Eudoxe avait décrit une sphère bien antérieure à lui, en indiquant que le pôle nord était occupé par une étoile. La polaire d'aujourd'hui en était alors fort éloignée ; l'étoile désignée par x dans la constellation du Dragon pouvait *seule* être à cette place, mais 3,150 ans avant J. C., et par conséquent au moins dix siècles avant Eudoxe.

On prouve de même qu'Ératosthène, en donnant à Athènes, comme le résultat de ses propres observations, la sphère qui lui a été longtemps attribuée, n'avait fait que copier une représentation de l'état du ciel sous la latitude de Thèbes, près du temple d'Esné, 2,800 ans avant notre ère.

D'une autre part, on a reconnu la vérité d'une observation chinoise rapportée dans les Lettres du père Gaubil, concernant la mesure de l'ombre d'un gnomon dans la ville de Loyang, l'an 1100 avant J. C., aux époques méridiennes des deux solstices.

La haute antiquité des Égyptiens et de leurs monuments est constatée par le mouvement équinoxial, rapporté à la disposition des signes et des figures sculptés sur les zodiaques trouvés à Denderah, Esné et autres temples.

Ils attestent au moins 4,600 années d'existence, même en admettant l'interprétation la plus favorable aux opinions des commentateurs qui, par des motifs religieux, se refusent à l'évidence d'une plus ancienne représentation de l'état du ciel.

Le zodiaque indien de la pagode de Salcette indique la Vierge au solstice d'été, ce qui suppose au moins 5,000 années d'existence à ce zodiaque, et confirme d'ailleurs la chronologie de 3,600 ans avant notre ère, que les brahmes attribuent à leur histoire.

Un catalogue en caractères hiéroglyphiques, traduits par M. Biot, indique des phénomènes célestes donnant quatre dates précises pour les années 1240, 1300, 1444 et 1450 environ avant notre ère; la dernière, incertaine de 4 ou 8 ans, est un équinoxe vernal observé sous le règne de Ramsès VI. Les autres sont des *levers héliaques* de Sirius, donnant la position du soleil aux époques marquées par les astérismes stellaires figurés sur ce document.

En recherchant si une comète avait pu occasionner le déluge universel décrit par Moïse, on a trouvé que celle de Newton, ayant une période d'environ 575 ans, avait pu s'approcher de la terre vers l'année 2350, époque supposée de ce cataclysme; mais, à part l'opinion qu'on peut avoir sur les causes et la réalité de ce phénomène, il est certain que cette comète ne l'a pas occasionné, parce qu'une telle conséquence de sa rencontre aurait nécessairement changé, soit l'orbite de la comète, soit l'orbite de la terre, et qu'ainsi la supputation faite d'après l'état actuel porterait à faux.

Les Égyptiens avaient déterminé l'obliquité de l'écliptique suivant la position de la ville de Syène, alors sous le tropique, et ayant un puits au fond duquel le soleil se réfléchissait à midi, le jour du solstice d'été. Le puits existe encore; mais, au même jour et à la même heure, le soleil n'en éclaire plus même le bord intérieur, ce qui prouve que Syène n'est plus sous le tropique et que l'obliquité a diminué.

Les éclipses sont aussi un moyen de vérifier certaines dates historiques, et c'est dans ce but que La Caille et Pingré ont calculé toutes celles qui ont pu arriver dix siècles avant et dix siècles après J. C.

DAUPHIN (LE). Constellation formant, à gauche et un peu au-dessus d'*Altaïr* de l'Aigle, un petit losange d'étoiles très-rapprochées, dont une tertiaire α, deux quartaires β et γ, et une de cinquième grandeur ; plus bas est une autre quartaire ε qui marque la queue de cette figure dans ses représentations.

Quatre autres plus petites complètent les neuf étoiles représentant les Muses se désaltérant à la fontaine du Verseau, suivant les fables grecques.

DÉCAN. Les zodiaques égyptiens étaient partagés en douze signes de chacun trente degrés. Chacun de ces signes était encore divisé en trois parties de dix degrés, appelés *décans*, auxquels présidait une divinité particulière pendant les dix jours que le soleil paraissait mettre à les parcourir.

DÉCLINAISON. La distance à laquelle un astre se trouve de l'équateur *céleste* à un moment donné, indique sa *déclinaison* qui se compte de 0 à 90 degrés de chaque côté de cette ligne jusqu'aux pôles. Elle est boréale ou australe, c'est-à-dire positive ou négative.

La hauteur de ces points étant connue, il suffit de mesurer la hauteur méridienne des étoiles pour en connaître la déclinaison, et réciproquement.

Invariable pour les étoiles, la déclinaison change chaque jour d'environ un degré pour le soleil, mais elle est nulle aux équinoxes ; elle produit ainsi les saisons, différentes suivant les lieux qui ne sont pas situés sous la ligne équinoxiale.

La déclinaison d'un mur est l'angle formé par son plan et par celui du *premier vertical*, passant par le zénith et par les points *est* et *ouest ;* cet angle, qui est le complément de l'azimut, sert à établir les cadrans solaires verticaux.

La *déclinaison* de l'aiguille aimantée dont on garnit les boussoles et autres instruments d'observations varie selon les latitudes et les longitudes, puisque c'est l'angle que fait la direction avec le méridien du lieu d'observation. A Paris, près de l'observatoire, elle a été reconnue de 19° 57′ 45″ le 7 septembre 1855.

En 1580 sa direction orientale était de 11° 30′.

En 1618 elle n'était plus que de 8°, et, cette diminution continuant de plus en plus, on reconnut en 1663 que l'aiguille se dirigeait exactement vers le pôle boréal. Depuis cette époque, la déclinaison, *devenue occidentale*, marquait 1° 32' en 1678, puis 8° 10' en 1700, 19° 55' en 1780, 22° en 1785, 22° 5' en 1805, 22° 28' en 1813, n'ayant ainsi progressé que très-lentement vers l'ouest en 28 ans. Devenue stationnaire, le mouvement s'est ensuite déterminé dans un sens rétrograde, puisque, trois ans après, la direction de l'aiguille n'était plus que de 22° 25' ; puis en 1817 de 22° 19', retournant vers le nord avec la même lenteur qu'elle avait mise à s'avancer dans la dernière période.

La déclinaison magnétique varie avec les saisons de l'année, augmentant du solstice d'hiver à l'équinoxe du printemps ; diminuant de là jusqu'au solstice d'été, pour augmenter jusqu'à l'équinoxe d'automne et diminuer, mais faiblement, pendant les trois derniers mois ; la valeur totale des augmentations est plus forte ou plus faible que celle des diminutions, suivant que le mouvement général s'accroît vers l'ouest, ou revient vers le nord comme dans la période actuelle.

On peut encore observer que l'aiguille aimantée est sujette à des variations journalières d'une certaine étendue le matin vers l'ouest, et à l'opposé depuis une heure après midi. Le mouvement est aussi inégal pendant chaque mois, son maximum étant de 14' en juin et son minimum de 9' en décembre à Paris. Ces variations ne sont pas les mêmes pour tous les lieux situés sous une latitude semblable et deviennent peu sensibles aux régions équatoriales, tandis qu'en se rapprochant des pôles, les écarts deviennent de plus en plus grands. C'est ainsi que, sous le 60° degré sud, le capitaine Cook a trouvé 43° de déclinaison, et Delangle 45° vers le 62° degré de latitude nord ; l'aiguille n'indiquait pas alors plutôt le nord que l'orient ou l'occident.

Les lignes magnétiques isothermes, c'est-à-dire la direction de tous les points où, la déclinaison étant nulle, l'aiguille se fixe directement vers l'un des pôles, sont elles-mêmes flottantes à la surface de la terre ; celle qui passait à Londres en 1657 a devancé de six années le même état du magnétisme à Paris.

Les phénomènes atmosphériques, et principalement les aurores boréales visibles ou *latentes*, influent considérablement sur l'étendue des variations diurnes, surtout aux latitudes élevées.

Ces variations diurnes semblent aussi se rapporter aux angles horaires de la lune, c'est-à-dire à la situation de notre satellite relativement aux lieux d'observations.

On a des moyens très-simples pour s'assurer en tous temps et dans chaque lieu de la déclinaison de ces aiguilles résultant du rapport de la force *verticale*, à celle *horizontale*, rapport qui n'est lui-même que la tangente de l'inclinaison.

Ces effets magnétiques à la surface de la terre paraissent subir une variation annuelle qui dépend de la position relative du soleil.

D'après un astrolabe construit à Louvain en 1568, cette déclinaison, alors *orientale*, était d'environ 15 degrés.

Voici les variations qu'elle a éprouvées à Rome, où, selon Kircker, elle était de 2° 45′ en 1640. En 1670 elle n'était plus que de 2° 30′; mais 92 années plus tard, en 1762, elle était reconnue de 16°; puis, en 1811, de 17° 3′; en 1812, de 16° 55′; en 1833, de 16° 35′; en 1853, le 30 octobre, de 14° 3′ 55″. On voit ainsi qu'à Rome cette déclinaison est maintenant comme à Paris dans une période décroissante, mais dans une proportion plus forte.

DÉCLINATOIRE. Sorte de graphomètre dont la demi-circonférence graduée, donne la mesure angulaire entre la méridienne et le plan d'un mur ou celui d'une ligne quelconque où l'on applique horizontalement le diamètre de cet instrument armé d'une boussole et portant une alidade mobile. — On s'en sert dans les opérations géodésiques, ou pour connaître l'azimut d'un mur sur lequel on veut tracer un cadran solaire.

DÉCOUVERTES *astronomiques*. En toute science, on désire connaître l'époque des principales découvertes et le nom de leurs auteurs; mais c'est surtout en astronomie que règne à cet égard la plus profonde obscurité. En outre des guerres d'invasion, si fréquentes en Orient, du pillage et de la destruction qu'elles amenaient, la connaissance des choses célestes était partout réservée à des corporations, à des colléges (réunions) travaillant dans leur intérêt particulier, ou du moins cachant au public les résultats de leurs observations.

Ainsi les Grecs n'eurent connaissance de celles suivies depuis plus de 1900 ans à Babylone qu'après la prise de cette ville par Alexandre.

Il en était alors de même chez les Indiens et les Égyptiens; Ptolémée, qui réunit dans l'Almageste toutes les connaissances de son temps, n'indique aucune date, aucune origine. Son système du monde n'a fait que retarder les progrès de l'astronomie et l'adoption des idées épicuriennes sur l'immobilité du soleil, la rotation de la terre et la multiplicité des planètes, en expliquant d'une manière plus spécieuse les fausses apparences présentées par les corps célestes dont Hipparque avait déjà très-exactement constaté les mouvements.

A part de bonnes observations faites par les astronomes arabes du moyen âge, l'état de la science ne fut aucunement amélioré depuis les Grecs jusqu'à Copernic; mais, si l'on ne peut savoir à qui rapporter les richesses qu'elle avait acquises antérieurement, il est facile de reconnaître dans quel ordre et comment l'astronomie a dû s'enrichir depuis les temps les plus reculés.

Un cataclysme viendrait aujourd'hui anéantir tout à la fois les générations actuelles, leurs traditions, leurs travaux et leurs monuments, que les découvertes anciennes se feraient de nouveau, *à peu près dans le même ordre*, si d'autres hommes étaient créés plus tard sur la terre.

Nous avons cherché, dans la première partie de notre introduction, à montrer par quels moyens et par quels progrès les principales découvertes avaient dû être ou avaient été faites; il est donc inutile de répéter ici ce que contient cette histoire abrégée de l'astronomie, soit sur les temps qui appartiennent à la vision naturelle, soit depuis l'année 1608, époque à laquelle Jansen, en Hollande, inventa les lunettes.

Rappelons seulement que, même en remontant très-haut dans la première période, on trouve la trace de toutes les vérités qu'il était possible de reconnaître sans le secours des instruments avec lesquels on a pu si sûrement en établir les preuves.

Parmi les découvertes modernes exclusivement dues à l'usage des moyens optiques, nous avons à signaler principalement : la rotation du soleil sur lui-même et son mouvement propre à travers l'espace, avec une vitesse qui, suivant les calculs de Struve, serait d'au moins cent soixante-dix mille lieues par jour, ou de *deux lieues par seconde*.

Cette importante observation s'est étendue bientôt à un grand nombre d'autres étoiles, soleils lointains de la même nature que le nôtre et s'avançant comme lui dans l'espace infini avec des vitesses différentes et qui vont jusqu'à plus de 60 lieues par seconde.

Trente deux autres petites planètes reconnues depuis moins de six ans, et dont le nombre s'augmentera certainement encore, ouvrent aux esprits une nouvelle carrière; la zone concentrique dans la-

quelle on découvre successivement ces astéroïdes n'est pas tellement éloignée que leur lumière d'emprunt ne puisse se distinguer de
la terre; mais si d'autres corps aussi petits, quoique plus nombreux,
circulent de même entre Jupiter et Saturne, entre celui-ci et Uranus, comme entre ce dernier et Neptune, on ne peut les apercevoir, quoique des instruments d'une certaine puissance fassent reconnaître les satellites plus volumineux de ces trois grosses planètes.
L'une des plus importantes découvertes des temps modernes est
sans contredit celle de Neptune, que les calculs de M. le Verrier
lui firent trouver *sur le papier* avant qu'aucun instrument ait pu
le montrer *dans le ciel* à l'époque et à la place indiquée par le savant
calculateur.

Nous devons surtout au perfectionnement des lunettes les figures
exactes de nébuleuses présentant avec évidence des mouvements
de concentration dans les innombrables soleils dont la faible lueur
ne peut nous parvenir qu'après des milliers d'années.

C'est avec ces précieux instruments que chaque année l'on reconnaît plusieurs comètes aperçues pour la première fois, qu'on
peut suivre leur marche et annoncer l'époque de leur retour; c'est
par eux que l'on connaît aujourd'hui plus de 6,000 étoiles doubles,
phénomènes que les anciens ne pouvaient pas même soupçonner;
que l'on voit deux ou plusieurs de ces soleils tourner les uns autour des autres dans une période réduite à 36, 44, 60, 68 et 75 années, pour quelques-uns de ces corps lumineux.

Citons enfin, comme le résultat le plus étonnant des efforts
de la science et du progrès de ses instruments d'observations, la
mesure, *mathématiquement obtenue*, de la distance des étoiles à la
terre, et la certitude qu'aucun de ces astres ne peut lui faire parvenir sa lumière *en moins de trois ans*.

DÉFÉRENT. Cercle matériel à la limite duquel, suivant le système de Ptolémée, circulait chaque planète, tandis que le centre
de cette courbe et le déférent lui-même décrivaient autourd e la terre
un cercle beaucoup plus étendu.

DEGRÉ. On divise fictivement la terre en 360 degrés, ou lignes
fictives passant toutes par les deux pôles et coupant l'équateur
en autant de parties égales. Ces plans, qu'Arago comparait aux
tranches d'un melon et qui deviennent tour à tour des méridiens,
sont aussi des cercles horaires indiquant la longitude à la surface

du globe et les ascensions droites quand il s'agit du soleil ou des étoiles.

Le passage successif de ces 360 degrés par le méridien constitue le *jour sidéral*, parce que chacune des étoiles qui semblent parcourir les cieux ont accompli leur révolution autour de la terre.

Si la terre était parfaitement ronde, la mesure exacte d'un degré, ou même d'une fraction de degré, donnerait celle de la circonférence, du diamètre, de la surface et même du volume du globe.

C'est ce dont on a voulu s'assurer pour appuyer la théorie qui proclamait ce globe un sphéroïde aplati sous les pôles de l'axe de rotation, ou pour savoir au moins de combien la réalité différait de cette forme.

Cette importante opération avait été déjà faite l'an 820, sous le calife Alma-Moun, par deux géomètres arabes qui mesurèrent un méridien entier dans la plaine de Sinjar.

Elle a été effectuée dans les temps modernes en divers pays et prolongée sur plusieurs méridiens par des procédés graphiques d'une grande précision ; l'on a obtenu ainsi la preuve matérielle de l'aplatissement du globe sous les pôles et de son renflement à l'équateur.

Aristote fait mention d'une circonférence de la terre dont le degré, à 20 mètres près, est celui des environs de Paris, ou d'une latitude d'environ 49°, qui est aussi celle de la Tartarie.

A peu près la septième partie du pôle à l'équateur a été mesurée sous le même méridien, depuis Dunkerque jusqu'à l'île Formentera sur les côtes d'Espagne, et le quart de ce méridien moyen a donné 5,130,740 toises, dont *la dix-millionnième partie* est le type exact et invariable de la longueur du mètre.

On comprend l'utilité de ces mesures en se rappelant que Newton ayant déjà conçu les idées de la pesanteur, les abandonna par suite de l'erreur générale qui ne comptait que 60 milles anglais par degré, tandis qu'il en contient 69 1/2. Les mesures de Picard lui firent reprendre ses calculs et trouver enfin les lois de l'attraction universelle.

La différence de longueur est peu sensible entre deux degrés des méridiens moyens ; mais il n'en est pas ainsi entre les points extrêmes, puisque ceux de Suède par exemple, ont été trouvées de 772 mètres plus longs que ceux équatoriaux.

Au surplus, dans l'état actuel de la science, les mouvements de la lune et les lois de l'attraction donnent une détermination plus exacte de cette différence, qui est de $\frac{1}{300}$ ou d'environ 5 lieues.

Chaque degré se divise en 60 minutes, la minute en 60 secondes, la seconde en dixièmes et même en centièmes. Les degrés d'ascension droite correspondent aux longitudes terrestres, et ceux de la déclinaison aux latitudes.

Ces degrés et leurs fractions mesurent les angles horaires ou la distance entre les deux cercles qui viennent couper l'équateur, c'est-à-dire l'étendue du fuseau intermédiaire.

Les degrés se désignent par un zéro placé à droite et au-dessus du nombre indiqué ; les fractions, par une ou deux virgules placées de même.

Le degré terrestre équivaut à 25 lieues de 4,444 mèt., ou à 28 lieues 1/2 de 3,898 mèt., ou enfin à 11 myr. 1,094 mèt.

Le degré céleste correspondant équivaut à 4 minutes de temps, c'est-à-dire que les étoiles paraissant décrire la demi-circonférence ou 180° en 12^h, un arc de 15° est parcouru en 1^h ; un degré en 4^m et enfin une minute de degré en 4^s de temps.

Le planisphère (pl. 1re) présente sur la ligne des solstices une échelle avec laquelle on peut mesurer approximativement les degrés de déclinaison, ou la distance des étoiles jusqu'au pôle et à l'équateur ; les degrés sont nécessairement plus étendus vers la circonférence, en sorte que les constellations y paraissent comprimées en hauteur et élargies dans l'autre sens.

On obtient le diamètre apparent du soleil et celui à peu près égal de la lune, en observant combien de temps ces astres mettent à traverser le fil très-fin appliqué à l'objectif d'une lunette, ou les divisions graduées d'un micromètre. On trouve ainsi que ces diamètres sont d'environ 32′ ou un peu plus d'un demi-degré.

La grosseur de ces astres peut servir à apprécier les petites distances entre les objets célestes ; ainsi, lorsqu'on lit que α de la petite Ourse, par exemple, est à environ 1 degré et demi du pôle, on peut aussitôt juger que cette étoile décrit autour de ce point un cercle ayant pour rayon à peu près trois fois le diamètre de la lune ; si β de la Vierge est indiqué à 2° 46′ de déclinaison, on voit que cette étoile est éloignée de l'équateur d'environ 5 fois et demi ce même diamètre.

Lorsque les anciens ont eu des instruments propres à mesurer exactement les angles, ils ont pu connaître à peu près la circonférence de la terre en mesurant l'angle que donnait une étoile zénithale, pendant qu'un observateur aurait fait dans la même direction un arc terrestre correspondant.

DELAMBRE. Né à Amiens en 1749 et mort en 1822. Il s'est fait connaître par des travaux et des tables d'une grande importance en astronomie, ainsi que par une histoire universelle de cette science.

DÉLUGE. Il est certain que plusieurs contrées du globe ont été successivement envahies par les eaux ; les Indiens, les Perses, les Grecs, comme les Hébreux, ont gardé la mémoire de tels cataclysmes, qu'ils ont pu croire universels, parce que toutes les parties de la terre qu'ils connaissaient alors conservaient les traces de ces inondations.

La science géologique nous apprend aussi que le niveau des océans, pendant les périodes primitives du globe, a dû dépasser la hauteur des montagnes secondaires de l'Europe et des pays les plus anciennement habités sur notre hémisphère, où l'on retrouve partout les sédiments réguliers et séculaires des eaux, mais non les brusques effets et les débris amoncelés, heurtés et transportés par un déluge et un dessèchement *de quelques mois.*

A l'époque indiquée pour celui de Moïse, la terre, déjà ancienne de 1656 ans, suivant ce législateur des Juifs ; dix fois plus vieille, suivant les traditions des monuments, et surtout des preuves matérielles qu'il ne connaissait pas, était entièrement consolidée, au moins dans son enveloppe extérieure.

Le ménisque équatorial était formé ; et puisqu'il est encore tel que les lois de la mécanique l'exigent, en supposant l'axe de rotation de la terre dans sa position primordiale, c'est qu'aucun choc ni aucune autre cause n'ont produit un accroissement assez subit et assez grand dans le niveau des mers, pour qu'elles aient surpassé *de quinze coudées toutes les montagnes du globe.*

Aussi les écrivains religieux, qui, pour expliquer le *désaccord inconcevable* d'une quantité *fractionnaire* dans la longueur de l'année, avec l'harmonie qu'ils admiraient dans les autres phénomènes célestes, ont-ils prétendu que c'est le déluge qui a produit cette anarchie, et qu'auparavant l'année se composait d'un nombre rond de 360 jours, qui pouvaient alors se répartir en douze mois de 30 jours, ainsi que l'ont fait d'abord les Égyptiens ; durée sur laquelle Moïse a calculé les années antédiluviennes et la date des événements qu'il raconte.

Des cataractes imaginaires, des pluies de quarante jours et même de 400 jours sont impuissantes à produire un tel résultat, au moins d'après les lois de la nature physique ; car, s'il est question de miracles et de causes surnaturelles, la science n'a pas à les discuter.

DÉL 153

Le déluge de Deucalion, qui inonda la Thessalie, était rappelé par un monument que Pisistrate fit réparer et qu'il consacra à Jupiter Olympien. Ce cataclysme eut lieu 1529 ans avant J. C., c'est-à-dire environ trois ans avant la fuite d'Égypte, et peu après la fondation d'Héliopolis par Actis. Il devait donc avoir été connu dans toutes les contrées environnantes, en Syrie comme en Égypte.

C'est probablement l'impression récente de cette inondation et les souvenirs de celle d'Ogygès, arrivée trois siècles auparavant. qui firent supposer à Moïse un déluge universel, dont les circonsances devaient frapper de terreur les populations ignorantes qu'il conduisait dans le désert.

Les dates du récit de Moïse ne peuvent d'ailleurs se concilier avec les faits relatés ; en les compulsant, les auteurs ecclésiastiques ne peuvent même s'accorder sur la longueur de l'année du déluge que Freret évalue à 336 jours, Scaliger à 365, les auteurs de l'histoire universelle à 354 et le père Bonjour à 366 jours.

On a beaucoup écrit pour expliquer ou combattre la possibilité d'un tel phénomène ; Bouguer, Whiston, Burnet, Woodward, Linné, Schreuzer, etc., etc., ont publié des systèmes différents sur les causes et les effets de ce cataclysme. Voltaire, en l'admettant comme miracle, l'a démenti par les faits, la science et la raison.

Si, de son temps, les investigations de l'histoire naturelle avaient obtenu les résultats acquis aujourd'hui ; s'il avait su, par exemple, que dans une seule classe d'insectes les recherches entomologiques ont déjà fait connaître plus de cinquante mille espèces dont les efforts, les soins, l'intérêt de nombreux voyageurs et toute la vie de zélés collectionneurs ne peuvent effectuer la complète réunion, que n'aurait-il pas objecté sur l'impossibilité de recueillir et de conserver vivante une quantité si prodigieuse de ces petites merveilles de la création, dispersées dans toutes les parties du monde, s'y transformant à des époques différentes, et ne pouvant alors se rendre ainsi dans l'arche de Noé pour se préserver de la destruction.

En ce point comme en beaucoup d'autres, c'est mal servir la religion que vouloir défendre *scientifiquement* le texte des écritures juives, dont l'esprit seul est réputé d'essence divine.

Dès que l'atmosphère primitive de notre planète a pu se dégager des eaux qu'elle tenait en suspension ; que la terre consolidée est devenue habitable ; que les mers ont pris l'équilibre et la stabilité que les lois physiques leur assignent à la surface du globe, un déluge universel n'a plus été possible.

DÉNEB. Étoile secondaire qui termine la partie supérieure de la Croix du Cygne dans les figures de cette constellation. Elle ne quitte pas l'horizon de Paris, et se trouve entre la polaire et Wéga de la Lyre, à égale distance de ces deux étoiles.

DENSITÉ. Tous les corps sont plus ou moins poreux et compressibles; plus leurs molécules sont rapprochées, plus ils sont denses et plus ils pèsent, puisque, selon les principes de Newton, l'attraction s'exerce en raison des masses.

Si l'on admet, d'après les expériences de Toricelli, que la densité de la terre s'accroît progressivement de la surface au centre, elle aurait environ cinq fois et demie la densité de l'eau distillée.

Le calcul des perturbations observées dans les mouvements planétaires et dans ceux des satellites a fait établir approximativement, selon les lois de la pesanteur universelle, les différentes densités de ces corps célestes.

La terre étant prise pour unité, Mercure serait trois fois plus dense; Vénus et Mars, un peu moins; Jupiter, Uranus et le *soleil* n'auraient qu'à peu près le quart de notre densité, c'est-à-dire à peu près celle de l'eau; Neptune et Saturne, environ le septième, et la lune, les trois cinquièmes.

Enke prétend que Mercure, Vénus, la terre et Mars auraient à peu près la même densité, c'est-à-dire celle de la Terre; les quatre autres planètes plus grandes et plus éloignées du soleil auraient à peu près le cinquième de cette densité moyenne.

La densité des corps croît en général, suivant la pression qu'ils éprouvent; il en résulterait pour les corps célestes, une sorte d'homogénéité en vertu de laquelle deux couches circulaires de même épaisseur contiennent à peu près les mêmes quantités de molécules matérielles; d'où l'on peut déduire par le calcul que la densité moyenne de ces corps supposés sphériques est triple de celle existant à leur surface.

DÉPRESSION. Si, étant élevé dans un lieu découvert ou à bord d'un navire, on veut mesurer la hauteur d'un astre ou l'étendue de l'horizon, la ligne que borne dans l'espace la surface visible de la terre ou de la mer est nécessairement plus basse ou plus éloignée pour l'observateur, que si son œil était placé au niveau de l'horizon. C'est la différence de cette étendue qui donne ce qu'on appelle *l'angle de dépression*, dont la valeur doit se retrancher de la hauteur obtenue. Elle est de 4' 19" pour 5^m.

La dépression est proportionnelle à la hauteur du lieu où se fait l'observation. Il en existe des tables corrigées de la réfraction ; elles indiquent qu'à 6 mèt. 50 d'élévation (20 pieds) on peut apercevoir un objet placé à 8,350 mèt., ou 2 lieues 3/10es ; d'une hauteur de 97 mèt. 1/2 (300 pieds) la vue peut s'étendre à 32,501 mètres (8 lieues 1/8).

DESCARTES. Né en Touraine en 1586, et mort en Suède à l'âge de cinquante-quatre ans. Il a le premier établi les vrais principes du raisonnement, en les dégageant des arguties et des subtilités de l'école ancienne.

On lui doit surtout l'application de l'algèbre à la géométrie, et de celle-ci à la physique.

Il avait fait un traité du monde, qu'il n'osa faire paraître après la sentence rendue en 1633 contre Galilée. Des fragments sur le mouvement et la distance des planètes furent seulement publiés quatorze ans après sa mort, dans son ouvrage sur les principes de la philosophie.

Son système astronomique des tourbillons n'a pu résister à l'épreuve de l'examen analytique, qu'il avait lui-même contribué à établir.

Il a aussi reconnu et démontré l'existence des forces centrifuges qui maintiennent l'équilibre universel en balançant partout l'action de la pesanteur.

DÉVIATION. Ce n'est pas seulement au centre de la terre que les lois de l'attraction tendent à ramener tous les corps qui s'en écartent ; partout les grandes masses agissent sur les petites dans une proportion relative.

Ainsi les hautes montagnes attirent les corps libres qui en sont voisins ; et font dévier le fil à plomb de la verticale.

Bouguer a trouvé 7" 1/2 de degré pour cette *déviation* par le Chimboraço ; Maskeline a trouvé 6" au Schehallien, en Écosse : ces déviations sont les résultantes de la force d'attraction par la masse centrale, et de celle qui est particulière à la masse énorme de ces montagnes.

En raison du mouvement rotatif de la terre dans la direction d'occident en orient, et ainsi que Newton l'avait fait remarquer, les corps graves abandonnés d'une grande hauteur éprouvent aussi vers ce dernier point *une déviation* évaluée de 13 à 15 millimètres pour une chute de 135 mètres.

Par la même cause, les projectiles lancés dans l'espace sous nos latitudes éprouvent *une déviation* constante vers la gauche de l'observateur placé au point de départ, et tourné vers la trajectoire.

Cet effet se démontre d'une manière plus sensible par les expériences du pendule qui se *dévie* sous les yeux de l'observateur dans la direction du mouvement diurne.

La déviation est aussi démontrée par des expériences établissant que le fil à plomb *n'est pas exactement perpendiculaire* à la surface des eaux tranquilles, et qu'une image réfléchie dans le mercure, d'une hauteur de 57 mètres, s'avance d'environ 4 millimètres au nord de l'objet fixé au-dessus, d'après le fil à plomb.

Les forces centrifuges paraissent aussi produire des différences assez sensibles dans la durée de déviation d'un même nombre de degrés, selon qu'on fait partir les oscillations du plan de la méridienne, ou qu'on les fait commencer du point perpendiculaire à cette ligne.

On entend encore par *déviation* les changements qui surviennent successivement dans la direction du plan des orbites planétaires. Ainsi, par exemple, l'attraction combinée du soleil et de la terre fait continuellement *dévier* le mouvement elliptique de la lune en occasionnant la rétrogradation de ses nœuds sur l'écliptique et changeant la position des apsides. Cette déviation, qui a lieu dans une zone de 10° 18′ de largeur de chaque côté de l'écliptique, n'excède pas 8′ en latitude pour chacune des révolutions de cet astre en longitude ; mais, l'action étant incessante, il faut bien y avoir égard, et c'est pour la représenter géométriquement qu'on a imaginé le *mouvement des nœuds*.

Le changement d'obliquité de l'écliptique relativement à la terre est encore une déviation du plan de son orbe elliptique par l'attraction du soleil et de la lune.

DIAGONALE. Les figures à plusieurs côtés peuvent toujours être partagées par des *diagonales* ou lignes menées d'un de leurs angles à l'angle opposé, ainsi que cela a été supposé dans les articles relatifs aux constellations représentant des carrés, des quadrilatères ou des parallélogrammes, indiqués dans le planisphère à la fin de cet ouvrage.

Cette ligne représente toujours l'action combinée des forces de projection avec celles de la gravité exprimée par les deux côtés d'un parallèlogramme. Suivant une expérience très-connue : si l'on frappe une boule dans une direction horizontale, la force de la pesanteur fait tomber cette boule, non au point où la force de projection la porterait si un empêchement s'opposait à sa chute, mais lui fait décrire une diagonale qui rapproche le point de la chute de la ligne verticale au point de départ.

DIAMÈTRE. Ligne droite passant par le centre d'un cercle ou d'un corps sphérique, et aboutissant à deux points opposés.

On a vainement cherché le rapport du diamètre à la circonférence. C'est un problème insoluble, comme celui du rapport exact entre la diagonale d'un carré et l'un de ses côtés. Le rapport de 113 à 355 donné par Métius est très-approximatif; mais, au moyen des décimales, on approche tellement de ce rapport, que, le diamètre d'un cercle de plusieurs millions de mètres étant donné, la mesure de cette circonférence peut se trouver à moins d'un millimètre près.

Le rapport usuel et ordinaire est de 1 à 3,14.

Le diamètre moyen du globe terrestre est d'environ 1,280 myriamètres (3,200 lieues); et celui de son orbite, de 31 millions de myriamètres (78 millions de lieues). Le diamètre apparent de la lune est de 31', et celui du soleil est à peu près le même; mais le diamètre réel de la première, n'étant que de 800 lieues, se trouve quatre cent cinquante fois plus petit que celui du soleil, qui est de trois cent soixante mille lieues. *Voyez* RAYON, CERCLE, et le nom des planètes.

DIAPHRAGMES. Afin de mettre en rapport le champ de vision avec la distance focale déterminée par la force de l'oculaire qu'on veut employer, on se sert, à l'intérieur des lunettes ou près de l'objectif, de cercles ou de cartons concentriques, et plus l'amplification est grande, plus il faut diminuer l'ouverture ou le diaphragme qui la règle.

DICHOTOME. On emploie quelquefois cette expression pour indiquer que la lune, en quadrature et dans son premier quartier, passe au méridien à six heures du soir.

DIFFÉRENCE ASCENSIONNELLE. Elle sert à déterminer l'ascension oblique par sa différence avec l'ascension droite.

La distance d'un astre au méridien donne son ascension *droite*, ou sa longitude céleste ; ce premier point déterminé, on peut fixer la position de cet astre, soit au moyen de sa déclinaison, c'est-à-dire de sa distance à l'équateur, soit par son ascension *oblique*, qui est mesurée par l'arc de l'équateur, à compter de l'équinoxe de printemps jusqu'au point qui, sur cette ligne, se lève en même temps que l'astre dont on veut alors reconnaître la place.

La différence entre ces deux ascensions est ce qui constitue celle *ascensionnelle* que les astronomes emploient dans leurs calculs, et qui varie avec la hauteur du pôle au lieu des observations.

DIFFRACTION. C'est l'effet de la déviation des rayons de lumière dans l'ouverture des lunettes : cette diffraction circulaire ajoute ainsi aux diamètres apparents des astres observés.

DIGRESSION. Par l'effet de notre position toujours plus éloignée du soleil que les planètes dites *inférieures ;* Mercure et Vénus, dont cependant les orbites sont, comme toutes les autres, à peu près circulaires, nous paraissent faire seulement des écarts à droite et à gauche du centre commun. Lorsque, relativement à la terre, ces deux planètes sont parvenues au point de leur orbite le plus distant, vers l'un de ces deux côtés, on dit que c'est leur plus grande *digression,* ou *élongation.*

Cette digression est pour Mercure d'environ 29 degrés, et pour Vénus de 47°.

C'est alors seulement que Mercure peut être aperçu à la vue simple, soit à l'aurore, soit après le coucher du soleil.

DIOPTRIQUE. C'est la science de la vision par la réfraction des rayons de la lumière.

L'art de disposer des verres dans les formes les plus convenables à amplifier les objets vus à travers est tout à fait moderne ; ou tout au moins, si les anciens ont eu quelque connaissance sur ce sujet, elles ne nous ont pas été transmises.

Les Arabes des douzième et treizième siècles ont bien composé quelques traités sur cette science, mais elle était restée fort imparfaite, et ce n'est qu'au seizième siècle que le hasard a fait découvrir le principe des lunettes.

Il paraît toutefois que ces peuples observateurs avaient différents moyens d'aider et d'étendre la vision naturelle, tels que des boules de verre remplies d'eau, de longs tubes munis de diaphragmes ou de cercles intérieurs, de longues alidades et même des verres grossissants, puisqu'on vient de retrouver dans les ruines de Ninive une lentille plano-convexe qui a environ deux pouces ($0^m,05$) de diamètre, et paraît avoir été adaptée à une espèce de miroir.

La chambre obscure est un appareil dioptrique qui fut découvert au seizième siècle par un Napolitain nommé Porta.

DIOSCURES. Les Grecs désignaient ainsi la constellation des Gémeaux, ou seulement Castor et Pollux, qui, situés à 4° d'ascension droite et à 2° 30' de déclinaison l'un de l'autre, en sont les astres principaux.

Par suite de la rotation diurne d'occident en orient, Castor paraît se lever et se coucher dix minutes avant Pollux, en sorte qu'on peut les voir presque toujours ensemble briller à la voûte céleste.

Aussi l'un des plus érudits écrivains (Théophile Gautier), qui a récemment illustré le nom des héros grecs, a dû s'appuyer sur les fables rapportées par Apollodore, ainsi que d'autres anciens auteurs, pour faire allusion à *l'existence alternative* de ces deux frères.

On trouverait peut-être l'explication de cette énigme mythologique, en supposant que d'anciens observateurs avaient remarqué une différence alternative dans l'intensité lumineuse de ces deux étoiles.

En effet, et comme nous l'avons déjà fait remarquer au mot *Castor*, Bayer, en 1603, désignant l'étoile de ce nom par la lettre α, semble indiquer qu'elle était *alors* plus brillante que Pollux marquée β sur la même carte.

Aujourd'hui c'est précisément le contraire, et si le temps vient confirmer que ces deux astres dont chacun est double brillent tour à tour d'un éclat plus considérable, l'existence fabuleuse et alternative des jumeaux placés au ciel serait ainsi suffisamment justifiée.

DISQUES *des astres.* Les corps planétaires se distinguent des étoiles en ce que celles-ci, examinées avec les plus forts instruments, n'offrent pas un diamètre d'une seule seconde de degré, et que plus la force d'une lunette est augmentée, plus les disques stellaires diminuent. Il en est tout autrement des disques apparents du soleil, de la lune et des planètes, qui croissent à mesure qu'on se sert d'une amplification plus considérable.

John Herschell a fait remarquer que si notre soleil, dont le disque apparent est de 32', était reculé à la distance des étoiles les plus voisines, dont la lumière ne peut parvenir à la terre en moins de 3 ans 1/4, ce disque ne présenterait plus un diamètre appréciable, puisqu'il n'aurait pas un centième de seconde! Telle perfection qu'on puisse apporter à la puissance des télescopes, on ne pourrait apercevoir la forme d'un disque aussi minime.

DISTANCES. Les intervalles qui séparent notre planète du soleil, de la lune et des autres corps célestes, ainsi que les distances de ceux-ci entre eux, ou au foyer commun, s'obtiennent par l'observation du mouvement sidéral de ces astres, calculé suivant les lois de Képler. Quelles que soient les perfections apportées dans les instruments et les méthodes d'observation, ces distances ne sont jamais qu'approximatives; ainsi, par exemple, la distance de la terre au soleil, qui de l'apogée au périgée varie d'environ 1,300,000 lieues, n'est certaine qu'à $\frac{1}{750}$ près, c'est-à-dire à 170,000 lieues en plus ou en moins.

Entre deux astres, la distance se mesure par l'angle que forment les lignes menées de leur centre à l'observateur, ou au centre de la terre.

La distance d'un astre au zénith est le complément de la hauteur du pôle sur l'horizon du lieu; ainsi, à Paris, cette hauteur, ou autrement la latitude, étant de 48° 50' 13", la distance du pôle au zénith ou la colatitude est de 41° 9' 47".

Les marins se servent fréquemment de cette distance comme l'un des côtés d'un triangle sphérique; les deux autres sont donnés par l'observation de la hauteur du soleil relativement au zénith dont l'arc mesuré avec celui de la hauteur polaire qui est connue, forme ce triangle, qui n'a besoin, pour être aussitôt résolu, que de l'angle horaire ou de l'heure vraie au moment de l'observation.

La distance à l'équinoxe est l'arc mesuré sur l'équateur, à compter du signe équinoxial du printemps, jusqu'au méridien du lieu à midi vrai. Cet arc se convertit en temps à raison de 15° par heure; un arc de 90 degrés donne ainsi six heures en temps vrai, ou 5ʰ 59ᵐ 1ˢ en temps moyen.

Cette distance s'emploie pour déterminer le moment de la culmination d'un astre dont l'ascension droite est connue, en lui ajoutant cette distance. On transforme ensuite le résultat en temps par celui qui s'écoule avant que l'astre arrive de nouveau au méridien après le soleil.

On entend par distance moyenne, l'étendue du demi-grand axe de l'ellipse décrite par un astre autour du corps central, et plus particulièrement, celle de la terre, dont la moyenne distance au soleil est exactement. selon Lithrow, de 38,253,600 lieues de 4,000 mètres.

L'heure à laquelle un phénomène est vu sous un autre méridien, ou d'une longitude différente, indique la distance qui existe entre les observateurs à raison de 15° par heure, ou de 1° pour quatre minutes.

Une bonne montre, portée de Paris à Brest, doit y retarder de 27ᵐ 20ˢ, parce que cette dernière ville est de 6° 50′ environ plus à l'ouest que la première. Si, au contraire, un voyageur, parvenu à Strasbourg, voit sa montre en avance de 20ᵐ sur les bonnes horloges de la ville, il peut en conclure qu'il s'est avancé de 5° vers l'orient, c'est-à-dire de 55 ᵐʸʳ 5500ᵐ, à raison de 11 ᵐʸʳ 1100ᵐ par degré. *Voyez* PARALLAXE, LATITUDE, *le nom de chaque planète et* LOIS *de Kepler.*

DIURNE (MOUVEMENT). Quand un observateur contemple le ciel, après que le soleil est déjà loin sous l'horizon, il s'aperçoit bientôt que les plus brillantes étoiles comme les plus petites décrivent, de l'est à l'ouest, des courbes dont l'étendue est d'autant plus grande que ces étoiles sont plus éloignées du pôle, mais en conservant toujours leurs distances relatives.

Au moyen d'une lunette, l'observateur peut suivre ces astres pendant le jour et les retrouver, après 24 heures, aux mêmes points qu'ils occupaient la veille; mais, s'il examine avec attention la marche du soleil, il s'apercevra bientôt que ce luminaire retarde chaque jour sur les étoiles d'environ quatre minutes; c'est-à-dire que, passant au méridien en même temps qu'un de ces astres, celui-ci arrivera le lendemain sur cette ligne 3ᵐ 55ˢ,91 avant le soleil; au bout d'un mois le retard sera de deux heures, et d'un jour entier après l'année révolue.

Cette différence entre le jour sidéral et le jour solaire est produite par la translation de la terre autour du soleil, mouvement qui le fait correspondre, pour nous, à un point chaque jour plus éloigné vers l'occident, dans la région opposée à celle que parcourt notre planète. Si, en effet, la terre tournait journellement sur elle-même, en conservant la même position dans l'espace, le soleil, qui n'est qu'une étoile, gardant comme toutes les autres sa distance relative, passerait toujours à notre méridien avec la même étoile, et sa révolution *diurne apparente* serait invariablement de 24 heures, ainsi que la rotation de la terre.

En raison du mouvement propre de la lune, sa révolution *diurne* est de 24^h 54^m.

La parallaxe *diurne* ou géocentrique s'entend de la correction à faire au résultat obtenu pour la position d'un corps céleste observé d'un point quelconque de la surface ; c'est la différence entre cette position et celle qui serait reconnue si l'observation avait lieu du centre de la terre.

DOIGT. Pour indiquer l'étendue d'une éclipse de lune, on divise son disque en douze zones parallèles, qu'on nomme doigts.

Lorsque le cône d'ombre de la terre s'étend sur le tiers de notre satellite, on dit que l'éclipse est de quatre doigts, et ainsi proportionnellement jusqu'à douze, nombre indiquant qu'elle est totale.

DOLLOND. Opticien né en Angleterre d'un réfugié français, et auquel on doit la découverte de l'achromatisme, qui a permis d'augmenter la puissance des lunettes jusqu'au point où l'on est parvenu depuis.

DOMINICALE (LETTRE). Dans nos calendriers, cette lettre, qui est toujours l'une des sept premières de l'alphabet romain, indique le dimanche, le jour du Seigneur ; elle rétrograde d'un jour chaque année, parce que cinquante-deux semaines ne font que 364 jours ; dans les années bissextiles, la lettre dominicale, qui a rétrogradé d'un rang pour janvier et février, recule d'un second rang pour les dix autres mois. En 1856, année bissextile, le 1er janvier étant un mardi, a pris la lettre A. La lettre dominicale a été F pour janvier et février, et puis E pour le reste de l'année. La lettre A est toujours affectée au 1er janvier, dans les calendriers perpétuels à l'usage de l'Église.

DRAGON (LE). Constellation très-étendue et toujours visible sur notre horizon ; sa principale étoile α de deuxième à troisième grandeur, est *Thuban*, située entre les gardes de la petite Ourse et l'étoile ζ au milieu des trois qui forment la queue de la grande Ourse ; une longue file d'étoiles tertiaires avec plusieurs quartaires sépare les deux Ourses, se replie vers la polaire, et se recourbe encore vers la Lyre, comprenant une tertiaire δ ; deux autres tertiaires, une quartaire et une secondaire γ figurent la tête du Dragon, formant un quadrilatère irrégulier, en sens opposé à celui d'Hercule, situé au-dessous, vers la couronne boréale.

DUBHE. C'est le nom de la plus brillante étoile de la grande Ourse, placée à l'angle supérieur, à droite du grand carré formé par celle-ci, deux étoiles secondaires et une tertiaire. Comme l'une des gardes, cette étoile α indique par sa direction avec β la seconde des gardes, l'étoile polaire à la distance de 28° vers le nord.

Régulus et δ du Cygne se trouvent en direction avec Dubhe, qui marque à peu près le milieu de cette ligne.

DURÉE. Les faits qui se succèdent en se renouvelant sous nos yeux, les idées différentes qui l'une après l'autre occupent notre esprit, nous font concevoir cette mesure du temps, dont l'étendue peut varier depuis l'instant le plus court jusqu'à l'éternité.

Pour apprécier une certaine durée, c'est-à-dire l'intervalle qui s'écoule entre deux faits ou pendant qu'une chose se passe, la mesure la plus certaine se trouve dans la révolution périodique des corps célestes.

Aussi la rotation diurne de la terre sur son axe, étant parfaitement régulière, a été prise dans tous les temps pour régler les actions des hommes, qui néanmoins l'ont divisée fort différemment suivant les lieux, les époques de civilisation et les progrès de la science.

Cette durée est généralement aujourd'hui partagée en vingt-quatre heures, que les astronomes comptent à partir de minuit, c'est-à-dire du moment où le soleil passe au méridien inférieur.

Dans les usages civils, on divise le jour en deux parties de douze heures à compter de midi et de minuit. Chaque heure se divise en 60 minutes, chaque minute en 60 secondes, et celles-ci par fractions décimales pour la mesure des observations qui exigent une très-grande précision.

La durée d'une lunaison a longtemps servi de base et sert encore aujourd'hui chez les Orientaux à la supputation du temps.

C'est la révolution apparente du soleil, ou plutôt la translation de la terre autour de cet astre, qui, corrigée du mouvement de précession, donne la durée de l'année qui est maintenant de $366^j, 5^h, 48^m, 47^s, 555$, car il y a 2,000 ans elle était de 12 secondes plus courte.

La durée des différentes périodes en usage chez les anciens peuples était calculée sur le renouvellement de certains phénomènes astronomiques, ou d'un certain nombre de révolutions lunaires.

Cent années consécutives constituent la durée d'un siècle.

On s'est souvent préoccupé de la *durée du monde*, ou plutôt de la permanence de l'état actuel sur notre planète; aussi, l'annonce ou l'approche de certaines comètes est chaque fois l'occasion de nouvelles frayeurs pour les esprits crédules ou faciles à émouvoir; aujourd'hui néanmoins on écouterait plus volontiers les assertions rassurantes de la science que les prédictions intéressées qui voudraient, comme autrefois, exploiter la frayeur des peuples.

DYNAMIQUE. Cette science des forces motrices se rapporte à l'astronomie, parce qu'elle explique les mouvements et l'action des corps célestes les uns sur les autres.

En décomposant le mouvement particulier de chacun en deux autres dont l'un soit détruit et l'autre dirigé de telle sorte que l'action d'autres corps ne puisse l'altérer, on peut calculer et reconnaître les causes qui s'exercent dans les systèmes les plus compliqués, tels que celui des planètes circulant autour du soleil et ceux de leurs satellites.

Les lois de la dynamique peuvent ainsi se réduire à celles de l'équilibre. Elles s'appliquent particulièrement aux corps liquides ou malléables en mouvement, et dont les molécules se portent nécessairement vers tel ou tel point, en raison de leur densité ou de la vitesse qui les anime.

La mécanique céleste s'entend, en général, dans un sens plus étendu, et ses lois, interprétées par l'illustre Laplace, embrassent tous les corps de l'univers.

E

ÉCLIPSE. Le soleil étant la source de toute lumière pour notre monde, et la lune seule passant assez près de nous pour le cacher entièrement ou en partie, ce n'est que lorsqu'elle se trouve directement entre cet astre et la terre qu'il peut y avoir éclipse de soleil. Comme on ne voyait pas autrefois la lune près du soleil avant que ces phénomènes eussent lieu, les peuples ne savaient à quoi attribuer sa disparition et la nuit qui survenait ainsi au milieu du jour.

Ce n'est qu'en observant attentivement la marche de la lune qu'on s'aperçut qu'elle devait passer sur le soleil, au moment de ces éclipses, que l'on parvint même à annoncer dans la Grèce plus de 600 ans avant notre ère et bien antérieurement chez certains peuples de l'Asie. Quand c'est notre globe qui se place entre le soleil et la lune, celle-ci est alors éclipsée.

Si la lune faisait sa révolution autour de la terre sur la même ligne que celle-ci trace autour du soleil, il est évident qu'il y aurait éclipse de soleil à chaque *conjonction*, c'est-à-dire *à chaque nouvelle lune*, puisqu'elle se trouve alors entre nous et le soleil; il y aurait aussi éclipse de lune à chaque *opposition*, c'est-à-dire au moment précis de *chaque pleine lune*.

Il n'en est pas ainsi, parce que l'orbite que parcourt la lune est inclinée de plus de 5° sur l'écliptique, ligne suivie par la terre autour du soleil : on voit donc que ce n'est qu'aux points où ces deux traces se rencontrent qu'il peut y avoir éclipse.

Les mouvements de la lune sont fort compliqués; la terre éprouve aussi des retards et des accélérations annuels, de sorte que la *même position relative* de ces deux corps avec le soleil ne revient que tous les 18 ans 15ʲ, 9ʰ, 55ᵐ à peu près.

Cette période constitue le cycle de Méton, ou le *nombre d'or*, pendant lequel on peut observer 70 éclipses, dont 41 de soleil et 29 de lune reviennent ensuite dans le même ordre pendant les périodes suivantes, ce qui donne un moyen facile de savoir, à l'avance, au moins le jour où chacune doit arriver.

Pour 41 éclipses de soleil, il y a 39 éclipses de lune; mais, d'un même lieu, on ne peut observer plus d'une des premières sur trois des autres.

Sur toute la terre, la moyenne des éclipses visibles est de quatre par année, jamais moins de deux, quelquefois jusqu'à sept. Pour *un point quelconque*, une éclipse totale de soleil n'est observable que tous les deux siècles.

Lorsqu'il n'y a que deux éclipses dans l'année, comme en 1850, ce sont des éclipses de soleil. Le temps changera néanmoins ces rapports, qui ne sont qu'approximatifs; actuellement il s'écoule 18 ans 0422 avant de revoir la même éclipse.

Le perfectionnement de la théorie de la lune, qui fera mieux connaître le mouvement séculaire de ses nœuds, permettra d'indiquer avec plus de précision le jour et l'heure des anciennes éclipses, comme aussi les lieux d'où elles ont pu être observées, ainsi que ceux où se sont passés les événements que l'histoire rapporte à ces phénomènes. Ce que dit Hérodote d'une éclipse observée par Xerxès à son départ de Sardes ne peut, selon la computation de M. Airy, se rapporter qu'à une éclipse totale de lune qui a eu lieu le 14 mars 479 av. J. C., ce qui recule *d'une année* l'invasion de la Grèce que l'histoire indique avoir eu lieu par ce conquérant en 480.

Suivant le même astronome, l'éclipse prédite par Thalès doit se rapporter à celle qui correspond au 28 mai 585 av. J. C.

Celle d'Agathocles, qui aurait eu lieu le 15 août 310 av. J. C., a dû être observée au nord près le détroit de Messine.

Hérodote rapporte que pendant la bataille entre Cyaxares, roi de Médie, et Alyattes, roi de Lydie, il y eut une éclipse de sept doigts et demi avant le coucher du soleil. Ce phénomène précéda de six ans la ruine de Ninive et de quarante-cinq ans celle de Jérusalem.

Thucydide mentionne une éclipse qui eut lieu au commencement de la guerre du Péloponnèse, et pendant laquelle le soleil ne présentait plus qu'un mince croissant; elle se rapporte à l'année 431 av. J. C.

L'Almageste cite une éclipse de lune observée dans la cinquième année du règne de Nabonassar (Sardanapale). Elle se rapporterait ainsi à l'an 621 av. J. C.

Les occultations totales sont peu fréquentes, parce que ce phénomène exige que les *centres des trois astres* se trouvent exactement sur la même ligne; tandis que pour les éclipses partielles de soleil il suffit que la lune se place entre des portions de la terre et du soleil, ou bien, pour les éclipses partielles de notre satellite, qu'il passe de l'autre côté, dans une partie du large cône d'ombre projeté par la terre.

L'éclipse ne peut être *annulaire* que pour le soleil; elle arrive quand les trois astres étant dans la même direction, la lune se trouve *assez loin de nous* pour que son diamètre apparent soit *moins grand* que celui du soleil; alors le disque de ce dernier déborde tout autour de notre satellite sous la forme d'un anneau lumineux, comme on a pu l'observer un moment le 8 octobre 1847, ainsi que le 26 mai 1854, au nord de l'Amérique.

Les éclipses annulaires ou totales ne sont jamais visibles que pendant quelques minutes et de certains points connus d'avance, parce que, la lune étant bien plus petite que la terre, l'ombre qu'elle projette ne nous atteint que par son extrémité, en se promenant sur notre globe comme une tache obscure. Il faut donc se trouver *précisément sous cette trace* pour ne voir aucune portion du disque solaire. Les éclipses totales de la lune le sont *ainsi* pour toute la terre, dans l'ombre de laquelle notre satellite est entièrement plongé.

mais l'occultation commence et finit pour chaque pays à des moments différents ; par l'effet de la rotation terrestre, le maximum de leur durée est de $1^h 52^m$.

Lors de ces phénomènes, la lune présente successivement la figure qu'elle affecte pendant une lunaison, c'est-à-dire que dans la seconde période de l'éclipse on aperçoit des phases en sens inverse de celles qui ont eu lieu dans la première moitié de ces occultations lunaires.

Dans les éclipses totales du soleil, la lumière disparaît tout à coup parce qu'il suffit, pour illuminer la terre, de la plus faible partie de ses rayons. Un peu auparavant, le *clair de terre* rend alors visible le disque de la lune, et, pendant la courte durée du phénomène, on aperçoit autour du disque une couronne lumineuse d'une certaine étendue.

Depuis l'éclipse totale du 8 juillet 1842, d'importantes questions divisaient les astronomes : les uns avaient alors aperçu trois protubérances rosées débordant le disque éclipsé ; d'autres n'en avaient vu que deux ; d'autres enfin n'avaient rien observé de semblable. A Novarre, le P. Sechi avait même vu des cônes lumineux rentrant sur les bords du disque lunaire comme des entailles, ainsi qu'on voit quelquefois Aldébaran occulté par notre satellite. Un rapport d'Honolulu, îles Sandwich, seul endroit où M. Kutscychy avait pu examiner l'éclipse totale du 8 août 1850, compliquait les incertitudes.

MM. Mauvais et Goujon, envoyés à Dantzig par le Bureau des longitudes pour observer l'éclipse du 28 juillet 1851, en ont rapporté toutes les circonstances, dont voici les principales : Quelques secondes avant l'occultation totale, la lune est devenue visible, ainsi qu'une couronne dont l'intensité, décroissant du bord aux extrémités, avait une étendue d'environ 10′ de degré, et dont les rayons étaient réguliers et centrés sur l'astre caché.

Débordant le disque de la lune, cinq corps de différentes formes et d'un rose plus ou moins vif ont été observés ; deux s'étendaient comme des crêtes de collines ; un troisième, plus remarquable, était recourbé en croissant vers le haut ; un autre arrondi était *isolé du bord ;* un dernier, à base très-large, paraissait avoir sa masse séparée par une ligne ; ces corps étranges semblaient fixés sur le disque solaire, s'élevant ou diminuant avec le mouvement de la lune, qui découvrait ou cachait successivement leurs parties. La plus grande élévation de ces appendices a été estimée à une minute et demie de degré.

Pendant cette éclipse totale, et quoique l'obscurité fût moins intense qu'en 1842, on a pu distinguer les planètes de Mercure, de Vénus et de Jupiter, ainsi que Procyon, Régulus et l'Épi de la Vierge.

M. Hind, célèbre astronome de Londres, qui s'était rendu à Ravelsberg sur la côte occidentale de Suède, rapporte qu'en outre d'un chapelet et de la couronne où se remarquaient seulement des ondulations, il a observé au bord inférieur (la lunette renversant les objets), une suite d'inégalités avec une protubérance conique au milieu ; à l'est ou à gauche, un autre corps plus arrondi ; et enfin à l'ouest, une troisième protubérance droite jusqu'aux deux tiers de son étendue, puis recourbée au sommet comme un sabre ; à côté et un peu plus bas, était une tache *triangulaire* et tout à fait *isolée*. Tous ces appendices étaient d'une couleur rose plus ou moins vive. *Voyez* planche VII, figure 1re.

Malgré quelques différences dans le nombre et la position des corps aperçus, il résulte de ces rapports qu'il existe réellement autour du soleil des espèces de satellites ou des masses nuageuses avec des contours arrêtés et d'une immense étendue, soit isolés, soit agrégés comme les anneaux de Saturne.

Ces corps, quelle que soit leur nature, ne sont pas visibles dans l'océan lumineux qui enveloppe le soleil ; ils paraissent avoir un rapport intime avec les taches et les facules qui se remarquent si fréquemment sur le disque de cet astre.

Le 18 juillet 1860, il y aura encore une éclipse totale de cet astre ; ce sera la quatrième en vingt-sept ans, fait qui ne se représentera plus avant des siècles.

L'histoire rapporte que plusieurs généraux ont habilement profité des éclipses dont ils connaissaient l'époque ; et cependant, au siècle de Louis XIV, l'armée française fut mise en déroute devant Barcelone par l'épouvante que l'un de ces phénomènes, non prévu, vint occasionner.

La plus ancienne observation mentionnée dans les annales de la Chine remonte au 12 octobre de l'an 2155 avant notre ère ; le calcul des périodicités fait coïncider cette éclipse avec celle du 28 juillet 1851, et au deux cent vingt-deuxième de ses retours.

En 1668, on vit à Paris, de même qu'à Florence en 1630, la lune éclipsée, pendant que le soleil était encore visible. Les anciens astronomes ne pouvaient se rendre compte d'un tel effet, occasionné par la réfraction des rayons lumineux, qu'ils ne connaissaient pas, et qui nous fait croire à la présence du soleil lorsqu'il est déjà à plus d'un demi-degré sous l'horizon, distance qui répond à environ 2 minutes de temps.

Lors des éclipses partielles, les places lumineuses provenant des interstices du feuillage sont *échancrées* selon le degré d'occultation, au lieu d'être arrondies, comme on peut le remarquer en tout autre moment sur le sol, dans l'ombre des arbres.

On a aussi remarqué qu'au moment où l'éclipse du soleil va devenir totale ou cesser de l'être, des boules lumineuses se projettent sur les surfaces opposées avec une grande mobilité : cet effet tient certainement à la différence de densité des couches atmosphériques qui décomposent les faibles faisceaux de lumière solaire, comme elles produisent la scintillation des étoiles.

À l'approche de l'obscurité totale, les animaux qui s'abritent ordinairement au coucher du soleil, cessent de travailler et gagnent leurs retraites ; les hommes en font autant, quand ils ne sont pas familiarisés avec ces phénomènes.

Il arrive quelquefois, mais fort rarement, que, dans les éclipses totales de la lune, elle devient tout à fait invisible même aux fortes lunettes ; ordinairement la réflexion de notre atmosphère lui donne une teinte rougeâtre, surtout quand notre satellite est alors aussi loin que possible de notre planète. Cette teinte change successivement d'intensité et par parties distinctes.

La longueur du cône d'ombre pure de la terre est de 217 rayons de cette planète, tandis que sa distance à la lune n'est en moyenne que de 60 de ces rayons. La longueur de l'ombre pure de la lune varie selon sa distance de la terre entre 57 et 59 rayons ; on voit ainsi, quand le cône d'ombre peut atteindre notre planète et y produire des éclipses totales ou annulaires de soleil.

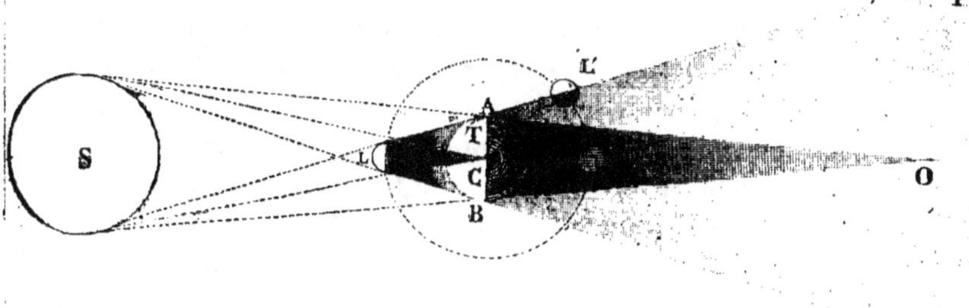

Lorsque la lune L (figure ci-dessus) se trouve ainsi placée, le point de la terre correspondant à la pointe C du cône d'ombre projeté par notre satellite ne peut plus apercevoir le soleil ; son éclipse est alors totale pour ce lieu comme pour ceux qui sont parcourus successivement par le milieu du cône, tandis qu'elle n'est que partielle pour les habitants des autres régions du même hémisphère.

Quand la lune passe à son tour dans le cône d'ombre AOB projeté par la terre, il y a éclipse totale de notre satellite pour tous les habitants de l'hémisphère opposé au soleil S.

Les parties PAO, P'BO sont les pénombres dans lesquelles la clarté est moins grande lors des éclipses de lune, comme dans la position L', c'est-à dire : quand une partie seulement du satellite est encore éclairée par les rayons solaires. Il en est de même dans les pénombres ALC, BLC lors des éclipses de soleil.

Les éclipses des planètes ou des étoiles par la lune s'appellent des *occultations*. Jupiter a été occulté par Mars en 1591, et Mercure par Vénus en 1737.

Lorsque l'une de ces deux dernières planètes s'interpose entre la terre et le soleil, ce phénomène est un *passage* qui a lieu sous la forme d'une petite tache noire et arrondie traversant le disque éclairé de la planète, au même instant pour tous les points de la terre d'où ces phénomènes, servant à obtenir les parallaxes, peuvent être observés ; la nature de ces taches démontre que les planètes, ainsi que leurs satellites, ne brillent que de la lumière reçue du soleil. *Voy.* OCCULTATION et PASSAGE.

ÉCLIPTIQUE. Le soleil semble tracer parmi les étoiles une ligne répondant chaque jour à un point différent, et parcourant ainsi, chaque année, les constellations figurées dans les zodiaques.

En réalité, c'est la terre qui, tournant autour du soleil, répond successivement à ces constellations ; sa trace dans le ciel s'appelle l'*écliptique*, parce que les éclipses n'ont lieu que dans son plan, qu'on peut se figurer comme un disque immense coupant le centre du soleil, et incliné présentement sur son équateur de 23° 27′ 30″.

Aux équinoxes, l'équateur de la terre vient coïncider avec le plan de l'équateur solaire, ce qui rend le jour égal à la nuit pour toutes les régions du globe qui jouiraient d'une température *uniforme pour chacune*, si cette position pouvait s'éterniser.

Alors le soleil n'a aucune latitude, comme tous les astres au moment où ils coupent l'écliptique, aux nœuds opposés de leurs orbites.

La terre continuant son mouvement, l'obliquité de l'écliptique augmente pendant à peu près trois mois, et arrive à son maximum au solstice d'été, pour diminuer ensuite jusqu'à l'équinoxe d'automne, époque à laquelle, le plan équatorial coïncidant vers le point opposé avec l'équateur du soleil, chaque lieu de la terre a encore douze heures de jour et douze heures de nuit; l'obliquité recommence jusqu'au solstice d'hiver, où, atteignant son maximum, elle décroît journellement pour continuer chaque année de la même manière, au moins en apparence; car il a été reconnu que depuis les premières observations, qui remontent à 1100 ans avant notre ère, l'obliquité de l'écliptique tend à *diminuer*. Selon Laplace, cette diminution atteindra tout au plus cinq degrés; d'autres savants prétendent que les deux équateurs finiront par coïncider.

Le plan de l'écliptique coupe la sphère céleste en deux moitiés dont l'une, vers le pôle nord, s'appelle supérieure parce que les astres commencent à s'y élever, tandis que, parvenus au nœud descendant, où à la partie inférieure de cette ligne, ils commencent à s'abaisser.

La trace de l'écliptique, en partant du point où l'on place ce signe ♈, qui marque l'équinoxe du printemps aujourd'hui dans la constellation des Poissons, va passer entre le Bélier et la Baleine, entre les Pléiades et Aldébaran du Taureau, à l'étoile indiquée δ dans les Gémeaux, à Régulus du Lion; puis, traversant la Vierge au-dessus de l'*Épi*, elle passe auprès de α de la Balance, de β du Scorpion, de là vers la tête du Sagittaire, traverse ensuite le Capricorne, le Verseau près de l'étoile λ, et revient à son point de départ.

Les orbites de toutes les autres planètes coupent l'écliptique sous des angles différents et vers deux points toujours diamétralement opposés, dont la place change nécessairement avec l'obliquité de cette ligne sur le plan de l'équateur solaire.

Chaque jour, à midi, les habitants de la terre qui se trouvent sous cette ligne ont le soleil à leur zénith; l'aurore et le crépuscule y sont très-courts, parce que l'astre du jour paraît monter à l'horizon et descendre au-dessous, dans une direction perpendiculaire, franchissant ainsi beaucoup plus promptement que sous nos latitudes obliques les 18° d'où les hautes couches de l'atmosphère frappés de ses rayons, peuvent encore nous les réfléchir. *Voyez* OBLIQUITÉ.

ÉCREVISSE (L'). Constellation plus généralement désignée aujourd'hui sous le nom du Cancer, et qui fait partie du Zodiaque. *Voyez* CANCER.

ÉCU *de Sobieski*. Groupe de très-petites étoiles dépendant de l'Aigle, et qui a été formé à ses limites vers Ophiucus.

ÉGÉRIE. Petite planète trouvée le 2 novembre 1850, par Gasparis de Naples; l'inclinaison de son orbite sur l'écliptique est de 16° 33′; elle circule entre Mars et Jupiter, comme tous les petits corps trouvés auparavant et depuis, dans cette zone céleste. La durée de sa révolution est de 1515 jours, 20^h, 24^m.

ÉLECTRICITÉ. Cette force mystérieuse, qui paraît produite en certaines circonstances par le mouvement, se rapporte à l'astronomie par des considérations pleines d'intérêt.

L'électricité magnétique, émanant des corps lumineux répandus dans les profondeurs de l'espace, joue peut-être un grand rôle dans l'action qui paraît s'exercer sur les nébuleuses les plus éloignées, ainsi que sur les mouvements des étoiles doubles ou multiples, comme sur les corps de notre système solaire.

Déjà, sans parler d'utiles applications aux usages de la vie civile, l'électricité transmet instantanément, selon des expériences récentes, à 22,000 myr. ou 5,500 lieues par seconde, les observations astronomiques au moyen desquelles on peut fixer avec certitude les distances entre les différents points du globe.

On l'a ainsi effectué entre les observatoires de Greenwich et de Paris à travers le fil électrique sous-marin, mais avec une vitesse moyenne de 0^s,082 pour la distance (248 kilom.) entre ces deux points, ne donnant pas même 20,000 kilom. par seconde, vitesse atténuée probablement par la submersion du fil conducteur.

Cette puissance, appliquée à la météorologie, peut avertir instantanément les ports lointains de la direction des ouragans contre lesquels on aurait ainsi le temps de se précautionner.

Les inondations peuvent aussi être annoncées d'avance au-dessous des lieux où elles se manifestent d'abord.

La rotation journalière du globe, qui emporte chaque bande de sa surface avec une vitesse progressive depuis les pôles jusqu'à l'équateur, présente toujours aux rayons du soleil ses régions tropicales, où les couches de l'atmosphère s'élèvent incessamment pour revenir en perpétuel circuit vers les points opposés; la translation de notre planète à travers un milieu pénétré dans tous les sens et toutes les directions par les émanations lumineuses et électriques des innombrables soleils semés dans les profondeurs des cieux ; la dilatation des molécules cométaires ; la circulation de nombreuses planètes et de milliers d'aérolithes ; des substances plus subtiles tourbillonnant dans l'immense anneau de la lumière zodiacale ; toutes ces causes doivent imprégner la terre d'une électricité qui la traverse. circule à sa surface, s'y dégage dans les aurores boréales, entretient le mouvement et la vie dans toutes ses productions, les transforme et les modifie continuellement.

Tous ces faits et ces phénomènes ont nécessairement lieu selon des lois constantes et régulières, mais compliquées par des combinaisons tellement multiples qu'elles échappent le plus souvent aux calculs des observateurs. Chaque jour cependant, les mystères de l'électricité, mieux étudiés, dévoilent à la science quelques-uns de leurs secrets.

ÉLÉMENTS. Indications nécessaires pour trouver, à un moment donné, l'endroit du ciel où doit être une planète, une comète ou tout autre corps cosmique.

Pour les planètes ces éléments sont :

1° L'époque ; 2° la *longitude moyenne* au temps moyen du lieu de l'observation ; 3° la *longitude du périhélie*, ou sa plus proche distance au soleil, à compter du point équinoxial ; 4° la *longitude du nœud ascendant ;* 5° l'*inclinaison* de l'orbite sur le plan de l'écliptique ; 6° l'*excentricité*, ou la valeur angulaire de la différence des axes de l'orbite ; 7° le demi-grand axe ; 8° le *mouvement moyen diurne*, et par suite la durée de la révolution sidérale.

Lorsqu'une comète est nouvellement aperçue, l'observateur doit indiquer 1° l'*époque*, en temps moyen ; 2° l'ascension droite et la déclinaison, comparativement à une étoile voisine ; 3° le mouvement moyen diurne ; 4° le sens du mouvement, c'est-à-dire s'il est direct ou rétrograde.

Des observations ultérieures résultent les autres *éléments paraboliques* ou *elliptiques*, comprenant : 1° le passage au périhélie ; 2° la longitude du périhélie ; 3° la longitude du nœud ascendant ; 4° l'inclinaison ; 5° l'angle d'excentricité ; 6° le demi-grand axe (en logarithmes.) (*Voyez* ces mots.)

En calculant toutes ces données et ayant égard aux perturbations qui ont pu se produire, les astronomes savent retrouver dans les cieux tous les corps qu'ils veulent examiner de nouveau, et les amènent dans le champ de leurs lunettes.

Pour les éléments du *système solaire*, c'est-à-dire pour connaître le volume, la masse, la densité, le temps de la rotation, etc., de tous les corps célestes aujourd'hui connus, on trouvera les indications nécessaires aux mots SYSTÈME, PLANÈTE, et aux noms particuliers qui les désignent.

ELLIPSE. Avant Képler, on croyait que les corps célestes devaient effectuer leurs mouvements en décrivant un cercle régulier, figure géométrique la plus parfaite ; on ne pouvait alors expliquer les retards et les différences qu'une observation attentive faisait reconnaître dans la marche de ces astres ; mais, dès que ce révélateur des lois naturelles eut l'idée que d'autres sections coniques pouvaient s'appliquer à leurs orbites, les difficultés disparurent et l'*ellipse* fut reconnue comme la courbe affectée par tous les globes de notre monde solaire, dans leurs révolutions autour du soleil, en vertu des lois de l'attraction et des forces centrifuges originaires.

C'est en étudiant l'orbite très-excentrique de Mars que Képler fut conduit à la découverte de ses deux premières lois.

La propriété de cette courbe est d'avoir deux centres sur la même direction. Ainsi, par exemple, la terre, en tournant autour du soleil, en est à 440,000 myr. (1,100,000 lieues) plus loin, au point de son ellipse qu'on nomme l'aphélie ou l'apogée, qu'au point le plus près, c'est-à-dire au périhélie ou périgée.

La distance totale de ces deux points ou de tout autre point de l'ellipse terrestre aux deux foyers est égale à la ligne droite qui unit les deux points les plus éloignés de cette courbe, c'est-à-dire au grand axe de l'ellipse qui la partage en deux parties égales.

Dans la courbe elliptique ci-contre, la ligne GA est le *grand axe;* CG ou CA la *distance moyenne;* PB le *plus petit axe;* CF ou CF' *l'excentricité;* AF' la *plus petite distance* à laquelle le corps céleste parcourant cette ellipse puisse se trouver du foyer de l'astre, c'est-à-dire son périhélie; GF' est la *plus grande distance* ou l'aphélie.

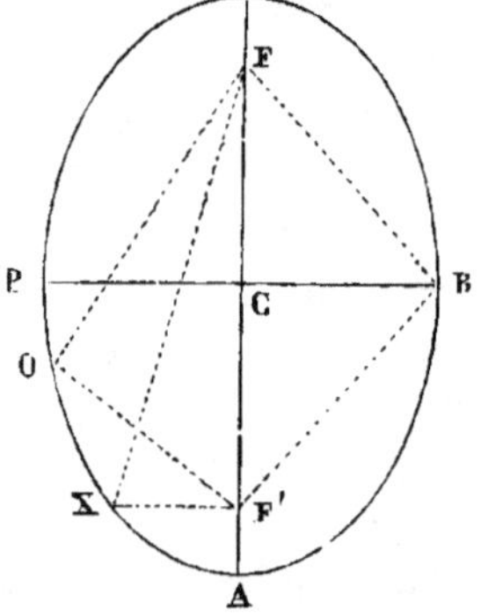

On peut voir que les lignes FB et BF', FO et OF, FO et OF',FX et XF menées d'un point de la courbe à chacun des deux foyers F,F' sont, *prises ensemble,* égales au grand axe.

L'excentricité CF ou CF′ est encore la différence entre la plus grande distance GF″ et la plus petite F″A.

Pour tracer une ellipse dont on connaît le grand axe et l'excentricité, il suffit de fixer les extrémités d'un fil ayant la longueur du grand axe à chacun des foyers, et de tendre ce fil au moyen d'un stylet dont la pointe tracera autour des deux foyers la courbe cherchée. Une perpendiculaire au grand axe, menée par le centre ou à la moyenne distance, sera le petit axe de l'ellipse.

Dans les ellipses que les comètes décrivent toujours autour du soleil, le sommet de cette courbe le plus voisin du centre du soleil s'appelle le périhélie, l'autre sommet prend à l'opposé le nom d'aphélie. Dans la figure ci-jointe la *distance périhélie* serait la ligne AF′, en supposant le soleil placé au point indiqué par cette dernière lettre. — En général, c'est la *moindre distance* à laquelle un corps puisse se trouver du foyer de l'ellipse.

ELLIPSOIDE ou **ELLIPTOIDE**. C'est une sphère oblongue ou aplatie; la terre et les autres planètes sont des *ellipsoïdes de révolution*, parce que, dans l'origine, leur mouvement rotatif a porté leurs molécules liquides, des pôles vers leurs équateurs, en élevant ceux-ci et déprimant ceux-là; figure que présente le segment d'un cône *obliquement* coupé par un plan, tandis que le cercle est donné par un cône coupé *horizontalement*, ou perpendiculairement à son axe.

ÉLONGATION. Les planètes inférieures ou intérieures, c'est-à-dire Mercure et Vénus, nous paraissent borner leurs mouvements à des écarts plus ou moins grands à droite ou à gauche du soleil, quoiqu'en réalité ces corps décrivent, comme les autres, des ellipses ou cercles un peu allongés autour de ce foyer commun de notre univers. L'élongation s'étend pour Vénus jusqu'à 47°, et pour Mercure à 29°.

Comme ces orbites ne sont inclinées que de 7 et de 3 degrés 1/3 à peu près sur le plan de notre propre orbite, nous voyons ces planètes exécuter des lignes presque droites, puis s'arrêter et revenir ensuite vers le soleil. On appelle *élongations* ces traces, ces grands arcs de leurs orbites, que les planètes parcourent avec vitesse en croisant notre rayon visuel; tandis qu'elles nous semblent *stationnaires* quand elles décrivent, presque de la même vitesse, les autres parties de leurs ellipses, en s'éloignant ou se rapprochant dans une direction presque parallèle à notre propre mouvement.

EMBOLISMIQUES (ANNÉES). Elles étaient de treize mois, et les Grecs en intercalaient sept dans leur cycle de dix-neuf ans, afin de ramener l'année civile à l'année solaire.

ÉMERSION. Lorsqu'un astre est occulté par un autre, le moment où il reparaît aux yeux de l'observateur est l'*émersion* ; dans les éclipses de lune ou de soleil, on emploie ce terme pour désigner l'instant auquel commence à reparaître le bord de l'astre éclipsé, et surtout le moment où les deux disques se séparent.

ÉMISSION (Système de l'). Il s'agit ici du mode de propagation de la lumière, soit qu'elle provienne directement du soleil, des étoiles ou d'autres corps célestes brillant par eux-mêmes ; soit que des corps opaques la réfléchissent dans les cieux, comme dans notre atmosphère.

Képler, Newton, Laplace et d'autres physiciens ou astronomes ont pensé que des particules matérielles émanent incessamment du soleil, et sont projetées de tous côtés dans l'espace qu'elles traversent comme une pluie d'atomes isolés, en continuant ainsi leur course jusqu'à ce qu'elles soient arrêtées par un obstacle ; c'est ce qu'on appelle le système *par émission* parmi les modernes. Descartes, Huygens, Euler prétendaient au contraire que la lumière se propage *par ondulations*, c'est-à-dire comme les vibrations sonores, en avançant successivement dans l'éther immobile, ainsi que les vagues dans l'Océan. Il y aurait ainsi, non pas une émission, mais des mouvement de vibrations intermittents, c'est-à-dire *par interférence*.

Si la lumière était *une émanation*, les rayons de couleurs différentes, dissemblables aussi par leur masse ou leur nature, seraient nécessairement doués de vitesses inégales. Or l'observation du bord des ombres et des étoiles changeantes prouve que les rayons colorés ont tous la même vitesse, comme les notes de la gamme en traversant l'air *par ondulations*. On s'est même assuré, par des expériences de réfraction d'une extrême délicatesse, que toutes les lumières, celles d'une flamme ardente, d'une bougie, d'un ver luisant, d'une lampe à double courant d'air, parcourent 77,000 lieues par seconde comme la lumière du soleil. Il en est ainsi des *ondes* sonores qui se propagent avec une égale vitesse, soit qu'elles proviennent de la voix, de la corde d'un instrument, des verres d'un harmonica, des parois d'un orgue métallique, ou enfin des étoiles situées non-seulement à des distances différentes, mais encore de celles vers lesquelles marche la terre ou dont elle s'éloigne dans sa circulation annuelle.

Des expériences diverses et particulièrement celles de **M. Fizeau**, rapportées à l'article *Lumière*, semblent établir la réalité de ce mode de transmission à travers les couches de notre atmosphère et certains corps d'une nature transparente; mais en est-il de même dans le milieu éthéré que la lumière parcourt avec une si grande vitesse, lorsque cependant la marche des comètes en paraît si visiblement affectée?

D'autres expériences indiquent une certaine analogie de la lumière solaire avec celle des gaz employés à notre éclairage; mais, ainsi qu'Herschell fils le fait remarquer, on ne peut tirer aucune conclusion de telles analyses, avant d'avoir reconnu les propriétés d'absorption de notre atmosphère et de celle du soleil. Les lignes obscures observées dans le spectre par Wollaston et Fraunhofer peuvent avoir, en tout ou en partie, leur principe dans la couleur bleue de l'air qui nous environne. C'est donc seulement quand l'origine et la nature de la lumière, ainsi que la chaleur qui l'accompagne, seront connues, que l'on pourra se prononcer sur le mode de leur émission.

Dans la doctrine par ondulations, la vitesse de la lumière est égale dans toutes les directions, que le corps lumineux soit en repos ou soit en mouvement. Suivant la théorie corpusculaire, la vitesse de la lumière doit être plus grande dans la direction du mouvement que si le corps lumineux se meut en sens contraire. Enfin si l'action chimique des rayons du soleil sur certains corps est donnée comme preuve de son émission matérielle, d'un autre côté, *l'émission directe*, qui n'admet aucune dépendance entre les molécules lumineuses, est incompatible avec la loi des interférences.

ÉPACTE. C'est l'âge de la lune au premier janvier de chaque année, ou le temps écoulé depuis la dernière néoménie. S'il est au-dessous de 14^j 18^h,367, en ajoutant à l'épacte le temps nécessaire pour compléter cette durée, on obtient le moment de la pleine lune; puis, si l'on y ajoute encore le temps ci-dessus, on a le jour de la nouvelle lune.

Cette épacte *astronomique* diffère de l'épacte *ecclésiastique* employée pour supputer au commencement de chaque année solaire, par le moment de la nouvelle lune, le jour de la fête de Pâques; ces épactes ne donnent que des lunaisons moyennes et sont d'ailleurs sujettes à des modifications tous les trois siècles, parce que le

12

pape Grégoire XIII, en la proposant, a supposé la lunaison un peu trop forte.

ÉPAGOMÈNES (JOURS). Ce mot signifie *ajouté*, comme celui d'*épacte*, Les Égyptiens désignaient ainsi les cinq jours qu'ils ajoutaient à la fin de chaque année pour éviter les intercalations.

Le calendrier républicain portait aussi, à la fin du dernier mois, cinq ou six jours *complémentaires*, selon que l'année était ou non bissextile.

ÉPHÉMÉRIDES. Tables astronomiques; les éphémérides calculées pour donner l'état du ciel chaque jour du mois et de l'année.

On cite celles de Régio Montanus, en 1474; de Képler et de Simon Marius, au commencement du dix-septième siècle ; de D. Cassini, après 1636; de Picard, pour l'année 1679, recueil continué actuellement par le Bureau des longitudes sous le nom d'Annuaire; les éphémérides de Lacaille, 1745 à 1774 ; de l'Académie de Berlin, depuis 1749; de Vienne, par le père Hall, enfin le *Nautical Almanach;* et les éphémérides de Milan, continuées jusqu'à présent.

On appelle *éphémérides* d'une comète, sa position indiquée par de courts intervalles dans une assez longue durée ; ils comprennent : 1° une époque fixe en temps moyen; 2° l'ascension et la déclinaison à chaque nouvelle observation, soit de 5 en 5, soit de 8 en 8 jours; 3° la distance de l'astre au soleil et à la terre. Il existe actuellement des éphémérides indiquant les occultations d'étoiles, les éclipses du soleil, de la lune, et des satellites de Jupiter; la variation des anneaux de Saturne, les changements d'éclat de Vénus, etc., etc., toutes circonstances dont la prompte connaissance importe aux marins et aux astronomes.

ÉPI (L'). Étoile primaire de la constellation de la Vierge, très-voisine de l'écliptique : c'est l'étoile que les Hébreux nomment *Shiboleth;* elle se trouve sur la diagonale, prolongée vers le midi, des étoiles α et γ du carré de la grande Ourse.

Les Éphraïmites, prononçant mal le nom de cette étoile, étaient ainsi reconnus dans leur fuite après une bataille contre Jephté, ce qui fit que les gens de Galaad en tuèrent *quarante-deux* mille, dit la sainte Écriture !

Au temps d'Hipparque, cette étoile était à 174° de l'écliptique; elle en est maintenant éloignée de 201° 47' 40''. La différence 27° 47'

40″ pour 1998 ans donne 50″, 1 par année ; sa longitude est toujours d'environ 2°, et plus exactement, par l'effet de la diminution
d'obliquité de l'écliptique : 2° 2′ 32″.

ÉPICYCLES. Terme dérivé du grec et qui signifie *près du cercle ;*
il appartient à l'ancienne astronomie, qui avait imaginé de faire
effectuer la révolution des astres dans une courbe circulaire, ou
déférent, dont le centre décrivait en même temps une circonférence
beaucoup plus grande. Cette ingénieuse hypothèse expliquait assez
bien, mais avec une grande complication, le système de Ptolémée,
plaçant la terre immobile au centre du monde.

Celui de Copernic, aussi simple que la vérité, a fait voir que les
orbites planétaires ne peuvent avoir une telle figure , dont se rapprochent seulement les évolutions de la lune autour de la terre et
des autres satellites autour de leurs planètes.

ÉPICYCLOÏDE. Courbe continuelle et progressive que décrit un
corps autour d'un autre en mouvement, et dont le centre se déplace toujours dans la même direction.

La lune fait autour de la terre *une suite d'épicycloïdes*, dont les
centres sont sur l'orbite que la terre trace autour du soleil ; la
terre en fait autant sur la courbe que le soleil décrit dans son mouvement de translation autour du centre de gravité du groupe d'é-
toiles dont il fait partie. Enfin ce groupe accomplit sans doute les
mêmes évolutions autour du centre de l'univers.

ÉPOQUE. Pour dresser les tables du soleil, de la lune ou des
planètes, les astronomes ont besoin d'un point de départ qui se
nomme l'*époque*, c'est-à-dire le lieu moyen d'un astre à un moment
donné, ou le *moment* auquel peut se rapporter ce lieu moyen, comme
tout autre point de l'orbite.

On choisit ordinairement le passage au périhélie pour fixer cette
époque, qui sert ensuite à déterminer les positions ultérieures du
corps céleste auquel ladite époque se rapporte.

Cette époque peut varier, soit par les changements ayant lieu
dans les divers éléments qui ont servi à la calculer, soit par une
altération dans la distance moyenne à laquelle un corps peut se
trouver après une complète révolution dans son orbite, ainsi que
cela a lieu pour les inégalités de la lune.

Aujourd'hui l'*époque* du soleil , c'est-à-dire la place variable qu'il occupe parmi les étoiles, est indiquée pour le 31 décembre à minuit, afin de faire coïncider le jour astronomique avec le jour civil.

L'époque de la lune est l'instant précisément connu par l'une de ses phases.

ÉQUATEUR (l'). Si par une belle nuit on veut examiner le ciel, on remarquera que certaines étoiles qui décrivent les plus grands cercles restent douze heures sur l'horizon; ce sont elles qui marquent la zone de l'*équateur céleste*, dont le soleil ne s'écarte pas dans le mouvement annuel qu'il paraît accomplir. Parmi ces étoiles, les plus remarquables sont; δ ou Mintaka de la ceinture d'Orion, δ de la Baleine, α du Verseau, η d'Antinoüs, ζ et η de la Vierge.

Les constellations zodiacales sont figurées dans cette zone, qui comprend 9°, soit au-dessus, soit au-dessous de la ligne de l'équateur; mais cet espace, où circulent toutes les anciennes planètes, n'est plus assez large pour renfermer l'orbite de quelques-unes des nouvelles, dont l'inclinaison sur l'écliptique est beaucoup plus grande.

L'*équateur de la terre* est perpendiculaire à l'axe des pôles, dont l'un est toujours sur l'horizon. C'est de cette ligne que l'on compte les degrés de latitude de 0 à 90°.

Les habitants des régions équatoriales voient chaque nuit *toutes les étoiles* s'élever et s'abaisser à peu près *perpendiculairement*. Sous la ligne, c'est-à-dire sous la trace continuelle du soleil, les jours sont égaux aux nuits pendant toute l'année; les ombres se dirigent vers le pôle boréal pendant six mois, et vers le pôle austral pendant les six autres mois. A midi, les corps cylindriques fixés perpendiculairement à la surface de la terre n'y portent pas d'ombre latérale. Les habitants des pôles voient ces astres décrire des spirales plus ou moins grandes, à peu près *parallèles* à leur horizon.

Paris étant sous une latitude intermédiaire, nous pouvons observer à peu près les trois quarts des constellations et les voir se succéder *obliquement* sous nos yeux.

ÉQUATION. En mathématiques, c'est une valeur comparée à d'autres; c'est un nombre qu'il faut ôter ou ajouter à une valeur moyenne, pour obtenir la valeur véritable des éléments que l'on combine.

En astronomie, ce mot indique la valeur qu'il convient d'ajouter à la position moyenne d'un astre, ou qu'il faut en retrancher pour obtenir sa vraie position. L'équation se fait aussi en sens contraire, c'est-à-dire de la véritable position à la position moyenne.

L'*équation du temps*, nulle quatre fois par année comme la longitude du soleil, est la différence entre le temps vrai et le temps moyen; des pendules *à équations* indiquent, au moyen de deux aiguilles des minutes, ces deux temps à la fois. En d'autres termes : c'est la différence d'ascension droite du soleil vrai et d'un soleil fictif parcourant uniformément l'équateur céleste. Les perturbations planétaires modifient l'équation du temps, dont les tables sont établies chaque année pour l'usage des marins et des astronomes.

Les distances relatives du soleil, de la lune et de la terre varient continuellement dans le cours de l'année; ces variations donnent lieu à l'établissement de l'*équation annuelle* et de l'*équation mensuelle*.

La première consiste, pour la lune, dans l'augmentation ou la diminution de la longitude rapportée à la distance angulaire du périhélie de la terre pendant sa translation annuelle.

On comprend dans la deuxième l'effet de l'attraction simultanée du soleil sur la lune et sur la terre, faisant décrire, non à ces deux corps célestes, mais à leur centre de gravité, une ellipse autour de l'astre central; il en résulte une équation peu importante dans le mouvement apparent du soleil, si l'on veut calculer exactement la place qu'occupe la terre dans le cours de chaque lunaison. Cette inflexion de l'orbite de la terre autour de son centre de gravité, combinée avec celle de la lune, a pour maximum 8′, 6″, comme la parallaxe solaire.

L'*équation du centre*, qui dépend de l'excentricité de l'orbite, est la différence entre la véritable et la moyenne longitude de la terre; l'une excède l'autre pendant la moitié de l'année, c'est le contraire pendant les six autres mois; le maximum dans l'une et l'autre position est de 1° 55′ 20″ 5. Selon les observations chinoises de l'année 1280, elle était de 2°, 176; l'excentricité de l'orbe terrestre aurait ainsi diminué, comme cela a été constaté pour Mercure et pour la lune.

L'*équation séculaire*, calculée sur la vitesse et l'action de la gravité, serait en 2000 ans de 1° pour la lune, de 38′ pour Vénus et de 5° pour Mercure.

En 803, Alne Wahendi, astronome arabe, en calculant l'équation du centre, avait fixé la durée de l'année tropique à 365 jours

242181 , résultat fort exact et qui confirme cette diminution depuis cette époque.

ÉQUATORIAL. Appareil d'observation, composé principalement de deux cercles gradués et d'une forte lunette disposée parallèlement à *l'équateur*, pouvant d'ailleurs prendre toutes les inclinaisons et suivre dans leur marche tous les corps célestes.

On en obtient l'ascension droite et la déclinaison des astres dans toutes leurs positions, comme avec le cercle méridien au seul moment de leur culmination. A cet effet, le premier cercle doit être disposé parallèlement à l'équateur céleste, et son axe est alors parallèle à celui de la terre.

Le plan du second cercle est établi perpendiculairement au premier, c'est-à-dire coïncidant avec un cercle de déclinaison. Deux index diamétralement opposés marquent les deux points du premier cercle qui se trouvent dans le méridien ; ils indiquent ainsi, quand on dirige la lunette sur un astre, de combien de degrés il est éloigné de cette ligne, à partir de l'équateur, donnant ainsi son ascension droite. Un autre index mobile sur l'autre cercle indique sa déclinaison. Cet appareil remplace avec avantage plusieurs autres instruments destinés à des observations spéciales, telles que celle des comètes.

Le grand équatorial de Pulkova, en Russie, porte un réfracteur de 38 centimètres d'ouverture, dont la force de pénétration rivalise avec les plus grands télescopes ; un instrument semblable est aussi monté à Cambridge aux États-Unis. *Voyez* PARALLACTIQUE.

ÉQUILIBRE. La théorie, d'accord avec l'observation des faits, nous apprend que l'état actuel d'équilibre est dû à la rotation de notre sphéroïde, engendrant des forces centrifuges qui balancent aux régions équatoriales, la plus grande élévation des continents et des eaux qui viennent les frapper.

Cette force centrifuge est évaluée à la trois-centième partie de la pesanteur, ou de la puissance qui précipite les corps graves sur la terre ; elle est ainsi proportionnelle à la différence reconnue entre l'axe des pôles et celui de l'équateur.

Cet équilibre ne s'est pas établi tout à coup ; il a fallu de longues périodes de siècles pour détruire, vers les pôles, les parties de l'enveloppe terrestre laissées à découvert par les eaux qui, suivant les lois de la mécanique, s'éloignaient de l'axe de rotation. Ces parties réduites *plus d'une fois*, en fractions, en galet, en sable ou en poussière, par le retour des eaux entraînées avec elles vers l'équateur, ont formé peu à peu le ménisque équatorial et l'abaissement du sphéroïde vers les pôles.

L'inclinaison des axes et des orbites, comme l'aplatissement qu'on peut observer dans les autres planètes, indiquent aussi que l'équilibre existant aujourd'hui dans leurs mouvements, s'est produit depuis l'origine de notre monde solaire.

Les perturbations occasionnées par l'attraction des plus grosses planètes et principalement de Jupiter, ont fini par se balancer, en se combinant avec l'attraction plus forte du foyer central de notre système, comme la révolution de leurs satellites a été régularisée par leurs masses particulières et par celle de la planète principale.

Partout dans l'univers, comme à la surface de notre demeure, nous voyons l'équilibre résulter du conflit des forces contraires et d'un état de désordre plus ou moins long.

ÉQUINOXE. En tournant régulièrement sur elle-même, la terre décrit autour du soleil, avec une vitesse inégale, un cercle, ou plutôt une ellipse inclinée sur le plan de l'équateur solaire, de sorte que, pendant la moitié de ce mouvement de translation, l'un des pôles du globe est au-dessus et l'autre au-dessous du foyer de lumière et de chaleur. Ainsi l'hémisphère qui regarde le soleil a des jours plus longs et des nuits plus courtes à chaque révolution diurne de la terre sur son axe ; l'effet contraire a lieu en même temps pour l'autre hémisphère.

Mais à l'instant où la terre, passant de la partie supérieure de son ellipse à la partie inférieure, présente son équateur parallèlement à celui du soleil, l'axe de rotation devient perpendiculaire à la ligne qui serait menée au centre de cet astre. Dans cette position, il est évident que la moitié de la terre est éclairée d'un pôle à l'autre ; qu'en tournant sur elle-même, cette planète présente chaque point de sa surface au soleil pendant douze heures, et que ces points sont ensuite privés de sa présence pendant la même durée.

Un semblable phénomène a lieu au point diamétralement opposé de l'orbite, quand la terre revient à la partie supérieure de cette courbe ; alors les jours sont encore égaux aux nuits pour toutes les régions du globe ; c'est le second *équinoxe*.

La première de ces positions est pour nous l'équinoxe de printemps, époque à laquelle le soleil paraissait entrer autrefois dans le signe du Bélier, mais, par l'effet de la précession, cet équinoxe arrive aujourd'hui quand le soleil semble parcourir la constellation des Poissons, à un point situé très-près du Verseau et pris pour origine des ascensions droites comptées sur l'équateur, ainsi que des longitudes comptées sur l'écliptique. Ce point en passant au méridien de chaque lieu, marque le commencement du jour sidéral. Il n'est marqué dans le ciel par aucune étoile, mais il est facilement fixé par les ascensions droites de celles établies et dont la position, relativement à ce point, est exactement connue.

L'équinoxe d'automne, qui arrivait dans la Balance au point opposé au Bélier, a lieu maintenant dans la constellation de la Vierge, très-près du Lion.

Ainsi, depuis les premiers catalogues connus, le point équinoxial a rétrogradé d'environ 30 degrés; la période de cette révolution est de 25868 années.

Pour déterminer les équinoxes, on observe, au cercle mural, l'instant où le soleil passe la veille au méridien et celui de son passage le jour suivant; l'intervalle constaté entre ces deux moments indique celui de l'équinoxe qu'obtiennent les astronomes en réduisant en temps les petits arcs parcourus.

Comme une seconde de degré en plus ou en moins dans la déclinaison du soleil, comparée à l'heure sidérale, donnerait 62 secondes de temps, on remédie à l'incertitude de l'opération par la comparaison d'équinoxes séparées par un grand espace de temps. Si les observations d'Hipparque, 140 ans av. J. C., étaient plus exactes, un aussi grand diviseur que 1996 aurait certainement donné une extrême précision au calcul des équinoxes de cette année, par exemple; mais il a fallu se contenter des mesures de Bradley et de Lacaille, qui ont fixé l'année tropique à 365^j 242217 ou 365^j 5^h 48^m 47^s,555 et *d'un diviseur* d'une centaine d'années qui diminue suffisamment les chances d'erreur.

Le retour au même équinoxe exige que le soleil, en son mouvement apparent, décrive chaque année un petit arc de 50″ 2 en sus d'une complète révolution, afin de revenir à la même étoile ou au point d'où celui équinoxial précédent s'est écarté vers la gauche, pendant que le soleil parcourait l'écliptique dans le même sens. Cet arc correspond à 0^j,01446 ce qui porte à 365^{j}25638 l'année solaire au lieu de 365^j 24222, mesure de l'année tropique qui règle les saisons et les calendriers suivant les lois de la précession, tandis que celles de Képler ne s'appliquent qu'au temps solaire.

Par suite du mouvement elliptique de la terre, la vitesse de translation se modifie selon sa distance au foyer d'attraction. De l'équinoxe du printemps, c'est-à-dire du 20 au 21 mars, la terre met à peu près sept jours de plus pour arriver à l'équinoxe d'automne vers le 23 septembre, que pour retourner au premier point.

ÉQUINOXIAL. Les astronomes donnent quelquefois ce nom à l'équateur céleste, c'est-à-dire au grand cercle de la sphère que le plan de notre équateur, prolongé à l'infini, va marquer dans le ciel.

Le prodigieux éloignement des étoiles rend insensible le déplacement annuel de notre globe autour du soleil, en sorte que l'axe de sa rotation diurne paraît toujours dirigé vers les mêmes points de l'espace, en conservant la même position perpendiculaire à l'équateur céleste ou à l'*équinoxial* qui coupe l'écliptique en deux points indiquant les équinoxes.

La *ligne équinoxiale* est tracée sur notre planète par les lieux qui chaque jour à midi ont le soleil à leur zénith. La rotation de la terre et l'inclinaison de son axe ramènent constamment les mêmes points sur cette ligne où ils se trouvent verticalement frappés de ses rayons, quand l'astre lumineux est au milieu de sa marche apparente.

Le *temps équinoxial* ou astronomique commence à midi et se compte par 24 heures consécutives; il ne s'accorde donc avec le jour civil qui commence à minuit, c'est-à-dire 12 heures auparavant, que pendant sa première moitié.

L'heure du passage des astres au méridien dépend de la longitude de chaque lieu; il en résulte que, dans le calcul des observations astronomiques, il faut toujours ajouter ou retrancher à l'époque indiquée, selon qu'elles ont été faites à l'ouest ou à l'est du calculateur; ainsi, par exemple : au moment où commence à Paris le 1er janvier, il s'en faut encore de $9^m 54^s 50$ que l'année précédente ne soit finie à Londres, lorsqu'à Berlin il y a déjà $44^m 14^s$ d'écoulées sur le premier jour de l'année.

Pour éviter ces calculs et aussi les incertitudes que présente la longitude indiquée pour chaque ville, les astronomes font commencer chaque année à l'instant où le soleil paraît passer au point qui fixe l'équinoxe du printemps, indépendamment des inégalités de nutation et de précession. Ainsi : le *temps équinoxial* est donné par la longitude moyenne du soleil, suivant une table adoptée et convertie en temps, à raison de 360 degrés pour une année *tropique* et non pour une autre.

Les tables solaires de Delambre, qui fixaient l'équinoxe vernal de 1828 au 22 mars à 2^h 2^m 20^s 55 au temps moyen de Paris, ont été rectifiées sur les observations de Bessel, en ajoutant 3^m 3^s, 68 de temps imaginaire, entre la fin de l'année 1833 et le commencement de 1834.

On appelle *cadran équinoxial* celui dont le plan, fixé parallèlement à l'équateur, est traversé par un style figurant l'axe de la terre. Les divisions horaires y sont tracées sur les deux faces que le soleil éclaire alternativement pendant six mois, et sur lesquelles l'ombre du style indique toutes les heures du jour, en décrivant une courbe. Le jour des équinoxes, le soleil n'éclaire que la tranche du cadran et l'ombre se projette sur le *rebord* dont il est muni.

Les points équinoxiaux où le soleil paraît être arrivé quand les jours sont égaux aux nuits sur toute la terre rétrogradent insensiblement, mais cependant de manière à changer l'époque des saisons après quelques siècles.

ÉRATOSTHÈNE. Astronome grec, né à Milet 113 ans avant J. C. En calculant les distances de la terre à la lune et au soleil, au moyen des angles mesurés avec les instruments alors en usage, il obtint une circonférence de la terre, à peu près exacte.

On attribuait à ce savant bibliothécaire d'Alexandrie l'invention de la sphère céleste ; mais celle qu'il fit connaître était certainement tirée d'une plus ancienne qu'il avait vue en Égypte, puisqu'elle représentait un état du ciel antérieur de mille années à l'époque où il vivait.

ÈRE. Chaque peuple, pour supputer le temps, adopte une circonstance remarquable, d'où se comptent les années de son histoire.

L'ère des Juifs, qu'ils font remonter à la création du monde, répond à l'an 189 de la chronologie chrétienne, suivant Ussérius ; mais cette origine est fort incertaine et a toujours divisé les commentateurs. Les uns la fixent à 4004 années seulement, Josèphe à 4163 ans ; Jules l'Africain, de qui elle tire le nom *d'ère Alexandrine*, la fait remonter à 5500 ans, tandis que, sur des textes différents, d'autres, tels que Panodore, moine d'Antioche, la reportent à 5493, et même à 5873 ans avant notre ère, qui a commencé le 1er janvier après la naissance de J. C.

Cette date même a donné lieu à diverses opinions, parce que, dans les premiers siècles, les sectateurs du christianisme, épars chez différents peuples, n'avaient que des traditions douteuses sur la naissance comme sur les actes et la mort du divin législateur.

L'ère chrétienne adoptée aujourd'hui est celle qui fut proposée et supputée par Denys le Petit, en 532, pour le jour de la naissance de J. C. Elle répond au 25 déc. 753 ans après la fondation de Rome.

L'ère de Nabonassar a commencé 746 ans avant J. C., ou le 3967ᵉ de la période Julienne; son année 2,603 répond donc à 1856.

L'ère des Séleucides datait du 25 septembre, correspondant à la 311ᵉ année Julienne; mais, afin de donner pour origine à leur calendrier une époque astronomique, on faisait remonter celui-ci de trois années environ, c'est-à-dire au coucher du soleil coïncidant avec la nouvelle lune, et l'équinoxe d'automne répondant au 28 septembre, 314 ans avant J. C.

L'ère Bizantine, formée d'années lunaires, compte, depuis l'origine du monde, 7625 ans révolus en 1856.

L'ère des Romains, datant de la fondation de Rome, correspondrait pour 1856, à sa 2603ᵉ année.

L'ère des Grecs date de la première olympiade, ou plutôt de l'époque à laquelle les jeux Olympiques furent rétablis, c'est-à-dire vers l'an 776 avant J. C., coïncidant à l'an 3938 de l'ère chrétienne.

L'ère des musulmans ou les années de l'Égire datent de la fuite de Mahomet à Médine, 622 ans après J. C.; la 1272ᵉ sera écoulée au 1ᵉʳ septembre 1856.

L'ère républicaine datait du 22 septembre 1792, et n'a duré que treize ans. Il est utile de la connaître pour supputer les actes de la vie civile et les faire accorder avec la reprise de l'ère chrétienne.

ÉRIDAN (L'). Constellation australe qui comprend une file tortueuse d'étoiles de troisième et de quatrième grandeur, partant de β, tertiaire située au-dessus de Rigel d'Orion, s'avançant vers la Baleine, et se terminant à 32 degrés du pôle austral par Acharnar, étoile de première grandeur, qui n'est jamais visible sur notre horizon.

ERREURS. Toutes les observations astronomiques sont inévitablement entachées d'erreurs dépendant, soit des instruments, soit de la température ou de l'état de l'atmosphère, soit enfin de causes personnelles à l'observateur, et impossibles à calculer.

On atténue cependant l'étendue de ces erreurs en multipliant les observations sous des circonstances différentes, parce qu'alors les causes se détruisent entre elles en donnant *une moyenne* à peu près satisfaisante.

ESPACE. Considéré dans tous les sens ou entre des limites circonscrites, l'espace s'appelle *capacité ;* il prend le nom de *distance* s'il indique seulement l'éloignement entre deux points ou l'intervalle qui sépare deux ou plusieurs corps célestes.

La vue suffisamment exercée, la durée du déplacement effectué, la mesure des angles et autres moyens matériels peuvent nous donner l'idée de l'espace ou plutôt de l'étendue relative ou absolue entre les corps, mais non celle d'un *espace infini.*

La puissance des télescopes, qui nous révèle l'existence de corps lumineux à des distances si considérables qu'il faut compter par *dizaines de siècles* le temps que leurs rayons mettent à traverser l'espace qui nous en sépare, a reculé, de science certaine, les limites appréciables de l'immensité ; mais, au delà des dernières lueurs que les plus puissants instruments rendent perceptibles à nos yeux, on peut imaginer des régions plus reculées, où d'autres étoiles et d'autres nébuleuses existeraient après celles dont nous distinguons à peine les faibles lueurs ; comment limiter cette étendue, ou concevoir l'espace prolongé *à l'infini* dans toutes les directions ?

L'astronomie ne cherche pas à pénétrer ces mystères de la nature ; l'*espace* n'est pour la science qu'un vaste champ d'observation, où ses instruments et ses calculs vont mesurer les intervalles qui séparent les corps célestes, comparer la vitesse et l'étendue de leurs révolutions, et reconnaître les lois universelles qui les régissent.

Si l'espace sans fin est incompréhensible, nous avons au moins d'exactes mesures qui prouvent sa prodigieuse profondeur. Les distances de la terre et des autres planètes au soleil sont connues ; Neptune, récemment découvert, porte à plus de 500 millions de myr. (1250 millions de lieues) l'étendue du rayon de l'orbite que notre système décrit dans l'espace.

Nous savons que la lumière de l'une des étoiles de la Lyre, placée à plus de 560,000 fois la distance de la terre au soleil, met plus de dix ans à nous parvenir, et que, *des limites* de la Voie lactée, la lueur que nous apercevons a été émise depuis plus de 2,000 années.

D'autres soleils et d'autres nébuleuses, encore plus éloignés, nous indiquent leurs distances par l'éclat comparatif qu'ils réfléchissent dans le miroir de nos télescopes.

Des étoiles doubles, qui ne paraissent qu'un point lumineux dans l'espace, laissent mesurer entre elles des intervalles tout aussi grands que ceux de notre système.

Comment donc expliquer, en présence de tant de soleils, l'obscurité de l'espace que leurs rayons lumineux devraient éclairer de toutes les directions?

Il semble que, même en l'absence de l'astre qui nous éclaire, les cieux resplendiraient d'une lumière éclatante, si un fluide quelconque, un éther généralement répandu, n'affaiblissait pas insensiblement l'intensité des rayons qui les traversent dans tous les sens.

La lumière, comme les agents de l'électricité, du magnétisme et de l'attraction, traverse-t-elle l'espace d'une manière latente, et devient-elle seulement perceptible par les réfractions de notre atmosphère?

Il est toutefois certain qu'une *matière cosmique* sert de conducteur à ces agents de la nature; qu'elle se révèle dans l'espace, en modifiant la révolution périodique des corps légers tels que les comètes, en refoulant leurs queues, si elles sont très-étendues, dans une direction contraire à leur marche et même en les absorbant quelquefois.

Non-seulement l'espace est peuplé de soleils innombrables, mais il est probable que des corps opaques encore plus nombreux circulent autour de ces étoiles, ou que ces étoiles circulent autour de corps opaques invisibles pour nous : les perturbations observées dans le mouvement propre de Procyon, de Sirius et d'autres étoiles ont donné cette opinion à plusieurs de nos astronomes modernes les plus estimés; elle existait d'ailleurs très-anciennement, car *Origène* la mentionne positivement.

La température de l'espace, si diversement évaluée par les physiciens anciens et modernes, est nécessairement en relation avec le rayonnement de tous les astres qui par milliards viennent se réfléchir aux miroirs des télescopes; peut-être qu'une telle impulsion se combine avec la force universelle qui balance les mouvements des corps célestes et occasionne la pesanteur à leur surface.

ESTIME. Quand, à bord d'un navire, on a reconnu sa vitesse et sa direction au moyen du loch et de la boussole, on fait *le point*, c'est-à-dire qu'on marque sur une carte marine le lieu où il se trouve.

Cette *estime* se rectifie ensuite par les moyens plus exacts que donne l'astronomie.

ÉTABLE (L'). Très-petite constellation composée d'un groupe d'étoiles télescopiques ayant l'aspect d'une nébuleuse entre deux quartaires δ et γ nommées *les Anes*.

Cette tache blanchâtre, qu'on désigne aussi sous le nom de la *Ruche d'abeilles*, est située au cœur du Cancer, un peu au-dessus de l'écliptique et sur la droite de Régulus, la belle étoile du Lion.

ÉTABLISSEMENT DU PORT. On désigne ainsi les calculs au moyen desquels on établit le retard qu'éprouve la pleine mer dans le même lieu, sur le passage de la lune au méridien. La différence est souvent très-grande entre des ports voisins, en raison de la configuration des côtes ou des obstacles que le flot doit surmonter pour y parvenir, depuis le lieu où l'effet a été produit par l'action combinée de la lune et du soleil sur les grandes masses de l'Océan : ainsi le retard qui est de 3^h 33^m à Brest, est de 6^h à Saint-Malo et de 10^h 1/2 à Dieppe. En général, sur les côtes de l'Océan, la marée retarde chaque jour d'environ 50 minutes.

Les plus hautes comme les plus basses marées n'ont lieu qu'à la troisième qui suit le passage des deux astres au même méridien. Plus la mer s'est avancée ou élevée, plus ensuite elle se retire ou elle s'abaisse. (*Voyez* FLUX ET REFLUX, MARÉES.)

ÉTÉ. Cette saison commence vers le 22 juin, à l'époque du solstice et des jours les plus longs de toute l'année; on peut même dire qu'il n'y a pas de nuit, mais seulement un crépuscule entre le jour passé et celui qui va naître. Alors la place de la terre relativement au soleil, et notre position sur l'hémisphère boréal, font que pendant la rotation diurne nous ne sommes pas à plus de 18 degrés au-dessus du soleil, qui, par l'effet de la réfraction de notre atmosphère, peut toujours nous envoyer une partie de ses rayons, quand il est descendu aussi bas *sous notre ho-rizon.*

ÉTENDUE. L'astronomie ne considère l'*étendue dans les corps* que sous leurs rapports de volume et de diamètre. Quand ce terme

s'applique à *l'espace*, il désigne : soit la *distance* entre les corps célestes, soit, en ajoutant incessamment une distance à toutes les précédentes, *l'immensité de l'univers* où circulent des milliards de
soleils, et sans doute aussi des planètes et des comètes de toutes
dimensions et à toutes les distances.

L'intelligence humaine ne peut concevoir *l'étendue infinie*, au
delà de laquelle il n'existerait plus rien. A peine notre imagination,
prenant pour guide la vitesse connue de la lumière (77,000 lieues
par seconde), peut-elle suivre les calculs de l'astronome s'appuyant
sur des bases presque certaines, et fixant par siècles, par centaines,
même par milliers de siècles, *l'étendue* qui nous sépare des astres
nébuleux dont la faible lueur vient se peindre à la surface des
miroirs actuels.

ÉTERNITÉ. Ce mot, comme celui d'*infini*, n'offre à l'esprit
que des successions de temps ou d'espace finis, auxquels d'autres
peuvent toujours s'ajouter, et qui ne présentent ainsi aucune idée
positive.

On conçoit que notre monde particulier ait eu un commencement, mais notre raison ne peut admettre que tous les corps de
l'univers n'aient pas existé sous une forme ou sous une autre, de
toute éternité. Ce serait prétendre que la puissance suprême a pu,
dans un temps antérieur, subsister seule, *inerte et inutile* dans le
vide absolu.

Quand l'astronome prétend que les mouvements planétaires ne
sont soumis qu'à des perturbations réciproques et périodiques,
après lesquelles l'ordre se rétablit pour durer ainsi de *toute éternité*,
il ne s'agit en effet que d'une longue durée probable, car notre
système solaire tout entier n'est pas à l'abri d'une autre transformation, d'un autre arrangement des molécules qui l'ont formé, et qui paraissent actuellement combinées et ajustées d'une manière stable.

Notre planète porte les traces irrécusables de son incandescence
et des longues périodes de convulsions qu'elle a éprouvées ; que son
commencement ait eu lieu depuis quelques milliers d'années, suivant
les uns, ou bien antérieurement, suivant les autres, qui peut dire si
l'ordre de choses actuel sera demain ce qu'il est aujourd'hui ? (*Voyez*
Immensité, Espace.)

ÉTHER. Le vide absolu ne paraît pas exister dans la nature,
et quoique les corps célestes traversent librement l'espace, sans

que nous puissions apprécier la résistance qu'ils doivent y éprouver en déplaçant continuellement la matière qui le remplit, il est probable que, dans la suite des siècles, leur mouvement en éprouvera l'effet.

Selon les philosophies indienne et pythagoricienne, l'éther était l'un des cinq éléments de la nature, d'une subtilité infinie, remplissant l'univers, et servant de conducteur au son et à la lumière.

L'école ionienne croyait l'éther lumineux par lui-même et le distinguait de *l'air plus épais*, chargé de vapeurs, entourant la terre et s'étendant peut-être jusqu'à la lune.

Quelle que soit la subtilité de la lumière, du calorique, de l'électricité, du magnétisme, de l'attraction ou de l'impulsion, les agents visibles ou cachés de ces forces différentes nous mettent en communication, non-seulement avec les autres planètes et le soleil de notre système, mais avec tous les autres astres que nous apercevons à l'œil nu ou à l'aide de nos miroirs magiques.

Il faut donc qu'au delà de notre atmosphère un fluide quelconque serve de conducteur à ces forces matérielles, et comme il n'y a presque aucun point de l'espace dépourvu d'étoiles, il doit aussi nous garantir contre l'intensité lumineuse de tous ces astres qui, sans ce voile transparent, donnerait partout à la voûte céleste l'éclat de notre soleil.

Il suffit, dit Olbers dans son mémoire *sur la transparence de l'espace céleste*, pour que ce résultat soit obtenu, qu'une étoile perde le huit-centième de son intensité, dans la traversée d'une distance égale à celle de Sirius au soleil. Cheseau de Lausanne avait aussi avancé, quatre-vingts ans plus tôt, (en 1744) que l'espace était rempli d'un fluide capable d'intercepter quelque peu la lumière.

L'observation attentive des comètes dont les queues sont très-étendues, indique l'existence de ce milieu résistant; d'abord en modifiant la périodicité de leur retour, et ensuite, en nous montrant ces queues diaphanes, refoulées dans une direction opposée à leur marche et à l'attraction du soleil.

On a vu, dit-on, plusieurs de ces immenses traînées se résoudre dans l'espace, où quelques astronomes pensent que leurs molécules occasionnent la lumière zodiacale; mais le fait est maintenant mis en doute.

Arago croyait aussi que les intervalles célestes sont remplis d'une matière très-rare, dont la densité pourrait être indiquée par l'observation des étoiles changeantes dont la lumière est toujours blanche. Suivant lui, l'accélération observée dans la périodicité des comètes est le résultat d'une résistance de l'éther, parce que l'action de ce milieu diminue la vitesse tangentielle, c'est-à-dire la force *centrifuge*, en augmentant la force attractive du soleil, et en diminuant ainsi les orbites primitives.

Newton pensait qu'un éther très-élastique pouvait produire une partie des phénomènes de la nature, tels que ceux de la gravité, etc.

« Les densités différentes du milieu où se meuvent les corps cé-« lestes, écrit-il, ne peuvent-elles pas pousser les corps, depuis les « parties les plus denses jusqu'à celles les plus raréfiées? Le soleil, « les planètes, les étoiles et les comètes sont plus denses que l'espace « entre ces corps; ce milieu ne se condense-t-il pas de plus en plus « et ne devient-il pas la cause de la gravité?

« Si le corps du soleil est plus raréfié qu'à sa surface, et de là de « moins en moins jusqu'à la dernière orbite de notre système, la « force élastique étant très-grande, elle peut suffire à pousser les « corps vers les espaces les plus raréfiés avec la puissance attribuée « à l'attraction ou à la pesanteur. »

La prodigieuse quantité d'étoiles filantes qui traversent l'espace en y laissant leurs traces matérielles, le calorique qui s'échappe perpétuellement des masses planétaires, sont nécessairement liés à l'existence d'un fluide éthéré, sans lequel il n'y aurait ni transmission ni activité dans l'univers.

Newton écrivait le 28 février 1678 à R. Boyle : « Je cherche *dans l'éther* la cause de la gravité; » mais plus tard il rejeta cette idée, déclarant expressément « qu'il ne considérait, en aucune manière, la gravitation comme une propriété des corps. »

ÉTOILES. Suivant les apparences, on a dû croire primitivement que le soleil et la lune étaient seuls en mouvement dans l'espace *entre le ciel et la terre;* que les étoiles étaient attachées, *fixées* à un firmament de cristal, voûte céleste tournant d'un seul bloc autour de nous; puis, en reconnaissant que certaines étoiles, telles que Vénus et Jupiter, changeaient de place relativement à celles qu'on voyait toujours immobiles, on considéra les premières comme des astres *errants*, dont Mercure, Mars et Saturne vinrent dans la suite augmenter le nombre.

Mais les *fixes* d'autrefois ne sont pas plus en repos que les corps de notre monde solaire ; ces astres, lumineux par eux-mêmes, sont autant de soleils que leur éloignement réduit pour nous à des points étincelants, foyers probables de lumière et de chaleur pour des mondes qu'ils transportent avec eux dans les profondeurs de l'infini.

L'attention et les études des modernes observateurs sont maintenant dirigées sur les phénomènes de l'astronomie stellaire; il devient donc intéressant de connaître plus spécialement tout ce qui se rattache à cette branche si importante de la science, et de considérer à part la nature, la disposition, le nombre et le mouvement des étoiles; c'est ce que nous avons fait dans une suite d'articles réunissant ce qui peut se rapporter à chaque sujet, en l'état actuel des connaissances.

A. *Couleur des étoiles.*

Au temps de Ptolémée, on distinguait comme étoiles *rougeâtres* : Aldébaran, Pollux, Antarès, Arcturus et l'Épaule gauche d'Orion (Adaher ou Béteigeuse), qui sont aujourd'hui comme il y a 1,800 ans.

Ptolémée disait aussi que Sirius était de la même couleur; Sénèque écrivait que cette étoile était *plus rouge* que Mars, et maintenant cette belle étoile est tout à fait blanche. L'histoire astronomique des Grecs, des Romains et des Arabes ne mentionne rien sur l'époque de ce changement extraordinaire de couleur. Procyon, Altair de l'Aigle, l'étoile polaire et β de la petite Ourse ont une couleur jaune ou jaunâtre.

W. Herschell indique des étoiles bleuâtre, beau bleu, rouge pâle, bleu foncé, jaunes et vertes; des groupes dont toutes les étoiles sont bleues; d'autres avec une étoile rouge au centre de groupes binaires blancs, que Struve a trouvés depuis composés d'une étoile jaune et d'une bleuâtre, tandis que le même astronome cite plus de trois cents étoiles doubles et toutes blanches.

En général, dans les systèmes binaires, si la petite étoile est bleue ou verte, la plus grande est jaune ou rouge; ainsi l'une est de la couleur complémentaire de l'autre, ce qui indiquerait que fort souvent cette différence est un effet de contraste. γ d'Andromède montre une étoile orange et une petite verte; la 59e de la même constellation se compose de deux étoiles bleues; ζ du Cancer, d'une grande jaune et d'une petite bleue; γ du Lion, qui offre une grande jaune d'or avec une petite verte rougeâtre, varie d'intensité comme α d'Hercule, γ de la Vierge, γ du Dauphin, etc. Le Cœur de Charles se décompose en une étoile blanche et une petite bleue comme α du Lion, β et δ d'Orion, δ des Gémeaux, etc., etc., il est donc certain que, dans ces cas au moins, la couleur bleue ne dépend pas de la proximité de l'étoile jaune.

On peut aisément vérifier s'il y a, ou non, effet de contraste en cachant l'étoile prépondérante par un fil ou un diaphragme disposé dans l'instrument d'observation.

L'étoile double α du Centaure, dont l'une est de 1re grandeur et l'autre de 2e à 3e, est remarquable en ce qu'elle offre la même couleur orange vif dans les deux corps, avec une teinte seulement un peu plus sombre dans le plus petit; η de Cassiopée est une belle étoile blanche, avec une petite d'un rouge pourpré. Dunlop vit, dans une nébuleuse de 10′ qu'il examinait à 29° du pôle austral, trois étoiles rouges et une jaune au milieu d'une multitude de blanches; une autre nébuleuse de 3 minutes 1/2 de diamètre était toute formée d'étoiles bleuâtres. J^n Herschell indique, dans ses observations au cap de Bonne-Espérance, soixante-seize étoiles rouges de la septième à la neuvième grandeur. Quelques-unes, dit-il, faisaient l'effet de gouttes de sang dans le miroir du télescope.

Quoique la plupart des étoiles variables soient d'une teinte rougeâtre, cependant Algol de la Tête de Méduse, au-dessous de l'Arc de Persée, β de la Lyre et ε du Cocher, sont très-blanches; *Mira* de la Baleine (la belle étoile d'Hevelius) est fortement rougeâtre; η de la Lyre est bleuâtre. Près de la Croix du Sud, un groupe serré de petites étoiles rouges, vertes et bleues, fait l'effet, dans un fort télescope, de pierres précieuses de différentes couleurs.

Si l'on se transporte en idée à la surface d'une planète faisant partie de ces systèmes d'étoiles multiples, diversement colorés, de quels phénomènes d'optique ne sera-t-on pas frappé par ces rayons lumineux blancs, rouges, verts, etc., qui doivent se succéder alternativement?

B. *Chaleur des étoiles.*

Aristote et autres philosophes de la Grèce, ainsi que Sénèque, en ont fait mention dans leurs écrits.

Aristarque de Samos enseignait que les étoiles étaient, comme le soleil, d'une nature ignée, et qu'ainsi elles devaient émettre des rayons calorifiques.

De nos jours, Fourier et Poisson ont calculé la déperdition qu'ils éprouvent en traversant l'éther, dont la température est ainsi modifiée.

La chaleur est effectivement inséparable de la lumière, elle est pour tous les corps planétaires la source principale du mouvement et de la vie organique ; mais, de même que les rayons du soleil , affaiblis par la réfraction de la lune , ne dénotent plus la moindre trace de calorique après leur traversée dans notre atmosphère ; les émanations lumineuses de tous ces soleils lointains brillent à nos yeux , dépouillées de toute chaleur.

Néanmoins comme rien ne se perd dans la nature, l'influence de ces émissions rayonnantes doit se faire sentir dans les espaces célestes, dont les régions auraient alors une température proportionnelle au nombre des étoiles les plus voisines. Si, comme Herschell l'a supposé : l'atmosphère lumineuse du soleil est une aurore boréale d'une grande profondeur, alimentée par des courants électro-magnétiques auxquels les vibrations de l'éther servent de conducteurs , les étoiles seraient en communication réciproque de tous les points de l'univers, et de là peut-être résulterait l'attraction universelle qui paraît régler les mouvements de tous les corps.

C. *Distance des étoiles.*

Chacun a pu remarquer que deux objets éloignés, qui paraissent se trouver dans la même direction , changent de position relative quand l'observateur vient à se déplacer ; cet effet est plus sensible pour les objets situés à une petite distance ou qui sont eux-mêmes en mouvement , dans une direction différente.

Au moyen d'une lunette mobile autour d'un cercle gradué , d'un niveau ou d'un fil à plomb, on peut aisément reconnaître le changement de direction et sa valeur angulaire comparativement au plan horizontal ou au plan vertical qui a été déterminé.

C'est par l'application de ces principes qu'on a d'abord cherché la distance des étoiles à la terre dans la différence de hauteur angulaire que devaient offrir celles que leur éclat faisait considérer comme les plus voisines, en les observant alternativement, de deux points fort éloignés l'un de l'autre.

Mais l'*axe de la terre*, se déplaçant dans l'orbite parcourue chaque année autour du soleil et devant ainsi successivement répondre dans le ciel à des étoiles différentes , paraissait cependant toujours dirigé *vers le même point* , à peu près indiqué par l'étoile polaire.

Cette apparente stabilité pendant une circulation de 91 millions de myriamètres (228 millions de lieues) prouve donc la prodigieuse distance de toutes les étoiles, mais non leur fixité ; car, en tournant dans un cercle de quelques pas, la lune qui marche cependant très-vite, nous semblerait rester dans la même position pendant la durée de notre déplacement.

On avait espéré néanmoins, à l'aide d'instruments perfectionnés et des précautions commandées par un intervalle de six mois dans les observations, pouvoir obtenir avec une exactitude suffisante la parallaxe de ces corps lumineux, en prenant pour bases les extrémités du diamètre de l'orbite presque circulaire, décrite annuellement par notre planète autour du soleil, c'est-à-dire un éloignement de près de 80 millions de lieues entre les points d'observation.

Toutes les tentatives n'ont abouti qu'à des discordances d'une à trois secondes de degré dans les valeurs angulaires cherchées, en sorte qu'il a été seulement possible d'annoncer que les plus rapprochées de ces étoiles de première grandeur étaient *tout au moins à cent vingt-cinq mille fois quarante millions de lieues*. Un tel minimum de distance, devenait quadruple ou même décuple, en supposant une parallaxe de deux ou de trois secondes.

Herschell, ne pouvant trouver une seconde de parallaxe à aucune étoile, en concluait que la plus proche était *au moins* cent mille fois plus loin de la terre que celle-ci du soleil. Mais, suivant les calculs d'Argelander, qui n'estime les dernières étoiles pouvant se distinguer au télescope de 20 pieds d'Herschell qu'à une distance 26 fois plus grande que celle des dernières visibles à l'œil nu, les supputations d'Herschell devraient être diminuées au 20^c et au 40^c des nombres indiqués.

D'autres procédés et des instruments d'une plus grande exactitude ont fait obtenir enfin la parallaxe ; c'est-à-dire la véritable distance d'environ trente-cinq étoiles.

En établissant *une moyenne* distance pour les étoiles de différentes grandeurs, Struve et Peters ont estimé que celles de première grandeur ne pouvaient nous envoyer leur lumière en moins de *seize ans*, celles de deuxième en *trente ans*, de troisième en *quarante-quatre ans*, de sixième (dernières visibles à l'œil nu) en *cent trente ans : il faudrait* plus de *trois mille cinq cents années* pour les dernières étoiles visibles au télescope de vingt pieds d'Herschell, et au moins *cinq cent mille années* pour la lumière des nébuleuses résolues en étoiles par le télescope gigantesque de lord Rosse.

Ces résultats n'ont plus de valeur, puisqu'il est aujourd'hui démontré que des étoiles de sixième grandeur sont plus rapprochées de nous que certaines étoiles de première grandeur, et que les parallaxes déjà connues donnent *exactement* la distance de quelques-uns de ces astres jusqu'à notre monde solaire.

Ainsi, par exemple : *la soixante et unième étoile du Cygne*, dont la parallaxe obtenue la première avec certitude est de 0″,36 environ, se trouve éloignée de cinq cent cinquante mille fois la distance de la terre au soleil, et la lumière de cette étoile de sixième grandeur nous parvient en neuf années, tandis que celle d'Arcturus du Bouvier, étoile de première grandeur, dont la parallaxe est de 0″,127, ne peut nous envoyer la sienne en moins de vingt-quatre ans, ce qui porte sa distance minimum (à raison de 8ᵐ13ˢ pour 38 millions de lieues,) à plus de 1,500 mille fois 15 millions se myriamètres.

Dans l'autre hémisphère, l'étoile α du Centaure est jusqu'à présent reconnue comme la plus près de la terre.

On se fera peut-être une idée plus nette de ce minimum de distance, en supposant qu'un petit globe représentant *la terre* soit placé à *un mètre* d'une lumière figurant le soleil. Alors, pour représenter *proportionnellement* la distance de α du Centaure, il faudrait placer un autre flambeau à environ dix-neuf myriamètres (50 lieues) du premier !

Les mesures successivement données par Bessel pour la parallaxe de la 61ᵉ étoile du Cygne, savoir : 0″ 3136-0″ 3483-0″ 3744, semblent indiquer que le mouvement de notre système a lieu maintenant dans la direction de cet astre.

Un observateur qui pourrait se transporter dans l'espace avec la vitesse de la lumière, verrait encore après un voyage de dix ans, du corps céleste auquel il serait parvenu, toutes les constellations *arrangées comme nous les voyons de la terre*, ou sans une plus grande différence que si, dans une foule, quelqu'un, considérant des groupes éloignés, changeait de place avec son voisin.

En continuant sa route dans la même direction, il dépasserait successivement ainsi 500 étoiles placées les unes derrière les autres, et, parvenu après 5,000 ans à la dernière, il serait aux limites de la voie lactée, vers laquelle le ciel serait éclatant de lumière ; devant lui seraient des ténèbres impénétrables à la vue ; mais, armé d'un télescope, il apercevrait d'autres nébuleuses, tout aussi éloignées, tout aussi profondes que la voie lactée, et après lesquelles de nouvelles lueurs ou d'autres soleils se succéderaient sans fin.

Herschell pensait que son grand télescope pouvait faire distinguer des nébuleuses dont la lumière devait employer 350,000 années à nous parvenir; le télescope de lord Rosse, dix fois plus puissant, peut alors montrer des rayons de lumière voyageant dans l'espace, depuis plus de *trois millions d'années.*

D. *Grandeur et éclat des étoiles.*

A la vue simple, ces astres nous paraissent plus grands que dans les lunettes achromatiques, où ils sont dépouillés de leur irradiation; mais néanmoins leur diamètre devrait augmenter avec la force pénétrante de ces instruments, et selon une certaine proportion relative. Cette loi d'amplification dépend en réalité de la distance et de la grandeur de chaque étoile; elle ne peut encore être déterminée, parce que le diamètre de ces astres, même aux miroirs des plus forts objectifs actuels, ne donne pas une mesure angulaire directe et rigoureuse.

C'est par l'écartement qu'on parvient à produire entre deux étoiles confondues à la vue simple, ou dans les faibles lunettes, que l'on s'est assuré de ce phénomène.

La visibilité des rayons stellaires dépend de leur vitesse d'émission, de la densité et du diamètre de ces astres dont l'attraction doit dévier proportionnellement les rayons de notre soleil, qui seraient affaiblis d'une manière sensible par une attraction vingt fois plus grande que la sienne.

Suivant les idées d'Arago sur l'intensité des corps lumineux, il n'y a dans la multitude de leurs émanations que les rayons d'une vitesse déterminée qui soient visibles.

Par l'effet de la scintillation, la lumière de ces astres s'affaiblit ordinairement de telle sorte que ceux de la 6e grandeur cessent d'être visibles à l'œil nu, tandis que certaines circonstances atmosphériques permettent d'apercevoir ceux de septième grandeur. Ce phénomène rend très-difficile la détermination comparative des étoiles de différentes grandeurs.

Le Catalogue de Ptolémée indique 15 étoiles de première grandeur dans les deux hémisphères, 45 de deuxième, 208 de troisième, 474 de quatrième, 217 de cinquième, et seulement 49 de sixième grandeurs, qui est la dernière qu'on puisse distinguer à la vue simple.

Suivant Argelander et la nouvelle distribution faite au moyen de mesures photométriques, on compte maintenant 20 étoiles de première , 65 de deuxième , 190 de troisième , 425 de quatrième , 1,100 de cinquième, 3,200 de sixième, 13,000 de septième, 40,000 de huitième, et 142,000 de neuvième grandeur. Parmi les primaires, voici, selon leur degré d'intensité lumineuse, les quinze étoiles visibles sur notre horizon : Sirius, Arcturus, Rigel, la Chèvre, Wéga ou α de la Lyre, Procyon, α d'Orion ou Béteigeuse, Aldébaran ou α du Taureau, Antarès ou α du Scorpion, Altaïr ou α de l'Aigle, l'Épi ou α de la Vierge, Fomalhaut, Pollux, Régulus et α de l'Hydre. *Voyez* chacun de ces noms.

Quelques astronomes indiquent comme de 1re à 2e grandeur : Castor des Gémeaux, α du Cygne, α de la Balance, α de la Baleine, γ du Lyon, Alamac et Alphérat d'Andromède.

Certaines étoiles sont classées par les uns dans la 2e grandeur, tandis que d'autres les rangent entre la 2e et la 3e, et même dans cette dernière grandeur.

Ces différences proviennent en partie des mouvements propres et de la variabilité de ces astres, dont la périodicité n'a pas encore été reconnue ou calculée.

S'il est difficile de comparer entre elles les étoiles très-brillantes ayant une lumière blanche, les difficultés s'augmentent encore quand il s'agit d'étoiles de couleurs différentes, telles que Procyon ou la Chèvre, comparés avec Aldébaran ou Arcturus, etc., etc. J. Herschell a cependant proposé une échelle photométrique au moyen de laquelle on peut apprécier l'intensité lumineuse d'un grand nombre d'étoiles dont il a donné des tables, comprenant celles de 1re, de 2e et de 3e grandeur selon l'échelle vulgaire.

En prenant l'étoile α du Centaure pour unité comparative et ajoutant la fraction 0, 41 à chaque valeur de l'échelle ordinaire, on voit que deux seules étoiles seraient au-dessus de celle prise pour base, savoir : Sirius, dont l'éclat étant 4 fois plus grand, est représenté par 0″49, et Canapus, qui étant 2 fois et 4/10 plus lumineux l'est par 0″ 70.

Toutes les autres de 1re à 4e grandeur sont indiquées successivement par une quantité plus forte ; ainsi Arcturus aurait 1″ 18, la Chèvre 1,40, Pollux 2, l'Étoile polaire 2,70, α de Cassiopée 3, β du Bélier 3,50, ε de Cassiopée 3,90.

Un appareil imaginé par Arago, en opérant sur l'image polarisée des étoiles, a donné les résultats suivants pour quelques-unes :

Sirius étant représenté par 1,000, α de la Lyre serait dans l'échelle descendante comme 617, Altaïr de l'Aigle comme 450, Rigel 440, l'Épi 310, Aldébaran 220. γ du Cygne de 3ᵉ grandeur serait indiquée par 56, et ζ de la même constellation par 31.

En employant un autre instrument photométrique de Steinhel, on a trouvé des résultats bien différents ; ainsi, par exemple, Wéga de la Lyre, au lieu de présenter plus des 6/10ᵉ de l'intensité de Sirius, n'aurait que le cinquième de son éclat ; Rigel, qui avait 1/5 d'éclat *en moins* sur Wéga, présente 3/10 en plus sur la même étoile avec le deuxième appareil ; Altaïr, dont l'intensité était de 3/20 plus forte que celle de l'Épi, est au contraire de 2/20 au-dessous.

Dans les cartes astronomiques, l'étoile la plus brillante est généralement désignée par la lettre α, la deuxième de la même constellation par β, la troisième par γ, et ainsi de suite jusqu'à la fin de l'alphabet grec ; puis on emploie les lettres romaines, et enfin des numéros d'ordre ou ceux des catalogues connus.

Wolaston et Jⁿ Herschell ont calculé que la lune est 27,400 fois plus brillante que l'étoile α du Centaure, et le soleil huit cent mille fois plus éclatant que la lune, ce qui porte à vingt-deux millions de fois sa lumière, comparativement à celle de α du Centaure.

La parallaxe de cette étoile indique de plus qu'elle est 2 ou 3 fois plus volumineuse que notre soleil. L'étoile α de la Lyre, qui est tout aussi brillante, est cependant beaucoup plus petite, puisque sa parallaxe n'est que de 0″,07 à 0″,26. Arcturus et la Chèvre, dont l'éclat est de la même intensité, ont aussi des parallaxes 3 et 8 fois plus petites que celle de la 61ᵉ du Cygne, à peine visible à l'œil nu.

Sirius même n'a pour valeur parallactique que les deux tiers de la mesure trouvée à cette dernière étoile.

Les occultations d'étoiles primaires par la lune démontrent que ces astres ne peuvent avoir une seconde de degré de diamètre ; en effet, lors de ces éclipses, l'étoile disparaît et revient subitement avec tout son éclat. Comme la lune se meut avec une vitesse d'environ une demi-seconde *de degré* par seconde *de temps*, il est évident que si l'étoile avait pour diamètre deux fois cette étendue, la diminution de son éclat serait sensible, soit au moment de l'immersion, soit à l'instant de l'émersion.

Suivant Peters, la parallaxe des étoiles de deuxième grandeur serait, en moyenne, d'un neuvième de seconde.

La parallaxe d'Arcturus, évaluée par Herschell à 0″,01, donnerait à cette étoile un diamètre sept fois plus grand que celui de notre soleil.

D'un autre côté, si celui-ci était seulement éloigné de nous autant que α du Centaure, son diamètre apparent de 32′ ne serait plus que de 0″,009, et nous ne pourrions pas l'apercevoir avec les meilleures lunettes ; ce qui démontre que *cet astre si radieux est l'une des plus petites étoiles de la voie lactée.*

W. Herschell, qui avait déjà classé très approximativement, depuis la 1re jusqu'à la 6e grandeur, les étoiles visibles à l'œil nu, au moyen de deux télescopes jumeaux dont les objectifs étaient successivement garnis de diaphragmes gradués proportionnellement, parvint aussi à former une échelle d'intensité et de distance pour les astres seulement perceptibles aux lunettes.

Une étoile de première grandeur, telle que Wéga, par exemple, réduite au quart de sa lumière ou éloignée de deux fois sa distance actuelle, a l'apparence d'une secondaire ; à quatre fois sa distance, elle serait de la quatrième grandeur ; à huit fois, de la cinquième et à douze fois, de la sixième grandeur, soit à la limite des astres visibles à l'œil nu.

Au moyen d'un grand nombre de lunettes ou de télescopes dont la puissance de pénétration était combinée de manière à obtenir des rapprochements égaux *aux carrés* de la série des nombres : 2, 3, 4, 5, 6, etc., c'est-à-dire des amplifications progressives de 4, 9, 16, 25, 36, etc., fois plus grandes que la vision naturelle, ce premier des astronomes put reconnaître que certaines étoiles devaient être au moins neuf cents fois plus éloignées que celles de première grandeur placées dans la voie lactée, et dont la lumière ne peut nous parvenir en moins de trois ans.

Les rapports étant proportionnels aux carrés des distances, la lumière de ces étoiles, perceptibles au télescope de six mètres, n'avait pu se propager jusqu'à la terre *en moins de 25,000 ans.*

Les nébuleuses visibles au télescope de douze mètres de distance focale, devaient représenter des étoiles de mille trois cent quarante-quatrième grandeur, qui ne pouvaient envoyer leur lumière à notre monde solaire avant 300,000 *années.*

L'instrument de lord Rosse, étant dix fois plus puissant, doit donc réfléchir des rayons partis de leur foyer lumineux *depuis trois millions d'années.* Pour nier ces résultats, il faut supposer que parmi ces masses nébuleuses, toutes composées d'étoiles, aucune n'a l'éclat ni la dimension de celles que la vision naturelle nous fait classer dans la première grandeur.

E. *Mouvement des étoiles.*

La rotation de la terre explique le mouvement apparent de

étoiles, qui semblent tourner chaque jour autour de nous en conservant leur position respective ; mais cette fixité même n'est pas réelle. Tout dans l'univers se meut suivant des lois générales qui régissent les astres les plus éloignés, comme tous les corps qui font partie de notre monde particulier.

Telle était l'opinion de Galilée, lorsqu'il indiquait qu'on pourrait trouver la parallaxe des étoiles doubles par le déplacement de la plus petite autour de la plus grande.

« Il y a une étoile dans l'Aigle, disait Fontenelle, qui aura à son « occident celle qui est de l'autre côté. Tous les fixes sont des so- « leils ; le nôtre pourrait se mouvoir comme eux. »

Cassini prouva qu'Arcturus s'était déplacé de 5′ de degré, tandis que η du Bouvier, qui lui est très-voisine, ne paraissait pas avoir bougé.

En cherchant à déterminer un tel mouvement, Halley, reconnut par les positions de Sirius, d'Aldébaran et d'Arcturus, indiquées par Ptolémée, qu'en 1717, cette dernière n'avait plus la même latitude ; Jacques Cassini constata ensuite son mouvement en longitude. D'autres astronomes confirmèrent ces changements, que Bessel Argelander et Leverrier ont reconnu de nouveau. Cette longitude a pu varier d'environ 15′ depuis vingt siècles.

Si les observations d'Hipparque ont été faites exactement, la soixante-unième du Cygne, étoile de cinquième grandeur, aurait varié de 3° au moins depuis 2,000 ans.

M. Struve, dans son grand catalogue de Dorpat, publié en 1852, déclare que depuis cent ans le mouvement relatif des deux composantes de la 61ᵉ étoile du Cygne est sensiblement rectiligne et uniforme, qu'ainsi l'une ne peut décrire, comme on le croyait, un orbite autour de l'autre, dans une durée de 5 à 600 ans.

L'étoile μ de Cassiopée, d'après les calculs de M. Encke, se serait déplacée de 3 ou 4 fois le diamètre de la lune et Arcturus de 2 fois et demi cette mesure. α de la Vierge est indiquée à 174° par Hipparque, 145 ans av. J. C. ; elle est aujourd'hui à 201°, 46′, ce qui donne une différence de 27°, 46′ ou une précession de 51″, par année.

Le mouvement du soleil, rapporté aux autres étoiles, indique que la plus voisine du pôle sera remplacée dans 700 ans par une des étoiles de Céphée ; plus tard, par une du Cygne ; et qu'enfin dans 12,000 années l'étoile polaire sera *Wéga* de la Lyre, l'une des plus belles étoiles de notre hémisphère. Alors on y verra les étoiles de la Croix du Sud ; mais Sirius, Orion, etc., seront disparues.

Le balancement qui produit la précession des équinoxes et la diminution de l'obliquité de l'écliptique est la cause principale de ces mutations.

En réalité, tous les corps célestes se meuvent dans l'espace, et par conséquent ont, dans la suite des temps, une intensité lumineuse différente par rapport à la terre.

Des groupes d'étoiles paraissent se mouvoir dans une direction opposée; d'autres, autour de plus grandes. Les durées de révolution, sur plus de trois mille déjà reconnues, varient depuis quarante ans jusqu'à des milliers d'années.

La découverte du mouvement propre des *fixes* d'autrefois a fait reconnaître la translation de notre monde solaire qui se dirige dans l'espace vers la constellation d'Hercule, ainsi qu'Herschell l'avait pensé d'abord.

En combinant la marche d'un grand nombre d'étoiles, Argelander a trouvé que ce point, situé en 1792 à 260° 40′ 6″ d'ascension droite et à 31° 17′ 7″ de déclinaison, s'était déjà déplacé d'un côté de 10′ 2″, et de 4″ vers le sud.

Les parallaxes obtenues pour quelques étoiles ont donné la vitesse de leur mouvement. La polaire se déplace de 2,000 mètres par seconde; α de la Lyre, de 8,000 mèt.; η de la grande Ourse, de 28,000 mèt. Sirius, dont le mouvement *propre* est de 1″,23, se déplacerait de 24,000 mèt.; Arcturus, de 8$^{\text{myr.}}$ 8,000$^{\text{mèt.}}$ (22 lieues); et l'étoile d'Argelander (1830 de Groombridge), de plus de 30 myriam. par seconde.

L'observation des systèmes binaires ou multiples, c'est-à-dire des étoiles qui paraissent n'en faire qu'une seule à la vue simple, a fait voir que ces astres lumineux sont aussi régis par les lois de Képler, et que dans ces régions éloignées, comme dans notre monde particulier, *les rayons vecteurs décrivent des aires proportionnelles aux temps.*

La période de révolution autour d'un centre de gravité a été reconnue pour ζ, étoile double d'Hercule, être de 35 ans; elle est de 44 ans pour η de la Couronne boréale, de 60 ans pour ξ de la grande Ourse; de 175 ans pour γ de la Vierge; pour Castor des Gémeaux, divers astronomes l'évaluent entre 253 et 632 ans.

Voici comment Savary a indiqué qu'on pouvait obtenir la distance des étoiles par le mouvement de l'astre secondaire dans les systèmes doubles : Quand l'orbite de la petite étoile n'est pas perpendiculaire à la vision, elle paraît marcher en ligne droite, plus lentement de l'autre côté de l'étoile centrale qu'en parcourant la partie qui est du côté de la terre : si le demi-diamètre de l'orbite est considérable, la lumière ne pourra le traverser qu'en quelques jours ou quelques semaines ; ainsi le temps sera plus long pour la révolution la plus éloignée que pour la plus proche, la moyenne durée des deux quantités inégales donnera donc le diamètre moyen, et les variations angulaires de ce demi-diamètre seront les éléments de mesure pour la distance à l'étoile centrale et pour sa parallaxe.

Tout amateur, en opérant sur des groupes binaires dont l'une des étoiles étant de première à troisième grandeur, soit à une distance angulaire de 3 à 5 minutes de degré d'une autre étoile de sixième à huitième grandeur, pourra, avec une lunette un peu forte, munie d'un bon micromètre, trouver la distance réelle de la grande étoile à la terre, pourvu que cette distance puisse être parcourue par la lumière en moins d'une trentaine d'années.

Le calcul démontre, en effet, que l'angle de hauteur d'un corps céleste dépend de son rapport de distance avec la ligne de direction sur laquelle a lieu le déplacement, et aussi de la valeur de ce mouvement. Ajoutons que, deux de ces quantités étant connues, on peut immédiatement trouver la troisième. Ainsi, dans les cas ci-dessus indiqués, le déplacement de l'objet le plus rapproché sera facilement mesuré, et, comme la base d'observation (le diamètre de l'orbite terrestre) est connue, le troisième terme, ou la distance de la grande étoile à la terre, s'en déduira naturellement.

On peut maintenant comprendre l'importance des déterminations que chacun peut obtenir en observant, avec les moyens convenables, les révolutions des étoiles doubles, ou plutôt la durée des demi-révolutions des satellites stellaires, surtout lorsque leurs orbites se présentent perpendiculairement à l'observateur, et peuvent ainsi se partager en demi-révolution ascendante et demi-révolution descendante.

Non-seulement la distance de ces étoiles à la terre peut-être ainsi déterminée, mais encore la masse de ces corps célestes.

On a reconnu dans les orbites de quelques systèmes doubles des excentricités assez considérables pour les comparer au mouvement elliptique de quelques comètes ; l'excentricité de α du Centaure, dont la période de révolution est de soixante-dix-sept ans, égale à peu près le double du petit diamètre ; η de la Couronne et Castor

offrent des excentricités d'environ le quart du moindre diamètre ,
ainsi que Pallas et Junon, petites planètes de notre système solaire.

L'irrégularité des mouvements de Sirius et de Procyon a fait
penser à quelques-uns des meilleurs astronomes modernes que ces
astres étaient peut-être les satellites de corps opaques plus considérables et invisibles pour nous.

Origène écrivait, aux premiers temps du christianisme, que,
parmi les étoiles *de feu*, il y avait des corps terrestres que nous ne
pouvions apercevoir. L'extinction rapide de quelques grandes étoiles
à différentes époques semble appuyer cette opinion, admise par
Laplace. Il est certain que ces corps éteints *existent toujours;* qu'il
peut y en avoir autant que d'étoiles; et que des corps opaques
peuvent être des centres d'attraction, aussi bien que les astres lumineux.

F. Nombre et distribution des étoiles.

Selon l'uranométrie d'Argelander, revisée par Heis et un autre
observateur doué de la meilleure vue, on peut distinguer *à l'œil
nu*, environ *cinq mille* de ces astres, dont 4,000 visibles à Paris
et répartis en quatre-vingt-treize constellations, savoir : trente-
cinq boréales, douze zodiacales et quarante-six australes. (*Voyez*
pl. i et pl. ii.)

Hipparque n'en indiquait que quarante-neuf, dont quinze seulement dans l'hémisphère austral, moins bien observé qu'aujour-
d'hui. Ses catalogues ne comprenaient que 1,008 étoiles sur 4,500
qui étaient visibles à l'horizon d'Alexandrie.

Au-dessous de la sixième grandeur, c'est en quelque sorte la
puissance des instruments qui limite le nombre des étoiles; plus
les moyens d'amplification s'augmentent et se perfectionnent, plus
ces astres semblent se multiplier. Herschell en a compté jusqu'à cinquante mille dans un espace de 15° de long sur 2° en largeur;
son grand télescope lui en montrait plus de dix-huit millions dans
la voie lactée seulement; aujourd'hui que des objectifs supérieurs
aux siens décomposent en étoiles les nébuleuses que ce grand astronome croyait uniquement formées de matière diffuse, on peut
dire que le nombre de ces astres est illimité.

Chaque classe de grandeur contient environ trois fois autant d'é-
toiles que la précédente : ainsi, la première étant de vingt, la
deuxième est de soixante-cinq; la troisième de cent quatre-vingt-

dix ; la quatrième de quatre cent vingt-cinq ; etc., jusqu'à 17,000 environ, en y comprenant les étoiles de la septième grandeur, et de 200,000 avec celles de 8ᵉ et 9ᵉ grandeurs.

Ce nombre s'étend à plus de quarante millions, visibles dans les fortes lunettes jusqu'à la 14ᵉ grandeur ; leur lumière met au moins 4,000 années à nous parvenir.

On a maintenant des catalogues de deux mille cinq cents nébuleuses, dont plusieurs sont aussi étendues que notre Galaxie ; presque toutes paraissent et sont probablement, comme elle, des amas d'étoiles.

A peine se trouve-t-il quelques points dans le ciel qui ne soient pas occupés par un de ces astres lumineux ; et pourtant *chaque étoile*, réfléchie par les gigantesques miroirs des télescopes actuels, *se détache sur un fond obscur !*

Si l'on veut s'expliquer un tel phénomène, il faut bien admettre qu'il existe entre toutes les étoiles une distance assez grande pour affaiblir leur lumière, à tel point que l'astre situé *derrière un autre sur la même ligne de vision* n'est plus perceptible à nos instruments, et que celui qui est placé devant se détache seul sur la profondeur de l'espace où ces astres sont à peu près également distribués.

En effet, si tous les soleils se sont formés, ainsi que le nôtre, par la condensation de la matière nébuleuse, chacun de ces corps célestes a dû attirer et réunir à sa masse toutes les molécules d'une même région, en s'isolant des autres systèmes par des intervalles immenses.

S'il n'en était pas ainsi de l'affaiblissement de la lumière et de la répartition des corps qui l'émettent dans toutes les directions, l'étendue des cieux serait *partout si éclatante*, qu'on n'y pourrait distinguer *aucune constellation ;* que la lune nous semblerait toujours *un disque noir*, et que notre soleil lui-même ne nous serait connu *que par ses taches.*

ÉTOILES CHANGEANTES OU PÉRIODIQUES. Le changement est la première loi de l'univers ; de nouvelles formes résultent sans cesse de nouvelles combinaisons ; tout est en mouvement dans les cieux, comme dans les corps de notre monde solaire.

Képler croyait que les étoiles tournaient sur elles-mêmes, ainsi que la terre, les planètes, et le soleil qui les emporte dans l'espace.

Les fixes d'autrefois subissent la loi commune ; elles s'éloignent ou se rapprochent des régions où circule notre système ; ces mouvements, dont la période peut être très-courte, très-longue ou infinie, expliquent les variations observées dans leur intensité lumineuse, et même les disparitions qui ont eu lieu à différentes époques.

La nature de leur surface ou de leur photosphère, l'interposition de corps opaques, des révolutions intérieures, sont encore des causes auxquelles il est possible de rapporter tous les phénomènes de mutations et de périodicité de ces soleils intermittents.

C'est à Holwarda, de Franecker en Hollande, qu'on attribue les premières observations suivies, d'une étoile changeante.

Hévélius, dix ans après (en 1648), le suivit dans cette nouvelle voie, en déterminant les singulières variations de la *merveilleuse* étoile de la Baleine, aperçue en 1596 par Fabricius, et dont Argelander a récemment fixé la période de tous les changements à environ 331^j 13^h.

Aux temps d'Hipparque, de Ptolémée et d'Ératosthène, on avait comparé l'intensité lumineuse de quelques étoiles dont les rapports sont aujourd'hui changés. Depuis qu'au moyen des lunettes on a pu dresser des tables stellaires d'une grande précision, les variations d'éclat de plus de cinquante étoiles ont été constatées, et quelques-unes ont présenté des particularités fort curieuses.

Parmi les *changeantes*, on cite comme les plus remarquables : o de la Baleine (*voyez* Mira), qui, lors de ses retours variables pour l'intensité et les intervalles, s'accroît parfois de la sixième jusqu'à la deuxième grandeur ; χ du Cygne passe, en 405 jours, de la onzième à la cinquième grandeur ; β de Persée (Algol), de la quatrième, s'élève à la deuxième en 3 heures 1/2 avec une périodicité de 68^h 49^m ; ρ de la Couronne disparaît, et redevient visible à la sixième grandeur ; β de la Lyre, ayant une période de 12^j 21^h 46^m qui tend à se raccourcir, a deux maximum et deux minimum d'intensité ; η de l'Aigle passe en 7^j 4^h 14^m de la troisième à la cinquième grandeur ; δ de Céphée, descend de la troisième à la cinquième grandeur avec une périodicité de 5^j 2^h 48^m ; α d'Hercule, dans une période de 66^j 8^h, passe de la troisième à la quatrième grandeur ; α de Cassiopée, en 79^j 3^h, revient de la deuxième à la troisième ; ζ des Gémeaux, change en 10^j 3^h 36^m de la quatrième à la cinquième grandeur. L'étoile η du Navire, dans l'hémisphère austral, passe, sans aucune régularité, de la quatrième à la première grandeur. Du temps de Flamstead, α de la grande Ourse était notée par lui entre la première et la deuxième grandeur ; elle est aujourd'hui au-dessous de cette apparence ; β du Lyon (Denebola), qui était marquée de première, est à peine de deuxième, et α du Dragon, indiquée de deuxième, est tout au plus de la troisième grandeur. Céphée a aussi une étoile δ qui est changeante.

La Chèvre, qui était moins brillante que Wéga, est aujourd'hui d'une intensité plus grande ; η de la grande Ourse est maintenant la plus éclatante des sept étoiles principales de cette constellation, tandis qu'en 1837 le premier rang appartenait à ε, qui serait ainsi, variable ; β de la petite Ourse paraît pendant quelque temps plus faible que la polaire, et plus brillante quelques années après.

Ces variations d'éclat non périodiques autorisent à penser que notre soleil peut éprouver les mêmes alternatives d'intensité lumineuse, et par conséquent d'émission calorifique.

Ératosthène, 250 avant J. C., indiquait l'étoile de la Serre boréale comme la plus brillante du Scorpion ; aujourd'hui elle l'est moins que l'étoile de la Serre australe, et surtout qu'Antarès de la même constellation.

Quoique généralement les étoiles variables soient rougeâtres, quelques-unes sont toujours blanches comme β de Persée et β de la Lyre ; η de l'Aigle est un peu jaune.

L'intensité lumineuse des étoiles changeantes croît plus rapidement qu'elle ne diminue, ainsi que cela arrive pour δ de Céphée ; mais le contraire est quelquefois observé. Ces étoiles changeantes sont indiquées au planisphère boréal. (*Voyez* pl. Ⅰʳᵉ.)

Le nombre des astres ayant une périodicité bien établie est d'à peu près 25 ; Jʰ Herschell le porte même à 45. Les étoiles dont la périodicité est la plus courte sont : la polaire, dont le changement se fait en 2 jours et β de Persée, précédemment citée ; la plus longue période connue est celle du n° 30 de l'Hydre, qui est de 495 jours.

Les rayons colorés des étoiles ordinaires, partant de tous les points de leur surface, produisent de la lumière blanche, mais il n'en peut être ainsi pour les étoiles périodiques, dont la lumière, émise à l'instant de leur apparition et de leur disparition, *part seulement des bords*, et devrait par conséquent offrir des traces de polarisation. Comme cette lumière est toujours naturelle, on peut en conclure que ces astres sont environnés, comme notre soleil, d'une enveloppe gazeuse.

Cette conséquence serait la même, en admettant que l'extinction ou le changement d'intensité lumineuse soit l'effet de l'interposition périodique d'un corps opaque, ou seulement l'aspect de places obscures ou plus brillantes que ces astres nous présentent successivement.

ÉTOILES DOUBLES ET MULTIPLES. A la vue simple, les astres qu'on désigne ainsi ne forment qu'une seule étoile ; les fortes lunettes, en les dépouillant de leur irradiation, n'en augmentent pas le diamètre réel, mais permettent d'apercevoir les distances qui existent entre ces corps célestes et même d'observer leurs mouvements de circulation, autour du centre commun de gravité.

Galilée, dont les lunettes étaient trop faibles pour l'observation des étoiles doubles, eut cependant l'idée qu'au moyen d'une petite étoile très-voisine d'une plus grande, on parviendrait à connaître la parallaxe, ce qui veut dire la distance de ces astres au soleil, et par conséquent à la terre. Lambert en 1761, Michell en 1767 et Mayer en 1778, précédèrent le grand Herschell dans la démonstration de cette précieuse découverte de l'astronomie moderne.

Près de six mille étoiles doubles sont maintenant reconnues dans les deux hémisphères par Jⁿ Herschell, Bessel de Kœnigsberg, Dunlop de la Nouvelle-Orléans, Argelander, Encke, Gall, Preuss, Otto Struve, Madler à Dorpat et Mitchell à Cincinnati.

Sur ce nombre Jⁿ Herschell, pendant son séjour de quatre années à Feldhausen, près le cap de Bonne-Espérance, en a observé plus de 2,000 qui n'avaient pas encore été signalées dans l'hémisphère austral. Environ six cent cinquante ont déjà changé de positions relatives, et paraissent obéir à la même loi que les corps de notre monde solaire, en circulant comme lui dans l'espace ; non dans le même sens, mais suivant des attractions différentes et indépendamment les unes des autres.

Le plus souvent ces systèmes particuliers sont formés d'une petite étoile tournant autour d'une plus grande ; mais sur quelques points on peut observer trois, quatre, cinq et même six étoiles de diverses grandeurs, unies par des relations mutuelles et la force attractive d'une masse prépondérante. Cette différence de grandeur ne tient pas à une différence de distance, puisque l'étoile la plus faible ne devient pas plus vive quand elle vient s'interposer entre la grande et nous.

Parmi ces soleils multiples, γ du Lyon, qui marque l'angle du

trapèze au-dessus de Régulus, est l'objet le plus remarquable de
notre hémisphère, et offre à l'observateur un système triple dont
une secondaire jaune et une tertiaire vert rougeâtre. ζ du Bouvier
et γ de la Vierge présentent encore la rare combinaison de deux
belles étoiles d'une intensité presque égale. La soixante-dixième
d'Ophiucus se compose aussi de deux astres à peu près égaux et
dont la durée de révolution (environ 88 ans) n'excède pas d'un
dixième le temps qu'Uranus emploie à tourner autour du soleil ;
c'est le mouvement le mieux reconnu peut-être, dans tous les systèmes binaires.

On peut noter encore dans les astres doubles visibles pour nous :
Mizar de la grande Ourse (au milieu de la queue), composée de
deux étoiles de quatrième et de cinquième grandeur, dont la révolution est de 61 ans à peu près ; ξ de la grande Ourse, d'environ 59 ans ;
α du Capricorne ou Giedi, qui se sépare aisément en deux étoiles
de troisième et de quatrième grandeur, à 6′ 30″ de distance ; α et ζ
du Cancer ; α des Gémeaux ; η de Cassiopée, dont la grande est
blanche, et la petite rouge pourpré ; α et ζ du Taureau ; γ
du Sagittaire ; γ du Dauphin ; ζ d'Hercule, montrant deux étoiles de
troisième et de sixième grandeur avec une période révolutive de
36 ans 3/4 environ ; ζ du Bouvier ; la vingt-troisième d'Orion ; la
soixante et unième du Cygne ; η de la Couronne, qu'on peut séparer
en deux étoiles de cinquième et de sixième grandeur, et qui, depuis Herschell a déjà accompli une révolution dont la période
a été reconnue et fixée par M. Yvon de Villarceau à 67 ans 118
jours 5 heures environ.

σ de la couronne boréale, la plus voisine à gauche de Margarita,
qui est changeante et double, aurait une périodicité de 287
années ; ξ du Bouvier, de 117 années ; γ de la Lyre, de 154 ans ;
et δ du Cygne, de 178 ans 7/10 ; ε du Lion, que les plus forts instruments peuvent seuls séparer en 2 astres de sept à huitième grandeur,
présente une excentricité d'environ 0,4 dans l'orbite que le plus
petit met 133 ans 1/3 à parcourir autour de l'autre.

Les étoiles ζ du Cancer, ξ de la Lyre, etc., sont des systèmes
triples ; α d'Andromède, μ du Bouvier et ε de la Lyre sont des systèmes quadruples. Cette dernière étoile peut être facilement dé-
doublée par une lunette d'une force médiocre ; mais, avec un pouvoir plus amplifiant, chacune de ses composantes se dédouble encore. θ d'Orion (dans la nébuleuse du grand trapèze) présente cinq
soleils, suivant le mouvement d'un astre plus considérable.

14.

Les éléments de translation ont pu être calculés pour dix-huit de ces systèmes doubles; ζ d'Hercule, depuis qu'il a été exactement observé, a déjà accompli deux révolutions entières de trente-six ans 253ʲ 14ʰ environ, et offert le phénomène de l'occultation *d'un soleil par un autre.* Le temps de cette révolution est à peu près celui que Saturne emploie à faire la sienne autour de notre soleil, et quatre fois et demie plus court que la révolution sidérale de Neptune.

On a récemment obtenu la parallaxe d'un certain nombre d'étoiles doubles qui ont depuis 0″,06 jusqu'à 0″,28. Les numéros 125 et 2396 du Catalogue de Struve ont 0″, 4, et δ du petit Cheval, 0″,36.

α De la Lyre, dont la parallaxe est de 0″230, a près d'elle (à 43″ de distance) une très-petite étoile dont le mouvement est facilement observable.

Il est à remarquer que lorsque l'étoile principale des systèmes doubles n'est pas blanche, elle est en général d'un rouge vif et son acolyte d'une couleur violette, c'est-à-dire de la nuance la moins réfrangible. Il existe cependant des combinaisons dont la petite étoile est jaune, ou bleue, ou même verte. Struve cite soixante-trois paires d'étoiles, dont les deux composantes sont bleues ou bleuâtres, et dans lesquelles par conséquent : la couleur n'est pas un effet de contraste.

Si, comme on doit le penser, il existe des planètes en révolution autour de ces soleils, elles sont alternativement éclairées d'une lumière rouge, et puis d'une violette ou d'une verte, etc.

ÉTOILES FILANTES. M. Ed. Biot, qui a pu relever les documents officiels des observations astronomiques de la Chine, cite quelques apparitions fort extraordinaires d'étoiles filantes, considérées dans ce pays comme de simples météores.

L'une de ces relations porte que dans l'année 687 (avant notre ère), la nuit étant claire, on ne voyait aucune étoile fixe; mais qu'au milieu de cette nuit elles tombèrent comme une pluie. Des chutes semblables eurent lieu en 970, 1,002, 1,008, 1,012, 1,027 et 1,063, principalement dans les mois d'août, septembre, octobre et novembre.

Les observations arabes rapportent que, dans la nuit où mourut le calife Ibrahim-ben-Ahmed (18 octobre 902), on vit une averse très-intense de ces étoiles.

Plusieurs astronomes, et Olbers surtout, se sont occupés spécia-

lement de ces phénomènes, auxquels ce dernier assignait une périodicité de trente-quatre ans pour le retour de leur maximum numérique. Les observations suivies à Paris depuis fort longtemps paraissent contredire cette opinion ; ainsi, dans la nuit du 12 au 13
novembre 1850, pendant laquelle les apparitions auraient dû être
très-abondantes, la commune ne fut que d'environ 15 à 18 par
heure. Il est vrai qu'en d'autres lieux et à d'autres époques de la
même année, diverses observations portent le nombre des apparitions à une quantité bien plus grande. Ainsi M. Anglès, se rendant
à Roanne dans la nuit du 10 au 11 avril, aurait compté plus de
quatre cents de ces étoiles, pendant un trajet de cinq heures. La direction générale était, comme d'ordinaire, du nord-est au sud-ouest,
et quelques-uns de ces bolides étaient de première grandeur ; l'un
(dit le rapport) faisait porter une ombre, comme la lune vers
son cinquième jour.

Dans la nuit du 10 au 11 août 1850, on a vu à Bruxelles 52 de
ces apparitions lumineuses en 55 minutes. En 1853, dans la nuit
du 10 au 11 août, et du même observatoire, on a compté 163 apparitions, dont 77 de 10 à 11 heures.

Le 9 août de cette même année à New-Haven (États-Unis), on en
a observé 388 depuis minuit jusqu'à $3^h 25^m$; beaucoup de ces météores, laissant des traînées lumineuses, dépassaient en éclat les étoiles
de première grandeur, et quelques-uns étaient aussi brillants que Vénus. Dans cette même nuit, on en comptait 180 par heure en Irlande, et à Rome 277 dans la soirée. A Paris on n'en comptait plus
par heure que 52 en 1854, et 45 en 1855.

Aux États-Unis, du 12 au 13 novembre, on en vit une véritable
averse qui dura sept heures.

Ces différences dans les observations semblent indiquer que la
périodicité de ce phénomène, ou plutôt sa visibilité, dépend des
lieux où l'on se trouve placé, soit relativement aux régions traversées par ces corps, soit au moment où la prodigieuse vitesse
qui les anime, venant à les enflammer dans leur passage, les
rend ainsi visibles.

Ainsi l'une de ces étoiles, observée à Gand le 9 août, à $10^h 35^m$,
vers la tête de la grande Ourse, ressemblait à un globe de feu comparable à Jupiter et se mouvant avec lenteur, sans laisser aucune
trace après lui. Son éclat parut un moment obscurci par une fumée
blanchâtre qui s'en détachait, puis il reparut aussi brillant après
cette combustion apparente.

Ces bolides seraient alors des corps opaques, circulant dans l'espace sous des inclinaisons différentes; leur multiplicité et leur petitesse occasionneraient les chocs qui les font dévier de leur direction primitive et tomber quelquefois sur la terre, où la nature de leurs éléments les fait toujours reconnaître. *Voyez* MÉTÉORES, BOLIDES et AÉROLITHES.

ÉTOILES FONDAMENTALES. On désigne ainsi, parmi les plus remarquables, 36 étoiles qui sont d'une observation presque toujours facile, et au moyen desquelles les marins et les astronomes déterminent ou rectifient l'heure sidérale, en mesurant la hauteur et la déclinaison de l'une d'elles.

Les principales sont : l'étoile polaire, Sirius et Procyon, Régulus, Fomalhaut, Castor et Pollux, Aldébaran et β du Taureau; la Chèvre; α d'Andromède, du Cygne de Persée, de la Lyre, de la Vierge et de la Balance; γ de Pégase, Arcturus; α β et γ de l'Aigle; Beteigeuse, Rigel d'Orion, etc., etc.

Les théories des mouvements planétaires du soleil et des comètes, la position de l'équinoxe, l'obliquité de l'écliptique etc., sont établies sur la position de ces étoiles, *supposée connue très-exactement ;* il importait donc d'en déterminer l'ascension droite et la déclinainaison, avec toute la rigueur que comportent les moyens actuels d'observations et de calculs.

En se fondant sur les travaux que Bradley suivit à Greenwich, depuis 1750 jusqu'à 1762; Bessel de Kœnigsberg, dans ses *Tabulæ Regiomontanæ*, ouvrage publié en 1818, a réduit pour l'année 1755 les ascensions droites de ces 36 étoiles fondamentales et les coordonnées d'environ 3,000 autres.

M. Airy s'est livré à de nouvelles recherches sur les mêmes étoiles depuis 1836 jusqu'à 1850.

M. Le Verrier, soumettant tous les travaux précédents à de savantes discussions, et signalant les causes d'erreurs qui en avaient entaché les résultats, a pu déterminer enfin la véritable situation de ces phares lumineux, point de repères qui fixent la *triangulation céleste,* avec une exactitude comprenant des centièmes de seconde.

Les mouvements propres de quelques-uns de ces principaux astres ont ainsi été confirmés et constatés par des mesures irrécusables; Sirius, par exemple, dont l'ascension droite, reconnue en 1751 pour : + 0'',22, et seulement onze ans après de : — 0'',20, montrait ainsi que, dans l'espace d'un siècle, le soleil le plus éclatant de notre hémisphère accomplit plus d'une complète révolution autour *du corps invisible* qui le retient dans sa puissante attraction.

Si maintenant les corrections indiquées par M. Le Verrier doivent être modifiées, ce sera généralement et dans leur ensemble, avec la position du soleil et celle de tous les corps de notre système.

ÉTOILES GROUPÉES. Messier a donné l'indication de plus d'une centaine d'amas nébuleux ayant à la vue simple ou avec de faibles lunettes l'apparence de petites comètes, mais que les télescopes décomposent en myriades d'étoiles groupées autour d'un centre plus lumineux ; plusieurs ont une forme complétement ronde, avec l'aspect d'une réunion d'étoiles constituées en famille céleste, soumise à des lois particulières, et dans laquelle cinq mille de ces astres paraissent ne pas occuper une surface plus grande que la dixième partie du disque lunaire.

Quelle que soit la nature de ces groupes, il est évident qu'ils ont été produits par d'autres causes d'agrégation que celles qui ont semé l'espace d'étoiles isolées.

La constellation bien connue des Pléiades, n'offrant à la vue simple qu'un amas de six ou sept étoiles, en montre aux lunettes cinquante à soixante, toutes séparées les unes des autres.

La chevelure de Bérénice, groupe plus diffus, présente de plus grandes étoiles aux miroirs qui les résolvent.

Un groupe encore moins distinct, nommé la Ruche d'abeilles, se trouve dans la constellation du Cancer, et peut se résoudre en étoiles avec une simple lunette de nuit.

La Garde de l'Épée de Persée comprend un autre amas qui exige une lunette un peu forte pour en faire distinguer les étoiles. Il était connu des astronomes grecs, qui le citent souvent dans leurs écrits.

Un groupe télescopique, qu'on peut observer près d'Arcturus du Bouvier à $15^h 34^m 12^s$ et à $29^o 14'$ de déclinaison boréale, contient près de 1,000 étoiles de dixième à douzième grandeur.

Le groupe d'Andromède, en forme de couronne ovale, se trouve près de l'étoile γ de cette constellation, et présente aux grands réfracteurs plus de 1,500 étoiles distinctes. Ce groupe nébuleux de $2^o 1/2$ de long sur 1° de large était connu dès le dixième siècle ; mais il avait échappé aux investigations de Tycho-Brahé.

Celui du Baudrier d'Orion, récemment résolu en étoiles par le télescope de lord Rosse, est l'un des plus remarquables de notre hémisphère ; la planche v, figure 4, en représente une partie.

On cite dans l'hémisphère austral le groupe du Boucanier, très-visible à la vue simple, étant situé près de la plus petite des nuées de Magellan, dans un espace entièrement dépourvu d'étoiles ; son intérieur est d'un rose pâle circonscrit par une teinte blanche ; sa forme globuleuse l'avait d'abord fait prendre pour une comète.

Un autre groupe très-remarquable est ω du Centaure, à 13" 16' 38" d'ascension droite, et 136°35' de déclinaison boréale. Il est visible à l'œil nu, comme une étoile de quatrième à cinquième grandeur ; une forte amplification lui donne l'aspect d'un globe ayant 20' de degré de diamètre, dont l'éclat s'accroît successivement vers le centre, et qui se décompose en étoiles de treizième à quinzième grandeur.

Le groupe situé entre η et ζ d'Hercule, qui est perceptible à la vue simple dans les nuits très-claires, est d'une extrême magnificence au télescope.

Avec celui de lord Rosse, le spectacle présenté par toutes ces réunions d'étoiles dépasse toute idée.

Ces amas sont probablement de la même nature que les nébuleuses résolubles ou non résolubles, c'est-à-dire de la matière première parvenue à un dégré de concentration plus avancé.

ÉTOILES NÉBULEUSES. On désigne ainsi de véritables soleils entourés d'une nébulosité laiteuse qui en dépend et dont l'intensité lumineuse s'affaiblit graduellement du centre à la circonférence, ou paraît égale et uniforme. Ces points plus brillants, environnés d'atmosphères arrondies, sont en fort petit nombre dans les cieux, et semblent dans un état intermédiaire entre les nébuleuses proprement dites, amas de matières diffuses résolubles ou non en étoiles, et ces mêmes étoiles arrivées à tout leur éclat, ainsi que notre soleil.

A la distance où nous sommes de ces nébulosités, dont l'étendue va jusqu'à une mesure angulaire de 5' de degré, on calcule qu'elles enveloppent le noyau central à plus de cent cinquante fois la distance de la terre au soleil. On peut donc croire que ces masses de matières, sur lesquelles agit sans cesse le pouvoir de concentration, forment de nouvelles étoiles, c'est-à-dire de nouveaux soleils, et sans doute aussi des mondes planétaires autour de chacun.

ÉTOILES NOUVELLES OU DISPARUES. L'histoire mentionne qu'un grand nombre de ces astres se sont montrés tout à coup, sous l'apparence d'étoiles de première grandeur. Les *Annales chinoises*, suivant M. Ed. Biot, contiennent un grand nombre d'observations d'étoiles *extraordinaires*, depuis l'an 613 avant notre ère jusqu'à l'an 1222, espace compris dans la collection de Matuan-lin.

Pline rapporte que ce fut un tel phénomène, observé 138 ans avant notre ère, qui engagea Hipparque à dresser le catalogue qui nous est parvenu. J. Herschell pense qu'il s'agit de l'étoile citée dans les *Annales* de la Chine vers l'année 134 avant J. C.

Aux temps d'Adrien, en 130; d'Honorius, en 389; d'Othon, en 945, ainsi qu'en 1203, 1212, 1230 et 1264, de semblables apparitions eurent lieu dans le Scorpion, l'Aigle, Cassiopée, le Bélier et Ophiucus. Sous le calife Al-Mamoun, deux astronomes arabes observèrent à Babylone une nouvelle étoile dont l'éclat égalait celui de la lune dans ses quadratures.

La fameuse étoile de Ticho-Brahé, qui parut en 1572 dans Cassiopée, et qu'il comparait à un diamant à cause de la vivacité des couleurs produites par sa scintillation, avait un éclat plus vif que celui de Jupiter; elle s'éteignit au bout de seize mois, après avoir passé du blanc pur au jaune rougeâtre et au blanc plombé; Képler et Galilée en ont signalé les changements et les teintes particulières.

En 1604, pendant que les disciples de Képler s'occupaient à observer les planètes de Mars, de Jupiter et de Saturne qui se trouvaient alors très-près les unes des autres, Maeschin, l'un deux, aperçut une brillante étoile qui certainement n'existait pas avant un brouillard qui avait interrompu les observations pendant deux jours. Cette belle étoile, restant immobile dans la constellation d'Ophiucus, fut particulièrement remarquée par Képler et par Galilée; elle atteignit l'éclat de Vénus, puis s'affaiblit graduellement, et disparut après une année, pendant laquelle ses variations de couleurs et sa scintillation furent très-remarquables.

Quatre ans auparavant (en 1600), il s'était montré dans le Cygne une autre étoile qui disparut seulement en 1621; Cassini la revit de troisième grandeur en 1655, et Hévélius en 1665; c'est la trente-quatrième du Cygne, étoile de sixième grandeur, mise par J. Herschell au nombre des changeantes, et qu'Argelander met au rang des étoiles nouvelles non encore disparues.

Depuis l'étoile qui apparut en 1670 à la tête du Renard, il s'était écoulé cent soixante-dix-huit ans sans que les astronomes eussent le spectacle d'un phénomène de cette nature, lorsque, le 28 avril 1848, M. Hind fit la découverte d'une étoile de cinquième grandeur dans la constellation d'Ophiucus; elle était d'une couleur jaune rougeâtre, et descendit insensiblement en 1850 jusqu'à la douzième grandeur.

On connaît, depuis deux mille années, dix-huit apparitions bien constatées de ces astres; quatre ont été observées en vingt-quatre ans et six en soixante ans.

Sauf l'étoile de l'année 1012 qui se montra dans le Bélier, tous ces nouveaux astres furent aperçus dans la Voie lactée, ou sur ses limites extérieures.

Parmi les étoiles disparues, on cite : l'une des Pléiades, qui s'éteignit pendant le siège de Troie ; la neuvième et la dixième du Taureau; La cinquante-cinquième d'Hercule notée par W. Herschell comme une étoile rouge en 1781 et comme blanche en 1782, disparut en 1791, et n'a pas été revue depuis. Les numéros 80 et 81 de quatrième grandeur, dans la même constellation, se sont aussi éclipsés. Le n° 42 des étoiles de la Vierge n'a pas été non plus retrouvé par Herschell. D'autres disparitions ont été signalées dans le Lion, la Balance, la petite Ourse, etc., etc.

Ulug-Beg, astronome arabe, a écrit qu'en 1437 des étoiles marquées dans le catalogue de Ptolémée ne se voyaient plus aux places indiquées ; il cite entre autres : la onzième du Loup, une étoile du Cocher, et six, dont quatre de troisième grandeur, voisines du Poisson austral. Les annales officielles de la Chine sont remplies d'indications relatives à des étoiles disparues, après avoir brillé plus ou moins longtemps dans les cieux.

Depuis l'invention du télescope, qui a permis de faire l'*inventaire* de toutes les étoiles jusqu'à la neuvième grandeur, on peut reconnaître avec certitude les nouveaux astres qui se montrent dans l'espace, ou ceux qui pourraient encore disparaître.

Certaines de ces étoiles qu'on ne retrouvait plus aux places indiquées anciennement, ont été sans doute revues dans d'autres régions et figurent aujourd'hui au rang des nouvelles planètes dont s'est enrichi notre monde solaire.

Quant aux étoiles dont l'éclat extraordinaire a quelquefois fixé l'attention, on peut raisonnablement supposer que les causes ayant produit les planètes de notre système ont pu projeter, autour d'autres soleils, des corps opaques que leur état d'incandescence a fait temporairement briller à nos yeux. Si de tels astres étaient formés par l'agglomération de la matière diffuse qui se condense de plus en plus, ces nouvelles étoiles n'auraient pas disparu tout à coup, comme cela est arrivé plusieurs fois.

On a d'ailleurs pensé dans tous les temps qu'il pouvait exister, parmi les *étoiles de feu*, des étoiles non lumineuses, des corps célestes invisibles pour nous. C'était l'opinion de l'illustre Laplace, quand il écrivait, à l'occasion des étoiles de 1572 et de 1604 : Ces « astres devenus invisibles, après avoir surpassé l'éclat de Jupiter, « n'ont pas changé de place.... Il existe donc dans l'espace des corps « opaques aussi considérables et peut-être en aussi grand nombre « que les étoiles... » Bessel, l'un des plus grands astronomes des temps modernes, a souvent exprimé la même idée, soutenue par Struve, Péters, Schumacher et autres savants.

Un corps obscur peut être le centre attractif de corps lumineux, comme de masses planétaires ; la matière nébuleuse très-condensée doit subir de violentes effervescences pour passer à l'état stellaire, ou former des corps opaques après une conflagration plus ou moins longue ; mais la science en est encore aux conjectures sur les phénomènes de cette nature, que des observations attentives et long-temps continuées éclairciront peut-être un jour.

EUDOXE (DE CNIDE). Cet astronome, ami de Platon et législateur de son pays, où il avait établi un observatoire existant encore du temps de Strabon, vivait, selon cet historien, 350 ans avant notre ère.

Cicéron nous apprend qu'il avait été s'instruire en Égypte dans la science des choses célestes ; Ptolémée mentionne ses observations en Sicile et en Asie ; Pline rapporte qu'il fit connaître dans la Grèce une approximation très-grande de l'étendue de l'année, en l'indiquant de 365 jours 1/4, ainsi qu'elle fut établie plus tard par la réforme Césarienne.

Archimède attribuait à Eudoxe l'opinion qui donnait au soleil un diamètre *neuf fois plus grand* que celui de la lune.

On cite parmi les ouvrages de ce philosophe un écrit sur la circonférence de la terre, le livre des *Phénomènes* et celui du *Miroir*, traduits en partie dans le poëme d'Aratus, dont Hipparque nous a conservé quelques fragments.

Pour expliquer les mouvements du soleil, de la lune et des planètes, il avait imaginé une série de 26 sphères en cristal transparent, s'emboîtant les unes dans les autres, et tournant avec les astres emportés par ces firmaments. Au delà était le premier mobile, tournant dans un jour, de l'est à l'ouest, et donnant le même mouvement à une sphère inférieure; au-dessus était le grand empirée ou troisième ciel, séjour éternel de la tranquilité. Les philosophes péripatéticiens portèrent ensuite le nombre de ces sphères à 56.

EULER. Cet illustre géomètre des temps modernes, né à Bâle en 1707, est mort à Saint-Pétersbourg en 1783.

Sans s'occuper lui-même d'astronomie, il lui rendit néanmoins de signalés services en perfectionnant le calcul infinitésimal et inventant celui des sinus, dont cette science fait un si grand usage. Son fils Christophe, né à Berlin en 1743, fut l'un des astronomes envoyés par l'académie de Saint-Pétersbourg pour observer à Orsk, dans le gouvernement d'Orenbourg, le passage de Vénus sur le soleil en 1769, tandis qu'un grand nombre d'autres savants allaient observer ce rare phénomène sur d'autres points du globe.

EUNOMIA. Petite planète trouvée, le 29 juillet 1851, par M. Gasparis, de Naples. L'orbite qu'elle parcourt en 1576ᴶ 11ʰ 50ᵐ entre Mars et Jupiter est inclinée de 11° 43′ 50″ sur l'écliptique, et son excentricité a presque le cinquième du rayon moyen.

EUPHROSINE. Astéroïde découvert le 1ᵉʳ septembre 1854 par Fergusson, et qui se trouve le 31ᵉ dans la série des découvertes; il est aussi le plus éloigné jusqu'à présent de la pléiade de ces petits astres circulant dans l'espace entre Mars et Jupiter; le temps de sa révolution sidérale est d'environ 2,083 jours 7 heures, sa moyenne distance de 3,192 (celle de la terre étant 1). L'excentricité de son orbite dépasse le cinquième du diamètre moyen, et son inclinaison sur l'écliptique est de 26° 53′ 26″, celle de Pallas seule étant plus considérable.

EUTERPE. Petite planète reconnue le 8 novembre 1853 par M. Hind de Londres, et la 27ᵉ dans l'ordre des découvertes: son inclinaison sur l'écliptique est de 1° 35′ 30″; l'excentricité de son orbite, de 0,1745. Sa distance moyenne au soleil est de 2,3475, et sa révolution sidérale, de 3 ans 7ᵐ 5ᵈ environ.

ÉVECTION. On désigne ainsi la plus grande des inégalités lunaires ; celle-ci est occasionnée dans l'excentricité de l'orbite et le balancement des apsides par l'attraction du soleil et celle de la terre, suivant leurs positions différentes relativement à la lune.

Lorsque la lune est en conjonction, sa distance à la terre augmente, et c'est le contraire dans les oppositions ; le changement d'excentricité porte ces variations à environ 7° 40′, et fait que la lune est alternativement en retard ou en avance de sa place elliptique de 1° 20′ 30″.

Cette équation, trouvée par la comparaison de longues périodes d'observations, remonte aux premiers temps de l'astronomie ; il paraît que les Arabes l'avaient reconnue même avant le temps de Ptolémée, auquel on avait attribué la découverte.

EXCENTRICITÉ. Dans sa translation annuelle sur la ligne de l'écliptique, la terre n'est pas toujours également éloignée du soleil ; cet astre n'est pas au centre d'un cercle tracé par elle, mais à l'un des foyers mobiles d'une ellipse dont le plus grand diamètre excède de la cent-vingtième partie de son étendue, celle du plus petit. Cette quantité, exprimée en parties d'une unité égale à la moyenne distance, est ce qui constitue l'excentricité, évaluée à 0° 0167750G.

Le diamètre apparent du soleil au périgée et à l'apogée, observé au cercle mural, est au premier point de 32′ 36″ 2 et au second de 31′ 30″ 3 ; l'excentricité déduite de ces éléments serait de 0,019019, qui est beaucoup trop grande. Ce sont les observations assidues des passages du soleil au méridien qui indiquent exactement chaque jour son ascension droite, et par conséquent sa longitude. On peut donc déterminer par l'angle plus ou moins grand de cette longitude, comparée à la longitude moyenne, les plus grands écarts au-dessus comme au-dessous de celle-ci, et en déduire le maximum de *l'équation du centre* d'où se dérive *l'excentricité* avec une exactitude plus rigoureuse. Cette excentricité tend à diminuer, ce qui est établi directement par les observations des astronomes arabes, comparées aux observations actuelles : ainsi elle a pu être très-grande dans l'origine, quoique la distance moyenne de la terre au soleil reste invariable.

Il est à remarquer que les grosses planètes circulent dans une orbite peu excentrique, et que cette cause de perturbation, n'existant que pour les plus petites planètes et pour les comètes dont la masse est encore plus petite, ne peut troubler que faiblement l'harmonie actuelle de notre monde solaire.

Mercure est la planète dont l'excentricité est la plus grande ; elle dépasse le cinquième du diamètre moyen de l'orbite.

Vénus a la plus faible excentricité (0,0068), et Mars la plus forte (0,9321) de toutes les planètes supérieures.

Dans les planètes secondaires, Junon et Pallas ont une excentricité presque aussi grande que celle de certaines comètes.

Si, comme Herschell et autres astronomes l'ont recherché, l'excentricité de notre globe peut être amenée à celle de Mercure ou de Polymnie, c'est-à-dire au quart et même au tiers du diamètre moyen de l'orbite, il n'en résulterait pas pour cela une modification sensible dans la température *moyenne*, mais une chaleur beaucoup plus forte et des froids beaucoup plus intenses à six mois d'intervalle, quand la terre serait au plus près et au plus loin du soleil.

Un tel état a pu se présenter il y a des milliers d'années; mais actuellement la diminution de l'excentricité est si faible qu'il faudrait plus de 1,000 années pour que la température de la terre en éprouvât un affaiblissement sensible au thermomètre.

La planche III représente, avec les distances relatives de Mercure, Vénus, la Terre, Mars et Jupiter, les excentricités de la première et des deux dernières planètes. Il en est de même pour Flore et Euphrosine, entre lesquelles sont renfermées les orbites des autres planètes télescopiques connues jusqu'à présent.

L'ellipse de la comète de Encke est aussi figurée, ainsi que les orbites de la comète de 1811 et de celle de Halley.

L'excentricité de la lune est de 0,0549, ce qui représente à peu près le dix-huitième de sa moyenne distance à la terre.

F

FABLES ASTRONOMIQUES. La mythologie de la Grèce a mêlé ses inventions aux symboles et aux allégories dont les Indiens et les Égyptiens avaient enveloppé les connaissances célestes qu'ils avaient acquises, ou que leur avaient enseignées des maîtres antérieurs.

Après des siècles de guerre et de dévastations qui avaient interrompu la tradition des connaissances mystérieuses recueillies par les corporations sacrées, les figures et les caractères hiéroglyphiques qui, dans les temples, représentaient l'état du ciel lors de leur édification, ne se rapportaient plus aux phénomènes, ni à leur signification primitive. Leurs ignorants gardiens, qui ne connaissaient pas la précession des équinoxes, ne pouvant plus interpréter ces allégories, l'imagination païenne leur appliqua ses fables et ses allusions.

Ainsi : la gerbe d'épis que tenait la Vierge, symbole de la moisson, devint la Chevelure de Bérénice ; le Lion, qui annonçait les chaleurs, fut le Lion de Némée terrassé par Hercule ; les douze constellations zodiacales représentèrent de même les douze travaux de ce demi-dieu, et non plus les époques ou les circonstances de l'agriculture en Égypte, quand le soleil semblait parcourir ces signes dans les temps bien antérieurs aux fables grecques.

Le lever héliaque du Bélier était pour la Thrace, patrie de Jason, l'emblème de la toison d'or gardée par la *Baleine* et par le *Taureau* qui vomissait des flammes.

Jason est Ophiucus qui se levait le soir, au lieu où le Bélier paraissait le matin ; il enlevait donc cette précieuse toison.

Orion était le persécuteur des Pléiades, filles d'Atlas, que Jupiter plaça dans le ciel pour les sauver de ce géant qui les suit toujours.

Le nom des *Hyades* signifie pleuvoir : leur apparition annonçait alors le retour des pluies ; elles pleuraient au ciel la mort de leur frère Hyas, déchiré par une lionne.

Le Centaure se couche après la constellation d'Hercule dont il avait causé la mort.

Les Gémeaux sont les emblèmes de l'amitié.

Le Lion, symbole de la force, représente le soleil au solstice d'été.

La Balance est le signe de l'équinoxe, qui effectivement coïncidait, il y a 2,000 ans, avec le lieu qu'occupait le soleil.

Le Scorpion annonçait l'époque des maladies ou le triomphe du génie du mal sur celui du bien : de Typhon sur Osiris.

Les neuf étoiles du Dauphin sont les Muses se désaltérant à la fontaine désignée par le Verseau.

Persée, délivrant Andromède que la Baleine a entraînée le soir en se couchant, se lève le matin avant ces constellations, ramenant au jour la fille de Céphée et de Cassiopée offerte en expiation à la colère de Neptune.

Pégase est le cheval né du sang de Méduse, c'est-à-dire qui se lève au coucher de la Vierge.

Le Cocher figurait Phaéton, fils de Céphale et de l'Aurore.

Les levers ainsi que les couchers des constellations désignées par des figures, précédant ou en suivant une autre, furent expliqués, soit par des enlèvements, soit par des descentes aux enfers : toutes les métamorphoses, comme les aventures des dieux et des héros du paganisme, eurent de semblables interprétations.

On retrouve aussi dans ces inventions grecques, la trace des invasions du Nord : l'Élysée et le Ténare, le nom d'Hercule, le nom de l'Ourse appliqué à la grande constellation du pôle boréal, le culte du feu *en Perse et en Égypte,* indiquent des traditions *hyperboréennes* ayant précédé les fables et les temps historiques de l'Asie ou de l'Afrique.

Le nom des planètes, imposé aux jours de la semaine, est encore une usurpation de la théogonie païenne sur les mystérieux emblèmes qui, dans une époque très-reculée, avaient représenté cette division du temps.

FACULES. Des causes physiques encore inconnues occasionnent dans la double atmosphère du soleil les agitations passagères observées en certaines parties de sa surface ; on désigne sous le nom de *facules* les places plus brillantes et sinueuses qui se montrent surtout vers les bords du disque, soit avant, soit après les taches obscures et qui furent observées d'abord par Galilée.

Les points et les rides plus lumineuses qui parcourent rapidement toute l'étendue de la surface, sont aussi des facules qui paraissent être produites par des corps flottant ou circulant dans la photosphère du soleil. *Voyez* TACHES.

FIDES. C'est le 37ᵉ des astéroïdes découverts entre Mars et Jupiter. La distance moyenne au soleil, de cette petite planète trouvée à Bilk par M. Luther, le 5 octobre 1855, est indiquée par le chiffre 2,51755, l'unité étant la distance de la terre à cet astre central.

La durée de sa révolution est de 1459 jours 50 minutes environ ; son orbite, peu excentrique, n'est inclinée sur l'écliptique que de 3° 1/2.

FIGURE (*des planetes*). Tous les corps de l'univers paraissent affecter une forme sphérique plus ou moins régulière.

Les comètes, quand elles sont encore loin du soleil et qu'elles commencent à être visibles, se présentent au télescope sous l'aspect de masses vaporeuses concentrées et arrondies ; les nébuleuses, sauf quelques exceptions qui dépendent peut-être de la direction visuelle sous laquelle on peut les observer, paraissent se grouper en spirales, en anneaux, en figures concentriques dont l'état de condensation semble déterminer l'intensité d'éclat aussi bien que la forme globuleuse.

Notre soleil et les autres astres que nous pouvons apercevoir présentent toujours des disques ou des points arrondis.

La matière de tous les corps célestes, ainsi que la plupart des substances terrestres que la physique et la chimie peuvent examiner, paraissent douées d'un pouvoir de rotation qui déterminerait leur forme générale et naturelle.

Des calculs sur la structure et les inégalités de la surface de la lune, combinés avec les recherches géologiques concernant l'incandescence de la terre à son origine, conduisent à des considérations curieuses sur l'état actuel des autres planètes. M. Nasmyth, admettant les époques géologiques de notre globe et se reportant à celle de fusion dont la température ne permettait pas à une atmosphère de se rapprocher de sa masse ardente, trouve dans les condensations et les chutes successives des eaux la cause des déluges partiels, des contractions, des dislocations et des éruptions qui ont bouleversé la croûte primitive.

En raison des volumes si considérables de Jupiter et de Saturne comparés à la terre, on doit croire que ces planètes sont encore en état de fusion et que leurs enveloppes vaporeuses ne peuvent encore descendre à leur surface sous la forme océanique.

Les tentatives de ces vapeurs pour se rapprocher de leurs masses incandescentes doivent, comme autrefois pour notre petite planète, y provoquer de terribles convulsions et produire aux régions équatoriales, par les déjections volcaniques arrivant aux limites de l'enveloppe nuageuse, ces taches, ces bandes plus obscures et ces espèces d'ouragans qu'on peut y observer.

Les mêmes causes occasionneraient sur les anneaux de Saturne les changements qui excitent l'attention des astronomes modernes; des phénomènes de congélation déposée sur les parties internes du vieil anneau par l'anneau *fantôme* seraient ainsi la cause de la blancheur extraordinaire qui distingue cette partie.

Si notre demeure était plate comme on le croyait autrefois, on apercevrait de loin la masse d'une église avant la pointe de son clocher, ou le corps d'un navire avant qu'on ait pu distinguer sa mâture. C'est le contraire qui a lieu, et les parties plus hautes, quoique plus déliées, frappent la vue plutôt que les masses inférieures. On aurait dû conclure, de ces observations faciles et journalières, que notre planète était ronde, et c'est probablement l'une des connaissances que les prêtres d'Égypte, comme les brahmes de l'Inde, révélaient à leurs initiés ; mais le vulgaire n'en avait pas la moindre idée. Les ministres du christianisme, se croyant aussi intéressés à entretenir la même ignorance, se sont efforcés pendant longtemps, d'étouffer cette vérité, qui paraissait contraire aux textes des Écritures juives.

Depuis la mort de Galilée, Magellan, qui le premier fit le tour du globe, a fait reconnaître et prouvé matériellement qu'il était isolé et suspendu dans l'espace.

La mesure des méridiens par les géomètres astronomes envoyés en Laponie et au Pérou, les mêmes opérations exécutées dans toutes les parties du monde, les expériences du pendule et les perturbations lunaires, ont constaté que la terre est un sphéroïde aplati sous les pôles, renflé à l'équateur, et que la différence entre les deux demi-diamètres est de $\frac{1}{300}$ environ (deux myr. et demi ou 5 lieues).

FIL A PLOMB. Les expériences faites au Panthéon avec un pendule ou fil à plomb de 57 mètres ont démontré la rotation de la terre par les oscillations de cet appareil, se dirigeant continuellement vers la gauche du spectateur. Des expériences précédentes avaient prouvé, dans le même lieu, que le fil à plomb à l'état de repos ne donnait pas la direction exactement perpendiculaire aux eaux tranquilles, comme on le pensait jusqu'alors : la déviation vers le nord a été reconnue de quatre millimètres pour la hauteur ci-dessus indiquée. Pour éviter les oscillations de cet appareil, lorsqu'on en fait usage à l'air libre, le poids suspendu doit plonger dans une eau tranquille.

Le voisinage des grandes montagnes dévie le fil à plomb de la direction verticale, en attirant le pendule proportionnellement à leur masse. *Voyez* PENDULE, DÉVIATION.

FIRMAMENT. Les anciens observateurs, trompés par les apparences et croyant la terre immobile, voyaient les astres se lever d'un côté, disparaître à l'opposé et recommencer chaque jour à peu près la même circulation.

Ils supposèrent donc que le *firmament* était d'une matière solide et transparente puisqu'il portait les *eaux du ciel*, en laissant passer la lumière du soleil, de la lune et des étoiles.

Sur cela on a imaginé la fable des Titans qui entassaient montagnes sur montagnes pour escalader le ciel, ainsi que la tour de Babel pour atteindre le firmament, dont les cataractes *s'é-taient ouvertes*, dit la Genèse, pour inonder toute la terre.

Lorsqu'on eut remarqué des *étoiles errantes*, c'est-à-dire des planètes ayant des mouvements divers et qui par conséquent ne pouvaient comme les autres être fixées à la sphère de cristal qu'on supposait tourner autour de la terre, il fallut admettre d'autres enveloppes concentriques de la même nature que la première, mais tournant chacune isolément, avec la vitesse particulière de Mercure, Vénus, Mars, Jupiter et Saturne.

La rotation diurne de notre petite planète sur elle-même, et sa *circulation* annuelle autour du soleil, expliquent avec simplicité le mécanisme de l'univers. Pour ceux qui veulent voir et réfléchir, le firmament n'est plus qu'un espace infini peuplé de mondes et de soleils innombrables; ses abîmes et ses cataractes ne sont plus que de légères vapeurs soulevées par le soleil, des surfaces aqueuses *exposées à ses rayons. Voyez* CIEL et DÉLUGE.

FIXES (ÉTOILES). Dépourvus d'instruments assez parfaits pour reconnaître le déplacement imperceptible des étoiles, même dans un grand nombre d'années, les anciens peuples les ont appelées des *fixes*, par opposition aux *astres errants*, comme les planètes et les comètes, qu'ils voyaient parcourir les cieux et traverser successivement les constellations.

Aujourd'hui on reconnaît qu'aucun corps n'est fixe ou en repos dans l'espace, et l'on peut même calculer le temps où toutes les représentations de la sphère céleste ne seront plus reconnaissables.

Parmi ces *fixes d'autrefois*, les uns marchent dans un sens opposé à celui de leurs compagnons et avec des vitesses différentes; les autres tournent autour de soleils ou peut-être de corps opaques plus considérables, emportés eux-mêmes dans une circulation universelle.

Un jour : *le grand* et *le petit Chariot*, l'Arc de Persée, *la Chaise*, le Carré *de Pégase*, celui *d'Orion* avec *son Râteau, la Couronne boréale, la Croix* du Cygne comme celle *du Sud*, n'auront plus ces formes; dans quelques milliers d'années les étoiles de ces constellations si

connues, mêlées et confondues, formeront de nouveaux groupes
et des alignements différents.

L'étoile nous indiquant aujourd'hui le pôle et qui sert à nous
orienter sera, dans douze mille ans, aussi éloignée de sa place actuelle que la Chèvre, étoile du Cocher, en est présentement distante
(à peu près 46°); alors Wéga de la Lyre, l'une des plus belles
étoiles du ciel, aura pris le trône boréal, autour duquel paraîtront
toujours circuler les constellations défigurées de notre hémisphère.

Depuis Hipparque, qui a marqué leurs places, Arcturus, μ de
Cassiopée et une étoile double du Cygne se sont avancées de
deux fois et demie, trois fois et demie et six fois le diamètre de la
lune, c'est-à-dire de 1° 1/4, 1°, 3/4 et 3″.

Sirius, notre plus belle étoile, s'est déplacée d'à peu près un demi-
degré à raison de 1″1 par année, ce qui indique une vitesse de 10 *lieues
par seconde*.

Ainsi ces fixes d'autrefois sont les corps célestes dont la vitesse
relative paraît la plus considérable.

Des causes multiples produisent successivement ces variations
dans l'aspect des cieux : d'abord la précession des équinoxes; les
phénomènes encore inconnus qui changent l'intensité lumineuse d'un
grand nombre de ces astres, en font apparaître ou en éteignent
d'autres; les révolutions de plusieurs milliers d'étoiles doubles;
l'impulsion particulière ayant imprimé un mouvement propre à ces
astres, ou les attractions puissantes qui les font circuler autour d'un ou de plusieurs centres de gravité; enfin, la translation
dans l'espace de notre monde solaire, soit qu'elle continue à s'effectuer vers les étoiles d'Hercule, soit qu'elle se recourbe vers un centre
d'attraction que les astronomes modernes cherchent à déterminer.

FLAMSTEAD. Astronome anglais né en 1646 et auquel on
doit des cartes célestes très-détaillées. Elles sont aujourd'hui fort
utiles pour reconnaître les changements survenus depuis dans les
cieux. En 1795 Lalande, en les comparant à ses observations, avait
marqué plus de cent étoiles dont quelques-unes de troisième grandeur, qui ne se trouvaient plus aux places indiquées.

FLÉCHE (LA). Constellation boréale peu apparente, formée
d'étoiles de quatrième grandeur disposées en ligne droite, entre
Altaïr de l'Aigle et l'étoile β (Albireo) qui marque l'extrémité inférieure de la Croix du *Cygne*.

Un groupe nébuleux se trouve auprès de l'étoile δ indiquant le milieu de la Flèche. *Voyez* pl. 1re.

FLINT-GLASS. Composition de cailloux, d'oxyde de plomb, de salpêtre et de chaux métallique, combinée pour établir les lentilles des lunettes, de manière à diverger également les rayons lumineux. Elle est plus blanche et plus réfrangible que le crown-glass, et sert de préférence aux lentilles concaves qu'on applique sous celles convexes ou à une certaine distance de celles-ci. Nos verriers fabriquent maintenant ce cristal aussi bien que les Anglais.

FLORE. Petite planète trouvée le 18 octobre 1847 par M. Hind de Londres, c'est de tous les astéroïdes déjà connus, le plus rapproché du soleil; il circule entre Mars et Harmonia en 1193 jours 6h 45m, à la distance de 31 millions de myr. (77 millions de lieues), dans une orbite ayant une excentricité de 0° 158 et inclinée seulement de 5° 53′ 3″ sur l'écliptique.

FLUX ET REFLUX. Cette agitation des eaux de l'Océan qui, deux fois dans vingt-quatre heures, viennent envahir les rivages pendant à peu près six heures, pour se retirer pendant la même durée, a été longtemps un phénomène incompréhensible et inexpliqué. Aujourd'hui encore, bien des gens ignorent ou ne peuvent croire que le soleil et la lune, si petits en apparence, soient les seules causes d'effets aussi extraordinaires.

Rien n'est cependant plus certain et mieux établi. L'astronomie indique sûrement, pour chaque lieu et pour chaque jour, le moment et l'étendue de ce va-et-vient des vagues de la mer, en calculant les distances et la position de ces astres relativement à notre planète. *Voyez* MARÉES.

En outre de ces phénomènes journaliers, deux autres plus considérables ont lieu chaque mois vers la néoménie et vers la pleine lune; enfin, d'autres encore, dont l'effet est surtout remarquable au périgée, se présentent chaque année, à l'époque des équinoxes.

FOMALHAUT. Étoile de première à deuxième grandeur, d'une teinte rougeâtre et qui s'élève peu sur l'horizon de Paris, d'où elle est visible seulement de juillet à janvier, en rétrogradant successivement depuis une heure du matin jusqu'à cinq heures du soir. Cette étoile, qui fait partie du Poisson austral, sous le pied dort du Verseau, annonçait aux Égyptiens l'entrée du soleil dans le Lion solsticial.

FONTENELLE. Né à Rouen le 11 février 1657 et mort à Paris en 1757. Il est connu comme neveu du grand Corneille, et surtout en astronomie, par ses *Entretiens sur la pluralité des mondes*. Il fut tout à la fois, membre des trois Académies de France.

FORCE. On désigne ainsi tout ce qui tend à produire un mouvement. Les lois de la mécanique sont l'expression des forces de la nature, qui sont constantes et proportionnelles aux masses, à la vitesse, aux temps et à l'espace.

Une force agissant sur un point matériel détermine un mouvement rectiligne. Si deux forces contraires le sollicitent, la direction de ce point sera une diagonale.

La *force d'inertie* est la première loi du mouvement des corps : c'est la tendance de la matière à rester en repos ou à suivre une direction primitive, quand aucune autre force ne vient l'accélérer ou la changer.

Il est reconnu que la force d'un corps résulte de sa masse et de sa vitesse, dont le produit est ce qu'on appelle *quantité de mouvement*.

La *force vive* est le produit de la masse par le carré de la vitesse; mais le mode d'action est pour nous inexplicable.

Le *parallélogramme des forces* exprime la vitesse combinée de deux forces agissant dans une direction perpendiculairement opposée et dont la diagonale donne la mesure : ainsi, lorsqu'un mobile parcourant une ligne droite reçoit un choc, il prend aussitôt une direction qui se trouve la diagonale d'un parallélogramme dont l'un des côtés exprime la vitesse originaire et l'autre celle du choc, c'est-à-dire l'espace que le mobile aurait parcouru dans un temps égal, s'il n'eût été animé que par une seule des deux forces.

La répétition successive des mêmes causes, représentant la force centrifuge et la gravité, détermine les diagonales des parallélogrammes des forces ; et comme ces diagonales multipliées à l'infini sont les cordes d'arcs aussi nombreux ; leur succession, d'où résulte le mouvement circulaire, forme l'orbite de tous les corps célestes.

Deux forces égales agissant en même temps sur un corps en mouvement n'en changent pas la direction, si elles sont équivalentes à la force de première direction, c'est-à-dire si elles représentent les côtés d'un parallélogramme dont le mouvement soit la diagonale.

L'antiquité avait appris à calculer ces forces, ainsi que les mouvements qui en sont les suites nécessaires. Pline a écrit que la lune ne tombe pas sur la terre, *par la même cause qui retient la pierre dans la fronde.*

Simplicius disait que les corps célestes se maintenaient dans l'espace, parce que la force centrifuge qui les animait était plus grande que la force de pesanteur qui les attirait en bas.

Les phénomènes de l'électricité et du magnétisme présentent des *forces répulsives* qui suivent les mêmes lois que l'attraction ou la pesanteur universelle.

Ainsi les points animés de deux électricités semblables se repoussent en raison inverse du carré de la distance et s'attirent suivant les mêmes lois, lorsque les électricités sont contraires.

Une force quelconque, fortuitement imprimée à l'un des corps emportés d'un mouvement commun dans l'espace, ne change pas ses rapports avec le système dont ce corps fait partie, quels que soient le mouvement général et sa direction. Donc si la terre était choquée par une masse assez forte pour troubler l'axe de sa rotation, en modifier la vitesse ou l'inclinaison de son orbite, le mouvement des autres planètes n'en serait pas affecté : elles continueraient à circuler autour du soleil, aux distances et sur les traces qui leur ont été respectivement assignées dès leur commune origine.

Les *forces centrales* constituent l'action par laquelle le mouvement des corps a lieu autour d'un centre. Si les planètes de notre système n'étaient pas continuellement détournées de leur direction primitive par l'attraction ou la force centripète de la masse solaire, leurs mouvements seraient rectilignes. C'est ce qui fait supposer que les comètes très-excentriques ont reçu une impulsion originaire plus énergique que celles dites *intérieures,* se mouvant dans des ellipses peu allongées relativement aux premières.

Galilée a émis les premières idées sur la force de projection qui avait animé la terre, comparativement aux forces centrales qui la faisaient mouvoir autour du soleil ; mais Newton a déterminé les lois du mouvement central, en démontrant que le rayon vecteur doit couper des parties égales de l'orbite dans des intervalles égaux et dans le même temps, décrire des arcs égaux. *Voyez* CENTRIPÈTE, CENTRIFUGE, MÉCANIQUE.

FORTUNA. Petite planète ayant l'apparence d'une étoile bleuâtre de neuvième grandeur et trouvée le 22 août 1852 par M. Hind.

Dans l'ordre des découvertes, c'est le 22ᵉ des nombreux astéroïdes circulant dans l'espace compris entre Mars et Jupiter ; son orbite, inclinée de 1° 33′ 18″ sur l'écliptique, a une excentricité qui dépasse 1/15 de son rayon moyen ; sa révolution sidérale de 1,397 ʲ 4ʰ 5ᵐ a lieu entre Hébé et Parthénope, à la distance moyenne d'environ 37,200,000 myriamètres du soleil (93 millions de lieues).

FOYER. C'est le point où se réunissent, aux verres d'une lunette, tous les rayons émis par les objets extérieurs, ou renvoyés par d'autres verres convenablement disposés.

Dans les miroirs ardents, c'est aussi le centre où viennent aboutir les rayons de lumière et de calorique, réfléchis par les plaques qui les reçoivent, sous diverses inclinaisons.

Le foyer d'un cercle est toujours situé au centre, à égale distance de chaque point de la circonférence ; mais d'autres courbes ont plusieurs foyers, ou plutôt leur foyer se déplace continuellement dans une certaine direction ; il en est ainsi des ellipses où se meuvent les planètes, de celles plus allongées que décrivent les corps cométaires et des hyperboles dont les traces se perdent dans l'espace.

Les épicycloïdes très-compliqués que les satellites planétaires sont forcés de parcourir en suivant les masses qui les attirent dans leurs révolutions sidérales (comme la terre le fait pour la lune), ont leur foyer perpétuellement mobile.

FORMATIONS *des corps célestes*. Les anciens peuples, pour lesquels la terre était le centre du monde et le principal objet de la création, avaient néanmoins des traditions différentes sur son origine. Nous n'avons pas à discuter ces documents, qui peuvent servir de bases à des croyances religieuses, mais non plus aux convictions des esprits éclairés.

Depuis qu'il a été permis d'écarter les voiles étendus sur les vérités astronomiques, des multitudes d'autres corps célestes ont été découverts ainsi que les lois qui les régissent, et chacun d'eux a repris son importance relative dans l'univers maintenant connu.

Si des faits expliqués par la science moderne on veut remonter aux causes, en recherchant avec elle les époques et le *mode de formation* des astres lumineux ou des autres corps circulant dans l'espace, il faut bien alors, à défaut de preuves mathématiques, s'arrêter provisoirement aux conjectures les plus vraisemblables.

Il paraît certain d'ailleurs que notre planète, comme toutes celles qui se meuvent autour de notre soleil, ont été primitivement dans un état de fluidité pendant lequel leurs molécules se sont portées vers les régions équatoriales, en se retirant des pôles, proportionnellement à la vitesse rotative qui les animait. La forme de tous ces globes, comprimés selon les lois de la mécanique, ne laisse aucun doute sur ce point; il est tout aussi bien démontré que la terre était alors incandescente et que des milliers d'années ont dû s'écouler avant la condensation de son atmosphère et le refroidissement de sa surface.

L'analogie de figure et de mouvement autour du même astre conduit à penser que tous les corps planétaires de notre système particulier ont la même origine, c'est-à-dire qu'ils proviennent du soleil ou de la nébuleuse au centre de laquelle la puissance universelle l'a formé lui-même.

Placés à distance, nous ne voyons pas marcher les aiguilles d'une horloge, mais après un certain temps nous pouvons en constater le mouvement; il en est sans doute ainsi du travail de la nature condensant la matière élémentaire et la concentrant peu à peu pour en former les étoiles. Ces soleils innombrables, puisqu'on en peut apercevoir des millions dans le seul champ d'un télescope, sont peut-être séparés les uns des autres par des intervalles aussi grands que celui que nous pouvons mesurer entre notre soleil et l'étoile la plus voisine dont la lumière ne peut nous parvenir au moins de trois années.

Des groupes nébuleux de toutes les figures et pour ainsi dire dans *tous les états de formation* semblent indiquer, sur ces points, l'organisation de nouveaux corps célestes.

G.

GALAXIE. (VOIE LACTÉE.) Les astronomes désignent souvent ainsi cette ceinture laiteuse et irrégulière dont l'éclat frappe les yeux pendant une belle nuit et qui semble partager à peu près également la voûte de notre hémisphère.

De la constellation de Cassiopée, où sa largeur est d'environ

20°, cette *rivière céleste*, inclinée de 63° sur la ligne équinoxiale, se dirige d'un côté vers Persée et le Cocher, passant aux limites des Gémeaux et du Taureau, puis entre Procyon et Bételgeuse d'Orion, en traversant le grand Chien au-dessus de Sirius.

A l'ouest, la *Galaxie* descend vers Céphée et le Cygne, d'où elle se divise en deux branches dont l'une passe au-dessous de la Lyre, traverse Ophiuchus, et atteint Antarès du Scorpion ; l'autre s'avance vers l'Aigle, l'Écu de Sobieski, vers le solstice d'hiver et les étoiles du Sagittaire, où par une bande étroite cette branche se rattache à la première, pour s'en séparer de nouveau sous l'hémisphère austral. *Voyez* VOIE LACTÉE.

GALILÉE. Cet illustre martyr de l'astronomie naquit à Pise en 1564 et mourut aveugle en 1642, année de la naissance de Newton.

Nommé professeur de philosophie à Pise, tout en enseignant la science d'Aristote il en démontrait les erreurs. En faisant tomber du haut de la tour penchée de cette ville des boules de même densité et de poids différents, il prouva, contrairement aux théorèmes du philosophe grec, que la distance dont les corps tombent était en raison *de leur densité*, et non de *leur poids*, comme on le croyait d'après cette autorité qui passait alors pour infaillible.

Chassé de Pise par l'influence de ses adversaires, Galilée continue ses recherches et trouve les lois de la chute des corps toujours proportionnelle aux carrés des temps.

L'étude de la mécanique lui révèle les principes qui servent de base à la science moderne.

Convaincu de la réalité du système de Copernic, il ose l'enseigner publiquement ; mais, dénoncées à l'inquisition, ses doctrines, sont déclarées, le 25 février 1616, *absurdes et philosophiquement fausses, formellement hérétiques, expressément contraires aux saintes Écritures.*

Toutefois, ayant eu connaissance du principe des lunettes que le hasard venait de découvrir et s'empressant de le mettre à profit, il réussit à construire un de ces instruments qu'il dirigea vers les cieux.

Aussitôt une foule de merveilles vinrent frapper ses regards : la lune lui montra ses hautes montagnes et ses profondes vallées ; le soleil ses taches mobiles et sa rotation sur lui-même ; Vénus ses différentes phases et Jupiter, enfin, son disque énorme accompagné de *quatre lunes* ou satellites auxquels il imposa le nom d'*étoiles Médicéennes*, en l'honneur de son protecteur Côme de Médicis. Alors la gloire d'attacher son nom à de nouveaux astres paraissait si grande, que la cour de France lui écrivit de réserver une semblable distinction au roi Henri IV, en lui promettant en ce cas de rendre sa famille à tout jamais riche et puissante.

L'écrit dans lequel Galilée publia ses découvertes s'appelait le *Messager des astres* et produisit un étonnement général. Bien des gens doutèrent des faits annoncés, d'autres nièrent ces vérités en les traitant d'inventions chimériques. Le célèbre astronome allemand Kepler écrivit lui-même à Galilée de lui donner quelques preuves capables de réfuter les objections dont il était partout assailli à ce sujet. « Je vous remercie d'abord, lui répondit Galilée, d'avoir eu,
« *le premier et presque le seul*, confiance en mes assertions, avant
« que les faits ne soient éclaircis. En réponse aux témoignages que
« vous me demandez, je produis d'abord le grand-duc, qui après avoir
« reconnu lui-même les planètes Médicéennes a désiré placer ma
« lunette dans son muséum parmi les objets les plus rares et les
« plus précieux, en m'accordant une somme de mille florins et une
« pension de même somme pour m'attacher à lui.

« Comme second témoin, je me produis moi-même; consentant
« à perdre tous les avantages ci-dessus, à rester dans le besoin et
« la disgrâce, si la disparition de ces planètes vient à montrer que je
« me suis trompé !

« O mon cher Kepler ! combien je désire que nous puissions
« rire ensemble des savants professeurs qui ici, à Padoue, m'opposent
« l'autorité d'Aristote, surtout du principal, que j'ai maintes fois requis
« de regarder à travers mes instruments et qui s'y refuse avec
« obstination ! »

Un astronome contemporain, nommé Sizzi, faisait observer que la tête des animaux n'avait que sept ouvertures au moyen desquelles le corps pouvait s'éclairer, se chauffer et se nourrir ; que la semaine n'avait que sept jours ; qu'il n'existait que sept métaux et qu'ainsi les cieux ne devaient avoir que sept planètes ou luminaires. Les satellites de Jupiter, invisibles à l'œil nu, n'auraient d'ailleurs, ajoutait-il, aucune influence sur notre planète ; ils seraient donc *inutiles* et ne devaient pas exister.

Chaque découverte de Galilée confirmait cependant la vérité du système de Copernic et alarmait l'Église de Rome relativement aux doctrines confirmant le mouvement de la terre. En ces temps-là aucun ouvrage ne pouvait paraître sans la permission ecclésiastique, et personne ne devait conserver une opinion contraire aux saintes Écritures sans s'exposer aux châtiments, à la prison et à la mort.

L'esprit sarcastique mais prudent de Galilée dut en conséquence user de ruse et employer les plus grandes précautions pour répandre les vérités qui lui étaient confirmées par ses propres découvertes ; il s'exprimait ainsi en envoyant à l'archiduc Léopold sa théorie des marées : « Elle me vint à Rome pendant que les théologiens « se disposaient à interdire le livre de Copernic et le mouvement de « la terre, auquel je croyais, jusqu'à ce qu'il plût à ces messieurs de « déclarer cette opinion fausse et hérétique. Sachant qu'il vaut « mieux pour moi obéir à mes supérieurs, dont l'intelligence est « bien au-dessus de la mienne, je considère comme *une fiction*, « comme *un rêve*, la conception que je vous adresse et qui est basée sur le mouvement de la terre, vous priant de l'accepter comme « telle. Mais comme les poëtes aiment les enfants de leur imagina-« tion , j'estime quelque peu mon erreur à cet égard, etc.

« Puisque, dit-il autre part, le mouvement de la terre que moi , « pieux catholique, je tiens pour faux, s'accommode si bien à tant « de phénomènes célestes, dois-je encore penser que, faux comme « il est, il puisse être assez trompeur pour s'accorder avec le mou-« vement des comètes ? »

En 1624, peu après l'accession d'Urbain VII à la chaire pontificale, Galilée se rendit à Rome pour présenter ses hommages au nouveau pape et se ménager sa protection. Il paraît avoir été gracieusement accueilli, puisque à son départ le pape le recommanda vivement aux bonnes grâces du duc de Toscane en témoignant de ses vertus et de sa piété.

Ce fut en 1630 que Galilée termina son grand ouvrage, qui parut deux ans après sous la forme de dialogues sur les systèmes de Ptolémée et de Copernic. Quoique ce dernier fût condamné par l'inquisition, il obtint l'autorisation nécessaire, en trompant la superstition des censeurs ecclésiastiques sur l'impartialité apparente de la discussion entre ces deux systèmes. « Ainsi, dit-il dans l'introduc-« tion, depuis quelques années un *édit salutaire* promulgué à Rome « pour remédier au scandale de notre époque , enjoint un silence « prudent sur les opinions pythagoriciennes du mouvement de la « terre. A cette occasion, il ne manque pas de gens qui se plaignent « avec amertume que des conseillers tout à fait ignorants dans les

« matières astronomiques se hâtent de couper les ailes aux esprits
« spéculatifs. Mon zèle ne peut se retenir lorsque j'entends de telles
« lamentations, et j'apparais sur la scène comme un témoin vivant
« de la vérité.....

« C'est pourquoi j'ai considéré la question du système de Co-
« pernic comme une pure hypothèse mathématique, en m'effor-
« çant de la présenter, *par des raisons subtiles*, comme supérieure
« à celle de l'immobilité absolue de notre planète, selon les opi-
« nions aristotéliennes. »

Les inquisiteurs et le pape lui-même avaient examiné le manuscrit de Galilée : aucun d'eux n'eut assez de perspicacité pour apercevoir le but réel de l'auteur; mais aussitôt que le livre fut publié,
ses ennemis donnèrent l'éveil à la cour de Rome, et Galilée fut
sommé de comparaître devant le saint office.

Infirme et âgé de 70 ans, ce voyage fut très-pénible pour lui ;
c'est à cette cause, et peut-être aussi aux tortures qu'on lui fit subir après son interrogatoire, qu'il faut attribuer l'abjuration des
grandes vérités qu'il avait enseignées toute sa vie.

Il n'existe pas de document plus curieux dans l'histoire de la
science que l'original de la sentence rendue par les neuf prélats
assemblés au collége de la Minerve pour le condamner.

En voici les principaux passages :

« Nous soussignés, *par la grâce de Dieu* cardinaux de la sainte
« Église romaine, inquisiteurs généraux de la république chré-
« tienne, députés spéciaux de la sainte chaire apostolique contre
« la dépravation hérétique; attendu que vous Galilée, fils de défunt
« Vincent Galilée, de Florence, âgé de 70 ans, dénoncé en 1615 à
« ce saint office, comme tenant pour vraie une doctrine *fausse*
« enseignant, entre autres choses, que le soleil est immobile au
« centre du monde, que la terre tourne autour de lui, ayant aussi
« un mouvement diurne; ayant des disciples de la même opinion;
« entretenant une correspondance sur le même sujet avec quelques
« érudits allemands et ayant publié des lettres sur les taches du
« soleil, dans lesquelles vous développez la même doctrine comme
« vraie ; ayant aussi combattu les objections qui vous étaient con-
« tinuellement faites *d'après les saintes Écritures*, tout en louant
« ces Écritures selon votre sens particulier; ayant écrit un ouvrage
« dans lequel, suivant les hypothèses de Copernic, vous renfermez
« quelques propositions *contraires au vrai sens et à l'autorité des*
« *saintes Écritures.....*

« Ce saint tribunal, voulant pourvoir au désordre et au mal
« qui à cause de cela s'étend et s'augmente *au préjudice de la foi
« sainte*, conformément au désir de Sa Sainteté et des plus
« éminents seigneurs cardinaux de cette suprême et universelle in-
« quisition : les deux propositions de la stabilité du soleil et du mou-
« vement de la terre ont été qualifiées par les examinateurs théo-
« logiques ainsi qu'il suit :

« 1° La proposition que le soleil est immobile au centre du monde
« est absurde, philosophiquement fausse et formellement hérétique,
« parce qu'elle est expressément contraire aux saintes Écri-
« tures.

« 2° La proposition que la terre n'est pas au centre du monde,
« qu'elle n'est pas immobile, mais qu'elle se meut aussi avec un
« mouvement diurne, est aussi absurde, philosophiquement fausse
« et, théologiquement considérée, également erronée en doctrine.

« Attendu qu'à ladite époque, voulant vous traiter avec douceur,
« il a plu à la sainte congrégation, tenue devant Sa Sainteté le 25
« février 1616, que son Éminence le seigneur cardinal Bellarmin
« vous enjoindrait d'abandonner ladite fausse doctrine, etc.; que
« sur votre promesse d'obéissance vous fûtes relâché ;

« Attendu qu'un livre a paru depuis à Florence l'année dernière,
« intitulé : *Dialogue de Galilée*, etc., etc., dont vous êtes l'auteur ;
« que dans ce livre vous défendez les mêmes opinions déjà condam-
« nées en votre présence; que vous tâchez, avec maintes circonlocu-
« tions, d'y faire entendre que la question n'est pas décidée et qu'elle
« est expressément probable : ce qui est une grave erreur, puis-
« qu'une opinion déjà déclarée et définitivement spécifiée contraire
« à la divine Écriture ne peut être probable en aucun point ;

« Que vous avez demandé l'autorisation de publier ce livre; mais
« sans avertir ceux qui vous l'ont accordée qu'il vous avait été
« commandé de ne pas conserver, défendre ou enseigner ladite
« doctrine en aucune manière.

« Vous avez aussi avoué que le style de ce livre était en plu-
« sieurs endroits calculé pour laisser le lecteur à sa propre intel-
« ligence et au penchant naturel pour de fausses propositions pré-
« sentées sous d'ingénieuses formes, avec des arguments probables
« en apparence.

« Attendu néanmoins, que dans le rigoureux examen que nous
« avons fait de vous, vous avez répondu comme un bon catholique;

« Considérant avec attention les circonstances de votre cause,

« ainsi que vos aveux et excuses, nous avons rendu contre vous
« la sentence ci-après :

« Sous l'invocation du très-saint nom de Notre Seigneur Jésus-Christ
« et de sa glorieuse mère la Vierge Marie, nous siégeant en conseil,
« pour le tribunal des révérends maîtres de la théologie sacrée et des
« docteurs dans les deux lois, nos assesseurs, avons procédé dans
« ce jugement entre le magnifique Charles Sincère, docteur en droit,
« procureur fiscal du saint office, et vous, Galilée, criminel examiné
« et confessé comme dessus ; prononçons, jugeons et déclarons que
« vous, ledit Galilée, ayant pour lesdites opinions encouru toutes
« les censures et pénalités prescrites par les sacrés canons contre
« les délinquants de cette espèce, dont cependant il nous plaît
« *de vous absoudre* pourvu que d'un cœur sincère et en notre pré-
« sence vous abjuriez, maudissiez et détestiez lesdites erreurs et
« hérésies.

« Mais, afin que vos pernicieuses erreurs et transgressions ne
« soient pas impunies, que vous soyez plus prudent à l'avenir et
« un exemple aux autres de s'abstenir de telles fautes, nous dé-
« crétons que le livre de Galilée sera défendu par édit public, et
« *nous vous condamnons* à la prison de ce saint office pour le temps
« que nous pourrons déterminer, et par voie de salutaire pénitence
« nous vous ordonnons de réciter pendant trois années, une fois
« chaque semaine, les sept psaumes de la pénitence, nous réservant
« de modérer, changer et annuler tout ou partie de cette puni-
« tion.

« Ainsi prononcé, etc. »

En conformité de la sentence qui précède, Galilée, à genoux
devant l'inquisition, fit l'abjuration ci-après : « Moi Galilée de Gali-
« lée, fils de défunt Vincent Galilée, de Florence, âgé de soixante-
« dix ans, étant jugé personnellement et agenouillé devant vous, très-
« éminents et très-révérés seigneurs cardinaux inquisiteurs....; ayant
« devant les yeux les sacrés Évangiles, que je touche de mes propres
« mains, jure que j'ai toujours cru et avec l'aide de Dieu croirai
« toujours chaque article que la sainte Église catholique et apos-
« tolique de Rome maintient, prêche et enseigne. Mais parce qu'il
« m'avait été enjoint par ce saint office d'abandonner la fausse opi-
« nion soutenant que le soleil, etc., et qu'après j'ai écrit et fait im-
« primer un livre dans lequel je traite de la même doctrine en l'ap-
« puyant de fortes raisons ; étant suspecté d'hérésie pour lesdites
« opinions, à savoir, que la terre n'est pas le centre du monde et

« immobile; avec un cœur droit et une foi sincère j'abjure, je mau-
« dis, je déteste lesdites erreurs et hérésies; je jure qu'à l'avenir
« je ne dirai et écrirai rien qui puisse donner lieu à de semblables
« soupçons sur moi; que si je connais quelque hérétique ou seu-
« lement suspect d'hérésie, je le dénoncerai à ce saint office ou
« à l'inquisiteur du lieu où je pourrai être. Je jure de plus que je
« remplirai et observerai fidèlement toutes les pénitences qui m'ont
« été ou me seront imposées par ce saint office; que s'il arrive
« que je manque à mes promesses, serments et protestations (ce
« dont Dieu me préserve), je me soumets moi-même à tous les châ-
« timents décrétés par les sacrés canons contre de tels crimi-
« nels.

« Ainsi Dieu me soit en aide et ses saints Évangiles! En foi de
« quoi moi, de ma propre main, ai signé le présent écrit de mon
« abjuration que j'ai récitée mot pour mot. A Rome, dans le cou-
« vent de la Minerve, le **22** juin **1633**. »

Se relevant après les humiliants mensonges arrachés par d'indignes moyens, ce vieillard ne put néanmoins s'empêcher de dire
en frappant du pied la terre : *Et pourtant elle tourne!*

Conduit à la prison et dans un des cachots du saint office, sa sentence fut bientôt adoucie : il obtint même la permission de retourner à Florence; mais la honte de son abjuration, les tortures auxquelles il avait été soumis, ses infirmités et la privation totale de la
vue l'avaient enfin abattu, et il ne s'occupa plus d'astronomie.

Les travaux et les découvertes de Galilée le recommandent à la
postérité; on peut seulement regretter qu'il n'ait pas eu le courage
dont les martyrs chrétiens avaient donné tant d'exemples.

Si ce patriarche de la science, au lieu de renier les convictions de sa vie entière et de s'engager *à dénoncer* les partisans de
ses propres doctrines, de détester et de maudire *ces vérités* que la
Providence lui avait permis d'établir le premier, avait hardiment
regardé ses juges, élevé ses mains vers le ciel et appelé *debout* le Dieu
de l'univers, en témoignage de la vérité de ses opinions; peut-être
que l'aveuglement bigot de ses ennemis se fût dissipé et qu'il
eût obtenu dès lors un mémorable triomphe !

Car aujourd'hui l'Église elle-même reconnaît la fausse interprétation qu'elle faisait des Écritures, ainsi que la vérité des doctrines autrefois punies si injustement par son chef infaillible et ses
premiers dignitaires !

Il est à remarquer que le pendule, inventé par Galilée et appliqué aux horloges par son fils Vincent, est l'instrument qui a donné la *preuve matérielle* du mouvement rotatif de la terre. *Voyez* PENDULE.

GARDES. On désigne ainsi les deux étoiles qui se trouvent aux angles extérieurs des carrés de la grande et de la petite Ourse. La plus près du pôle, α de la première constellation, se nomme Dubhe et l'autre Mérak ; les gardes de la petite Ourse s'appellent : β Kocab et γ Pherkad.

La ligne prolongée des gardes de la grande Ourse conduit d'un côté à l'étoile polaire et sert à la trouver facilement ; de l'autre, elle va passer entre les étoiles du Lion.

La ligne des gardes de la petite Ourse indique de même : à droite les constellations d'Hercule et d'Ophiuchus ; à gauche celle des Gémeaux et, plus bas encore : la reine de nos cieux, Sirius, l'étoile aux mille couleurs.

GAUSS (Charles-Frédéric). Cet astronome, né à Brunswick le 30 avril 1777 et mort à 78 ans, montra fort jeune pour les sciences des dispositions extraordinaires qui lui valurent la protection du duc Charles. En 1807 il était professeur de mathématiques et directeur de l'observatoire de Gœttingue, où il dirigea le retour de Schumacher à sa première vocation.

On lui doit la méthode des moindres carrés servant à déterminer plus rigoureusement les orbites des corps célestes et qui lui fit retrouver la planète Cérès, au point où la théorie indiquait qu'elle devait être pour l'époque donnée.

Son ouvrage sur les *mouvements des corps célestes* fut publié à Hambourg en 1809 et lui acquit une grande renommée.

Il se livra à de nombreux travaux géodésiques, qu'il rendit plus faciles au moyen d'un hélioscope de son invention, et principalement à des recherches sur le magnétisme terrestre. Ses précieuses observations sont consignées dans l'ouvrage publié au nom de la Société scientifique de Gœttingue. Il fut l'un des plus utiles collaborateurs des Nouvelles astronomiques (*Astronomischen Nahrichten*), journal fondé et continué si longtemps par Schumacher, avec lequel il conserva toute sa vie les relations les plus intimes.

GÉMEAUX. Cette constellation est la troisième du zodiaque. La tête de Castor est une étoile un peu plus que secondaire ; la tête de Pollux est indiquée au midi et à droite par une étoile un peu au-dessous de la première grandeur. Ces étoiles, entre lesquelles passe le prolongement de la diagonale δ β de la grande Ourse, figurent, avec quatre autres, un long pentagone dont l'angle opposé à Castor est marqué par une étoile γ de deuxième à troisième grandeur ; les trois autres sont tertiaires ; deux de celles-ci, δ et μ, se trouvent sur la ligne de l'écliptique ; suivant Letronne, c'est un demi-siècle seulement après notre ère que Geminus et Varro mentionnent pour la première fois ce signe zodiacal.

Castor, α d'Orion, Bételgeuse et la Chèvre forment un grand triangle presque équilatéral, et avec Aldébaran du Taureau un grand quadrilatère irrégulier dont les angles sont ainsi indiqués par quatre belles étoiles.

GÉOCENTRIQUE (POINT). En astronomie, comme en toute science ayant rapport au mouvement, il est indispensable de déterminer des points aussi fixes que possible, afin d'y rapporter tous les calculs et les observations. Il a donc été généralement adopté que les mouvements célestes seraient réduits, au moyen de la parallaxe diurne, comme si les observations avaient été faites du centre de la terre, c'est-à-dire, d'une sphère imaginaire dont le rayon serait infini et aurait pour centre celui de notre globe.

Relativement aux autres planètes, la position *géocentrique* varie avec le mouvement de la terre dans son orbite.

GÉODÉSIE. Cette partie de la science a pour but la mesure de la terre et la détermination de sa figure.

Son application à l'astronomie est fréquemment en usage pour les lignes de directions angulaires avec la méridienne, les points du ciel au zénith des observateurs, les déclinaisons de l'aiguille aimantée, la détermination des longitudes, etc. Dans les opérations *géodésiques* ayant pour but de déterminer exactement la latitude d'une station, on se sert ordinairement du *secteur zénithal* pour observer, près du zénith, le passage au méridien des étoiles dont la déclinaison est connue, telles que celles dites fondamentales.

GIRAFE (LA). Constellation très-peu apparente, comprenant de très-petites étoiles disséminées dans l'espace au nord du Cocher et à gauche de Cassiopée.

GLOBE CÉLESTE. Pour faciliter l'étude des étoiles, de leurs mouvements apparents et de leurs situations, soit entre elles, soit relativement à l'équateur et au méridien de chaque lieu, on a imaginé de représenter la voûte idéale du ciel par un globe matériel sur lequel ces astres ont été marqués à leurs places respectives et comme si en réalité les étoiles étaient toutes à la même distance du centre de la terre.

La surface *convexe* de tels globes, remplaçant la *concavité* apparente du ciel, exige que l'observateur se suppose au centre de ces appareils à travers lesquels on pourrait apercevoir les points étoilés, tracés sur leur enveloppe.

Des cercles fixes, figurant le méridien et l'horizon au moyen de l'axe du globe pouvant s'incliner à volonté, marquent la latitude du spectateur.

Le globe mobile autour du méridien figurant les cercles horaires indique les astres visibles à un moment donné. Cet appareil peut ainsi démontrer, sans efforts d'esprit, un grand nombre de problèmes sur les levers et les couchers apparents du soleil et des étoiles, leurs passages au méridien, les saisons et les heures auxquelles ces astres sont visibles d'un point quelconque à la surface de la terre, etc.

GLOBE TERRESTRE. Sa forme, aujourd'hui bien connue, est celle d'un sphéroïde de révolution, c'est-à-dire d'une sphère aplatie vers ses pôles de rotation et plus élevée d'environ 20,000^m à l'entour de son équateur, en sorte que le diamètre de ce cercle a près de quatre myriamètres (dix lieues) de plus que celui des pôles.

Les mers occupent à peu près les trois quarts de sa surface, dont l'étendue est d'environ treize millions et demi de myriamètres carrés ; ses plus hautes montagnes seraient représentées proportionnellement, par des aspérités d'environ un millimètre sur un globe de seize mètres de circonférence. La peau d'une orange présente des rugosités relativement plus considérables. *Voyez* Figure des planètes.

GNOMON. Tige verticalement fixée sur un plan, afin de donner, par la mesure de son ombre, l'azimut et la hauteur du soleil.

Dès la plus haute antiquité, cet instrument a été employé pour reconnaître le *midi*, que chaque jour l'astre indique en tous lieux, par l'ombre la plus courte.

Les anciens observateurs ont aussi reconnu, par les gnomons, l'époque des solstices et des équinoxes : au jour où l'ombre est *la plus courte*, on se trouve au solstice d'été : *la plus longue* indique le solstice d'hiver : les grandeurs moyennes marquent partout les équinoxes.

Quand il s'agit du soleil, un gnomon peut remplacer la lunette méridienne, le cercle mural et le théodolite.

A Paris, les 22 avril et 23 août l'ombre portée par ces instruments est à midi des 3/4 de leur hauteur ; les 22 mars et 23 septembre, elle a 3 fois et 123 millièmes leur hauteur, et le 10 juin elle n'en a qu'environ la moitié.

Le père Gaubil, l'un des missionnaires à la Chine, rapporte, avec ses circonstances, une observation faite l'an 1100 avant notre ère, par le frère de l'empereur Tcheou-Koung qui reconnut, à Loyang, ces deux époques dont le rapport des ombres du gnomon était comme 1,5 est à 13 ; ce qui donnait 38° 55′ pour latitude, conformément à la moyenne des résultats obtenus par les missionnaires. Plutarque dit que les Égyptiens se servaient, pour mesurer la hauteur du pôle, d'une tablette faisant un angle aigu avec un plan de niveau. Ce passage indique évidemment une application perfectionnée des gnomons, qui ont, à différentes époques, donné la mesure de l'obliquité de l'écliptique, dont on a pu constater ainsi la diminution successive.

On a supposé que les Pyramides, toutes bien orientées, servaient de gnomons aux Égyptiens ; mais comme ces grands monuments devaient porter des *pénombres très-étendues ;* que, sous une telle latitude, les ombres méridiennes du sommet se projettent sur la face même de la pyramide et non sur le sol, et que rien n'indique d'ailleurs que ces monuments aient été terminés par des *boules percées,* il est fort douteux qu'ils aient eu cette destination.

Les astronomes arabes connaissaient cette manière d'éviter la pénombre, puisque le dôme de l'observatoire de Méragah était percé d'une ouverture par laquelle les rayons du soleil marquaient, sur le mur opposé, la hauteur de cet astre.

Les Mexicains faisaient usage de gnomons et étaient, sous ce rapport, plus savants que leurs envahisseurs, qui ont trouvé chez ces peuples une année tropique aussi exacte que celle de Ptolémée.

Le plus grand de ces instruments est celui que Toscanelli fit établir dans la coupole de la cathédrale de Florence et qui avait quatre-vingt-six mètres de hauteur ; le cardinal Ximénès y constata la diminution de l'obliquité de l'écliptique.

Le principe des gnomons s'applique à la construction de tous les cadrans, et chacun peut établir sans peine un de ces instruments. On trace d'abord sur un plan une circonférence divisée de 15 en 15 degrés, en partageant par moitié chacune de ces divisions horaires. Il suffit alors de placer ce plan de manière que la ligne de six heures fasse un angle droit avec la méridienne, et que le *style* ou *gnomon*, fixé au centre, soit parallèle à l'axe de la terre, c'est-à-dire incliné selon la latitude du lieu. *Voyez ci-après, ainsi que* CADRAN, OBLIQUITÉ.

GNOMONIQUE. C'est l'art de construire des cadrans solaires indiquant les divisions du temps par l'ombre d'un gnomon ou d'un style fixé sur un plan.

Hérodote dit que la connaissance de ces instruments fut tirée de Babylone par les Grecs, qui en attribuèrent l'invention, soit à Anaximandre, selon Diogène Laërce ; soit à Anaximène de Milet, 600 ans avant notre ère, suivant Pline.

On connaît plusieurs espèces de cadrans solaires ; mais dans toutes, la première condition est de placer le style *parallèlement à l'axe de la terre*, c'est-à-dire selon la latitude du lieu : ainsi à Paris, par exemple, il faut que le style soit incliné sur la ligne méridienne de 48° 50′ 13″.

On peut fixer le style perpendiculairement à la surface sur laquelle sont tracées les lignes horaires ; mais alors le cadran doit être disposé de manière que le style soit parallèle à l'axe de la terre. Un tel instrument peut être portatif et sert ainsi pour tous les pays, si on le place selon l'indication précédente.

En construisant un cadran horizontal pour la latitude complémentaire, c'est-à-dire, en inclinant le style de la différence entre la latitude du lieu et 90° (à Paris de 41° 9′ 47″), on peut en faire un cadran vertical, si on l'applique sur un mur exactement perpendiculaire au méridien.

Si le style de ce cadran est prolongé de l'autre côté du mur, en y traçant les mêmes divisions horaires on aura ainsi deux cadrans verticaux, l'un méridional et l'autre septentrional. La surface d'un tel cadran étant une glace transparente, un seul tracé indiquera les heures sur ses deux faces.

Le cadran polaire a son plan *est* dans la direction passant par le pôle et par les points est et ouest ; il est ainsi perpendiculaire et incliné sur l'horizon comme l'axe de la terre ; un tel cadran serait celui de l'équateur en le plaçant horizontalement.

Lorsqu'on connaît, soit par l'annuaire, soit par une table quelconque, l'heure du passage de la lune au méridien, on peut lire les heures de nuit sur un cadran solaire : il suffit d'ajouter à l'heure de ce passage celle marquée par le style éclairé par la lune, moins 2 secondes par heure si le résultat ne dépasse pas 12 heures ; en cas contraire, il faut retrancher 12 heures et ajouter 2 secondes par heure si l'ombre tombe après 12 heures. *Voyez* CADRANS SOLAIRES.

GRANDEUR *des corps célestes.* A la vue simple, un astre paraît avoir un volume différent, selon qu'il est plus ou moins élevé sur l'horizon chargé de vapeurs.

Cette circonstance accidentelle ne constitue pas ce que les astronomes entendent par *grandeur apparente*, laquelle est donnée par l'angle compris entre deux points opposés du diamètre moyen d'un corps céleste.

Quand on connaît la parallaxe et par conséquent la distance à la terre d'un astre quelconque (*Voyez* PARALLAXE), sa grandeur *apparente*, exactement mesurée, donne immédiatement sa grandeur *réelle*.

Ainsi par exemple : la parallaxe horizontale de la lune étant de 57' ou de 3420", l'astre se trouve *de cette quantité* moins éloigné du centre de la terre que si le rayon de celle-ci, *vu de la lune*, ne supportait que 1" de parallaxe.

On a vu effectivement, page 24 (au mot *Angle*), qu'un objet sous-tendant *une seconde de degré* (1") doit être placé à 206,265 fois l'étendue de ses dimensions. La lune et la terre seront donc éloignées l'une de l'autre de 206,265 rayons terrestres divisés par 3,420, ou de 60 R. 31 équivalant à environ 96,000 lieues de 4,000 mètres.

D'une autre part le demi-diamètre de la lune, vu du centre de la terre, étant de 15' 1/2 ou de 930", la grandeur réelle des deux astres est proportionnellement en ordre inverse, c'est-à-dire comme 3,420" est à 930", ou comme 1 est à 0,2719 ; il en résulte que le rayon de la lune excède un peu le quart du rayon de notre planète.

Cette mesure donne géométriquement à notre satellite une surface 14 fois moindre, ainsi qu'un volume 50 fois moins considérable que pour la terre.

Les mêmes calculs appliqués au soleil, dont la grandeur apparente est à peu près celle de la lune, quand sa parallaxe n'est que de 8" 57, indiquent que le rayon de cet astre équivaut à cent douze fois celui équatorial de la terre (environ 180,000 lieues).

En apparence le globe que nous habitons est d'une immense étendue ; la lune nous paraît de même grandeur que le soleil ; les planètes comparativement à ce satellite ne sont, à la vue simple, que des points d'un éclat différent ; les étoiles les plus brillantes nous semblent les plus grandes et les plus rapprochées.

En réalité, cependant, le soleil a quatorze cent sept mille fois le volume de la terre, qui est cinquante-cinq fois plus grande que la lune ; donc le soleil est plus de soixante-dix-sept millions de fois plus volumineux que notre satellite !

Vénus est presque aussi grosse que la terre, et Jupiter, qui a parfois le même éclat, est quatorze cent soixante-dix-huit fois plus volumineux.

Il en est de même pour les étoiles dont les grandeurs apparentes sont si différentes à la vue simple, et que les lunettes d'une certaine puissance réduisent presque au même diamètre ; il est toutefois certain que leur grandeur réelle n'est pas la même, ce qui est démontré par les parallaxes déjà obtenues pour quelques-unes.

Sirius, la plus belle étoile du ciel, serait *soixante fois plus éclatante si elle était à la même distance de la terre* que notre soleil. L'étoile n° 61 de la constellation du Cygne, à peine visible à l'œil nu, est donc aussi beaucoup moins grande que Sirius, puisque, paraissant si petite, elle est cependant la plus rapprochée de notre système solaire.

La Chèvre, qui nous semble presque aussi grande que Sirius, n'est pas plus éloignée que τ, étoile de 5ᵉ grandeur située à l'œil de la grande Ourse : celle-ci est donc bien plus petite.

Alcyone, des Pléiades, qui a presque la même intensité lumineuse que la polaire, avec une parallaxe seize fois moins grande, doit être immensément plus volumineuse.

Si l'on veut se faire une image des dimensions relatives que nos planètes doivent présenter à un spectateur supposé dans le soleil, Mercure, la plus petite, y paraît de beaucoup la plus considérable ; Vénus, quoique moins grande que la terre, doit sembler bien plus grande à cause de sa proximité : notre lune doit y être vue avec un diamètre supérieur à celui de Jupiter, et enfin Neptune, cent dix fois plus gros que la terre, peut à peine s'y distinguer ; de même que, de cette dernière de nos planètes, le soleil n'est aperçu que sous l'apparence *d'une petite étoile*.

GRAVITATION. Suivant la loi découverte par Newton et qui paraît commune à tous les systèmes de l'univers, tous les corps célestes s'attirent dans l'espace en raison directe des *masses* et réciproquement au carré des distances.

La pesanteur n'est qu'une application particulière de la même loi, en vertu de laquelle la terre comme le soleil, comme toutes les planètes, attirent à leur centre tous les corps qui sont à leurs surfaces ou qui tendent à s'en éloigner.

La terre attire la lune d'environ quinze pieds par minute, c'est-à-dire soixante fois moins vite que les corps graves ne tombent à la surface moyenne du globe, parce que la lune en est à une distance moyenne de soixante rayons terrestres.

Le premier des satellites de Jupiter est à peu près aussi éloigné de sa planète que la lune l'est de la terre; il tourne seize fois plus vite en raison de la masse de Jupiter, qui est 340 fois celle de notre globe. Toutes les planètes, qui s'attirent réciproquement en raison de leurs masses, ne gravitent vers le soleil que relativement à leur distance de cet astre central.

La force centrifuge serait détruite, que Jupiter ne tomberait pas *plus vite* sur le soleil que le plus petit des astéroïdes.

Anaxagore enseignait que les corps célestes ne tombaient pas sur la terre, considérée comme centre, à cause de leur mouvement de circulation. Lucrèce concluait de la gravité que le monde est sans limites, parce que autrement les corps ne seraient plus lourds relativement aux corps extérieurs, mais seraient portés vers ceux intérieurs, ce qui aurait depuis longtemps déterminé leur coïncidence.

Copernic explique la sphéricité des corps célestes par la tendance de leurs molécules vers le centre, par suite de leur mouvement de rotation.

Kepler étendit la gravitation à la lune, au soleil et aux planètes réciproquement; il compare la terre à un aimant qui attirerait la lune en tournant autour du soleil, et plus tard il étendit cette comparaison aux autres corps célestes, se trouvant alors si proche de la véritable astronomie physique, qu'il l'aurait reconnue avant Newton, si son imagination trop vive ne l'avait égaré dans des suppositions indignes d'un tel génie.

Tout récemment le P. Secchi, directeur de l'observatoire de Rome, écrivait dans une note à l'Académie : Nous pouvons considérer le soleil comme un véritable aimant; ce qui d'ailleurs ne doit pas surprendre les physiciens.

Ces idées se propagèrent, et Fermat, mort en 1664, les mentionne dans ses ouvrages, en disant que les molécules intermédiaires d'un corps sphérique gravitent moins, parce que celles extérieures les attirent à rebours et diminuent ainsi leur propension vers le centre *en raison des distances.*

Les mêmes pensées se retrouvent dans un traité de Mersenne, mort à Paris en 1648, et dans un ouvrage publié par Roberval en 1644. Avant Newton, Hooke, mort en 1703, avait plus que personne aperçu le principe de la gravitation ; son système était établi sur les trois hypothèses suivantes : 1° Les corps gravitent vers leur centre et les uns vers les autres. 2° Tous les corps suivraient un mouvement rectiligne, si une autre force que celle originaire ne les obligeait à décrire un cercle autour d'elle. 3° L'attraction est d'autant plus grande que le corps attirant est plus rapproché. La démonstration de ces vérités était réservée à Newton, qui en 1666, à sa retraite de Woolsthorpe, fut conduit à s'en occuper par la chute d'une pomme à ses pieds.

Halley, qui vint voir Newton à Cambridge, le détermina à publier en 1687 l'ouvrage des *Principes,* base de sa réputation, qui s'augmenta bientôt par le retour de la comète de Halley, en vertu des lois de la gravitation, dont il avait déterminé les effets sans pouvoir en expliquer la cause.

Dans le vide tous les corps tombent avec une même vitesse de 3^m,66 dans la première seconde ; dans l'air libre ceux de densités différentes tombent suivant leur masse et progressivement selon les espaces déjà parcourus.

Si l'on suppose qu'un projectile soit lancé avec une force de 1,200 toises par seconde, on trouve qu'il ne retomberait plus sur la terre et circulerait autour d'elle comme un satellite.

Le rayon de l'équateur étant plus grand que celui des pôles, la *gravité,* combinée avec la force centrifuge et la densité des couches de la terre, exige que le pendule qui bat les secondes aux régions polaires soit raccourci de 5 millimètres 515 (2 lignes 44) à l'équateur. *Voyez* GRAVITÉ *et* ATTRACTION.

GRAVITÉ. Selon les principes newtoniens, ce mot est synonyme de gravitation, de pesanteur et d'attraction ; les corps graves retombent à angles droits relativement à la surface des eaux tranquilles, *attirés* au centre par la masse et la densité des molécules de la terre.

La force de la gravité dépend donc de la distance au centre d'attraction ; par rapport à la lune et aux planètes, elle prend le nom de *gravitation*. Sans l'action incessante de cette puissance mystérieuse, tous les corps d'un sphéroïde en rotation se disperseraient dans l'espace et sans leur rotation, toutes les planètes seraient des globes réguliers à la surface desquels la gravité considérée comme pesanteur serait partout égale.

Il n'en est pas ainsi sur la terre, où les corps gravitent plus fortement sous les pôles et avec moins de force sous l'équateur. Cette différence tient d'abord à la vitesse de rotation, presque nulle aux régions polaires, tandis qu'elle est à son maximum sous les points décrivant les plus grands cercles et ayant alors une force centrifuge ou de projection beaucoup plus grande.

En second lieu, le renflement de la terre à l'équateur fait que les corps y sont plus éloignés du centre qu'ils ne le sont de la surface, relativement déprimée sous les pôles ; les calculs théoriques et les observations directes s'accordent pour établir la différence de la gravité, non-seulement entre ces lieux extrêmes, mais entre tous les points intermédiaires.

On sait que plus la tige d'un balancier est courte, plus les oscillations du pendule qu'il suspend sont précipitées, et *vice versa*. Bouguer, partant de ce principe et voulant reconnaître l'action de la force centrifuge sur la gravité à des hauteurs différentes, a constaté qu'au sommet du Pichincha près de Quito au Pérou, la longueur du pendule qui battait les secondes au bord de la mer devait être raccourcie de 2/5 de ligne.

Cette fraction, étant le résultat d'une hauteur connue, peut servir à déterminer l'affaiblissement de la gravité produit par les deux causes indiquées précédemment, lesquelles obligent déjà à raccourcir de 2 lig. 2/5 sous l'équateur le pendule qui battait exactement les secondes à quelques degrés du pôle.

La présence du soleil et celle de la lune ne paraissent avoir aucune influence sur la gravité, à la surface de la terre, ni à une certaine élévation dans l'air qui l'entoure.

D'après la figure de la terre, la force de la gravité devrait seule, produire $\frac{1}{590}$ de différence entre les pôles et l'équateur ; mais les forces centrifuges y ajoutant $\frac{1}{189}$, cette différence doit être de $\frac{1}{194}$, ainsi qu'elle a été reconnue.

En raison comme en mécanique, cette vertu attractive ne peut s'expliquer, le mouvement se transmet immédiatement, et n'existe pas par lui-même, à moins qu'il ne soit inhérent à la matière; ainsi une pierre suspendue dans l'espace, et frappée également dans tous les sens par un fluide homogène, resterait en repos si elle n'était pas *attirée* ou *poussée* vers un point quelconque.

Les philosophes épicuriens Descartes, Huygens, Lesage, et en dernier lieu M. Buisson, soutiennent que le mouvement par attraction n'est qu'une erreur et qu'*une impulsion matérielle* pousse les corps graves vers le centre de la terre, comme les corps célestes les uns vers les autres, en raison *de leur surface* et de leur distance. On reconnaît déjà qu'un milieu résistant paraît exister dans l'espace, et que certains phénomènes observés dans les traînées vaporeuses des comètes sont en contradiction avec les lois de l'attraction newtonienne.

Quelle est la force, dit J. Herschell, qui peut arrondir ces vapeurs dans leur périhélie, en direction venant du soleil, comme une baguette courbée vers lui, contrairement aux lois des mouvements planétaires ?

En cinq jours la comète de 1680 avait projeté les molécules de sa queue, après son passage au périhélie, bien au delà de l'orbite de la terre, ayant changé sa position angulaire de 150°. — Où trouver la cause d'un mouvement si désordonné ? Elle doit exister ailleurs que dans la force de gravitation : une puissance impulsive peut seule produire de tels effets.

La gravité, selon certains atomistes, résulterait des chocs incessants et innombrables agissant de tous les points de l'espace sur l'enveloppe de l'atmosphère terrestre par les atomes gravifiques, puis se propageant par une oscillation moléculaire aux corps solides de proche en proche jusqu'au centre. Quelle que soit sa cause, la gravité se manifeste suivant les lois indiquées par Kepler, par Newton, et appliquées par Laplace à tous les mouvements ainsi qu'à toutes les perturbations célestes.

Une nouvelle doctrine, exposée par M. de Boucheporn, démontre, sans recourir aux moyens de la théorie newtonienne, que les corps graves doivent tomber à la surface de la terre, dans la première seconde, d'une quantité égale au carré de la vitesse du globe, divisé par le triple de son rayon, c'est-à-dire, en tenant compte du retard occasionné par la force centrifuge, de 4^m, 9063 ; ce qui est conforme aux observations. *Voyez* ATOMES. ATTRACTION. PESANTEUR.

GREGORY (JAMES). Né à Aberdeen en Écosse, ce physicien est surtout connu par les réflecteurs dont il donna la première idée, mais qui ne furent employés que plus tard sous le nom de télescopes grégoriens ou newtoniens. Il fit dès sa jeunesse de grands perfectionnements en optique et dans la construction des miroirs ardents à surface concave. Il mourut subitement en 1675, en montrant à quelques élèves les satellites de Jupiter réfléchis dans un de ses télescopes.

GROSSISSEMENT DES LUNETTES. Après leur découverte, on fut longtemps arrêté dans l'amplification de ces instruments, parce que plus les oculaires étaient forts et convexes, plus les images étaient irisées et déformées. Newton avait même déclaré cet obstacle insurmontable, quand Dollond, fils d'un réfugié français, eut l'idée d'interposer un verre entre l'objectif et l'oculaire, et parvint ainsi à éviter l'irradiation. C'est ce procédé qui constitue l'achromatisme et qui a permis de pousser les grossissements jusqu'à ceux employés aujourd'hui.

Les perfectionnements introduits dans la fabrication du cristal, du flint-glass et du crown-glass, ainsi que dans la disposition des instruments d'observation, ont encore ajouté à la faculté lumineuse comme à la puissance de pénétration des réfracteurs et des réflecteurs. En Angleterre, à Munich et à Paris, on produit des objectifs d'une telle dimension et d'une pureté si grande, que des nébuleuses que le grand télescope de W. Herschell n'avait pu résoudre en étoiles, et que cet illustre astronome croyait composées seulement de matière diffuse, montrent aujourd'hui les astres qui les composent au réfracteur de Cambridge comme au réflecteur gigantesque de lord Ross. *Voyez* LUNETTES, TÉLESCOPES.

H

HALLEY. L'un des grands astronomes de l'Angleterre, mort en 1742, à l'âge de quatre-vingt-six ans. Ami de Newton et directeur de l'observatoire de Greenwich, il y fit d'importantes observations.

Ce fut lui qui à l'apparition de la grande comète de 1682, ayant calculé son orbite et comparé les anciennes avec les modernes observations, annonça que cette comète avait une périodicité de 76 ans

environ. L'une de ses apparitions remontait à la naissance de Mithri-
date, 130 ans avant J. C., époque où elle avait, dit-on, l'éclat du soleil !
En 1456 elle jeta la terreur dans toute l'Europe et fut excommuniée
par le pape. — Halley prédit son retour vers 1758 ; cette comète, qui
depuis a porté son nom, fut effectivement aperçue le 25 décembre
1758 par Palitch, paysan polonais. Son dernier retour en 1835 arriva
précisément à l'époque annoncée ; mais alors elle était dépourvue des
queues extraordinaires et de l'éclat qui l'avaient rendue si célèbre.

Cet astronome indiqua le moyen d'obtenir la parallaxe du soleil,
ou sa distance à la terre, par le passage de Vénus sur cet astre. On
lui doit encore un catalogue des étoiles australes et des tables astronomiques fort estimése.

HALO. Couronne lumineuse qui se forme souvent autour du soleil
et de la lune, lorsque notre atmosphère est chargée de vapeurs.
Elle est tantôt blanche et tantôt colorée comme l'arc-en-ciel. Le halo
solaire est ordinairement de 45 degrés de diamètre. Lorsqu'il en apparaît un second extérieurement concentrique au petit, son rayon
a près de 46°. — La première dimension se rapporterait à une déviation de la lumière à travers un prisme de glace de 60°, et la dernière
à celle de deux prismes de 60° ou d'un prisme de 90°, mesures qui
correspondent à la réfraction des cristaux de neige. Lors de l'éclipse
du 28 juillet 1851, on a pu en observer un à Paris vers le milieu,
ou la plus grande étendue du phénomène qui a fixé l'attention publique.

Les halos lunaires varient beaucoup en éclat comme en étendue
et sont aussi plus fréquents.

Ces couronnes sont quelquefois accompagnées de parhélies ou
de parasélènes, c'est-à-dire d'images du soleil ou de la lune, aux
parties opposées des halos.

On y remarque aussi des appendices fort extraordinaires, tels que
des bras rayonnants, des croix lumineuses, et même des effets de
réfractions répétant l'image des observateurs ainsi que leurs mouvements.

Le 20 février 1849, l'un de ces arcs lumineux a offert à M. Pringle
d'Édimbourg le spectacle d'une multitude de petits météores partant de directions différentes, se mêlant confusément et ayant tout
à fait l'aspect d'étoiles filantes. Ces phénomènes sont produits par la
diffraction de la lumière dans un air condensé ou chargé d'aiguilles
glacées.

Ils sont effectivement moins fréquents en été, quoique cependant les hautes régions de l'atmosphère soient souvent alors assez refroidies pour que la grêle puisse s'y former. On peut observer des halos ou couronnes colorées sur les vitraux des lanternes chargées de givre, ou même à travers des glaces chargées de vapeurs. (*Voyez* PARHÉLIE.)

HARDING. Cet astronome, né à Gœttingue, était l'un des six astronomes qui en 1800, réunis à Lilienthal, résolurent de partager la région zodiacale en 24 parties qui seraient minutieusement observées par autant d'investigateurs. Piazzi de Palerme avait ouvert les succès de cette association par la découverte de Cérès, le 1er jour de l'année 1801. Olbers de Brême avait trouvé Pallas le 28 mars 1802. Les orbites de ces deux astéroïdes se croisant en deux points, on pensa qu'ils faisaient partie d'une grosse planète originairement placée entre Mars et Jupiter et qu'une circonstance fortuite avait brisée en plusieurs fragments qui tous devaient ainsi revenir au point où avait eu lieu ce cataclysme. — Harding, en explorant cette partie du ciel, découvrit effectivement, le 2 septembre 1804, un 3e fragment qui fut nommé Junon. Deux ans et demi après (le 29 mars 1807) le 4e, nommé Vesta, fut trouvé par Olbers, et pendant 38 ans ces quatre petits corps célestes furent considérés comme existant seuls dans cette région.

HARMONIA. — Petite planète reconnue le 31 mars 1856 par M. Goldschmidt, dans la constellation de la Vierge, sous l'apparence d'une étoile télescopique de 9e à 10e grandeur.

Suivant les observations déjà faites par différents astronomes, sa distance au soleil (celle de la terre au soleil étant 1) serait en moyenne de 2,2538 : ce qui placerait son orbite, inclinée d'environ 5 degrés sur l'écliptique, entre Flore et Melpomène. Le mouvement diurne étant, selon M. Valz, de 1036″83, la révolution sidérale de ce nouvel astéroïde s'accomplirait en 1232 j 8 h environ ; l'excentricité paraît dépasser le quart du diamètre moyen de l'orbite.

Le nom de cette 40e petite planète est une allusion à la paix générale signée la veille de sa découverte.

HAUTEUR. C'est la valeur de l'angle que les astres font avec l'horizon à un moment donné ; la latitude de chaque lieu est la hauteur du pôle, que donnent le sextant et autres instruments d'observations.

Pour obtenir la hauteur vraie et par conséquent la déclinaison. comme si elles étaient observées du centre de la terre, il convient de retrancher, des valeurs obtenues par ces instruments, celle de la réfraction moins la parallaxe.

On entend par *hauteurs correspondantes* les places occupées par une étoile à égale distance du méridien vers l'est et vers l'ouest. Si donc on mesure la hauteur d'une étoile à l'est de cette ligne et qu'on note l'heure à laquelle cet astre aura à l'ouest la même hauteur, la moitié du temps écoulé entre ces deux observations sera l'heure de son passage au méridien. Si on note à un moment quelconque la hauteur d'un astre ainsi que le temps de son passage au méridien, on est certain qu'il sera à la hauteur correspondante après le même temps.

La hauteur moyenne d'un pays s'évalue par les mesures d'un grand nombre de points, en supposant toutes les montagnes nivelées et leur masse également répartie sur la surface.

L'Europe, suivant M. de Humboldt, est élevée en moyenne au-dessus du niveau de la mer de 217^m environ, l'Asie de 370^m, l'Amérique du Sud de 374^m et celle du Nord de 243^m seulement.

HÉBÉ. Petit corps planétaire découvert. le 1er juillet 1847, par Hencke de Driessen. Sa distance au soleil est d'environ 34 millions de myriamètres (85 millions de lieues) et la durée de sa révolution, de 1379 jours $15^h 8^m$ dans un orbe incliné de $14° 46' 42''$ sur l'écliptique et dont l'excentricité dépasse la 5e partie du rayon moyen.

HÉGIRE. Ère des musulmans. commençant au jour de la fuite de Mahomet à Médine, date qui correspond au 16 juillet de l'année 622 après Jésus-Christ.

HÉLIAQUE. Le lever héliaque d'un astre ou d'une étoile est celui qui a lieu une heure avant l'apparition du soleil. Les couchers sont dits *héliaques* lorsqu'ils arrivent une heure après que le soleil a disparu sous l'horizon.

HÉLIOCENTRIQUE. La position héliocentrique d'une planète est la place qu'elle occupe dans son orbite relativement au soleil: le lieu héliocentrique de la terre se trouve en ajoutant $180° 0' 20'' 25$ à la longitude du soleil, comptée de l'équinoxe moyen et donnée par les tables corrigées de l'aberration.

HÉLIOMÈTRE. Disposition de moyens optiques pour doubler les images aux foyers des instruments d'observation.

L'objectif d'un télescope partagé en deux parties peut être disposé de manière à faire glisser latéralement l'un des verres sur l'autre et à présenter ainsi au foyer de l'oculaire deux images semblables pouvant s'écarter ou se rapprocher à volonté; l'observateur peut alors en mesurer le diamètre avec une plus grande précision que sur une seule.

C'est avec un tel instrument, pourvu d'un micromètre d'une perfection extraordinaire, que Bessel de Kœnigsberg est parvenu à obtenir avec certitude la première parallaxe, c'est-à-dire la distance de la soixante et unième étoile du Cygne, qu'il avait jugée dans les conditions les plus favorables au but qu'il se proposait.

Des lames de cristal d'Irlande ou de quartz peuvent aussi être disposées de manière à produire une double image au foyer d'une lunette d'observation, et remplacent ainsi l'objectif achromatique indiqué ci-dessus.

On donnait aussi le nom d'*héliomètre* aux gnomons qu'on établissait pour mesurer la hauteur du soleil ou la longueur des ombres. Ce fut Méton qui disposa le premier de ces instruments astronomiques chez les Athéniens.

HÉLIOSCOPE. On appelle ainsi tout instrument ou appareil disposé pour observer le soleil, c'est-à-dire muni d'un verre coloré ou d'un oculaire dit astronomique.

Si l'on tourne vers cet astre l'objectif d'une lunette et qu'en avançant ou retirant convenablement l'oculaire, on obtienne sur un écran une image très-nette (qui alors sera proportionnée aux dimensions de l'instrument), les taches du disque, s'il en existe alors, seront aisément distinguées, et on les verra décrire des courbes allongées au-dessus comme au-dessous de l'équateur solaire.

Au moyen d'un tel procédé, plusieurs personnes peuvent observer à la fois et suivre toutes les phases d'une éclipse.

Le miroir d'un télescope à oculaire biconvexe peut aussi être disposé pour le même usage.

HÉLIOSTAT. C'est l'appareil au moyen duquel une lunette ou un télescope disposé pour l'observation du soleil suit la rotation régulière de la terre, en sorte que l'astre, malgré ce mouvement, ne sort pas du champ de vision. On connaît divers moyens pour arriver à ce résultat, mais il s'obtient plus régulièrement par un engrenage d'horlogerie.

HÉLIOSTROPE. Cet appareil, inventé par Gauss, astronome de Gœttingue, est employé dans les opérations géodésiques comme signal, en projetant à une grande distance les rayons du soleil.

HÉMISPHÈRE. Le globe terrestre est partagé en deux parties égales par l'équateur, que coupe obliquement en deux points, la ligne équinoxiale.

L'un de ces hémisphères comprend : l'Europe, l'Asie, l'Amérique du Nord, une petite portion de l'Amérique méridionale et les deux tiers de l'Afrique ; le second se compose du reste de l'Amérique, du tiers méridional de l'Afrique, et de la Nouvelle-Hollande ou Australie, cinquième partie du monde. L'étendue des mers est beaucoup plus considérable sur cette moitié que sur la nôtre.

Chacun de ces hémisphères répond dans l'espace aux parties de la voûte céleste que la rotation diurne de la terre amène successivement à la vue de ses habitants ; le pôle boréal est le centre de l'hémisphère autour duquel le soleil et toutes les étoiles nous paraissent décrire des cercles ou des arcs de cercle plus ou moins grands.

L'inclinaison de l'axe terrestre nous fait apercevoir successivement une partie des étoiles de l'hémisphère austral ; mais les étoiles situées à plus de 48 degrés au-dessous de l'équateur ne sont jamais visibles sous nos latitudes.

HERCULE. Constellation située entre la Lyre, à gauche, et la Couronne boréale, à droite ; entre le Dragon, au nord, et Ophiucus, au midi. Elle comprend un quadrilatère dont les angles sont marqués par quatre tertiaires qu'on trouve un peu à gauche de la Couronne ; la diagonale de ce carré, prolongée assez loin vers le midi, rencontre une autre tertiaire qui indique la tête d'Hercule placée très-près de celle d'Ophiucus, marquée elle-même par une étoile de deuxième à troisième grandeur.

Les observations des six dernières années par MM. Daws et Otto Struve ont permis à M. Yvon de Villarceau de donner plus exactement les éléments du système de ζ d'Hercule dont l'étoile satellite a autour de la plus grande un mouvement annuel de 9° 81, dans une orbite dont l'excentricité est d'environ 0° 48′. On peut calculer que si la parallaxe de cette étoile est seulement de 0″,076, valeur provisoirement attribuée à celles de troisième grandeur, la masse de cette étoile double est au moins quadruple de celle de notre soleil.

C'est vers l'étoile μ de cette constellation, à gauche du quadrilatère désigné ci-dessus et vers la *ligne des solstices*, que, suivant de très-illustres astronomes modernes, paraît se diriger notre soleil, avec tous les corps qu'il entraîne.

Le coucher héliaque d'*Hercule* coïncidait autrefois avec le solstice d'été, au même point de l'horizon où *le Lion* se couchait le soir ; c'est ce qui avait donné lieu à la fable du Lion de Némée vaincu par ce héros qui en portait la dépouille. Les douze travaux d'Hercule sont également des allusions au passage du soleil dans les douze signes du zodiaque.

Les *colonnes d'Hercule* étaient les limites alors connues de la terre vers l'occident, où le soleil représenté par ce demi-dieu, paraissait toujours se coucher.

HERSCHELL (WILLIAM). C'est à juste titre qu'on l'a proclamé le plus grand astronome de l'Angleterre et le plus habile des observateurs. Né en 1738 d'un musicien de Hanovre, il fut musicien lui-même, jusqu'à ce qu'un heureux hasard lui offrant un télescope anglais, il s'en servit pour examiner les cieux ; dès lors sa vocation fut fixée.

Il parvint bientôt à construire des télescopes de sept, de dix et même de vingt pieds de distance focale, dont il polissait lui-même tous les miroirs. Le 13 mars 1781, il découvrit la planète à laquelle il voulut d'abord donner le nom de Georges, son généreux protecteur ; mais, depuis, les habitudes mythologiques l'ont fait nommer *Uranus*.

Ce fut en 1789 qu'il parvint à établir son télescope de 12 mètres (39 pieds anglais), dont l'objectif avait $1^m 85^c$ d'ouverture, et avec lequel il aperçut les taches, le sixième et le septième satellite de cette planète. Il découvrit encore six satellites à Uranus, dont quatre seulement ont été revus depuis. Pour apprécier les formes et l'étendue de la Voie lactée, cet infatigable astronome en *jaugea* toutes les parties, en comptant les étoiles qui se présentaient au champ de son télescope ; il fit de cette *nébuleuse* d'exactes images, afin qu'on pût dans l'avenir reconnaître les modifications qui s'y manifesteraient.

Son grand télescope pénétrait jusqu'aux nébuleuses composées d'étoiles de treize cent quarante-quatrième grandeur, dont la lumière ne peut nous parvenir en moins de deux mille cinq cents ans.

Les catalogues de ces amas de soleils furent portés successivement à près de dix-huit cents, répartis en huit divisions, selon leurs aspects.

Il mourut en 1822, âgé de quatre-vingt-trois ans, dans toute la gloire de ses brillantes découvertes et toute la force de son intelligence ; son fils, John Herschell, continue ses travaux et ajoute de nouvelles richesses à son héritage astronomique.

Sa sœur, qu'il fit venir de Hanovre quand le roi Georges III le nomma son astronome particulier, participait à toutes ses observations, faisait tous ses calculs et découvrit elle-même plusieurs comètes ; elle a vécu jusqu'en 1847.

HEURE. Fraction du temps, dont la mesure la plus exacte est donnée par la rotation diurne de la terre, qui paraît faire décrire aux étoiles des cercles plus ou moins grands, mais toujours pendant la même durée, laquelle, partagée en vingt-quatre parties, donne l'heure *sidérale*. Celle *moyenne* est indiquée par une pendule parfaitement réglée.

Les heures se divisent en 60 minutes, chaque minute en 60 secondes et chaque seconde par fractions décimales.

L'heure *solaire* ou *vraie* est un peu inégale, parce qu'elle est marquée de midi, moment où le soleil est au plus haut de son apparente carrière et que cet astre ne marche pas toujours avec la même vitesse ; ou, pour parler plus exactement : parce que la terre ne décrit pas autour du soleil un cercle régulier, mais une ellipse qu'elle parcourt avec une vitesse inégale.

Si en effet l'attraction du soleil retient notre globe dans une telle orbite, on peut facilement concevoir que cette attraction est moins forte quand il parvient à ses points les plus éloignés, et qu'alors le mouvement de circulation devient un peu moins rapide ; l'effet contraire a lieu quand la terre se trouve aux points de son orbite les plus rapprochés du centre d'attraction.

Cela étant bien compris, on s'aperçoit que la rotation diurne et régulière de la terre ne peut faire arriver le même point de sa surface directement en face du soleil, pendant le même intervalle de temps ; que tantôt ce point est en retard et tantôt en avance ; qu'enfin midi ou le passage du soleil au méridien, n'indique que fort rarement le milieu du jour, ce qui n'a lieu en effet, que quatre fois dans l'année : vers les 15 avril, 15 juin, 1er septembre et 25 décembre, selon la position de la terre.

C.

Les cadrans solaires ne peuvent donc indiquer qu'à *peu près* l'heure régulière ou moyenne, et l'on ne doit s'en servir, pour régler les montres et les horloges, qu'aux époques ci-dessus indiquées ; pour tous les autres jours, elles doivent alternativement avancer ou retarder sur le soleil.

Le plus grand retard a lieu vers le 11 février, jour auquel la pendule sidérale marque midi 14^m 33^s environ, quand le soleil est au méridien ; la plus forte avance a lieu vers le 3 novembre, époque où il est midi vrai quand l'heure moyenne ne doit indiquer que 11^h 43^m 42^s.

Chez les Grecs et les Romains, il a été en usage de partager le jour ainsi que la nuit en douze heures, de sorte que pendant l'été les heures de jour étaient bien plus longues que celles de nuit ; le contraire avait lieu l'hiver, et ce n'était qu'aux deux équinoxes que toutes les heures étaient égales. Pour les observations, il fallait ramener les heures *temporaires* aux heures *équinoxiales*, que ces peuples ne connaissaient d'ailleurs qu'à *un quart d'heure près*.

Chez quelques anciens peuples, la première heure commençait au coucher du soleil ; chez d'autres , c'était à son lever. Les Arabes, plus avancés en astronomie, les comptaient comme Ptolémée, à partir de midi, ainsi qu'on le fait aujourd'hui en les divisant par douze, avant, comme après ce milieu du jour solaire.

Les vingt-quatre heures astronomiques commencent maintenant à minuit et se comptent sans interruption.

Au lieu d'indiquer par degrés l'ascension droite d'un astre ou d'une étoile, on l'exprime très-souvent par heures, minutes et secondes, de 0 à 24^h, à partir du point Y qui marque l'équinoxe de printemps. On dit, par exemple, qu'un corps céleste est dans la 7e heure quand il se trouve entre 90 et 105° d'ascension droite ; si l'on dit qu'il est à 4^h 20^m ; chaque heure représentant 15°, c'est comme si la place de cet astre était indiquée par 60° 20′ d'ascension droite.

Donc la déclinaison, ou la distance au pôle étant connue, on peut aussitôt trouver le lieu qu'un astre occupe, soit dans le ciel, soit sur un planisphère comme celui de la planche III, où les *lignes horaires* sont marquées autour de l'équateur, ainsi que les degrés de déclinaison, par une échelle divisée de 5 en 5 degrés à partir du pôle, comme à compter de l'équateur.

Le climat d'un pays s'indique aussi par heures ; les régions équatoriales sont des climats de 12 heures, parce que le soleil est 12 heures sur l'horizon et 12 heures au-dessous ; le nord de la

France a un climat *de seize heures*, parce que les plus longs jours comme les plus longues nuits ont cette durée; l'Islande a un climat de 24 heures et ainsi en augmentant jusqu'aux pôles, dont le climat est de six mois, puisque ces points sont alternativement éclairés et privés du soleil pendant la moitié de l'année.

HEVELIUS. Astronome né à Dantzig en 1611, et mort en 1687, à l'âge de soixante-seize ans; il a fait un ouvrage intitulé *Machine céleste* et découvert l'étoile changeante nommée Mira, qui fait partie de la Baleine et sur laquelle il a laissé beaucoup d'observations. *Voyez* Mira.

HIPPARQUE. Né à Nicée au deuxième siècle avant notre ère; ce grand observateur est considéré comme le père de l'astronomie, parce que c'est à lui que cette science doit les premières notions précises sur le mouvement des astres, la durée de l'année, la position d'un grand nombre d'étoiles (dont cependant Timocharis, 150 ans auparavant, avait déjà fixé la position de quelques-unes); la précession des équinoxes, l'obliquité de l'écliptique et l'excentricité du soleil.

Il fit à Rhodes, depuis l'an 162 jusqu'à l'an 127 avant J.-C., tous ses travaux et ses observations, au moyen d'instruments qui le conduisirent à des résultats d'une exactitude surprenante.

Une partie de ses ouvrages et ses catalogues ont été recueillis par Ptolémée dans l'*Almageste ;* le reste a été perdu, à l'exception de quelques fragments cités dans le poëme d'Aratus sur l'astronomie. Dans les Commentaires d'Hipparque, les positions d'étoiles sont rapportées à l'équateur (sans doute au moyen d'armilles équatoriales) par ascension droite et degrés de déclinaison. Ptolémée les avait rapportées à l'écliptique, par degrés de longitude et de latitude. Suivant Ideler, le catalogue d'Hipparque était formé, pour une partie du moins, d'un traité cité par *Suidas,* sur l'arrangement des cieux, des étoiles fixes et des autres corps célestes.

Un catalogue découvert par Victorius dans un code de Médie, et publié à Florence, en 1567, avec la vie d'Aratus, est attribué par ce dernier à Hipparque, mais sans en indiquer les raisons. Un manuscrit arabe lui attribue l'invention de l'algèbre.

HIVER. Lorsque, étant arrivée au point le plus rapproché où elle puisse se trouver du soleil, notre planète est en même temps dans la position la plus oblique pour les habitants d'un hémisphère.

les rayons de cet astre leur parviennent sous une inclinaison d'autant plus grande que leur pays est plus voisin du pôle.

Alors c'est l'hiver pour les régions de la terre ainsi placées ; le pôle opposé au soleil ne l'aperçoit plus pendant six mois, tandis que l'autre pôle est continuellement frappé de ses rayons. La durée de cette absence est proportionnelle à la latitude de chaque lieu : ainsi son maximum est pour nous de seize heures environ et l'hiver, qui commence vers le 22 décembre, époque des jours les plus courts et des plus grands froids, ne peut nous présenter au soleil sous une obliquité au-dessous de 23° 27', à midi vrai.

La terre est alors 548,000 myriamètres (1,290,000 lieues) plus voisine du soleil qu'au solstice d'été, vers le point opposé ; c'est donc la seule obliquité des rayons solaires qui produit les froids et les intempéries de l'hiver.

HORAIRE. Chaque étoile peut se concevoir fixée sur un cercle passant par les deux pôles et tournant avec elle, en prenant différentes inclinaisons par rapport au méridien du lieu.

L'espace céleste étant partagé de 15 en 15° ou par heure astronomique de 0 à 24, en comptant du point où se rapporte annuellement l'équinoxe de printemps, *l'angle horaire* d'une étoile est alors la valeur de l'angle que fait une ligne menée de la place occupée par cette étoile à gauche de l'équateur, avec la ligne menée au point de l'équinoxe. Tous les instruments d'observations, munis de cercles gradués, indiquent les degrés compris entre ces deux lignes, et donnent la valeur de *l'angle horaire*, ou son ascension droite.

Cette explication peut s'appliquer à tous les corps célestes, dont *l'angle horaire* est un des éléments nécessaires pour trouver sa place à un moment quelconque.

HORIZON. D'un mot grec qui signifie *limite* ; c'est en effet un cercle matériel, tandis que tous les autres cercles indiqués dans l'astronomie ne présentent aux sens que des figures vagues fort difficiles à limiter et à distinguer.

Le fil à plomb est *à peu près* perpendiculaire à ce plan que la vue embrasse d'un lieu élevé, et qui à Paris fait un angle de 48° 50' 14" avec la direction du pôle boréal.

Ce plan tangent à la surface de la terre est l'horizon *sensible*. L'horizon *rationel* est le plan parallèle passant par le centre de la terre.

En pleine mer, l'œil, élevé de 1 mètre 65 cent., a un horizon de 4,500 mètres, dont le rayon croît proportionnellement avec le carré des distances; d'une hauteur de 5 mètres, la vue s'étend à 8,000 mètres.

Vers l'horizon, l'épaisseur des couches atmosphériques est quinze fois plus grande qu'au zénith. Les anciens se servaient de l'horizon pour noter la place des levers et des couchers héliaques des astres, comme on le fait avec plus de certitude aujourd'hui, par leurs passages au méridien. Sous l'équateur, où la sphère est droite, l'ancienne méthode revient à la nôtre.

HOROSCOPE. L'astrologie judiciaire attachait une grande importance à ce *point* de l'écliptique dont le lever avait eu lieu au moment de la naissance de ceux qui consultaient, ou pour lesquels on consultait cette fausse science. *Tirer l'horoscope* consistait donc dans la recherche astronomique de ce point, auquel on croyait que la destinée était attachée; les astrologues examinaient ensuite, ou feignaient de lire dans leurs *grimoires*, les significations répondant à l'horoscope, et qu'ils interprétaient alors *à leur gré!*

HUYGENS. Ce célèbre mécanicien, né à la Haye en 1629, découvrit l'anneau et le quatrième des satellites de Saturne. Colbert le retint en France, où il fit de nombreuses observations sur la lumière et de grands perfectionnements dans l'application du pendule aux horloges.

HYADES. Cinq étoiles, disposées en forme de V oblique, dans la constellation du Taureau, sont les *Hyades* placées sur son front. Aldébaran, étoile de première grandeur et d'une couleur un peu rougeâtre, marque l'extrémité de la branche inférieure de cette figure, et efface par son éclat les nombreuses petites étoiles que les fortes lunettes font reconnaître dans ce groupe.

HYDRE (L'). Longue constellation australe, dont les sinuosités se déroulent au-dessous du Cancer, du Lion et de la Vierge, jusqu'auprès de α du Centaure; la tête est marquée par quatre petites étoiles situées à gauche de Procyon; le cœur, par une belle secondaire (Alphard), qui se voit à 10° de déclinaison australe; au-dessous de *Regulus* du Lion, se trouve la queue de l'Hydre, toujours cachée sous notre horizon. L'Hydre mâle est une autre constellation très-remarquable entre le pôle sud et Achernar de l'É-ridan.

HYGIE. Petite planète trouvée, le 14 avril 1849, par Gasparis de Naples. Elle circule entre Psyché et Lutetia, à environ 119 millions de lieues du soleil, dans une orbite inclinée seulement de 3° 47′ 10″ sur notre écliptique et dont l'excentricité est de 0,10091. La durée de sa révolution est de 2,043 jours 9ʰ 15ᵐ, et sa distance moyenne au soleil de 3,183688 fois celle de la terre, ou d'environ 53 millions de myriamètres (132 millions de lieues).

HYPERBOLE. Ligne courbe dont les deux extrémités s'écartent en se prolongeant à l'infini ; c'est l'une des sections coniques que paraissent décrire certaines comètes et qui les éloigneraient à jamais de notre monde solaire, mais aucun corps céleste ne peut en réalité affecter cette courbe ; les comètes à longues périodes, telles que celles de 1771 et de 1824, circulent seulement dans des ellipses très-allongées.

HYPOTHÈSES. Les causes originaires échappent souvent aux solutions mathématiques, parce qu'elles n'agissent plus ou qu'elles sont hors de la portée de nos moyens d'observation.

Il faut bien alors que l'esprit humain, voulant pénétrer toujours plus avant dans les mystères de la nature, fasse *des suppositions* qui demeurent à l'état d'*hypothèses*, jusqu'à ce que des circonstances fortuites ou les efforts du génie en fassent des vérités reconnues.

Les révélations de Copernic, basées sur les anciennes idées des philosophes pythagoriciens, n'étaient d'abord que des hypothèses ; du moins, le prudent moine dut les présenter ainsi pour que le véritable système du monde ne fût pas rejeté et peut-être condamné par le représentant de Dieu sur la terre !

Képler a bâti pendant vingt ans des suppositions et des hypothèses, avant de trouver les lois qui ont immortalisé son nom.

L'attraction newtonienne, qu'on admet aujourd'hui sans la comprendre, fut d'abord rejetée par son auteur trompé dans ses calculs, et, pendant un demi-siècle, les savants ne la reçurent qu'à titre d'hypothèse.

Les théories hypothétiques précèdent presque toujours les théorèmes dans chaque science : elles rassemblent et coordonnent les faits en les comparant ; posent de nouveaux jalons servant de points de départ à d'autres suppositions, et facilitent le chemin à de plus heureux penseurs.

C'est en astronomie surtout qu'on doit accueillir les théories, quand, avec une grande simplicité, elles ont une certaine analogie avec les explications déjà admises pour des phénomènes à peu près semblables, car généralement les mêmes causes doivent produire les mêmes effets.

Le système du monde, ou plutôt les hypothèses exposées par Buffon sur la formation des corps planétaires, ont été longtemps en grande faveur; mais, depuis que la nature des comètes a été mieux connue, la supposition que l'une d'elles, rencontrant le soleil, en avait séparé la matière incandescente dont les planètes se sont formées n'a pu se soutenir. Les hypothèses de Laplace, plus vraisemblables que celles du grand naturaliste, ont aussi contre elles de graves objections, exposées avec de nouvelles conjectures en tête de cet ouvrage. Ces dernières sont peut-être un pas de plus vers la vérité, peut être aussi que la vérité sur un tel sujet ne sera jamais révélée.

I

IDES. Chez les Romains, le *treizième jour* du mois prenait ce nom, ainsi que les sept jours précédents; le 12 était donc *la veille*, mais le 11, qui aurait dû se désigner comme le *deuxième*, était le *troisième* jour *des ides*, le 10 était le quatrième et de même en rétrogradant jusqu'au 5, qui était le jour des nones.

En mars, mai, juillet et octobre, les ides n'arrivaient que le 15; alors le 14 était la veille des ides et le 7 était les nones. Les calendes se comptaient aussi comme les nones en rétrogradant. On voit qu'il était difficile d'imaginer une supputation plus bizarre! *Voyez* CALENDES, NONES et MOIS.

ILLUMINATION *des astres.* Tous les corps opaques de notre système sont illuminés, d'abord directement par les rayons du soleil, et ensuite indirectement par la lumière réfléchie des masses les plus voisines.

Ainsi la lune illuminée par le soleil éclaire la terre une partie des nuits; mais notre planète illumine son satellite, surtout vers la néoménie, d'une clarté quinze fois plus grande que celle qui lui est réfléchie par la pleine lune.

Les satellites de Jupiter sont illuminés par lui en bien plus forte proportion qu'il ne l'est par eux ; il en est de même pour les planètes plus éloignées et pour les nombreuses lunes qui les accompagnent.

Bouguer a calculé que le soleil jetait sur notre globe une illumination trois cent mille fois plus intense que la lune dans son plein. Lorsque Vénus est convenablement placée, la lumière qu'elle nous envoie est assez grande, malgré son éloignement, pour que les corps interposés produisent de l'ombre.

On appelle *cercle d'illumination* la portion sphérique d'une planète éclairée par le soleil, et dont le plan est perpendiculaire à la ligne joignant le centre des deux astres. Cette partie est toujours de la moitié du globe ; mais, selon que ses différentes régions reçoivent plus directement et plus longtemps les rayons lumineux, elles jouissent de jours plus longs et de saisons plus chaudes.

Pour la terre, le cercle de constante illumination s'étend jusqu'au 67ᵉ degré vers l'un et l'autre pôle ; c'est-à-dire que, toute l'année, chaque pays en deçà de cette limite, voit chaque jour le soleil plus ou moins longtemps.

Les jours et les nuits au delà de cette latitude y sont de vingt-quatre heures au moins, et leur durée s'accroît de plus en plus jusqu'aux pôles, qui ont à subir alternativement des nuits de six mois, éclairées néanmoins par des aurores et des crépuscules de plusieurs semaines, en outre des fréquentes illuminations produites par les aurores boréales.

Le *cercle d'illumination* de la lune est ce qui, pour nous, constitue ses phases, depuis la pleine lune jusqu'à l'obscurité complète de la néoménie, après laquelle l'illumination reparaît avec le croissant très-délié et convexe tourné à droite, côté où se trouve alors le soleil.

Lorsque, par l'effet de notre position relative, Mars, Jupiter et Saturne nous présentent leurs régions polaires, celui de leurs pôles qui est demeuré longtemps privé du soleil nous paraît *illuminé* plus fortement que l'autre, ce qui doit provenir des neiges et des glaces qui se sont accumulées et étendues davantage sur le premier de ces points.

ILLUSIONS. C'est surtout en astronomie que nous sommes exposés aux plus étranges illusions. Il a fallu des milliers de siècles, l'effort des plus grands esprits et le martyr des plus audacieux penseurs, pour qu'il fût seulement permis de croire que la terre tournait sur elle-même, et non pas le soleil autour d'elle.

Encore aujourd'hui, tout en admettant cette première vérité sans la concevoir, bien des gens qui voient le soleil se lever et se coucher vers des points différents de l'horizon, sont persuadés que cet astre, tantôt s'éloigne et se rapproche insensiblement vers le nord ou le midi, tantôt monte ou descend plus verticalement ou plus obliquement, pour nous donner des jours plus ou moins longs et des saisons plus ou moins belles. On ne peut croire d'abord que la terre tourne *obliquement* sur elle-même; ensuite qu'en circulant annuellement autour du soleil, elle décrive *encore obliquement* dans l'espace une trace ou une orbite dont la moitié se trouve six mois au-dessus et six mois au-dessous du plan de l'équateur solaire.

La nuit, en pleine campagne, ne semble-t-il pas que nous soyons toujours au centre d'une voûte d'azur, élevée sur nos têtes, surbaissée vers tous les points de l'horizon, et parsemée d'étoiles de différentes grandeurs, mais fixées à la même distance? Toutes ces apparences sont des illusions d'optique. L'espace est infini au-dessus comme autour de nous ; le ciel n'est pas plus ovale que rond, plus concave que convexe; les étoiles diffèrent en grosseur, mais les plus éclatantes ne sont pas les plus proches ni les plus considérables.

Les astres, qui *paraissent* se lever ou se coucher, semblent aussi plus volumineux que quand ils sont plus élevés; si néanmoins vous disposez un tube quelconque dont la lune, par exemple, remplisse tout à fait l'ouverture en la regardant à son lever, et que vous l'observiez avec le même tube quand, parvenue à une certaine hauteur, elle paraît beaucoup plus petite, vous reconnaîtrez que l'astre remplit encore exactement l'ouverture de votre tube.

Il en serait ainsi du soleil et même de deux étoiles, si, mesurant la distance angulaire qui paraît les séparer lorsqu'elles se montrent à l'horizon, vous renouvelez l'épreuve quand, parvenues au zénith, elles vous sembleront plus voisines.

La mesure de la lune avec un instrument plus parfait donne même 32 secondes de degré en plus au *diamètre zénithal*, parce que dans cette position la lune est plus près de l'observateur de tout le rayon de la terre, c'est-à-dire de 1,500 lieues environ.

On comprend en effet qu'un corps tournant à une lieue, de la surface de la terre; serait à 1501 lieues de l'observateur en atteignant les bornes de l'horizon, et seulement à une lieue de lui en passant au-dessus de sa tête.

On reconnaît ainsi cette autre illusion de la vue naturelle, qui fait croire toujours plus éloignés les mêmes objets quand ils sont peu élevés sur l'horizon, que lorsqu'ils sont vers le zénith.

On évalue de même avec excès la hauteur d'un astre; ainsi, quand une étoile paraît à 45 degrés d'élévation, si l'on mesure sa hauteur angulaire avec un sextant ou tout autre instrument d'observation, on reconnaîtra tout aussitôt qu'en réalité cet astre n'est pas à 22 degrés d'élévation, ou à *la moitié* de la hauteur à laquelle on l'avait estimé d'abord.

IMMENSITÉ. La faculté qu'a l'esprit humain d'ajouter sans cesse une nouvelle distance ou une plus grande étendue à celles qu'il avait d'abord mesurées ou seulement conçues, peut seule lui donner une idée de l'immensité.

Ce terme, fréquemment employé dans les descriptions astronomiques, exprime non pas l'infini, mais une image plus saisissable à la pensée.

Ainsi l'on peut concevoir que notre système planétaire, les comètes qui en font partie, et même les millions d'étoiles de la voie lactée, sont compris dans une certaine région céleste, à travers et au delà de laquelle les lunettes font apercevoir d'autres astres occupant des régions distinctes et tout aussi *immenses* que la région qui renferme notre univers particulier.

L'immensité est à l'infini de l'espace ce que la plus longue durée est à l'éternité, ce qu'une quantité indéterminée est à l'infinité des nombres.

L'immensité n'est pour nous que relative; nous disons l'immensité des mers, comparativement aux continents du globe, tandis que notre planète tout entière n'est presque rien, si on la compare au volume immense de Jupiter, qui n'est que la millième partie de la masse du soleil; cet astre n'est lui-même qu'une des petites étoiles de la voie lactée, amas de soleils innombrables dont la trace immense nous paraît entourer la voûte céleste et qui n'est pas cependant l'une des plus grandes nébuleuses que les télescopes nous font apercevoir.

Des milliers d'autres, aussi considérables et réparties dans toutes les régions de l'espace, viennent se réfléchir à la surface de nos miroirs, sous toutes les formes et à des profondeurs de plus en plus inconcevables.

Et comme, avec le perfectionnement et la puissance des instruments, s'augmente sans cesse le nombre de ces groupes étoilés, il faut bien penser que d'autres amas encore plus éloignés viendront se peindre à leur tour sur de plus larges lentilles.

L'imagination s'arrête interdite devant *une telle immensité;* au delà c'est l'inconnu, c'est un espace infini qu'elle ne peut comprendre.

IMMERSION. Lorsqu'un astre est au moment de passer derrière un autre ou sur son disque, on dit que c'est l'instant de l'*immersion,* comme le moment où il reparaît de l'autre côté est l'*émersion.*

IMPULSION. Un corps en mouvement a reçu d'abord une *impulsion,* que modifie bientôt une force attractive; ces deux principes d'action ont été la base de tous les systèmes qui se sont produits sur l'organisation de notre univers et l'harmonie de ses mouvements.

Toute impulsion simple déplace en droite ligne le corps qui la reçoit, quand elle est dirigée vers son centre de gravité; si tout autre point reçoit le choc ou l'impulsion, ce corps décrit une courbe en tournant sur lui-même. En admettant que, de toutes parts et de toutes les directions, d'innombrables impulsions viennent frapper les corps célestes, on conçoit qu'ils graviteraient les uns vers les autres proportionnellement à leurs surfaces, parce qu'ils se feraient réciproquement bouclier ou obstacle sur les lignes qui joindraient leurs centres, contre cette puissance d'impulsion universelle. C'est ainsi que les partisans d'un fluide impulsif expliquent les effets attribués par d'autres à l'attraction newtonienne, en vertu d'une propriété occulte et inhérente à la matière.

La nature du soleil et des étoiles, les impulsions que ces astres lumineux peuvent occasionner sur l'éther qui remplit l'espace, les agents de l'électricité et du magnétisme, sont encore si peu connus, que provisoirement on admet les lois de *l'attraction,* sans qu'on puisse les concevoir autrement que par la parfaite concordance qu'elles ont avec les faits observés auxquels, selon Newton lui-même, le mot *impulsion* s'appliquerait tout aussi bien.

On pensait depuis longtemps, et des expériences récentes de M. Regnault l'ont démontré, que la chaleur n'est pas une matière ni un fluide, mais le développement *d'une force;* la matière élémentaire et lumineuse pourrait ainsi posséder le principe du mouvement et de l'impulsion que nous avons supposés dans notre système des formations.

INCIDENCE. Un rayon de lumière peut être dévié de sa route, soit *en tombant* sur une surface réfringente, soit *en passant* d'un milieu dans un autre.

Le *point incident* est celui où le *rayon arrive* sur la surface ou *coupe* le milieu ; l'*angle d'incidence* est la valeur angulaire comprise entre la direction première et la direction produite par la réflexion ou la réfraction de ce rayon.

On dit généralement que l'angle d'incidence est égal à l'angle de réfraction, pour exprimer la réaction des corps élastiques sur une surface ou celle de la lumière réfléchie par un milieu plus dense que celui traversé avant et après l'incidence.

Ainsi la balle qui frappe un obstacle sous un angle de 30 degrés, revient de l'autre côté de la perpendiculaire en faisant encore un angle de 30 degrés ; la lumière qui se réfléchit dans une atmosphère chargée d'humidité, dans les vapeurs des jets d'eau et des cascades, produit des arcs-en-ciel qui ne sont visibles que dans une direction semblable à la direction primitive. Il en est de même pour les halos, les parasélènes et les couronnes lumineuses qui se montrent si fréquemment dans l'air chargé de nuages ou pendant les éclipses de soleil.

Si l'incidence est perpendiculaire sur un plan, l'effet est nul, puisque la lumière revient alors sur elle-même.

En passant de l'air dans un milieu plus dense, comme dans le verre ou le cristal, l'angle de réfraction dépend de la densité de ces milieux ; ainsi, dans le premier cas, si l'angle d'incidence est de 30 degrés sur le plan perpendiculaire, le rayon se redresse de $10°\ 32'$ et continue sa marche sous une direction de 19 degrés 28' ; l'effet directement opposé a lieu si la lumière repasse du cristal dans l'air.

Des rayons parallèles brisés sur un plan restent parallèles ; ceux qui sont divergents se rapprochent en passant dans un milieu plus dense, et s'éloignent davantage dans un milieu plus dilaté. Ceux qui sont convergents se conduisent d'une manière opposée ; si encore, d'un milieu limité par deux plans parallèles, un rayon passe dans un autre, sa direction redevient parallèle *après cette double réfraction ;* ainsi la vue reste naturelle, en traversant un verre dont les deux surfaces sont parallèles.

Dans le cas contraire, comme, par exemple, lorsque la lumière traverse un prisme ou une lentille, elle se brise et sort en suivant une autre direction qu'avant l'incidence et pendant son passage à travers de tels milieux

C'est sur la combinaison de ces principes généraux que sont construits les instruments d'optique et les lentilles des lunettes qui nous montrent les objets sous des angles différents.

INCLINAISON. Ce mot exprime toujours la valeur angulaire comprise entre deux plans; ainsi tous les corps célestes de notre système circulent autour du soleil à différentes distances, mais leurs orbites, quoique passant par le centre de cet astre, le coupent plus ou moins obliquement, c'est-à-dire sont diversement *inclinées* sur le plan qu'il paraît suivre parmi les étoiles et que la terre parcourt réellement chaque année.

Ce plan, qui fait maintenant avec l'équateur céleste un angle de 23° 27′ 35″, est ce qu'on appelle l'obliquité de l'écliptique, ou l'*inclinaison* de l'orbite de la terre.

Pour les calculs et les observations, on rapporte au plan même de cette écliptique l'*inclinaison des orbites* de toutes les autres planètes, dont les plus grosses s'écartent très-peu, tandis que quelques-unes des plus petites, circulent entre Mars et Jupiter sous des inclinaisons très-considérables.

Toutes les planètes coupent l'écliptique en deux points ou *nœuds* auxquels elles ont, par conséquent, la même inclinaison que notre planète; cette distance héliocentrique peut s'augmenter jusqu'à 90 degrés, à compter de chaque nœud au-dessus de l'écliptique; cette extrême inclinaison se détermine par l'angle que fait alors le soleil avec une ligne perpendiculaire à l'écliptique.

L'*inclinaison* est l'un des éléments au moyen desquels on détermine la position de l'orbite d'une comète lorsqu'on vient à la découvrir. — C'est l'angle que le plan de cette orbite fait avec l'écliptique.

L'axe de rotation des planètes est aussi *incliné* diversement sur chaque orbite; l'*inclinaison* de l'axe de la terre donnée par l'aiguille aimantée était de 66° 28′ le 4 décembre 1853 : elle serait ainsi de 66° 26′ 12″ au 1er janvier 1856, à raison de 52 secondes de degré par année. L'axe autour duquel tourne le soleil est lui-même incliné de 7″ 19′ 23″ sur l'écliptique; l'axe de la lune se maintient dans une position presque perpendiculaire (88° 1/2); mais son orbite est inclinée de 5° 9′ sur cette ligne.

L'*inclinaison* du pôle sur l'horizon constitue la latitude de chaque lieu; elle est à Paris de 48″ 50′ 11″ 17 pour 1852 et varie avec l'obliquité de l'écliptique.

L'inclinaison de l'aiguille magnétique, c'est-à-dire la quantité dont son extrémité *s'abaisse au-dessous de l'horizon,* dépend des latitudes de chaque lieu. Sous l'*équateur magnétique,* coupant à angle très-aigu l'équateur terrestre, l'aiguille reste horizontale et plus loin elle s'incline vers le pôle antarctique.

La diminution de cette inclinaison s'accorde toujours avec celle de l'axe terrestre, ou, ce qui revient au même : avec l'obliquité de l'écliptique, relativement à l'inclinaison de l'équateur solaire sur cette ligne.

En 1773, le capitaine Philips, par le 70° 44' de latitude nord, a trouvé 82° 9' d'inclinaison.

INDEX. Aiguille ou signe, soit fixe, soit mobile, pour indiquer, sur un cadran, un cercle gradué ou tout autre appareil d'observation, le point recherché.

INDICTION. Période de quinze années juliennes, qu'on suppose commencée trois ans avant J. C., mais dont l'origine a été ramenée à l'an 313 de notre ère, selon le comput ecclésiastique ; son chiffre est 14 pour 1856. En ajoutant 3 au millésime et divisant par 15, la fraction indique le numéro d'ordre dans ce cycle.

On croit que cette période a été établie pour éviter l'emploi des olympiades et des lustres romains, alors en usage. Son importance astronomique a eu lieu pour la première fois sous Constantin, dans l'année désignée comme la *septième* de la *dixième* indiction, époque de sa conversion au christianisme.

INÉGALITÉS. Rien n'est exactement régulier dans notre système ; la rotation de la terre est *un fait* dont la durée est arbitraire, et n'a aucun rapport possible avec le temps de sa translation autour du soleil, qui fixe *à peu près* nos années.

Les saisons sont inégales ; les jours et les heures ne partagent pas même avec exactitude le temps de la rotation de notre planète.

La trace *oblique* que notre globe suit dans l'espace n'a pas constamment la même inclinaison ; son axe se balance sans cesse, en répondant successivement à d'autres points dans le ciel.

Nos équinoxes, dont le moment et la place changent perpétuellement, ne nous donnent pas un jour, ni une nuit, d'*une égalité parfaite.*

La lune est encore plus incertaine et plus *inégale* dans ses mouvements ; les épicycles qu'elle décrit autour de la terre s'inclinent ou se relèvent, s'agrandissent ou se resserrent, avec des variations et ces *inégalités* qui désespèrent les plus patients observateurs.

Indépendamment des innombrables corps cométaires qui croisent notre horizon dans tous les sens, sans règles ni mesures, toutes les planètes de notre monde solaire sont livrées aux mêmes perturbations et aux mêmes *inégalités* que la nôtre ; le mouvement des unes se ralentit quand la rapidité des autres vient à augmenter, ou lorsque l'excentricité des orbites vient à s'étendre. Néanmoins la science a réduit *toutes ces inégalités* à des équations, à des formules et à des tables qui ont rassuré le monde savant contre les suites de leur progression, en les renfermant dans d'immenses limites où elles peuvent se déployer, mais qu'elles ne doivent jamais franchir.

INFINI. On ne saurait avoir une idée positive, soit de la durée infinie, soit d'un espace infini, c'est-à-dire d'une immensité sans limites ; mais néanmoins les connaissances astronomiques permettent aujourd'hui à l'esprit humain de sonder en quelque sorte ces problèmes de la nature.

A considérer d'abord notre seule planète, primitivement incandescente, les calculs de la science donnent *neuf millions d'années* pour que sa température moyenne se soit abaissée de 18 degrés seulement, et plus de *trois cent millions d'années* pour qu'elle ait passé de l'état liquide à celui de consolidation.

Jupiter, dont la masse est 338 fois celle de la terre, n'a pu se refroidir qu'après *plusieurs milliards d'années*. Si donc on admet, avec tous les astronomes modernes, que ces deux planètes, comme toutes celles qui circulent autour du soleil en sont successivement provenues, il nous faut remonter encore à des millions et peut-être à des milliards d'années pour la formation de cet astre au sein de la voie lactée, dont il n'est certainement pas la plus considérable, ni la plus ancienne des étoiles.

Cette trace lumineuse qui nous paraît entourer le ciel n'est elle-même qu'une des plus petites parmi *les milliers de nébuleuses* que les lunettes nous ont fait connaître, et dont les plus faibles ne peuvent nous faire parvenir leur lumière en moins *d'un million d'années*. Après celles-ci, d'autres existent qui seraient perceptibles à des instruments plus forts. Plus loin que celles-là se trouvent très-probablement d'autres étoiles qui ne seront jamais visibles ; et, enfin, d'autres astres doivent être de plus en plus enfoncés dans les profondeurs d'une immensité partout sans limites.

18

La pensée, s'appuyant ainsi sur des faits et des calculs, puis remontant par analogie les champs de l'inconnu, arrive à supputer, non plus les millions d'années mais les milliards de siècles durant lesquels ont dû se former successivement, les innombrables fourmilières d'étoiles semées dans toutes les directions, jusqu'aux dernières régions qu'elle peut concevoir.

Parvenue à l'origine des choses, l'intelligence humaine ne trouve plus que la matière primitive, en présence de la puissance suprême. Il faut bien alors qu'elle s'arrête, mais elle a presque la perception de l'infini des temps, de l'espace et des créations; elle est aux portes de l'éternité, sans toutefois pouvoir les ouvrir.

INFLUENCE DES ASTRES. L'action du soleil à la surface de la terre et sur l'atmosphère qui l'environne est si générale et si évidente que presque tous les anciens peuples ont adoré cet astre comme le bienfaiteur et le dieu de l'univers.

Son influence sur la végétation, la température, la durée des jours et des saisons, lui a fait attribuer la même puissance sur le sort des rois et des empires.

Le *luminaire des nuits*, aussi grand en apparence; les étoiles fixes, les planètes ou astres errants qui succédaient au soleil et semblaient régner en son absence, devaient naturellement présider aux phénomènes et aux effets dont les causes étaient inconnues, comme aux actions et aux destinées mystérieuses de tous les hommes.

Les prêtres et les corporations religieuses de l'Orient entretenaient soigneusement de telles croyances. Les livres sacrés des Indiens expriment formellement cette doctrine en grande faveur au moyen âge et si bien exploitée par les astrologues de tous les temps.

Aujourd'hui on ne croit plus qu'à l'influence de la lune sur les phénomènes de la végétation et les variations du temps. Encore, suivant Arago, ces opinions, trop généralement répandues, seraient-elles des erreurs incapables de supporter l'épreuve du raisonnement et de l'expérience.

Les faits, disent tous les observateurs, sont en contradiction avec de tels préjugés, se perpétuant néanmoins d'âge en âge et dans toutes les classes, malgré les leçons de la science et souvent malgré les observations que chacun peut recueillir.

On peut se convaincre, en voyant constamment *les mêmes taches* à la surface de la lune, que c'est *le même hémisphère* qu'elle présente sans cesse à la terre (*Voyez* Lune et Phases). Qu'elle soit éclairée de face, à droite, à gauche, ou bien qu'elle soit dans l'obscurité selon les positions relatives du soleil et de notre planète, il est évident que si notre satellite a quelque influence sur le temps, ce ne peut être que par *sa proximité* ou *sa lumière*.

Examinons séparément ces deux suppositions : si l'on admet que la masse de notre satellite agisse sur l'air qui nous environne, comme sur les eaux de l'Océan, ce qui est l'opinion la moins invraisemblable, nous éprouverions des *marées atmosphériques régulières* et se modifiant selon que la lune, passant de l'opposition à la conjonction et de celle-ci à la première de ces phases, serait plus proche ou plus eloignée de la terre ; ainsi vers la pleine lune, *au point le moins distant*, la force de l'attraction étant plus considérable, les vapeurs de notre atmosphère se réuniraient ou se dissiperaient davantage.

Lors de la néoménie (nouvelle lune), l'effet serait *nécessairement contraire*, puisque notre satellite, alors plus attiré par le soleil, est à sa plus grande distance de la terre. Dans les phases intermédiaires, l'action attractive s'exercerait proportionnellement à la position de la lune sur la trace très-compliquée qu'elle décrit autour de notre planète, l'entraînant dans sa circulation annuelle autour de l'astre prépondérant.

En conséquence, nous aurions inévitablement le beau temps avec la pleine lune, et la pluie avec la nouvelle, ou bien ce serait le contraire dans ces phases *opposées*. Pour tous les observateurs de bonne foi, il est facile de vérifier si les choses se passent ainsi.

Venons maintenant à la supposition que l'influence lunaire s'exercerait par la quantité de lumière réfléchie sur notre planète.

En ce cas, la pleine lune amènera nécessairement et *toujours* le beau temps ; ce sera le contraire à la néoménie, quand notre satellite, placé entre la terre et le soleil, est pour nous dans l'obscurité.

Le prétendu renouvellement de la lune n'est d'ailleurs qu'une insignifiante équivoque ; car, si l'on peut dire du soleil qu'il se renouvelle en quelque sorte par l'effet de sa rotation nous présentant successivement toutes les parties de sa surface, il n'en est pas ainsi de notre satellite qui est toujours pour nous *le même*, c'est-à-dire un corps inerte réfléchissant plus ou moins un éclat emprunté.

On prouve encore que les rayons de la pleine lune réunis au centre des plus grandes lentilles y dénotent à peine, sur les substances les plus sensibles, quelque trace de calorique ; c'est donc encore moins

18.

par cette cause que par sa masse et sa lumière que notre satellite pourrait exercer une influence sensible sur le temps.

Il est vrai que la lune, en raison de sa masse ou de sa surface, de sa distance et de sa position relative, produit au-dessous d'elle le soulèvement ou plutôt le transport des eaux ; mais cet effet n'a lieu que sur l'immensité de l'Océan (*Voyez* MARÉES). Sur les plus grands lacs et les mers intérieures peu étendues, même dans la Méditerranée où de grandes presqu'îles, des îles nombreuses, des obstacles rapprochés, et surtout le détroit de Gibraltar, s'opposent aux effets durables de la transmission, le flux et le reflux ne sont un peu sensibles que sur quelques points plus favorablement situés. A plus forte raison, l'attraction de la lune ne doit avoir aucune prise sur des vapeurs soulevées par le soleil, poussées par les vents, divisées et répandues dans l'atmosphère du globe.

En tournant chaque jour sur lui-même, il présente successivement *dans cette courte durée* toutes ses régions à la lune dont l'influence, si on pouvait l'admettre, occasionnerait *partout* le temps qu'elle déterminerait à l'une de ses positions, tandis que dans la même nuit, et presque à la même heure, deux pays situés sous la même latitude, à seulement cent myriamètres de distance (250 lieues), éprouvent presque toujours un temps contraire.

Vers l'équateur, certaines régions ne connaissent pas la pluie, tandis qu'ailleurs il pleut sans interruption pendant plusieurs mois ; la lune cependant a pour ces divers pays les mêmes phases et le même aspect.

Les tables barométriques, les pluviomètres établis dans la plupart des observatoires, prouvent, par *de minimes différences*, variables suivant les pays et les localités, que la quantité moyenne de l'eau qui tombe est presque la même dans toutes les phases.

Toutefois les marins, si intéressés à prévoir les variations du temps, ont souvent observé que, dans la pleine lune, des nuées légères, situées à une certaine élévation, se dissipaient plus rapidement qu'à toute autre époque.

En recherchant la cause physique qui s'exerce dans ces circonstances, voici ce qui paraît le plus vraisemblable : parvenue *en opposition*, et alors dans son plein, la surface de la lune, frappée depuis 14 jours par les rayons du soleil, doit être prodigieusement échauffée; la lumière qu'elle nous réfléchit alors, quoique se dépouillant en grande partie de son calorique dans les couches supérieures et glacées de notre atmosphère, en peut cependant transmettre encore une certaine quantité vers la limite à laquelle les nuages légers parviennent à s'élever ; la dilatation de faibles vapeurs peut donc en résulter.

La science peut faire encore une autre concession aux observateurs de la lune : la lumière cendrée , qui fait apercevoir son disque obscur trois ou quatre jours après la néoménie, est produite par la réfraction *quinze fois plus grande* de notre planète ; c'est *un clair de terre* devant avoir plus d'intensité lorsque notre hémisphère est environnée de nuages, meilleurs réflecteurs des rayons solaires que les surfaces solides de notre globe. On peut donc juger, *par l'intensité de cette lumière à travers une éclaircie* , si le mauvais temps doit avoir quelque durée, ou si la pluie peut survenir par l'effet de nuages étendus, n'étant pas encore au-dessus de notre horizon, mais que le vent peut y amener.

Ces pronostics même sont fort incertains, comme tous ceux qui dépendent de causes multiples, compliquées et accidentelles, *que le meilleur astronome ne peut prévoir ni calculer.*

Des recherches sur les tremblements de terre semblent établir que ces phénomènes seraient parfois soumis à l'influence de notre satellite, agissant alors sur la masse liquide incandescente de son intérieur , comme il le fait sur les masses de l'Océan, ce qui peut s'expliquer rationnellement.

Les relevés des 50 dernières années semblent en effet montrer que les tremblements de terre ont été plus fréquents aux syzygies qu'aux quadratures de la lune ; vers le périgée qu'à l'apogée ; aux heures de son passage au méridien, qu'à toute autre heure du jour.

Ces *marées intérieures* suivraient alors celles des grandes surfaces liquides, et devraient coïncider avec les plus hautes et les plus basses, dont les époques sont toujours connues. Néanmoins le dernier de ces phénomènes éprouvé dans nos contrées méridionales, le 20 juillet 1854, vers 2^h 3/4 du matin, n'a aucunement coïncidé avec ces époques lunaires ; c'était le troisième jour après la quadrature et le cinquième avant la syzygie, le soleil se levant 4^h après la lune.

De modernes observations démontrent que la lune aurait aussi quelque influence sur la déclinaison magnétique, et que cet effet diurne se manifeste suivant l'angle horaire de chaque lieu , c'est-à-dire selon l'obliquité de sa position.

L'auteur déjà cité d'une nouvelle théorie des forces attractives croit que les doctrines newtoniennes, admises par la science actuelle, ont peut-être fait trop bon marché des croyances vulgaires sur l'influence de la lune, et que sa nullité sur l'état de notre atmosphère n'est aucunement établie.

Il est certain que les vents équinoxiaux coïncident avec les plus hautes marées aux époques des syzygies, et qu'ainsi la position des astres agit sur les vapeurs de l'atmosphère terrestre ; les forces horizontales dont la cause a été exposée, s'exerçant deux fois par jour d'occident en orient, doivent entraîner dans cette direction, de grandes masses de fluide atmosphérique et contribuer, en partie du moins, aux variations barométriques diurnes, principalement produites par l'action du soleil, et réglées par la durée de la révolution apparente de cet astre prépondérant.

On remarque en effet qu'aux régions équatoriales la marche du baromètre indique presque exactement les heures du jour et de la nuit.

Le rôle des deux astres est d'ailleurs renversé quand il s'agit de leur influence sur notre atmosphère ; la lune, ayant une action trois fois plus grande sur les eaux de l'Océan, n'occasionne au contraire que des perturbations peu sensibles, relativement à l'influence solaire, sur les couches de l'atmosphère terrestre, dont les mouvements périodiques et presque réguliers dépendent surtout de la température, et par conséquent de la position du soleil.

C'est ainsi que l'influence de notre satellite est généralement entendue par ceux qui défendent l'opinion populaire de son action, aux époques de la pleine et de la nouvelle lune. (*Voyez* ATTRACTIONS, VENTS, MARÉES).

C'est à tort aussi que l'on croit *à l'influence* des comètes sur les saisons et sur les récoltes, car les observations comparées, prouvent que la chaleur n'est pas plus grande en moyenne, lorsque l'un de ces amas de vapeurs est sur l'horizon, que pendant la même saison, dans les années sans comètes.

Les souvenirs de la comète de 1811, année pendant laquelle la température *moyenne* a été effectivement très-élevée (12 degrés), et dont les vins étaient par conséquent très-supérieurs, ont beaucoup contribué à établir le préjugé que la présence des comètes exerce une influence sensible sur l'état de l'atmosphère.

Le contraire est cependant une vérité parfaitement établie par le raisonnement, aussi bien que par les faits et les observations.

D'abord on peut objecter contre cette fameuse comète, qu'elle a été *revue en* 1812, et que cette année a été l'une des plus froides (moins de 10° en moyenne) ; ensuite qu'en 1805 avec deux comètes.

ainsi qu'en 1808 avec 4 comètes, la température moyenne n'a pas été plus élevée (9°,7 et 10°,4).

En troisième lieu, on peut citer les années 1804, 1828 et 1831, dont les températures moyennes ont dépassé le maximum ordinaire, quoique aucune comète ne se soit montrée pendant leur durée.

Mais, en négligeant ces circonstances fortuites, dont les causes ne peuvent être déterminées, examinons avec l'illustre Arago par *quel mode d'action* les corps cométaires, dont la nature est maintenant suffisamment connue, pourraient échauffer notre atmosphère et nous donner des jours plus beaux ou des saisons plus favorables aux productions de la terre.

Un astre ne peut agir sur elle ou les fluides qui l'environnent que de trois manières : 1° par son attraction, 2° par les rayons de lumière calorifique qu'il nous envoie, 3° par les matières gazeuses qu'il pourrait mêler à notre atmosphère.

Or personne n'a remarqué ni avancé que la comète de 1811, pas plus que toutes celles qui depuis se sont approchées beaucoup plus près de notre planète, aient produit quelques différences dans les marées attribuées justement à la lune et au soleil. Si donc l'attraction des comètes est insensible sur nos océans, c'est que leur force attractive est nulle.

En second lieu, dans son maximum d'éclat, la comète de 1811 ne projetait pas sur la terre *le dixième* de la lumière que la lune nous réfléchit dans son plein. Or celle-ci, non-seulement par son expansion naturelle, mais par sa concentration au foyer des plus larges miroirs, des plus fortes lentilles, sur la boule d'un thermomètre à air, enfin sur les appareils les plus sensibles au calorique, ne produit pas d'effet appréciable, c'est-à-dire un effet analogue à *un centième de degré* sur un thermomètre ordinaire. Il en résulte qu'une comète, fut elle dix fois plus considérable que celle de 1811, la plus remarquable des temps modernes, ne peut occasionner par sa lumière, un accroissement de température capable d'être observé sur les instruments au moyen desquels les plus faibles changements météorologiques sont immédiatement constatés ; à plus forte raison ne peut-elle avoir d'influence sur le temps et les récoltes qui en dépendent.

Reste maintenant l'action que les nébulosités ou les queues des comètes pourraient exercer en se mêlant avec notre atmosphère. Celle de 1811 avait au 15 octobre, époque de son plus grand rapprochement, une queue de 41 millions de lieues ; il s'en fallait donc de 6 millions de lieues qu'elle fût en communication avec l'atmosphère de la terre, puisque le noyau de la comète en était éloigné *de 47 millions de lieues ;* elle n'a donc pas pu mêler ses émanations à notre air atmosphérique en contribuant ainsi à l'élévation de sa température.

Toutefois il convient de reconnaître, d'une part, que l'un de ces corps peut s'approcher de la terre et même la rencontrer, puisque la comète de 1770 n'en fut éloignée que de six fois la distance de la lune, c'est-à-dire de 600,000 lieues, et que celle de 1680 en fut trois fois plus près ; qu'enfin, parmi les comètes dites intérieures, celle de Biéla passe quelquefois à 6500 lieues seulement de notre orbite.

Si, d'un autre côté, l'on considère que certaines comètes ont développé des queues de 90 et même de 97 degrés, en sorte que, leur noyau étant descendu sous l'horizon, l'extrémité nébuleuse se voyait encore au zénith, nous devons admettre que les molécules diaphanes de ces queues peuvent frapper la terre et se confondre avec ses éléments atmosphériques en modifiant leur nature.

C'est à une telle cause qu'on a voulu attribuer le brouillard *sec* et lumineux qui en 1783 couvrit la France, la Suisse, les côtes de l'Afrique, celles de l'Europe et le nord de l'Amérique pendant plus d'un mois, et qui résistait aux pluies comme aux vents, même au sommet des plus hautes montagnes. Le brouillard de 1831, tout à fait semblable au précédent et qui fut observé dans toutes les parties du globe, eut la même origine, selon quelques physiciens et une opinion généralement répandue.

Mais, d'abord, aucune comète ne fut aperçue vers ces deux époques ; ensuite ces brouillards ne furent pas universels, ils se dissipèrent beaucoup plus tôt en certaines localités, et n'étaient pas sensibles loin des côtes. Rien ne fait donc raisonnablement supposer une origine cométaire à ces phénomènes atmosphériques, que d'ailleurs on remarque quelquefois, avec les mêmes caractères de sécheresse, dans des lieux très-circonscrits. Peut-être serait-on plus près de la vérité en attribuant le brouillard de 1783 aux causes volcaniques et aux émanations terrestres. C'est effectivement dans cette année que d'effroyables tremblements de terre firent périr quarante mille personnes dans la Calabre, et qu'en Islande, le mont Hécla eut une éruption des plus considérables.

Les mêmes catastrophes n'eurent pas lieu lors du brouillard de 1831, mais ces effluves de la terre sont toujours possibles d'une manière moins évidente ; d'un autre côté, si des météores ou des aérolithes très-volumineux ont parfois occasionné par leur combustion et la dispersion de leurs molécules cosmiques de véritables *pluies de poussière*, la même cause, sous une action plus énergique, ne peut-elle pas produire les brouillards secs tels que ceux attribués aux queues des comètes?

C'est encore à une comète que Whiston, désigné par Newton comme son successeur à l'université de Cambridge, attribuait le déluge universel. Selon ce théologien, la queue de cette comète put suffire *pendant quarante jours* aux pluies torrentielles que *l'ouverture des cataractes du ciel* répandit, nous dit-on, sur la terre; il trouve également *la rupture des fontaines du grand abime* dans l'action attractive de la comète sur les eaux de l'Océan, dont le soulèvement et le choc rompit la croûte terrestre sur tous les points, et fit alors monter les eaux au-dessus des plus hautes montagnes.

La science ne discute pas les miracles ni les événements rapportés dans les livres saints; mais, quand les auteurs religieux s'efforcent de les expliquer par des causes naturelles, il doit être permis de démontrer les erreurs de leur système.

Nous nous bornerons toutefois à adresser quelques questions à ceux qui croient encore que des corps vaporeux, tels que les comètes, soient capables de troubler les mouvements et la constitution de notre planète.

La comète dite de Halley, dont la périodicité est d'environ 575 ans, a pu se trouver près de la terre, soit à l'époque indiquée par le texte hébreu moderne pour le déluge de Noé, soit à son retour antérieur suivant la version des *Septante;* mais, si elle a choqué la terre, ou seulement si son attraction et sa queue ont occasionné l'effroyable cataclysme qu'on cherche à expliquer, comment notre orbite ou celui de la comète n'en a-t-il pas été changé? Comment un corps, ayant une masse aussi forte qu'il faut la supposer, a-t-il passé le 21 novembre 1680 *plus près* de la terre sans y produire la moindre marée ni la plus petite perturbation? Si cette comète ou toute autre avait produit, comme on le dit, l'enfoncement de l'enveloppe terrestre par l'invasion et le choc des eaux, comment les productions marines que l'on trouve au sommet des plus hautes montagnes, superposés horizontalement, en couches régulières, épaisses et étendues, présentent-elles leurs coquillages *les plus fragiles* en parfait état de conservation, indiquant ainsi que ces dépôts se sont faits *lentement* et *sur place?*

Ajoutons encore qu'une comète aurait pu rencontrer la terre, sans y occasionner les catastrophes dont on l'accuse, ou que du moins, cet événement n'a pas eu lieu depuis les temps historiques et la constitution de l'état actuel de notre planète.

INSTRUMENTS D'OBSERVATION. Les plus utiles et les plus usités sont d'abord les *télescopes* ou réflecteurs; les différentes *lunettes*; le théodolite, le vernier, les micromètres et le microscope; le *cercle mural* et autres; *le sextant*, le *secteur zénithal*, l'*héliomètre*, la *pendule sidérale* et les chronomètres, le *niveau* à bulle d'air et le *collimateur*, le *prisme* et le *fil à plomb. Voyez* chacun de ces mots.

INTERCALATIONS. Les Juifs ne réglaient leurs mois que par l'observation directe de la lune, de sorte qu'ils les faisaient alternativement de 29 et de 30 jours, comme les sectateurs de Mahomet le font encore aujourd'hui; leur année avait donc 11 jours de moins que l'année solaire.

Les époques de leurs fêtes et de leurs jeûnes en étaient bouleversées, ce qui les obligeait à ajouter, tous les trois ans, un mois intercalaire.

On ne conçoit pas que Moïse, auquel les Égyptiens devaient avoir appris la science des astres, et qui avait, dit-on, supputé les époques de la Genèse suivant l'année chaldéenne de 365 jours avec un jour intercalaire tous les quatre ans, n'ait pas établi un meilleur mode de fixer les fêtes et le calendrier du peuple de Dieu.

Ce ne fut que très-tard que les Juifs firent usage du cycle de 84 ans pour déterminer la pâque et les autres fêtes.

Les premiers chrétiens suivirent cette méthode; mais, le temps en ayant démontré l'inexactitude, le concile de Nicée ordonna de suivre le cycle de Méton, ou de 19 ans, que les Juifs adoptèrent à leur tour.

Hillel, un de leurs rabbins, 360 ans après J. C., rectifia leur calendrier et lui donna la forme actuelle, qui, suivant eux, doit durer jusqu'à la venue du Messie. Les Juifs ont dans ce cycle de 19 ans, sept années intercalées, de 13 mois, ce sont les 3e, 6e, 8e, 11e, 14e, 17e et 19e; en astronomie, c'est ce qu'ils ont pu imaginer de mieux et de plus concordant avec les faits. *Voyez* CALENDRIER.

INTERFÉRENCE. La théorie des interférences se déduit des phénomènes de la réfraction. Les rayons lumineux d'un astre ou d'une étoile n'arrivent à nos yeux qu'en traversant les couches de notre atmosphère, dont les éléments et la densité présentent des différences qui dévient ces rayons de leur direction précédente et les font ainsi *s'ajouter* ou se *détruire* alternativement.

Si la différence de vitesse entre deux rayons homogènes partis du même point dépasse un *demi-millième de millimètre*, la lumière blanche disparaît, et, selon les quantités qui occasionnent la destruction ou l'affaiblissement des couleurs prismatiques dans l'ordre de leur réfringence, il se produit des phénomènes de coloration différente aux points de réunion.

Telles sont les véritables causes de la scintillation plus ou moins forte des étoiles et des planètes, selon l'état de l'atmosphère ; aussi, dans tous les lieux où l'air est d'une grande homogénéité, ces effets d'interférence sont nuls ou peu sensibles.

L'émission directe a peut-être lieu dans l'espace, et la propagation *par interférences*, seulement lorsque la lumière vient à traverser les nombreuses couches de notre atmosphère. *Voyez* SCINTILLATION.

IRÈNE. Petite planète découverte, le 19 mai 1851, par M. Hind de Londres ; elle a l'apparence d'une *étoile bleuâtre* de neuvième grandeur, et circule entre Mars et Jupiter en 4 ans 44^{j} 8^{h}, dans une orbite inclinée de 9° 5′ 33″ environ sur notre écliptique.

Son demi-grand axe est de 2,590771 le rayon moyen de l'orbite terrestre étant l'unité, ce qui donne en nombre rond, pour sa distance au soleil : 40 millions de myr., ou 100 millions de lieues.

IRIS. C'est encore une précédente découverte de M. Hind, qui a reconnu cette petite planète le 13 août 1847.

Sa distance moyenne au soleil est de 36 millions de myriamètres ; son orbite, dont l'excentricité est de 0,23235, et qu'elle parcourt en 1,345 jours 14^{h} 24^{m}, est inclinée de 5° 28′ sur l'écliptique.

IRRADIATION. Les planètes les plus grandes paraissent réfléchir en certains temps une très-vive lumière ; les étoiles, selon leur proximité ou leur grandeur, nous transmettent leurs rayons lumineux dont *l'irradiation* ou l'écartement, nous montrent ces astres beaucoup plus volumineux que dans les lunettes qui les dépouillent de cette diffusion de lumière.

On se rend compte d'un tel phénomène par deux images semblables et de même dimension ; l'une noire sur fond blanc, l'autre blanche tracée à côté, sur un fond noir ; cette dernière paraîtra toujours, mais surtout à une certaine distance, bien plus grande que la première.

Ainsi le croissant de la lune, dans ses premiers jours, nous paraît appartenir à un disque plus grand que celui faiblement éclairé par la lumière cendrée qui lui vient alors de la terre.

Cette cause, et peut-être aussi la densité différente de l'air renfermé dans les grandes lunettes, laisse encore quelque incertitude sur le diamètre réel du soleil, dont la mesure varie de deux à trois secondes suivant les méthodes et les instruments d'observations.

IRRÉGULARITÉS. Sans en excepter les lois de l'attraction, rien n'est régulier dans notre monde solaire.

La translation de la terre autour du soleil et sa rotation journalière ne peuvent être renfermées dans aucune mesure relativement exacte ; cette rotation même, dont la durée aujourd'hui régulière est l'échelle la plus précise que nous ayons pour mesurer le temps, a dû éprouver des modifications proportionnelles au volume de la terre, qui, dans les périodes primitives de son refroidissement était plus considérable, et tournait nécessairement moins vite, selon les principes de la mécanique. La consolidation de l'enveloppe terrestre rend maintenant le mouvement plus stable, mais rien ne peut garantir qu'il en sera toujours ainsi.

Les planètes et leurs satellites ne présentent pas non plus de rapports proportionnels dans leurs éléments. Mars, plus éloigné que la terre du soleil, est cependant plus petit. Il en est de même pour Saturne relativement à Jupiter, et pour Uranus relativement à Saturne.

Les distances ne sont pas relatives entre Mercure, Vénus et la terre, encore moins entre Neptune et Uranus. Les inclinaisons des axes et des orbites ne s'accordent pas plus avec une loi générale que les densités et les vitesses rotatives des différentes planètes de notre système.

On peut donc dire, avec l'auteur du *Cosmos*, que dans notre monde il n'y a que *des faits isolés*, sans enchaînement de causes à effet, sans rapports entre eux ; qu'ils semblent avoir été produits par le conflit de forces opposées agissant dans des conditions inconnues, par sauts et par intervalles ; comme sur la terre nous voyons les végétaux et les animaux se grouper *à peu près*, autour des types primitifs. *Voyez* l'Introduction, deuxième partie.

ISIS. Petite planète découverte à Oxford par M. Pogson, le 23 mai

1856, et qui a pris le n° 42 dans la série des astéroïdes circulant dans l'espace entre Mars et Jupiter. Sa révolution sidérale est d'environ 1220ʲ; l'inclinaison de son orbite, de 13° 40′ 18″ et sa distance moyenne au soleil, d'à peu près 2 fois 1/3 celle de la terre. *Voyez* les notes.

ISOCHRONE. On désigne ainsi les effets subsistant avec régularité, pendant une longue période. Les vibrations du pendule employé pour les observations doivent avoir cette propriété, c'est-à-dire être constamment de 86,400, entre deux passages de la même étoile au méridien.

L'isochronisme du balancier est obtenu au moyen d'un ressort d'une certaine force, rendant les oscillations égales.

ISOTHERMES (Lignes). Il semble que de chaque côté et à distance égale de la ligne équinoxiale, devrait exister la même température, et qu'ainsi les degrés de latitude devraient indiquer les *lignes isothermes* ou les limites du même climat.

Chaque pôle étant alternativement exposé au soleil pendant la même durée, leurs régions devraient aussi présenter alternativement les mêmes variations de froid et de chaleur.

Il n'en est pourtant pas ainsi.

Le refroidissement successif du globe, et le retrait qui s'en est suivi, ont, à des périodes différentes, produit dans la surface première des enfoncements et des effets de bascule qui ont formé les chaînes de montagnes, les vallées et les profondeurs de l'Océan.

Il est d'abord résulté de ces bouleversements, des élévations et des expositions différentes sous des latitudes semblables; des courants d'eaux à la surface des continents comme dans les mers du globe.

Ces effets sont devenus à leur tour ce qu'on appelle des *causes actuelles,* dont la persistance a modifié de plus en plus, et diversement pour chaque pays, l'état originaire. C'est ainsi que d'immenses forêts, des mers et des lacs intérieurs, des volcans, l'envahissement des sables, l'exhaussement et l'accroissement des deltas à l'embouchure des grands fleuves, les vents et les pluies, les déboisements, les travaux et les cultures résultant de l'agglomération des hommes et des animaux, ont occasionné des changements de température et déplacé les limites de la végétation ou des neiges perpétuelles, en la faisant descendre sur certains points et l'élevant ailleurs, sous les mêmes latitudes.

Mais la cause actuelle la plus puissante sur l'établissement des lignes isothermes comme sur le climat des régions polaires est, sans contredit, les grands courants qui portent inégalement les eaux des mers tropicales vers chacun des pôles, d'où elles reviennent, par un long circuit, se réchauffer de nouveau sous le ciel des tropiques, pour recommencer la même circulation.

La carte des principaux courants, dressée par M. Duperrey de l'Institut, montre, en effet que la masse de ces eaux chaudes, qui dégage les quantités prodigieuses du calorique dont s'imprègnent les vents d'ouest, se porte incessamment vers les côtes jouissant d'un climat exceptionnel, relativement à d'autres pays situés à égale distance de l'équateur.

Ainsi, par exemple : les glaces interrompent pendant plusieurs mois la navigation à l'embouchure du Saint-Laurent, tandis que celle de la Seine en est exempte, quoique située au même degré de latitude.

A la hauteur de la fertile Angleterre, les côtes orientales de l'Amérique sont frappées de stérilité par la basse température qui y règne.

Boston, sous la même latitude que Perpignan, est entouré de lacs qui gèlent chaque année à un mètre de profondeur.

Nos régions boréales, comme les côtes occidentales de l'Europe, sont continuellement frappées des vents d'ouest chargés des vapeurs aqueuses du *gulf-stream*, qui leur font un climat favorisé, comparativement à celles qui leur sont opposées de l'autre côté de l'Océan.

Le courant analogue des eaux tropicales du Pacifique vers l'occident et l'autre pôle, donne aussi, sous l'influence des vents d'ouest une douce température à la Colombie ; ce courant reporté en partie vers notre pôle, par les côtes de la Chine et du Japon, contribue encore à modifier le froid de nos régions boréales.

Celles du pôle antarctique, vers lesquelles pénètre seulement une partie du courant équatorial, éprouvent par cela même une température beaucoup plus basse.

On s'explique ainsi la différence qui existe entre les lignes isothermes à égalité de hauteur et de distance latitudinale.

J

JAPET. C'est le premier satellite qui fut découvert autour de Saturne, par Huygens, le 25 mars 1655 ; c'est aussi le plus brillant et le plus considérable des huit aujourd'hui connus. Il est à peu près du volume de Mars, et met à circuler autour de sa planète presque le même temps (8 jours de moins) que Mercure emploie à faire sa révolution autour du soleil.

Bessel a vérifié que les mouvements cette énorme lune de Saturne s'accordaient avec les lois de Képler, comme ceux des satellites de Jupiter. *Voyez* SATELLITES.

JOUR. On exprime également par ce terme : 1° le temps que le soleil *paraît* employer à tourner autour de la terre, et que celle-ci met réellement à tourner sur elle-même ; 2° par opposition à la durée de la nuit, l'intervalle qui s'observe entre le lever et le coucher du soleil.

Parmi les anciens peuples, les uns faisaient commencer le jour au coucher du soleil et les autres à son lever ; les Arabes et Ptolémée fixaient son commencement à midi, époque beaucoup plus facile à déterminer et beaucoup moins variable que les levers et les couchers du soleil.

Les Égyptiens au temps d'Hipparque et les Romains, comme actuellement les Anglais, les Français, etc., le fixaient à minuit. Le commencement du jour astronomique a lieu 12 heures après, c'est-à-dire au milieu du jour civil.

Cette mesure du temps est régulière lorsqu'elle comprend la durée invariable qui s'écoule entre le passage d'une étoile quelconque et son retour au méridien supérieur d'un même lieu ; c'est le *jour sidéral*, plus court que le *jour solaire* ; aussi 365^j 1/4 solaires comprennent 366^j 1/4 sidéraux, dont l'arc diurne est de 58' 58" et $\frac{642}{1000}$ de seconde.

En effet, le soleil paraît retarder chaque jour sur les étoiles, d'environ 4 minutes ou de 2 heures par mois et de 24 heures après 360 révolutions : c'est donc une fois de plus que les étoiles ont passé au méridien.

Les jours *vrais* ou *solaires* ne sont pas égaux, et les heures solaires ne sont pas égales, à cause de la différence entre les arcs que le soleil semble décrire pendant la même durée, depuis les équinoxes jusqu'aux solstices et de la vitesse inégale dont il parait animé en parcourant son orbite.

La longueur des jours et des nuits varie continuellement pour chaque lieu selon la place qu'il occupe sur le globe, dont l'un des hémisphères se trouve pendant six mois au-dessus et pendant six autres mois au-dessous du soleil.

Dans son mouvement de translation, la terre inclinée sur son axe lui présente continuellement l'un de ses pôles et la rotation diurne expose chaque point du même hémisphère aux rayons directs de cet astre, tandis que l'autre moitié ne peut les recevoir qu'avec une obliquité s'augmentant de plus en plus vers l'autre pôle qui n'en est plus frappé.

Ainsi l'obliquité de l'écliptique produit les saisons, et l'inclinaison de l'axe détermine pour chaque point de la surface la durée de jour.

Sous la ligne équinoxiale, c'est-à-dire sur celle qui correspond toujours à l'équateur solaire, la rotation diurne de la terre fait que chaque point est éclairé pendant douze heures et que la nuit a la même durée, moins l'aurore et le crépuscule. De chaque côté de cette ligne, la durée du jour est inégale ; elle s'accroît ou diminue de la même quantité, proportionnellement à l'éloignement ou à la latitude.

A Paris, le jour du solstice d'été, l'arc éclairé par le soleil étant de 240°, le jour dure seize heures (à raison de 15° par heure), et la nuit, y compris le crépuscule et l'aurore, n'est que de 8 heures; c'est le contraire au solstice d'hiver.

Le 21 juin à minuit, le centre du soleil étant à 9' au-dessus de l'horizon de Tornéo (en Laponie), dont la latitude est de 65° 50', il n'y a pas de nuit, et l'astre du jour remonte aussitôt qu'il parait avoir touché l'horizon.

Ainsi, plus l'observateur est près du pôle, plus *l'arc diurne* est inégal ; sous ce point même il est de six mois, mais des aurores et des crépuscules de six semaines y réduisent à trois mois le temps de la nuit.

Le *jour solaire moyen* est celui que donne une horloge bien réglée ; il est plus long de 3' 55" 9 que le jour vrai, et ne s'accorde avec lui que quatre fois dans l'année ; midi n'est exactement le milieu du jour qu'aux solstices.

Le jour solaire ou astronomique se compte de 0 à 24 heures à partir de midi.

Quant à la lumière *du jour*, elle n'est en réalité qu'un crépuscule d'un éclat plus intense, puisqu'elle n'est produite que par la réfraction des couches de notre atmosphère ; sans cette cause de diffusion, nous ne pourrions apercevoir que les objets *directement frappés des rayons du soleil;* l'interposition d'un nuage occasionnerait une profonde obscurité, et les étoiles seraient toujours visibles. *Voyez :* TEMPS, HEURE, MIDI, MOYEN, etc.

JOURNÉE. La révolution complète de la terre sur elle-même, donne exactement la durée du jour, qui se divise partout en 24 heures.

Il n'en est pas ainsi de la *journée*, qui comprend seulement les heures entre le lever et le coucher du soleil ; cette mesure du temps augmente ou diminue avec la déclinaison de cet astre et la latitude de chaque lieu.

On désigne quelquefois les différents climats par la longueur de leur journée au solstice d'été ; ainsi, aux régions équatoriales la journée est constamment de douze heures ; à Paris notre climat, ou notre plus longue journée, est de seize heures 7 à 8 minutes. En Suède, à Tornéo, sous le 66ᵉ degré, la journée a près de 24 heures, et cette durée s'augmente progressivement jusqu'à trois mois vers les pôles.

Au solstice d'hiver, c'est la nuit qui, aux mêmes latitudes, a la durée indiquée ci-dessus pour la journée.

JUNON. Petite planète trouvée par Harding le 1ᵉʳ septembre 1804. Elle circule entre Mars et Jupiter, ou plutôt entre Eunomia et Cérès, en 1,592 jours 3/4, dans un orbe incliné de 13° 3' 17" sur l'écliptique, à la distance de 2,669 (celle du soleil à la terre étant prise pour unité); ce rapport donne 51 millions de myriamètres, ou 127,500,000 lieues. L'excentricité de cette orbite dépasse le quart du diamètre moyen.

On a pu s'assurer que cette planète, d'une couleur rougeâtre, tourne sur elle-même en 27 heures environ.

JUPITER. Sous l'apparence d'une étoile jaunâtre, c'est la plus belle et la plus brillante des planètes de notre monde solaire ; son diamètre réel dépasse 32,000 lieues et son diamètre apparent varie depuis 30 jusqu'à 46". Elle est 1,414 fois plus volumineuse que la terre, dont la densité est quatre fois plus grande, selon les récentes observations d'Airy. Sa masse est 1,048 fois plus petite que celle du soleil, dont elle est éloignée en moyenne d'environ 5 fois 1/5 la distance de la terre à cet astre (environ 200 millions de lieues).

Elle parcourt son orbite autour du soleil en 11^{ans} 314^j 20^h 2^m 7^s, paraissant rétrograder d'environ un signe par année, quand le soleil parait rétrograder d'un signe tous les mois.

La pesanteur est deux fois et demie plus considérable que sur notre planète, et doit y faire tomber les corps de 12^m dans la 1re seconde.

Chaque année, notre planète tournant autour du soleil se trouve du même côté que Jupiter, et par conséquent à environ 64 millions de myr. de cet astre, qui nous apparaît avec un grand éclat pendant quelques mois; arrivés de l'autre côté, nous en sommes éloignés de 96 millions de myriamètres (240 millions de lieues), et cette planète ne nous réfléchit plus qu'une faible lumière.

La vitesse rotative d'un corps aussi volumineux, dont les parties équatoriales ont à parcourir 72 myriam. par minute (plus de 3 lieues par seconde), est prodigieuse. Aussi ses pôles sont aplatis dans le rapport de 167 à 177, soit d'un dix-septième, selon les mesures d'Arago et de, 1/14 d'après J^n Herschell. Cette planète tournant sur elle-même en 9^h 55^m 21^s, sur un axe presque perpendiculaire à l'écliptique, les saisons y sont toujours les mêmes en chaque lieu de la surface, où des jours de cinq heures sont suivis par des nuits d'égale durée; la chaleur et la lumière doivent y être très-faibles.

Suivant Arago, les bandes observées au-dessus et au-dessous de l'équateur de Jupiter, et entremêlées de zones plus diaphanes; seraient produites par des masses nuageuses emportées avec une grande vitesse dans son atmosphère; les parties plus obscures annonceraient, dans ce cas, des surfaces solides qui doivent moins réfléchir les rayons solaires.

La figure ci-dessus représente des zones ou bandes irrégulières observées à la surface de cette énorme planète.

En 1610, ce furent Galilée, à Florence, et Simon Marius en Allemagne, qui les premiers, au moyen des lunettes, découvrirent les satellites de Jupiter, lui présentant toujours la même face et circulant autour de lui, sous des inclinaisons très-faibles ; en sorte que la perspective de leurs évolutions présente des lignes presque droites passant par le centre de Jupiter.

Cette brillante découverte, en confirmant le système de Copernic, fit cesser toutes les incertitudes des gens de bonne foi, car ce monde particulier présente en effet l'image réduite du système solaire ; le satellite de la terre tourne autour d'elle, comme les quatre satellites de Jupiter tournent autour de lui.

Le premier de ces corps est d'une teinte jaune et le plus brillant ; il s'éclipse toutes les 42^h 28^m 8^s ; le deuxième, plus dense que la planète et le plus petit, disparaît tous les 3^j 13^h 18^m ; le troisième, jaune très-prononcé et qui a l'éclat d'une étoile de cinquième grandeur, serait visible à l'œil nu, si la lumière réfléchie par la planète ne s'y opposait ; son occultation a lieu tous les 7^j 44^m ; le quatrième, obscur, rougeâtre et moins dense que Jupiter, s'éclipse seulement tous les 16^j 16^h 21^m ; son orbite est la plus inclinée sur l'équateur de la planète.

Selon les positions relatives de la terre et de Jupiter, ses satellites s'éclipsent dans le cône d'ombre projeté par la planète, de même que la lune dans l'ombre de la terre.

La détermination des longitudes est l'un des résultats les plus utiles de l'observation de ces éclipses, dont le nombre est de 300 à 400 par année.

Un spectateur placé sur Jupiter verrait les phases très-variées de ses satellites, mais leur éloignement nous les fait paraître toujours de face avec une différence d'éclat qui doit dépendre de la nature de ces petits corps, tournant sur eux-mêmes dans une durée précisément égale à leur mouvement de circulation autour de leur planète.

C'est par la différence des retards dans leurs éclipses que Roemer a pu mesurer la vitesse employée par la lumière à traverser l'orbite de la terre et l'évaluer à 77,000 lieues par seconde, en supposant qu'elle se propage d'une manière uniforme.

Par les rapports qui existent dans leurs mouvements, ces satellites ne peuvent pas s'éclipser tous à la fois ; il arrive néanmoins qu'on n'en peut apercevoir aucun sans de très-fortes lunettes, parce que ceux qui ne sont pas occultés passent alors sur le disque et se perdent dans son éclat.

19.

Les masses de ces satellites, qui ne sont que la 6,000° partie de la masse de la planète, ont été déterminées par Laplace, malgré leur éloignement et leur petitesse; il a de même établi les lois de leurs mouvements, en démontrant que l'action de la planète principale, ainsi que leur attraction réciproque, ont dû les amener à la régularité actuelle, quand même ces rapports auraient été différents dans l'origine. *Voyez* Lois.

En considérant à part le groupe de ces quatre satellites, l'illustre géomètre a retrouvé, dans de courtes périodes, les mêmes perturbations observées dans le système général de notre monde solaire, mais qui s'accomplissent en des milliers d'années.

Les mouvements moyens de Jupiter ne sont pas uniformes, et sont modifiés continuellement par l'attraction de Saturne. Ainsi l'une de ces planètes avance sur sa position quand l'autre est en retard. Le maximum de ces différences est de 49′ pour Saturne et seulement de 21′ pour Jupiter.

La plus grande excentricité répond aussi à la plus faible pour ces deux corps célestes qui se troublent réciproquement, et de telle sorte que la période de ces perturbations comprend plus de 70,000 années.

K

KÉPLER. Astronome mathématicien, qui a eu l'honneur d'imposer son nom aux lois universelles qui régissent les corps célestes.

Ce ne fut que dix-neuf années après la découverte de ses deux première lois et à la suite de nombreuses conjectures, de recherches et de tâtonnements, qu'une heureuse combinaison des carrés et des cubes lui fit trouver les rapports qu'il cherchait.

En substituant des cercles elliptiques aux cercles réguliers dans lesquels on supposait auparavant, que circulaient tous les corps célestes, il rendit compte des anomalies qu'on ne pouvait expliquer ni comprendre dans les révolutions planétaires.

Né en 1571, dans le duché de Wurtemberg, sept ans après Galilée et vingt-cinq après Tycho-Brahé, il fut élevé dans une école publique aux frais du souverain. — Nommé presque malgré lui professeur d'astronomie, il montra par son exemple que les plus grandes vérités résultent quelquefois de fausses conjectures.

Christophe Colomb, en cherchant à pénétrer aux Indes par le nord-ouest, a découvert le nouveau monde ; de même, en cherchant de prétendus rapports entre la figure des solides et les mouvements planétaires, ce calculateur infatigable, persuadé que le Créateur avait établi leurs lois sur des bases qui devaient s'exprimer en nombres exacts, entrevit enfin : que les mouvements étaient proportionnels aux distances qui séparaient ces corps, et qu'aussi ces distances devaient se rapporter à d'autres éléments de notre univers.

Son premier ouvrage, intitulé *Mysterium cosmographicum*, rempli d'hypothèses extravagantes, attira néanmoins l'attention de Tycho, qui voulut s'attacher un tel collaborateur dans ses calculs, afin de pouvoir donner plus de temps à ses observations. Présenté à l'empereur, Képler, après la mort de Tycho, lui succéda comme mathématicien impérial.

Lorsque Galilée aidé des premières lunettes, eut fait ses brillantes découvertes, Képler se jeta dans cette voie avec ardeur, et ses longues observations de la planète de Mars le conduisirent à la connaissance des orbites elliptiques et de *l'égalité des aires tracées dans des temps égaux*, principes de ses deux premières lois.

Après plusieurs années de vicissitudes et de travaux, il publia ses *Harmonies*, en y annonçant, dans le premier livre, que les carrés des temps sont proportionnels aux cubes des distances, vérité sur laquelle est basée sa troisième loi. Maintenant, dit-il, que mon livre est écrit, je puis attendre un siècle pour qu'il soit lu, puisque Dieu a bien attendu six mille ans un observateur !

S'étant retiré en Silésie, la gêne de sa position lui fit entreprendre à cheval le voyage de Ratisbonne pour se faire payer des cent mille francs arriérés sur sa pension ; mais un si long voyage le fit mourir de la fièvre, à l'âge de 60 ans.

De même que Galilée fut persécuté par le clergé catholique, Képler fut exposé à la haine et aux calomnies du clergé protestant de son pays, pour avoir adopté dans son calendrier la réforme ordonnée par le pape Grégoire XIII.

En 1609, dans sa *Nouvelle Astronomie*, soixante-dix-huit ans avant la publication des principes de l'attraction par Newton, il faisait entrevoir les causes réelles de la gravitation ; mais ensuite, dans ses *Harmonies du monde*, il compare la terre à un animal vivant, dont les aspirations, comme celles d'une baleine, occasionnent le flux et le reflux de la mer. *Voyez* LOIS DE KÉPLER.

L

LA CAILLE. Astronome né en 1713, et mort en 1762. Il fut envoyé au cap de Bonne-Espérance pour y observer le passage de Vénus sur le soleil et déterminer la position des étoiles australes, dont il dressa un catalogue de neuf mille huit cent, inconnues jusqu'alors.

Il a donné la réduction c'est-à-dire déterminé la situation de 515 étoiles zodiacales pour 1760 et 1761 et a fait *à lui seul* plus d'observations que tous les astronomes de son temps.

LÆTITIA. Planète télescopique trouvée, le 9 février 1856, par M. Chacornac, à l'observatoire de Paris; elle a l'apparence d'une étoile de huitième à neuvième grandeur, et a pris le n° 39 dans la série des astéroïdes tourbillonnant entre Mars et Jupiter. Sa distance moyenne au soleil est de 2,744, et le temps de sa révolution sidérale, de 1661 jours environ, ce qui placerait entre Léda et Cérès son orbite inclinée de 11° 24',11" sur l'écliptique, et ayant une excentricité de 0°,15252.

LAGRANGE. Quoique né à Turin en 1736, ce grand géomètre est considéré comme Français, parce qu'il a publié dans ce pays le résultat de tous ses travaux. Son principal ouvrage est un traité de mécanique analytique dans lequel les lois de l'équilibre et du mouvement sont ramenées à un seul principe et soumises à une seule méthode de son invention.

On lui doit l'utile substitution du *temps moyen* au temps vrai dans les calculs astronomiques, ainsi que l'explication du phénomène de la libration et des causes pour lesquelles la lune tourne constamment la même face vers la terre. Il est mort en 1813, membre de l'Institut et sénateur.

LALANDE. Né à Bourg en 1732. Ce fut la grande éclipse du 25 janvier 1748 qui détermina sa vocation pour l'astronomie. En 1764 il a publié son grand ouvrage suivi de plusieurs travaux importants; son mémoire relatif au passage de Vénus sur le soleil, en 1772, lui a valu une grande renommée.

Les Mémoires de l'Académie pour 1789 et 1790 contiennent ses observations sur plus de 5,000 étoiles circompolaires, c'est-à-dire situées entre le pôle arctique et le tropique du Capricorne; ce travail, rectifié depuis par divers astronomes, est très-utile pour l'observation des comètes et des petites planètes, mais surtout pour la recherche des déplacements qui depuis cinquante ans peuvent s'être effectués par le mouvement propre de certaines étoiles.

Il est mort en 1807, âgé de soixante-quinze ans, après avoir indiqué avant Laplace, que les variations dans le grand axe des orbites planétaires sont nécessairement périodiques, et que par conséquent la stabilité de notre système solaire n'en peut être détruite.

LAPLACE (Marquis de). Né à Beaumont le 13 mars 1749, et mort le 5 mai 1827. C'est l'astronome dont les travaux ont le plus illustré la France. Il parvint à démontrer par de savants calculs la fixité moyenne des orbes planétaires et la stabilité des autres éléments de notre système, qu'Euler et Newton croyaient ne pas pouvoir durer éternellement.

Il fit connaître les causes des perturbations qui inquiétaient le monde savant, et fixa les périodes entre lesquelles les variations observées devaient se renfermer.

Quand d'immenses et dispendieux voyages étaient entrepris de divers points pour aller observer aux lieux favorables le passage de Vénus sur le soleil, afin d'en obtenir la parallaxe, Laplace la déduisit *plus exactement,* sans sortir de son cabinet, et par la simple observation des inégalités lunaires.

Ses ouvrages sur la *Mécanique céleste,* la *Théorie des probabilités,* et son *Exposition du système du monde*, rendront sa mémoire immortelle.

LATITUDE. La distance d'un astre à l'équateur céleste est sa latitude ou plutôt sa déclinaison, et de ce point à l'un des pôles on compte toujours le nombre de degrés nécessaire pour compléter 90°.

Il en est de même pour la latitude terrestre, se mesurant par l'angle que l'horizon du lieu fait avec une ligne menée au pôle.

En ajoutant à cette latitude le complément à 90° ou la colatitude, on a la distance du lieu à l'équateur.

Tout récemment, au moyen des distances zénithales d'un grand nombre d'étoiles, les astronomes de l'Observatoire ont déterminé la latitude actuelle de Paris à 48° 50′ 12″.

Aux équinoxes, tous les lieux situés sous la même longitude ou le même méridien, ont *en même temps* le lever et le coucher du soleil, mais il n'en est pas de même aux autres jours de l'année, parce que l'inclinaison de l'axe de la terre change ce moment, selon leur distance à l'écliptique. Il existe des tables qu'on peut consulter si l'on veut connaître cette différence pour l'un des chefs-lieux de nos départements, à toute époque de l'année.

Les Annuaires donnent aussi des tables servant à déduire pour toute la France l'heure des levers et des couchers de la lune, rapportée au moment où, en aparence, cet astre se lève et se couche le même jour à Paris.

Quant à son passage au méridien, on peut admettre qu'il a lieu presque par toute la France au même moment, puisqu'il n'y a pas une minute de différence entre Brest et Paris sous ce rapport.

C'est la latitude qui indique la température moyenne de chaque lieu, en ayant égard toutefois à son élévation au-dessus du niveau des mers et à certaines circonstances locales qui peuvent modifier cette température. Elle détermine aussi la longueur des jours et des nuits, suivant les saisons.

Quito, au Pérou, étant à 0° 14′ de latitude, les jours et les nuits y sont continuellement de douze heures. Les latitudes anciennement déterminées par l'ombre des gnomons étaient inexactes, en ce que les observateurs ne calculaient pas que cette ombre était donnée par le bord supérieur du soleil, et non par le centre de cet astre; donc il fallait en retrancher le demi-diamètre apparent, en outre de la réfraction atmosphérique que les observateurs ne connaissaient pas alors. *Voyez* Colatitude.

LECTURE. La précision qu'on exige aujourd'hui dans les observations astronomiques a fait diviser et tellement *subdiviser* les cercles gradués attachés aux grands instruments, qu'on ne peut *lire* à la vue simple la trace sur laquelle l'index correspondant au centre du foyer de la lunette a été arrêté; aussi c'est au moyen de microscopes que ces lectures sont faites.

Certains instruments sont munis de plusieurs microscopes afin que l'observateur puisse lire en différentes parties du cercle et par conséquent, à des divisions qui se contrôlent les unes les autres, le résultat indiqué.

LÉDA. Petite planète reconnue le 12 janvier 1856 par M. Chacornac, et qui d'abord avait reçu le nom d'*Eucharis*.

Elle a l'apparence d'une étoile bleuâtre de neuvième à dixième grandeur et très-brilllante.

Sa distance au soleil est représentée par 2,74; son inclinaison, par 5° 59′ 18″, et son excentricité, par 0,15615.

Ce trente-huitième des astéroïdes, dont la révolution sidérale est de 1657 jours environ, paraît jusqu'à présent circuler dans l'espace entre Circé et Cérès.

LEIBNITZ. Philosophe mathématicien, né à Leipsick le 3 juillet 1646, et mort en 1716.

Il avait conçu un système chimérique de monades, êtres simples et indestructibles, formant une chaîne infinie et constituant tous les corps. Selon lui, la terre et toutes les planètes étaient des soleils éteints, faute d'aliments.

LENTILLE. Par ressemblance avec la graine de ce nom, on a appelé ainsi les verres à surfaces convexes et opposées, dont la propriété est de réunir à leur foyer les rayons lumineux, en y amplifiant l'image des objets extérieurs. Ces lentilles peuvent aussi être convexes d'un côté et planes de l'autre. Lorsqu'elles sont plano-concaves, elles sont appliquées sous la lentille convexe des objectifs ou à une certaine distance, ou bien elles prennent le nom de *miroirs* qu'on place au fond du tube des réfracteurs. Les anciens connaissaient le pouvoir grossissant de globes de cristal remplis d'eau, ainsi que l'effet des verres convexes et brûlants. On cite l'émeraude de Néron comme ayant une grande action de cette nature.

Le 1er septembre 1852, M. Brewster a présenté à l'Association britannique une lentille plano-concave en cristal de roche, trouvée dans les ruines de Ninive, et qu'il croit avoir fait partie d'un instrument d'optique. Elle est un peu ovale, ayant un diamètre de 43mm et un de 38.

On est aujourd'hui parvenu à fabriquer d'immenses lentilles ou miroirs objectifs qui vont chercher dans les profondeurs de l'infini les objets les plus imperceptibles, les rapprochent et les rendent visibles, comme s'ils étaient seulement à quelques lieues de l'observateur.

La lentille du grand télescope d'Herschell pesait à elle seule près de mille kilogrammes; celle du télescope que lord Ross possède en Irlande, a soixante centimètres de plus en diamètre et résout en étoiles des nébuleuses irréductibles avec la première.

Les images reçues ou réfléchies par l'objectif viennent se grossir à l'oculaire, ou *lentille convexe* placée dans les lunettes, du côté de l'observateur. Dans les télescopes, c'est au petit miroir que viennent se refléter les images reçues par l'objectif et que l'on observe à la loupe.

La propriété de ces lentilles a donné l'idée de la chambre obscure et du daguerréotype, si perfectionnés aujourd'hui.

Les lentilles à échelons, perfectionnées par Fresnel, sont faites de plusieurs parties au moyen desquelles on évite le poids énorme et la déperdition de lumière des lentilles coulées d'une seule pièce, quand elles atteignent un grand diamètre.

Les phares tournants, dont un certain nombre est établi sur nos côtes, sont combinés avec ces lentilles et des lampes à mèches concentriques, de manière à jeter successivement sur tous les points de l'horizon une clarté aussi intense que 3 ou 4,000 lampes ordinaires à doubles courants d'air.

LESAGE. Professeur de physique et profond mathématicien, né à Genève en 1724.

Il reprit les anciennes idées de Leucippe et de Démocrite sur les atomes, en les perfectionnant comme l'avaient déjà fait Varignon, Fatio de Duilier et Rédeker.

Dans un mémoire sur les affinités, couronné par l'Académie de Rouen en 1758, il fit connaître son système, qui attribuait à l'action impulsive des atomes tous les phénomènes de l'attraction et du mouvement des corps célestes.

Son *Lucrèce newtonien* répond aux objections faites contre ces idées, qui n'ont pas prévalu, parce que, surtout, on ne pouvait concevoir la cause physique et originaire de ces corpuscules ultra-mondains.

LETTRE DOMINICALE. Elle indique le dimanche dans le calendrier grégorien dont le premier jour prend invariablement la lettre A; la lettre B désigne le 2 janvier, etc., jusqu'à la lettre G, affectée au 7e jour; puis le 8 janvier recommence une nouvelle série.

Dans l'ancienne astronomie cabalistique, la lettre A désignait la lune, I signifiait le soleil et Ω Saturne; on avait fait de ces trois signes le nom de Jao qui désignait le dieu de la lumière, ou Jéova chez les Phéniciens; Osiris, chez les Égyptiens; Jovis ou Jupiter, chez les Grecs et les Romains. *Voyez* DOMINICALE.

LEUCOTHEA (PROTECTRICE DES MARINS). C'est le 35ᵉ des astéroïdes circulant dans l'espace entre Mars et Jupiter. Il a été découvert le 19 avril 1855, par M. Luther, à l'observatoire de Bilk, près Dusseldorf. Son mouvement diurne paraît être de 9′ en ascension droite et de 12″ en déclinaison. La durée de sa révolution est de 1,800 jours 10ʰ 25ᵐ environ.

LEVER *des astres*. C'est le moment de leur apparition sur l'horizon par l'effet de la rotation diurne de la terre; l'inclinaison de l'orbite dans laquelle notre planète accomplit sa révolution annuelle fait que le soleil nous paraît *se lever* tantôt au-dessus, tantôt au-dessous d'une ligne dont tous les points se trouvent à la même distance des pôles célestes.

Cette *obliquité de l'écliptique*, maintenant évaluée à un angle d'environ 23° 1/2 est la trace que semble parcourir chaque jour le soleil relativement à l'équateur terrestre. Aux deux points d'intersection, l'axe de rotation de notre globe se trouve alors perpendiculaire au plan de l'équateur solaire, et les jours sont égaux aux nuits sur toute la terre.

A compter de ces équinoxes, la terre continuant son mouvement, l'un de ses hémisphères *s'abaisse* ou *s'élève* de plus en plus, et présente ainsi aux rayons du soleil une surface dont l'étendue s'augmente de jour en jour, en diminuant de la même quantité sur l'hémisphère opposé, en sorte que chacun des pôles est alternativement éclairé ou privé du soleil pendant six mois.

Sous la ligne, les levers et les couchers du soleil ont constamment lieu à 6 heures du matin et 6 heures du soir; mais, dans les positions intermédiaires, l'heure de ces phénomènes, comme la durée du jour, dépend tout à la fois de la longitude et de la distance de chaque lieu à la ligne équinoxiale.

A Londres, par exemple, située 2° 1/2 environ plus à l'ouest que Paris, ou devrait toujours voir le soleil se lever et se coucher dix minutes plus tard que dans cette dernière ville; mais, comme la première se trouve aussi de 2° 2/3 *plus au nord*, il résulte de ce qui a été précédemment expliqué que, du 22 mars au 22 septembre, le soleil s'y lève *plus tôt* et s'y couche *plus tard* qu'à Paris, en sorte que vers la fin de juin, sa présence sur l'horizon est d'environ 26 minutes plus prolongée qu'ici. Pendant les six autres mois c'est le contraire, et, vers la fin de septembre, nous jouissons 25 minutes plus longtemps des rayons du soleil.

A Dunkerque, qui se trouve presque sous le même méridien que Paris, le soleil s'y lève cependant à peu près dix minutes plus tôt qu'à Paris vers le solstice d'été et dix minutes plus tard vers le solstice d'hiver. A Perpignan, encore à peu près sous le *premier* méridien, mais dont la latitude est de 6° moins haute, le lever du soleil a lieu le 1er janvier, 22 minutes *plus tôt* qu'à Paris, et 24 minutes *plus tard* vers le 25 juin.

A compter du solstice d'été, cet astre paraît rétrograder et se lever chaque jour de plus en plus vers le nord ; puis, étant arrivé après six mois au solstice d'hiver, le mouvement contraire a lieu vers le midi, pendant les six autres mois.

Dans nos climats, le *lever héliaque* d'un astre ou d'une étoile précède d'environ une heure l'apparition du soleil ; le lever est dit *cosmique* quand il se fait avec celui du soleil, et le lever *acronyque* est celui qui a lieu le soir.

LEVRIERS (LES). Petite constellation au-dessous de la queue de la grande Ourse, et dont la principale étoile, nommée le *Cœur de Charles*, varie de la deuxième à la troisième grandeur.

Cette constellation est aussi indiquée sous le nom des *Chiens de chasse*, que le Bouvier tient en laisse dans la représentation de ces symboles mythologiques.

Deux nébuleuses planétaires se trouvent dans cette constellation : l'une, en spirale, se distingue au-dessous de la dernière étoile de la queue de l'Ourse ; l'autre se trouve au-dessus de la chevelure de Bérénice. Un groupe de petites étoiles se voit aussi dans la direction du Cœur de Charles et d'Arcturus.

LÉZARD (LE). C'est une constellation moins remarquable encore que la précédente, et située à l'opposé ; elle ne comprend que trois quartaires disposées en triangle au-dessous des étoiles de Céphée, entre le Cygne et Cassiopée.

LIBRATION. La lune ne nous présente pas toujours exactement la même face ; quoique tournant avec uniformité sur son axe, elle nous paraît avoir un léger balancement qui fait découvrir vers l'un de ses bords, un fuseau d'une certaine étendue, tandis qu'un fuseau de la même largeur disparaît au bord opposé.

Cette oscillation apparente, qu'on nomme *libration*, a lieu d'Orient en Occident, par l'attraction alternative du soleil et de la terre; elle occasionne l'excentricité de l'orbite lunaire, et par suite une inégalité dans son mouvement de translation autour de notre planète; cette libration *en longitude* s'étend jusqu'à 7° 50′ du globe de la lune.

Dans la figure ci-dessous, notre satellite étant en L, nous apercevons

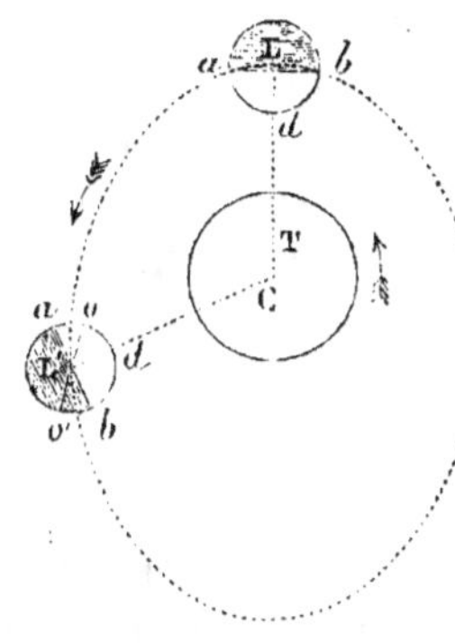

son hémisphère *bda*; mais, pendant qu'il a décrit le quart de son ellipse, le rayon vecteur CL, qui a tourné de 90 degrés seulement, présente en L′ un angle de plus de 90 degrés avec sa première position; il en résulte, qu'un spectateur de la terre en C aperçoit alors un fuseau *aL′o* de la lune, qu'il ne voyait pas auparavant, tandis que la partie *b* L′O′ a cessé d'être visible pour lui; le même phénomène a lieu en sens inverse, dans la position opposée de l'orbite lunaire, après une demi-révolution de 14 jours 1/2 environ.

La libration *en latitude* peut s'observer dans un autre balancement qui nous montre alternativement l'un et l'autre des pôles de la lune, dont l'axe est incliné de 83° 30′ sur l'orbite. Ce mouvement nous fait apercevoir environ 6° 8/10, au nord comme au sud de notre satellite.

C'est ainsi que les pôles terrestres doivent successivement s'apercevoir pendant notre mouvement annuel et oblique autour du soleil, par un spectateur qui serait placé sur cet astre.

La *libration diurne* se manifeste à l'horizon pour les observateurs qui, n'étant pas placés exactement sur la ligne du centre de la lune au centre de la terre, découvrent, à l'Orient ou à l'Occident, une petite tranche du satellite, d'environ 2 myr. ou 3/4 de degré de la surface lunaire; du côté opposé, la partie correspondante disparaît en même temps.

Ces trois effets rendent successivement visibles 576/1000ᵉ de la surface totale de notre satellite. Ainsi, 424/1000ᵉ ou les 3/7ᵉ seulement seront toujours inconnus pour nous.

LICORNE (LA), MONOCÉROS. Constellation s'étendant sous les Gémeaux entre le grand et le petit Chien, vers lequel une étoile de quatrième grandeur indique la ligne de l'équateur céleste; une autre quartaire, n° 3, qui est double, se trouve vers le solstice d'été près d'Orion, et une troisième, n° 26, au-dessous de Procyon, près d'une nébuleuse planétaire.

LIÈVRE (LE). Cette constellation, située au-dessous d'Orion, a pour étoile principale une tertiaire α placée dans la direction du *bâton de Jacob*, à 17° sous l'équateur. Au-dessus se trouvent trois quartaires disposées en ligne courbe vers l'étoile β du grand Chien.

LIGNE A PLOMB. Cet appareil, composé d'un fil et d'un poids quelconque, sert à indiquer la direction de la verticale toujours perpendiculaire à la surface des eaux; il est établi sur le principe que les corps graves livrés à eux-mêmes tendent au centre de la terre; la rotation diurne fait néanmoins dévier un peu vers l'est, le poids suspendu. *Voyez* PENDULE.

LIMBE. Dans les éclipses de soleil ou dans les occultations d'étoiles par la lune, on emploie souvent ce terme pour désigner le contour extérieur de ces astres; il est également usité pour les instruments d'observations portant un cercle gradué ou un cadran divisé par degrés et fractions de degrés.

LIEU. Si l'on suppose une planète fictive parcourant l'orbite d'une planète réelle, avec une vitesse uniforme, tandis que celle-ci l'a décrit avec sa véritable vitesse, c'est-à-dire alternativement accélérée ou retardée; la position de la planète hypothétique, à un moment donné, sera le *lieu moyen*, par opposition au lieu vrai qu'occupera alors la planète réelle, par rapport au soleil.

L'astronomie moderne emploie ce terme ou celui de *position moyenne* quand il s'agit de désigner l'endroit où des astres tels que les étoiles s'aperçoivent réellement.

Relativement au point équinoxial, le *lieu apparent* dépend de la déviation, de la réfraction et de la parallaxe.

Le *lieu réel* d'un astre, comme celui des étoiles, nous semble toujours plus éloigné qu'il ne l'est véritablement, parce que la direction de la vue le fait répondre *au delà*, sur la voûte apparente du ciel où l'on croit voir cet objet.

Ainsi la parallaxe, c'est-à-dire la différence de direction d'un corps céleste observé de deux stations éloignées, est d'autant plus grande que le lieu réel de cet astre est plus près des observateurs.

Quand la distance est infinie, comme cela existe pour les étoiles, les deux lignes de vision, au lieu d'indiquer une valeur angulaire entre leur direction prolongée, paraissent *parallèles ;* c'est ce qui a rendu si difficile la mesure de la distance à laquelle ces corps lumineux se trouvent de notre soleil ou de notre planète.

L'aberration de la lumière (*voyez* ce mot) affecte la position, ou le lieu réel d'un astre, puisqu'elle nous le fait apercevoir *en avant* de la place d'où sont partis les rayons nous apportant l'image qui frappe nos yeux.

Cette influence, à laquelle il convient d'ajouter celle de la précession, — quand on veut rapporter l'objet observé au point équinoxial, — détermine le *lieu optique ou apparent.*

LIGNE ÉQUINOXIALE. Le plan qui, sur la terre, est perpendiculaire à l'axe des pôles et partage ainsi le globe en deux hémisphères égaux, se nomme l'équateur, au-dessus ou au-dessous duquel, le soleil paraît tracer une ligne oblique dont tous les points sont, chaque jour, verticalement éclairés par cet astre : cette trace est ce qu'on appelle la ligne équinoxiale. A midi le soleil y marque le zénith et les objets droits ou coniques n'y portent pas d'ombre.

Deux fois par année, aux points d'intersection de cette ligne avec l'équateur que le soleil semble décrire, se trouvent les équinoxes, c'est-à-dire les positions séparées par une même durée et donnant des jours à peu près égaux aux nuits, sur toute la terre.

LION (LE). Grande constellation zodiacale, dont quatre belles étoiles forment un trapèze irrégulier, dans la direction prolongée des gardes de la grande Ourse, entre le Cancer et la Vierge.

Régulus, étoile de la première à la deuxième grandeur, placée au cœur du Lion, se trouve à l'angle inférieur et à droite de ce trapèze ; au-dessus, un peu à droite, on distingue un petit triangle formé par une quartaire ζ et deux tertiaires ε et μ.

Une autre tertiaire η est placée à droite entre Régulus et γ, qui est l'étoile secondaire au-dessus ; enfin une quatrième étoile tertiaire se trouve sur la base du trapèze entre Régulus et Dénébola, étoile secondaire située au sommet de l'angle, vers la Vierge.

Cette constellation était en Égypte le symbole de la force et de la chaleur, quand le soleil semblait la traverser,

LOCH. Petit triangle en bois d'environ 20 cent. de hauteur, et dont la base est plombée, afin de le maintenir dans une position verticale quand il est jeté à la mer pour mesurer la vitesse du navire.

Comme il ne reste pas tout à fait stationnaire dans le sillage, les nœuds filés en trente secondes se comptent par $15^m,4$ (47 pieds 1/2), au lieu de $14^m,6$ (45 pieds) environ. Chacun des nœuds filés sur la corde qui retient cet instrument, indique ainsi que le vaisseau a fait autant de milles à l'heure, parce que cette mesure est la 120e partie du *mille marin* de $1851^m,58$ (950 toises). On a beaucoup perfectionné cet instrument depuis quelques années.

LOIS. L'action naturelle et régulière des forces qui régissent les corps célestes, ou les phénomènes de notre monde particulier, dépendent de causes premières impénétrables pour nous.

Comme néanmoins on peut les observer, les calculer et les prévoir, ces effets, qui sont toujours les mêmes, sont admis pour règle générale quand ils sont reconnus par le temps et l'expérience.

Il en est ainsi des lois de l'attraction, quel qu'en soit le principe; des lois de Kepler, de celles de Laplace, etc., etc.

LOIS DE BODE. On avait depuis longtemps remarqué un certain rapport dans la distance qui existe entre les planètes; mais ces proportions relatives étaient interrompues entre Mars et Jupiter, par un saut brusque qui déroutait tous les calculateurs.

La découverte de quatre astéroïdes au commencement de ce siècle est venue combler cet intervalle, en faisant supposer qu'un corps qui l'occupait originairement, avait été brisé par une cause fortuite et que ses débris circulaient depuis, dans cette région de l'espace, sous des inclinaisons différentes.

En cherchant de nouveau à déterminer le rapport entre les distances planétaires. Bode, astronome de Berlin, eut l'idée d'ajouter le nombre quatre à tous les termes de la proportion géométrique suivante : 0, 3, 6, 12, 24, 48, 96, 192. Il eut ainsi : 4 pour exprimer l'éloignement de Mercure au soleil, 7 pour Vénus, 10 pour la terre, 16 pour Mars, 28 pour les petites planètes intermédiaires, 52 pour Jupiter, 100 pour Saturne et 196 pour Uranus, distances s'accordant *à peu près* avec la réalité. Mais d'abord la proportion n'est pas exacte entre les deux premiers termes, et ensuite Neptune, grosse planète récemment découverte, devrait y être représentée par le nombre 388, tandis que la distance réelle ne la place qu'à 300.

La première idée de cette loi, qui n'a plus aucune valeur scientifique, est d'ailleurs, attribuée par Voiron, à Titius de Wittemberg.

LOIS DE KÉPLER. Dès que cet astronome eut conçu l'idée que tous les corps célestes devaient être régis par une même règle, il s'appliqua sans relâche à la découvrir. Ce ne fut qu'après dix-neuf ans de recherches et de calculs qu'il atteignit enfin son but, le plus beau que l'intelligence humaine pût se proposer.

Les lois qu'il trouva successivement, et qui sont aujourd'hui la base de l'astronomie s'expriment ainsi :

1° *Les rayons vecteurs décrivent des aires proportionnelles aux temps.*

2° *Les orbites sont des ellipses dont le soleil occupe l'un des foyers.*

3° *Les carrés des temps des révolutions sont entre eux comme les cubes des grands axes des orbites.*

Képler avait d'abord reconnu la forme elliptique des orbites dont il fit la seconde de ses lois.

Voici comment il annonça la première : Qu'on suppose une ligne toujours fixée au centre du soleil en mouvement et à la terre en repos ; alors, si le soleil se meut autour de son ellipse, cette ligne, que les astronomes appellent *le rayon vecteur*, décrira chaque partie de l'*aire* totale ou de la surface de l'orbite renfermée entre les positions successives de cette ligne. Alors aussi, le mouvement du soleil sera tel que des *aires égales* seront parcourues par la ligne tournante ou le rayon vecteur, en temps égaux, quelle que soit la partie de la circonférence de l'ellipse dans laquelle marcherait le soleil.

Cette loi n'indique aucunement la nature ou l'intensité de la force qui pousse les planètes vers le soleil ; c'est une propriété du mouvement orbituel, sous l'influence des forces centrales ; soit, dit J^n Herschell : par une vertu inhérente au soleil ; soit par une pression extérieure, résultant de l'action de fluides inconnus, d'éthers magnétiques, électriques ou autrement impulsifs.

Il suit nécessairement des mêmes causes, que, dans des temps inégaux, les aires parcourues sont proportionnelles aux temps employés à les décrire.

Ainsi dans la figure ci-contre : le temps employé par le soleil, pour aller de A en B, est au temps qu'il met pour aller de B en D, comme l'aire du secteur elliptique ACB est à l'air du secteur BCD.

La ligne AE séparant l'orbite en deux parties égales, le soleil se trouve pendant le même temps, au-dessus comme au-dessous de ce grand axe de l'orbite.

L'astronome déjà cité, pour faire mieux comprendre l'influence des forces qui s'exercent selon cette loi, indique l'expérience très-facile à faire d'une balle attachée à un fil et qu'on fait tourner verticalement, en la laissant ensuite s'enrouler autour du doigt ou d'une baguette fixée horizontalement.

La balle s'approche alors, par des spirales successives, du centre du mouvement; sa vitesse s'accroît non-seulement dans son mouvement angulaire, mais dans son mouvement linéaire, en même temps que la rapide diminution des temps périodiques de chaque tour près du centre. Si le mouvement est renversé : à mesure que le fil se déroule, la rapidité diminue graduellement, comme elle avait augmenté en premier lieu.

La seconde loi a pour conséquence : que l'attraction du soleil s'exerce sur chaque planète, indépendamment de toutes les autres. Le mouvement *circulaire* est caractérisé par la régularité de l'action qui le produit, dans toutes les parties de cette courbe; lors donc que ce mouvement *n'est pas régulier,* ainsi que Képler, et avant lui d'autres astronomes, l'avaient constaté pour le mouvement des corps célestes : c'est qu'ils parcourent une autre courbe que le cercle, dans lequel on avait toujours pensé que ces corps exécutaient leurs révolutions.

L'ellipse trouvée par Képler peut se prêter à de nombreuses dispositions sous l'influence des forces qui le déterminent. Ainsi, un corps tel qu'une balle percée, glissant autour d'une tige de métal courbée en ellipse, la décrit avec uniformité et perpendiculairement à l'action imprimée d'un centre toujours variable.

Si la force part d'un point fixe au centre de l'ellipse, les aires décrites seront égales et proportionnelles à l'intensité de la force qui oblige le corps à suivre cette courbe. On aura un exemple familier de cette action en suspendant une balle par une *très*-longue corde, et la faisant circuler doucement un peu en dehors du plan perpendiculaire.

Si le corps suspendu est un vase rempli de sable fin et percé d'un petit trou au milieu, le mouvement ainsi imprimé marquera des traces elliptiques, par le sable qui se répandra sur une table placée au-dessous.

Dans ce cas, la loi *des aires* détermine la vitesse actuelle du corps en mouvement, pour chaque point de l'espace parcouru dans une petite portion de temps donné.

Les lois de courbure de l'ellipse déterminent la valeur linéaire de la déviation de la tangente, dans la direction du foyer qui correspond à l'espace parcouru. Enfin les lois du mouvement accéléré montrent que l'intensité de la force occasionnant une telle déviation dans sa propre direction, est proportionnelle à l'étendue de cette déviation; elle peut alors être mesurée et exprimée par des signes géométriques ou algébriques.

La troisième loi de Képler indique que c'est une seule et même force modifiée par la distance, qui retient toutes les planètes autour du soleil. Que son attraction (si elle existe) s'exerce sur tous les corps de notre système, quelles que soient leurs substances et proportionnellement à leur inertie ou à la quantité des matières qui y sont agglomérées.

Cette loi implique la supposition que toutes les planètes sont, comparativement au corps central, d'une masse tout à fait insignifiante. En cas d'exception, le temps périodique est diminué dans la proportion de la racine carrée du nombre exprimant la masse ou l'inertie du soleil et de la somme des nombres exprimant les masses réunies du soleil et de la planète.

En d'autres termes, quand l'une des masses est incomparablement plus forte que l'autre, les mouvements ont lieu suivant la loi de Képler; en cas contraire et suivant les principes de l'attraction newtonienne, quelles que soient les masses de deux corps tournant autour l'un de l'autre : le carré de leur temps périodique doit s'exprimer par une fraction dont le numérateur est le cube de leur moyenne distance, c'est-à-dire la moitié du plus grand axe de leur orbite, et dont le dénominateur est la somme de leurs masses.

Ces considérations ne peuvent nécessiter d'importantes corrections dans les rapports planétaires avec le soleil, mais il n'en est pas de même quand il s'agit de satellites d'une certaine masse, telle que celle de la lune, comparativement à la terre.

La troisième loi de Képler appliquée à deux planètes se démontre comme suit :

Le carré de la révolution de la terre (366 ¹ 256) est 133,412; si l'on prend l'unité pour l'axe de l'orbite, cette quantité divisée par le cube de 1, sera toujours la même. Le carré du temps de la révolution de Mars (686¹ ,980) est 471943, lequel nombre, divisé

par 3,537414, cube de 1,52369, moyenne distance de Mars au soleil,
donne le même rapport : 133,413.

On peut concevoir l'importance de ces lois générales quand on
sait que, le retour d'un astre en un point quelconque du ciel étant
connu, ou seulement une portion de l'arc qu'il décrit, on peut en déduire sa distance exacte au soleil, ainsi que le temps de sa révolution ;
quand surtout, on sait que ces merveilleux rapports ont conduit
Newton aux principes de la gravitation universelle, dont il nous a
révélé, non la cause, mais les admirables conséquences.

LOIS DE LAPLACE. C'est ainsi que les astronomes désignent
certains rapports très-singuliers découverts par ce grand géomètre
entre les satellites de Jupiter.

Par exemple : les trois premiers de ces corps ne peuvent être
éclipsés en même temps, parce que de la combinaison de leur
longitude il résulte toujours une demi-circonférence, ou 180 degrés. Leurs orbites étant nécessairement *plus étendus que le diamètre de la planète*, elle ne peut donc les cacher à la fois.

Si, encore, on ajoute au mouvement du premier le double du
troisième, le total est égal à trois fois celui du second.

Laplace a prouvé que si dans l'origine ces rencontres merveilleuses n'ont pas existé, l'attraction mutuelle des satellites et celle
de la planète, nonobstant ses perturbations séculaires, ont dû amener nécessairement l'état actuel de précision rigoureuse entre les révolutions et la rotation de ces satellites. *Voyez* Jupiter.

LONGITUDE. Pour faciliter les recherches et les observations,
on suppose le globe terrestre divisé, de l'un à l'autre pôle, en 360
parties égales, qui sont les *degrés de longitude*, ou les méridiens.
Arago, pour les faire mieux comprendre, compare ces divisions
aux tranches d'un melon.

Comme on n'a pu s'accorder sur un point de départ commun,
chaque peuple compte ces degrés à partir de sa ville capitale, et
presque toujours d'orient en occident ; la ligne qui passe au zénith
de la coupole du Panthéon de Paris est notre premier méridien, et
marque pour nous zéro de longitude ; tous les autres sont comptés
de celui-ci, en procédant soit vers la gauche, soit vers la droite.

L'ancien méridien dit de *l'île de Fer* est à 20° de Paris ; s'il était
généralement adopté, il laisserait toute l'Europe à l'est, et ses obser--
vatoires n'auraient plus à rapporter continuellement les observations

des longitudes, données quelquefois dans les deux sens ; c'est-à-dire, vers l'est ou l'ouest, pour des localités peu distantes l'une de l'autre.

L'Angleterre fait partir son premier méridien de l'observatoire de Greenwich, très-voisin de Londres ; la différence entre ce méridien et le nôtre est, suivant J^n Herschell, de 2° 20′ 23″, qui était pour nous la longitude de Greenwich, tandis que pour cette ville Paris était à 357° 39′ 37″. Cette *distance* d'environ 248 kilom. (247-764), réduite en temps et rectifiée en mai et juin 1854 au moyen du télégraphe électrique, entre les deux observatoires (celui de Paris étant à 0^r, 12 de l'ancienne méridienne de France), donne 9^m 20^s, 63, à raison de 15 degrés par heure, valeur de l'arc céleste que le soleil paraît décrire autour de la terre pendant cette durée.

Ainsi une montre bien réglée à Paris doit retarder d'à peu près 10 minutes quand on arrive à Londres et avancer d'une heure si l'on se transporte à Vienne en Autriche, située à environ 15° de longitude E. de Paris.

Entre Brest et Strasbourg la distance équivaut à 48^m 58^s de temps ; c'est donc, à 15° par heure, une différence de 12° 30′ dans la longitude de ces deux villes, les plus distantes de l'est à l'ouest (à peu près 315 lieues).

Les longitudes se comptent maintenant de 0 à 180° *de chaque côté du premier méridien*, en ajoutant le signe O ou E, selon que le point à indiquer est situé à droite ou à gauche de cette ligne de convention.

Le meilleur moyen d'obtenir la longitude en mer, et de s'assurer ainsi de l'endroit où se trouve le vaisseau, a été indiqué en 1650 par Morin, astrologue au collège de France. Il consiste à observer avec le sextant la distance angulaire de la lune au soleil ou aux étoiles. Comme on trouve dans la *Connaissance des temps* sa position relativement à ces astres et même aux principales planètes, calculée pour chaque jour et de trois en trois heures, il ne s'agit plus que de rapporter la distance reconnue à un moment quelconque, avec les indications données pour Paris, ou de faire accorder l'heure du lieu, c'est-à-dire sa longitude, avec celle du 1er méridien au moyen des positions indiquées. En un mot, le problème se réduit à savoir *l'heure à laquelle le phénomène observé a pu être visible de Paris.* Les éclipses et les occultations sont des signaux célestes qu'on ne manque pas non plus de mettre à profit pour fixer les longitudes dans toutes les stations.

On obtient de même avec de bons chronomètres la longitude en mer, c'est-à-dire la distance où l'on se trouve relativement au méridien du départ, ou de tout autre, auquel on veut rapporter la marche du navire.

La longitude céleste se compte vers l'est, par heure ; ou de 0, à 360°, du signe ♈ qui marque, sur l'écliptique, l'équinoxe de printemps. La position d'un astre est indiquée par l'arc de cercle compris entre ce point et le lieu que cet astre occupe au moment donné. Cet arc étant de 58′ 58″ 642 pour chaque jour sidéral, il suffit de multiplier cette quantité par le nombre de jours écoulés depuis l'instant de l'équinoxe de printemps pour avoir la longitude du soleil à une époque quelconque. En 1856, l'équinoxe a eu lieu le 20 mars à 9ʰ 59ᵐ du matin.

Le mouvement apparent des étoiles en sens contraire de la rotation réelle de la terre fait que cette supputation paraît avoir lieu dans la direction opposée, c'est-à-dire de l'est à l'ouest.

Les ascensions droites se comptent de même, mais sur l'équateur ; elles servent ainsi à déterminer la position des astres.

Cette longitude augmente d'environ 50″ par année pour les étoiles, par l'effet de la précession, et même de 61″8, par l'action de Vénus et celle de Jupiter, déplaçant l'écliptique ou l'apogée solaire de 11″8, chaque année.

La longitude du soleil croît proportionnellement aux temps, c'est-à-dire que les jours solaires ont des durées inégales, sauf lorsque cette longitude est égale à l'ascension droite, ce qui a lieu quatre fois dans l'année, à 90°, 180°, 270° et 360° de longitude. Pendant ces intervalles, les jours croissent ou diminuent avec la longitude.

La longitude vraie, plus l'équation du centre égale la longitude moyenne ; donc : si à l'équation du centre donnée par les tables on ajoute la longitude moyenne ci-dessus indiquée, on obtient la longitude vraie, ou la place du soleil à un moment quelconque.

L'observation des longitudes maxima et minima, à l'apogée et au périgée, donne la plus grande équation du centre, qui est de 1° 55′ 20″, d'où l'on a déduit l'excentricité de l'orbite de la terre, équivalant à 0,01677506.

La longitude du nœud d'une comète, par exemple, se calcule par le point d'intersection de son orbite avec le plan dans lequel la terre se meut, c'est-à-dire avec l'écliptique ; le nœud opposé est situé à 180° du premier.

La longitude du périhélie est la valeur de l'arc compris entre l'extrémité du grand axe de l'ellipse et la ligne des nœuds, ou le point du cercle de l'écliptique auquel correspond le périhélie.

Des ingénieurs russes et autrichiens ont terminé en 1850 la mesure d'un arc de longitude comprenant une étendue de 49° sur le 45e parallèle, depuis les bords du Volga jusqu'à la frontière de France. On attend encore le résultat numérique de cette grande opération géodésique pour déterminer la figure de la terre, dans cette direction moyenne.

LOUP (LE). Petite constellation australe, voisine du Centaure, et dont quelques petites étoiles peuvent seulement s'apercevoir au-dessous et à l'ouest du Scorpion.

LUCIFER. On prenait autrefois Vénus pour deux étoiles différentes : lorsqu'on la voyait le matin précéder le soleil, c'était Lucifer; quand le soir elle paraissait suivre le soleil couchant, on la nommait Vesper ou *étoile du Berger*.

Les Égyptiens connaissaient l'identité de cette planète, et leurs prêtres l'avaient appris aux philosophes de la Grèce.

LUCULES. Rides lumineuses généralement rondes et se croisant dans tous les sens sur l'enveloppe du soleil; elles lui donnent, dans les lunettes, l'aspect d'un nuage pommelé, ou des irrégularités d'une orange.

Ces phénomènes paraissent produits par les cavités ou les ondulations de son atmosphère gazeuse agitée par des courants qui la soulèvent, et l'écartent quelquefois assez pour faire apparaître le corps plus obscur de cet astre.

Une surface gazeuse est plus lumineuse sous une direction oblique que sous l'incidence perpendiculaire; donc, si la surface du soleil a des ondulations, chaque partie plus enfoncée étant aperçue obliquement sera de fait *une luculle*, sans qu'il soit nécessaire de supposer dans la photosphère extérieure, des foyers et des places d'une incandescence différente.

LUMIÈRE. Après Descartes et Huygens, les savants modernes tels que Fresnel, Arago et Brewster ont démontré que la lumière est produite par les vibrations de l'éther sur la surface du soleil en mouvement.

On croyait autrefois, et bien des gens croient encore que la transmission de la lumière est *instantanée*; des expériences faites par Galilée l'avaient même entretenu dans cette erreur.

Bacon, dans son *Organum*, ne la partageait pas lorsqu'il disait : *Ces étoiles que nous voyons briller n'existent déjà plus peut-être !*

Ce fut Roemer qui prouva en 1675, par la différence de durée entre les occultations des satellites de Jupiter, que les rayons lumineux employaient 16^m 26^s de plus à nous parvenir lorsque cette planète était en opposition que quand elle se trouvait en conjonction, c'est-à-dire plus rapprochée de la terre de toute l'étendue de notre orbite, qui est de 30 millions 6/10 de myriamètres (77 millions et demi de lieues).

Comme la moitié de cette orbite est notre distance au soleil, il s'ensuit que la lumière de cet astre mettrait 8^m 13^s. selon Roemer, à franchir 38 millions de lieues, ou 77,860 lieues par seconde.

M. Otto Struve, au moyen de nombreuses observations faites à Pulkowa sous sa direction, a déterminé à 8^m 17^s 8 la mesure de cette vitesse que d'autres astronomes modernes ont trouvé un peu plus grande.

Elle serait ainsi plus considérable que celle de l'électricité, qui, suivant les uns, pourrait faire quatre fois le tour de la terre en une seconde, et que Whealstone a même trouvé beaucoup plus rapide.

Arago a proposé d'obtenir la vitesse de la lumière par l'observation des étoiles rapidement changeantes, telles qu'Algol de Persée.

Enfin M. Fizeau, au moyen d'un appareil fort ingénieux, a mesuré matériellement la vitesse rayonnante d'une étoile artificielle renvoyée par un miroir placé à 8,633 mètres, sur un disque tournant avec une rapidité prodigieuse. Un compteur, marquant les intermittences du passage et de l'arrêt de la lumière dans les nombreuses dentelures de ce disque, a donné 17,266 mètres dans la dix-huit millième partie d'une seconde, ou 78,706 lieues de 4,000 mètres par seconde. Cette vitesse est moins grande dans l'eau, et l'on a même observé des différences lorsque cet élément est en repos ou en mouvement; la lumière passe aussi plus vite en suivant un courant qu'en le remontant.

Si donc la terre était immobile, le soleil serait à l'horizon depuis 8^m 13 à 14^s, quand ses rayons viendraient frapper nos yeux; il serait réellement sous l'horizon, que nous verrions encore son image pendant la même durée.

Mais la rotation diurne nous fait arriver *dans l'espace*, aux points où notre rayon visuel rencontre les rayons que cet astre émet incessamment : de sorte que nous le voyons aussitôt, non par la lumière émise à ce moment, mais par les rayons partis 8^m 13^s plus tôt. *Voyez* ABERRATION et NUTATION.

On explique la lumière diffuse, c'est-à-dire celle qui est répandue dans notre atmosphère, par la forme sphéroïdale des molécules de l'air, dont chacune reproduit et réfléchit l'image du soleil. Suivant Newton : ces molécules ayant précisément l'épaisseur convenable aux rayons bleus, l'air pur frappé des rayons du soleil, doit nous paraître de cette couleur, et quelquefois verdâtre la nuit, par la réflexion des rayons jaunes transmis par la lune.

La lumière se réfléchit sur les surfaces lisses avec la même obliquité dont elles en sont frappées ; ou, en d'autres termes, l'angle de réfraction est, dans ce cas, égal à l'angle d'incidence.

Dans les corps diaphanes gazeux ou aqueux, l'angle de réfraction dépend de la nature des milieux où la lumière vient tomber ; dans l'eau, la réfraction n'a lieu que pour les trois quarts de la valeur angulaire de l'incidence.

Un prisme de cristal décompose les rayons lumineux, qui, reçus sur un papier, s'y peignent, comme dans l'arc-en-ciel, suivant leur réfrangibilité respective ; c'est la vitesse et l'étendue de leurs parties qui déterminent les couleurs.

Soumise au polariscope, la lumière directe ne donne que des rayons blancs, tandis qu'un rayon réfléchi se bifurque, en présentant une image blanche et une colorée.

Les expériences d'Arago établissent que la lumière du soleil est de la même nature que le gaz de notre éclairage ; mais est-ce un gaz produit par l'électricité de cet immense appareil circulant comme tous les autres soleils dans l'espace ? est-ce un gaz produit par dégagement, à travers les atmosphères qui enveloppent la masse plus obscure que nous pouvons apercevoir dans les écartements de ces atmosphères ?

Les substances liquides dissemblables et en incandescence donnent des bandes obscures, différentes en nombre et en position ; le gaz d'éclairage offrant toujours les mêmes bandes que la lumière du soleil, on peut donc en conclure que ces deux substances sont d'une nature identique.

Des épreuves photographiques, obtenues instantanément pendant la dernière éclipse de soleil, paraissent établir que la lumière des bords a sensiblement moins d'action que celle du centre.

Le mode de propagation de la lumière a été le sujet de conjectures différentes : le système des ondulations a trouvé Huygens pour défenseur ; Newton croyait à la transmission directe ; les physiciens modernes ont reconnu l'impossibilité de ce dernier mode et adopté le premier.

Les expériences de Fresnel et quelques autres plus récentes démontrent en effet que la lumière n'est pas une substance émise, mais une suite de vibrations occasionnées par le mouvement du soleil à travers l'éther, et qui se propagent perpendiculairement dans les couches de notre atmosphère. *Voyez* ÉMISSION et ONDULATION.

Quelle que soit la source de la lumière, elle possède toujours les mêmes propriétés de réfraction ; mais les images colorées du spectre solaire, provenant d'origines différentes, offrent des positions diverses dans les bandes obscures découvertes par Wolaston, et déterminées par Fraunhoffer au nombre de 600. Brewster, en observant les gaz de l'acide nitrique, a reconnu plus de 2,000 de ces intervalles obscurs.

La lumière réfléchie de la lune, de Vénus, de Mars et des nuages atmosphériques, offre tous les caractères du spectre solaire ; mais celui donné par Sirius présente des bandes obscures qui diffèrent de celles données par Castor, lesquelles ne sont pas non plus semblables aux bandes produites par Pollux, la Chèvre, Procyon, etc. Tous ces corps lumineux ne sont donc pas de la même nature.

La lumière des corps solides en combustion, comparée à celle de l'étincelle électrique, présente aussi de grandes différences dans le nombre et la disposition des bandes obscures.

La position des *franges colorées*, produites par interférence des rayons lumineux, donne lieu maintenant à de nombreuses observations dont l'astronomie ne manquera pas de profiter.

Arago a trouvé dans les phénomènes complémentaires des anneaux colorés vus par transmission et réflexion, les moyens de mesurer directement l'*intensité* de la lumière. Ces anneaux, formés au point de contact de deux lentilles placées au foyer d'une lunette, se neutralisent quand les deux lumières qui les produisent sont d'une même intensité ; dans le cas contraire, les anneaux *réfléchis* sont d'une couleur complémentaire à celle des anneaux *transmis*. Si l'une des deux lumières est plus forte, on aperçoit alors des traces d'anneaux réfléchis : c'est sur de telles circonstances que notre illustre physicien a établi le *cyanomètre* qui peut les constater et les apprécier.

La théorie nouvelle sur les émissions lumineuses implique la conséquence d'une semblable production par tous les corps en mouvement dans l'espace. Ainsi les planètes, leurs satellites, et les comètes elles-mêmes, brilleraient d'une lumière propre, en outre de celle plus considérable qu'elles reçoivent du soleil. Ce phénomène avait été déjà soupçonné pour ces derniers corps, et surtout pour Vénus, ainsi que pour la lune, dont l'éclat est plus grand qu'il ne devrait être par la seule réflexion des rayons solaires.

La *lumière zodiacale* est un autre mystère de l'astronomie physique que J. D. Cassini observa le 18 mars 1683 et que les anciens désignaient sous le nom de *trabes* (solive). Cette espèce de fuseau lenticulaire ou d'*anneau lumineux*, dont la tranche correspond à peu près à l'écliptique, est visible dans nos climats le matin. en septembre, octobre et novembre, avant le soleil; en mars, avril et mai, on ne peut le distinguer que le soir, après que le soleil a disparu.

Sa base à l'horizon s'étend de 20 à 30 degrés de largeur; elle s'élève jusqu'à 50° de hauteur, en prenant une direction presque parallèle à celle de l'écliptique.

De Mairan, qui a soigneusement observé ce phénomène, en donne une description qui s'accorde avec celles de M. de Humboldt; selon ce savant géomètre, elle dépendrait de l'atmosphère du soleil, plus élevé autour de son équateur par l'effet de sa rotation, ce qui lui donnerait une forme allongée rendue visible seulement lorsque les lieux d'observation ne sont pas plongés dans cette atmosphère.

Lichrow et autres astronomes modernes combattent cette opinion, en se fondant sur les lois de la mécanique céleste et sur l'action des forces centrifuges qui ne permettraient pas à une telle photosphère de s'étendre au delà des neuf vingtièmes de la distance de cet astre à la planète de Mercure.

La visibilité de cette lumière, qui dépasse souvent l'orbite de Vénus et même celle de la terre, paraît donc dépendre de la brièveté du crépuscule et de l'inclinaison de la partie de l'écliptique sur laquelle elle se projette. Elle serait composée, selon nous, d'un fluide subtil et vaporeux dont l'origine est dans les formations planétaires. Jⁿ Herschell croit qu'il est chargé des particules diaphanes de la queue des comètes, attirées par le soleil lors de leur périhélie;

les parties les plus denses de ce milieu résistant courberaient alors les vapeurs plus légères de ces traînées, dont l'étendue varie de 30 à 90° en longueur, et qui sont bien plus distinctes dans les régions tropicales que sous nos latitudes.

Selon M. de Humboldt (3e vol. du *Cosmos*), la lumière zodiacale s'accroît d'intensité à mesure qu'on se rapproche des régions équatoriales. A 3 ou 4,000 mètres au-dessus de la mer, son éclat, dans l'Amérique du Sud, est plus grand que celui des plus brillants espaces de la voie lactée.

Cette lumière, dont l'intensité varie par l'effet de causes intérieures, est perpétuelle sous les tropiques, où l'équateur du soleil et l'écliptique forment des angles très-grands, et où l'aurore et le crépuscule sont toujours très-courts. Dans nos climats elle est trop abaissée, même lorsqu'elle se trouve perpendiculaire à l'horizon.

Waterson, considérant cette poussière zodiacale comme formée d'une multitude de météores, pense qu'ils entretiennent la chaleur solaire en tombant successivement sur cet astre. Ses calculs, présentés à l'association britannique, tendent à démontrer qu'au taux actuel de l'émission déterminée par M. Pouillet, cette matière météorique accumulée à sa surface n'augmenterait pas ses dimensions apparentes de plus d'une seconde de degré en 40,000 années, et serait par conséquent insensible depuis le temps des premières observations.

La *lumière de la lune*, comparée à celle de l'étoile α du Centaure, a été reconnue 27,400 fois plus forte; l'éclat du soleil est 300,000 fois plus grand que celui de notre satellite, qui ne nous paraît si brillant que par l'obscurité qui l'environne; donc la lumière du soleil est à celle de α du Centaure comme 42 mille millions sont à un. D'après la parallaxe de Sirius, cette belle étoile serait 63 fois plus grande, si elle était ramenée à la distance où se trouve de nous le soleil qui régit notre système.

La lumière cendrée, qui nous montre la partie du disque lunaire non éclairée par le soleil, est réfléchie par notre planète; cette double réflexion est pour la lune un *clair de terre* quatorze fois plus éclatant que ne peut être pour nous le clair de lune, dont la lumière réfléchie n'a presque aucune chaleur lorsqu'elle a traversé les couches de notre atmosphère.

La teinte quelquefois verdâtre de cette réflexion paraît occasionnée par nos océans, alors tournés vers notre satellite.

LUNAISON. L'intervalle entre deux nouvelles ou entre deux pleines lunes se nomme révolution synodique ou lunaison, dont la durée, 29^j, 530588 ou *ringt-neuf jours douze heures quarante-quatr minutes deux secondes*, est indiquée par la position de la lune entre le soleil et la terre, ou celle de la lune entre la terre et le soleil.

Les anciens avaient calculé la période entre deux pleines lunes, au moyen de deux éclipses séparées par plusieurs milliers de révolutions *synodiques* et en divisant par leur nombre le temps écoulé dans l'intervalle compris entre la première et la dernière de ces éclipses.

On trouve ainsi que 19 révolutions synodiques comprennent 223 lunaisons ou 18 ans et 11 jours environ.

Le cycle de Méton était de 235 mois lunaires ou de 19 années tropiques, période pendant laquelle devaient se reproduire, dans le même ordre, toutes les éclipses de lune et de soleil ayant eu lieu dans la précédente ; mais après trois cent douze ans, cette période avait déjà un jour de trop.

Le mois lunaire, c'est-à-dire la *révolution sidérale* de la lune ou le temps qu'elle emploie à tourner autour de la terre, n'est que de 27^j 1/3 à peu près.

L'année tropique se compose de 12 lunaisons et 11 jours environ.

Chaque jour la lune retarde de 52^m 42^s sur les étoiles et de 48^m 48^s sur le soleil ; c'est la cause du retard journalier de la marée dans tous les ports.

Les mahométans comptent encore leurs mois par lunaisons de 29 et 30 jours, en ajoutant, pour ramener la néoménie au premier jour de chaque mois, un jour au dernier mois de onze années qui sont désignées, dans une période de trente ans.

LUNE. Corps opaque éclairé directement par le soleil, et parfois indirectement par la réflexion de la terre, dont elle est éloignée d'environ 38,400 myriamètres (96,000 lieues). Son volume n'est que le 50e ; sa densité, un peu plus des 3/5, et sa masse, le 88e de notre planète. L'inclinaison de l'axe sur l'orbite est de 6° 30', et celle de cette orbite sur l'écliptique est de 5° 8' 48".

Son diamètre réel est de 320 myriamètres (800 lieues) ou, comparativement au diamètre de la terre, comme 3 est à 11 ; sa surface est ainsi 14 fois moins étendue. Sa révolution synodique, ou son retour au même point du ciel relativement au soleil, est de 346 jours 61,963.

Jⁿ Herschell, qui a plusieurs fois comparé l'éclat de la lune paraissant à la crête de la Table, avec les rochers de cette montagne éclairés par le soleil (alors à peu près à la même hauteur que la lune), rapporte que l'astre se distinguait à peine de ces rochers.

Dans toutes ses évolutions, le satellite de la terre lui présente la même partie de sa surface. Ce phénomène, commun à tous les satellites, est un des effets de la pesanteur universelle, et la preuve de la malléabilité primitive de tous ces corps, dont les masses se sont allongées vers les planètes qui les attiraient, après qu'elles en furent détachées.

Un spectateur placé au loin dans l'espace apercevrait la lune sous la forme d'*un immense pendule* se balançant vers la terre, dont l'attraction force la partie allongée du satellite à retomber sans cesse, et fait accorder ainsi son pivotement insensible avec le mouvement de translation autour de notre planète.

Suivant les lois de la pesanteur universelle, la même force qui soulèverait un poids à la surface de celle-ci en soulèverait un six fois plus grand sur notre satellite.

Le mouvement de la lune autour de la terre est beaucoup plus compliqué qu'il ne paraît l'être, mais on peut figurer ce mouvement par deux boules inégales, fixées aux extrémités d'une tige retenue au centre de gravité des boules, par une longue corde mise en mouvement autour d'un point fixe. Cet appareil tournerait comme un seul corps, tandis que les deux boules feraient des circonvolutions l'une autour de l'autre, en s'avançant dans la direction du mouvement ; ce serait alors, non les boules, mais *leur centre de gravité* qui circulerait autour du point fixe, comme réellement la terre entraînant la lune circule autour du soleil supposé en repos dans l'espace.

L'orbite réel de la lune a, dans toutes les positions, *sa concavité* tournée vers le soleil. Ainsi, 1° notre planète, dans sa translation annuelle autour du soleil, entraîne son satellite, qui, tout en suivant ce mouvement décrit autour d'elle, en 29^j 1/2 environ, des ellipses très-allongées, espèces d'épicycloïdes dont la terre est le centre mobile ; l'arc ainsi décrit en 24 heures est de 13° 10′ 35″, ou environ 15 lieues par minute.

La lune, qui marche 13 fois plus vite que le soleil ne paraît se mouvoir d'orient en occident, décrit néanmoins vers l'est un arc diurne de 12° 1′ 26″ 70, équivalent, en temps, à 48^m 46^s (distraction faite de 0^h 59′ 139^s, valeur de l'arc que le soleil et les étoiles paraissent faire en rétrogradant dans le même sens).

2° La vitesse de la lune et l'excentricité de son ellipse (environ 1/16) sont continuellement modifiées dans les conjonctions et les oppositions par l'attraction de la terre, vers laquelle cette force la fait tomber d'environ un millimètre par seconde.

Son diamètre apparent varie de 29′ 363 à 33′ 516, tandis que le soleil ne varie que de 31′ 516 à 32′ 595 ; il est donc tantôt plus grand, tantôt plus petit que celui du soleil, ce qui prouve la grande excentricité de l'orbite lunaire.

3° Lorsque la terre ralentit son mouvement en s'éloignant du soleil, ou qu'elle augmente sa vitesse vers son périhélie, le mouvement de son satellite en est encore affecté proportionnellement.

4° D'autres causes produisent de nombreuses variations dans l'axe de rotation de la lune, dans l'inclinaison de son orbite et dans la rétrogradation de ses nœuds, c'est-à-dire des points où elle coupe l'écliptique.

Ces perturbations, calculées par les astronomes, sont indiquées dans des tables qui donnent avec certitude le lieu où, chaque jour, notre satellite se trouve dans son orbite.

Ainsi que nous l'avons précédemment exposé, la lune tourne sur elle-même comme sur un pivot, précisément dans le même temps qu'elle tourne autour de la terre ; néanmoins, par l'effet de la libration en latitude et en longitude, 576 parties de sa surface deviennent successivement visibles de différents points de la terre, et 424 seulement lui seront toujours inconnues.

On peut admettre avec probabilité que les régions de l'hémisphère opposé sont constituées comme celles que nous pouvons apercevoir si distinctement. Au delà du pôle nord, en effet, sont des vallées circulaires séparées par des montagnes moyennes semblables à celles qu'on aperçoit en deçà ; vers le nord-ouest, la mer de Humboldt avec ses hautes montagnes s'étend jusqu'au delà de la région visible. Le pôle sud offre à l'observation des hauteurs et des profondeurs appartenant à l'hémisphère qui nous est opposé. Les mêmes irrégularités doivent donc exister sur toute la surface.

Aujourd'hui qu'on peut observer notre satellite avec des grossissements qui font voir sa surface comme si elle était seulement à quelques lieues, ou comme, du mont Blanc, on peut voir les lacs et les vallées de la Suisse, on connaît les plus petits détails de sa topographie ; on a les cartes de toutes ses vallées, la mesure et la forme de toutes ses montagnes, dont quelques-unes, de 6,000 à 7,500 mètres, sont ainsi moitié plus hautes que le mont Blanc. Un grand nombre présentent d'immenses cratères, semblables à ceux de nos volcans éteints. Mais ils sont considérés plutôt comme des cirques montagneux, tels qu'il s'en trouve quelques-uns sur la terre. Deux de ces cratères sont figurés aux angles de la planche IV, qui représente, d'après Nurnberger, une image de la lune dans son plein, et telle qu'on peut l'observer avec une forte lunette.

M. Nasmyth a fait présenter à l'association britannique des dessins de notre satellite ayant six pieds de diamètre, et même certaines de ses particularités, sur une échelle encore plus grande.

Au moyen du télescope de lord Ross, on espère obtenir des images photographiques ayant un pied de diamètre, et que la loupe pourra amplifier jusqu'à huit fois.

On aurait alors une carte lunaire dans la proportion d'une demi ligne par mille, c'est-à-dire montrant les accidents de sa surface comme si nous n'en étions éloignés que de 9 à 10 lieues.

Tout y paraît à l'état de solidité et de sécheresse ; on n'a même pas revu les traces d'ignition qu'Herschell croyait avoir aperçues, mais on peut y observer de larges espaces unis qui ont les apparences et les caractères des terrains d'alluvion.

Les expériences les plus délicates ont démontré l'absence de toute atmosphère, que Laplace croyait avoir été attirée par la terre. Il n'existe donc sur la lune, ni végétaux ni animaux auxquels l'air atmosphérique serait nécessaire.

Melloni, avec une lentille d'un mètre à échelons, a trouvé dans les différentes phases, un certain changement de température, contrairement aux opinions établies jusqu'alors.

Lorsque la lune est nouvelle, elle passe au méridien vers midi ; à son premier quartier, le passage a lieu à 6^h du soir ; dans la pleine lune, il se fait vers minuit, et à 6^h heures du matin lors du dernier quartier.

Ces passages ont lieu presque simultanément pour toute la France ; mais il n'en est pas de même pour les levers et les couchers de cet astre, qui suivent les latitudes, avec des différences dépendant de l'arc diurne qu'il décrit, ou plutôt du temps qui s'écoule entre le lever ou le passage au méridien.

Quelle que soit sa position relativement à la terre, notre satellite a toujours la moitié de sa surface éclairée par le soleil ; la durée des jours et des nuits est donc, pour ses régions équatoriales d'environ 15 fois 24 heures.

Vers ses pôles, les jours et les nuits sont d'inégale durée, mais avec moins d'étendue que sur la terre parce que l'axe de notre satellite est peu incliné sur l'écliptique.

Une aussi longue absence des rayons du soleil et le manque d'atmosphère doivent y produire alternativement un froid excessif et une chaleur tout aussi insupportable.

S'il pouvait y exister des habitants , ils verraient la terre treize fois plus grande que nous ne voyons la lune, et leur *clair de terre* y serait *treize fois* plus intense que pour nous la pleine lune ; alors ils ne pourraient apercevoir les étoiles qu'en se transportant dans l'hémisphère qui nous est opposé.

Vers les nouvelles lunes, la lumière *cendrée* qu'on peut observer sur le disque provient de ce phénomène de réflection.

Parvenue près du zénith , la lune se trouve réellement plus rapprochée d'un observateur d'environ 1,500 lieues que lorsqu'elle était à l'horizon, puisque l'épaisseur de la terre était alors *de plus* entre lui et cet astre, qui lui paraît cependant plus grand à cette dernière position. Cet effet tient, d'abord, aux vapeurs qui remplissent les couches basses de l'atmosphère, et dont les réfractions augmentent considérablement parfois le diamètre des astres vus à travers ; ensuite , aux objets intermédiaires que nos yeux prennent involontairement comme points de comparaison, sur la courbe aplatie que les rayons réfléchis par la lune ont à traverser pour nous parvenir.

C'est à tort qu'on appelle quelquefois les lunes par le nom du mois dans lequel a lieu l'instant de la néoménie ; car alors il peut y avoir confusion ou inconséquence.

Ainsi, par exemple : pour 1851 , on aurait appelé *lune de janvier* celle qui s'est presque entièrement passée en *décembre* 1850 , et qui a fini le 2 janvier 1851 ; la lune commencée ce jour-là, ayant duré jusqu'au 1er février à 6h 11m du matin, aurait été la *lune de février*. Il en eût été de même pour les lunes de mars, avril et mai, qui n'auraient eu qu'un ou deux jours dans leurs mois.

Si, au contraire , le mois de la néoménie devait les dénommer, il y aurait eu deux lunes de juillet en 1856 ; l'une commencée le 2 à 9h 39m du matin , et la deuxième le 31 juillet à 9h 17m du soir.

En raison des longitudes, et par conséquent des heures différentes, il pourrait encore arriver que *la même lune* fût celle de *janvier* à Strasbourg et de *février* à Brest, ou *le contraire*, en désignant les lunes par le nom du mois dans lequel ces lunes commencent ou finissent.

La nouvelle lune *ecclésiastique* suit de deux jours la nouvelle lune astronomique qui est invisible, tandis que la première commence à l'apparition du mince croissant lumineux qui se montre le soir du deuxième jour après la conjonction. Les mahométans sont attentifs à ce phénomène, et l'annoncent du haut de leurs mosquées comme le commencement d'un nouveau mois. *Voyez* PHASES, MARÉES, INFLUENCE, RÉFRACTION et LUNAISON.

LUNE ROUSSE. En avril et mai, mois dans lesquels se passe la lune ainsi désignée, des pluies fréquentes alternent toujours dans nos climats avec des temps clairs, sous une température moyenne de 4 à 5 degrés; il en résulte souvent des gelées qu'on attribue à l'influence de notre satellite, qui en est fort innocent.

Les plantes laissent échapper la nuit, dans l'air raréfié d'un ciel serein, le calorique que la terre et la température ambiante leur avaient communiqué pendant le jour; ce phénomène, qui a lieu en toute saison, mais d'une manière plus brusque et plus sensible au printemps, ne se produit plus si l'on couvre les plantes, soit dans la *lune rousse*, soit dans les autres lunaisons.

Lorsque le temps est chargé de nuages, ils servent d'écran entre les plantes et les couches supérieures de l'atmosphère, qui sont toujours les plus froides; le rayonnement se fait alors peu à peu et sans dangers.

La prolongation des pluies ne tient pas davantage à cette lune *rousse*, maudite si mal à propos.

On reviendrait d'un tel préjugé si l'on se rappelait que cet astre nous présente toujours la *même face*, plus ou moins éclairée par le soleil dont les rayons réfléchis ne donnent dans les phases différentes, qu'une chaleur à peine sensible aux appareils modernes les plus délicats. Cette *lune* éclairant d'ailleurs pendant sa durée et *pendant la même nuit* d'autres pays qui ont l'été, l'hiver ou l'automne quand nous avons le printemps, ne change pas de nature en passant sur ces différentes régions, où devrait s'exercer, comme sur la nôtre, la mauvaise influence qu'on veut trop souvent supposer à notre satellite. *Voyez* INFLUENCE.

LUNETTE. On a prétendu que les anciens connaissaient des instruments propres à rapprocher et à grossir les objets éloignés. Dutense mentionne cette opinion de Théocrite et d'Aristote. L'abbaye de Scheyern en Bavière possède un manuscrit du 13ᵉ siècle, intitulé *histoire scolastique du P. Comestor*, où l'on re-

marque un dessin représentant Ptolémée regardant les cieux avec
une lunette ; l'appareil qu'il tient à la main paraissant formé de
quatre tubes distincts, il paraît certain qu'on les employait dès lors,
pour aider la vue, mais sans doute *non munies de verres.*

Les écrits de Roger Bacon, moine anglais du 13ᵉ siècle, contiennent plusieurs passages desquels Molineux conclut que l'on connaissait alors ces instruments d'optique ; le même auteur, dont l'u-
niversité d'Oxford a conservé les ouvrages, rapporte que Jules-César a observé, de la Gaule, à travers un tube, les côtes d'Angleterre.

En 1589 (19 ans avant la découverte faite à Nuremberg), Porta,
l'inventeur de la chambre obscure, écrivait qu'avec un verre concave on voit très-bien des objets éloignés, et les objets rapprochés
avec un verre convexe ; qu'en réunissant habilement ces deux espèces de lentilles, on verrait alors distinctement les objets proches ou
éloignés.

Puisque l'on connaissait déjà, tout au moins, l'usage des tubes
creux, comment, sur de telles indications, la science n'est-elle pas
arrivée à faire des lunettes avant le hasard ?

Quoi qu'il en soit, J. Métius, Lippershey et Jensen en Hollande,
ainsi que Fontana à Naples, ont certainement cherché, et trouvé
peut-être avant Galilée, la combinaison de tels instruments.

Ce fut par hasard en 1608, sept ans après la mort de Tycho-Brahé,
que la position accidentelle de deux verres fit reconnaître à des enfants le grossissement des objets vus à travers et à distance.

Galilée, qui apprit cette circonstance, se hâta d'en profiter, et
réussit bientôt à construire une lunette d'environ 50 centimètres
de longueur, grossissant 5 à 7 fois, et avec laquelle il aperçut les
satellites de Jupiter. Plus tard il obtint des grossissements de 32
fois, qui lui montrèrent les phases de Vénus et les taches du
soleil.

Huygens, avec une lunette de 8 mètres amplifiant 150 fois, découvrit le premier satellite de Saturne, et put distinguer la forme de
son anneau.

On voulut pousser de plus en plus la convexité des lentilles, afin
d'augmenter la puissance visuelle ; mais alors les images se montraient tellement irisées et déformées, que, pour éviter cet inconvénient, on tomba dans un autre, en établissant des lunettes de
80 à 100 mètres, trop difficiles à manœuvrer.

Newton, croyant l'obstacle insurmontable, se rejeta sur le système
des *réflecteurs* ou télescopes, qui, avec des dimensions moyennes

ont une grande puissance de pénétration, malgré la perte de lumière qui a lieu dans la réflexion des images.

La découverte de l'achromatisme par Dollond, fils d'un réfugié français, fit une nouvelle révolution, et l'on obtint alors des *réfracteurs* ou des lunettes d'une force extraordinaire, surtout après le perfectionnement du flint et du crown-glass, dont l'emploi dans les lunettes achromatiques (*ou sans couleur*) consiste à unir à une lentille biconvexe de crown-glass une autre plano-concave de flintglass, ayant le même axe.

L'avantage des *lunettes* sur les *télescopes* consiste en ce que, dans les premiers instruments, l'observateur vise directement aux objets, l'œil placé à l'oculaire, sur lequel vient se grossir l'image reçue par l'objectif.

Dans les télescopes, les objets se réfléchissent sur un miroir de métal placé au fond d'un tube d'où ils sont rejetés sur un petit miroir plan, placé soit en face, soit de côté, et dans lequel l'observateur peut les examiner à la loupe; mais cette double réflexion diminue beaucoup la clarté et la netteté des images.

La lunette *méridienne ou des passages* sert principalement à déterminer le moment précis où les astres passent au méridien de l'observateur.

A cet effet l'instrument, porté sur un axe horizontal, s'appuie à l'est et à l'ouest sur des montants en pierre, de sorte qu'il puisse s'élever jusqu'à la direction verticale et se diriger aussi à droite et à gauche de la ligne méridienne. Celui de Greenwich ne peut se mouvoir que dans le plan de cette ligne.

Le foyer de l'oculaire est muni d'un réseau de fils très-fins, dont deux se croisent à angles droits au centre de ce foyer; de chaque côté de celui qui est perpendiculaire, sont deux autres fils également espacés; la croix du milieu peut toujours être amenée par le mouvement d'une vis dans *la ligne de collimation*, c'est-à-dire de manière que la ligne de vision passe par les centres de l'objectif et de l'oculaire. Ainsi l'image renversée d'un objet, quelle que soit sa distance, est aperçue comme un objet réel à travers l'oculaire, qui alors le grossit comme un microscope le ferait, pour un point matériel placé à la proximité convenable.

Une mire établie à une distance d'au moins 10,000 fois la longueur focale de l'instrument, et fixée d'une manière permanente dans le plan du méridien, permet de rectifier au besoin la ligne de collimation.

En notant à la pendule sidérale l'instant des passages aux fils verticaux équidistants, comme au fil intermédiaire, on obtient une moyenne qui donne exactement l'heure du passage de l'astre au méridien.

La lunette *parallactique* (*voyez* ce mot) est surtout destinée à tenir longtemps en vue l'objet observé, au moyen de rouages et de contre-poids faisant tourner l'instrument avec la précision du mouvement diurne, en sorte que l'observation se continue, comme si la terre était immobile.

La lunette *azimuthale* est fixée sur un axe vertical perpendiculairement à un cercle gradué dont le plan correspond à l'horizon céleste, et parallellement à un autre cercle vertical indiquant les *hauteurs* ou les distances au zénith des astres observés; le premier sert à mesurer les azimuts ou les différences d'azimuts, depuis 0 jusqu'à 90°.

L'effet des lunettes est de dilater les molécules de l'air en augmentant l'intervalle qui les sépare; les astres se détachent ainsi sur un fond plus obscur, tandis que les planètes apparaissent plus pâles par l'effet de cette dilatation atmosphérique.

Une lunette est d'autant plus parfaite qu'à égalité de diamètre dans les objectifs et de la force des lentilles, les mêmes étoiles y paraissent plus petites que dans les autres instruments qui lui sont comparés.

Les plus fortes lunettes aujourd'hui en usage n'ont pas plus de 38 centimètres d'ouverture (14 pouces), mais on en dispose avec des lentilles de 50 et même de 68 centimètres (2 pieds 1 pouce).

. M. Craig, ministre de Leannington, a fait construire, en 1852, une lunette achromatique, portée par une tour de 20 mètres de hauteur et tournant autour d'elle sur un rail-way circulaire. Cette énorme lunette, comme le télescope de lord Rosse, décompose en étoiles presque toutes les nébuleuses, et laisse voir des intervalles *occupés par d'autres étoiles* entre les astres doubles de la grande Ourse! (Son objectif a 60 centimètres de diamètre, et la distance focale dépasse 23 mètres; il permet de lire à 800 mètres des caractères de 7 millimètres de hauteur).

L'adaptation des lunettes à tous les instruments de mesure et d'observations a rendu de grands services à l'astronomie, à la géodésie et à l'art nautique; leur usage est une source continuelle de curieuses recherches et de connaissances qui élèvent l'esprit, en agrandissant le spectacle de l'univers.

La lunette *terrestre* se compose, outre l'objectif, de trois verres convexes, disposés de manière à redresser les images qui sont d'abord renversées, comme dans les télescopes.

LUSTRE. Mesure du temps, qui fut d'abord de quatre années, comme les olympiades, mais dont la durée fut fixée plus tard à cinq ans par les Romains.

LUTETIA. Petite planète trouvée à Paris, le 15 novembre 1852, par M. H. Goldsmith, et la 21e dans l'ordre des découvertes de ces astéroïdes circulant entre Mars et Jupiter; sa révolution sidérale est de 1387ʲ 14 dans une orbite inclinée de 3° 5′ 22″ dont le demi-grand axe, 2,4341 (celui de la terre étant pris pour unité) porte à 92 millions et demi de lieues sa distance au soleil. L'arc moyen parcouru journellement par cette nouvelle planète est d'environ 840″, et l'excentricité de l'orbite, de 0,162435.

LYNX (LE). Constellation peu remarquable de très-petites étoiles disposées en ligne sinueuse, entre le Cocher, les Gémeaux et les étoiles situées à droite des gardes de la grande Ourse.

Vers le petit Lion se trouvent deux quartaires nᵒˢ 38 et 40, qui sont doubles. Le nᵒ 12, vers Pollux, est un système triple.

LYRE (LA). La principale étoile de cette constellation boréale est Véga, qui est double et opposée à la Chèvre de l'autre côté du pôle, mais à une distance un peu plus grande. Elle marque le sommet de l'angle presque droit que feraient deux lignes tirées, l'une vers l'étoile polaire et l'autre vers Arcturus du Bouvier. Deux tertiaires γ et β dont la dernière est changeante, ainsi qu'une quartaire η formant un petit triangle un peu à gauche et au-dessous de Véga, font encore reconnaître cette belle étoile, placée à environ 52° du pôle.

Un peu au-dessus, à gauche de Véga, se trouve une étoile ε de cinquième grandeur, mais une bonne lunette en sépare trois autres qui semblent tourner autour de la principale.

Au-dessous l'on peut encore observer une belle nébuleuse planétaire, et plus à gauche, entre β et γ, une petite nébuleuse.

M

MAGNÉTISME. Cet agent de la nature paraît intimement uni à la lumière, à la chaleur, ainsi qu'à l'électricité dans les courants qui mettent en communication tous les corps de l'espace et qui entretiennent la vie et le mouvement, soit à l'intérieur, soit à la surface de notre planète. Ils produisent aussi les agitations au foyer commun de notre univers et exercent leur action (contrairement aux forces de la pesanteur) en refoulant les molécules diaphanes des comètes, à l'opposé de l'attraction solaire.

Le magnétisme terrestre paraît dépendre de la rotation diurne et de la translation annuelle, comme les variations de l'aiguille aimantée.

Des observations récentes prouvent que tous les gaz, même l'oxygène, se comportent comme le fer, en se dirigeant vers le pôle nord, et qu'ils perdent en partie cette propriété magnétique par la raréfaction ou l'élévation de la température.

M. R. Wolff, de Berlin, a découvert que les variations magnétiques ainsi que les irrégularités qu'on peut remarquer dans leur périodicité, dépendent encore des variations pouvant exister dans le retour des taches solaires, évalué à 11 ans environ.

MAGNÉTOMÈTRE. Depuis qu'on s'est livré plus sérieusement aux études du magnétisme terrestre, les physiciens ont imaginé divers instruments pour en mesurer l'intensité et les variations, avec la plus grande exactitude possible.

Le père Secchi, directeur de l'observatoire de Rome, en a fait tout récemment établir un sur l'échelle duquel lon peut lire les oscillations d'un dixième de millimètre, de manière que les observations peuvent y être sûrement constatées à un dixième de minute près. Il consiste principalement en un barreau d'acier muni d'un collimateur pour la détermination de la déclinaison absolue, et d'un miroir pour celle des variations; un théodolite d'Ertel, ainsi qu'un cercle azimutal muni de quatre verniers, permettent de mesurer les angles absolus, et de distinguer sur l'échelle divisée par des lignes horizontales, obliquement coupées par d'autres, les vingtièmes de seconde. Un petit poids suspendu à un fil dans l'axe de rotation de la lunette devient visible dans le champ de l'oculaire, et sert à apprécier les positions du barreau, en le comparant aux divisions de l'échelle réfléchie par le miroir.

Cet instrument fait aisément reconnaître les aurores boréales qui échappent aux observations visuelles.

On construit aussi des magnétomètres portatifs, servant à déterminer la déclinaison absolue des points où l'on veut l'observer.

MANILIUS. Poëte du temps d'Auguste, ayant fait sur l'astronomie un ouvrage dont quelques fragments nous ont été conservés, mais sans grande utilité pour cette science.

MAPPEMONDE. Représentation sur un plan des deux hémisphères de notre globe supposés vus d'une certaine hauteur, telle que celle de la lune, ou, suivant la méthode stéréographique, en admettant que l'œil du spectateur est placé à l'extrémité du diamètre de la sphère, perpendiculairement au plan de la projection. *Voyez* ce mot.

C'est d'après la première méthode que nous apercevons le disque de notre satellite, et qu'on peut en projeter l'image circulaire, dont les parties centrales sont proportionnellement exactes, tandis que, sur les bords, l'obliquité des aspects en fait paraitre les particularités de plus en plus resserrées, au point de présenter enfin de simples lignes courbes.

Dans le second système, généralement adopté, les cercles voisins de l'axe optique sont presque des lignes droites; les angles sont exactement indiqués ; mais les espaces sont, à l'inverse de la première méthode, rétrécies vers le centre et à leurs véritables proportions vers les bords.

Les inconvénients opposés des deux systèmes rendent les cartes particulières plus convenables , parce que la grande division de la surface permet de la représenter avec exactitude.

Pour la belle carte de France divisée en 259 feuilles, à l'échelle de $\frac{1}{80,000}$ exécutée par les ingénieurs géographes et les officiers d'état-major, on emploie des procédés graphiques qui donnent exactement les surfaces sur tous les points, avec une déformation presque insensible des contours, même sur les bords.

MARÉES. Strabon rapporte que Pythéas de Marseille, contemporain d'Aristote, s'étant avancé vers le nord de l'Europe, eut le premier, parmi les astronomes, l'occasion d'observer les phénomènes du flux et du reflux de l'Océan. Les brahmes devaient cependant connaître ceux de l'océan Indien, mais probablement sans pouvoir les expliquer.

Aristote, qui mentionne cette élévation des eaux par la lune, dit seulement que l'effet est plus fort sur une grande mer que sur une petite.

La cause de cette différence est que la distance de la lune à chaque point des petites mers est presque la même, et qu'ainsi le renflement des eaux sur un point, ne pouvant se rapporter à un abaissement correspondant, à 90 degrés d'éloignement vers d'autres points, (comme cela a lieu dans l'Océan), les effets de l'attraction ou de l'impulsion sont presque insensibles. Il en est ainsi pour les mers intérieures, telles que la Baltique, la mer Noire et la Méditerranée, qui d'ailleurs ne communiquent avec l'Océan que par de longs et étroits passages.

Le golfe Persique, ayant une très-large ouverture sur l'océan Indien, éprouve, au contraire, des marées fortes et régulières.

L'Adriatique, où les marées s'élèvent à plus d'un mètre, est une autre exception qui paraît s'expliquer par sa largeur méridionale et la configuration de son canal, offrant un écoulement facile au léger soulèvement qui doit avoir lieu sur les eaux de la Méditerranée, dans sa plus grande surface. Pline attribue la cause des marées au soleil ainsi qu'à la lune.

L'attraction du soleil est 28 millions de fois plus considérable que celle de la lune ; mais, celle-ci étant 400 fois plus près de la terre, la marée solaire, qui est toujours de douze heures, n'est à la marée lunaire que comme 3 est à 5. Ces deux marées s'ajoutent au moment des éclipses, comme dans les néoménies.

Ainsi, à Brest, la plus haute mer étant de 5^m,888, et la plus basse de 2^m,788, ces hauteurs sont à peu près comme deux est à un ; donc l'action de la lune, qui nécessairement produit cette différence, est presque triple de l'action du soleil.

Si, en effet, cet astre attirait *seul* les eaux de la mer, on n'éprouverait chaque jour sur le globe que deux hautes et deux basses marées ; les premières auraient lieu sur l'hémisphère frappé de ses rayons, et les antipodes auraient alors les plus petites ; douze heures après, l'effet contraire se manifesterait sur les mêmes points.

Il en serait de même si la lune agissait *seule* sur l'Océan, en attirant ses flots dans la direction de l'ellipse qu'elle décrit autour de la terre ; mais les deux astres concourant à ces phénomènes d'attraction, ils doivent continuellement varier d'intensité, selon la distance et la position réciproque de la lune, du soleil et de la terre.

On conçoit ainsi, pourquoi les marées sont plus grandes dans les conjonctions que dans les oppositions, et même dans cette dernière position de la lune, que dans ses quadratures.

Dans le premier cas, les deux astres étant du même côté, leurs forces attractives s'ajoutent en se combinant; dans le second cas, la lune étant d'un côté de la terre et le soleil de l'autre, ils agissent chacun séparément avec toute leur force, faiblement balancée par l'effet qui se manifeste en sens contraire aux points diamétralement opposés. On comprend aussi que dans les quadratures la lune élevant les eaux de l'Océan, tandis que le soleil placé à angle droit, les attire de son côté, l'action directe de notre satellite doit en être un peu affaiblie.

Dans les syzygies et dans les quadratures, les maxima et les minima n'ont lieu sur nos côtes que trente-six heures après le passage des astres au méridien de chaque port.

La cause des marées paraît difficile à concevoir, parce que, dit J^n Herschell, on considère l'attraction comme s'exerçant seulement sur l'eau superficielle, et non pas en même temps sur la masse du globe. Si, en effet, l'eau seule pouvait se mouvoir à sa surface, il est évident que l'attraction du soleil ou celle de la lune ne produirait qu'une simple élévation verticale sous le passage de ces astres.

Mais ce n'est pas l'attraction totale de l'un de ces corps qui soulève les flots, c'est *la différence des attractions*, soit sur l'eau superficielle des points opposés, soit sur la masse centrale intermédiaire. Il en est ainsi de la différence des attractions solaires sur la terre et sur la lune, puisque celle-ci s'éloigne aussi bien de la terre dans les oppositions que dans les conjonctions, comme elle s'en rapproche dans les quadratures.

Selon les théories newtoniennes, l'action du soleil sur les eaux situées au-dessous de son passage au méridien supérieur les attire plus que la masse solide du globe; mais alors les masses liquides du point diamétralement opposé, et par conséquent plus éloigné, sont moins attirées que la masse solide de la terre tendant à s'en séparer, et produisant ainsi une autre élévation égale à la première.

Il en serait de même, mais avec une puissance presque triple pour la lune, à cause de sa proximité.

Les marées solaires, coexistant avec les marées lunaires, doivent, selon les vitesses, les distances et les positions relatives des deux astres, tantôt se réunir ou s'annuler en partie, tantôt se croiser ou se superposer; mais toutes les combinaisons possibles se réduisent, *pour un même lieu*, en effets périodiques qui se renouvellent constamment après 223 lunaisons, comprenant 18 années 15 jours et 10 heures environ.

Il a été fait de fortes objections contre cette théorie, suivant laquelle le retrait de la terre, évidemment égal sous le méridien *inférieur*, à son rapprochement du soleil quand cet astre paraît passer au méridien supérieur, produirait aux antipodes une élévation des eaux de la même étendue *verticale* que celle qui est attirée sous le soleil. La mobilité de cette masse liquide devrait, dit-on, lui faire suivre l'abaissement des parties solides, et non pas les suspendre en quelque sorte, quand elles se retirent par l'effet de l'attraction du soleil sur le globe.

Au lieu d'avoir le même jour deux marées solaires d'une égale hauteur, l'une serait ainsi beaucoup plus faible, ce qui pourtant n'a pas lieu.

Cette difficulté, qui a déjà quelque valeur, quand on suppose que le soleil seul occasionne les marées d'un même jour, devient plus grave encore si, comme cela doit être, on reconnaît qu'elles résultent surtout de l'action presque triple de notre satellite, qui peut bien s'exercer avec énergie sur les eaux superficielles du globe, mais *non sur sa masse*.

L'heure des marées suit le mouvement de la lune, mais varie avec la distance au soleil et pour chaque port, selon sa longitude, la configuration des rivages et la profondeur de la mer; toutes circonstances qui retardent ou favorisent l'arrivée du flot. Pour chaque lieu, l'intervalle entre deux pleines mers ou entre deux marées basses est toujours de $12^h 25^m 2^s$, terme moyen.

Sur nos côtes, où des obstacles naturels s'opposent à la marche régulière du renflement des eaux, elles s'élèvent plus haut qu'en pleine mer et dans certains localités elles atteignent jusqu'à 7 mètres et demi de hauteur, quand ailleurs, elles ne montent qu'à 2 ou 3 mètres.

En pleine mer, les navires ne sont pas même entraînés par le flot montant ou descendant, dont le soulèvement a lieu successivement et sur place, dans la direction du mouvement combiné de deux astres qui produisent ce phénomène.

Chaque jour le retard suit la rétrogradation de la lune et la rétrogradation apparente du soleil, c'est-à-dire qu'il est d'environ 50 minutes.

La hauteur des marées varie avec la distance du soleil, celle de la lune, et aussi en raison de leur déclinaison; cette dernière cause produit aux solstices, ainsi qu'aux équinoxes, une petite différence entre les deux marées du même jour et en sens inverse pour chaque époque.

Une minute de différence dans le diamètre apparent de la lune, en raison de sa proximité plus grande, fait varier le retard jusqu'à 258 secondes dans les syzygies, et 86 secondes dans la quadrature.

En résumé, les marées avancent ou retardent en raison du nombre d'heures dont elles précèdent ou suivent les syzygies; des distances du soleil, de la lune et de l'inclinaison de ces deux astres.

La révolution de la terre par rapport aux nœuds de la lune étant de 346° 62, il s'ensuit que, dans cet intervalle, on doit éprouver deux très-grandes et deux très-petites marées.

Les positions relatives de la terre avec le soleil et la lune étant renfermées dans une période d'environ 235 mois lunaires, d'où le cycle de Méton a été établi, on sait que, pour chaque lieu, les variations dans les marées se reproduisent comme les éclipses, après cette période; sauf néanmoins les modifications que des causes fortuites, telles que les vents et les courants peuvent apporter dans l'intensité du phénomène, qui, sans ces causes accidentelles, pourraient se calculer avec une précision mathématique.

Il existe des ports où, par la configuration locale et celle des points correspondants, il n'y a aucun flux ni reflux lorsque la lune et le soleil sont dans leur plan; on a observé cette circonstance sous l'équateur. Dans le port de Batsham au royaume de Tonquin, on n'éprouve qu'un flux et un reflux chaque jour, ce qui provient, selon M. de Humboldt, de deux détroits qui donnent alternativement passage aux flots de la mer en les repoussant à l'opposé. La mer Blanche a des marées régulières d'environ 3 pieds de hauteur, tandis que le fleuve Kuja, qui débouche dans cette mer, éprouve trois oscillations d'une durée différente.

Sous les régions polaire s, où la lune est presque toujours *près de l'horizon*, les marées sont moins fortes, parce que le sommet du soulèvement occasionné par l'attraction de cet astre est ainsi très-éloigné, tandis que vers l'équateur, où chaque jour la lune se trouve au zénith, on éprouve deux marées hautes et deux marées basses;

les premières par l'effet du passage au méridien supérieur et les autres occasionnées par le passage au méridien inférieur.

On cite cependant des ports, tel que celui de Bell-Sound, où, sous le 78° degré de latitude, ainsi qu'à Hammersfedt et au cap Nord, on mesure des hauteurs de 3ᵐ 50 entre la basse et la pleine mer; différence plus considérable qu'entre les mêmes phénomènes dans la plupart des ports de l'océan Pacifique, du Pérou et des îles Sandwich. Peut-être cet effet extraordinaire doit-il s'attribuer au courant connu sous le nom de Gulf-Stream, qui vient battre les côtes boréales de notre continent.

Pour les ports de la France, les eaux mettent un jour et demi à leur arriver : ce n'est donc que 36 heures après le passage de la lune au méridien du lieu où l'effet commence, qu'il s'y fait sentir.

Des observations soigneusement faites aux régions équatoriales établissent que, par suite du mouvement rotatif de la terre, les eaux de l'Océan s'y portent à une hauteur plus grande que vers les latitudes polaires, et que les marées s'élèvent davantage sur les côtes occidentales que sur les plages exposées à l'orient, sous le même parallèle. Ces phénomènes sont d'ailleurs conformes aux lois de la dynamique.

Les partisans de l'impulsion gravifique expliquent le phénomène des marées en disant que, le soleil et la lune garantissant les surfaces fluides opposées à la ligne qui correspond au centre de ces astres, contre la pression moléculaire qui s'exerce partout ailleurs, les eaux doivent s'élever *sous ces boucliers mobiles*, avec les variations qu'on attribue à l'attraction newtonienne.

Le soleil, et surtout la lune par sa proximité, doivent produire sur l'enveloppe aériforme de notre planète des agitations continuelles ou des *marées atmosphériques*, qui toutefois ne peuvent se propager jusqu'à la surface que nous occupons.

En admettant que les pressions exercées par ces astres aient l'amplitude des plus fortes oscillations verticales à toutes les hauteurs, elles ne correspondraient pas à un abaissement d'*un dixième de millimètre* sur l'échelle barométrique; ce qui serait toujours insensible.

Les nombreuses observations faites depuis longtemps, ont confirmé ces appréciations théoriques, de même que l'effet presque nul des marées et des tempêtes, à certaines profondeurs de la mer.

Dans le nouveau système astronomique dont nous avons rendu compte à l'article *Attraction*, M. de Boucheporn a émis encore une autre théorie des marées, ou plutôt il est parvenu à ajouter aux principes de la théorie newtonienne des considérations nouvelles et d'un autre ordre, qui permettraient d'expliquer rationnellement, la cause des différences locales et des retards dont on n'avait pas encore la véritable loi.

Si effectivement il est démontré que, non-seulement la translation, mais aussi la *rotation* des satellites, soient la conséquence du nouveau mode d'action, il s'ensuit que les eaux de la mer, pouvant être considérées comme satellitaires de la lune et du soleil, doivent incessamment suivre à la surface du globe le mouvement apparent de ces deux astres. Les effets, combinés avec la rotation de la terre, se traduiraient, en définitive, par un mouvement de *transport horizontal* des eaux, assujetti aux mêmes conditions horaires que les exhaussements verticaux de la théorie de Newton. Alternatif comme ces derniers, le mouvement horizontal serait toujours dirigé, quelle que soit la marche des deux astres dont on considère l'influence, *de l'occident vers l'orient;* il présenterait d'ailleurs, comme vérification, ce fait remarquable, que les marées s'élèvent beaucoup plus sur les côtes occidentales des continents que sur leurs côtes orientales, et plus particulièrement encore dans les baies et canaux dont l'ouverture est dirigée vers l'occident; c'est là, en effet, que toute l'énergie du flot lointain doit s'accumuler.

La comparaison des marées sur l'ensemble du globe paraît donner une confirmation complète à cette grande conséquence; la différence des marées sur les deux longues côtes d'Amérique en est un exemple frappant, surtout celui qui est offert par les ports de Chagres et de Panama, où, dans le premier, situé sur l'Atlantique, les marées sont presque insensibles, tandis qu'à douze lieues de distance, sur la côte occidentale du Pacifique et de l'isthme qui sépare ces deux mers, le dernier port éprouve des marées de 7 mètres.

Les hautes marées des côtes occidentales de France et d'Angleterre, de Brest, Saint-Malo, Bristol, etc., rentrent parfaitement dans cette explication, qui donne ainsi raison des circonstances locales qu'aucune théorie n'avait encore définies. Celle de Newton, modifiée par Bernouilli et par Euler, ne parvenait à rendre compte que d'élévations verticales de 8 à 10 pieds.

M. de Boucheporn explique aussi par les mêmes principes la loi uniforme sur tout le globe, du retard de 38 heures lors des grandes marées syzygies. Elle tient, selon lui, à ce que le maximum d'action des deux astres, quant aux forces horizontales de transport dont nous venons de parler, n'a point lieu lors de leur passage au méridien où elle est nulle, mais à l'octant, soit 3ʰ après le maximum de leur effet d'ensemble. Ce maximum ne doit pas être non plus au moment de la coïncidence de leur passage au méridien, mais lors de la coïncidence réelle ou approximative de leur passage aux octants, c'est-à-dire, environ 40ʰ 1/4 après leur passage au méridien, temps égal au seizième de la révolution lunaire, en y ajoutant 1ʰ 8ᵐ pour le mouvement de la lune, et 3ʰ 6ᵐ pour le retard de la marée ordinaire.

Dans la théorie ancienne, on concevait difficilement *l'égalité des marées du même jour*, puisque les eaux de l'Océan ne pouvaient être soulevées qu'une seule fois dans un lieu quelconque sous le passage de la lune, ou celui trois fois moins puissant du soleil, et qu'à l'opposé, c'est-à-dire aux antipodes de ces passages, les eaux, bien loin de s'élever comme on le prétendait, pour expliquer la marée ayant lieu 12ʰ après, auraient dû s'abaisser en suivant la retraite du globe attiré par la masse solaire, ou rester stationnaire à cause de la nullité d'action de notre satellite sur les parties solides de la terre.

Suivant le nouveau système de M. de Boucheporn, l'égalité des marées consécutives, se trouve amenée par la vitesse horizontale, plus grande aux points éloignés des passages ayant lieu aux octants, vitesse proportionnelle au diamètre de la terre et à la distance de celle-ci au centre de la lune.

Cette transmission horizontale doit effectivement avoir la vitesse qu'aurait un point donné, si la terre tournait sur elle-même dans un temps égal : 1° à sa révolution annuelle autour du soleil ; 2° à la révolution de la lune autour de notre planète.

C'est le rapport entre ces mouvements dont, à l'équateur, le premier est de 1ᵐ 25 et le second de 16ᵐ 80, qu'il faut considérer pour juger de la vitesse effective et moyenne qui, sous nos latitudes, n'est que des trois quarts de ces quantités, diminuées encore par les frottements et les obstacles de toute nature s'opposant à cette action.

Descartes attribuait à la *pression* exercée par la lune l'élévation des eaux, qui dans les mers libres a toujours lieu 3ʰ après son passage au méridien, tandis que Newton attribuait le soulèvement à l'*attraction* du satellite de la terre ; mais ce retard des marées ordinaires ne pouvait s'expliquer d'une manière plus satisfaisante que celui d'un jour et demi des syzygies. Laplace lui-même était ainsi conduit à supposer, gratuitement selon les théories newtoniennes, un *mouvement horizontal de transmission* et des canaux de longueurs différentes, où cependant le flux se transmettait dans le même temps, pour représenter nos ports diversement situés.

La nouvelle doctrine démontre parfaitement que le mouvement horizontal des eaux est à son maximum lors de la combinaison des seize octants solaires et lunaires, fixée par le calcul à 1ᵈ 71, c'est-à-dire et suivant les observations effectives, à 40ʰ 30ᵐ environ, après les syzygies.

Suivant le principe de l'*attraction*, ce serait aux parties centrales des mers les plus étendues que le *soulèvement* produit au-dessous du passage de la lune et du soleil, devrait atteindre son maximum de hauteur ; et cependant, aux îles de la mer du Sud, qui embrasse la moitié du globe, les marées sont insensibles comme sur la plupart des côtes méditerranéennes.

La théorie nouvelle des forces horizontales explique rationnellement ces effets analogues en des circonstances locales tout à fait différentes.

Ainsi dans le premier cas, quand la marée commence à se faire sentir, elle éprouve vers l'orient le choc du reflux qui tend à annuler le mouvement des eaux vers l'occident, et dans le second, c'est le détroit de Gibraltar qui principalement s'oppose au courant occidental.

MARKAB. Belle étoile tertiaire, marquant l'angle inférieur à droite, derrière le grand carré de Pégase, à 15 degrés au-dessus de l'équateur. *Voyez* l'ÉGASE.

MARS, ♂. Cette planète vient après la nôtre par sa position relativement au soleil, dont elle est éloignée d'environ 23 millions de myr. (58 millions de lieues) ; mais elle n'a que le septième du volume de la terre.

La durée de sa révolution autour du foyer commun est de 686ᵈ 22ʰ 18ᵐ 27ˢ, dans une orbite inclinée de 1° 51' 6" sur l'écliptique, et dont l'excentricité égale presque le 10ᵉ du petit axe. Elle emploie 37ᵐ 23ˢ de plus que la terre à faire sa rotation dont l'axe est incliné de 61° 12' sur le plan de son orbite.

Dans les oppositions qui reviennent tous les deux ans et cinquante jours environ, cette planète est très-brillante, surtout lorsqu'elle se trouve en même temps à son périhélie. On peut alors observer ses phases, qui présentent un ovale plus ou moins allongé ; mais ensuite elle s'éloigne tellement qu'on ne peut plus la voir à l'œil nu.

La lumière de Mars est d'un rouge obscur, qui lui fait supposer une atmosphère épaisse et nébuleuse : cependant, selon leur position, on peut distinguer à ses pôles de grandes taches neigeuses s'avançant quelquefois jusqu'à 6° sur le disque et disparaissant selon que le soleil éclaire l'un ou l'autre des hémisphères de cette planète, où la chaleur et la lumière ne doivent pas être moitié aussi grande que sur la terre.

En raison de sa vitesse rotative, cette planète originairement malléable comme toutes celles de notre système, devait selon la théorie des lois dynamiques, être aplatie sous les pôles de la 230e partie de son diamètre et cependant, W. Herschell avait évalué cette dépression à 1/16e. D'autres astronomes, tels que Maskeline et Bessel, en l'observant sans doute lorsque Mars leur présentait obliquement son axe de rotation, avaient déclaré que le diamètre de cet astre était égal dans tous les sens. F. Arago, dans des expériences nombreuses faites depuis 1811 avec une lunette munie d'un prisme à double réfraction, a enfin constaté que, lorsque l'axe des pôles s'offrait convenablement à l'observateur, on pouvait lui reconnaître depuis 1/38e jusqu'à 1/30e en moins, sur l'axe équatorial. M. de Humboldt, dans son *Cosmos*, adopte cette dernière évaluation comme la plus exacte. Il reste à trouver la cause d'une si énorme dépression comparativement à celle de la terre, qui, tournant à peu près avec la même vitesse et ayant un volume sept fois plus considérable, n'est aplatie que de 1/300e sous ses pôles.

La masse de cette planète n'a été évaluée qu'à la 2,680,000e partie de celle du soleil ou environ la 8e partie de la masse terrestre. Elle sera plus exactement connue un jour, par les perturbations qu'elle doit occasionner dans les mouvements de la comète périodique de Vico.

Suivant Jⁿ Herschell, cette planète montrerait distinctement parfois ses continents et ses mers (les premiers d'un rouge d'ocre, et les dernières d'une teinte verte), et en outre des taches neigeuses plus étendues vers celui de deux pôles privé longtemps des rayons du soleil.

Des bandes obscures, parallèles à son équateur, semblent y indiquer des courants nuageux très-intenses, emportés dans le sens de la rotation; ses phases sont peu sensibles, parce que l'orbite de cette planète, étant une fois et demie plus grand que celui de la terre, doit toujours nous paraître presque entièrement éclairé par le soleil.

La gravité doit y être de moitié moins grande que sur la terre.

Son diamètre apparent varie depuis 4″ jusqu'à 18″, et son diamètre réel est d'environ 6,600 lieues de 4,000 mètres.

Le plan de son équateur ayant à peu près la même inclinaison que celui de la terre, relativement à l'écliptique, cette planète doit avoir des saisons analogues aux nôtres, mais d'une durée presque double, puisque telle est la proportion entre son année solaire et celle de notre globe.

La lune éclipse quelquefois, mais rarement, cette planète; l'histoire nous a cependant conservé le souvenir d'une de ces occultations, observée par Aristote environ 350 ans avant J. C., et ce phénomène s'est représenté le 13 mai 1854.

MASSALIA. Nouvelle planète trouvée par M. Chacornac, à l'observatoire de Marseille, le 20 septembre 1852, et reconnue dans la même nuit par M. de Gasparis, directeur de l'observatoire de Naples.

Elle a l'apparence d'une étoile de dixième grandeur, et n'est ainsi visible qu'avec une bonne lunette; sa révolution sidérale a lieu en 3 ans 186^j 14^h 24^m, à la distance 2,31037 (celle de la terre au soleil étant l'unité), son orbite se trouve placée entre celles d'Euterpe et d'Iris, et, comme celle d'Uranus, à peu près parallèle à l'écliptique (50′ 16″). Son excentricité est de 3° 18′, 42″.

MASSE DES CORPS CÉLESTES. La masse d'un corps est la réunion des particules de matière qui y sont agglomérées, et d'après lesquelles, selon les lois de l'attraction newtonienne, il se manifeste une action sur les corps à distance.

La masse du soleil, comme la plus considérable dans notre système, retiendrait tous les autres corps autour [d'elle en les empêchant de s'échapper dans toutes les directions, suivant les forces impulsives qui les ont originairement lancés dans l'espace.

Ces corps, exerçant de leur côté une action sur le soleil, devraient accélérer de plus en plus leurs mouvements de translation; mais comme le rapport de leurs révolutions est encore à très-peu près, conforme aux lois de Képler et *proportionnel* à leurs distances au soleil, on peut en conclure avec certitude, que la masse de ces corps est comparativement très-petite.

La masse du soleil est environ huit cent fois la masse totale des planètes et de leurs satellites. Elle équivaut à 1,050 globes comme Jupiter, à 355,000 comme la terre, et à plus de 31,000,000 de lunes semblables à la nôtre.

Selon la troisième loi de Képler, la vitesse des satellites dépend de la masse de leurs planètes, et, comme l'observation de ces vitesses est facile, on en déduit les masses planétaires et même leur densité.

Ainsi, par exemple, le premier satellite de Jupiter en est à peu près à la même distance que la lune de notre globe, et tourne seize fois plus vite; le carré de 16, ou 256, indique alors combien de fois la masse de Jupiter surpasse la masse de la terre. On sait d'ailleurs que le volume de Jupiter est environ 1,500 fois plus grand que celui de notre planète; donc sa densité est cinq fois moindre que la nôtre.

Quant à la masse des planètes privées de satellites, elle ne peut s'évaluer que par les perturbations éprouvées par les autres corps qui les approchent et dont la masse est connue. Aussi, sous ce rapport, les résultats indiqués jusqu'à présent ont besoin d'être soumis à de nouvelles épreuves.

La masse de la lune, déduite de son action sur les marées, a été évaluée par Laplace au soixante-huitième de la masse de la terre.

On comprend difficilement la possibilité de calculer la masse des étoiles situées à de si prodigieuses distances, que les meilleurs instruments ne peuvent même en faire reconnaître le diamètre. Rien cependant ne sera plus facile dès qu'on aura obtenu la véritable distance d'une étoile double. Alors on pourra peser à 120 millions de millions de lieues, l'astre prédominant, par l'observation de la vitesse angulaire de la petite et du rayon de son orbite; c'est ainsi que l'on calcule la masse de la terre comparativement au soleil, en observant son mouvement angulaire dans une seconde de temps et en comparant cette vitesse au rayon de l'orbite que notre planète décrit autour de l'astre central.

Suivant certaines idées qui commencent à se faire jour, l'attraction ne serait pas en raison des masses, mais en raison des surfaces ou du carré des diamètres des corps célestes, c'est-à-dire égale au produit du volume de l'astre attirant, par le carré de sa vitesse modifié par le rapport des rayons et des distances, ainsi que par la vitesse rotative.

MATIÈRE. Éternelle comme le temps, infinie comme l'espace ; la matière élémentaire a toujours existé avec la puissance divine et organisatrice. S'il en était autrement, si elle avait été créée de rien dans un temps quelconque, il faudrait admettre qu'*auparavant*, il n'y avait dans l'univers qu'un vide absolu, et par conséquen un Dieu inutile !

La matière est ce qui occupe un espace impénétrable. Pour s'en faire une idée juste, il faut la concevoir d'une nature homogène, mais formée de particules si ténues, si légères et si mobiles que la lumière et l'électricité puissent les écarter sans que les vitesses les plus extraordinaires en soient sensiblement affaiblies.

Les physiciens ne sont pas encore d'accord sur d'autres propriétés de la matière qui compose les corps célestes lumineux ou planétaires, ainsi que sur celle répartie dans l'éther qui remplit l'espace.

D'après les principes de l'attraction, telle qu'on l'admet aujourd'hui, cette propriété devrait être *inhérente* à toute matière qui serait alors douée d'un principe de mouvement ou d'une vertu analogue à celle de l'aimant. L'ancienne opinion, qui compte encore des partisans distingués dans la science, soutenait l'impénétrabilité et l'inertie de la matière.

On entend par *matière diffuse*, la substance agglomérée vers certaines régions de l'espace, et dont la lueur, semblable à celle des nébuleuses que les télescopes changent en étoiles, résiste néanmoins aux plus fortes amplifications de ces instruments. Sa présence dans l'éther, affaiblit pour nous le rayonnement de tous les astres dont la lumière devrait nous aveugler, sans cette interposition.

La matière vaporeuse et diaphane des corps cométaires paraît être de la même nature et conserver une lumière propre et indépandante de celle du soleil, qu'ils nous réfléchissent souvent avec tant d'éclat.

Quelques astronomes avait pensé que la matière de leurs queues, projetée à d'énormes distances, pouvait ne plus revenir à ces corps, et qu'ainsi elle se disséminait dans l'éther ; mais il a été reconnu qu'il n'en pouvait être ainsi.

MAUPERTUIS. Célèbre mathématicien, envoyé, sous Louis XV, par l'Académie des sciences, pour déterminer au nord la figure du globe, par la mesure trigonométrique de différents arcs d'un même méridien.

MAYER. Astronome, né en 1723, et mort à trente-neuf ans. Il est connu par les tables célestes qu'il a dressées, et qui portent son nom.

Les étoiles y sont figurées le plus souvent selon leur grandeur apparente et par des lettres suivant l'ordre alphabétique ; mais, faute de précision et surtout de l'indication de celles qui sont changeantes, ces tables célestes ne sont pas aujourd'hui d'une grande utilité.

MÉCANIQUE CÉLESTE. Les lois du mouvement et de l'attraction sont universelles ; tous les corps, tous les fluides de notre monde solaire, et sans doute aussi des autres systèmes qui peuvent exister dans l'espace, sont régis par elles.

Ces mouvements, ainsi que les formes et les combinaisons résultant de l'action des forces primitives régulières ou accidentelles, sont du domaine de la mécanique céleste, science dont l'illustre Laplace, et avant lui Galilée, ont fait les plus admirables applications.

L'inertie de la matière étant considérée comme l'état originaire ; si un corps se déplace, on en conclut qu'il est choqué par un autre, ou sollicité par une force attractive agissant sur ses points matériels.

Deux points matériels qui se choquent à l'opposé, avec une vitesse égale, demeurent en repos.

Une fois le mouvement produit, il est rectiligne et perpétuel, à moins que le corps frappé, trouvant un obstacle, ne soit choqué ou attiré dans une autre direction ; alors le mouvement se combine en raison des forces motrices.

La vitesse, ou l'espace parcouru, est en raison des masses et des forces mises en action.

La force vive d'un corps est le produit de sa masse par le carré de sa vitesse.

Sa masse est le produit de ses points matériels.

La quantité de mouvement dépend des masses, de la vitesse première, de la direction des corps qui se rencontrent, et de la distance relative de ceux qui s'attirent.

Les forces contraires agissent en raison de leur différence.

Les mouvements moyens résultent des forces composantes.

Ces principes généraux de la mécanique servent de bases aux savantes théories qui dégagent tous les termes inconnus, dans les problèmes les plus compliqués de l'équilibre et du mouvement.

MÉDUSE (LA TÊTE DE). Cette étoile changeante de la constellation de Persée se trouve, entourée d'un groupe de petites étoiles, au-dessous de Cassiopée. Elle passe, en 8 heures, de la quatrième à la deuxième grandeur. *Voyez* ALGOL.

MELPOMÈNE. Petite planète ayant l'apparence d'une étoile jaunâtre de neuvième grandeur, et reconnue le 24 juin 1852 par M. Hind de Londres.

Elle circule entre Flore et Victoria, dans une orbite inclinée de 10° 9′ 5″ sur l'écliptique, et dont l'excentricité est de 0,2170; sa distance au soleil est de 2,29575, et sa révolution sidérale de 1270^j 48^m.

MÉNISQUE. Si l'on suppose que la terre était d'abord un globe régulier, et que la vitesse de sa rotation a fait porter ses molécules vers les régions équatoriales, on comprendra que les parties polaires se soient abaissées et que l'équateur se soit proportionnellement élevé. *Cette plus grande épaisseur*, reconnue géométriquement et que la diminution de la pesanteur rend très-sensible sur cette partie de la terre, est désignée sous le nom de *ménisque*.

Elle a près de quatre myr. (10 lieues), c'est-à-dire que le diamètre équatorial excède de cette quantité, le diamètre entre les deux pôles.

L'effet de cet excédant de sphéricité se manifeste par la précession des équinoxes, certaines inégalités dans les mouvements de notre satellite, et jusque dans les perturbations séculaires observées dans notre système particulier.

MER. L'origine des eaux qui, sous des noms divers, entourent les continents d'une manière continue, doit être cherchée dans l'atmosphère qui s'est dégagé primitivement des masses ayant formé tous les corps planétaires, et qui ensuite, s'est condensée pour retomber à la surface, quand elle a été suffisamment refroidie.

On ne peut savoir si les mers qu'on peut observer sur les autres planètes, et particulièrement sur Mars, Jupiter et Saturne, sont de la même nature que les nôtres; mais elles paraissent assujetties aux mêmes lois, et se portent aussi à une élévation plus grande vers les équateurs, où elles doivent former les bandes qu'on y distingue avec les lunettes.

Suivant Mäedler de Dorpat, la hauteur du flux et du reflux sous l'anneau de Saturne, c'est-à-dire aux régions équatoriales de la planète, aurait autant de milles en hauteur que ces phénomènes ont de pieds sur notre planète.

Les mers de Mars paraissent à peu près égales à celles de la terre, comme les autres circonstances de la constitution physique de ces deux planètes.

L'existence de ces mers est d'ailleurs reconnue par la différence de couleur et d'éclat de ces parties, qui réfléchissent moins fortement les rayons du soleil.

On déduit cette conséquence, de la lumière cendrée qui éclaire la lune avec moins d'intensité, quand les mers de notre planète lui sont opposées, que lorsque nos continents se trouvent en face de ce satellite.

Quant aux parties de la lune auxquelles on a donné les noms de mer de la Sérénité, de la Fécondité, de Nubie, de mer Glaciale et Australe, d'océan des Tempêtes, de marais des Nuages ou des Songes, de lac de la Mort, etc., etc., ce sont des surfaces solides et de nature différente, mais qui n'ont aucun rapport actuel avec nos mers, puisqu'on peut avancer aujourd'hui avec certitude : que, notre satellite n'ayant aucune atmosphère perceptible, il ne saurait exister, ni vapeurs, ni liquides à sa surface.

Peut-être que ces espaces, plus enfoncés que les parties environnantes, étaient réellement remplis par les eaux, alors que les volcans si nombreux dont on voit distinctement les cratères étaient en activité.

Il est maintenant hors de doute que, par suite du refroidissement de la terre, les retraits et les crevasses qui en sont résultés à des périodes fort éloignées les unes des autres, ont considérablement modifié la surface primitivement unie de notre globe. Des portions s'engouffrant dans la masse fluide qui les supportaient ont pu se relever d'un côté; d'autres plus solides, résister à la chute, et former ainsi, des chaînes de montagnes ou d'immenses cavités dans lesquelles les mers se sont précipitées en laissant à sec les lieux qu'elles recouvraient avant ces catastrophes successives. Tous les continents présentent les traces du séjour alternatif de l'Océan et des eaux douces dans les mêmes lieux ; les environs de Paris montrent ainsi *trois fois* des couches de débris marins superposés à ceux provenant d'animaux terrestres. Londres n'offre que deux fois de tels retours, mais Vienne les présente quatre fois à l'explorateur, avant la consolidation de l'état actuel.

Aucune tradition, aucun souvenir de ces révolutions physiques ne sont restés dans la mémoire des hommes, dont les ossements ne se retrouvent que dans la dernière couche terrestre.

En changeant la configuration extérieure de notre planète, ces cataclysmes ont occasionné des courants dans l'eau des mers qui entourent maintenant sans interruption tous ses continents, et dont l'influence tend à modifier de plus en plus, les conditions climatériques de certaines régions, sous toutes les latitudes.

Le plus remarquable de ces courants partant des mers intertropicales, et connu des marins sous le nom de *Gulf stream*, se dirige de l'ouest de l'ancien monde vers le nouveau, s'étend dans le golfe du Mexique, le déborde au nord en longeant le banc de Terre Neuve, se porte vers le nord de l'Angleterre et les côtes de Norwége ; redescend en longeant l'Europe occidentale et l'Afrique pour revenir par un circuit contenu, dans le grand courant de l'Atlantique, après une marche de 3 ans 1/2 environ.

L'océan Pacifique roule aussi vers l'occident ses flots échauffés par le soleil équatorial. Dépassant l'archipel et les côtes méridionales de l'Asie, ils longent celles de la Chine et du Japon, et remontent en grande partie vers le nord, tandis qu'une plus faible portion descendant au midi, va frapper les rivages de l'Australie ; revenant sur elle-même, cette partie rentre dans le grand courant des tropiques en remontant, du sud au nord, les côtes de l'Amérique méridionale.

Les eaux bouillantes de la mer Indienne se portent vers l'Afrique et Madagascar pour revenir ensuite par la côte occidentale de l'Australie.

Un second courant de l'Atlantique porte ses eaux vers les rivages situés à l'orient de l'Amérique du Sud, puis se divise inégalement pour revenir en grande partie vers le nord et plus faiblement par les régions du pôle antarctique.

Enfin, deux courants contournent les glaces des deux pôles, et le pôle boréal sera sans doute mis à profit, pour accomplir plus sûrement le passage récemment découvert.

MERCURE. Petite planète qui ne s'écarte pas à plus de 6,000,000 de myriam. (15 millions de lieues) du soleil, et qui est presque toujours absorbée par son éclat.

Ce n'est que dans ses plus grandes élongations supérieures, allant jusqu'à 29° et revenant tous les 116 jours, qu'on peut la distinguer à l'œil nu, le matin ou le soir, par un temps très-pur; on doit croire alors, que son mouvement moyen a diminué, puisque les anciens pouvaient presque toujours l'observer à la vue simple.

Les lunettes font reconnaître ses phases sous la forme d'un croissant qui prend successivement toutes les apparences des phases lunaires, et dont la troncature des cornes fait supposer sur cette planète des montagnes de 16,000 mètres.

Son volume n'est cependant que le seizième de celui de la terre, et son diamètre des 4/10es; mais, si l'on en juge par les perturbations que cette planète occasionne, sa densité serait à peu près moitié plus grande : ce qui a pu être évalué d'une manière plus satisfaisante que du temps de Lagrange, par son action sur la comète d'Encke, en 1848.

Elle accomplit sa révolution autour du soleil en 87^j 23^h 15^m 45^s avec une vitesse d'environ 400 lieues par minute, dans une orbite inclinée de 7° 0′ 5″, dont l'excentricité (0,2056), est la plus forte de celles qui sont reconnues pour les anciennes planètes, car quelques-unes nouvellement observées ont des orbites encore plus excentriques, c'est-à-dire plus allongées.

M. Leverrier a beaucoup contribué à perfectionner la théorie de cette planète, ainsi que la formation des tables indiquant l'étendue et les inégalités de ses mouvements.

La durée de sa rotation est de 24^h 5^m 30^s.

Son équateur, indiqué par des bandes observées par Shrœter, fait avec le plan de son orbite, un angle d'environ 70°.

Les passages de Mercure sur le soleil sont très-rares, à cause de l'inclinaison de son orbite, qui est de 7°, relativement à l'écliptique. Dans ces occasions, on le voit traverser le disque solaire comme un point noir, en moins de 3 heures. Les plus prochains passages auront lieu le 11 novembre 1861 et 4 novembre 1868.

Des points lumineux aperçus sur le disque obscur pendant ces passages, ont fait penser qu'il existe des volcans en activité. Ce petit corps céleste paraît avoir une atmosphère très-épaisse, et de nature à modifier l'effet des rayons du soleil, qui sans cela y produiraient une température égale à la chaleur de l'eau bouillante, c'est-à-dire 6 ou 7 fois plus grande que son action sur la terre.

MÉRIDIEN. Toutes les étoiles semblent décrire parallèlement entre elles des courbes ou des cercles, suivant leur position et leur distance au pôle visible. Si l'on remarque les points où elles apparaissent et ceux où elles passent sous l'horizon, les points culminants seront au milieu de chaque courbe, et la ligne qui joindra ces points, étant prolongée d'un côté vers le pôle et de l'autre jusqu'à l'équateur, sera le *méridien céleste* du lieu de l'observation. Chaque jour, *à midi*, le soleil se trouvera plus haut ou plus bas sur cette ligne, selon qu'on approchera du solstice d'été, ou qu'on s'en éloignera en rétrogradant vers le solstice d'hiver.

Le *méridien terrestre* de chaque lieu est la ligne prolongée directement vers l'un et l'autre pôle sur la surface de la terre, dans le même plan que le méridien céleste.

L'ombre d'un style ou du fil à plomb indique chaque jour, à midi vrai, la direction de cette ligne.

On partage le globe en 360 parties ou degrés de longitude, allant d'un pôle à l'autre.

Chaque degré terrestre répond verticalement au même degré du méridien céleste, ou plutôt au cercle horaire supposé dans le ciel. Si donc la terre était exactement ronde, la distance entre chaque degré serait de 11 myr. 110 (25 lieues de 4,444 mètres); c'est pour reconnaître le fait contraire, indiqué par la théorie, qu'on a mesuré plusieurs fois, même anciennement, des parties assez étendues d'un méridien.

Celui qu'on fait passer par Paris a été mesuré trigonométriquement depuis Dunkerque jusqu'à l'île Formentera, sur les côtes d'Espagne. Le quart de ce méridien a donné pour mesure 10,000,856^m.

L'Angleterre a fait mesurer aux Indes, depuis le cap Comorin jusqu'au pied de l'Himalaya, un arc dont l'étendue est de 29 degrés et demi.

La Russie a fait les mêmes opérations depuis le cap Nord jus-

qu'à la mer Noire. Une opération semblable se termine maintenant entre l'océan Atlantique et la mer Glaciale, à travers la Perse
et la nouvelle Russie. Les États-Unis mesurent actuellement toute
la surface de leur territoire. Des opérations semblables ont eu lieu
vers les pôles et sous l'équateur ; il en est résulté la preuve de l'a-
platissement qu'on supposait, puisque le méridien de Suède surpasse celui de l'équateur d'environ 800 mètres.

On n'a pu s'accorder sur un méridien d'où l'on compterait partout la longitude ; chaque nation tient à en faire partir les degrés
de sa ville capitale ; mais toute observation peut être aussitôt ramenée au méridien de chaque lieu, par un simple calcul en plus
ou en moins, d'après le méridien connu où l'observation a été
faite.

Le méridien magnétique est la ligne donnée en chaque lieu par la
direction de l'aiguille aimantée ; si après l'avoir écartée de sa position naturelle on l'abandonne à elle-même, elle fait pour y revenir
des oscillations dont la vitesse est d'autant plus grande que la force
magnétique est plus considérable ; elle peut donc se mesurer par
le nombre de ces oscillations dans un temps donné ; ainsi : le rapport
des intensités des forces magnétiques en deux lieux différents,
sera égal à celui des carrés du nombre d'oscillations qu'une
même aiguille y fera, dans le même espace de temps.

C'est par ce moyen que Gay-Lussac a trouvé qu'à une hauteur
de 7,000^m, l'action du magnétisme n'était pas sensiblement plus faible
qu'à son point de départ pour son ascension aérostatique.

MÉRIDIENNE. Afin d'obtenir l'heure à midi vrai, on emploie
divers procédés pour tracer sur un plan, la ligne où le soleil vient
chaque jour, indiquer ce moment.

Une tige fixée sur un plan horizontal où l'on a tracé une méridienne, donne sur cette ligne, par la mesure de son ombre, le jour
des solstices et celui des équinoxes.

Un fil à plomb, ou l'arête d'une fenêtre, peuvent servir à tracer
cette méridienne sur le parquet, au moyen d'une montre bien réglée et des rectifications nécessaires pour obtenir l'instant du
midi vrai.

Une boussole convenablement construite donne aussi la méridienne, en faisant correspondre le pôle nord de l'aiguille au degré
de déclinaison connu pour chaque lieu. Le 2 septembre 1854, il
était à Paris, au nord de l'Observatoire, de 20° 10'8. La moyenne

résultant à cette époque, d'observations faites aux quatre points cardinaux de l'enceinte continue, a donné 4′ 5 en moins.

La nuit, on obtient la méridienne en alignant d'abord l'étoile polaire, dont on indique la direction par un signal ; *onze minutes après le passage de ε*, première étoile de la queue de la grande Ourse, dans la direction première, on aligne de nouveau la polaire, *qui donne alors la méridienne.* Cette précaution est nécessaire, parce que l'étoile polaire est maintenant à 1° 38′ du pôle boréal, et ne passe au méridien que 11 minutes après l'étoile qui vient d'être indiquée.

Une tige fixée sur une vitre convenablement située et orientée comme il vient d'être dit, donnera une ligne verticale autour de laquelle on pourra tracer des divisions comme sur un cadran solaire, et lire toutes les heures de la nuit.

MESSIER. Cet astronome né en Lorraine en 1730 et mort en 1817, a publié des catalogues et des dessins de nébuleuses ou groupes serrés d'étoiles dont quelques-uns étaient d'abord réputés *irréductibles*, c'est-à-dire composés seulement, d'une matière lumineuse ne présentant aux instruments *d'alors* aucune trace stellaire. Louis XV le nommait le furet des comètes, dont il avait découvert un grand nombre ; à l'hôtel de Cluny, où il y avait un observatoire, il examinait assidûment les taches du soleil et les éclipses.

MESURES. L'astronomie a trouvé les siennes dans les faits observés par elle ; dans tous les temps on s'est efforcé de mesurer les distances des astres à la terre, ainsi que leurs grandeurs respectives ; les annales chinoises mentionnent une mesure de la circonférence de la terre, qu'Aristote a aussi indiquée ; Possidonius a mesuré la distance de Rhodes à Alexandrie par la déclinaison de la principale étoile du grand Chien ; des géomètres et astronomes arabes ont mesuré plusieurs degrés du méridien dans les plaines de l'Asie Mineure.

La révolution apparente du soleil et l'ombre des gnomons ont donné la mesure de l'année ; les lunaisons celle des mois ; la durée du jour a été fixée par le passage du soleil au méridien.

Les subdivisions du temps, mesurées autrefois approximativement par des sabliers et des clepsydres, sont indiquées maintenant avec la dernière précision par les pendules sidérales et les chronomètres. La surface de la terre, mesurée sous toutes les latitudes, a donné le rayon moyen du globe servant d'unité pour la distance à la lune et au soleil; comme la distance au soleil, sert d'unité pour les distances des planètes les plus éloignées ainsi que pour les étoiles les plus voisines.

L'éclipse des satellites de Jupiter a permis de mesurer la vitesse de la lumière; celle-ci sert d'unité parallactique pour apprécier l'éloignement des astres les plus reculés.

Le baromètre donne la hauteur des montagnes, comme la sonde a mesuré la profondeur plus grande des cavités sous-marines. L'étendue de l'atmosphère, la vitesse du son, ainsi que celle des vents et de la chute des graves sont maintenant reconnues.

Des opérations géodésiques, aidées d'observations astronomiques, ont exactement mesuré le quart du méridien terrestre, dont la dix millionième partie est aujourd'hui le type inaltérable de toutes les nouvelles mesures qui en dérivent.

Ainsi le mètre, qui représente cette unité, équivaut à 3 pieds, 11 lignes, 296 ancienne mesure; le myriamètre (2 lieues 1/2 de 4,000^m), à 5130^t 4^p 5^p 3^l 1/3.

Le degré contient à peu près 27 lieues et 4/5 de 4 kilomètres (4,000^m) et 25 lieues de 4,445 mètres.

La lieue marine ou géographique est de 5,556^m. — Le mille marin de 60 au degré vaut : 1,852^m.

Le stère est le mètre cube; le litre, un décimètre cube; l'hectolitre, 100 litres cubes.

Le gramme est donné par le poids d'un centimètre cube d'eau distillée, à la température de 4 degrés centigrades dont 5 équivalent à 4 Réaumur, et à 41 du thermomètre de Fahrenheit.

Le franc pèse cinq grammes d'argent, à 9/10es de fin.

La pièce de 20 francs doit peser 6$^{gr.}$,4516.

Le *carat* est un poids fictif équivalant à 0 gramme 20275 (environ 1/5e de gramme).

L'are est de 100 mètres carrés, ou un carré dont chaque côté est de 10 mètres.

L'hectare contient 100 ares ou 10,000 mètres carrés.

L'ancien arpent avait 100 perches de 18 pieds ou 900 toises carrées; il ne contenait donc que 3419 mètres carrés, ou un peu plus que le tiers d'un hectare.

Celui de 100 perches de 22 pieds faisait un peu plus d'un demi hectare (0^h,5109).

L'aune ancienne, d'environ 44 pouces, équivaut à 1^m,1885.

La pinte ancienne répond à 0,9313 litres; le boisseau, à 13 décalitres; le setier, à 156 litres.

La livre ancienne vaut 0,4895 kilogr., et un kilogr. 2,043 livres anciennes.

On a prétendu que notre ancien pied de roi, comme les pieds usités en Allemagne et à la Chine, était d'origine chaldéenne ou de l'Indo-Perse, et qu'il indiquait ainsi un point de départ commun pour les peuples actuels; cette opinion, émise par M. Paravey, s'appuierait sur la mesure des briques carrées de Babylone.

Les mesures anglaises établies sur la longueur du pendule, qui varie proportionnellement du pôle à l'équateur, n'ont pas la même certitude.

Le pied anglais équivaut à 0^m,30479; c'est le tiers du yard.

Le mille anglais (1760 yards) vaut 1609^m,3150 (à peu près 2/5 de lieue).

Le *pint* (huitième du gallon) est de 0,568 de litre.

L'*acre* (4,840 yards carrés) équivaut à 0^{hect},4046; ainsi l'hectare représente environ 2 acres 1/2.

La *tonne* anglaise (20 quintaux de 112 livres) pèse 1016^{kil},04.

La brasse marine de France est de 1^m,624^{mm} (5 pieds).

Celle d'Angleterre, de 1^m,829^{mm} (Fathom ou 2 yards).

Celle de Russie (Sagène) 2^m,134^{mm}.

La verste (500 sagènes) égale 1,067 kilomètres.

La *coudée* égyptienne répond à 0^m,344, ou 3 coudées à 1 mètre environ.

Le stade d'Ératosthène, de 300 coudées, équivalait à 158^m,25. Cet astronome grec avait évalué à 250,000 de ces stades la circonférence de la terre : ce qui était à peu près exact.

Le mille romain, évalué à 1481 mètres 3/4, et dont 75 font à peu près la valeur d'un degré sous la latitude de Rome, paraît avoir pour origine la mesure d'un arc du méridien, à partir de cette ville.

Le pied romain, évalué sur les mesures indiquées par quelques auteurs, pour les dimensions de monuments encore existants, ne diffère que de 4 centimètres en moins, des 3/10 de notre mètre, c'est-à-dire qu'il égale 0^m,296.

MÉTÉORES. On confond parfois sous ce nom des phénomènes bien différents par leur nature et leur origine.

Les météores proprement dits, prennent naissance, se manifestent et s'éteignent dans l'atmosphère.

Des combinaisons de substances gazeuses et de vapeurs chargées d'électricité forment ces corps qui, sous l'apparence de globes de feu, s'enflamment et brillent un instant, avant de disparaître sans laisser de trace durable, mais après une explosion plus ou moins forte.

Les *aérolithes*, les *bolides*, et les *étoiles filantes*, sont des formations d'un ordre plus élevé, et remontent peut-être à la création de notre système. *Voyez* ces mots.

MÉTHODE. Pour simplifier ou rectifier les calculs des observations astronomiques, on emploie divers procédés dont les principaux sont désignés sous ce nom; ainsi, on connaît la méthode des *hauteurs correspondantes*, consistant dans l'égalité de distance d'un astre de chaque côté du méridien. La méthode *des moindres carrés* a pour objet l'extension, très-importante en astronomie, du moyen arithmétique employé à déterminer la valeur d'une quantité inconnue, d'après les résultats de plusieurs mesures inégales entre elles. La première idée de cette méthode est attribuée à Legendre; mais les Allemands prétendent que Gauss l'a proposée presque simultanément avec le géomètre français.

MÉTIS. Petite planète trouvée le 25 avril 1848 par M. Graham de Mackrée, en Irlande, avec un objectif de Cauchois.

Elle circule entre Iris et Hébé, dans une orbite inclinée de 5° 35′ 55″ sur l'écliptique, à la distance moyenne de 36 millions de myr. (90 millions de lieues) du soleil, et dans une période de 1346 jours 22ʰ 33ᵐ.

MÉTON. Célèbre astronome grec, né près d'Athènes, environ 500 ans avant notre ère.

Ayant voyagé en Égypte, en Chaldée et dans le nord de l'Asie, il revint proposer aux Grecs, assemblés aux jeux Olympiques : l'adoption de la période chaldéenne de dix-neuf années lunaires, comprenant toutes les éclipses qui se reproduisaient dans le même ordre, à chacune des périodes suivantes. Les Athéniens furent si satisfaits de cette connaissance, qu'ils en firent graver les calculs *en lettres d'or*, d'où est venu le nom de *nombre d'or*, encore usité pour désigner ce cycle de Méton.

Adopté généralement dans la Grèce l'an 432 avant J. C., il manquait cependant d'exactitude; et l'on s'aperçut, après soixante-seize ans, ou quatre de ces cycles, qu'ils avançaient de six heures sur le cours de la lune. On établit alors une période de seize cycles, dont on retrancha un jour. *Voyez* CYCLE.

MICROMÈTRE. Petite lunette munie d'un réticule de fils très-fins, dont l'un est mobile, et qu'on dispose de manière à lire plus exactement qu'avec un vernier les divisions d'un cercle adapté à un instrument d'observation.

On donne aussi ce nom aux réticules intérieurs des lunettes; ils sont maintenant établis en métal, étiré aussi délicatement que les fils d'araignée employés d'abord à cet usage.

C'est à Gascoigne, mort à vingt-trois ans, qu'on doit cette invention donnant le moyen de mesurer les diamètres apparents des astres et les plus petits intervalles avec une grande précision.

On se fera une idée de la perfection à laquelle on est arrivé dans la disposition d'un tel appareil, quand on saura que le mouvement d'une étoile autour d'une autre, peut être ainsi constaté en moins de six mois, lors même que la révolution complète de cette étoile ne pourrait s'accomplir en moins d'un million d'années!

Frenhoffer de Munich a établi des micromètres circulaires servant à déterminer les plus petites différences en ascension droite, ainsi que le passage successif des deux bords d'un astre par le méridien.

MICROSCOPE. Cet instrument est usité dans les observations astronomiques, pour lire les divisions et subdivisions des cercles gradués auxquels sont adaptées les lunettes. Deux fils très-fins, croisés à angle droit au foyer commun de l'objectif et de l'oculaire et rendus mobiles au moyen d'une vis, indiquent à l'observateur celle des divisions la plus proche de l'image reçue au foyer de la lentille.

MIDI. Ce mot ne répond exactement à sa signification que deux jours de l'année, où *midi* est le milieu du jour, partageant avec égalité le temps entre le lever et le coucher apparent du soleil.

Ces jours sont le 15 juin et le 24 décembre, vers les solstices, ou plus exactement aux aspides, c'est-à-dire à l'apogée ou aphélie, d'une part, et au périgée ou périhélie, d'autre part.

Aux 15 avril et 1er septembre, le soleil se trouve aussi à peu près d'accord avec le temps moyen; pour tout autre jour, la première moitié est sensiblement plus grande ou plus courte que la seconde.

Le *midi vrai* est l'instant où, pour chaque lieu, le soleil paraît arrivé à sa plus grande hauteur, variant chaque jour, et indiquée par des points différents sur la méridienne.

Le *midi moyen*, ou le temps régulier, est donné par une horloge marchant toujours avec la même régularité. Il précède le midi vrai, et la différence entre eux est ce qu'on appelle l'*équation du temps*.

La rotation de la terre sur un axe incliné, et sa translation autour du soleil avec une vitesse qui s'accélère ou se ralentit, selon qu'elle s'approche ou s'éloigne de cet astre, occasionnent ces accords ou ces retards du temps vrai sur le temps moyen.

Ainsi, du 24 décembre, le temps moyen avance successivement sur le temps vrai jusqu'au 11 février, jour auquel une montre bien réglée doit marquer midi 14^m 32^s lorsqu'il est midi au cadran solaire; de là le temps moyen avance de moins en moins, jusqu'au 15 avril, jour où la montre et le soleil sont d'accord à très-peu près; le retard augmente insensiblement pendant un mois, puis diminue de même, et redevient nul le 15 juin. De ce jour, le temps moyen recommence à avancer sur le temps vrai jusque vers le 27 juillet, rétrogradant ensuite jusqu'au 1er septembre : alors le soleil et la montre sont de nouveau à peu près d'accord. Le temps vrai retarde de plus en plus jusque vers le 3 novembre, époque à laquelle ce retard est de 16^m 17^s; puis il diminue jusqu'à ce que, le 24 décembre, le temps vrai et le temps moyen se retrouvent d'accord.

Le *temps moyen* peut être représenté par un *soleil fictif marchant toujours de la même vitesse;* et le *temps vrai*, par le soleil réel, qui paraît marcher tantôt plus vite et tantôt plus lentement; de sorte que ces deux soleils ne seraient de front ou sur la même ligne que quatre fois dans le cours d'une entière révolution.

On voit ainsi l'inconvénient de régler sa montre au soleil, si ce n'est aux époques précédemment indiquées, à moins de faire pour les autres jours les rectifications convenables.

Même à l'équinoxe de printemps, la première moitié du jour surpasse l'autre de 1^m 12^s : c'est le contraire à l'équinoxe d'automne.

Le *midi*, ou le *sud*, est indiqué à l'horizon de chaque lieu par une ligne qui serait tirée du pôle perpendiculairement à l'équateur, ou encore par la direction d'une ligne méridienne prolongée. *Voyez* Minuit.

MILIEU. On emploie souvent cette expression quand il s'agit de phénomènes lumineux ou du mouvement des corps célestes.

Ainsi tous les corps perméables à la lumière sont *des milieux* plus ou moins réfrangibles, comme l'air, les nuages, les vapeurs, les gaz de l'atmosphère, l'eau, les liquides, les cristaux et toutes les substances transparentes, naturelles ou composées.

On ne connaît pas la nature de l'espace ou du milieu dans lequel se meuvent tous les corps, depuis ceux de notre monde particulier jusqu'aux étoiles visibles naturellement, ou à l'aide des instruments qui en ont révélé l'existence; jusqu'à ces nébuleuses situées à des profondeurs si prodigieuses que les instruments les plus forts ne pourraient nous les montrer si leur formation ne datait pas d'au moins *un demi-million d'années!*

Ce milieu universel dans lequel la puissance créatrice nous avait caché tant de merveilles et qu'elle peuple incessamment de nouvelles œuvres, contient de toute éternité, sans doute, la matière élémentaire dont se forment les soleils, les comètes et les planètes. Il paraît également rempli d'une matière plus subtile, traversée librement par les corps opaques animés d'une force de projection, mais qui présente néanmoins quelque obstacle à la marche des corps légers et vaporeux, puisqu'elle modifie l'action des forces attractives. Cette matière éthérée est encore assez condensée pour éteindre peu à peu l'éclat des astres éloignés, et si nombreux que pas un seul point de la voûte céleste ne peut être opposé au télescope, sans que plusieurs étoiles ne viennent y peindre leurs images. *Voyez* INCIDENCE.

MILLE Mesure de distance qui varie selon les pays. Celui de France est la 60ᵉ partie d'un arc d'un degré ou, 1851ᵐ, 85; il en faut trois pour faire une lieue marine, comme pour le mille géographique d'Angleterre. Le mille anglais vaut 1609ᵐ, 3150, et est contenu 69 fois et demie dans un degré de 28 lieues 1/2 de 4,000 mètres; ce degré contient 15 milles d'Allemagne, équivalant à 7,408 mètres et à 4 minutes de degré sur l'équateur, dont le diamètre a donné cette mesure itinéraire. Le mille d'Italie est de 60 au degré.

MINUIT. Selon le temps vrai, c'est-à-dire en comptant les heures, comme on le faisait autrefois, de l'instant où le soleil arrive au méridien de chaque lieu, *minuit* partagerait également la durée de l'obscurité, ou plutôt l'intervalle qui s'écoule entre le coucher et le lever de l'astre du jour.

Alors le soleil serait, relativement à chaque observateur, à sa position la plus basse, dans l'hémisphère céleste opposé, et marquerait le midi pour les antipodes.

En réalité il n'en est pas ainsi; minuit n'est pas plus le milieu de la nuit que midi *vrai* n'est le milieu du jour, sinon quatre fois dans l'année.

Cette différence est celle qui doit exister entre les horloges et les cadrans solaires; ceux-ci marquent toujours le passage du soleil *au plus haut point* de sa marche apparente de chaque jour, tandis que l'horloge sidérale, indiquant le retour d'une même étoile au méridien, est tantôt en avance et tantôt en retard sur ce moment d'où se compte le jour vrai.

La terre tourne bien régulièrement sur elle-même en 24 heures, mais, dans son mouvement annuel autour du soleil, elle ne procède pas avec la même régularité. Dans le cercle *un peu allongé* qu'elle parcourt en 365 jours 24,222 (un peu moins de 365^j 1/4), notre planète, selon qu'elle est un peu moins ou un peu plus éloignée du soleil, marche plus ou moins vite.

Les arcs qu'elle décrit chaque jour ne sont donc pas égaux, ainsi qu'ils le seraient si notre globe conservait toujours la même vitesse, ou bien marchait comme un soleil fictif, parcourant chaque jour et en chaque saison le même espace.

C'est ainsi que le midi ou le minuit moyen a lieu quand un certain point mobile de l'équateur céleste, égal, ou opposé à la longitude moyenne du soleil, passe au méridien de chaque lieu.

En un mot : le *minuit moyen* est indiqué par le retour d'une étoile au méridien, à compter de douze heures après le passage au méridien du point qui marque l'équinoxe du printemps. Entre chaque intervalle on doit compter 86,400 oscillations d'une pendule sidérale bien réglée, tandis que le jour vrai se compose d'un nombre plus ou moins grand de ces mêmes oscillations.

MIRA. Au milieu de la ligne qui unirait les Hyades à Fomalhaut, mais un peu plus bas, se trouve cette étoile extraordinaire, découverte par Hévélius dans la constellation de la Baleine. C'est une changeante rougeâtre, dont la périodicité est de 331^j 15^h 7^m. Elle brille comme une étoile secondaire pendant quinze jours, décroît pendant trois mois, et disparaît à la vue simple pendant environ six mois, après lesquels on la voit revenir à son premier éclat.

Ces variations ne se représentent pas avec la même intensité ni avec les mêmes intervalles; Hévélius a même mentionné que pendant quatre années, d'octobre 1672 à décembre 1676, on ne la revit pas. C'est Jacques Cassini qui s'occupa le premier à établir la période de variabilité de cette étoile, et qui a fixé l'attention sur le changement d'éclat reconnu depuis pour un grand nombre de ces astres.

Argelander pense que la période indiquée est sujette à des alternatives de ralentissements et de raccourcissements qui doivent s'étendre à 25 jours, dans une période de 88 révolutions.

MIRAGE. Effet de réfraction, qui reproduit dans les couches de l'atmosphère, comme dans un miroir, les images *renversées* des lieux ou des objets qu'on a devant soi. Ce phénomène est occasionné par l'*air* très-dilaté adhérent à la surface échauffée d'un *corps solide*.

Un fait de mirage d'une nature extraordinaire a été observé par M. Georges Elliot dans l'une de ses ascensions; se trouvant comme dans une boule creuse de verre dépoli, il aperçut, du côté opposé au soleil, l'ombre gigantesque de son ballon se dessiner sur les nuages dont il était entouré; puis à moitié distance, un second ballon pareil et dans la nacelle duquel un Sosie répétait tous ses mouvements. En montant plus haut il vit, à sa grande surprise, que le lest qu'il jetait montait vers le ciel au lieu de tomber comme le lest réel. En redescendant il vit encore la même image, mais elle remonta dans l'espace, où elle disparut peu à peu, à mesure que le véritable ballon retombait vers la terre.

MIROIRS. On appelle ainsi les verres concaves ou de réflexion placés au fond du tube des télescopes.

Le miroir que Newton réussit à construire en 1672 était en métal, et amplifiait 30 à 40 fois les objets.

Celui du grand télescope d'Herschell, dont la distance focale était de 40 pieds anglais, avait un mètre 22 centimètres de diamètre, et pesait vingt quintaux (ancienne mesure). Le télescope de lord Rosse a 60 centimètres de plus en diamètre, et se compose de deux réflecteurs qui ont partout la même épaisseur; sa puissance est alors presque quadruple de celui d'Herschell.

Ces miroirs sont composés d'étain, de cuivre et de cristal en certaines proportions. On en fait en argent; mais il est difficile de leur donner le poli et l'éclat nécessaires.

Les miroirs ardents, ou d'Archimède, ne sont plus que des objets de curiosité ; ils se composent d'un grand nombre de plaques de verre ou de métal, disposées de manière à réfléchir au *centre* tous les rayons lumineux qu'elles reçoivent.

Les lentilles à échelons proposées par Buffon et Condorcet, et si heureusement appliquées par Fresnel aux phares tournants, sont, comme les miroirs ardents, composées de plusieurs parties au moyen desquelles on évite le poids et le défaut de diaphanéité résultant de l'épaisseur qu'elles exigent.

MIZAR. Étoile secondaire, marquée ζ dans la constellation de la grande Ourse, dont elle indique le milieu de la queue.

Cette étoile double se compose d'une principale dont la couleur est blanche et d'une petite bleuâtre.

Très-près à gauche, se trouve encore une petite étoile nommée *Alcor*, qui n'est perceptible qu'aux meilleures vues.

MOIS. Cette dénomination vient d'un mot grec qui signifie lunaison ; en anglais, *month*, le mois, et *moon*, la lune, indiquent encore cette origine. Le mois chez les anciens, exprimant le temps écoulé entre deux nouvelles lunes, était d'environ 29 jours 1/2. Les Égyptiens faisaient leur année de douze mois de trente jours, en mettant à la fin cinq jours dits complémentaires ; on l'avait fait ainsi dans le calendrier républicain. Les Grecs ont eu des mois de 29 et de 30 jours alternativement ; on les partageait en trois décades dont le dernier jour de la dernière signifiait, à la fois, *vieux* et *nouveau*, parce qu'il devait toujours marquer le commencement ou la fin de la lunaison ; ce nom se retrouve dans l'*Odyssée* d'Homère.

Les Romains n'avaient d'abord que dix mois, dans l'ordre suivant : mars, avril, mai (de *Maïa*, mère de Mercure), juin (de Junon) et les six autres n'indiquant que leur rang, c'est-à-dire : *quintilis* pour le 5ᵉ, sextilis pour le 6ᵉ, etc. Numa ajouta le mois de janvier (Janus) et celui de février, dont l'étymologie est aussi incertaine que celle d'avril. Sur ces douze mois sept étaient de 29 jours, quatre de 31, et février de 28, donnant ainsi une année lunaire de 355 jours, au lieu de 354 qu'elle aurait dû avoir pour suivre la supputation grecque du cycle de Méton. Tous les deux ans on intercalait un autre mois dit *mercedianus*, entre le 23 et le 24 février, qui reprenait ensuite les 5 jours interrompus. Après les intercalations du mois de février *au second* rang, le septième aurait dû être le huitième, celui-ci le neuvième, etc. ; mais les décemvirs décidèrent néanmoins que ces mois conserveraient leurs fausses dénominations, et nous avons adopté cette absurdité puisqu'aujourd'hui notre *neuvième* mois s'appele *septembre* (*le* 7e), et ainsi des trois derniers mois.

Les mois de *quintilis* et de *sextilis* avaient été remplacés : le premier, sous Marc-Antoine, par le nom de *Julius,* en l'honneur du réformateur, et le dernier par le nom d'*Augustus,* par décret du sénat, l'an de Rome 730. Cette mesure du temps n'a donc plus aucun rapport avec les phénomènes astronomiques.

On ne conçoit pas qu'au lieu d'avoir un mois de février de 28 ou de 29 jours, tous les mois n'aient pas été faits alternativement de 30 et de 31 jours, en retranchant le dernier jour du dernier mois, sauf dans les années bissextiles.

Dans le calendrier de la première république, ils étaient tous de 30 jours, avec 5 ou 6 jours complémentaires, selon que l'année était ou non bissextile ; leurs significations rappelaient du moins, pour notre latitude, des états météorologiques, ou des époques d'agriculture.

Ils étaient divisés par séries de terminaisons différentes, ainsi qu'il suit : vendémiaire, brumaire et frimaire pour l'automne ; — nivôse, pluviôse et ventôse pour l'hiver ; — germinal, floréal et prairial pour le printemps ; — messidor, thermidor et fructidor pour l'été.

Le mois lunaire *périodique* est de 27^j 3/10; et il faut encore 2 jours et quelques minutes pour que la lune se retrouve dans la même position relativement au soleil.

La révolution *synodique,* ou lunaison, est de 29^j 12^h 44^m 2^s ; aussi les peuples qui comptent par mois lunaires sont obligés à de nombreuses intercalations, et, chez les Turcs, le premier jour de l'an passe successivement dans les quatre saisons pendant une période de trente-trois ans.

Les mois *embolismiques* étaient les sept derniers du cycle de Méton, qui en avait fait six de 30 jours et le septième de 29 jours, afin de compléter la période de dix-neuf ans qui devait ramener dans le même ordre les phénomènes astronomiques.

MONDE. Pour les anciens peuples, et selon les récits de Moïse, le monde était borné à quelques régions de la terre, au soleil et à la lune *créés pour l'éclairer,* et enfin aux étoiles *visibles* fixées au firmament comme des objets de simple curiosité.

Les philosophes épicuriens avaient pourtant déclaré que ces étoiles étaient des soleils semblables au nôtre, et que leur éloignement seul faisait paraître aussi petits. Métrodore d'Éphèse, allant beaucoup plus loin, dit expressément : Il est aussi absurde de croire qu'un seul monde existe dans l'espace infini, qu'un seul épi dans un vaste champ.

Selon le texte hébreu, la durée de ce monde avant le déluge avait été de 1656 ans et de 2242 à 2256 d'après la version des Septante, d'accord avec les observations babyloniennes. Depuis ce cataclysme, la chronologie égyptienne compte 6140 ans à peu près, comme celle de Babylone, des Indes et de la Chine.

L'observation d'un lever héliaque de Sirius au quatrième jour après le solstice d'été, répondant à 2550 années, suppose au moins 3000 ans d'ancienneté à la science astronomique avant J. C., conformément aux traditions chinoises mentionnant des tables et des connaissances célestes laissées par Fohi 3,000 ans avant notre ère.

Sans parler des supputations de Manéthon et de Dicéarque, qui font remonter encore plus haut les temps historiques, on peut croire, avec les géologues modernes, que notre monde, en le bornant seulement à notre planète, est beaucoup plus vieux que toutes les traditions le supposent.

L'état des peuplades sauvages, lors des premières communications avec les Européens, autorise à croire que des milliers d'années se sont écoulés depuis que les premiers habitants ont paru sur la terre, jusqu'aux périodes citées précédemment, et pendant lesquelles les hommes, devenus moins barbares, ont pu conserver quelque souvenir des actions et des événements les plus remarquables.

Les prêtres d'Égypte et des Indes avaient certainement d'autres connaissances que celles du vulgaire sur les corps célestes, mais ils ne les révélaient qu'à quelques disciples, après s'être assurés de leur discrétion par de longues épreuves.

Ainsi, jusqu'à Copernic, *le monde* était celui de la Genèse, c'est-à-dire : la terre immobile au centre, et tous les astres circulant autour d'elle.

Alors le monde a commencé à s'agrandir. L'astre central, foyer de chaleur et de lumière pour plusieurs autres mondes, a repris sa place et son importance; les différents corps de notre système particulier n'ont plus occupé qu'une minime partie du ciel, où l'on a supposé que chaque étoile était comme notre soleil entourée de plusieurs planètes. Jordan Bruno, qui vint après Galilée, célébra dans un poëme *la pluralité des mondes*. Huygens, au dix-septième siècle, développa les idées philosophiques des Grecs et de Copernic en faveur de cette doctrine dont Fontenelle plus que personne a popularisé la croyance.

Il faut avouer néanmoins qu'aucune circonstance n'autorise à admettre de telles analogies entre notre système solaire et ceux qui doivent exister dans l'espace. Nos instruments ne peuvent nous y faire apercevoir des corps opaques en circulation autour des étoiles, mais seulement d'autres étoiles tournant autour de soleils plus considérables.

Un grand nombre présentent ce phénomène; d'autres nous montrent plusieurs corps lumineux paraissant en dépendance mutuelle, ou subissant l'attraction d'un astre central.

Ces combinaisons d'étoiles, doubles, triples et multiples; ces nébuleuses, où des millions d'étoiles sont disposées en spirales autour d'une ou de plusieurs autres, semblent plutôt nous révéler des assemblages d'astres lumineux gravitant les uns vers les autres, que des systèmes composés d'un soleil et de corps planétaires analogues à ceux de notre monde particulier.

Quelle que soit la prodigieuse variété que la nature sait montrer dans ses œuvres, l'imagination, qui ne peut concevoir l'innombrable quantité des soleils répandus dans l'espace, serait encore plus impuissante pour comprendre qu'un nombre cinquante fois plus grand de corps planétaires circulent autour de tous les astres dont la lumière vient se réfléchir aux miroirs de nos télescopes.

Quoi qu'il en soit, *le monde*, dans son acception la plus étendue, est maintenant considéré comme l'ensemble des corps célestes de toute nature, semés à toutes les distances et dans toutes les directions de l'espace infini. *Voyez* UNIVERS.

MONTAGNES PLANÉTAIRES. On a reconnu de très-hautes montagnes sur les disques de Mercure et de Vénus; mais celles de la lune ont particulièrement fixé l'attention des observateurs, parce que la proximité de notre satellite permet de les bien distinguer, et même de les mesurer très-exactement.

Le télescope de lord Rosse y montre distinctement un objet de 90 mètres d'étendue.

Plutarque écrivait déjà que les taches de la lune faisaient supposer l'existence de vallées et de montagnes dont les ombres se projetaient à la surface, comme celle du mont Athos qui s'étendait jusqu'à Lemnos.

Quand toutes les circonstances sont favorables, il est possible de distinguer *à l'œil nu* les sommets des Apennins lunaires, les bassins isolés nommés mers de Crisius et de Tycho, ainsi que les *chaînes montagneuses* et les cratères qui les entourent.

Quelques-uns de ces vastes espaces, qu'on regardait d'abord comme des océans, offrent des teintes vertes, rouge pâle ou bleu foncé.

Les trois places les plus obscures du disque visible sont celles qui ont reçu les noms de *Lac noir*, au nord des *Alpes ;* de *Grimaldi*, dans la région équatoriale et d'*Endymion*, sur le bord nord-ouest. La plus éclatante est le sommet d'*Aristarque*, dont les points brillent quelquefois comme des étoiles.

La région du pôle nord présente bien moins d'élévations et de montagnes en forme de cônes, que les parties inférieures dont les pics, même avec une faible lunette, ont l'aspect d'îles lumineuses.

Des lignes brillantes fort étendues, peu sensibles quand la lune est obliquement éclairée, offrent dans la pleine lune des systèmes rayonnants autour de quelques montagnes ; ces bandes étroites et uniformes, ne portant pas d'ombre, et par conséquent ne provenant pas d'élévations à la surface, n'ont pas encore été expliquées d'une manière plausible.

Avec de bons instruments, les taches diffuses qu'on voit à l'œil nu présentent des irrégularités qui varient avec leur position, relativement au soleil ; des ombres prononcées tournent autour de points lumineux dans la direction opposée à cet astre ; un grand nombre de cônes creux, avec des coulées de lave rayonnant alentour, offrent l'image de nos volcans éteints.

L'une des figures de la planche iv représente les particularités d'un de ces cratères d'après John Herschell.

Pendant les éclipses, les bords qui se découpent alors sur le soleil ont des dentelures profondes qui accusent toujours les mêmes formes et les mêmes élévations.

Galilée, qui avait d'abord observé ces montagnes, leur donnait jusqu'à 9,000 mètres de hauteur ; Herschell croyait que les plus élevées ne dépassaient pas le tiers de cette estimation. Des moyens mieux combinés ont permis récemment de mesurer près de 1100 de ces montagnes avec une grande précision : 39 sont au-dessus de 4,813 mètres (hauteur du mont Blanc), et 6 dont voici les noms : au-dessus de 6,000 mètres , Dorfel , a 7,623ᵐ ; Newton, 7,264ᵐ ; Casatus, 6,956ᵐ ; Curtius, 6,769ᵐ ; Callipus, 6,216ᵐ ; et Tycho , 6,151ᵐ. La Kintschinjinga, dans la chaîne du Thibet, a 8,590ᵐ, c'est la plus élevée des montagnes terrestres.

L'Aconcagna, dans les Andes du Pérou, a 7,290 mètres.

Le cône tronqué du Cayambe-Urcu, dans les Cordillères, dont la hauteur est de 5,920 mètres, est exactement sous l'équateur.

Le Pichincha des mêmes chaînes a 4,854 mètres ; le Chimborazo, 6,530ᵐ, et la limite inférieure de ses neiges éternelles est à 4,815ᵐ, mesure exacte de la cime du mont Blanc.

Le pic de Néthou, le plus haut des Pyrénées, n'a que 3,485ᵐ.

Relativement à son diamètre, la plus haute montagne de notre satellite en est la 450ᵉ partie, quand le plus haut pic de la terre, dont l'étendue est quatre fois plus grande, ne représente que la 1480ᵉ partie du sien.

Les cartes topographiques de la lune observée avec de grands télescopes font connaître, autant que possible, l'hémisphère toujours tourné vers nous.

Les nombreux cratères qui se distinguent à la surface de notre satellite sont maintenant éteints, puisque, par une cause ignorée, il n'a plus aucune atmosphère.

Le cratère d'*Ératosthène* a 28 milles anglais de diamètre (plus de 11 lieues); d'autres ont encore une bien plus grande enceinte : aussi ne croit-on pas qu'ils aient été produits par des éruptions volcaniques, mais par des soulèvements de la surface originaire, comme quelques uns des cirques montagneux existant sur la terre.

Un dessin obtenu avec un grossissement de 900 fois, et communiqué par le P. Secchi, montre le cratère de Copernic (indiqué à la planche IV), avec une double enceinte annulaire, dont l'extérieur, plus basse, présente un diamètre de 48″, répondant ainsi, à 87,000 mètres; les élévations intérieures forment elles mêmes trois enceintes de roches brisées, avec des échancrures aux extrémités opposées, ayant, au nord et au sud, de petits cratères accouplés.

Les autres planètes sont entourées de nébulosités si épaisses, ou sont à une telle distance, qu'il est impossible d'apercevoir les inégalités de leurs surfaces; mais on doit penser que partout des causes semblables ont produit les mêmes effets.

MONTRES MARINES. Ces instruments destinés aux observations s'appellent aussi des *chronomètres;* ils servent à donner la longitude en mer, en comparant l'heure vraie du lieu occupé alors par le navire avec l'heure réglée sur le méridien, au lieu du départ dont la longitude est connue.

La différence des heures indique l'espace parcouru vers l'est, ou la direction opposée, à raison de 15° par chaque heure d'avance ou de retard. *Voyez* AVANCE et CHRONOMÈTRE.

MOUCHE (LA). Petite constellation dépendant de celle du Bélier et formant un petit triangle dont la principale étoile est une double, n° 41, qui se trouve à droite et un peu au-dessus des pléiades d'un côté, et de l'autre au-dessous du triangle boréal.

MOUSSONS. Vents qui soufflent régulièrement à certaines époques et sous de certaines latitudes. Les principales causes de ces courants atmosphériques sont d'abord : la chaleur du soleil, laquelle, dans les régions équatoriales, dilate les couches inférieures de l'air et les élève constamment, en attirant ainsi de proche en proche les couches les plus éloignées ; la rotation de la terre, plus rapide à l'équateur, ajoute à cet effet en lui imprimant une direction constante d'un côté pendant six mois, et en sens contraire pendant l'autre moitié de l'année. Les grandes surfaces de l'intérieur des continents, diversement échauffées que les océans dont elles sont environnées, occasionnent aussi des dilatations et des réfractions alternatives, qui se combinent en produisant des vents réguliers, des *moussons* que les navigateurs mettent à profit.

En Égypte, le vent *étésien*, ou du nord, succède toujours au vent du midi ou de l'intérieur, vers le solstice d'été. Entre Madagascar et l'Afrique, le vent des moussons souffle depuis octobre jusqu'à mai, du sud-est et le reste de l'année, du point opposé. Dans le golfe du Bengale, les moussons viennent du sud-ouest d'avril à octobre, et du nord-est pendant le reste de l'année. *Voyez* VENTS.

MOUVEMENT DES CORPS CÉLESTES. Les mouvements peuvent être de nature fort différente, savoir : absolu ou relatif, simple ou composé, propre ou commun, rectiligne ou curviligne, vrai ou apparent, accéléré ou retardé, uniforme ou inégal, linéaire ou angulaire, oblique, horizontal ou perpendiculaire.

Pour tous les objets fixés à bord d'un navire, son mouvement est *absolu;* mais la marche de ce navire est un mouvement *relatif,* comparé à la rotation de la terre, et même aux courants qui retardent ou favorisent sa navigation.

Le mouvement *simple* est toujours *rectiligne*, parce qu'il est produit par une seule force ou la combinaison de plusieurs agissant dans la même direction. La chute des corps vers le centre de la terre, une locomotive chassée par la vapeur, une voiture également traînée, sont des exemples de ce mouvement. Un corps lancé perpendiculairement retombe sur la terre; mais la force de projection qui l'animait d'abord s'affaiblit peu à peu et vient à cesser; puis, la force de l'attraction devenant prédominante, ce corps revient de plus en plus vite au point d'où il est parti, ayant ainsi été animé d'un mouvement *composé* et toujours rectiligne.

Si les conditions qui produisent un tel mouvement s'étaient présentées dans la projection d'un corps de notre système, la puissance de l'attraction l'eût fait revenir à son point de départ, ou si cette puissance avait été surmontée par la force primitive, le corps, continuant sa direction rectiligne, aurait ainsi traversé l'espace jusqu'à ce qu'il fût tombé dans l'attraction d'un autre système céleste qui s'en serait emparé, en changeant la nature de son mouvement originaire.

Ainsi, dans la nature, la ligne droite et le mouvement rectiligne ne peuvent se perpétuer longuement; l'attraction elle-même, qui attire réciproquement tous les corps dans la direction qui unit leurs centres, est continuellement modifiée et déviée par la rotation comme par la circulation de ces globes dans l'espace.

Le principe qui fait tomber les graves perpendiculairement à la surface de la terre n'est pas lui-même rigoureusement exact, puisque par l'effet de la rotation, leur chute a toujours lieu un peu à l'est de la verticale, ce qui recourbe nécessairement la ligne droite attribuée à la force de la gravité. Les projectiles lancés directement se détournent aussi vers l'Orient; la lumière enfin ne nous parvient pas en ligne droite, elle est sans cesse déviée et infléchie, d'abord par le fluide subtil existant dans l'espace, et ensuite par le déplacement continuel de notre planète et de l'atmosphère qui l'entoure.

Tous les corps de notre système ont dans l'espace, ou relativement aux étoiles supposées fixes, un mouvement qui leur est *propre*. Les planètes et les satellites, sauf une seule exception, ont un mouvement qui leur est *commun*, en circulant dans le même sens autour du soleil.

Le mouvement *curviligne* est engendré par une force qui, agissant dans une autre direction , fait décrire au corps mû une ligne courbe au lieu de la ligne droite qu'il suivait d'abord. Il se compose donc d'un choc ou d'une projection originaire, et de la puissance mystérieuse de l'attraction universelle qui paraît agir sur tous les corps célestes.

Vue du soleil, la terre paraîtrait posséder un mouvement *vrai;* mais le soleil, vu de la terre , lui présente un mouvement *apparent;* la rétrogradation des planètes n'est qu'*apparente,* de même que la fixité de la lune sur son axe.

Quand une même force continue d'agir, si une autre vient s'ajouter à la première, le mouvement *s'accélère* , soit *uniformément,* soit *inégalement :* c'est encore la chute des graves, que l'attraction détermine avec une force de plus en plus grande, qui nous offre l'idée de cette combinaison ; la marche annuelle de la terre dans son ellipse présente aussi des *accélérations* qui font avancer le temps moyen sur le temps vrai. Il en est ainsi du 1er septembre au 25 décembre, mais alors les forces centrifuges , devenant prédominantes, *retardent* le mouvement, et, jusqu'au 15 avril , le temps moyen devance le temps vrai.

On dit que le mouvement est *uniforme* quand un corps parcourt des espaces semblables dans des temps égaux ; ainsi, dans la rotation de la terre , chaque point de sa surface décrit dans une heure, un arc de quinze degrés. En doublant la vitesse , le même chemin est parcouru dans la moitié du temps, mais toujours *uniformément,* en admettant que la force accélératrice agisse constamment avec la même énergie , comme dans la chute des corps pendant laquelle la force invariable de la gravité donne, dans un temps égal, une égale addition de vitesse.

Le mouvement uniforme peut encore être également *retardé* , si une force invariable agit en sens inverse sur le corps mû, et lui ôte la même quantité de vitesse, dans des temps égaux, jusqu'à ce que, la force primitive étant épuisée , ce corps reste un moment en repos.

Ainsi , même sans avoir égard à la résistance de l'air, une pierre lancée perpendiculairement avec une vitesse de huit mètres dans la première seconde n'en ferait plus que quatre avec une vitesse égale dans la deuxième seconde , c'est-à-dire la moitié du chemin qu'elle aurait fait, sans l'action de la force centrale qui, diminuant peu à peu celle de la projection, finit par l'anéantir et ramène la pierre au point d'où elle est partie avec une vitesse *uniforme,* mais accélérée en sens inverse.

Le mouvement linéaire peut se concevoir en supposant un petit cercle en mouvement dans un plus grand et tous deux animés de la même vitesse; la circonférence entière étant parcourue dans le même temps, il est clair que chaque point du cercle intérieur a fait moins de chemin que ceux du cercle extérieur. Ainsi le moyeu d'une roue fait autant de tours que le cercle des jantes, mais plus lentement.

Dans cet exemple, le mouvement *angulaire* est le même pour les deux cercles, qui dans le même temps parcourent le même nombre de degrés; mais il est fort différent pour les planètes circulant autour du soleil dans des temps qui varient depuis quatre-vingt-huit jours jusqu'à cent-soixante cinq ans.

Ainsi, tandis que Mercure a un mouvement angulaire et journalier de 4 degrés 10 minutes environ, celui de Jupiter n'est que de 5 minutes de degré et celui de Neptune de 21 secondes 1/2.

Lorsque deux forces égales agissent en même temps sur un corps dans des directions différentes, son mouvement devient *oblique*.

Ainsi, une boule projetée horizontalement sur un plan et sollicitée par la puissance de la gravité qui l'attire au moment de sa chute tombe *obliquement* à la surface du sol, en parcourant la diagonale d'un parallélogramme dont les côtés expriment les deux mouvements séparés.

Rien n'est en repos dans l'espace; la matière, animée par le calorique ou par une impulsion primitive, est partout en mouvement.

Notre planète est animée de trois mouvements, savoir : le premier *diurne*, et en vertu duquel le soleil comme toutes les étoiles nous paraissent se lever d'un côté et se coucher à l'opposé en atteignant, au milieu de ces deux instants, des hauteurs chaque jour différentes sur la même ligne, qui est la méridienne passant par les deux pôles.

Le *mouvement* propre ou *de translation* est celui que la terre fait autour du soleil, et qui donne la durée de chaque année ainsi que celle des jours et des saisons.

Le troisième mouvement est celui de *précession*, par suite duquel l'axe de la terre, en se balançant lentement, décrit dans l'espace un petit cercle qui fait successivement passer certaines étoiles de l'un à l'autre côté de l'équateur, en changeant ainsi la position des étoiles polaires ou circompolaires.

Sur notre planète, les corps en apparence les plus immobiles sont soumis à une agitation moléculaire, pénétrés et traversés par les agents invisibles de la nature ; par le son, la lumière, l'électricité, l'éther, le magnétisme, les forces de l'attraction ou de l'impulsion.

Un corps ne peut se donner le mouvement ; mais, une fois produit, il se transmet, se modifie, s'accélère ou se ralentit, sans jamais se détruire ; ainsi l'altération des mouvements célestes ne peut provenir que d'une cause étrangère.

Les lois de la mécanique nous enseignent que la quantité du mouvement est le produit de la masse d'un corps multipliée par la vitesse ; que si le mouvement originaire était, par exemple, de 30 mètres par seconde, une nouvelle impulsion qui seule imprimerait au même corps une vitesse de 40 mètres dans la première seconde le fait mouvoir avec une vitesse de 50 mètres dans la deuxième seconde, de $64^m,03$ dans la troisième seconde, etc.

Les corps célestes décrivent, en vertu de leur impulsion primitive et des lois de l'attraction, des courbes *proportionnelles aux carrés des temps :* on obtient ainsi l'étendue de leur mouvement de *translation* ou de leurs ellipses autour du soleil, ainsi que celui des satellites autour de la planète principale, en connaissant les périodes de révolution.

D. Bernouilly pensait que le mouvement commun des planètes leur était imprimé par l'atmosphère du soleil s'étendant à une distance infinie, et entraînant dans sa rotation tous les corps qui y sont plongés.

De là, disait-il, le mouvement plus lent des planètes les plus éloignées, recevant une impulsion proportionnelle à la densité du milieu où elles se meuvent, laquelle densité est beaucoup plus grande vers le soleil.

L'atmosphère des planètes avait, dans ce système, le même effet sur leurs satellites ; mais ces idées théoriques, qui se rapprochaient de celles de Descartes, n'ont pu supporter l'épreuve des faits maintenant connus. S'il en était ainsi, les comètes, par exemple, dont le mouvement est opposé, devraient avoir des vitesses moins grandes en parcourant un tel milieu vers leurs périhélie ou en s'approchant du soleil ; tandis qu'au contraire elles sont alors animées d'un mouvement bien plus rapide.

Notre soleil, qui est l'une des étoiles de la Voie lactée, nous emporte, avec tout son cortége, dans les déserts de cette strate lumineuse, vers l'une des étoiles de la constellation d'Hercule, située à 257° d'ascension droite et à 25° de déclinaison boréale ; mais le but est *si éloigné* que, lors même que le mouvement ne se ferait pas dans une courbe autour d'un centre de gravité, comme cela est probable, notre monde solaire s'avançant vers ce point avec une vitesse de 15,000 myr. (38,000 lieues) par jour, mettrait encore un *million huit cent mille années* avant d'y arriver ! Selon Struve et Péters, cet astre se déplacerait avec une vitesse quatre fois plus grande encore.

Suivant une des lois fondamentales de la mécanique, tous ces corps, étant animés *d'un mouvement général et commun,* conservent, dans leur translation à travers l'espace, les forces et les vitesses relatives, originairement imprimées à chacun d'eux.

Leurs mouvements et leurs actions réciproques s'accomplissent avec la même indépendance et la même régularité que si la masse solaire qui les emporte était réellement en repos.

Un grand nombre d'étoiles, soleils lointains d'autres mondes, ont déjà livré aux calculs de la science la mesure de leur distance et la vitesse de leurs mouvements particuliers.

La 61ᵉ du Cygne et l'étoile d'Argelander, de septième grandeur, située presque sur la ligne des équinoxes, à environ 45° du pôle boréal, ont : la première, un mouvement propre de 5″, et la deuxième (marquée 1830 sur notre planisphère), de 7″ par année. Elles sont 3 et 4 fois plus éloignées de notre soleil que l'étoile α du Centaure, dont le mouvement est de 3″,58 ; ainsi ces astres lumineux ne sont, pas plus que nos planètes, assujettis à des règles proportionnelles, dans leurs courbes de révolution.

Sans leur éloignement inimaginable, nous verrions tous ces astres tourner sur eux-mêmes, circuler les uns autour des autres, comme la lune autour de la terre ; d'autres groupes accompagner des corps plus puissants dans leur circulation, de même que nos planètes le font autour du soleil ; et enfin des multitudes de systèmes solaires décrire des courbes immenses autour d'une masse centrale plus considérable, ainsi que notre soleil, avec tout son cortége, paraît le faire autour des Pléiades, vers lesquelles certains astronomes veulent apercevoir le centre de son attraction.

Afin de pouvoir un jour apprécier plus exactement les mouvements propres et relatifs des corps de notre système solaire, et même de la nébuleuse stellaire dont notre soleil fait partie, les astronomes modernes établissent de nouveaux catalogues pour les principales nébuleuses, en déterminant avec rigueur leurs formes, leur position et leurs points les plus brillants.

En prenant ainsi des points de repère *en dehors* de notre univers, c'est-à-dire au-delà de la sphère des étoiles visibles, on devra reconnaître plus tard la véritable direction et la valeur du déplacement absolu, non-seulement de notre système dans l'espace, mais encore de ces nébuleuses, ainsi que les changements qui pourront s'y opérer, soit dans leur aspect, soit dans leurs situations relatives.

Les mouvements planétaires s'effectuent dans le sens de la rotation du soleil qui les gouverne, c'est-à-dire d'Occident en Orient, ou plutôt de gauche à droite, quand elles sont du même côté que la terre; car on doit concevoir qu'en achevant leur course de l'autre côté du soleil, elles doivent paraître circuler en sens inverse, ou de droite à gauche.

C'est ainsi que les taches du soleil, faisant le tour de son disque, se montrent d'abord au bord occidental ou à gauche de l'observateur, et traversent obliquement vers la droite, pour achever de l'autre côté, dans le sens opposé, leur révolution circulaire. Il en est de même pour tous les corps célestes observés du même point d'orientation; on les voit décrire leurs orbites tantôt dans un sens, tantôt dans le sens opposé ou rétrograde, selon la position de notre planète dans sa translation autour du soleil, et aussi selon la vitesse plus ou moins grande de ces corps planétaires dont les uns nous devancent, tandis que les autres nous suivent lentement dans cette universelle circulation.

Quant à la rotation de la terre sur elle-même, le mouvement nous paraît s'effectuer toujours d'Occident en Orient, quelle que soit la place qu'elle occupe dans son orbite, parce que chaque point de la surface arrive journellement vers le soleil, ayant le midi à droite et le nord à gauche du spectateur tourné vers cet astre. Néanmoins on doit concevoir qu'aux antipodes de chaque lieu, les habitants sont emportés par un mouvement contraire, et qu'un observateur placé dans l'espace loin de notre planète, verrait en même temps différentes régions se mouvoir dans un sens, tandis que les régions diamétralement opposées tourneraient en sens inverse.

MOYEN (TEMPS). Les horloges bien réglées indiquent le *temps moyen*, ou l'heure que marquerait le soleil sur les cadrans, si la terre, pendant sa translation annuelle autour de cet astre, en était toujours à égale distance et marchait avec la même vitesse.

C'est Lalande qui le premier a proposé, mais alors sans succès, de régler les horloges sur le temps moyen.

Depuis l'adoption de cette mesure, toutes les horloges doivent marquer la même heure sous la même longitude et 4″ en plus ou en moins *par degré*, selon que l'horloge est à l'est ou à l'ouest de celle à laquelle on doit la comparer; c'est un calcul à prendre en grande considération quand il s'agit de régler la marche des convois sur les chemin de fer, puisqu'à 60 lieues de distance, une différence d'un quart d'heure, par l'avance de 8ᵐ d'un côté, et le retard de 8ᵐ de l'autre, peut occasionner de graves accidents.

L'*heure vraie*, c'est-à-dire le moment où chaque jour le soleil paraît arriver au méridien, diffère en plus ou en moins de l'heure moyenne, d'une quantité que marque une bonne montre, comparée avec l'ombre d'un cadran solaire.

Le temps moyen est d'accord avec le temps vrai les 15 juin, 24 décembre, 15 avril et 1ᵉʳ septembre; la plus grande avance du premier sur le second a lieu vers le 11 février pour environ 14ᵐ 1/2, et le plus fort retard est, vers le 3 novembre, d'environ 16ᵐ 17ˢ.

La *moyenne distance* des corps célestes au soleil qui est est celle comprise entre le centre de leurs ellipses et l'une des extrémités du grand axe qui les partage en deux parties égales. Leur plus petite distance, ou leur périhélie, est cette différence entre la moyenne et la plus grande distance. *Voyez* TEMPS, HEURE, etc.

MURAL (CERCLE). On appelle ainsi un cercle ordinairement en cuivre, fixé parallèlement à la surface d'un mur construit dans le plan du méridien.

Une lunette munie d'une alidade indique sur le cercle qui est gradué l'angle fait par l'astre observé avec le zénith; le complément à 90° est alors la hauteur de l'astre sur l'horizon du lieu.

Le cercle mural indique l'heure des passages au méridien, ainsi que la déclinaison ou la distance à l'équateur.

On cite les sextants gigantesques d'Abou-Mohammed, astronome Arabe, sur l'un desquels un tuyau pratiqué dans la voûte de l'observatoire faisait tomber, à midi, l'image du soleil donnant sur le limbe gradué de 6 en 6 minutes le complément de sa hauteur, ainsi qu'une lunette le fait aujourd'hui sur un cercle mural.

N

NADIR. Mot arabe qui signifie le point opposé au zénith, dans la partie inférieure du ciel ; il répond sur la terre aux antipodes de chaque lieu. Le nadir de Paris se trouve dans l'océan Pacifique, entre la Nouvelle-Hollande et l'Amérique méridionale. *Voyez* ZÉNITH et COLLIMATION.

NAVIRE (LE). Constellation australe à gauche du grand Chien. On peut cependant, sous nos latitudes, en apercevoir d'abord trois tertiaires disposées en arc, et voisines de l'étoile secondaire qui termine de ce côté le triangle au-dessous de Sirius ensuite deux ou trois petites étoiles plus à gauche, qui sont les mâts du Navire, peuvent être visibles le soir en février, mars et avril, un peu à gauche et au-dessous de Procyon, en direction de cette étoile et de la Chèvre. Le bas de cette constellation, qui comprend Canopus, la plus belle étoile du ciel après Sirius, n'est pas visible sur notre horizon ; mais dans quelques siècles, et par suite du mouvement de précession, nos successeurs pourront l'apercevoir. *Voyez* pl. II.

NÉBULEUSES. Taches diffuses et blanchâtres dont la Voie lactée est pour nous la plus considérable, parce que notre système solaire se trouve placé à peu près au milieu, et qu'ainsi notre vue se prolonge dans la prodigieuse étendue de cette strate jusqu'aux limites de son grand axe, dont les dernières couches d'étoiles se distinguent de moins en moins, et ne produisent plus qu'une lueur presque imperceptible.

A droite et à gauche, le peu d'épaisseur de cette espèce de meule irrégulière nous permet d'en apercevoir toutes les étoiles, et entre elles d'autres nébuleuses dont quelques-unes sont plus étendues que la Voie lactée.

Herschell a distingué dans cette zone 157 groupes, et 18 sur ses limites, dont à la vue simple on peut remarquer la différence d'éclat. L'une de ces nébulosités vient couper la nôtre à angle droit ; elle est fort importante, puisqu'on en peut suivre les contours à travers les constellations de la grande Ourse, de Cassiopée et de la Vierge.

Les étoiles nébuleuses d'Ératosthène et de Ptolémée : les nébu-

24.

leuses des tables Alphonsines de 1252, ainsi que celle de Galilée, ne sont que des groupes d'étoiles en nombre prodigieux, paraissant en rapports mutuels et visibles à l'œil nu, sous l'apparence de nébuleuses arrondies ou ovales; ces amas, qui ont l'aspect de comètes très-éloignées, sont principalement situés entre la Couronne australe, le Sagittaire, la Queue du Scorpion et l'Autel.

Certaines nébuleuses, visibles à l'œil nu, se changent en étoiles avec une faible lunette; d'autres exigent de très-forts grossissements; Parmi les premières on distingue celles de Persée, des Gémeaux, d'Hercule, d'Andromède, du Cancer, de Bérénice et d'Orion.

Les lueurs qui résistent à telle amplification deviennent résolubles avec un plus fort objectif.

D'après les nouveaux et curieux résultats obtenus avec le grand télescope de lord Rosse, il paraît même qu'aucune nébuleuse ne serait irrésoluble en étoiles. Herschell pouvait décomposer celles que Messier déclarait irrésolublés, et lord Rosse résout maintenant celles qu'Herschell croyait composées seulement de matière élémentaire.

Il existe cependant des nébulosités qui paraissent, jusqu'à présent du moins, de la matière simple ou à l'état originaire. Si l'on juge de leur éloignement par la faiblesse de leur lumière, ayant 160 fois moins d'éclat que les étoiles de 1344me grandeur, le calcul donne plus de deux millions d'années, pour que le rayonnement d'une lueur aussi faible parvienne jusqu'à nous.

La première nébuleuse observée en 1612 est celle d'Andromède, qui est en forme de navette, avec le milieu plus brillant et visible à l'œil nu : elle se trouve au-dessus de Mirach, sous Cassiopée. La nébuleuse d'Orion, presque invisible sans lunette, répandait dans le télescope d'Herschell une lumière égale au jour à midi; des changements de forme ont été déjà constatés dans cette nébuleuse, qu'on peut assez bien distinguer avec une moyenne lunette. Dans la partie centrale se trouvent *six étoiles* qui paraissent en dépendance réciproque; mais deux de ces étoiles, étant de 11^c et de 13e grandeur, ne sont visibles qu'avec de très-forts instruments.

En 1783, on n'avait encore compté que 96 de ces nuages lumineux; trois années après, Herschell en indiquait plus de mille, puis le double en 1789; ses catalogues de 1802 en désignaient près de 1800. Son fils John en a observé 525 de plus, pendant son séjour au cap de Bonne-Espérance. Aujourd'hui la position de plus de 3,600 a été déterminée.

W. Herschell, qui a fait une étude spéciale de ces corps, les a divisé en huit catégories, présentant des caractères distincts ; mais ces distinctions du grand astronome doivent aujourd'hui se réduire à de moins nombreuses ; ainsi le quatrième de ces groupes, qui comprend 58 nébuleuses dites *planétaires*, parce qu'elles ont presque l'aspect des planètes dont l'éclat est partout de la même intensité, peut-être considéré comme n'existant pas, puisque, au télescope de lord Rosse, toutes celles qui ont été examinées ont montré des dispositions annulaires ou en spirales. Le n° 97, que John Herschell, a noté comme l'exemple le plus remarquable de cette catégorie, présente, au télescope de 6 pieds, un grand nombre de spirales groupées autour de deux centres stellaires, et figurant la face d'un singe.

La nébuleuse planétaire n° 46 de Messier se résout en un anneau double, ou plutôt en spirale avec une étoile au centre.

Le 6me groupe contient 35 amas d'étoiles très-pressées, qui paraissent se concentrer.

M. Hind a observé, le 4 janvier 1850, une nouvelle nébuleuse très-brillante dans la grande Ourse.

Ces nébuleuses affectent toute espèce de forme : les unes sont très-étroites et allongées, les autres en aigrettes, en éventail, arrondies, annulaires ou globulaires ; quelques-unes, et surtout le n° 51 du catalogue de Messier, située dans l'oreille gauche d'Astérion (l'un des Chiens de chasse, près l'étoile η, la dernière de la queue de la grande Ourse), montrent des spirales bien déterminées. Cette nébuleuse, qui, suivant Herschell, se composait de deux spirales simples autour de leurs centres, offre, au grand télescope de lord Rosse, des dispositions beaucoup plus compliquées. Peut-être même que ce caractère est général, et que la différence du rayon visuel occasionne seule les différences de forme dans les autres.

Ces formes changent même d'aspect avec le pouvoir amplifiant des objectifs, puisque l'image d'une nébuleuse réfléchie par un objectif de 3 pieds est tout à fait changée quand on lui présente un miroir de 6 pieds. Il en est ainsi du n° 27 de Messier (444 d'Herschell) situé dans la constellation du Renard à 67°43′ de déclinaison par 19^h 52^m d'ascension droite, et connu sous le nom de la *Cloche muette*; sa figure diffère encore davantage dans ce dernier miroir avec la figure donnée par le premier, que de celle-ci à l'image qu'Herschell avait d'abord indiquée.

On peut remarquer que les nébuleuses étendues sont moins régulières; celles qui sont arrondies sont de petite dimension, et unies quelquefois par un filet qui indique la commune origine des corps ainsi attachés.

On a évalué à plus de deux cent mille les étoiles d'une nébuleuse *globulaire* ayant le diamètre apparent de la lune.

La plus remarquable des nébuleuses *annulaires*, dont sept sont aujourd'hui connues dans notre hémisphère, est le n° 59 des catalogues d'Herschell, situé entre β et γ de la Lyre, et visible avec une lunette ordinaire; le centre, moins intense, occupe la moitié de la figure. Parmi les nébuleuses dites improprement planétaires et visibles sur notre horizon, la plus importante est située un peu au sud de β, étoile des Gardes, opposée à la queue de la grande Ourse. Si cette nébuleuse ronde n'était pas plus éloignée de nous que la 61ᵉ étoile du Cygne, son diamètre aurait sept fois l'étendue de l'orbite de Neptune, c'est-à-dire 17,160 millions de lieues.

Une petite nébuleuse peut encore s'apercevoir à 5′ du pôle boréal.

Jⁿ Herschell a décrit une nébuleuse bleue ayant auprès une étoile rouge; mais elle ne peut s'observer que dans l'hémisphère austral.

Ainsi qu'entre les étoiles, on trouve des systèmes doubles dans les nébuleuses, avec la même diversité de forme et d'éclat.

Les environs de ces amas sont peu riches en étoiles; on dirait des espaces ravagés, dont la matière, réunie ou plus condensée, a produit : soit des astres isolés, soit des nébuleuses, à différents degrés de concentration.

Les grands espaces lumineux présentent çà et là des points plus brillants; au télescope on aperçoit dans les nébuleuses résolubles des dispositions vers un centre; partout l'uniformité originaire paraît s'être modifiée et contractée, afin de former des groupes de plus en plus réguliers dont l'état stellaire semble la dernière transformation.

Il suffirait de comparer plus tard avec la même amplification les images des nébuleuses tracées aujourd'hui avec celles qu'elles auront alors, pour juger les changements que le temps peut y opérer; dès à présent il paraît certain que plusieurs des nébuleuses décrites par Herschell ont éprouvé des modifications. Les récentes observations faites avec le télescope de lord Rosse semblent indiquer un même but dans le pouvoir de concentration qui fait grouper ces amas de soleils. D'après Jⁿ Herschell quatre de ces groupes nébuleux se trouvent dans la garde de l'épée d'Orion.

La première édition de cet ouvrage contenait des figures de nébuleuses d'après Jⁿ Herschell; mais observées depuis au grand télescope de lord Rosse, elles ont montré des dispositions fort différentes dont les dessins ont été publiés sous la direction du propriétaire de ce bel instrument.

Le n° 2241 d'Herschell offre un anneau stellaire avec une nébulosité pâle à l'intérieur et une belle étoile double placée près du bord : son n° 2075 est un objet du même genre, mais avec une étoile brillante au centre et neuf autres paraissant tourner autour de l'astre central.

L'étoile τ d'Orion appartient à la même cathégorie, mais offre une obscurité absolue autour des deux étoiles dont la plus grande est sur le bord de la nébuleuse, et non au centre de la figure.

Le n° 602 d'Herschell présente des amas stellaires de spirales disposées en ellipses. Le n° 2205, décrit par Jⁿ Herschell comme ayant une raye d'une intensité plus grande au centre, offre encore des spirales et des étoiles centrales. La nébuleuse de Messier, n° 33, montre au centre trois étoiles disposées en triangle équilatéral parmi une masse d'étoiles très-petites et d'où procèdent huit ou neuf spirales enveloppées de matière nébuleuse.

La planche VI représente quelques-unes des nébuleuses mentionnées ci-dessus, ou comprises dans celles observées au télescope de lord Rosse.

Tout récemment, M. Laugier a donné le catalogue de 53 nébuleuses principales, observées par lui et décrites avec le plus grand soin; c'est autant de repères auxquels pourront se rapporter les astronomes futurs si les changements qui doivent s'y faire exigent de longues périodes avant d'être constatés.

Tycho-Brahé regardait l'étoile apparue en 1572 comme produite par la matière nébuleuse en condensation dans l'espace. Képler avait la même opinion sur l'étoile nouvelle qui se montra dans la Voie lactée en 1604.

Si l'on ne peut prouver la réalité de ces formations en créant un de ces astres avec la matière nébuleuse, il est facile de faire l'opération contraire en dilatant une étoile jusqu'à ce qu'elle n'offre plus qu'une lueur diffuse et blanchâtre; il suffit d'éloigner progressivement l'oculaire, pour que, dans la lunette, cette étoile ait tout à fait l'aspect d'une nébuleuse.

NÉOMÉNIE. Terme dont l'étymologie est synonyme de *nouvelle lune*. Dans cette position de notre satellite, nous ne pouvons l'apercevoir, parce que le soleil en éclaire la surface directement opposée; c'est le moment de la *conjonction*.

Environ vingt-quatre heures après, on commence à distinguer un très-mince croissant, dont la concavité est tournée à gauche; les anciens peuples célébraient cet instant qui commençait pour eux un nouveau mois, comprenant ainsi tout l'intervalle écoulé entre deux nouvelles lunes.

NEPTUNE, ♆. Cette précieuse acquisition de notre monde solaire, en ce qu'elle en a reculé prodigieusement l'étendue, a été faite, le 23 septembre 1846, par M. Galle de Berlin, dirigeant son télescope sur la place indiquée par une lettre de M. Leverrier. Cet illustre mathématicien avait calculé que là devait être la cause des perturbations que la théorie ne pouvait expliquer dans le mouvement d'Uranus.

Cette nouvelle planète était marquée comme une étoile télescopique sous le n° 26266, dans le catalogue de Lalande; son mouvement très-lent l'avait alors fait confondre avec les fixes. L'observatoire de Paris, alors sous la direction d'Arago, aurait eu l'honneur de cette grande découverte, si l'on n'y avait pas considéré comme de pures théories les calculs que M. Leverrier avait fait connaître depuis plusieurs mois.

On a maintenant reconnu que cette planète, dont la lumière met quatre heures à nous parvenir, tourne sur elle-même en $5^j,8750$, circulant en $60,127^j$ (164^{ans} 7^{mois} 13^j), dans une orbite inclinée de $1°$ $47'$ seulement sur l'écliptique, à une distance moyenne de 460 millions de myriamètres (1150 millions de lieues) du soleil, lequel ne peut être vu de cette planète que comme une étoile de *deuxième grandeur*.

Son diamètre apparent est de $2'',7$, et son diamètre réel de 6,000 myriamètres (15,000 lieues). Sa masse comparée à celle du soleil est, suivant le bureau des longitudes, de $\frac{1}{17,000}$.

La connaissance de cette planète, dont la densité est à peu près le quart de celle de la terre, a expliqué toutes les perturbations planétaires et rétabli l'accord entre la théorie et les observations. Si donc il existe d'autres corps au delà de Neptune, leur masse est nécessairement très-petite et incapable d'exercer une influence sensible sur l'harmonie de notre système, maintenant bien établie.

Cette découverte sera l'honneur éternel des sciences mathématiques, puisqu'elle est due, non au hasard ou à la patiente investigation d'un observateur, mais aux calculs les plus profonds.

Au point de perfection auquel l'astronomie est maintenant parvenue, la théorie d'une planète, c'est-à-dire l'étendue et les variations de son mouvement dans l'espace sous l'action des causes perturbatrices reconnues, peuvent être déterminées d'une manière presque rigoureuse.

Or on remarquait que, depuis 20 ans, les anomalies déjà observées dans la marche d'Uranus s'accroissaient de plus en plus, et déroutaient ainsi les prévisions des astronomes, toujours si certaines quand elles avaient à s'exercer sur les autres corps célestes.

C'est pour expliquer ce désaccord que M. Leverrier et M. Adams entreprirent, chacun de son côté, les recherches qui devaient avoir un résultat si remarquable.

On conçoit difficilement sur quels moyens les deux géomètres purent établir leurs travaux ayant pour but de déterminer l'action de quantités inconnues, telles que la masse et les autres éléments d'un corps perturbateur, en admettant que son mouvement ait lieu dans le même plan et la même direction que celui d'Uranus.

Pour toute base, ils avaient, selon la loi fort hypothétique de Bode, la mesure du demi-grand axe, qui devait être le double de celui d'Uranus, et par conséquent pouvait s'estimer à 38 fois et un tiers environ celui de la terre.

La révision des perturbations observées dans l'orbite d'Uranus, la considération de ses éléments entachés d'erreurs, mais pris néanmoins comme bases sujettes à corrections, suivant les formules de la mécanique céleste et les Tables de longitudes, donnèrent une suite d'équations au moyen desquelles la masse et les éléments de la planète inconnue furent obtenus très-approximativement par les deux calculateurs.

Cette solution étant annoncée à l'astronome de Berlin, M. Encke aperçut une étoile *de huitième grandeur* à la place indiquée par M. Leverrier, et qui ne figurait pas dans les Cartes zodiacales de Bermiker, récemment publiées par l'Académie de Berlin ; la nuit suivante, cette étoile *s'étant déplacée*, un nouveau monde était découvert à 47 minutes de degré seulement du lieu moyen assigné par les deux géomètres !

Il convient d'ajouter à l'histoire d'un fait astronomique aussi considérable, que le professeur Challis, de l'observatoire de Cambridge, en dirigeant son télescope vers la place indiquée par les calculs de M. Adams, aperçut cette planète les 4 et 12 août 1846, et prit note de sa position pour l'observer de nouveau ; mais, différant à le faire, et dépourvu des cartes qui lui auraient indiqué la présence d'une étoile non marquée, il ne connut la valeur de ses premières observations que par l'annonce de la découverte faite par le docteur Galle.

Il a été reconnu depuis, en dépit de la loi empirique de Bode, que la moyenne distance entre l'orbite de Neptune et celui de Mercure, au lieu d'être le double de celle d'Uranus, moins 4 fois celle de Mercure, n'excédait pas cet intervalle de la moitié. Ainsi, Uranus étant à 730 millions, cette distance doublée donnerait 1460, qui, diminuée de 4 fois 15, distance de Mercure au soleil, ferait 1400, tandis que Neptune n'est qu'à 1150 millions : c'est donc une différence en moins de 250 millions.

Une seule incertitude reste maintenant : selon les calculs de M. Otto Struve, la perturbation observée dans le mouvement d'Uranus ne peut être expliquée par la seule action de Neptune qu'en lui attribuant une masse égale à la quinze millième partie de celle du soleil, tandis que, suivant M. Pierce, il faudrait lui attribuer seulement une masse de $\frac{1}{20,000}$ de celle de cet astre. Une si minime différence exige néanmoins de nouvelles investigations.

Quarante et une révolutions de Neptune en comprennent très-approximativement, quatre-vingt-une d'Uranus ; ce qui donne lieu à une inégalité dont la période est de 6805 années.

Son premier satellite, ayant l'apparence d'une étoile de dix-septième grandeur a été découvert à Liverpool en 1846 par M. Lassell ; il circule à environ six fois le diamètre de cette planète, et lui a fait attribuer une masse équivalant à $\frac{1}{15,000}$ de celle du Soleil, ainsi qu'une densité sept fois moindre que la densité de notre globe.

Ce satellite accomplit sa révolution autour de Neptune en 5^j 21^h 7^m, dans une orbite inclinée de 34°6' sur l'écliptique, et par conséquent de 34° 7' sur l'orbite de la planète, à une distance de 40,000 myr. du centre de Neptune. (100,000 lieues, qui sont à peu près l'éloignement de la lune à la terre.)

On lui a reconnu un second satellite, observé le 14 août 1850 par Lassell de Liverpool, et il est probable qu'elle en possède un plus grand nombre ; mais il y a lieu à confirmation pour *un anneau* très-incliné aperçu par deux observateurs.

NEWTON (Isaac). Il naquit à Woolstrop, dans le Lincolnshire, en 1642, peu après la mort de Galilée et dans un tel état de faiblesse qu'on désespérait presque de le conserver ; il n'en a pas moins vécu quatre-vingt-cinq ans, en illustrant l'Angleterre par son génie et ses découvertes.

Dès sa première jeunesse il se fit remarquer par des inventions qui annonçaient son aptitude à la mécanique ; entre autres objets, on cite un petit moulin à vent d'une extrême perfection, qu'il eut ensuite l'idée de faire tourner au moyen d'une souris s'efforçant d'atteindre du blé placé au-dessus d'une roue qu'elle mettait ainsi en mouvement ; une horloge ; des cerfs-volants très-ingénieux, et enfin une voiture à quatre roues, que son conducteur faisait aller lui-même par un mécanisme.

Il porta de bonne heure son attention vers le mouvement des corps célestes, et construisit sur les murs de sa modeste maison plusieurs cadrans solaires.

Envoyé au collége, ses progrès en mathématiques furent très-rapides, et il devint bientôt l'un des professeurs de Cambridge. La peste l'en ayant éloigné à l'âge de vingt-quatre ans, ce fut alors que, dit-on, la chute d'une pomme lui inspira d'en rechercher la cause, en étudiant plus attentivement les principes de la gravité.

Galilée avait déjà enseigné que les corps tombaient avec une vitesse proportionnelle aux carrés des temps, et donné les lois des mouvements impulsifs.

Képler avait publié les siennes ; conjecturé qu'un force centrale régissait toutes les planètes ; annoncé que les marées étaient intimement liées au mouvement de la lune par une puissance dont elle était douée, et que le soleil exerçait la même influence sur tous les corps en raison inverse du carré de leurs distances.

Descartes avait révélé la loi des forces centrifuges, et, par l'application de l'analyse à la géométrie, considérablement augmenté les facultés de l'esprit dans le calcul des différentes courbes et des mouvements circulaires.

C'est armé de tous ces documents que Newton se mit à réfléchir sur les causes qui maintenaient la lune dans son orbite, et à calculer sa pesanteur vers notre planète, en prenant pour base le carré de sa distance, alors obtenue avec une précision satisfaisante.

Après sept années de combinaisons et de travaux, le résultat dépassait d'*un sixième* celui que Newton devait avoir, si la loi qu'il cherchait était telle qu'il l'avait supposée ; il revint plusieurs fois sur ses calculs , et, les trouvant exacts, il abandonna, quoiqu'à regret, ses idées à ce sujet.

Quelque temps s'étant passé, et Newton se trouvant un jour à la Société royale de Londres, y apprit que Picard avait obtenu une mesure du diamètre terrestre, qui donnait à chaque degré du méridien seulement 60 milles anglais, au lieu de 69 qu'on leur donnait auparavant. Cette nouvelle base faisait disparaître la différence trouvée entre la théorie et les calculs ; Newton put alors reconnaître et publier la fameuse loi qui gouverne tous les corps de l'univers, quelles que soient la cause et la nature de cette puissance. Elle se formule ainsi :

Chaque corps attire les autres avec une force proportionnelle à la quantité de matière réunie dans chacun , et décroissant comme les carrés des distances qui les séparent.

Sa profonde connaissance des hautes mathématiques conduisit ensuite Newton à déterminer la nature de la courbe que doit décrire un corps dans sa révolution autour d'un centre vers lequel il est attiré par une force *proportionnelle* à la masse du corps central, et *décroissant* selon les lois de la gravitation.

C'est ainsi qu'il découvrit que tous les corps célestes se meuvent dans les quatre principales courbes des *sections coniques*, savoir : les planètes dans des ellipses, les satellites dans des cercles, les comètes dans des paraboles ou des hyperboles.

Les lois de l'attraction universelle furent néanmoins plus d'un demi-siècle à s'établir dans la science qui a fini par les adopter comme s'appliquant à tous les mouvements observés et expliquant toutes leurs perturbations.

Quant à sa cause, elle demeure aussi incompréhensible qu'à Newton lui-même écrivant à l'un de ses amis : que le mot *impulsion* pouvait, tout aussi bien que celui *attraction*, s'appliquer aux effets dont il avait trouvé les lois.

Le *télescope* que Newton parvint à construire lui-même, après qu'on se fut vainement efforcé d'éviter les inconvénients de la grande dimension des *lunettes*, avait, quoique très-petit, une grande force de pénétration, et faisait distinguer très-nettement les particularités de la surface lunaire.

Le livre *des Principes* est considéré comme un monument éternel élevé à l'honneur de l'esprit humain. Aussi l'Angleterre reconnaissante a-t-elle placé le tombeau de son auteur parmi ceux de ses plus grands hommes, dans l'abbaye royale de Westminster.

NIVEAUX. Celui à bulle d'air se compose d'un tube de verre légèrement courbé, presque rempli d'alcool coloré, et laissant un petit espace vide, qu'on appelle *la fenêtre*, dont une bulle d'air occupe toujours *au milieu*, la partie supérieure, lorsque le tube est exactement parallèle à l'horizon.

Les niveaux astronomiques sont munis d'une échelle de division indiquant par la place de la bulle les plus petites déviations de l'horizontalité.

Un vase rempli de mercure est aussi fort usité pour déterminer le plan horizontal.

On peut ainsi trouver ce plan et le zénith de l'observateur, s'assurer de l'aplomb des édifices, et reconnaitre les oscillations qui peuvent s'y manifester.

NŒUDS. On désigne ainsi les deux points où un astre coupe le plan d'une autre orbite; l'un des nœuds de la lune est dans la région supérieure de l'écliptique, et l'autre à l'opposé, dans la partie inférieure de cette ligne.

Le nœud *ascendant*, comme celui *descendant*, rétrograde sans cesse par l'effet de l'attraction du soleil qui change le plan de l'orbite lunaire, sauf aux quadratures et aux syzygies, parce qu'alors la lune est dans l'écliptique, ou parallèlement à son plan.

Cette révolution *synodique* s'étend à 19° 20' par année, et sa période est de 18 ans 7 mois 1/2 à peu près.

Les autres satellites ont aussi leur ligne des nœuds, relativement à l'équateur de leur planète principale.

Les nœuds de l'équateur solaire sont les points où la terre, parcourant l'écliptique, se trouve dans le plan de cet équateur, savoir : le 11 juin, au nœud ascendant, et le 12 décembre, au nœud inférieur ou descendant.

Dans ces positions, les taches du soleil décrivent des lignes droites sous les yeux de l'observateur; le premier nœud arrive quand la terre, vue du soleil, a pour longitude 80° 21'; le deuxième, 260° 21' au côté opposé.

La *longitude du nœud* est l'un des éléments nécessaires pour déterminer la position du plan de l'orbite d'une planète ou d'une comète. Elle est indiquée par l'intersection du plan de cette orbite avec celui de l'écliptique ou par la valeur de l'arc intercepté, à partir du point zéro sur l'écliptique. Le point par lequel passe une comète dans son mouvement *vers le nord* de l'écliptique est le nœud ascendant dont il importe de donner la position.

NOMBRE D'OR. L'année lunaire de 354 jours était celle des Grecs, qui pouvaient difficilement faire accorder la célébration de leurs fêtes avec jour de l'année et avec les mêmes phases de la lune que les oracles avaient prescrits ; aussi, lorsque Méton vint reveler aux jeux Olympiques la période de 19 années lunaires dont les mêmes phénomènes se reproduisaient dans toutes les périodes suivantes, l'enthousiasme des Athéniens leur en fit graver les combinaisons en lettres d'or, afin qu'ils fussent toujours à la portée publique.

De là est venu le *nombre d'or* ou la période de 235 lunaisons ayant commencé l'an 433 avant J. C., ou la 1re année de la 87e olympiade. Encore aujourd'hui elle répond aux épactes, et figure dans nos calendriers pour indiquer l'une des années du cycle réformé par le concile de Nicée.

Le nombre d'or est le résultat de la division par 19 du millésime augmenté d'une unité. Ce nombre est 19 si la division se fait exactement.

Ce cycle avait déjà été corrigé, parce qu'après soixante-seize ans, on avait remarqué que la néoménie arrivait six heures trop tôt, et après 16 cycles, un jour auparavant que les nombres d'or ne l'indiquaient. L'avance était plus exactement d'un jour après trois cent huit ans.

NONAGÉSIMAL (POINT). On se sert quelquefois de ce terme pour désigner la plus grande hauteur de l'écliptique dans le ciel visible.

NONES. Elles formaient une portion des mois romains, et tombaient le 5 ou le 7, selon que les ides commençaient au 13 ou au 15, et duraient ainsi 4 ou 6 jours, en remontant jusqu'au premier jour du mois, qui était invariablement *les calendes*. On disait donc le 4 ou le 6 : *La veille* des *nones* ; mais le 3 ou le 5, au lieu d'être désignés par le 2e jour avant les nones, étaient, on ne sait pourquoi, appelés (*tertio*) le 3e jour, etc. (Voyez CALENDES.)

NORD. C'est l'un des quatre points cardinaux, et celui qu'on emploie le plus souvent pour *s'orienter*, au moyen de l'étoile polaire.

Une ligne perpendiculaire à l'équateur, et prolongée vers le pôle boréal à 1° 38′ de l'étoile polaire, vers ε de la grande Ourse, va marquer ce point à l'horizon de chaque observateur sur notre hémisphère.

On l'indique aussi sous le nom de *septentrion* (septem triones), des sept taureaux foulant le blé, tels qu'on les figurait autrefois dans la constellation du *grand Chariot* ou de la grande Ourse, et dont les étoiles ne se couchaient jamais sur l'horizon de la Grèce et de l'Égypte. L'aiguille aimantée des boussoles indique toujours ce point, quand on connaît la déclinaison qu'elle éprouve aux lieux où l'on veut la consulter. Elle est actuellement, pour Paris, d'environ 20° vers l'ouest.

NOUVELLE LUNE. Cette phase de notre satellite a lieu lorsque le croissant du dernier quartier, devenu de plus en plus délié, s'efface tout à fait; quand il reparaît tourné en sens opposé, on dit que la lune est nouvelle.

Astronomiquement, c'est l'instant où les longitudes du soleil et de la lune sont égales, ou quand ces deux astres sont en conjonction; seulement alors, les éclipses de soleil peuvent avoir lieu.

Dans les premiers mois du printemps cette phase est plus tôt aperçue, parce que, vers cette époque, l'écliptique et l'orbite lunaire forment un angle plus grand sur notre horizon, et qu'ainsi notre satellite reste plus longtemps visible, après le coucher du soleil.

Avec les circonstances les plus favorables, on peut encore voir le dernier filet du croissant 24 heures avant la conjonction, et le nouveau 24 heures après cette véritable position.

Sous les tropiques, où l'air est très-pur, on a pu voir en un seul et même jour, le matin la vieille lune, et le soir la nouvelle; c'est-à-dire les deux croissants opposés.

Après l'apparition du nouveau croissant, toujours tourné en bas surtout dans les mois d'août et de septembre, on peut apercevoir très-distinctement le reste de la lune au moyen de la lumière cendrée, parce qu'alors les continents de l'Europe, de l'Asie et de l'Afrique, tournés vers notre satellite, lui réfléchissent mieux les rayons du soleil qu'en mars et avril, époques auxquelles la mer Atlantique lui est opposée.

Les sectateurs de Mahomet, dont l'année se compose toujours de douze mois lunaires de 29 et de 30 jours, font guetter du haut de leurs édifices l'apparition du premier croissant pour y faire annoncer le commencement de leurs mois.

La nouvelle lune ecclésiastique diffère de l'astronomique comme le temps moyen diffère du temps vrai. C'est une phase fictive tantôt en avance, tantôt en retard sur la phase de la lune réelle qui est invisible, tandis que la nouvelle lune ecclésiastique est indiquée par l'apparition du premier croissant, à la chute du second jour qui suit la conjonction ou la vraie néoménie. Pour avoir la date de celle-ci, il ne faut donc ajouter que 13 jours à la nouvelle lune ecclésiastique, analogue, comme on le voit, à celle des musulmans et des anciens Grecs.

NOYAU DES COMÈTES. Lorsque ces corps sont aperçus à une grande distance, ils ont l'apparence d'une nébulosité plus ou moins arrondie, dont la partie centrale, plus condensée, forme ce qu'on appelle leur noyau. En approchant du soleil ils dégagent d'immenses traînées de vapeur, en éprouvant une telle chaleur que leur noyau même, s'il en existe un, peut se vaporiser entièrement. Cet effet a été observé pour la *comète de* 1811, qui laissait voir les plus petites étoiles à travers sa queue.

Dans ces circonstances, il se fait presque toujours un intervalle entre les noyaux et les nébulosités dont ils sont précédés ou suivis, selon la position de ces corps relativement au soleil.

NUÉES DE MAGELLAN (Le grand et le petit Nuage). Ce sont deux nébuleuses d'une forme ovale, dont l'une est plus grande, et qui sont perceptibles à la vue simple dans l'hémisphère austral; elles ont l'apparence des parties les plus brillantes de la Voie lactée; leur place est indiquée dans la Dorade et l'Hydre mâle, constellations voisines du pôle sud, par les nᵒˢ ɪ et ɪɪ. (*Voyez* pl. ɪɪ)

Abd-Urrahman-Sufi, astronome arabe, est le premier qui, selon Ulug-Beig, ait fait mention de ces taches diffuses, mentionnées dans ses tables sous le nom du *Bœuf blanc.*

La plus grande de ces nébuleuses montre 582 étoiles, 291 nébulosités et 46 groupes de petites étoiles.

Dans la plus petite on peut distinguer 200 étoiles, 37 nébulosités et 7 groupes de petites étoiles.

NURNBERGER. Astronome né à Magdebourg en 1779 et mort à Landsberg en 1848.

Sa famille, protestante, était originaire de Provence, et se réfugia, lors de la révocation de l'édit de Nantes, à Nuremberg, en adoptant le nom de cette ville.

On doit à ce savant mathématicien un vocabulaire allemand, publié à Kempten, sous le titre d'*Astronomie populaire*, et que nous avons mis à profit pour la seconde édition de ce dictionnaire.

NUTATION. L'action de la lune sur le ménisque de la terre, ou son renflement à l'équateur, augmente sans cesse la précession des équinoxes ; elle change aussi l'obliquité de l'écliptique, en faisant osciller l'anneau équatorial et décrire à l'axe de la terre une petite ellipse vers chacun des pôles, mouvement qui s'effectue dans une courbe ondulée, de 1400 inflexions suivant les nœuds de la lune, et qui s'accomplit en dix-neuf ans à peu près. L'action solaire ajoute un peu à cet effet dans le cours de l'année, et le résultat qui constitue la nutation luni-solaire est évalué à 9″,22.

C'est Bradley qui, voulant s'assurer du mouvement parallactique d'une étoile au moyen d'un télescope fixé verticalement, s'aperçut, à sa grande surprise, que ce mouvement était réel, mais non dans la direction indiquée par la translation de la terre.

Picard avait déjà reconnu que l'étoile polaire avait un mouvement périodique d'environ 20″, qui ne pouvait s'attribuer ni à la parallaxe ni à la réfraction. Cet astronome était ainsi sur la voie qui pouvait aisément le conduire à mesurer la vitesse de la lumière, ce qui n'eut lieu que cinquante ans après par Roëmer, son disciple.

NYCTÉMÈRE. Cette expression, qui signifie *jour et nuit*, était employée par les Grecs pour désigner le temps compris entre deux levers consécutifs du soleil ; le *jour* comprenait seulement la durée de sa présence sur l'horizon. La *nuit*, divisée de même en douze heures, était comptée depuis le coucher de cet astre jusqu'à sa réapparition.

On peut concevoir la difficulté qu'il y avait à partager *également par douzième*, des durées aussi variables, si ce n'est aux deux équinoxes. La durée des heures à ces époques, pouvant être exactement mesurée au moyen de sabliers ou de tout autre clepsydre, était souvent indiquée et usitée sous le nom d'*heure équinoxiale*.

L'expression vulgaire : *entre deux soleils*, répond encore chez nous à celle de nyctémère, mais le mot *jour* y présente parfois une équivoque, puisqu'il est indifféremment employé pour indiquer le temps pendant lequel le soleil nous éclaire, ou les *vingt-quatre heures*, soit du jour civil commençant à midi et divisé en deux parties de douze heures chacune, soit du jour astronomique, com-

mençant à minuit et se comptant de zéro à 24 heures consécutives.

()

OBJECTIF. C'est le verre le plus large d'une lunette ou d'un télescope, étant ainsi nommé, parce qu'il est tourné vers l'*objet* qu'on
veut observer ; il en reproduit l'*image* à son foyer, soit derrière
lui, ainsi que dans les lunettes ; soit dans un petit miroir placé obliquement ou à peu près en face, comme dans les réflecteurs dits
télescopes.

Comme on obtient trop difficilement un verre d'un noir pur,
on fait les oculaires destinés à obtenir des images blanches du
soleil, avec deux verres de couleurs complémentaires, c'est-à-dire
l'un vert et l'autre rouge, ou l'un jaune et l'autre violet, etc.

Ces objectifs, dont l'Angleterre n'a plus seule le monopole, se
font quelquefois en deux parties, comme pour le télescope de lord
Ross à Parsontown, dont l'ouverture est de 1 mètre 80 centimètres.
Les miroirs de cet instrument sont concaves, ont une épaisseur
de 10 centimètres, et contiennent dans leur composition 126 parties de cuivre et 58 d'étain.

Malheureusement ces miroirs, qui cèdent sous la pression de la
main, sont tellement fragiles et flexibles qu'ils sont sujets à de
graves accidents ; il faut de plus les repolir très-souvent pour leur
conserver la clarté, qui en fait le principal mérite.

OBLIQUITÉ DE L'ÉCLIPTIQUE. Aux équinoxes, l'axe de la
terre se trouvant tout à fait perpendiculaire au plan de l'écliptique,
c'est-à-dire à la trace qu'elle parcourt dans l'espace en circulant
en 365 1/4 autour du soleil, il en résulte que, dans sa rotation
diurne, tous les points du globe décrivent des cercles parallèles à ce'
astre, qui alors les éclaire pendant douze heures.

Si cette position venait à se perpétuer, chaque zone de la terre
aurait une température invariable ; mais, à mesure que la terre avance
dans son orbite, l'inclinaison de son axe devient de plus en plus
grande, et ce fait, qui produit les saisons différentes pour chaque
pays, est ce qu'on appelle l'*obliquité de l'écliptique*.

Le défaut de sphéricité du globe et l'attraction de la lune occasionnent un balancement de l'axe de la terre, d'où il suit que la ligne prolongée de chacun de ses pôles décrit une petite ellipse, et répond dans le ciel à des étoiles différentes; par l'effet de ce mouvement, l'axe est donc diversement *incliné sur l'écliptique*, ou sur la ligne que la terre parcourt. La période de cette inégalité est d'environ dix-neuf ans, comme la révolution des nœuds de la lune; l'attraction du soleil modifie légèrement cette perturbation, selon la place de la terre dans sa translation annuelle.

L'attraction combinée des planètes sur notre globe et sur le ménisque de son équateur produit un changement bien plus étendu dans l'obliquité de l'écliptique, ou en d'autres termes dans le degré d'inclinaison de l'axe de la terre sur son orbite. Cette diminution est par siècle d'environ 52″ de degré, ou de 1″ en six mille neuf cents ans.

Les savantes théories expliquant cette diminution démontrent qu'elle ne peut aller au delà de 4 à 5°, et qu'elle se renferme dans une période de 26,000 années, après lesquelles cette obliquité augmentera pendant le même temps, et ainsi de toute éternité.

L'équateur ne coïncidera donc jamais avec l'écliptique, et la terre ne jouira pas d'un équinoxe perpétuel.

Le maximum de l'inclinaison était au 1ᵉʳ juillet 1856 de 23° 27′ 37″,5; il était de 23° 51′, 330 ans avant J. C., selon les observations de Pythéas, et de 24° environ, suivant une observation chinoise rapportée par le père Gaubil, comme ayant été faite par Tcheou-Kong, 1150 ans avant notre ère.

Les anciennes mesures d'Hipparque et des astronomes arabes, tirées de la hauteur de l'ombre des gnomons aux solstices, étaient bien plus grandes, parce qu'elles étaient affectées de la fausse parallaxe et de la réfraction, que l'antiquité ne pouvait connaître; mais elles ont été corrigées depuis et ramenées aux quantités réelles, qui prouvent l'authenticité et l'exactitude des observations.

Ainsi l'obliquité, que les phénomènes de l'attraction et de la nutation donnent aujourd'hui plus exactement, doit se calculer sur le centre du soleil, et non sur l'ombre d'un gnomon éclairé par les bords de l'astre; il y avait donc lieu à retrancher de l'obliquité ainsi obtenue le demi-diamètre apparent du soleil, ou environ 16′.

La réfraction, qui fait attribuer aux astres une place différente du lieu où ils sont en réalité, est aussi une découverte moderne, et ses calculs ont dû être appliqués aux mesures anciennes de l'obliquité de l'écliptique. Ces corrections faites, les observations d'Ebn-Jounis, vers l'an 1000 de notre ère, étant ramenées à 26°,1932, sont d'une grande exactitude, puisque la théorie donne 26°,2009 à cette époque et pour cette latitude.

Un fait matériel prouve aujourd'hui la diminution constante de cette inclinaison de l'axe de la terre : l'histoire cite un puits de la ville de Syène, autrefois située sous le tropique, puisque chaque année, au jour du solstice, l'image du soleil s'y réfléchissait à midi. Ce puits est maintenant à sec ; mais, loin de pouvoir s'y réfléchir *au fond*, l'astre n'en éclaire plus même *les bords*, ce qui prouve que cette ville d'Égypte n'est plus sous le tropique.

Par l'effet de ce mouvement successif de l'axe de la terre, des étoiles qui étaient autrefois au-dessous du solstice d'été ont passé au-dessus, tandis que le contraire a eu lieu pour quelques-unes qui étaient alors sur notre horizon, au solstice d'hiver. Dans la suite des temps, les constellations que nous voyons aujourd'hui de ce côté n'y seront plus visibles, et d'autres de l'hémisphère austral viendront les remplacer au côté opposé. *Voyez* PRÉCESSION, RÉFRACTION, ÉCLIPTIQUE.

OBSERVATIONS. Les anciens peuples ne pouvaient observer les astres qu'à la vue simple, ou au moyen d'instruments fort imparfaits, dont il n'existe presque aucune trace.

Ils avaient cependant reconnu la précession des équinoxes, l'obliquité de l'écliptique, la durée exacte de l'année, la circonférence de la terre, et d'autres faits astronomiques d'une observation très-difficile. Ebn-Jounis, astronome arabe du onzième siècle, observa, à une époque qui, ramenée au temps moyen de Paris, se rapporte au 31 octobre de l'an 1007, une conjonction de Jupiter et de Saturne ; l'excès de longitude héliocentrique de ce dernier sur le premier fut trouvé de 4444 secondes de degré, résultat aussi exact qu'une telle observation peut le comporter.

Dès la plus haute antiquité, les Indiens et les Chinois observaient les gnomons et les éclipses : ils avaient des périodes sexagésimales calculées sur les phénomènes célestes.

Des observations chaldéennes de 1903 années, remontant à l'an 2234 avant notre ère, c'est-à-dire soixante-trois ans seulement après le déluge *selon Moïse*, furent trouvées à Babylone, et envoyées par Callisthène à Aristote, précepteur d'Alexandre.

Des catalogues d'étoiles et de quelques nébuleuses ont aussi été dressés par Hipparque, Ératosthène et Ptolémée.

Dans les intervalles de repos entre les guerres et les révolutions du moyen âge, l'astronomie fut cultivée chez les Mongols, les Persans et surtout chez les Arabes, à un degré qui n'avait pas été atteint jusqu'alors; les observations conduisent ainsi jusqu'aux temps de Copernic, de Tycho-Brahé, de Képler et de Galilée.

Depuis deux cent cinquante ans, l'invention des lunettes et leur perfectionnement progressif ont ouvert aux observations une carrière sans limites; elles ont aujourd'hui une telle précision, qu'un astronome place un instrument plusieurs mois à l'avance, l'oriente, le dirige; et puis, le laissant immobile, l'astre qu'il a désigné vient s'y présenter au jour et à la minute que ses calculs lui ont fait connaître et annoncer avec certitude!

L'observateur va découvrir dans l'espace une comète presque imperceptible; reconnaître, parmi des étoiles télescopiques, une planète encore inconnue; surprendre dans les nébuleuses les changements qui s'y manifestent, et constater enfin, dans les systèmes de soleils doubles et multiples, des mouvements de circulation séculaires, à une distance que la lumière ne peut parcourir en moins de quatre-vingt-dix ans.

On peut donc redire, avec Fontenelle, que si les observations ont été les bases de l'astronomie, l'art d'observer est lui seul une très-grande science. C'est ainsi que Newton a découvert les lois de l'attraction, et que les observateurs modernes ont fait faire à cette science les progrès immenses dont elle peut s'enorgueillir aujourd'hui. *Voyez* l'Introduction, 1re partie.

Les observations se font avec autant d'exactitude le jour que la nuit, et à travers des nuages transparents aussi bien que par un ciel serein; l'effet des lunettes étant surtout d'augmenter l'intervalle qui existe entre les molécules de l'atmosphère.

OBSERVATOIRES. Lalande a dit que depuis des siècles il existait à Pekin, sur les murailles, un observatoire qui les dépassait de douze pieds, et que le jésuite Verbiest obtint la permission d'y installer de nouveaux instruments avec lesquels le père Hell fit les observations publiées à Vienne en 1768.

Ces établissements astronomiques sont maintenant répandus dans toutes les parties du monde, en sorte que les phénomènes célestes, observés simultanément sous des longitudes différentes, ou sucressivement à des heures qui peuvent être ramenées à celles de tout autre observateur, ne laissent plus d'incertitude sur leur réalité, leur nature, leur étendue, leur position et les autres éléments au moyen desquels ils sont appréciés et déterminés avec exactitude.

Parmi les observatoires enrichis des plus beaux instruments, il convient de citer en première ligne celui de lord Ross à Parsontown, en Irlande, à cause de son télescope qui n'a encore aucun rival; celui de Poulkowa, au midi et près de Saint-Pétersbourg, où se remarque un beau portrait de Copernic, et dont le réfracteur peut amplifier jusqu'à 1,000 fois les objets; de Cambridge, aux États-Unis, ayant un réfracteur semblable à celui de Poulkowa; de Markrée, où M. Graham a fait monter un objectif de Cauchoix, qui peut rivaliser avec les deux précédents; de Bonn, de Kœnigsberg, de Dorpat et de Lassel à Liverpool; puis ceux de Greenwich, près de Londres; de Regent's-Parc, où M. Hind a déjà découvert 11 planètes, et enfin celui de Paris, où se monte actuellement une lunette parallactique dont on attend des merveilles. Cincinnati, Washington, dans l'Amérique du Nord; Munich, dirigé par M. Lamont; Vienne, Altona et Stockholm; Upsal en Suède, Bruxelles en Belgique, le Hanovre, Genève, Rome et Naples; l'Espagne et le Portugal, ont aussi de bons établissements, ainsi que Hambourg, Gœttingue, Breslaw, Helsingfors en Finlande, Moscou, Kiew et Wilna. D'autres villes, en Angleterre, en Écosse, en Russie, en Italie, dans l'Inde et la Nouvelle-Hollande; le cap de Bonne-Espérance à la pointe de l'Afrique, Paramata en Australie, etc. etc., possèdent aujourd'hui des observatoires dirigés par des astronomes instruits et zélés pour la science. En France nous avons encore ceux de Toulouse et de Marseille, dont le dernier se distingue par de bonnes observations.

Nous avons cité, au mot *Lunette*, un réfracteur monté aux frais du ministre de Leamington à Waudsworth-Commons, sur des dimensions promettant des résultats aussi admirables que ceux déjà obtenus par les gigantesques réflecteurs de lord Ross.

Ainsi, depuis un demi-siècle, de riches particuliers rivalisent avec les gouvernements pour établir des moyens d'observations de plus en plus puissants, afin de pénétrer autant que possible dans les profondeurs de l'espace.

OCCIDENT. L'un des quatre points cardinaux ayant le nord à droite, le midi à gauche, et l'orient à l'opposé.

Le soleil paraît s'y coucher aux équinoxes, puis s'en éloigner pendant trois mois, et y revenir pour recommencer les mêmes apparences dans un sens contraire.

Ce point du ciel se nomme aussi l'ouest et le couchant, c'est-à-dire le point vers lequel les astres paraissent se coucher, suivant les saisons et la latitude de chaque lieu à la surface de la terre.

OCCULTATION. Terme synonyme d'éclipse. Le moment de l'occultation est celui où l'un des corps célestes paraît se plonger dans un autre, en passant, soit derrière lui, soit entre cet astre et la terre.

Vénus et Mercure sont quelquefois occultés par le soleil ; la lune occulte très-souvent les étoiles ; les planètes occultent leurs satellites.

L'occultation des plus brillantes étoiles par la lune prouve leur prodigieux éloignement, parce qu'elles disparaissent tout à coup, comme si elles n'avaient aucune dimension, aussitôt qu'on les voit arriver en contact. Vers le premier quartier, ces occultations offrent le singulier phénomène d'une disparition subite des étoiles en plein ciel, parce qu'alors on n'aperçoit pas la partie obscure de la lune derrière laquelle ces étoiles disparaissent. Avant le premier quartier, la lumière cendrée, qui rend visible la partie plus obscure de notre satellite, rend le phénomène moins remarquable. *Voyez* Éclipse.

OCÉAN. Au lieu de nuire au mouvement du globe, la masse fluide des océans établit, suivant les calculs de Laplace, la permanence de l'axe de rotation. Ils occupent les trois quarts de la surface de notre planète, et leurs profondeurs sont aussi différentes que les montagnes sur les parties découvertes. Le capitaine Rosse a filé jusqu'à 8,250 mètres sans atteindre le fond ; c'est à peu près le double de la hauteur du mont Blanc.

Les mers couvraient autrefois la majeure partie du globe ; elles se sont retirées par l'effet des dislocations qui ont fait surgir les Alpes, les Pyrénées, l'Apennin, l'Atlas, ainsi que la chaîne des Cordillères et celle du Thibet, quand le refroidissement plus intérieur a occasionné la rupture de la croûte immergée sous les eaux de l'atmosphère primitive.

OCTANTS. Ce sont les positions de la lune entre les quadratures et les syzygies, c'est-à-dire quand la longitude lunaire diffère de celle du soleil de 45, 135, 225 ou de 315 degrés.

C'est aussi le nom d'un instrument dont on se sert à bord, pour mesurer jusqu'à 45° et par suite jusqu'à 90° les arcs sous-tendus par les angles que font les objets observés.

OCULAIRE. On nomme ainsi le verre convexe d'une lunette où s'applique l'œil de l'observateur.

Dans un télescope, les images étant réfléchies, soit de front, soit obliquement sur un petit miroir plan, au-dessus ou à côté du tube de l'instrument, l'oculaire est mobile, et l'observateur lui donne la direction et l'amplification convenables.

On emploie des oculaires simples ou doubles, convexes ou concaves, selon la nature des observations ou l'amplification qu'on désire obtenir.

Les oculaires astronomiques, destinés à l'observation du soleil, doivent être munis, pour obtenir une image blanche, de deux verres plans dont les couleurs soient complémentaires.

OKDA. Étoile tertiaire située presque sur l'équateur dans la 2ᵉ heure et à laquelle aboutissent les deux files de petites étoiles formant la constellation zodiacale des Poissons.

OLBERS. Médecin allemand, né à Brême en 1758. Il découvrit en 1802 la planète de Pallas, et Vesta cinq ans après ; on lui doit, de plus, une bonne méthode pour calculer l'orbite des comètes.

OLYMPIADE. Période grecque de quatre années, dont le nom provient des jeux Olympiques qui se célébraient la première année de ces périodes, et qui furent rétablis 776 années avant J. C., après avoir été longtemps interrompus depuis leur fondation, attribuée à Hercule.

OMBRE. Sur un globe opaque tel que notre planète, l'hémisphère opposé au soleil se trouve dans l'obscurité ou plutôt dans l'ombre qu'il produit lui-même, et qui est toujours moins forte sur les bords par l'effet de la réfraction. (*Voyez* ce mot.)

L'aurore est ainsi produite pour tous les lieux de la terre, par sa rotation qui les amène progressivement au soleil, tandis que les limites diamétralement opposées jouissent du crépuscule.

Sans l'atmosphère qui nous environne, le jour succéderait tout à coup à la nuit.

Tous les corps éclairés produisent une ombre dont la forme et l'étendue dépendent des diamètres respectifs et varient avec la distance du corps obscur à l'astre éclairant.

L'ombre est *cylindrique* quand les diamètres des deux corps sont égaux ; *conique* si le corps éclairé est plus petit ; enfin elle s'élargit *en éventail* lorsque le corps opaque est plus grand que l'astre lumineux.

La terre, toutes les planètes et les satellites, étant éclairés par un astre central beaucoup plus grand, laissent toujours derrière eux dans l'espace une ombre conique, c'est-à-dire qui va en diminuant depuis la base jusqu'au sommet.

C'est dans le cône d'ombre produit par la terre que passe la lune dans ses éclipses ; c'est aussi dans le cône d'ombre projeté par la lune que sont plongés tous les lieux de la terre d'où les éclipses de soleil peuvent être observées.

A moins que les éclipses ne soient totales, l'obscurité n'est jamais bien profonde, parce qu'en raison du faible volume de notre satellite, son cône d'ombre, étant presque égal à sa distance de notre planète, ne l'atteint que par sa pointe, ou même que par la pénombre qui l'accompagne de chaque côté.

L'ombre des nuages suit, à la surface de la terre, la direction du vent qui les pousse ; mais l'ombre produite par les objets qui y sont fixés se projette toujours à l'opposé du corps lumineux, c'est-à-dire le matin vers l'occident et le soir vers l'orient ; sous la ligne équinoxiale, l'ombre est perpendiculaire à midi ; partout ailleurs, à la même heure, sa direction indique le nord, et par conséquent la ligne méridienne, en sens contraire.

C'est par la longueur de l'ombre d'un gnomon, mesurée très-exactement, que les anciens déterminaient, chaque jour, la plus grande hauteur du soleil et le *midi vrai*, ainsi que l'indiquent nos cadrans solaires.

Dans les pays où le soleil n'atteint jamais le zénith, il paraît s'avancer de l'orient, sous un angle qui s'augmente toujours jusqu'à midi ; l'ombre d'un style perpendiculaire est aussi constamment dirigée pendant ce temps vers le nord et après midi vers le sud.

Sous la zone torride, le soleil a, chaque année, une aberration boréale plus grande que la latitude du lieu ne le comporte, en sorte que dans cette période sa culmination a lieu en réalité vers le nord de la verticale.

Il s'ensuit que son azimut croît d'abord vers le midi, jusqu'à une certaine limite d'où il diminue ensuite ; et qu'ainsi l'ombre du style est tournée, pendant une partie de la matinée, vers le nord ; puis vers le midi, d'où elle tombe au sud du zénith. Dans l'après-midi, le même effet se renouvelle en sens contraire. Cette rétrogradation des ombres sous la zone torride est une particularité fort curieuse, citée par Nurnberger.

Dans les éclipses de lune, l'ombre projetée par la terre suit naturellement la direction de son mouvement, et l'occultation de notre satellite commence par la droite ou par le bord occidental ; de même que lors des éclipses de soleil, l'ombre, suivant la marche propre de la lune, s'avance toujours d'occident en orient.

A midi, l'ombre est la plus courte possible au solstice d'été, et c'est par ce moyen, fort imparfait d'ailleurs, que l'on connaissait autrefois cette époque. Le jour où l'ombre est la plus longue, indique le solstice d'hiver.

L'ombre n'est jamais brusquement tranchée avec la lumière ; le passage a lieu par dégradations dont l'étendue et la densité dépendent du corps lumineux. Ainsi, dans les éclipses, le cône d'ombre de la terre laisse déborder à droite et à gauche une partie des rayons solaires qui se croisent, en formant au delà un autre cône renversé, d'une teinte intermédiaire qu'on appelle *pénombre*.

ONDULATIONS (Système des). La lumière ne peut se propager que de deux manières : soit comme substance matérielle, se dégageant des corps comme les particules odorantes dont le foyer tend continuellement à s'affaiblir ; soit par un ébranlement ou un mouvement vibratoire qui se communiquerait de proche en proche, ainsi que les sons de toute nature dont la vitesse est toujours la même, depuis les plus faibles accents de la voix jusqu'aux tintements et aux sifflements les plus aigus ; en ce cas, le corps qui cause l'ondulation n'en est pas plus altéré que les instruments et les cloches pouvant faire résonner l'air pendant des siècles, sans rien perdre de leurs parties matérielles.

Aristote pensait déjà que ce dernier mode de propagation lumineuse était le vrai système de la nature, qui emploie toujours les moyens les plus simples pour obtenir les résultats les plus grands ;

c'est celui que la plupart des physiciens et des astronomes modernes paraissent admettre, sans que néanmoins le système contraire, ou par *émission*, manque encore de défenseurs.

Franklin objectait à la théorie de l'émission : qu'une molécule lumineuse dont la vitesse a plus de six cent mille fois celle d'un boulet de canon devrait avoir une force dynamique immense, tandis que les rayons du soleil pénètrent dans l'œil, sans y occasionner d'impression durable. Il faisait observer qu'un corps léger délicatement suspendu, exposé aux impulsions de la lumière condensée au foyer d'une large lentille, ne manifeste aucun mouvement par le choc de ces milliards de rayons lumineux.

Euler disait, en combattant les idées de Newton, que ces multitudes innombrables de rayons qui pénètrent dans la chambre obscure, par le trou d'une aiguille, en y formant des images très-nettes des objets extérieurs, devraient, s'ils étaient d'une substance matérielle, s'entre-choquer avec impétuosité dans une telle ouverture, se mêler et changer leur direction primitive, de telle sorte que les images extérieures en seraient entièrement défigurées.

Ces objections ne semblaient pas décisives, et l'opinion scientifique était encore en suspens, lorsque Fresnel entreprit les expériences à la suite desquelles le principe de l'ondulation a fini par prévaloir.

Si en effet la lumière est une *onde*, ses rayons diversement colorés doivent avoir une vitesse égale à travers l'espace éthéré, comme les sons différents, dans l'atmosphère qui nous environne.

L'ombre des satellites de Jupiter, lorsqu'ils passent sur le disque éclairé de cette planète, montre par ses contours que les rayons solaires se meuvent avec *la même vitesse ;* l'observation attentive des étoiles changeantes a confirmé ce caractère principal de la théorie ondulatoire.

Au moyen d'appareils pouvant faire ressortir des différences de *un cinquante millième* on reconnut par de nombreuses expériences de réfraction que la lumière des astres, comme toutes les lumières terrestres, franchissait toujours la même distance dans le même temps ; c'est-à-dire environ 77,000 lieues par seconde.

Ce résultat mathématique en faveur de la théorie des ondulations est encore fortifiée par la relation qui, pour toute espèce de milieux diaphanes, existe dans les angles de réflexions égales, entre la première et la seconde surface.

Le système des interférences paraît inexplicable avec une émission directe de molécules isolées, n'ayant par conséquent aucune dépendance relative, au lieu que les interférences se déduisent naturellement d'ondulations déplaçant les molécules d'un fluide élastique en sens contraire et dont les effets, s'annulant successivement, laissent ce fluide en repos; c'est un mouvement sans cesse détruit par un autre, et le mouvement, c'est la lumière.

Newton et ses adhérents s'appuyaient principalement, sur l'impossibilité du passage de la lumière dans l'ombre des corps opaques, et sur ce qu'elle ne se transmettait pas comme le son dans toutes les directions, en s'affaiblissant seulement par les obstacles interposés.

Des expériences ont prouvé que les vibrations lumineuses pénétraient les ombres, et que celles-ci en sont éclairées; que les corps opaques interceptent seulement une partie de l'onde principale dont les rayons s'anéantissent mutuellement, tandis que les rayons obliques non interceptés donnent lieu à un éclat plus vif et à des stries obscures.

Les théories de Fresnel ont d'ailleurs été confirmées au delà de ses prévisions par un fait qui paraîtra paradoxal, mais qui n'en est pas moins réel : c'est que l'ombre d'un écran circulaire est *aussi éclairée dans son centre* que si ce corps opaque n'existait pas!

OPHIUCHUS. Constellation bordée inférieurement par la Balance, le Scorpion et le Sagittaire. Elle comprend d'abord une secondaire α qui marque la tête de cette figure très-près et à gauche de celle d'Hercule. Une tertiaire β et une quartaire γ, qui est double, indiquent l'épaule droite; beaucoup plus bas, une autre tertiaire η marque la jambe droite; plus bas encore, on rencontre deux tertiaires près de l'écliptique et d'une nébuleuse située à leur gauche. D'autres petites nébuleuses se trouvent vers le Sagittaire, au-dessous du Taureau de Poniatowski; plus loin, vers la droite, se trouve Antarès du Scorpion.

Ophiuchus, qu'on désigne aussi sous le nom de *Serpentaire* ou d'*Esculape*, est représenté tenant dans ses mains le serpent, dont la tête se redresse vers α d'Hercule, au-dessous de la Couronne boréale. *Voyez* SERPENT.

OPPOSITION. Deux astres sont dits en *opposition* lorsque, vus de la terre, ils se trouvent à 180° l'un de l'autre en longitude et sous le même arc de latitude, dans les régions opposées.

Les planètes dites intérieures, à savoir : Mercure et Vénus, ne peuvent jamais se trouver en opposition, puisque, étant plus près du soleil, elles passent toujours entre cet astre et la terre, mais elles peuvent nous montrer leur surface pleine ou tout à fait éclairée, à leur conjonction supérieure; c'est-à-dire lorsqu'elles sont de l'autre côté du soleil, relativement à nous.

La lune n'éclaire la terre qu'à peu près le quart du temps que chacun de ses points est privé de la lumière directe du soleil. Si notre satellite avait été créé pour cet usage, il devrait toujours rester en opposition, et se mouvoir à peu près, dans le plan de l'écliptique, avec une vitesse de translation proportionnelle à celle de la terre. C'est une des raisons qui faisaient dire à Alphonse, roi d'Aragon, que, s'il avait assisté au conseil du Créateur, le monde eût été mieux ordonné qu'il ne l'est en réalité.

D'après M. Liouville, une telle situation indiquée par Laplace, dans sa *Mécanique céleste*, n'aurait pu se perpétuer.

ORBE, ORBITE. On désigne ainsi la courbe fermée que suit ou paraît suivre un corps céleste dans l'espace.

Cet orbe n'est jamais un cercle régulier, mais une ellipse, un ovale plus ou moins allongé, en raison des forces qui ont déterminé la direction primitive, modifiée par les attractions que ce corps a subi ou qu'il peut éprouver, soit régulièrement, soit fortuitement.

L'orbite de la terre, toujours parallèle au centre du soleil, s'appelle *écliptique :* c'est la trace que cet astre paraît décrire en 365 1/4 environ, et que la terre parcourt réellement autour de lui, en s'éloignant davantage d'un côté de cette courbe que du côté opposé. Le soleil n'est donc pas placé au centre du mouvement de translation, mais seulement à l'un de ses foyers mobiles.

Entre ces points, la différence de distance est d'environ 520,000 myr. (1,300,000 lieues), le diamètre ou l'axe le plus grand a 31,200,000 de myr. (78,000,000 de lieues).

Une base aussi étendue a permis de mesurer plus exactement les distances planétaires; d'obtenir la parallaxe du soleil, et d'apprécier les mouvements propres des étoiles.

Képler a le premier reconnu l'ellipticité des orbites parcourues par les corps célestes.

C'est la grande excentricité de Mercure qui l'a mis sur la trace de cette découverte, formulée par la deuxième de ses lois. (*Voyez* ce dernier mot.)

L'orbe lunaire est plus excentrique et plus compliqué dans sa direction comme dans son plan. *Voyez* LUNE, PLANÈTES, etc.

ORDRE DES SIGNES. Lorsque l'on dit que tel mouvement a lieu *suivant* ou *contre* l'ordre des signes, il faut entendre que, dans le premier cas, il suit de droite à gauche les constellations du zodiaque, en commençant par le Bélier, le Taureau etc.

Dans le second cas, le mouvement est *rétrograde* parce qu'il se fait des Poissons au Verseau etc., en finissant par le Bélier.

Ainsi le soleil *paraît* parcourir les signes *suivant leur ordre*, c'est à-dire d'occident en orient, ou encore comme l'aiguille d'une horloge dont les heures seraient marquées en ordre inverse.

La terre, en circulant réellement autour du soleil, suit le même ordre et passe successivement entre cet astre et les étoiles dont on a formé la constellation de la Balance, puis entre les étoiles du Scorpion, du Sagittaire, etc., etc., en sorte que dans ce mouvement le soleil répond au signe du Bélier, ou semble passer lui-même de cette constellation aux étoiles du Taureau, des Gémeaux, etc., situées dans l'espace *opposé* à la place occupée par notre planète.

On se rendra parfaitement compte de ces circonstances, si, tournant autour d'une table au milieu de laquelle un flambeau représenterait le soleil, on marche vers sa droite, en faisant toujours face à la lumière, qui alors paraîtra se déplacer dans le même sens et répondre aux objets situés vis-à-vis.

Si l'expérience a lieu dans une rotonde divisée en douze parties numérotées de 1 à 12 pour figurer les signes du zodiaque, en procédant de droite à gauche, la démonstration sera plus complète pour l'observateur représentant la terre dans sa marche annuelle ; en pirouettant dans le même sens, chaque tour qu'il fera sur lui-même figurera, de plus, la rotation diurne de notre planète.

Les comètes dites rétrogrades se meuvent dans l'espace *contre* l'ordre des signes, ou passent du Taureau dans le Bélier, de ce signe dans les Poissons, etc., etc.

ORIENT. L'un des quatre points cardinaux, également éloigné du nord et du midi, et vers lequel le soleil paraît se lever aux équinoxes.

Ce point s'appelle aussi l'*est* ou le *levant*, c'est-à-dire le point d'où le soleil et les étoiles paraissent se lever pour chaque observateur.

ORIENTATION. On *oriente* les appareils d'observation, en dirigeant leur plan ou leurs axes de vision dans la direction de la méridienne ou de tout autre ligne, à l'effet de reconnaitre soit une position, soit les changements qui peuvent avoir lieu dans les corps environnants.

Ainsi les machines parallactiques, disposées et réglées suivant le mouvement diurne de la terre et celui de sa translation autour du soleil, peuvent s'orienter de telle sorte qu'une étoile reste visible le jour comme la nuit et ne sorte pas du champ de la lunette, si elle est située dans notre cercle de *perpétuelle apparition* ou à moins de 48 degrés du pôle.

Si sa déclinaison est plus considérable et qu'elle disparaisse sous l'horizon, le mécanisme continuant sa marche, la même étoile revient dans le champ de la lunette, lorsque la terre, en tournant sur elle-même, se retrouve dans la direction de cette étoile.

Il en est de même pour un cadran solaire convenablement *orienté;* l'ombre du style indique chaque jour à midi *vrai*, la direction du pôle, et par conséquent les autres points cardinaux.

'Une boussole *orientée*, suivant la variation reconnue pour le lieu où elle est fixée, donne à peu près les mêmes indications qu'on obtient aussi avec des boussoles mobiles, si l'on connait les déviations qu'elles doivent éprouver sous la latitude de l'observation.

Pendant le jour, le meilleur point d'orientation terrestre est le soleil: qui, à midi, donne *l'ombre la plus courte,* alors le nord est derrière soi, l'orient est à gauche et l'occident à droite; mais, pour les heures intermédiaires, l'expérience seule apprend à reconnaître les points d'orientation.

Pendant la nuit, si la polaire est visible ou si l'on connait la position relative d'autres étoiles qu'on puisse apercevoir, on s'oriente avec certitude.

Cette étoile, très-voisine du pôle boréal, est encore pour nous le meilleur repère astronomique pour y rapporter la direction du mouvement des astres, des bolides et des autres phénomènes célestes.

On a fait grand bruit de *l'erreur des astronomes* relativement à l'orientation qui se renverse pendant la nuit; c'est un fait certain, et chacun peut facilement concevoir qu'en tournant avec la terre nous devons marcher pendant douze heures vers le soleil ou toute autre étoile et nous en éloigner par un mouvement contraire, pendant les douze heures suivantes ; si à midi, par exemple, nous regardons le soleil, *le point* qui est *à notre gauche*, et qui le matin était pour nous l'*orient*, se trouve alors, pour nos antipodes, à leur *droite* ou à leur *occident*, comme nous les remplaçons douze heures après dans la même situation. Il est donc évident qu'un point du ciel, relativement immobile pendant la rotation diurne de notre planète, est alternativement à notre droite et à notre gauche, et que les dénominations d'orient et d'occident n'ont de sens que relativement à la surface de la terre ou à la place que nous y occupons.

On évite au surplus toute ambiguïté en se disant que le mouvement *apparent* des étoiles et du soleil, ayant lieu *comme celui des aiguilles d'une horloge* ou la direction de l'ombre sur un cadran solaire, le mouvement général de tous les corps de notre système planétaire s'effectue en sens contraire, et c'est ce qu'il faut entendre par *mouvement direct* ou celui d'occident en orient.

Il en est ainsi pour le soleil, dont on aperçoit les taches passer de gauche à droite, et qui par conséquent doivent continuer leur mouvement dans un sens contraire lorsqu'elles ont disparu. La place qui était, quatorze jours auparavant, le *bord oriental* relativement à nous, s'est portée progressivement du côté opposé, et devient alors pour nous le *bord occidental*. — *Voyez* Mouvement des corps célestes.

ORIGINE (point). Pour fixer et retrouver au besoin dans l'espace les ascensions droites et les longitudes célestes, on a choisi le moment où le soleil n'avait aucune déclinaison, c'est-à-dire celui où il doit couper l'équateur, dans le mouvement qu'il suit en apparence sur la trace de l'écliptique.

Cette position a lieu nécessairement deux fois par année, et le point du ciel où elle arrive au printemps a été adopté pour en faire partir les degrés servant à indiquer la position des étoiles, ou leurs cercles horaires sur l'équateur, en les comptant de gauche à droite, comme ceux des longitudes célestes sur l'écliptique.

Pour l'hémisphère austral, dont la situation est renversée par rapport à la nôtre, les degrés d'ascension droite se comptent en sens contraire, c'est-à-dire dans la direction que suivent les aiguilles d'une montre ou l'ombre du style sur un cadran solaire.

Le point origine change continuellement avec l'obliquité de l'écliptique en procédant contre l'ordre des signes, puisque autrefois l'équinoxe du printemps avait lieu quand le soleil paraissait coïncider avec la principale étoile du Bélier, et que maintenant cette époque arrive lorsque cet astre parait être dans les Poissons, près du Verseau.

Ce mouvement de précession fait décrire au *point origine* 50″ 3 de degré par année, 1° en 72 ans, et le tour entier du ciel en 260 siècles.

Cette quantité est déterminée fort exactement, non pas en comparant le moment, ou le lieu d'un équinoxe, avec ceux de l'année précédente, mais en prenant la différence entre deux équinoxes très-éloignés, et divisant cet intervalle par le nombre des années écoulées depuis la première observation jusqu'à la dernière. L'incertitude des observations disparaît alors, puisque les erreurs ne pouvant s'élever, dans l'état de l'astronomie moderne, *à une minute de degré* représentant 4 secondes de temps, sont ainsi divisées par centièmes, si l'on emploie, par exemple, les équinoxes déterminés par Lacaille et Bradley il y a plus d'un siècle. Cette excellente méthode fut imaginée par Hipparque 140 ans avant notre ère; mais, faute d'instruments assez parfaits, ses évaluations sont demeurées trop incertaines pour en déduire une quantité assez rigoureuse, même en divisant l'écart depuis cette époque par 1998, nombre des années écoulées jusqu'à nos jours.

En effet, si l'on admet, selon cet astronome, que l'Épi de la Vierge, dont l'ascension droite est aujourd'hui de 201° 47′ 45″, était alors de 174°, l'écart entre les deux époques, étant de 27° 12′,15″, ne donnerait que 49″1 pour le déplacement annuel du point origine, au lieu de 50″2, qui a été obtenu, comme il est dit précédemment.

Au moyen du cercle mural, on peut encore déterminer exactement le point origine par le passage au méridien de certaines étoiles dites fondamentales, dont la position a été précédemment reconnue. Par exemple : α d'Andromède passant au méridien $0^h\,0^m\,45^s\,75$ après le soleil, on en conclut que le point origine se trouve à midi, le jour de l'équinoxe, 10″ 18 en avant de cette étoile.

Quand le *point origine* d'où commencent les jours sidéraux passe au méridien avec le soleil, la pendule doit marquer $0^h\,0^m\,0^s$ au moment de l'équinoxe de printemps et 12^h à l'équinoxe d'automne.

Le point origine sert encore à compter les azimuts sur le plan de l'horizon et dans la même direction que les longitudes célestes.

ORION. C'est la plus belle de nos constellations, qu'on peut admirer *le soir* dans les mois d'hiver vers l'orient, et vers l'occident au printemps.

Elle se compose principalement d'un grand quadrilatère ayant deux étoiles doubles de première grandeur, savoir : à gauche et au nord, *Béteigeuse* ou Adaher, d'une teinte rouge, et *Rigel*, à l'angle opposé. *Bellatrix*, de deuxième grandeur, marque l'angle au-dessus de Rigel, et $\varkappa$, de troisième grandeur, le quatrième angle. Au milieu sont trois belles tertiaires rapprochées sur une ligne oblique et nommées *le Baudrier*, ou *les trois Rois*. L'étoile du milieu est *Anilam ; Mintaka* est à droite, et *Alnitak* à gauche ; les deux premières sont doubles, ainsi qu'une quartaire σ, voisine d'*Alnitak* et un peu plus bas à droite. Au-dessous du Baudrier, on voit une file d'étoiles qui forment l'épée d'Orion, terminée par une tertiaire nommée *Thabit*. Au-dessus de la garde et près de θ, l'on peut distinguer avec une forte lunette six étoiles, dont quatre de quatrième, sixième, septième et huitième grandeur, et deux infiniment petites, c'est-à-dire de onzième et de treizième grandeur, paraissant composer un système particulier au centre d'une magnifique nébuleuse.

De Vico a annoncé en 1839 qu'avec un grand réfracteur de Cauchoix, il avait aperçu trois autres petites étoiles dans ce trapèze. La fig. 4, pl. V, représente une partie de cette nébuleuse, et vers le milieu est indiquée la position des six étoiles ci-dessus mentionnées, pouvant servir à éprouver la force d'une lunette.

OSCILLATIONS. Le mouvement de va-et-vient ou les oscillations du pendule varient suivant les lieux, d'après les lois de la pesanteur ; elles ont ainsi donné le moyen de mesurer la différence des rayons du globe terrestre entre le pôle et l'équateur.

Ces oscillations prouvent aujourd'hui la rotation de la terre, par le déplacement progressif que fait du nord vers l'est, ou du midi vers l'ouest, un pendule convenablement disposé.

En certaines circonstances atmosphériques, on observe des phénomènes d'oscillations fort extraordinaires dans les étoiles, soit avant le lever du soleil, soit après son coucher apparent ; au pic de Ténériffe, et tout récemment à Trèves, Sirius étant près de l'horizon, des points lumineux s'élevaient, oscillaient à droite et à gauche, puis revenaient à leur première position. Cet effet paraît être occasionné par une sorte de réfraction latérale.

Les variations périodiques de l'aiguille aimantée sont aussi quelquefois désignées sous le nom d'*oscillations*, parce qu'elles présentent un mouvement alternatif vers l'un ou l'autre côté du pôle magnétique, selon la position de la terre relativement au soleil pendant sa translation annuelle.

Suivant M. Buisson, les phénomènes de la pesanteur (qu'il distingue de l'impulsion gravifique) résulteraient d'une *oscillation moléculaire*, transmise de la surface de l'atmosphère, aux couches inférieures et même à tous les corps, jusqu'au centre de la terre.

On a dit des perturbations à longues périodes, après lesquelles la stabilité paraît rétablie, pour s'altérer de nouveau ; que c'étaient des pendules *battant les siècles* comme nos horloges battent les secondes. *Voyez* PENDULE. GRAVITATION.

OUEST. *Voyez* OCCIDENT.

OURSES (LES DEUX). Ces constellations bien connues ne se couchent jamais pour nos latitudes, et prennent toutes les positions en tournant autour du pôle, situé, suivant Jⁿ Herschel, à 1° 24′ de l'étoile placée à la queue de la petite Ourse, dans la direction prolongée des *deux gardes* de la grande, marquant les angles du côté extérieur.

La même direction, prolongée de l'autre côté, passe par β de Pégase et plus bas, vers Fomalhaut des Poissons.

On reconnaît de suite la grande Ourse par sept étoiles disposées en *chariot renversé* : quatre forment un carré irrégulier, et trois sont en ligne courbe dirigée vers Arcturus du Bouvier. L'étoile supérieure α des Gardes se nomme *Dubhe ;* l'autre β Mérac ; celle ζ, au milieu de la queue, se nomme *Mizar ;* une autre étoile, nommée *Alcor,* est à 11′ 48″ de celle-ci, et s'aperçoit à l'œil nu par quelques personnes. Elle est appelée *le Témoin* par les Arabes, parce qu'en effet, il faut une très-bonne vue pour la distinguer. L'étoile ε, proche du carré, est variable, ainsi que la polaire. La dernière de la queue, η, qui est de 1re à 2e grandeur, est appelée *Alkaïd.*

On désignait encore ces étoiles par le nom de *septem triones* (les sept bœufs de labour), ou les bœufs d'Icare représentés par le Bouvier. De là le mot *septentrion* pour désigner le nord, vers lequel se trouve toujours cette constellation.

En avant des Gardes, la tête de l'Ourse est indiquée par de très-petites étoiles, et les pattes sont marquées par cinq tertiaires, dont deux vers le Lynx et trois vers le petit Lion.

Une belle nébuleuse ronde se trouve un peu au-dessous, à environ 3° ou à 12 minutes de Mérac, étoile jaunâtre et inférieure des gardes, ainsi qu'un groupe nébuleux, un peu plus bas entre β et γ, étoiles inférieures du carré. Une autre nébuleuse planétaire est au-dessous d'Alkaïd, et enfin, vers la queue du Dragon, on peut encore observer deux autres nébuleuses.

Deux quartaires qui sont doubles marquent aussi la place de la dernière des pattes vers le petit Lion.

La petite Ourse (*le petit Chariot*) présente absolument la même disposition que la grande, mais dans un sens inverse. Près de l'étoile β, la plus brillante des Gardes, de bonnes lunettes font apercevoir une nébuleuse ronde; un groupe nébuleux peut aussi s'observer entre ε, la première de la queue, et l'étoile polaire, qui est changeante et double. On attribue à Thalès la découverte de l'étoile polaire, placée à l'extrémité de la queue dans les figures de cette constellation : c'est l'étoile qu'on appelait *la Tramontane*, et qui est le meilleur point pour s'orienter la nuit, parce qu'il indique approximativement le nord, et par conséquent les autres points cardinaux.

Il est digne de remarque que les habitants du nord aient désigné cette constellation par le même nom que les peuples du midi de l'Asie et de l'Égypte, quand ces différents peuples semblaient inconnus les uns aux autres; car les sept étoiles de l'Ourse peuvent aussi bien représenter tout autre objet qu'un tel animal.

P

PALLAS, ♀. Petite planète trouvée par Olbers le 28 mars 1802; l'inclinaison de son orbe étant de 34° 37' 20", c'est la planète qui s'écarte le plus de l'écliptique. Cet orbite, dont l'excentricité est de 0, 239,42 ou presque le quart du diamètre moyen, se croise en deux points avec celle de Cérès, l'un vers la Vierge et l'autre vers la Balance; ce qui rend possible la rencontre de ces deux corps célestes, et fait supposer qu'ils ont une commune origine.

La révolution sidérale de Pallas est de 1686^j environ, et sa distance moyenne au soleil de 38 millions de myriam. (94 millions de lieues). Herschell ne donne à cet astéroïde, qui paraît entouré de nébuleuses, qu'un 6e de seconde de diamètre, équivalent à 30 lieues de diamètre.

Cette petite planète est celle dont les perturbations sont les plus difficiles à calculer, et dont la formule n'a pas encore été indiquée d'une manière satisfaisante.

PAON (le). Constellation voisine du pôle sud et invisible sous nos latitudes ; elle comprend une étoile de deuxième grandeur et plusieurs tertiaires.

PAQUES. Suivant les décisions de l'Église, supposant que l'équinoxe arrive toujours le 21 mars, cette fête de la *résurrection* doit se célébrer le premier dimanche après la pleine lune qui suit le 20 mars ; elle ne peut donc pas arriver avant le 22 de ce mois, ni plus tard que le 25 avril.

Si en 1856, au lieu de tomber le 21 à 4^h 13^m du soir, la pleine lune avait eu lieu seulement 16^h 18^m *plus tôt*, c'est-à-dire le 20 mars à 11^h 55^m du soir, cette fête eût été retardée d'environ un mois.

En effet, ajoutant à cette date le temps d'une lunaison, soit 29^j 12^h 44^m 2^s, la pleine lune *suivant le 20 mars*, fut tombée le 19 avril à midi 39^m 2^s, et Pâques le lendemain, 20, qui était un dimanche. *Voyez* LUNAISON.

En 325, le concile de Nicée fit constater que l'équinoxe de printemps avait eu lieu cette année le 21 mars, et ordonna de supputer les dates en conséquence, à compter de la naissance de Jésus-Christ. Mais, en 1582, on reconnut que cet équinoxe arrivait dix jours plus tôt, et qu'ainsi le jour de Pâques aurait lieu dans toutes les saisons. C'est pour éviter cet inconvénient qu'on établit la règle actuelle.

PARABOLE. C'est l'une des sections coniques résultant de la coupe par un plan, parallèlement à l'un des côtés du cône.

Le grand axe, étant infini, se change ainsi en une courbe ouverte dont les extrémités s'écartent de plus en plus du second foyer primitif, en se confondant avec l'ellipse au sommet commun.

Un certain nombre de corps cométaires paraissent affecter les éléments de cette courbe, qui les éloigne pour un temps illimité, et peut même les faire tomber dans une autre force attractive capable de les enlever définitivement à notre monde solaire.

PARALLACTIQUE. La machine ainsi nommée est fort utile et fort usitée dans les observations astronomiques : elle se compose principalement d'un axe fixé dans la direction de celui des pôles, ainsi que d'un cercle gradué muni d'une lunette mobile, pour marquer les angles que fait, avec l'axe de la terre, l'étoile qu'on veut observer.

Un mécanisme fait tourner à la fois la tige, la lunette et le cercle latéral sur un autre cercle perpendiculaire, de manière que, dans son mouvement apparent, cette étoile se trouve toujours ainsi dans le champ de la lunette.

On peut avec cet appareil, qui porte aussi le nom d'*équatorial*, constater les arcs parcourus dans un temps donné, distinguer les planètes et les comètes des étoiles, etc., etc.

Une inégalité dans le mouvement lunaire, lorsque notre satellite, arrivant en conjonction avec le soleil, en est attiré davantage, se désigne aussi sous le nom de *parallactique*. Son étendue est d'environ 2′ de degré en longitude, et sa période est renfermée dans la lunaison, c'est-à-dire dans une révolution synodique.

Les perturbations occasionnées par l'attraction réciproque des planètes sont encore des *mouvements parallactiques* qui déforment les orbites en faisant varier la position de leurs foyers proportionnellement aux forces attractives qui sont en présence.

L'illusion qui s'empare de nous lorsque, voyageant avec vitesse sur un chemin de fer élevé, nous regardons un point un peu distant, est un *effet parallactique*; alors les objets les plus éloignés autour de ce point paraissent avancer avec nous, tandis que les objets les plus proches semblent s'éloigner en sens contraire; ou plutôt toute la campagne semble tourner autour du centre vers lequel notre vue cherche à s'arrêter.

La nuit, cela nous fait reconnaître que, sur deux lumières en mouvement, celle qui paraît s'avancer dans notre direction en laissant l'autre derrière est à coup sûr la plus éloignée. *Voyez* UNITÉ.

PARALLAXE. Ce mot exprime en général le mouvement angulaire d'un objet dont l'apparence se modifie avec le point de vue; sa valeur est mesurée par les angles que font avec l'objet les lignes qui y sont menées de deux ou de plusieurs points.

Dans le sens uranographique, c'est la différence de direction reconnue pour deux points éloignés d'où l'on peut observer le même objet; alors la parallaxe indique la distance d'un astre à la terre, ou, plus exactement, l'angle sous lequel, du centre de cet astre, on verrait le diamètre de notre globe.

La parallaxe est dite *diurne* ou *géocentrique*, quand elle est prise de la surface ou du centre de la terre relativement au zénith de l'observateur; elle est *annuelle* ou *héliocentrique*, quand elle se rapporte à un point de l'espace diamétralement opposé à la place occupée par le soleil vu de la terre; cette espèce de parallaxe est calculée sur les vitesses relatives de notre globe et des autres planètes dans leurs orbites.

Les premiers éléments de géométrie enseignent comment on peut suppléer à l'impossibilité de mesurer matériellement les distances entre les points d'observations; ainsi la valeur de deux angles d'un triangle étant connue, on a la valeur du troisième, qui est le complément à 180 degrés; si l'un des côtés est aussi connu, les deux autres sont nécessairement donnés.

Chacun peut aisément remarquer que le point auquel correspond dans l'éloignement un objet intermédiaire, se déplace dans une direction contraire au mouvement de l'observateur.

Pour vérifier cet effet parallactique sur un objet rapproché, il suffit même de le regarder alternativement de l'un ou de l'autre de ses yeux; l'étroit espace qui les sépare rend alors assez sensible le déplacement apparent de cet objet, relativement aux objets plus éloignés.

Si, élevant un doigt seulement, vous essayez d'en fixer la direction en fermant tour à tour l'un de vos yeux, vous reconnaîtrez bientôt qu'il répond plus loin à un point différent, ou que la ligne de vision se porte tantôt d'un côté et tantôt de l'autre, selon l'œil qui est ouvert ou fermé.

L'effet sera d'autant plus sensible que, pendant cette expérience, le doigt sera plus rapproché des organes de la vue.

En d'autres termes, l'écartement entre les points extrêmes, correspondant à l'une et à l'autre direction des yeux, augmentera ou diminuera à mesure que vous rapprocherez ou que vous éloignerez le doigt du foyer de la vision.

Les 6 ou 7 centimètres qui séparent vos deux instruments naturels d'optique deviennent ainsi la base *connue* d'un triangle dont le sommet est à votre doigt, et dont les deux grands côtés vont de ce doigt à l'une ou l'autre des prunelles.

La ligne entre ces côtés donnera la parallaxe, parce qu'elle sera mesurée par le nombre de fois qu'elle contiendra l'intervalle entre les points de vision ou leur valeur angulaire qui pourra varier, avec l'éloignement du doigt, considéré comme centre d'observation.

Si, par exemple, cette base parallactique est de 7 centimètres et qu'elle soit contenue dix fois entre votre doigt et vos yeux, c'est que votre doigt en était alors éloigné de 70 centimètres.

Pour un objet placé cent fois plus loin, la différence de direction des lignes visuelles, n'étant plus que de 7 millimètres, serait presque insensible et deviendrait tout à fait nulle pour une distance plus considérable ; c'est ce qui arrive relativement à la direction des étoiles pour deux observateurs aussi éloignés l'un de l'autre que le diamètre de la terre peut le permettre.

Aussi n'avons-nous essayé, dans ces démonstrations, que de donner une idée première et très-simple de la parallaxe.

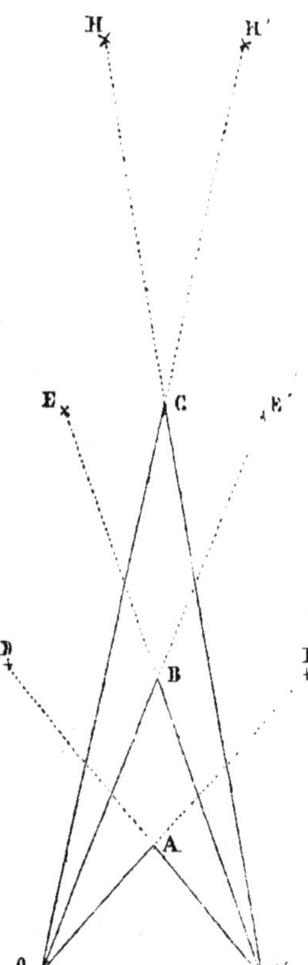

Dans la figure ci-contre, la ligne OO' est la distance qui sépare les yeux ; le point A est la place occupée d'abord par un objet interposé ; B sa position à une distance double de la première, C une troisième place à une distance quadruple.

On peut voir que, les angles DAD″ et OAO', opposés au sommet, étant de 80 degrés, les angles EBE' et OBO' sont de 40° ou de la moitié des précédents, et enfin les angles HCH' et OCO' de 20°, c'est-à-dire du quart seulement. Les sommets A, B, C étant considérés comme des lieux successivement occupés par les astres : D, E, H ; D', E' et H' dans l'espace, on doit comprendre que la valeur angulaire du diamètre OO' doit diminuer à mesure que s'augmente l'éloignement de ces points d'observations.

On voit aussi que, dans cette figure, la mesure de OO étant connue, ainsi que les angles AOO', BOO', COO', on peut toujours obtenir la longueur des côtés OA, OB et OC, formant des triangles avec la base OO.

Cherchons maintenant à faire comprendre comment deux observateurs éloignés sous le même méridien, prenant le même jour et au même instant, l'angle qu'une planète fait avec le zénith, cette simple opération peut suffire à trouver la parallaxe horizontale de cette planète.

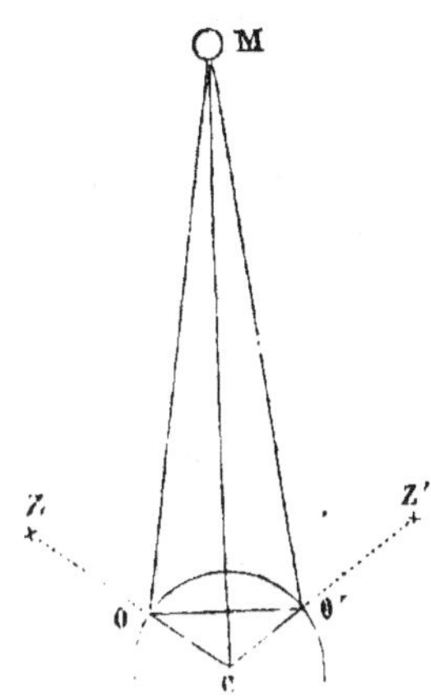

Soient (figure ci-contre) M le disque de Mars, C le centre de la terre, O et O' les points d'observations, Z, Z' le zénith de chacun de ces points.

L'on voit que la corde O, O' forme *un triangle* avec les lignes menées des stations au centre de la planète, ou autrement : que OC et O'C, rayons de la terre, sont la mesure de l'angle OCO', différence dans la latitude connue des deux stations ; les angles MOC, MO'C, formés par les directions de Mars au centre de la terre, sont aussi connus ; on doit donc avoir la valeur de l'angle OMO', qui est celle totale des angles OMC, OMC', ayant ensemble le demi-diamètre de la terre pour mesure.

On voit de plus que les deux triangles MOC, MO'C, formés par la diagonale MC de Mars au centre de la terre, ont chacun un côté connu, puisqu'il est le rayon de la terre. Il ne s'agit donc plus que de mesurer sur le papier le nombre de fois que ce rayon est contenu dans le côté MC, commun aux deux triangles.

La parallaxe de Mars a été ainsi obtenue par Lacaille et Lalande, l'un placé au cap de Bonne-Espérance, et l'autre à Berlin sous le même méridien ; on en a déduit la distance de la terre au soleil et sa distance à toutes les autres planètes, par l'application de la troisième des lois de Képler.

La parallaxe du soleil a depuis été mesurée directement, en prenant pour base le diamètre de l'orbite terrestre, évaluée à trente et un millions de myriamètres ; cette opération a donné $6,377,400^m$ pour la valeur angulaire qu'aurait le demi-diamètre de notre globe, s'il était *vu du soleil.*

Il existe encore une incertitude de 180,000 lieues en plus ou en moins, parce que la parallaxe horizontale laisse encore 8 centièmes de seconde de différence entre les mesures obtenues.

Pour la distance des étoiles, l'application de cette méthode serait aussi vaine que si on voulait se servir d'une échelle matérielle *d'un millimètre* pour arpenter une longueur de 500 lieues !

On a obtenu plus exactement encore la parallaxe du soleil par les divers passages de Vénus sur son disque, ainsi que la parallaxe relative de ces deux planètes. La moyenne ayant été trouvée de 8", 6, et la parallaxe de Vénus de 30",4, la parallaxe relative est alors de 21", 4.

Cette parallaxe s'obtiendrait aujourd'hui par la photographie, en prenant au même moment et de deux stations très-éloignées une image de ce passage. On conçoit en effet que le disque obscur de Vénus doit alors se projeter sur le soleil en des points fort différents sur les deux images, et que le calcul de leur écart donnera la parallaxe du soleil en retranchant celle de Vénus.

La parallaxe de la lune, obtenue par les mêmes moyens, a donné 60 fois le rayon terrestre, ou 384,630 kilom. (96,160 lieues).

Aristarque de Samos, supposant cette distance connue, avait imaginé de calculer celle du soleil au moment où l'ombre de la lune était perpendiculaire à la direction du satellite au soleil. Ainsi,

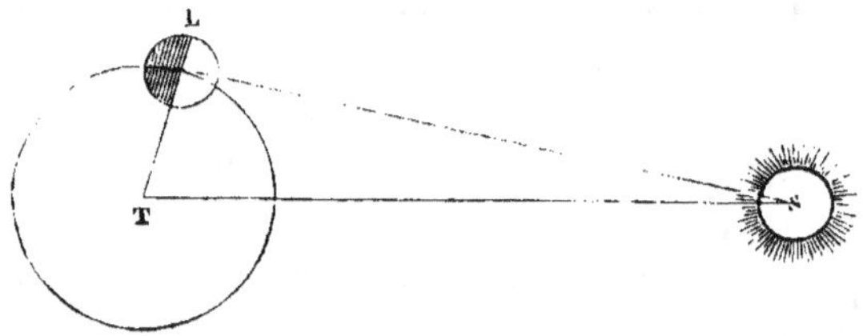

dans la figure ci-contre, l'observateur avait l'angle s, L, T, qui était droit, ou de 90°, et dont le sommet était à la lune; l'angle L, s, T, formé par les lignes de la terre au soleil et à la lune, était aussi connu; le troisième angle était donc le complément à 180°. Comme l'un des côtés (distance de la lune à la terre) était supposé connu, ce géomètre avait ainsi trouvé la parallaxe du soleil aussi exactement que les instruments imparfaits et la mesure qui lui servait de base pouvaient la donner à cette époque.

On entend par la *parallaxe diurne* ou géocentrique, la valeur angulaire donnée par les lignes tirées de l'objet observé, au lieu de l'observation et au centre de la terre.

Elle est proportionnelle au sinus de la distance zénithale apparente et la plus grande possible, quand le corps observé se lève ou se couche à l'horizon; auquel cas, la parallaxe prend le nom d'*horizontale*.

La parallaxe de *hauteur* se distingue donc de la parallaxe horizontale, qui est de 8" 57, ou entre 8"53 et 8" 61, en ce qu'elle a de moins, *le rayon de la terre*, que l'on déduit de cette dernière lorsqu'on en fait usage.

Quant à la parallaxe annuelle ou héliocentrique, elle est indiquée par le point que paraît occuper le soleil, vu de la terre, dans l'espace diamétralement opposé.

Sa valeur angulaire donne la *correction*, en plus ou en moins, que doit subir la distance au soleil, d'un objet observé.

On objectait principalement au système de Copernic qu'en se déplaçant avec la terre, et surtout dans ses positions opposées, l'axe de notre planète, si elle circulait autour du soleil, devait répondre dans le ciel à des étoiles différentes, et que cependant l'étoile polaire se voyait toujours dans la même direction. On répondait alors par l'exemple d'un objet très-éloigné, qui ne paraît pas changer de place pour un observateur marchant dans un cercle fort restreint. La distance prodigieuse des étoiles, maintenant prouvée et mesurée exactement, a renversé tout à fait cette objection.

Il était impossible d'obtenir directement la parallaxe des étoiles, tant que les instruments, même en prenant l'orbite de la terre pour base, ne mesuraient pas avec précision des angles au-dessous d'*une minute de degré ;* cette valeur angulaire *prouvait seulement* que ces astres étaient éloignés *de plus* de 3,438 fois la distance de la terre au soleil, valeur angulaire du demi-diamètre de cette orbite.

Quand les mesures micrométriques furent poussées jusqu'à *une seconde de degré*, et qu'on put s'assurer qu'aucune étoile ne supportait une aussi faible parallaxe, on fut certain que ces astres étaient *au moins* à 206,265 fois 38 millions de lieues.

Ce résultat positif obtenu était déjà satisfaisant ; mais bientôt des instruments de Frauhoffer, qui mesuraient des angles *d'un dixième de seconde*, permirent de résoudre complétement le problème ; cette quantité, représentant plus de *deux millions de fois* 38 *millions de lieues*, était effectivement *moindre* que la valeur angulaire supportée par un grand nombre de ces astres.

En 1846, Peters, après Bessel, a déterminé la parallaxe de 8 étoiles avec une lunette de 6 pouces d'ouverture et un grossissement de 215 fois ; mais son cercle vertical de 48 pouces (1^{m}30) de diamètre, divisé de 2 et 2 minutes de degré, portait quatre microscopes pourvus de micromètres permettant de lire les divisions avec une exactitude de *un dixième de seconde*.

La parallaxe, ou la distance des étoiles, ne s'est pas trouvée (comme on le supposait) en proportion de leur grandeur apparente ; ainsi, α du Centaure, dont la parallaxe est la plus grande qui soit connue, n'est pas plus brillante que α de la Lyre, dont la parallaxe est cependant cinq fois plus petite. Arcturus, qui est de première grandeur, a une parallaxe trois fois plus petite que la soixante et unième du Cygne, étoile de sixième grandeur, à peine visible à l'œil nu, et la première dont la parallaxe fut déterminée par Bessel, après trois années d'observations comparatives avec deux autres situées à 8′ et 12′ de distance, et dont le propre mouvement était insensible.

Il faudrait une trop longue suite de chiffres pour indiquer en myriamètres la distance que donnent ces parallaxes; mais on peut s'en faire une idée, quand on sait qu'à raison de 78,000 lieues environ par seconde, il faut à la lumière émise par cette dernière étoile près de *dix années* pour nous parvenir, et à celle d'Alcyone, la plus belle étoile des Pléiades, cinquante fois cette durée, ou près de cinq cents ans.

Voici les parallaxes de quelques étoiles, selon l'ordre dans lequel elles ont été calculées :

α du Centaure.	0″,913	Arcturus du Bouvier.	0″,127
61ᵉ du Cygne.	0 ,374	α de la Lyre, d'après Struve.	0 ,250
Sirius.	0 ,230	Polaire.	0 ,106
Étoile d'Argelander, n° 1830 :		La Chèvre, d'après Péters.	0 ,048
— — d'après Struve.	0 ,034	Alcyone des Pléiades.	0 ,0065
— — — Schluter.	0 ,182	α d'Hercule.	0 ,06
ζ de la grande Ourse.	0 ,200		

Ces résultats indiquent *avec certitude* que les étoiles les plus brillantes ne sont pas les plus voisines de notre monde solaire, ou tout au moins qu'il existe un grand nombre d'exceptions aux règles proportionnelles de Péters, suivant lesquelles les étoiles de deuxième grandeur auraient pour parallaxe un neuvième de seconde.

Ils prouvent aussi le mouvement de translation de notre planète ; car, si elle tournait seulement sur elle-même, ces astres nous paraîtraient toujours dans la même direction, et aucune parallaxe stellaire n'aurait pu s'obtenir.

PARALLÈLES. La rotation diurne fait supposer que le soleil décrit chaque jour des cercles *parallèles* à l'équateur terrestre, dont il semble se rapprocher et s'éloigner alternativement de l'un à l'autre des solstices.

Sous nos latitudes, les arcs de cercle ne dépassent jamais une étendue moyenne; mais, si l'on s'avance vers les pôles, on les voit s'agrandir par l'effet de la translation de la terre autour du soleil, et même s'effectuer complétement sur l'horizon, que le soleil ne quitte plus pendant quelques mois.

Sous le 73ᵉ degré, on a des jours de trois mois ; à Quito au Pérou, les jours et les nuits sont constamment de douze heures.

Ces *parallèles* marquent les degrés de latitude; et deux villes sont dites sous le *même parallèle*, lorsqu'elles se trouvent, quoique sous des longitudes très-différentes, à la même distance de l'équateur, d'où se comptent, de 0 à 90°, les divisions et subdivisions de la surface de la terre entre l'équateur et les pôles.

PARALLÉLISME (DE L'AXE TERRESTRE). On suppose que, tournant chaque jour sur elle-même, la terre exécute ce mouvement sur un axe passant par le centre du globe et à ses extrémités par les deux pôles.

La même direction prolongée va marquer dans l'espace les pôles célestes, dont un seul a sa place visible sur chaque hémisphère.

On conçoit difficilement que l'axe fictif de la terre soit toujours dirigé vers les mêmes points, tandis que son déplacement annuel autour du soleil, dans une ellipse de trente et un millions de myriamètres (78 millions de lieues), devrait, selon les idées communes, le faire répondre successivement à des étoiles différentes.

Comme il est certain néanmoins qu'à part le mouvement séculaire dû à la *précession* des équinoxes (*voyez* ce mot), cet axe terrestre répond, à toute époque de l'année, au même point sur l'horizon céleste de chaque observateur, il faut bien en conclure que ce *parallélisme de l'axe* sur le plan de l'orbite tient à la prodigieuse distance des astres lumineux auxquels on rapporte l'axe de la rotation. On peut se faire une idée de ce phénomène, lorsque, étant très-éloigné d'une pointe de montagne ou d'un édifice élevé, on décrit un cercle de quelques pas; malgré ce déplacement, les nuages ou les objets situés au delà paraissent toujours *dans la même position* relativement à la montagne ou à l'édifice. Cette supposition est devenue une vérité, depuis qu'on a pu mesurer la distance de l'étoile *la plus voisine;* car les rapports proportionnels sont encore bien loin des rapports indiqués dans l'épreuve ci-dessus.

Du parallélisme de l'axe, ou, en d'autres termes, de la position constante de l'axe de rotation diurne pendant la circulation annuelle de la terre autour du soleil, dépendent la longueur des jours, la hauteur apparente du soleil et les diverses saisons sur chaque zone de notre planète.

Cette position, invariable pour une courte période, change néanmoins relativement au plan de l'écliptique, en sorte qu'avec le temps l'axe de la terre répond successivement à d'autres étoiles; aujourd'hui cet axe fait avec l'écliptique un angle de 66 degrés 32 minítes, lequel diminue environ de 52 secondes de degré par année, comme l'obliquité de cette trace de notre planète.

Le parallélisme de l'axe n'est donc pas invariable, puisque sa direction prolongée décrit en 26,000 années, dans l'espace, un cercle conique ayant pour centre le pôle de l'écliptique, et pour rayon 23° 1/2 environ.

Cet effet est occasionné par le renflement équatorial de la terre, sur lequel s'exercent plus fortement les attractions combinées du soleil, de la lune et des autres planètes. C'est ainsi que l'axe d'une toupie, tournant rapidement sur elle-même, décrit, en s'inclinant lentement, une petite circonférence autour de la verticale.

PARALLÉLOGRAMME. On désigne ainsi tout quadrilatère dont les côtés opposés sont parallèles : le losange a ses côtés égaux et ses angles inégaux ; le rectangle a ses côtés contigus inégaux et ses angles égaux ; le carré a ses angles et ses côtés égaux, etc., etc.

Les parallélogrammes de même base et de même hauteur sont égaux en surface, et peuvent toujours se partager en deux triangles rectilignes, puisque leurs angles valent quatre angles droits.

Le *parallélogramme des forces*, fort connu dans la mécanique, trouve aussi de nombreuses applications dans la théorie des mouvements et des perturbations des corps célestes.

Son principe, résultant de l'inertie de la matière, consiste dans l'effet combiné de deux forces agissant à la fois, mais suivant des directions différentes, sur un mobile qui suit alors, non l'une ou l'autre des directions vers laquelle il est sollicité ou attiré, mais une ligne oblique et intermédiaire. Cette ligne est la diagonale du parallélogramme sur les côtés duquel le mobile eût parcouru, dans le même temps, le même espace, en le supposant sollicité par une force unique qui peut ainsi être remplacée par deux autres, séparées par un angle plus ou moins ouvert.

C'est en vertu de ce principe qu'un corps lancé sur un plan horizontal, et parvenu à ses limites, comme l'eau d'une rigole, par exemple, ne tombe pas *perpendiculairement* sur la terre, suivant les lois de la pesanteur, mais *obliquement* et suivant une diagonale proportionnelle à cette pesanteur et à la force d'impulsion primitive.

De même aussi, les perturbations éprouvées par une comète en présence de deux corps planétaires n'ont pas lieu dans la direction même du corps prépondérant, mais dans une ligne intermédiaire dépendant des puissances attractives, combinées avec la vitesse, la direction et la masse du corps troublé dans sa marche.

PARANATELLON. Cette expression désignait, en Égypte, les constellations *se levant ensemble*, ou plutôt qui bordaient l'horizon au moment où le soleil entrait dans l'un des signes du zodiaque.

Les principales fables des Grecs ont été tirées de ces phénomènes : l'astre qui se levait *triomphait* de celui qui se couchait, ou celui-ci *donnait naissance* à l'autre.

Dans les mystères de Cérès, on expliquait aux initiés que l'*énigme sacrée du Taureau engendrant le Dragon, et celui-ci le premier,* signifiait que le Taureau, en se couchant, faisait lever le Serpent, de même que le Serpent faisait lever le Taureau. Ainsi le Bouvier figuré par Atlas, se couchant quand les Pléiades se lèvent, on disait alors qu'Atlas, ayant épousé *Hespéris* (déesse du soir), en eut les sept filles qui ont formé la constellation des Pléiades.

La précession des équinoxes a modifié la position relative des constellations, qui dans les temps anciens étaient ensemble sur le même horizon.

En changeant de latitude, les paranatellons changent aussi; et c'est ce qui a prouvé que certaines projections de la sphère céleste n'étaient pas le résultat des observations des hommes auxquels on les avait attribuées.

PARASÉLÈNE. Huygens attribue ces phénomènes au brisement et à la réfraction de la lumière dans les vapeurs glacées de l'atmosphère; des images *semblables à la lune* sont ainsi formées aux bords des halos, ou couronnes lumineuses qui les accompagnent ordinairement.

Pline fait mention de trois lunes qu'on aperçut à Rome l'an 632 de sa fondation; on en vit autant à Rimini 234 ans avant J. C.

Le 19 août 1850, à 8 heures 1/2 du soir, la lune étant près du méridien et entourée d'un cercle, on a distingué à Namur, pendant 5^m, sur le bord oriental, une autre lune qui s'est allongée en forme de cône, et s'est effacée en deux minutes; l'image opposée n'a pas été visible.

PARHÉLIE. Les mêmes causes qui produisent les parasélènes, ou les fausses lunes, occasionnent aussi les parhélies, ou les soleils apparents, quelquefois réfractés dans les vapeurs nuageuses opposées au véritable soleil.

Cet effet de diffraction est ordinairement accompagné de halos, ou de couronnes lumineuses dans lesquelles les rayons rouges et jaunes sont du côté du soleil, tandis que les rayons bleus et violets se trouvent de l'autre côté.

Ces couronnes sont parfois multiples ; on cite une observation du 20 mars 1629, à Rome, où l'on vit en même temps cinq soleils ; on put en distinguer six à Arles, en 1666 ; et, le 20 février 1661, on a vu à la fois sept soleils, à Dantzig sur la Baltique.

Le 9 mai 1851, à Uzès et dans les environs de cette ville, un grand nombre d'habitants armés de verres colorés ont vu, de 6 heures à 7^h 1/2 du matin, un second soleil très-éclatant, à environ 25 degrés au-dessus du véritable, qui se distinguait aussi nettement dans la brume ; à 25 degrés au-dessus, se montrait encore un troisième soleil plus éclatant et lançant des jets lumineux ; enfin, à une grande distance, se voyait un quatrième astre de même grandeur que les autres, mais obscur et mal défini.

Entre les deuxième et le troisième parhélies, se trouvait une portion d'arc-en-ciel très-prononcé.

PARTHÉNOPE. Petite planète découverte, le 11 mai 1850, par M. Gasparis de Naples ; elle fait sa révolution en 1399^j 1^h 46^m, dans une orbite peu excentrique, inclinée de 4° $36'$ $51''$ sur l'écliptique et située entre Fortuna et Thétis, à une distance moyenne d'environ deux fois et demie celle de la terre au soleil.

PASSAGE. La lunette *méridienne* s'appelle aussi *des passages*, parce qu'elle indique l'arrivée des astres au méridien vers lequel elle est dirigée.

Les passages inférieurs ont lieu entre l'horizon et le pôle ; soit pour Paris jusqu'à 48° $50'$ $13''$ de déclinaison boréale.

Les passages supérieurs : entre le pôle visible et le point opposé de l'horizon.

Les passages au méridien inférieur sont invisibles pour nous quand les astres descendent au-dessous de l'horizon ; mais on peut observer les passages supérieurs et inférieurs des étoiles *circompolaires*.

Le soleil étant au méridien, l'astre qui en est encore à 15 degrés vers l'est devrait y arriver une heure après, mais, à cause du retard du temps solaire sur le temps sidéral, cet astre ne passe au méridien qu'un peu plus tard, et cette différence est surtout remarquable pour la lune, dont l'ascension droite relativement au soleil augmente chaque jour de près d'une heure.

D'une syzygie à l'autre, la différence n'est pas seulement de 12 heures 30^m, mais de 1^m 15^s de plus; c'est-à-dire que la lune, étant en opposition quand le soleil passe au méridien, n'y arrive ainsi que 12^h 31^m 15^s après lui.

Ces calculs de *fausse position* sont très-fréquents dans les opérations basées sur l'ascension droite du soleil.

Voici très-approximativement l'heure à laquelle quelques-unes des principales étoiles passent au méridien de Paris :

Alphérat d'Andromède à		41^m 6^s
L'étoile polaire	à	1^h 5^m 19
Sirius	à	6 38, 35
Régulus du Lion	à	10 0 26
L'épi de la Vierge	à	13 17 21
Véga de la Lyre	à	18 31 54
Fomalhaut des Poissons à		22 49 24

Le moment de ces passages déterminés pour 1851, peut indiquer la ligne méridienne, en alignant alors l'une de ces étoiles avec un fil à plomb.

Lorsqu'un satellite se projette sur sa planète, ou quand une petite planète passe entre la terre et le soleil, ces occultations s'appellent aussi *passages*. Ceux de Vénus sur le soleil durent 7^h 52 à 54^m, lorsqu'ils ont lieu par le centre de cet astre ; ils s'effectuent de l'est à l'ouest, parce qu'alors son mouvement apparent *est rétrograde ;* ces phénomènes donnent ainsi le moyen d'obtenir la parallaxe des deux astres.

Képler, en annonçant un de ces passages, ne le considérait que comme une curiosité astronomique; ce fut Halley qui en montra toutes les conséquences, à l'occasion de ceux de 1761 et 1769.

On avait bien obtenu la parallaxe de Mars en l'observant de deux stations fort éloignées l'une de l'autre; le même moyen devait, au moment de ces passages, donner la parallaxe de Vénus avec une exactitude plus grande; aussi des expéditions de géomètres et d'astronomes furent organisées en Angleterre, en Russie, en France et d'autres pays, pour observer ces phénomènes d'un grand nombre de points à la fois, afin de diminuer autant que possible les chances d'erreur, ou les empêchements pouvant résulter de l'état de l'atmosphère aux lieux d'observations.

Le capitaine Cook, à Otahiti; Chappe, en Californie et Hell, au nord de la Laponie, eurent une bonne part dans ces travaux, dont le résultat fut que l'intervalle entre deux points auxquels correspondaient pour deux observateurs les bords intérieurs de Vénus sur le disque solaire, avait une valeur angulaire d'une minute de degré, équivalant à deux fois et demi le diamètre de la terre; ainsi l'intervalle était au diamètre comme la distance de Vénus au soleil était à sa distance de la terre, ou encore comme 68 est à 27. Il en résultait que la parallaxe horizontale du soleil était égale à cinq fois le *rayon apparent* de la terre, vu du soleil; on conclut delà que la parallaxe de Vénus était de 30″ 4, et celle du soleil de 8″ 5776.

Les passages de Mercure sur le soleil sont beaucoup plus fréquents que ceux de Vénus; mais sa proximité du soleil ne laisse pas à sa parallaxe une valeur angulaire assez sensible, pour servir à la déterminer avec la précision que donnent les passages de Vénus.

L'un de nos astronomes a fait observer qu'avec les moyens photographiques actuels, si de deux stations différentes on prenait l'image du disque solaire *au même instant* pendant l'un des passages de Vénus, la différence de position des taches projetées par cette planète donnerait l'angle parallactique, en déduisant de sa valeur la parallaxe horizontale du soleil. *Voyez* VÉNUS et PARALLAXE.

PÉGASE (LA GRANDE CROIX). Constellation dans laquelle trois étoiles de deuxième à troisième grandeur forment avec *Alphérat* ou *Sirrah*, placée à la tête d'Andromède, un grand carré opposé à celui de la grande Ourse, de l'autre côté du pôle nord; elle se trouve par conséquent un peu au-dessous et à droite de Cassiopée. La base méridionale de ce quadrilatère se termine à gauche par *Algenib*, et à droite par *Markab;* l'angle au-dessus de cette dernière est indiquée par *Scheat*, au-dessous de laquelle on peut distinguer trois quartaires et deux quintaires disposées en ligne courbe.

Deux secondaires d'Andromède : Mirach et Alamac, qui sont, ainsi que α de Persée, équidistantes sur la même courbe, offrent, avec les étoiles de Pégase, l'aspect de la grande Ourse, mais en sens inverse et dans une dimension plus étendue. Une tertiaire ε, qui est double, se trouve sur la continuation de la base inférieure du carré vers le petit Cheval. Une tertiaire η est à droite, et un peu plus au nord que Scheat; une faible tertiaire ζ est située plus près et à droite de Markab.

Une changeante, qui est double, se voit encore vers le Dauphin, ainsi qu'un groupe nébuleux au-dessus de ε entre la changeante ci-dessus indiquée.

Enfin on peut encore observer au-dessus de Scheat, vers le Lézard, une belle nébuleuse planétaire.

PENDULE. L'instrument ainsi nommé se compose principalement d'un disque suspendu par une tige dont la longueur est calculée de manière à donner une oscillation par seconde.

Cette longueur est à Paris de 993,685^{mm} tandis qu'à Cayenne par exemple, il faut la diminuer de 2,82 millimètres, ou de la 352e partie, pour que le même pendule batte les secondes; autrement il ne ferait que 86280 oscillations, au lieu de 86400, donnant ainsi un retard de 120 secondes ou de deux minutes par jour.

On peut donc, au moyen de cet instrument perfectionné, déterminer la force de la gravité à différents points sur la surface de la terre; il suffit de constater la différence des oscillations qui ont lieu dans des temps égaux.

La température des lieux et des saisons pouvant modifier la longueur du pendule, on a imaginé différentes combinaisons de fer, de bois, d'étain et de mercure pour maintenir par un système de *compensation* l'isochronisme ou la régularité des oscillations. Selon M. Biot, la meilleure compensation se fait maintenant par le mercure faisant remonter la tige, quand son métal dilaté par la chaleur, tend à la faire descendre.

Selon la théorie, la différence des rayons terrestres n'exigerait qu'un raccourcissement de 3 millim. 60, pour que le pendule qui bat *les secondes* à l'équateur, les batte encore sous les pôles; cependant il est reconnu qu'il faut le raccourcir de 5^{mm},50, pour y obtenir *cette durée* entre chaque oscillation.

Cet excédant est attribué à la force centrifuge plus grande à l'équateur, où chaque point doit parcourir, dans la rotation diurne, un cercle très-étendu, tandis que, sous les pôles, chaque point de la surface n'a qu'un très-petit cercle à effectuer dans le même temps.

C'est au moyen de cet instrument, inventé par Galilée, qu'un de ses disciples, *Viviani*, avait, il y a 200 ans, fait constater à Florence, devant quelques savants, la déviation constante *vers l'orient*.

27.

Il avait ainsi montré l'effet, mais sans en savoir la cause, que M. Foucault a démontrée le premier, comme le résultat du mouvement de la terre.

Si en effet notre globe était immobile, un pendule écarté de son centre de gravité et rendu à la force de pesanteur, reviendrait vers les deux mêmes points à chacune de ses oscillations, jusqu'à ce que l'action de cette force qui l'attire au centre de la terre l'ait fait demeurer en repos.

Mais il n'en est pas ainsi, et l'on reconnaît maintenant qu'un pendule mis en mouvement dans un plan déterminé ne conserve pas l'orientation de ce plan, et que, par l'effet de la rotation de la terre, l'angle que fait le plan oscillatoire avec le méridien s'accroît continuellement du nord vers l'est, de ce point vers le midi, puis vers l'ouest et enfin vers le nord, pour recommencer ensuite les mêmes déviations en sens contraire à la rotation de la terre.

Les pendules qui ont été publiquement exposés ont toujours dévié *vers la gauche*, dans un sens contraire à la rotation de la terre, il est donc évident que cet effet ne peut provenir que de cette rotation.

Sous l'équateur, les oscillations libres d'un pendule étant parallèles au mouvement de rotation, il n'y a point d'écart vers l'est ni vers l'ouest, et le balancement s'effectue comme si la terre était réellement immobile.

Sous les pôles, la déviation doit être totale, le mouvement de rotation étant perpendiculaire. C'est donc la latitude de chaque lieu qui détermine l'étendue de cette déviation.

D'après de récentes expériences faites au Panthéon, ainsi que celles de M. Foucault, le pendule n'est pas exactement perpendiculaire à la surface des eaux tranquilles ; on a reconnu, pour une hauteur de 57 mètres, une déviation boréale de 4 millimètres 1/3 sur l'image verticale réfléchie au-dessous par un miroir de mercure.

D'autres expériences faites par M. Horsford, au monument de Bunker-Hill en Amérique, ont montré que la *chaleur solaire* exerce une influence sensible sur les masses solides, et fait ainsi dévier la pointe inférieure du pendule du point au-dessus duquel il est suspendu. Dans le cas rapporté, le pendule était supendu au toit de cet obélisque de granit, haut de 67 mètres, ayant une base de 9 mètres carrés et dont l'intérieur a seulement 1^m 50 à la partie supérieure et 2^m 15 la partie inférieure. La boule commence à se mouvoir à 7^h du matin quand le soleil luit, en déviant vers l'ouest ; à midi elle dévie vers le nord-ouest et le soir à l'est, avec une action double de celle du matin. La nuit elle revient à peu près à sa position centrale ; l'ellipse ainsi décrite a 15 millimètres pour grand axe et 7^{mm} pour le plus petit. La direction à midi n'est pas vers le nord, parce que le monument a ses côtés inclinés de 20 degrés sur les points cardinaux.

Dans les jours nébuleux, la pointe du pendule reste à peu près en repos.

Une averse tombée dans l'après-midi , ayant refroidi l'obélisque, il s'est immédiatement produit une déviation en sens inverse de la déviation ordinaire à la même heure, ce qui prouve que les effets observés ont bien pour cause la dilatation de la masse granitique par les rayons du soleil.

D'autres observations, avec un pendule de 20^m seulement, ont fait reconnaître une différence d'un quart d'heure pour 25° de déviation en $2^h,376$, à partir de la méridienne , et en $2^h,110$, à partir de la perpendiculaire à cette ligne. Ce ralentissement est attribué à la force centrifuge , qui tendrait à écarter le pendule de la perpendiculaire. *Voyez* FIL A PLOMB.

La *pendule sidérale*, en usage dans les observatoires, devant donner le même nombre d'oscillations entre deux passages consécutifs de la même étoile au méridien, son balancier doit être allongé ou raccourci jusqu'à ce qu'il marque le nombre de secondes ci-dessus indiqué, il suffit néanmoins d'en constater la différence si la marche de la pendule est d'ailleurs régulière, pour en corriger les indications, proportionnellement au temps écoulé.

La pendule sidérale indique par avance aux astronomes quelles sont les étoiles qui vont passer au méridien ; ils peuvent ainsi se préparer aux observations des corps célestes, ou des nébuleuses dont la position est déjà connue, soit par heures, soit par degrés.

PÉNOMBRE. État intermédiaire qui se remarque toujours entre l'ombre pure et la lumière dont les rayons se réfractent en partie sur les limites de l'espace qui n'est pas directement éclairé.

Dans ses éclipses, la lune commence par nous montrer un éclat plus affaibli, avant que les parties de son disque soient successivement cachées par le cône d'ombre de la terre ; il en est de même à la fin de ces phénomènes. Cette pénombre existe aussi pendant les éclipses de soleil.

On corrige l'inconvénient de ces pénombres en perçant l'extré-mité des gnomons ou les plaques des cadrans solaires, de sorte que l'heure est alors plus nettement indiquée par un très-petit point lumineux.

Les images réfractées par les objectifs des grandes lunettes, sont aussi entourées de pénombres qui gênent les observations.

Les *pénombres* qui attirent particulièrement l'attention des astronomes sont celles qui bordent les taches du soleil, et qui manquent quelquefois, surtout entre les taches très-voisines. En admettant que cet astre soit enveloppé de deux atmosphères, et que l'atmosphère lumineuse et extérieure vienne à s'écarter.ou à se soulever, les pénombres seraient alors les portions rendues visibles de la photosphère intérieure, obscure relativement à la première; si les deux atmosphères s'écartent à la fois, on distingue alors le corps encore plus obscur du soleil, sous la forme d'une tache noire sans pénombre, ou avec une pénombre si étroite qu'il est fort difficile de l'apercevoir.

PÉRIGÉE. C'est l'un des apsides, ou le point d'une orbite opposé à l'apogée ou aphélie. Pour la lune, c'est le lieu où, dans son mouvement compliqué, elle est le plus près de la terre.

La révolution sidérale du périgée lunaire est actuellement de 3232-575 jours solaires moyens, mouvement qui se ralentit de siècle en siècle alors que le mouvement de la lune s'accélère. Après une certaine période, l'effet contraire se manifeste.

En vertu des attractions réciproques, le périgée des planètes principales éprouve des modifications, quoique l'étendue des grands axes paraisse invariable. La terre est à son périgée ou périhélie vers le solstice d'hiver; alors elle se trouve au plus près du soleil, et sa translation se fait avec la plus grande vitesse; le diamètre apparent du soleil est aussi plus grand qu'à toute autre époque, quoique sa chaleur soit plus faible, en raison de l'obliquité avec laquelle ses rayons nous arrivent.

Le grand axe de son ellipse apparente, la partageant en deux parties égales, le soleil sera à l'apogée, ou à 180° de distance, une demi-année après son passage au périgée, et réciproquement.

Par les observations d'un siècle, M. Leverrier a constaté que *le périgée de notre orbite* oscillait continuellement dans une période de 66 ans 2/3, avec une amplitude de 60 secondes de degré.

L'irrégularité de ce mouvement ne peut s'expliquer par les actions physiques aujourd'hui connues, et sa cause reste encore à découvrir. Peut-être l'a trouvera-t-on dans l'action magnétique de tous ces soleils disséminés dans l'espace à des distances différentes de notre système, et dont les émanations lumineuses n'ont pas encore été appréciées ni calculées. *Voyez* PÉRIHÉLIE.

PÉRIHÉLIE (PRÈS DU SOLEIL). Les astronomes emploient plus généralement ce terme que celui d'apogée, pour exprimer la position la plus rapprochée à laquelle une planète ou une comète puisse se trouver du soleil, comme l'un des foyers de la courbe elliptique tracée par tous les corps célestes de notre système autour de cet astre régulateur.

C'est donc *le sommet* de ces ellipses, plus ou moins excentriques, qui s'appelle le *périhélie*.

La *distance périhélie* est la distance focale de l'orbite, ou l'intervalle qui sépare l'astre du soleil au moment de son passage au sommet.

Les comètes ne deviennent visibles à l'œil nu que vers leur périhélie, seul lieu auquel puissent se rencontrer les corps célestes ayant un foyer commun, parce qu'alors l'ellipse et la parabole décrites par une planète ou une comète sont presque confondues.

La *longitude du périhélie* est l'un des éléments qui sert à déterminer le mouvement des corps célestes ; elle indique la direction du grand axe de l'orbite ou la situation de cette courbe exprimée relativement à l'écliptique, par le nombre des degrés compris entre ce point et celui de l'équinoxe du printemps pris pour origine.

La *distance périhélie*, toujours exprimée en nombre dont *l'unité* est la distance moyenne de la terre au soleil, indique les différences relatives entre les plus courtes distances des astres au soleil.

PÉRIODES. Pour mesurer le temps en le faisant coïncider avec les phénomènes célestes qu'ils croyaient immuables, les anciens peuples ont tous cherché et adopté des *périodes* ou cycles devant renfermer tous ces phénomènes, et les ramener dans le même ordre pendant les périodes suivantes.

Ces idées ont donné lieu à la fable du phénix, au retour de l'âge d'or, aux prédictions de la fin du monde, et à d'autres erreurs répandues dans l'antiquité et le moyen âge.

La *grande année* des anciens a été différemment interprétée ; selon Bérose, elle avait commencé lorsque les sept planètes alors connues s'étaient trouvées en conjonction ou sur la même ligne, ainsi que le soleil, la terre et la lune le sont pendant les éclipses; cette grande année devait finir quand toutes les planètes se trouveraient de nouveau en conjonction. Pingré avait calculé que cette position pouvait se reproduire après 25 millions d'années; mais alors on n'avait pas trouvé les quatre petites planètes dites astéroïdes, découvertes au commencement du siècle courant. Les trente-neuf acquisitions de ces dernières années démontrent encore mieux l'impossibilité d'une semblable position de tous ces corps, même dans une durée incalculable.

Les Chaldéens avaient plusieurs périodes, dont celle qu'ils nommaient *Saros* comprenait 235 lunaisons, pendant lesquelles toutes les éclipses avaient lieu et revenaient *à peu près* aux mêmes dates dans les périodes suivantes. C'est le même cycle que Méton avait expliqué aux Grecs, et dont les Athéniens avaient été si satisfaits qu'ils en avaient fait graver les calculs en lettres d'or, pour mieux les conserver.

La *période Dionysienne* est le renouvellement d'une série composée du cycle solaire de 28 ans, multipliée par 19 années du cycle lunaire, et après laquelle les phases de la lune reviennent aux mêmes jours de la semaine et aux mêmes dates du mois que dans les 532 années précédentes.

Néanmoins le cycle lunaire de 19 ans étant affecté d'une erreur d'un jour après 310 ans, cette période est sujette à des corrections, ainsi que la *période Julienne*, qui comprend la période Dionysienne multipliée par les 15 années du cycle d'indiction, donnant ainsi une durée de 7980 ans, sauf les corrections indiquées. Au 13 janvier 1856, a commencé la 6569ᵉ année de cette période.

Les données astronomiques, qui permettent d'établir aujourd'hui le calendrier sur des bases plus certaines, ont fait négliger toutes ces périodes, qui n'ont plus qu'un intérêt historique.

Les Égyptiens et les Perses avaient adopté une période de 1461 ans, nommée sothiaque, parce que le lever héliaque de Sirius, alors appelé Sothis, revenait coïncider avec le premier jour de l'année civile, à la fin de cette période.

Géminus, contemporain de Sylla, attribue aux Chaldéens un période de 19,156 jours, pendant laquelle la lune faisait 669 révolutions avant de se retrouver dans la même position relativement au soleil. Cette indication est le plus ancien document astronomique, avant l'école d'Alexandrie.

Les Indiens, suivant la méthode des intercalations, faisaient cette période de quatre fois 365 ans, ou de 1,460 années.

La période sothiaque est aussi l'origine de la mystérieuse révolution de 36,525 ans, qui renferme précisément autant d'années que l'année renferme de jours.

Josèphe attribue aux patriarches une période de 600 ans, en usage avant le déluge; Cassini a calculé que 7,421 révolutions lunaires correspondaient à 600 années solaires de $365^j\ 5^h\ 51^m\ 36^s$, durée qui ne diffère pas de trois minutes avec l'année actuelle. Cette période sexagésimale était répandue chez les plus anciens peuples connus; celle de 3,600 ans, des Babyloniens, avait sans doute aussi une origine antédiluvienne.

Elle a sans doute encore donné lieu à la division du cercle en 60 parties, puis en 360 degrés; à la division des heures en 60 minutes de celles-ci en 60 secondes; et enfin au lustre romain de 60 mois.

La période des olympiades a commencé chez les Grecs 275 ans 1/2 avant J. C.

La première des quatre années de la 532^c aurait commencé en juillet 1853.

Notre période grégorienne est de 400 ans; mais, comme toutes les précédentes, elle est sujette à rectification, parce que, d'abord, on a donné une durée un peu trop grande à chaque lunaison : il en résulte que ce n'est pas après 312 ans 1/2, mais après 307 ans 929, qu'on trouve un jour d'excédent; ensuite, parce que la lune éprouve des variations séculaires qui ont été négligées. *Voyez* CYCLE, ÉCLIPSE.

PÉRIODICITÉ. C'est la reproduction continuelle du même phénomène, dans le même ordre et avec le même intervalle de temps.

La rotation de la terre sur son axe, se fait toujours régulièrement en vingt-quatre heures; elle nous donne ainsi la mesure la plus exacte pour évaluer le temps pendant lequel toutes les autres périodicités s'accomplissent.

Il est assez singulier qu'aucun des phénomènes astronomiques n'ait une périodicité concordant *exactement* avec ce mouvement journalier de notre planète.

L'année sidérale comme l'année tropique, c'est-à-dire le retour apparent du soleil à la même étoile ou au même point du ciel, ne se composent pas d'un certain nombre de jours entiers, mais d'heures, de minutes, de secondes et même de *fractions* de secondes. Il en est de même des saisons et des lunaisons ; du mouvement rotatif ou sidéral des autres planètes, et de la rotation du soleil.

Les périodes anciennes ne pouvaient se renfermer dans des intervalles plus réguliers ; le nombre d'or, les périodes sothiaques et sexagésimales, comme notre période Grégorienne, ne sont que des cercles qu'il faut étendre ou resserrer pour les faire accorder avec un phénomène céleste.

La *périodicité* des étoiles changeantes est maintenant constatée par 5 ou 6 d'entre elles. *Voyez* ce mot.

Les taches du soleil paraissent aussi soumises à une périodicité tout récemment fixée par M. R. Wolff à la 9ᵉ partie d'un siècle, avec un intervalle de cinq ans environ, entre un maximum et un minimum dans le nombre et l'intensité de ces taches. La longueur définitive d'une période serait de 11 ans 111/1000ᵉ, et l'année 1800 aurait présenté l'un des minima observés.

Les variations magnétiques seraient assujetties à la même périodicité, et leurs irrégularités dépendraient de celles des taches solaires.

PERSÉE. Constellation placée entre Cassiopée et le Cocher. Elle se distingue à une étoile de deuxième grandeur et très-brillante, qui continue la courbe formée par les quatre secondaires de Pégase et d'Andromède. Cette *luisante*, nommée Mirfak, est double, et fait avec deux quartaires un arc dont la prolongation conduit à la Chèvre. *Mirfak* passe au méridien onze heures après la dernière des trois étoiles formant la queue de la grande Ourse.

Plus bas se trouvent une tertiaire ζ et une quartaire θ, formant avec une autre tertiaire ε, qui est double, un triangle allongé dont la base est tournée vers les Pléiades.

Une changeante nommée *Algol*, ou la tête de Méduse, se trouve à 10° au-dessous de l'arc ; plus bas on distingue un petit triangle formé par deux quartaires et une étoile de cinquième grandeur, puis une nébuleuse dans la même direction. Au-dessus de γ, vers Cassiopée, les lunettes font apercevoir plusieurs autres nébuleuses.

PERSPECTIVE. Les règles de la perspective donneraient la distance relative des étoiles, si tous ces astres étaient en réalité de la même grandeur. Mais il n'en est pas ainsi, et les parallaxes déjà connues prouvent que les étoiles paraissant avoir le même éclat ont des diamètres fort différents.

Les propriétés de l'air atmosphérique produisent un *surbaissement* de la voûte apparente du ciel, en sorte que chaque observateur voit *en perspective* tous les astres se trouvant peu élevés sur l'horizon.

Quand le soleil y parait, son image semble plus large que haute, et cet ovale diffère davantage du cercle dans la moitié inférieure du disque que dans la moitié supérieure; cet effet, dû à la réfraction et surtout à la plus grande épaisseur des vapeurs interposées, est détruit quand on se sert d'une lunette.

On a remarqué qu'un feu ayant un mètre de largeur offrait, à 5 myriamètres d'éloignement, l'aspect d'une étoile de troisième grandeur.

L'étendue de l'horizon perceptible des lieux élevés est proportionnelle à la perpendiculaire abaissée du lieu de l'observation; ainsi MM. Biot et Gay-Lussac, dans leur ascension aérostatique jusqu'à 7,000 mètres, ont pu embrasser une étendue de 2,200 myriamètres, ou la 1600me partie de la surface totale du globe. Du sommet de l'Etna, du pic de Ténériffe ou du mont Rosa, on ne peut en découvrir que la 4000me partie.

Un arc d'une seconde de degré étant la 1,296,000^e partie de la circonférence, si cet arc a une longueur linéaire de 1 mètre par exemple, il s'ensuit qu'à une distance de 206,265^m, un objet qui sous-tend 1″ doit avoir un mètre d'étendue linéaire.

A une élévation de 1^m,624 (5 pieds), la vue peut s'étendre à 4,180^m (un peu plus d'une lieue.)

De 3^m,25 (10 pieds)	à 6,000^m (1 lieue 1/2);
De 16^m,24 (50 ^{p}),	à 13,250^m (3 lieues 1/3);
De 162^m,43 (500^p),	à 41,860^m (8 lieues 1/2);
De 259^m,87 (800^p),	à 52,930^m (13 lieues 1/4).

PERTURBATIONS. Si la terre seule ou toute autre planète formait avec le soleil un monde particulier, le mouvement serait toujours régulier autour du centre de gravité de ces deux corps célestes, qui suivraient éternellement la marche que les lois de l'attraction et les forces de projection primitives leur auraient imposée.

Si un troisième corps s'ajoutait au premier système, il est évident que l'attraction de celui-ci occasionnerait une nouvelle combinaison des forces motrices, ou, en d'autres termes, amènerait *des perturbations* qui se régulariseraient avec le temps en se renfermant dans une périodicité plus ou moins étendue.

Un quatrième corps viendrait compliquer encore ce système solaire, et reculer l'intervalle après lequel les précédentes perturbations se renouvelleraient, pour se reproduire dans le même ordre avec les mêmes circonstances.

On peut ainsi concevoir la multiplicité des combinaisons et la durée séculaire des perturbations réciproques qui s'exercent dans notre système solaire, composé de neuf planètes principales, circulant autour d'un astre prépondérant, et de quarante-sept autres petites planètes ou satellites déjà connus, sans compter les milliers de comètes, pouvant ajouter encore des éléments imprévus à tous les calculs.

Les mouvements planétaires ne sont donc qu'à peu près soumis aux lois de Képler; ils éprouvent des *perturbations* et des irrégularités, merveilleusement expliquées par l'attraction newtonnienne.

Ainsi les perturbations de l'orbite lunaire, qui ne pouvaient se comprendre auparavant, dépendent évidemment des attractions alternatives et combinées du soleil et de la terre, dont la période est d'environ 19 ans.

Les satellites de Jupiter éprouvent les effets de cette force, qui règle et modifie leurs mouvements de translation; Saturne et Jupiter se troublent mutuellement, et la vitesse de l'un s'accélère quand le mouvement de l'autre se ralentit; la période de ces perturbations réciproques est de neuf cent dix-huit ans.

L'action de Vénus, et surtout les masses de Jupiter et de Saturne, déplacent aussi l'écliptique, c'est-à-dire, la régularité de l'ellipse que la terre décrit autour du soleil; les autres planètes, quand elles arrivent en conjonction, ajoutent encore à l'attraction solaire, et occasionnent des perturbations *séculaires* qui, après un certain temps, se balancent, pour recommencer ensuite dans le même ordre et avec la même étendue.

N'oublions pas que c'est à *une perturbation* dont M. Leverrier recherchait la cause, que l'on doit la découverte de la planète de Neptune.

PESANTEUR. Ce mot exprime communément la pression qu'un corps exerce *sur un support*, en raison de la quantité de ses molécules. En astronomie, on l'emploie souvent pour indiquer la propension des corps libres vers un point central.

Au temps d'Hésiode, on avait déjà certaines idées sur la chute des graves et sur l'immensité des cieux, puisque, dans sa *Théogonie*, il dit que la foudre dont Jupiter terrassa les Titans mit neuf jours et neuf nuits à tomber sur eux.

Aristote avait enseigné que les corps tombaient avec une vitesse proportionnelle à leur poids ; ce fut Galilée qui, faisant tomber du haut de la tour de Pise des boules de même densité et de poids très-différents, prouva l'erreur d'Aristote, qui passait alors pour infaillible en physique que le pape en matière religieuse. Simplicius avait déjà enseigné que les corps célestes ne tombaient pas, parce qu'une force centrifuge dominait la force qui les attirait en bas.

Suivant les lois de l'attraction newtonienne, les corps tombent vers le centre d'attraction avec une vitesse qui s'accroît comme le carré des *temps* ; si, par exemple, la chute était à Paris de $4^m 48$ dans la première seconde, elle serait de 20^m dans la deuxième seconde, de 40^m dans la troisième, de 80^m dans la quatrième, etc.. Sur la terre et dans la première seconde, les corps tombent dans *le vide* de $3^m,66$; sur la lune, de 1^m ; d'environ 13^m sur Jupiter, et de 132^m sur le soleil.

La pesanteur agissant en raison inverse du carré des distances, et la lune étant éloignée du centre de la terre de 60, 3/10 de fois, l'étendue du rayon terrestre, on calcule qu'elle tombe, en une seconde, de un millimètre vers notre planète.

A cause de la différence du rayon terrestre, la lune étant près du zénith exerce sur tous les corps à la surface $1/33^e$ de l'action qu'elle aurait sur eux s'ils étaient placés au centre du globe.

En raison du renflement de la terre à l'équateur, la pesanteur y étant un peu moins grande que sous les pôles, un corps qui pèserait $290^{kil.}$ à l'un de ces points n'en pèserait plus que 289 s'il était transporté à l'équateur.

La longueur du pendule simple qui bat les secondes, étant à Paris de $0^m,742$, la pesanteur est de $3^m,661$ dans la première seconde pour tous les corps tombant dans le vide.

Si la force centrifuge, qui ajoute un peu à cet effet, venait à s'augmenter de 17 fois, ou, en d'autres termes, si une cause quelconque faisait tourner la terre 17 fois plus vite, tous les corps mobiles à sa surface s'échapperaient dans l'espace, comme s'ils étaient lancés par un volcan.

Selon la nouvelle théorie de l'éther, cette force centrifuge, variable en raison de la latitude et de l'aplatissement polaire, se combine encore avec la pression exercée par le fluide ; elle s'accroît ainsi pour chaque parallèle en raison directe des carrés du sinus de la latitude.

Les résultats numériques de cette théorie se trouvent d'accord avec les observations du pendule c'est-à-dire donnent 0,0054 ou $\frac{1}{185}$ pour l'accroissement de pesanteur, de l'équateur aux pôles.

La vitesse actuelle de rotation n'a aucun effet sur la chute des corps tombant d'une petite hauteur : mais d'un sommet très-élevé, où la vitesse est plus grande qu'à la base, cette rotation fait dévier les graves d'environ 15 centimètres pour 100 mètres.

Il résulte des expériences faites avec le pendule qu'à une profondeur de 1260 pieds anglais, la pesanteur est de un dix-neuf millième plus grande qu'à la surface.

La pesanteur agit dans le vide absolu avec la même intensité sur tous les corps : une plume y tombe avec la même vitesse qu'une balle de plomb, et toutes les planètes, supposées en repos à la même distance du soleil, descendraient vers lui avec une égale vitesse, malgré leur différence de volume, de masse et de densité.

Le poids d'un corps est proportionnel à sa masse, et dépend aussi de la place qu'il occupe relativement au centre d'attraction dont il doit subir la puissance.

Transporté à une distance *double*, le même poids ne sera plus que le *quart* de sa valeur première, etc.

On entend par *pesanteur spécifique*, la proportion existant entre le poids et le volume de chaque corps, ou plutôt un poids relatif qui serait opposé au poids absolu.

Au point de vue astronomique, un corps céleste indiqué, par exemple, comme ayant le quart du poids de la terre, exigerait qu'on mît quatre corps semblables dans le plateau d'une balance, pour faire équilibre à la terre, supposée mise dans l'autre plateau ; mais, si l'on ajoute que le volume de Mars n'est que le septième de celui de la terre ou qu'avec cette dernière planète on ferait sept globes semblables à Mars, on est naturellement conduit à l'idée du poids spécifique et relatif, égal au quotient du poids absolu par le volume, ce qui revient à la proportion de 1/4 divisé par 1/7, ou de 7 divisé par 4, pour la masse relative de ces deux planètes.

Ainsi la densité moyenne est synonyme de pesanteur spécifique, et, dans l'exemple qui précède, on exprime l'idée qu'un mètre cube de la matière de Mars a une fois et 3/4 le poids absolu d'un mètre cube de la matière de la terre. *Voyez* GRAVITÉ, ATTRACTION, CHUTE DES CORPS.

PHASES. La distance de notre planète au soleil étant près de 400 fois celle de la lune à la terre, on peut supposer que ces deux corps opaques ont toujours la moitié de leur surface exposée parallèlement aux rayons du soleil.

Mais, en tournant autour de la terre pendant que celle-ci tourne autour de l'astre lumineux, l'hémisphère éclairé de notre satellite doit nécessairement se trouver dans une position relative fort différente à notre égard.

Ainsi, lorsque la lune est en opposition avec le soleil, tous les habitants du globe ont successivement la *pleine lune* dès qu'elle arrive à leur méridien; dans la position contraire, c'est-à-dire quand la lune est précisément entre le soleil et la terre, elle lui présente l'hémisphère qui n'est pas frappé du soleil; elle n'est donc pas visible pour nous, et c'est alors la *nouvelle lune* qui se lève et se couche pendant que le soleil est sur l'horizon. Sept jours après, la lune passe au méridien à 6 heures du soir, sous la forme d'un croissant dont la convexité est à droite, parce que le soleil est alors de ce côté; c'est le premier quartier ou la quadrature. Le dernier quartier a lieu sept jours après la pleine lune, passant au méridien supérieur à minuit environ, quand le soleil se trouve à 180 degrés sous l'hémisphère opposé. Cette phase présente la forme d'un croissant tourné à gauche et passant au méridien à 6 heures du matin, le soleil étant alors vers la gauche du spectateur.

Une boule moitié blanche et moitié noire, tournant lentement sur elle-même présenterait successivement toutes les phases lunaires.

La figure ci-dessus représente notre satellite à ses différents âges. Ces positions, qui se déterminent d'après le plan de l'écliptique, se succèdent en 29^J $12^h,734$, et s'indiquent à l'avance, pour une année quelconque, par des calculs très-simples, en ayant égard aux bissextiles.

En supposant la lune placée à l'extrémité de l'aiguille des minutes d'une horloge, et le soleil sur celle des heures, les mouvements des phases seraient représentés par ces aiguilles dont la première fait le tour entier du cadran, tandis que la seconde n'en parcourt que la douzième partie.

On peut distinguer les phases de Mercure, de Vénus et de Mars; mais les autres planètes, trop éloignées, paraissent seulement plus ou moins brillantes, selon leur position relativement à la terre et au soleil.

PHÉNIX. L'ancienne fable qui fait renaître cet oiseau de ses cendres n'est qu'une allégorie de la période sothiaque.

Après une vie de 1461 ans, on le faisait arriver des Indes, selon les uns; des contrées de la nuit, c'est-à dire des *contrées boréales*, selon les autres, pour se brûler dans le temple d'Héliopolis, aux feux du soleil, et recommencer une vie nouvelle de la même durée.

La constellation australe qui porte ce nom est située au-dessous d'Archernar. *Voyez* pl. II.

PHOCEA. C'est le 24e astéroïde dans l'ordre des découvertes, parmi ceux qui paraissent circuler en très-grand nombre entre les planètes de Mars et de Jupiter. Celui-ci, trouvé le 6 avril 1853 par M. Chacornac, attaché à l'observatoire de Marseille, a l'apparence d'une étoile bleuâtre de dixième grandeur. Selon M. Walz, son orbite, inclinée de $20°$ $31'$ sur l'écliptique, présente une excentricité de $0,250$, dont l'angle équivaut à $15°$ $2'$.

Le mouvement moyen diurne de cette petite planète, étant de $968'',70$, donne environ 1334^J $1/2$ pour la durée de sa complète révolution, ce qui est, à 3 jours près, celle de Massalia, déjà trouvée par le même observateur, et qui se trouve ainsi un peu plus loin du soleil.

PHOTOGRAPHIE. Cette science, qui ne cesse de perfectionner ses procédés, paraît appelée à rendre de très-grands services à l'astronomie.

Elle obtient déjà des images de la lune et du soleil qui sont d'un grand intérêt sous le rapport des comparaisons qu'elles permettent de faire entre des épreuves obtenues à des intervalles différents.

Pendant l'éclipse du 28 juillet de l'année 1851, on a obtenu presque instantanément, au moyen de procédés particuliers, des images daguerriennes qui indiquent *matériellement* une action moins intense des rayons lumineux émanant des *bords* du soleil, que du faisceau provenant du *centre* de cet astre.

PHÉNOMÈNES (CÉLESTES). Effets des lois naturelles, mais que leur rareté ou l'ignorance des causes qui les produisent fait toujours considérer comme des faits extraordinaires.

Les éclipses du soleil et de la lune, les occultations d'étoiles, les conjonctions des planètes, les apparitions de corps cométaires, de taches sur le soleil, de halos, d'étoiles filantes et de météores, les aurores boréales ou australes, sont les plus remarquables dans ceux qui tiennent à l'astronomie.

PHOTOMÉTRIE. Cette branche de l'optique a pour but l'appréciation comparative de la lumière des corps cosmiques.

Selon une lettre de Lesage à la Condamine, Lambert aurait eu la première idée de ces observations, dont quelques astronomes modernes se sont fort occupés.

Comme il est aujourd'hui reconnu que tous les corps célestes se déplacent dans l'espace, il serait très-important de fixer avec exactitude l'intensité lumineuse de chacun de ces corps, pour juger, par une différence qui serait plus tard constatée, l'étendue des mouvements respectifs.

Jusqu'à présent il n'existe aucun moyen de mesurer directement la lumière de deux corps célestes ; mais on peut ramener la plus forte à la plus faible, en combinant la distance des verres de deux lunettes, et jugeant ainsi, par comparaison, de combien l'une surpasse l'autre.

Arago a fait voir que deux lentilles placées l'une sur l'autre donnent autour de leur point de contact, par voie de réflexion et de transmission, des anneaux colorés dont les nuances *complémentaires se neutralisent*, quand la lumière réfléchie devient égale à la lumière transmise par les deux corps qu'il s'agit de comparer.

C'est alors le degré d'éloignement ainsi produit qui permet d'apprécier la différence réelle d'intensité lumineuse entre les corps observés.

Jⁿ Herschell, supposant la même intensité à toutes les étoiles de chaque grandeur, selon l'échelle ordinaire, et successivement placées à une distance 1, 2, 3, 4, 5, etc., fois plus grande, a calculé que leur lumière serait en raison inverse et proportionnellement aux nombres 1, 1/4, 1/9, 1/16, 1/25, etc. Ses observations et mesures photométriques lui ont fait reconnaître qu'en ajoutant la fraction 0″41 aux quantités indiquées dans le catalogue de la société astronomique de Londres pour 1827, on aurait une échelle photométrique fort exacte.

Cet observateur a ainsi établi une table de 190 étoiles des deux hémisphères, depuis la première jusqu'à la quatrième grandeur.

L'étoile α du Centaure, étant marquée 0,59 dans ledit catalogue selon l'échelle ordinaire, est alors l'*unité* photométrique de la nouvelle échelle proposée.

Sirius, dont l'intensité lumineuse dépasse quatre fois l'étoile du Centaure, étant indiquée 0,08, serait représenté par 0,49 ; Régulus, indiqué 1,60, par 1, 91 ; γ des Gémeaux, indiquée 2,59, par 3,0, etc., etc. *Voyez* Grandeur des étoiles.

PHOTOSPHÈRE. On désigne ainsi l'enveloppe gazeuse d'un corps sphérique, c'est-à-dire l'atmosphère qui l'environne ; celle du soleil est double et de nature différente ; la première paraît nuageuse, et destinée à garantir sa surface de l'éclat et de la chaleur qu'elle devrait éprouver si l'enveloppe gazeuse et extérieure qui nous échauffe de ses rayons la frappait directement.

PHYSIQUE (céleste). A mesure que les sciences se perfectionnent, leurs rapports mutuels deviennent nécessairement plus intimes et plus étendus.

Ainsi l'astronomie, ayant observé et reconnu la marche des corps célestes, doit recourir aux connaissances de la physique pour se rendre compte de leur constitution particulière, de la nature des atmosphères qui les entoure, et des milieux à travers lesquels ils tracent leurs orbites.

L'origine, l'essence et la vitesse de la lumière ; la forme des atomes ; les propriétés de la matière ; les modes de formation, depuis les planètes et les comètes de notre système jusqu'aux astres les plus éloignés dans l'espace, sont autant de questions qui ne peuvent se résoudre qu'à l'aide des sciences physiques.

La combinaison des instruments d'optique et d'observations, les appareils d'électricité, de magnétisme et de météorologie, exigent le même concours.

C'est par de telles considérations qu'un physicien a été récemment adjoint au personnel de notre observatoire de Paris, où se trouve ainsi spécialement constituée la science de la physique céleste, ou de l'astronomie physique.

PIAZZI. Astronome né à Palerme, où il découvrit la planète de Cérès le 1ᵉʳ janvier 1801, en travaillant à un catalogue d'étoiles indiquant une série de positions très-exactes, et d'autant plus importantes qu'on n'en possédait pas d'autres à cette époque. On rapporte qu'à la suite de troubles en Sicile, son observatoire ayant été envahi, la perte d'aussi précieux manuscrits dérangea ses facultés intellectuelles, qui ne se rétablirent qu'après que la majeure partie lui fut restituée. Il est mort en 1826.

PIERRES MÉTÉORIQUES. Il est hors de doute que des masses de pierres métalliques tombent souvent sur la terre des hautes régions de l'atmosphère, dans lesquelles il est impossible qu'elles se soient formées ; on en cite de très-remarquables par leur volume, leur vitesse et l'étendue de leurs parcours visible. Celle du 18 août 1783 traversa presque toute l'Europe avec une vitesse de 12 lieues par seconde, à la hauteur de 16 lieues et un éclat plus grand que celui de la pleine lune. *Voyez* AÉROLITHES, BOLIDES.

PINNULES. Ouvertures qui se correspondent horizontalement aux points opposés d'un cercle ou d'un support. On a trouvé de tels instruments établis sur une grande dimension, pour observer les astres, chez les anciens peuples ; mais ils ne leur étaient pas d'un grand secours, et, sans l'invention des lunettes, l'astronomie serait encore à peu près ce qu'elle était alors.

PLANÈTES. On donne ce nom aux corps célestes qui, n'étant pas lumineux par eux-mêmes, empruntent dans notre système, tout leur éclat du soleil ; on les distingue des étoiles en ce qu'ils scintillent moins à la vue simple que ces astres, surtout à une certaine hauteur.

Les anciens peuples ne connaissaient, y compris le soleil et la lune, que sept de ces corps dont les jours de la semaine ont tiré leurs noms; Homère, ainsi qu'Hésiode, ne citent même que Vénus dans leurs poëmes, et il ne se trouve aucune observation sur les planètes dans la série de 1900 ans qui existait à Babylone, à l'époque des conquêtes d'Alexandre.

Artémidore, cité par Strabon et Pline, soutenait, 100 ans avant notre ère, que le nombre de ces corps était infini, et que leur éloignement seul empêchait de les distinguer. Démocrite avait aussi cette opinion, et Sénèque parle de la possibilité de découvrir d'autres planètes que les cinq alors connues.

Il a fallu dix-huit siècles et l'invention des lunettes pour confirmer ces prévisions de la philosophie païenne.

C'est en 1781 qu'Uranus, considéré d'abord comme une comète par Herschell, vint augmenter le cortége planétaire de notre soleil; les premières années du dix-neuvième siècle en ajoutèrent quatre autres, dites astéroïdes. Dans ces derniers temps, en outre de la brillante conquête de Neptune, trente-huit petites planètes et trois nouveaux satellites ont porté à cinquante-huit le nombre de ces corps, qui sont : Mercure, Vénus, la terre avec la lune pour compagne; Mars, Jupiter et ses quatre satellites ; Saturne avec ses anneaux et huit satellites; Uranus et Neptune, l'un avec six et l'autre avec deux satellites.

Au 15 octobre 1856 les 42 petites planètes connues peuvent se classer comme suit dans l'ordre de leur découverte, savoir :

Du 1ᵉʳ janvier 1801 au 29 mars 1807

Cérès.	Pallas.	Junon.	Vesta.		

Du 8 décembre 1845 au 16 novembre 1852 :

Astrée.	Hébé.	Iris.	Flore.	Métis.	Hygie.
Parthénope.	Victoria.	Égérie.	Irène.	Eunomia.	Psyché.
Thétis.	Melpomène.	Fortuna.	Massalia.	Lutetia.	Calliope.

Du 15 décembre 1852 au 29 mai 1856.

Thalie.	Phocea.	Thémis.	Proserpine.	Euterpe.	Bellone.
Amphitrite.	Uranie.	Euphrosine.	Polymnie.	Pomone.	Circé.
Leucothea.	Atalante.	Fidès.	Léda.	Lætitia.	Harmonia.
Daphné.	Isis.				

Voyez chacun de ces noms pour les particularités les concernant, telles que leur distance au soleil comparativement à celle de la terre; leur inclinaison sur notre écliptique; la durée de leur révolution sidérale, etc., etc.

Au moyen de la *Connaissance des temps*, recueil publié chaque année par le Bureau des Longitudes et donnant à des époques très-rapprochées, l'ascension droite et la déclinaison de ces corps célestes, on peut toujours connaître en quel lieu du ciel ils se trouvent. L'heure de leur passage au méridien étant connue, il ne reste plus à calculer que le temps écoulé, pour le jour de l'observation.

Les mouvements de rotation et de circulation autour du soleil ont lieu, pour tous les corps qu'on a pu distinctement observer, d'occident en orient, c'est-à-dire à l'inverse des aiguilles d'une montre; deux des satellites d'Uranus paraissent seuls faire exception à cette règle générale, en circulant à peu près perpendiculairement à l'axe de leur planète, couchée sur l'écliptique.

On a vainement cherché des rapports proportionnels entre les distances, les volumes, les densités, la vitesse rotative, l'inclinaison des axes et des orbites : il a fallu reconnaître qu'une force unique et régulière n'avait pas créé ni disposé tous ces corps dans l'espace, mais que, partout où le hasard avait mis une anomalie trop grande, la puissance des lois universelles a rétabli la pondération et l'harmonie que nous admirons aujourd'hui.

John Herschell a essayé de faire mieux comprendre les relations approximatives entre le volume et la distance des planètes autour du soleil, par la supposition suivante :

Si un globe de 60 *centimètres* de hauteur, représentant le soleil, était placé sur un terrain découvert, il faudrait *pour figurer proportionnellement les planètes*, indiquer :

Mercure, par un grain de moutarde placé à	28^{met.}
Vénus, par un pois. . . . . à	50
La terre, par un autre pois. . . . . . . à	75
Mars, par une grosse tête d'épingle. . . . à	114
Les petites planètes par des grains de sable placés depuis. . . . . 175 jusqu'à	210
Jupiter serait une moyenne orange. . . . . à	400
Saturne, une petite orange. . . . . à	644
Uranus, une grosse cerise. . . . . à 1,205	
Et *Neptune*, une grosse prune. . . . . . . à 1,610	

PLANÉTOIDES. C'est le nom quelquefois donné aux nombreuses petites planètes trouvées depuis le commencement du siècle entre Mars et Jupiter. *Voyez* ASTÉROIDES et PLANÈTES.

PLANISPHÈRE. Une carte céleste des constellations ne peut les représenter exactement, parce que la position relative des étoiles est nécessairement altérée par la projection sur *une surface plane.* Pour établir ces cartes, il faut supposer que l'œil est placé en un point d'où il voit tous les cercles de la sphère, qu'on rapporte au plan de projection sur lequel l'image de la voûte étoilée est ainsi aplatie ; il en résulte que les alignements sont prolongés dans un sens et rapprochés dans l'autre.

Ces planisphères suffisent néanmoins pour reconnaître les principales constellations.

Les planches I et II offrent des planisphères dont *la projection orthographique* représente dans leurs formes apparentes les constellations centrales, tandis que les constellations extérieures sont nécessairement étendues et déformées de plus en plus en s'éloignant du centre.

Suivant la projection stéréographique, les cartes représentent en perspective, la partie de l'hémisphère supposée visible du point de l'axe optique qu'on a choisi, et auquel aboutissent toutes les lignes de projection.

Les valeurs angulaires entre les astres ne sont pas altérées dans cette représentation, mais les figures centrales sont rétrécies, tandis que les espaces latéraux conservent leurs véritables relations.

C'est, en un mot, l'inconvénient contraire à celui des projections orthographiques.

Les cartes topographiques de la lune sont, comme celle de la planche IV, l'image qu'elle présente aux lunettes.

PLATON. Ce philosophe, né à Égine l'an 430 avant J. C., est mort en 347, à l'âge de quatre-vingt-trois ans ; il s'occupait beaucoup des choses célestes, qu'il avait étudiées dans les Indes et en Égypte, où il fut initié aux mystères par les prêtres d'Héliopolis. Élève de Socrate, et craignant de s'exposer au même sort, il avait, comme les Pythagoriciens, une doctrine qu'il enseignait publiquement et des connaissances astronomiques qu'il ne communiquait qu'à certains de ses disciples.

Dans son *Timée,* Platon raconte une grande irruption des peuples de l'Atlantide, sur une partie de l'Europe, de l'Asie et de l'Afrique, et auxquels les Grecs font remonter leurs anciens héros.

Il dit dans son *Épimonide :* L'astronomie est une science qui tient à la suprême sagesse ; mais l'astronome n'est pas celui qui observe les étoiles : c'est celui qui connaît les mouvements des huit sphères ; qui sait comment les sept dernières roulent sous la première, et dans quel ordre chacune achève sa révolution ; qui connaît le cours et les phases de la lune, le cours du soleil qui amène les saisons, etc., etc.

PLÉIADES. Constellation zodiacale appelée vulgairement *la Poussinière*, parce qu'elle présente à l'œil nu un groupe d'étoiles très-serrées, au-dessus et sur la gauche d'Aldébaran, qui marque l'œil du Taureau. Ce groupe était jadis de sept étoiles visibles ; mais l'éclat de l'une d'elles a, dit-on, diminué pendant le siége de Troie ; c'est Mérope, de septième grandeur, et, il n'y a en effet que les vues extraordinaires qui puissent aujourd'hui l'apercevoir. Pléione et Électre sont de quatrième grandeur ; Taygèle et Maïa de cinquième ; Seleno de septième et Astérope de huitième grandeur.

Avec une lunette moyenne, on distingue dans ce groupe une trentaine d'étoiles, dont le nombre croît avec la force des instruments d'observation. Les grands télescopes montrent plus de cent de ces astres dans une étendue de 15° à l'entour ; soixante paraissent marcher au sud, comme si *Alcyone*, de troisième grandeur et la plus brillante des Pléiades, était leur centre de gravité ; quarante-neuf semblent maintenant stationnaires, et une seule tourne dans une direction opposée aux premières.

Suivant Mädler, cette constellation serait le centre de gravité de notre univers ; mais une telle opinion, avant d'être adoptée, exige une plus longue observation.

PLEIN. Si l'espace était rempli d'une telle matière que ses molécules fussent partout *en contact*, la transmission de la lumière, par exemple, serait *instantanée*, ainsi qu'on le croyait autrefois. Mais, comme elle emploie plus de huit minutes à nous venir du soleil, il faut nécessairement que les molécules nous transmettant les vibrations parties de l'astre lumineux aient entre elles un certain *espacement*, c'est-à-dire que le plein ne soit pas absolu. *Voyez* VIDE, ÉTHER, ESPACE, etc., etc.

POINTAGE. Lorsque l'*index* d'un appareil d'observation a été arrêté sur l'un des points du cercle gradué auquel il appartient, et que la *lecture* en a été faite au moyen des microscopes disposés à cet effet, l'observateur doit noter ce *point*, ou l'intervalle auquel il correspond, entre deux divisions du cercle. Ce point indique le nombre de degrés, de minutes et de secondes qui se trouvent de là à la division sur laquelle la lunette a été fixée vers un objet.

En opérant de même dans l'observation d'un second objet, la différence des deux lectures sera la valeur angulaire entre les deux astres observés. Ce pointage ou *pointé* exige en conséquence, la plus grande attention.

POINTS. Les plus importants à connaître dans l'espace céleste où notre globe, immobile en apparence, est cependant animé de trois mouvements distincts, sont d'abord : les points équinoxiaux et et les points solsticiaux.

Quand le soleil paraît être dans la direction des deux premiers, c'est-à-dire quand la terre, dans son mouvement annuel autour de cet astre, est *du côté opposé*, les jours sont égaux aux nuits sous toutes les latitudes, depuis les régions polaires jusqu'à l'équateur, lequel se trouve alors dans le même plan que l'équateur solaire. On doit concevoir que, dans cette position, la rotation diurne amène successivement vis-à-vis du soleil toutes les parties de la surface terrestre; qu'ainsi chacun de ses points, du nord au sud, est éclairé pendant douze heures, et reste dans l'obscurité pendant la même durée.

Les points *équinoxiaux* ne sont indiqués dans le ciel que par la position exactement connue de certaines étoiles les plus voisines ; il suffit, pour les déterminer et suivre leur rétrogradation annuelle, qui est de 50″,10, d'observer le passage du soleil au méridien, le jour qui précède et celui qui suit l'équinoxe; la différence des inclinaisons observées donne le point équinoxial, ou autrement , l'instant où cette inclinaison a été nulle.

Celui du printemps est pris pour origine des longitudes célestes comme des ascensions droites qui s'accroissent ainsi continuellement et d'un mouvement commun.

Les *points solsticiaux* rétrogradent de même sur l'écliptique, en se trouvant toujours à 90 degrés des points équinoxiaux et marquent ces plus grandes déclinaisons australes ou boréales du soleil.

Les pôles sont dans la ligne méridienne des points sur lesquels paraît tourner l'axe fictif de la terre, en sorte que les étoiles et les autres corps célestes nous paraissent circuler sans cesse d'orient en occident, décrivant des cercles d'autant plus grands qu'ils sont plus éloignés des pôles. L'étoile polaire elle-même tourne autour de ce point, sur l'hémisphère boréal, à une distance d'environ 1 degré et demi.

Tout autre point de l'espace céleste peut être déterminé par l'intersection de deux cercles, dont l'un d'ascension droite et l'autre d'inclinaison (*voyez* ces mots), comme, sur la terre , une place quelconque est désignée par l'indication de sa longitude et de sa latitude.

Le *point vertical* de chaque lieu est donné par la direction du fil à plomb.

Faire le point, en terme de marine, c'est marquer sur une carte, au moyen du compas muni d'une boussole, la marche du navire.

POISSONS (LES) ⚏. Au-dessous et un peu à gauche du grand carré de Pégase, on voit deux files d'étoiles divergeant vers Andromède et le Verseau ; elles forment, avec une tertiaire Okda, qui est changeante et double et qui les réunit vers l'équateur, la constellation des Poissons, autrefois le symbole de la complète inondation du Nil.

Le *poisson austral* est situé sous le Verseau, et porte à sa bouche *Fomalhaut,* belle étoile de première à deuxième grandeur, mais s'élevant très-peu sur notre horizon ; c'est vers l'automne que cette étoile peut être plus facilement aperçue.

POLAIRE. L'étoile secondaire mais variable portant ce nom , parce qu'elle est *aujourd'hui* la plus voisine du pôle boréal, décrit cependant chaque jour un cercle de 1° 24′ de rayon autour *du point* auquel répond *exactement*, l'axe de la terre.

Ce point est situé en dedans de la ligne courbe formée par cette étoile et quatre autres δ, ε, ζ et β de la petite Ourse, sur la direction de la polaire à ζ, avant-dernière de la queue de la grande Ourse, à une distance apparente de un mètre, ou de trois fois le diamètre de la lune. Cette étoile jaunâtre, ayant une compagne de neuvième grandeur à 18″ secondes d'intervalle, est visible en plein jour avec une bonne lunette, et se trouve sur la direction prolongée des gardes de la grande Ourse, à environ 49° de hauteur sur l'horizon de Paris. Une petite nébuleuse est située à 5′ de distance du pôle, et une autre à 25. C'est cette dernière que W. Herschell croyait la plus voisine de l'étoile polaire.

Par suite du mouvement de précession, on peut calculer que la polaire actuelle, après s'être rapprochée jusqu'à un demi-degré du pôle boréal, s'en éloignera de plus en plus, pour faire place, vers l'an 3200, à γ de Céphée ; soixante siècles plus tard, Déneb, la plus brillante étoile du Cygne, sera la plus voisine du point marquant la direction de l'axe autour duquel tourne la terre, et enfin dans douze mille années, nos descendants verront, à 5° de cette place, Wéga de la Lyre, l'une des plus belles étoiles de notre hémisphère.

Le planisphère boréal (pl. Ire du pôle de l'écliptique) indique, par un cercle de 47° de diamètre tracé autour toutes les étoiles qui viendront occuper successivement le pôle, dans cette rotation apparente de la voûte céleste.

La diminution de l'obliquité de l'écliptique, si elle se continue comme depuis les premières observations de ce phénomène, modifiera néanmoins les prévisions précédentes, à raison d'un degré par sept mille années.

J^n Herschell a fait remarquer que six des Pyramides de Gizeh et celle d'Abousséir, ont leurs entrées inclinées de 26 à 27° sur l'horizon ; de sorte que la direction de ces passages se rapportait à la plus basse culmination de l'étoile α du Dragon, la plus remarquable dans le voisinage du pôle, il y a quatre mille années.

Du fond de ces *couloirs* on pouvait donc observer l'étoile *polaire* de ces temps ; et cette circonstance, qui, sans aucun doute, a déterminé l'orientation et les ouvertures de ces pyramides, marquerait ainsi d'une date astronomique irrécusable, l'origine de ces immenses constructions.

Le *cercle polaire* de chaque hémisphère est une ligne qu'on suppose tracée sur le globe à 23° 28' des deux pôles. Sous cette latitude et le jour des solstices, les habitants sont éclairés pendant vingt-quatre heures par le soleil, et la nuit est d'une égale durée.

POLARIMÈTRE. C'est un polariscope perfectionné et gradué au moyen de plaques dont l'inclinaison peut faire apprécier l'intensité de la lumière polarisée.

POLARISATION. Par l'incidence de la lumière naturelle sur une surface transparente des parties égales sont polarisées par la réflexion comme par la réfraction, et perpendiculairement, c'est-à-dire à angles droits.

Un rayon de lumière tombant sur une surface plane de verre ou d'eau tranquille ne dévie pas de sa route.

Si on le reçoit perpendiculairement à la surface transparente d'une feuille de spath ou de cristal d'Islande dont la section principale soit dirigée du nord au midi, ce rayon se divise ; une partie du faisceau suit la direction première, l'autre se dévie selon des lois connues. Faisant passer alors chacun des deux faisceaux par un second cristal parallèle au premier, l'un suit la direction primitive, et le faisceau déjà dévié continue sa déviation; aucun ne se dévie de nouveau. Le faisceau ou rayon ordinaire a perdu sa propriété de *double réfraction*.

Que l'on change l'orientation des cristaux ou l'inclinaison du second cristal, les deux rayons vont aussitôt changer de rôle : le rayon dévié devient direct, et l'autre se dévie.

La lumière change donc de nature suivant certaines circonstances de réflexion.

Chacun de ses rayons, dont cependant des milliards peuvent, sans se troubler, passer par le trou d'une aiguille, a des *pôles*, c'est-à-dire des côtés différents, que l'on peut séparer, distinguer les uns des autres et qui n'ont pas les mêmes propriétés.

Ainsi qu'on le fait pour les aimants dont certains points du contour ont des propriétés particulières, on a nommé *pôles* les points où les rayons lumineux, dédoublés dans les cristaux diaphanes, diffèrent des rayons naturels ayant des contours tout semblables, en observant, de plus, que les points opposés jouissent de la même propriété de *polarisation*.

Sans entrer dans les explications physiques des découvertes d'Huygens, de Fresnel et de Malus sur les réfractions, nous devons constater seulement que c'est en combinant ces propriétés de la lumière que F. Arago a trouvé le polariscope, instrument très-simple avec lequel il prouve : 1° que la lumière naturelle et directement transmise ne donne aucune image polarisée ; 2° que la lumière réfléchie ou *polarisée* se réfléchit de nouveau en haut ou en bas, mais non sur les côtés. Cela lui suffit pour démontrer que la lumière du soleil provient d'un gaz, non d'un corps fluide ou solide ; autrement, la lumière des bords, réfléchie sur le disque, offrirait des traces de polarisation.

Ainsi la lumière émise par un corps solide ou fluide incandescent, est naturelle, si son incidence est perpendiculaire ; mais si l'incidence est fortement oblique, le polariscope donne deux images colorées. Présenté sous toutes les inclinaisons à un bec de gaz, l'instrument ne donne que des images blanches ; donc le soleil, qui ne donne que des images blanches, est de la même nature que le gaz qui nous éclaire.

La lune, les planètes et même les comètes, dont la lumière est réfléchie, donnent, au contraire, des images colorées : on peut dès lors savoir si un corps céleste est lumineux par lui-même, ou s'il ne brille que d'un éclat emprunté au soleil.

Voici comment un fait qui semble d'abord insignifiant peut conduire à des résultats aussi admirables qu'inattendus.

M. Brewster, avec un polariscope particulier, a reconnu que la lumière d'un ciel bleu, polarisée suivant tel plan, se polarisait dans un plan différent, par l'effet de la réfraction d'un nuage.

Reste maintenant à savoir si les astres dont la lumière est polarisée ne peuvent pas encore en posséder une qui leur soit propre, ainsi qu'on le suppose pour la Lune, Vénus et les comètes.

POLARISCOPE. Instrument avec lequel on éprouve si des rayons lumineux sont directs ou réfléchis ; il est composé de deux plaques de spath parallèles, donnant des images blanches ou colorées, selon la nature ou l'inclinaison de la lumière qui les traverse. *Voyez* POLARISATION.

POLARITÉ. C'est l'action de forces séparées qui se neutralisent en se réunissant.

Suivant quelques philosophes, les lois de la polarité domineraient tout l'univers.

En astronomie, la polarité se réduit aux phénomènes de l'aiguille aimantée, à sa déclinaison et à son inclinaison vers les pôles magnétiques du globe terrestre.

POLES (du grec *je tourne*). Les étoiles paraissent tourner en vingt-quatre heures autour d'un axe dont les points opposés sont les *pôles célestes ;* le pôle boréal, seul visible sur notre hémisphère, est cliné de 48° 50' 12" sur l'horizon de Paris.

Aucune étoile ne marque exactement ces points dans le ciel ; mais il est facile de les retrouver au besoin, et différents procédés sont employés à cet effet. Ainsi, les pôles étant nécessairement dans le plan du méridien, les étoiles qui en sont voisines indiquent par leur révolution diurne la distance de ce point à celui des passages supérieurs et inférieurs.

Ce point une fois trouvé est marqué d'une manière stable sur le cercle mural, comme origine ou le point zéro de toutes les distances polaires.

L'observation de l'étoile polaire dans un bain de mercure peut indiquer ce point dans une seule et même nuit, au moyen d'un micromètre disposé au foyer de l'objectif d'une lunette.

Le *pôle magnétique* est le point boréal de notre hémisphère vers lequel se tourne et se fixe l'une des extrémités de l'aiguille aimantée, en variant suivant les lieux.

Les *pôles terrestres* correspondent aux pôles célestes, et sont désignés : celui de notre hémisphère, par les noms de boréal, de pôle nord ou arctique; le pôle opposé, par le nom de pôle sud, ou austral ou antarctique. Ces points situés à 90° de l'équateur sont alternativement éclairés et privés du soleil pendant six mois.

Sur ces deux points terrestres, le soleil ne paraît pas décrire des parallèles diurnes, mais des *spires* comme celles des hélices, qu'on peut se représenter par un fil qui enroulerait le globe un certain nombre de fois, en rétrécissant de plus en plus les intervalles diurnes jusqu'aux solstices.

Le *pôle de l'écliptique*, c'est-à-dire le point autour duquel paraît se faire la révolution annuelle du soleil, ou plutôt le centre du cercle un peu allongé, réellement suivi par la terre autour du soleil, est marqué sur la ligne des solstices, au-dessous de la petite Ourse, et indiqué dans le ciel par une très-petite étoile du Dragon.

POLLUX. Étoile double et rougeâtre de la constellation des Gémeaux. Elle est de première à deuxième grandeur, et se trouve dans la même direction que Castor (étoile secondaire de la même constellation,) et la Chèvre, étoile primaire du Cocher. *Voyez* GÉMEAUX et CASTOR.

POLYGONE. C'est la désignation générale des figures ayant plusieurs côtés réguliers ou irréguliers, mais tous terminés par des lignes droites. Selon sa nature et le nombre de ces côtés, on se sert plus particulièrement des noms de triangle, carré ou quadrilatère, pentagone, hexagone, octogone, etc., etc.

POLYMNIE. Nom donné par M. Leverrier au 33ᵉ astéroïde du groupe tourbillonnant dans l'espace entre les planètes Mars et Jupiter. Il a été découvert par M. Chacornac, à l'Observatoire de Paris, le 28 octobre 1854. Son apparence est celle d'une étoile de onzième grandeur, le temps de sa révolution de 1,346ʲ environ, sa distance moyenne de 2,3785, l'excentricité de son orbite 0,2244, et son inclinaison de 1° 22′ 21″ seulement.

POMONE. Petite planète trouvée le 26 octobre 1854, par

M. Goldschmidt à l'observatoire de Paris ; c'est la 32ᵉ de la pléiade circulant entre Mars et Jupiter ; celle-ci a l'apparence d'une étoile de onzième grandeur, ayant une révolution sidérale de 1548ᴶ 2ʰ 30ᵐ environ. Sa distance moyenne au soleil est de 2,585, l'excentricité de son orbite, 0,0956, et son inclinaison sur l'écliptique de 5° 39′ 3″.

PRÉCESSION. L'*année sidérale,* ou le temps que la terre met à revenir au même point de son orbite, surpase de 20ˢ 1/3 celui qu'elle emploie pour se retrouver au même équinoxe, intervalle qui renferme l'*année tropique.*

Cette avance, qui change successivement le lieu où l'écliptique coupe deux fois par année l'équateur céleste, fait ainsi rétrograder chaque équinoxe et constitue *la précession.* En d'autres termes, les points où ils ont lieu s'avancent de plus en plus sur la ligne de l'écliptique, dans le sens opposé au mouvement de la terre, ou contre l'ordre des signes.

C'est le défaut de sphéricité de notre globe, ainsi que la vitesse de sa rotation journalière, qui lui imprime, dans son mouvement de translation autour du soleil, un balancement continuel dans son orbite ; l'attraction luni-solaire, combinée avec celle des planètes à leur périhélie, contribue à accroître cet effet, renfermé, selon Laplace, dans une période de vingt-six siècles, ou de 1° en soixante-douze ans 2/10ᵐᵉˢ (environ 50″ par année).

L'action de la lune, dans cet effet de balancement, est, à cause de sa proximité, estimée à plus de deux fois l'action du soleil.

Le mouvement de précession, découvert par Hipparque, nécessitait dans l'ancien système la supposition d'une *huitième sphère céleste,* emboîtant les sept déjà admises, pour expliquer le mouvement des cinq planètes, ainsi que ceux du soleil et de la lune.

Deux cents ans avant notre ère, les étoiles du Bélier se levaient le matin du jour où le soleil, traversant l'équateur, marquait l'équinoxe du printemps ; par l'effet de la précession, cette époque a lieu maintenant dans les Poissons, et l'équinoxe d'automne dans la Vierge, au lieu d'être annoncée par les étoiles de la Balance.

Au temps de Ptolémée, le soleil venait se réfléchir à midi, le jour du solstice, *au fond* d'un puits dont aujourd'hui cet astre n'éclaire plus même les bords, ce qui prouve matériellement que la précession modifie l'obliquité de l'écliptique.

M. Leverrier, ayant égard à l'action de la planète de Neptune, a déterminé provisoirement la valeur de la précession, mais cette

détermination ne pourra être définitivement fixée qu'après une connaissance plus exacte de la masse de la lune et de celle de toutes
les planètes.

PRINTEMPS. Cette saison commence pour notre hémisphère,
quand le soleil se trouve dans le même plan que l'équateur de la
terre, égalisant ainsi les jours et les nuits pour toutes ses régions.
Le lieu du ciel auquel l'astre paraît répondre, ou auquel il
paraît arriver du 20 au 21 mars, est *le point origine*, d'où se
comptent les longitudes célestes ou les ascensions droites. Le printemps finit vers le 21 juin, quand le soleil, étant au solstice d'été, a
parcouru ainsi 90 degrés de son cercle apparent.

Pour l'hémisphère austral, le printemps commence à l'équinoxe
opposé, qui est pour nous celui d'automne vers le 22 septembre.

PRISME. Verre triangulaire à deux surfaces obliques, ayant la
propriété de décomposer les rayons blancs de la lumière en sept
couleurs principales, qui sont : rouge, orange, jaune, vert, bleu,
indigo et violet.

Dans quelques lunettes d'observations, on dispose des *prismes
achromatiques* ou à double réfraction, au moyen de lentilles ou de
disques en cristal d'Islande, en quartz, en *flint* et en *crown-glass*
ayant la propriété de produire une double image, qu'on peut ainsi
mesurer plus exactement.

PROBABILITÉS (Calcul des). C'est surtout en astronomie, dit
Laplace, qu'on peut employer avec avantage la méthode dont ce
profond mathématicien a donné les meilleurs principes.

C'est par elle, en effet, que se déterminent les limites d'erreurs
probables, inhérentes à toutes les observations pratiques, au moyen
d'équations dites de conditions et d'équations finales, réduisant à un
minimum la somme des carrés de ces erreurs, lequel est d'autant
plus certain que les observations sont plus nombreuses.

Cette théorie a été appliquée avec le plus grand succès à la mesure de l'aplatissement du sphéroïde terrestre par les observations
du pendule; à la loi de la densité progressive de ses couches; aux
phénomènes des marées, aux opérations géodésiques, aux sciences
politiques et morales aussi bien qu'aux sciences conjecturales; enfin
à l'appréciation de tous les effets naturels dont les causes sont inconnues, ou trop compliquées pour être sûrement soumises au calcul.

Ce serait dépasser le but de cet ouvrage que d'entrer plus avant dans les règles et les formules de la science des probabilités, dont les applications sont néanmoins aussi fréquentes dans la vie civile que dans les plus hautes questions astronomiques.

PROBLÈMES. Ces questions à résoudre, en ce qui concerne l'astronomie, ont généralement pour objet la détermination d'un point, d'une ligne ou d'une distance cherchés dans l'espace. Ces inconnus peuvent être trouvés quand on connaît trois des valeurs d'un triangle sphérique dont les angles marqueraient la place du zénith, celle du pôle et la situation d'un objet au-dessus de l'horizon de l'observateur. Les instruments en usage permettent d'établir ces premières données.

Ce triangle donne, en effet : 1° la colatitude du lieu ; 2° l'élévation du pôle ; 3° la distance de ce dernier point au zénith ; 4° l'angle horaire ; 5° le supplément de l'azimut de l'objet céleste dont il peut être question.

On obtient ainsi le lieu du lever et du coucher, soit du soleil, soit des étoiles, et par conséquent l'heure de ces phénomènes, si l'ascension droite et la distance au pôle sont connus. Le temps sidéral et la latitude d'un lieu sont déduits des hauteurs correspondantes d'une étoile, à l'est et à l'ouest du méridien, en notant l'intervalle entre les deux observations.

L'angle horaire d'un corps céleste étant donnée, ainsi que son ascension droite, on trouve aussitôt le point de l'équateur qui passe au méridien au moment de l'observation, comme aussi le temps sidéral du lieu ; éléments fort utiles si l'on veut connaître le temps moyen d'une station, ainsi que sa latitude.

Si l'ascension droite et la déclinaison d'un corps céleste sont données, on trouve de même sa longitude comme sa latitude, *et vice versa.*

D'autres problèmes se résolvent par un triangle sphérique formé du zénith comme pôle de l'horizon, du pôle de l'écliptique et de celui de l'équateur ; ainsi on détermine la situation de l'écliptique dans le ciel visible, c'est-à-dire le point où cette ligne coupe l'horizon, comme celui de sa plus grande élévation, désigné parfois sous le nom du point *nonagésimal* de l'écliptique, ainsi que la longitude de ce point à compter de l'équinoxe de printemps.

Le temps sidéral étant donné ainsi que l'ascension droite du pôle de l'écliptique. qui est toujours de 18ʰ, l'angle horaire de ce point est aussitôt reconnue, parce que, dans le triangle indiqué, on a la colatitude, la distance du pôle à celui de l'écliptique, la hauteur du point nonagésimal et la valeur de l'angle azimutal du pôle de l'écliptique qui, étant ajouté à 90° ou retranchée de cette mesure, donne l'azimut, vers l'est et vers l'ouest, des points où l'écliptique coupe l'horizon.

La hauteur du pôle de l'équateur, le pôle de l'écliptique et la différence entre 18 heures et l'ascension droite d'une étoile, étant connus, on obtient par ce triangle sphérique l'angle de situation de cette étoile.

La marche apparente du soleil à travers les étoiles, ou la trace de l'écliptique étant connue, on peut en déduire la place de l'équinoxe, ou la situation du point origine pour une année indiquée.

En outre de ces problèmes d'astronomie pratique, la théorie en résout quelques-uns qui reculent de plus en plus les bornes de la science ; l'un des plus célèbres est celui *des trois corps*, dont se sont occupés les plus grands géomètres. Dans un système aussi compliqué que celui dont notre planète fait partie ; où l'action principale du soleil doit se combiner cependant avec les forces qui animent tous les corps circulant autour de ce foyer commun ; où des masses différentes, plus ou moins distantes, se font équilibre ou bien se troublent réciproquement, il serait difficile d'apprécier ces forces multiples si l'on ne pouvait simplifier le problème en le décomposant. C'est ce qui a lieu en réduisant toutes les actions perturbatrices de notre système solaire à celles de *trois corps* dont l'un prédominant, considéré comme fixe et central ; puis d'un second, tournant autour d'un troisième, ou celui-ci autour du second.

La considération des mouvements de Jupiter et de Saturne, qui ne concordaient pas exactement, selon leurs actions réciproques combinées avec celle du soleil, a conduit M. Leverrier à la découverte de Neptune, dont l'influence occasionnait les anomalies observées.

C'est ainsi que Képler, cherchant à résoudre le problème que présentait l'anomalie des mouvements planétaires, fut conduit à substituer l'ellipse au cercle régulier dans lequel on voulait toujour faire circuler les corps de notre monde solaire, et à mettre ainsi d'accord la théorie et l'observation.

PROCYON. Étoile primaire d'une teinte jaune, et la principale de la constellation australe du petit Chien. Elle se trouve au-dessous des Gémeaux , à l'est et sur la direction prolongée des deux étoiles qui marquent le côté supérieur du trapèze d'Orion. Son éclat n'est que le tiers de celui de Sirius.

Les variations observées dans le mouvement propre de Procyon ont fait supposer que cet astre est soumis à l'attraction d'un corps opaque plus puissant, ou peut-être d'un corps lumineux si considérable que *son attraction* ne permet pas aux rayons qui en émanent d'arriver jusque dans notre système solaire.

Schumacher, ainsi que Péters, ont prétendu que Sirius et Procyon sont des étoiles doubles avec un compagnon obscur et invisible.

PROJECTION. C'est la force qui a d'abord déterminé le mouvement des planètes et des comètes en ligne droite, laquelle s'est ensuite recourbée en ellipse, par la force attractive du soleil.

Un projectile lancé avec une force de 7,000 mètres par seconde ne retomberait plus, et circulerait comme un satellite autour de la terre, parce que la pesanteur serait alors balancée par la force centrifuge. Il a donc fallu que la lune fût projetée de la terre avec cette puissance, ou que l'atmosphère primitive de notre planète, à ses régions équatoriales, s'étendît jusqu'à cette hauteur.

Les planètes qui auraient été projetées originairement, à une petite distance du soleil, seraient retombées sur lui comme les pierres qu'on lance sur la terre, dont la surface très-grande, relativement à la force du jet, fait que la force de gravité change bientôt la direction rectiligne en une courbe , et puis en perpendiculaire à l'horizon.

Les corps *projetés* horizontalement *dévient toujours vers l'est ;* cette observation, déjà ancienne, devait indiquer plus tôt que la rotation de la terre causait cette déviation, prouvée récemment par les expériences du pendule.

Le mot de *projection* s'applique encore à la représentation, sur un plan , des constellations de la sphère céleste ou des surfaces planétaires. *Voyez* PLANISPHÈRE, MAPPEMONDE , etc.

PROPAGATION. Que la lumière se propage directement ou par ondulations, comme on l'admet généralement aujourd'hui , sa vitesse de 31,000 myr. (78,000 lieues) par seconde semblera bien lente à ceux qui, regardant une étoile, croient que les rayons qui en émanent, arrivent *instantanément* à leurs yeux.

De *toute certitude,* il est démontré que l'étoile la plus voisine ne peut nous faire parvenir son image *en moins de trois ans,* et que la lumière des astres de sixième grandeur ne peut *se propager* jusqu'à nous en moins de *dix ans*.

Le son, qui dans un air tranquille se propage à raison de deux myriamètres seulement (5 lieues) par minute, mettrait ainsi treize jours à nous venir de la lune, et quinze ans du soleil.

L'électricité se propage avec une vitesse qui dépend des milieux qu'elle traverse, et qui paraît au minimum de dix mille myriamètres par seconde, sur les fils de fer des télégraphes.

PROSERPINE. Petite planète trouvée le 5 mai 1853 par M. Luther, à l'Observatoire de Bilk, près Dusseldorf. Sous l'apparence d'une étoile de 10ᵐᵉ grandeur, elle circule entre Eunomia et Circé dans une orbite peu excentrique, inclinée de 3°, 35′, 47″ sur l'écliptique, à la distance de 2,65542 (celle de la terre prise pour unité). Le temps de sa révolution sidérale est de 1580ʲ 1/2 environ.

PSYCHÉ. Petite planète trouvée le 17 mars 1852 par M. de Gasparis, à l'Observatoire de Naples ; son orbite, inclinée de 3° 3′ 37″ sur l'écliptique, est située entre celles de Pallas et d'Hygie, à une distance moyenne d'environ cent onze millions et demi de lieues du soleil. La révolution de cet astéroïde, qui a l'apparence d'une étoile de dixième à onzième grandeur, est de 1834 jours 16ʰ environ.

PTOLÉMÉE. Célèbre astronome et fondateur de l'École d'Alexandrie, deux siècles après celle de Pythagore. Il vécut environ trois cents ans après Hipparque, dont il recueillit tous les travaux, ainsi que toutes les connaissances géométriques et astronomiques des siècles précédents. Les Arabes nous ont conservé ces connaissances, en les traduisant dans un recueil intitulé l'*Almageste*.

Le système de Ptolémée, abandonné tout à fait pour celui de Copernic, faisait tourner le soleil et toutes les étoiles, chaque jour, autour de la terre ; les planètes se mouvaient dans des cercles particuliers ou épicycles, dont le centre était toujours renfermé dans une circonférence ayant la terre au milieu ; les stations et les rétrogradations de ces corps célestes étaient ainsi fort ingénieusement expliquées, pour un temps où l'immensité des cieux et la prodigieuse distance des étoiles ne pouvaient être comprises.

PYTHAGORE. Natif de Samos, île de la mer Égée, ou de Tyr, selon les uns, même de Toscane, suivant d'autres historiens. Il fut le chef de l'école de Crotone, la plus savante des écoles de la Grèce.

Il voyagea longtemps pour s'instruire chez les Chaldéens et les Indiens, dont les brahmes avaient gardé sa mémoire, alors que très-peu d'entre eux pouvaient encore interpréter les signes et les allégories astronomiques de leurs livres et de leurs monuments.

En Égypte, ballotté des prêtres de Thèbes à ceux de Memphis, il obtint enfin, au prix des plus rudes épreuves, l'initiation à toutes leurs connaissances.

Revenu en Grèce après vingt-deux ans, il fut à Athènes le disciple de Thalès; mais, ses compatriotes craignant la colère des dieux s'ils autorisaient la nouveauté de ses opinions, il se retira à Crotone en Italie, où il fit connaître avec précaution ce qu'il avait appris dans l'Orient.

Il disait publiquement que la terre était immobile au centre du monde; mais il enseignait en particulier que notre globe, tournant sur son axe, circulait autour du soleil; que les planètes étaient nombreuses; que la voie lactée n'était qu'un assemblage de *petites étoiles*, et que Lucifer était le même astre que Vesper; que les étoiles étaient des soleils autour desquels tournaient d'autres mondes. Il fit connaître l'obliquité de l'écliptique; la cause des éclipses et les moyens de les prédire à peu près par la période *Saros;* les principales constellations et leurs noms originaires; l'existence des antipodes; l'origine ignée comme la rondeur de la terre, et d'autres vérités physiques, répandues depuis par les philosophes pythagoriciens.

Il prétendait malheureusement que les sept planètes, arrangées dans l'espace comme les notes en musique, tournaient au bruit harmonieux qu'elles produisaient par leurs mouvements, et que les dieux seuls pouvaient entendre.

PYTHÉAS. C'est le plus ancien des astronomes que la France ait produits, puisqu'on le croit contemporain d'Alexandre.

Né à Marseille, colonie fondée par les Phocéens 500 ans avant notre ère, il fit de longs voyages pour s'instruire. Ayant pénétré vers le nord jusqu'à la hauteur de l'Islande, il vit le soleil, au solstice d'été, descendre jusqu'à l'horizon, et s'élever aussitôt pour recommencer un nouveau cercle de 24 heures. C'est, en effet, la première des latitudes où ce phénomène peut être observé.

Lorsqu'il voulut l'expliquer à son retour, ses compatriotes n'y ajoutèrent pas foi; et cependant cette circonstance prouvait précisément l'étendue et la réalité de son voyage.

Il avait aussi observé qu'il n'y avait pas d'étoile près du pôle ; celle qui en est aujourd'hui voisine en était effectivement alors assez éloignée.

Au rapport d'Hipparque, Pythéas, au moyen d'un gnomon fort élevé, trouva que la longueur de l'ombre aux deux solstices était dans la proportion de 209 à 600, et qu'ainsi l'obliquité de l'écliptique était de 23° 51′. Cette observation prouve l'étendue de sa diminution depuis cette époque.

Q

QUADRATURE. On désigne ainsi les positions de notre satellite entre les syzygies, c'est-à-dire entre les nouvelles et les pleines lunes. Dans ces positions, la terre occupe à peu près le sommet d'un angle droit, formé par les lignes menées au soleil et à la lune ; cette dernière étant 24,000 fois plus éloignée du soleil que de la terre, il s'ensuit que les directions au soleil sont toujours à peu près parallèles relativement à notre planète. Cet angle, vu du soleil, n'est que de 17′ de degré environ, à la moyenne distance.

Tout autre corps céleste est dit *en quadrature*, lorsque, vu de la terre, il fait avec le soleil un angle de 90°.

QUADRILATÈRE. Terme géométrique assez souvent employé pour désigner et faire reconnaître certaines constellations ayant *quatre étoiles* marquant les angles d'un carré à côtés *irréguliers*, soit en étendue, soit en direction.

Orion, Hercule, le Dragon, Pégase, le grand Chien, etc., présentent cette disposition, différente du carré ou du parallélogramme, qui sont des figures régulières.

QUART DE CERCLE. Appareil construit d'abord en bois par Tycho-Brahé, et qui lui servait à mesurer les angles jusqu'à 90°. On le fait aujourd'hui en métal, comme les octants, les sextants et autres secteurs du cercle, employés au même usage, surtout à bord des navires ou dans les opérations géodésiques. *Voyez* SEXTANT.

QUARTIER. Environ 7ʲ 9ʰ après la néoménie, la lune passe au méridien à 6ʰ du soir, ayant son croissant concave *à gauche*; on dit alors qu'elle est *dichotôme* ou en quadrature; ou encore, dans son premier quartier. Environ 14ʲ 18ʰ après, le croissant ayant sa concavité *à droite*, notre satellite passe au méridien à 6ʰ du matin; c'est alors le *déclin*, ou le dernier quartier.

QUEUES DES COMÈTES. Lorsque ces corps sont encore très-éloignés du soleil, ils ont l'aspect d'une nébulosité plus ou moins arrondie, dont l'éclat s'affaiblit vers les bords. — Elle s'allonge de plus en plus en se rapprochant et presque toujours dans la direction opposée au soleil, formant ainsi quelquefois des queues gigantesques dont les formes présentent toute espèce de variétés, tantôt toutes droites ou recourbées; tantôt en éventail et en plusieurs langues flamboyantes, mais dont les extrémités se dégradent insensiblement en se fondant, pour ainsi dire, dans l'espace, où elles échappent par leur énorme distance, à la faible attraction du noyau; leurs molécules poursuivent alors leur route elliptique ou parabolique, selon le mouvement originairement imprimé.

Ces queues suivent le noyau tant qu'il s'approche du soleil; mais, quand la comète vient à se dégager de ses rayons, après son passage au périhélie, elles le précèdent, et c'est alors qu'elles affectent les dimensions les plus extraordinaires.

Ces phénomènes cessent d'être visibles, même aux plus fortes lunettes, lorsque les comètes se trouvent aussi loin que Jupiter l'est du soleil; ce qui est une nouvelle preuve de l'extrême rareté des matières dont elles sont formées.

La comète de 1680 a développé en *deux jours* une queue de 20 millions de lieues, et sa plus grande longueur avait plus de 40 millions de lieues. On ne peut voir là un effet de dilatation à de telles distances, mais bien plutôt l'action d'une force émanant du soleil, et qui confirmerait les idées nouvelles sur la nature du calorique.

Quand ces queues commencent à se prononcer, il se fait toujours un intervalle entre elles et le noyau; ce qui indiquerait que ce sont les particules les plus légères de ces corps qui s'en séparent, soit avant, soit après leur passage au périhélie.

R.

RAPPORTS. Tous les corps de notre univers semblent en rapports réciproques : d'abord, par la lumière émise ou réfléchie; ensuite, par une puissance occulte qui les attire les uns vers les autres, en modifiant incessamment leur direction première.

Leurs rapports de distance, de vitesse, de volume et de densité dépendent probablement aussi de cette cause mystérieuse, toujours agissante, et ramenant d'une manière insensible, à un mode uniforme et régulier, tous les écarts des projections originaires.

L'astronomie n'est en quelque sorte que la connaissance de ces rapports multiples et diversement combinés entre les corps célestes. C'est à les reconnaître, à les calculer; à en rechercher les agents naturels, que les plus grands efforts de l'esprit humain se sont toujours exercés.

Képler, et après lui le grand Newton, ont trouvé les lois des mouvements planétaires sans en découvrir la cause; aussi certains faits et certains rapports restent-ils inexplicables.

Suivant les principes de l'attraction newtonienne, cette force est *en rapport direct* avec la masse ou la densité des corps; ce qui suppose une propriété, une vertu active et inhérente à la matière.

L'auteur de la *Philosophie naturelle* a récemment établi, par des calculs qui satisfont à la fois la raison et la science, que les relations des corps célestes dépendent des vitesses et des volumes plutôt que de la masse de ces corps, c'est-à-dire de la quantité de matière qu'ils renferment. *Voyez* ATTRACTION, IMPULSION, etc., etc.

RAYON. Ligne qui unit le centre à la circonférence. Le fameux et insoluble problème de la quadrature du cercle consistait à trouver le rapport exact entre la mesure du rayon et l'étendue de la circonférence.

Pour les usages ordinaires, on emploie le rapport 3 1/2 à 22. La proportion de 56 1/2 à 355 est plus exacte; mais, au moyen des décimales, on peut encore arriver à une solution plus satisfaisante; puisque, pour un cercle de plusieurs millions de myriamètres, la mesure du rayon s'exprime à *un millimètre près*.

Un degré est à peu près la 572ᵉ partie du rayon ; et une seconde de degré, la 206000ᵉ partie.

Le rayon moyen de la terre est d'environ 637 myriamètres. Le rayon équatorial, étant de 6,377,400ᵐ, excède de 21,320ᵐ celui des pôles.

On entend par *rayon vecteur*, la ligne qui est supposée unir le centre d'une planète à celui du soleil, dans le mouvement qu'elle exécute autour de cet astre ; ligne qui s'étend ou diminue, suivant que la force d'impulsion primitive vient à prédominer sur la force attractive du foyer commun, ou celle-ci sur l'autre.

Selon la première des lois trouvées par Képler, les rayons vecteurs décrivent *des aires proportionnelles aux temps ;* c'est-à-dire que la terre, par exemple décrit autour du soleil, *un même arc* de cercle dans un *temps égal*, quand sa vitesse est uniforme ; *un plus grand* quand la vitesse s'augmente vers le périhélie, et un *plus petit* lorsque, vers son aphélie, le mouvement se ralentit.

Cette loi s'explique plus exactement encore, si l'on suppose un rayon matériel tournant sur un axe et décrivant ainsi, dans l'espace, *une aire*, c'est-à-dire une surface, double dans un temps double, une surface triple dans un temps triple, etc., etc.

L'angle décrit à l'apogée est de 57′ 180 par jour. (L'angle décrit au périgée est de 1° 1′ 11″). En comparant la distance moyenne de la terre au soleil, qui est de 24096 rayons terrestres, avec la distance où elle se trouve à l'apogée (1ᵉʳ juillet), et qui est de 24501 de ces rayons, on trouve que l'angle diurne décrit par le rayon vecteur mené à la distance moyenne est de 59′ 128, qui exprime le temps moyen.

La différence entre la plus grande valeur angulaire et la plus petite dans la longitude du soleil a donné l'excentricité, qui est (en ayant égard à la précession) de 0,016775.

La longueur du rayon vecteur croît à mesure que l'angle diurne décrit par la terre diminue, mais l'*aire* demeure toujours la même dans un temps égal.

RAYONNEMENT (DES CORPS LUMINEUX). Effet de diffraction produit, soit par la vue indistincte, soit par l'aberration de la sphéricité de l'œil, ou l'irritabilité des points voisins de la rétine.

Quelques personnes distinguent régulièrement huit rayons à 45 degrés dans la lumière des étoiles, tandis que d'autres n'en aperçoivent que 3 ou 4, en haut ou en bas du disque apparent.

Suivant Jomart, les anciens Égyptiens donnaient toujours cinq rayons à ces astres, dont le nom exprime ce nombre en caractères hiéroglyphiques, quoique cependant on ne trouve sur les monuments ou les papyrus aucune étoile pour indiquer ce chiffre.

Le rayonnement des étoiles n'a plus lieu quand on les examine à travers le trou d'une aiguille dans un papier, mais il subsiste dans la vue télescopique avec de forts grossissements, lorsque les étoiles ne présentent plus que des points très-lumineux ou comme des disques infiniments petits.

On entend par *le rayonnement des corps*, la déperdition du calorique qu'ils laissent échapper dans le milieu qui les presse, soit à l'état de repos, soit dans leur mouvement de rotation ou de translation. Ainsi notre planète, ayant toutes ses régions successivement exposées aux rayons du soleil, devrait acquérir une température de plus en plus grande, si, par les parties temporairement privées du soleil, *le rayonnement dans l'espace* ne lui faisait perdre une quantité de chaleur à peu près égale à celle qu'elle en reçoit sur les autres points de sa surface.

On a calculé que, le soleil étant à 40° de hauteur, notre atmosphère laisse passer à peu près les 2/3 de l'action calorifique des rayons de cet astre; à 20°, environ la moitié : ainsi, dans toutes ses positions obliques, la terre ne reçoit qu'une partie de la chaleur solaire, dont le reste se perd dans l'espace. L'intensité des rayons solaires est près de sept fois plus grande sur Mercure que sur notre planète; 330 fois moindre sur Uranus et trois fois plus petite encore sur Neptune. En sorte que la différence entre les deux planètes extrêmes est dans la proportion de 1 à 7,000. — Il est difficile de concevoir les rapports d'existence que doit produire une telle répartition lumineuse entre ces trois corps planétaires.

RÉACTION. C'est une loi générale de la nature, comme un axiome de mécanique, que la réaction soit égale et contraire à l'action. Si donc le soleil attire les planètes et celles-ci leurs satellites proportionnellement à leurs masses et aux distances, les planètes doivent *réagir* sur le soleil, et les satellites sur leurs planètes.

Toutefois il ne faut pas entendre que cette réaction des masses inférieures puisse *déplacer* les masses plus considérables, comme celles-ci les plus petites; *réaction* signifie dans ces cas : *résistance*, c'est-à-dire diminution de l'effet qui serait produit si la puissance prépondérante ne trouvait aucun contre-poids dans la matière sur laquelle elle s'exercerait.

En réalité, la terre, ni même la masse énorme de Jupiter, n'attirent vers elles l'astre lumineux 1,050 fois plus considérable, qui les attire véritablement, en les forçant à dévier incessamment de la direction qui leur a été imprimée dans l'origine. La lune ne détourne pas non plus la terre dans l'orbite qu'elle parcourt autour du soleil, tandis que, par les attractions combinées de cet astre et de la terre, notre satellite est continuellement détourné de sa route et forcé de faire une suite d'inflexions en dedans ou en dehors d'une courbe régulière. Il en est de même des autres satellites, dont la réaction n'est que théorique et non matériellement observable.

Selon la théorie rationnelle de l'éther et les nouvelles causes indiquées à l'attraction par l'auteur de la *Philosophie naturelle*, cette résistance ou réaction des corps célestes serait mesurée par *leurs volumes* et *leurs vitesses relatives*, indépendamment de la quantité de matière qui peut y être agglomérée.

RÉDUCTION. Les astronomes sont obligés de *réduire* toutes leurs observations, c'est-à-dire de ramener les mesures qu'ils ont obtenues pour la position d'un corps céleste, l'ascension droite et la déclinaison des étoiles, à une *époque* convenable, telle que le commencement d'une année, en les corrigeant des effets de la réfraction, de la parallaxe, de l'aberration, de la précession et de la nutation, suivant les formules ou les tables connues.

Ces cinq éléments étant calculés et considérés indépendamment, donnent (en supposant les instruments et les observations d'une parfaite exactitude) ce qu'on appelle une *complète réduction*, ou, en d'autres termes, indiquent la véritable place des corps célestes.

La première correction rend à l'objet observé la place qu'on lui aurait reconnue si aucune atmosphère n'avait changé cette position. La deuxième donne cette position, comme si elle était observée du centre de la terre au lieu du point choisi à la surface. La troisième indique ce qu'elle aurait été si le point d'observation était fixe, au lieu d'être en mouvement. Quant aux deux dernières, elles rapportent l'observation à des cercles célestes fixes et déterminés, au lieu de cercles toujours variables. Ces *réductions*, comme toutes corrections, sans lesquelles aucune observation astronomique ne peut être utilisée en pratique comme en théorie, sont faites dans un sens contraire à celui dont elles affectent les observations.

RÉFLECTEUR. Instrument d'optique inventé par Grégory, et généralement connu sous le nom de *télescope*. L'image des objets mis en présence de l'objectif, miroir de cristal ou de métal, placé au fond d'un tube, *est réfléchie* sur un miroir plan, disposé en avant et en face, comme dans les télescopes dits *Frontwiew*, ou latéralement, comme dans les premiers instruments de Newton et d'Herschell.

Dans ces derniers, l'objectif est situé un peu obliquement, de manière à rejeter les images sur une ouverture du tube où l'observateur peut les examiner à la loupe.

RÉFLEXION. La lumière, comme tous les corps élastiques venant à frapper une surface polie, ou les molécules d'un fluide convenablement disposées, s'y réfléchit de l'autre côté de la perpendiculaire avec la même inclinaison, c'est-à-dire que l'angle de réflexion est égal à celui d'incidence.

L'arc-en-ciel formé dans l'air humide, ceux des jets d'eau ou des cascades, ne sont visibles que pour les spectateurs placés dans une telle condition, et qui, en se déplaçant, ne les aperçoivent plus.

Les rapports changent néanmoins selon les milieux où s'opère la réflexion; ainsi, dans l'eau, elle n'est que des trois quarts de l'incidence, c'est-à-dire de 30 degrés, si les rayons lumineux viennent s'y présenter sous un angle de 40 degrés.

Les couches supérieures de l'atmosphère nous réfléchissent une partie des rayons du soleil quand cet astre est déjà descendu à 17° 11′ au-dessous de l'horizon; cette distance, qui détermine la durée de l'aurore et du crépuscule, indique que les dernières couches pouvant nous réfléchir la lumière de cet astre sont à une hauteur de 7 myriamètres (environ 17 à 18 lieues).

Il arrive parfois, au coucher du soleil, que les montagnes dont les cimes les plus hautes ont cessé d'être éclairés de sa lumière se trouvent de nouveau illuminées par la réflexion de nuages qui leur renvoient les rayons de cet astre disparu depuis longtemps.

L'état de l'atmosphère, qui peut augmenter l'intensité de la réflexion, prolonge ainsi la durée moyenne du jour.

RÉFORME (DU CALENDRIER). Tous les peuples ont eu d'abord des modes très-défectueux pour calculer les heures du jour, les jours de l'année, et les années d'une certaine période dans laquelle ils pensaient que les phénomènes astronomiques étaient renfermés, en se reproduisant dans le même ordre pendant les périodes suivantes,

Les premières réformes eurent pour objet le calendrier naturellement établi sur le retour du croissant, environ deux jours après sa disparition ; on avait évalué à 29 jours 1/2 la durée de ces périodes, et fait en conséquence des mois de 29 et de 30 jours alternativement ; mais, quand on voulut plus tard régler les travaux de chaque saison, il fallut bien avoir égard au mouvement apparent du soleil, pour déterminer l'étendue de l'année civile.

Les peuples de l'Orient et les Grecs, pendant très-longtemps, conservèrent le calendrier lunaire en y intercalant, plus ou moins heureusement, les jours nécessaires pour établir sa concordance avec l'année tropique ou le retour au même équinoxe, fixé à 365^j 1/4 par l'observation de l'ombre des gnomons.

Les Égyptiens, les Chinois, les Hébreux et les Romains s'efforcèrent de régler la division du temps sur la seule marche du soleil ; mais les Turcs et les Arabes ont encore le calendrier primitif, et leurs années, pendant lesquelles chaque jour passe successivement dans toutes les saisons, n'ont que 354 jours. La seule *réforme* qu'ils aient adoptée, depuis l'an 1757 de notre ère, n'a pour but que de corriger l'erreur résultant de la durée moyenne des mois lunaires calculée sur 29,5/10, tandis que la lunaison est en réalité de 29^j 1/2 plus *trois centièmes* environ, donnant 9 jours 4^h 14^m 27^s après 30 ans. Comme l'intercalation faite par ces peuples n'est que de 9 fois un jour en 30 années, il en résulte qu'après un laps de 167 ans, il se trouve encore plus d'un jour à intercaler pour rétablir la concordance.

Le premier calendrier des Romains réformé par Numa, et plus tard par Jules-César, fut ainsi adopté par la chrétienté ; il renfermait cependant encore une erreur, provenant d'une valeur un peu trop forte donnée à l'année tropique, et qui produisait un jour de trop après 128 ans. Le concile de Nicée en 325, et celui de Constance en 1414, reconnurent bien cette différence, mais sans la corriger. Cette réforme du calendrier julien, proposée de nouveau par le cardinal Cusa, contemporain de Copernic, et par Roger Bacon, allait être réalisée par le pape Sixte IV, avec l'aide de Régiomontanus, appelé à Rome à cet effet ; mais la mort de cet astrologue, en 1476, la fit encore ajourner.

Nous avons déjà mentionné au mot *Calendrier* quelques circonstances de la réforme grégorienne recommandée au pape par le concile de Trente, et qu'il réussit à établir, avec le secours de *Lilia* de Calabre et de Sosigène d'Alexandrie.

Toute la différence entre la réforme julienne et la réforme ordonnée en 1582 par Grégoire XIII consiste : 1º dans la suppression des dix jours dont alors l'année civile surpassait l'année solaire; 2º dans l'origine de l'année, qui fut fixée au 1er janvier; 3º enfin dans la suppression des bissextiles séculaires, en réservant celles dont les nombres sont multiples de 4, comme 2,000, 4,000, etc.

Le système grégorien est maintenant établi sur trois années communes suivies d'une bissextile, ou d'une année de 366 jours ; puis sur trois années séculaires communes, suivies d'une séculaire bissextile.

Cette réforme, mise en pratique le 5 décembre 1582 dans la capitale du monde chrétien, ne fut immédiatement adoptée qu'en France; les catholiques allemands ne l'admirent que deux années après, et les protestants que seize ans plus tard.

L'Angleterre ne la reçut qu'en 1752, après un bill du parlement, qui prescrivit en même temps de commencer cette année au 1er janvier, au lieu du 25 mars, pour se conformer à l'usage des autres nations. Comme l'année 1751 se trouvait ainsi diminuée de plus de trois mois, en y comprenant les onze jours dont le style julien était alors en avance sur l'année tropique, on raconte que lord Chesterfield, comme promoteur du bill, était incessamment poursuivi par ceux qui ne voulaient pas ainsi vieillir tout à coup, et qui lui criaient : *Rends-nous nos trois mois!*

La réforme grégorienne est elle-même viciée d'une erreur contraire à la réforme julienne, en supposant l'année tropique un peu plus faible qu'elle n'est en réalité; différence qui produira un jour de trop en 3,000 ans, si cette année demeure toujours de 365^j 24222, telle qu'elle est maintenant reconnue.

Il est aussi à regretter qu'on n'ait pas fait concorder le commencement de l'année, soit avec le premier jour de notre ère, c'est-à-dire avec la naissance de J. C., soit avec une époque astronomique, telle que l'équinoxe de printemps.

Comment aussi n'a-t-on pas compris dans la réforme celle de la fausse dénomination des quatre derniers mois de l'année, qui les indique comme 7me, 8me, 9me et 10me ?

Selon le calendrier républicain, l'année commençait à l'équinoxe d'automne, qui eut lieu le 22 septembre 1793; au moyen de 5 ou 6 jours complémentaires, cette époque *du 1er vendémiaire* devait être fixée astronomiquement et sans aucune bissextile avec des mois égaux de 30 jours.

RÉFRACTEUR. On emploie quelquefois ce terme pour désigner les lunettes dont l'objectif, situé près de l'ouverture du tube, *réfracte* les rayons lumineux émis par les astres, sur l'oculaire placé à l'autre bout et à travers lequel on peut les observer.

A grossissement égal dans les instruments, la vue est plus distincte et plus pénétrante avec les réfracteurs, où ne se fait aucune déperdition de lumière, tandis que les réflecteurs, malgré tous les perfectionnements apportés à leur confection actuelle, en laissent nécessairement échapper une grande partie.

RÉFRACTION. La lumière, en traversant les corps diaphanes, *se réfracte*, c'est-à-dire change de direction et de vitesse, suivant des lois qui dépendent de la nature et de la disposition des milieux traversés.

Ce phénomène nous fait attribuer aux astres une place différente de celle qu'ils occupent en réalité; ainsi *la réfraction horizontale* étant de 33′ 47″ 9, le soleil et la lune, qui ont à peu près ce diamètre apparent, nous semblent se lever, lorsqu'ils sont encore à cette distance *au-dessous de l'horizon*; par la même cause, nous les apercevons encore, lorsqu'ils sont déjà descendus à plus d'un demi-degré sous cette ligne. Au solstice d'été, ce phénomène correspond à 4 minutes 8 secondes de temps, et varie d'ailleurs avec la hauteur apparente des astres observés.

Les vapeurs plus épaisses à la surface de la terre augmentent les effets de la réfraction atmosphérique; le soleil et la lune, quand ils se lèvent, paraissent donc avoir un diamètre plus grand en hauteur qu'en largeur; surtout, dans leur hémisphère inférieur. La forme surbaissée de la voûte céleste paraît aussi augmenter cet effet; au zénith il n'y a point de réfraction, et les corps lumineux y sont vus dans leur véritable situation.

Sans la réfraction, tous les lieux de la terre où le soleil *ne pénétrerait pas directement* seraient plongés dans l'obscurité, même en plein midi; car c'est seulement la diffusion de la lumière dans les masses d'inégale température de notre atmosphère, qui produit le jour dont nous jouissons.

De ce que les étoiles n'éprouvent aucune réfraction quand elles passent derrière la lune, on est fondé à croire que notre satellite n'a aucune atmosphère, et que les parties frappées des rayons solaires, étant seules éclairées, nous réfléchissent aussi seules la lumière de cet astre.

La *double réfraction* consiste dans le passage de la lumière à travers certains cristaux, tels que le quartz et le spath d'Islande, lesquels ont la propriété de produire par leur différence d'intensité moléculaire deux images distinctes dont la distance angulaire varie. selon la direction, relativement à l'axe optique de ces substances. *Voyez* HÉLIOMÈTRE.

Le mirage est produit, dans les couches diversement échauffées de l'atmosphère, par la réfraction des objets élevés à une certaine température; c'est pourquoi ce phénomène a lieu plus fréquemment sur les plages sablonneuses, où le soleil a une action différente. *Voyez* MIRAGE et RÉFLECTEURS.

RÉFRANGIBILITÉ. C'est la propriété qu'ont certains corps de réfracter les rayons lumineux qui viennent les pénétrer ou les traverser; les flint-glass sont les substances les plus réfrangibles, puis les crown-glass, les cristaux, le diamant, le soufre fondu, etc.

Les rayons colorés que décompose le prisme, et qui forment les arcs-en-ciel quand l'air est chargé d'humidité, sont inégalement réfrangibles. Le rayon violet possède la plus grande réfrangibilité, et le rouge la plus faible; il faut donc, pour obtenir l'achromatisme dans les instruments d'observations, composer l'objectif de telle sorte que les rayons de la lumière blanche qui ont été brisés en traversant un verre de l'objectif, reprennent par un verre différent leur parallélisme et leur blancheur, soit en renversant les images, soit en les présentant naturellement, au moyen d'une seconde combinaison d'optique.

REFROIDISSEMENT DU GLOBE. Il est généralement reconnu que notre planète a été dans un état de fluidité incandescente; et comme tout corps échauffé tend naturellement à se refroidir, nous pouvons être certains qu'il en a été ainsi pour la terre flottant dans un milieu raréfié.

Les glaces, qui ne sont que des cristallisations de matières abandonnées par le calorique, n'existaient pas dans l'origine; elles attestent la vieillesse et le refroidissement du globe.

Si les régions du nord avaient eu leur température actuelle quand la race humaine a paru sur la terre, elles n'auraient certainement pas produit ces innombrables populations qui ont successivement envahi les contrées méridionales de l'Asie et de l'Europe.

Aujourd'hui. sous ces latitudes hyperboréennes, quelques restes d'habitants rabougris et dispersés ont peine à vivre et à se perpétuer ; la nature se retire peu à peu des contrées où elle paraît avoir établi ses premières créations.

Les parties équatoriales, où les rayons du soleil, toujours présents, entretenaient l'incandescence primitive, étaient alors inhabitables ; tandis que les régions voisines des pôles ont dû jouir longtemps d'un climat tempéré.

Les documents historiques sont trop incertains et d'une date trop récente ; les observations qui nous sont parvenues sont trop inexactes, pour qu'on puisse constater les différentes périodes pendant lesquelles les végétaux et les êtres organisés se sont retirés des latitudes où leurs débris, enfouis dans des catacombes aujourd'hui glacées, attestent qu'ils vivaient autrefois.

Les nombreux systèmes de montagnes dont les dislocations sont, en général, dirigées du nord au midi, indiquent que le retrait des couches sous-jacentes s'est manifesté d'abord et plus sensiblement vers les pôles.

L'épaisseur et la solidité de l'enveloppe actuelle ne permettent plus les affaissements considérables des premiers temps du monde ; la chaleur paraît concentrée à l'intérieur, et la surface du globe a maintenant une fixité relative, selon que chaque zone est plus ou moins longtemps et plus ou moins obliquement exposée aux rayons du soleil, qui seul aujourd'hui paraît déterminer la température.

S'il doit se manifester encore une certaine diminution du calorique sur la terre, elle sera presque insensible, et s'effectuera dans une longue suite de siècles. *Voyez* CHALEUR DU GLOBE.

RÉGULUS. Étoile primaire et double, placée au cœur du Lion. Elle marque, à droite, l'angle inférieur du trapèze irrégulier que paraissent former les principales étoiles de cette constellation zodiacale.

Son lever ouvrait l'année solsticiale il y a 4,500 ans ; c'est ce qui lui a valu son nom, qui signifie *royal*. Trois autres étoiles, savoir : Aldébaran, Antarès et Fomalhaut, à environ 90° les unes des autres, avaient aussi cette désignation chez les Égyptiens.

RENARD (LE) **ET L'OIE.** Constellation peu remarquable, s'allongeant sous le Cygne et la Lyre, et ne contenant que trois tertiaires situées dans la même direction vers les étoiles d'Hercule.

Une nébuleuse arrondie se trouve sur les limites au-dessous de ε et d'un groupe de petites étoiles télescopiques de la constellation du Cygne.

RÉPÉTITION. Pour diminuer autant que possible les chances d'erreur dans les opérations astronomiques où l'on recherche une précision rigoureuse, on répète plusieurs fois la même observation, et l'on obtient ainsi la confirmation de la première mesure, ou tout au moins une moyenne presque certaine.

Le cercle *répétiteur*, de l'invention de Borda, a pour principe la multiplicité des observations et la lecture de leurs résultats alternatifs sur deux cercles gradués, dont l'un est mobile avec la lunette, et dont l'index ou le vernier, porté par un bras, peut aussi être fixé sur l'un ou l'autre cercle.

RETARDS. Le mouvement de la terre autour du soleil paraît le faire retarder chaque jour de $3^m 56^s 95$ sur les étoiles ; mais, après $365^j 6^h$ environ, cet astre est revenu à la même étoile, et l'année sidérale est accomplie.

Par suite de la différence de vitesse avec laquelle la terre procède dans ce mouvement de translation, l'heure vraie ou sidérale *retarde* sur l'heure moyenne du 15 juin au 1er septembre, ainsi que du 24 décembre au 15 avril ; le plus grand retard, qui est de $14^m 32^s$, a lieu du 10 au 12 février.

La lune *retarde* chaque jour de $52^s 42^m$ sur les étoiles, et par conséquent de $48^s 46^m$ sur le soleil ; la combinaison de ces causes *retarde les marées* d'à peu près 50^m et demi par vingt-quatre heures.

RÉSISTANCE *des milieux*. La comparaison des intervalles entre le périhélie des comètes périodiques, même quand on tient compte des perturbations planétaires qui ont pu avoir lieu, montre que les révolutions de ces corps vont toujours en diminuant ou que le grand axe de leurs ellipses décroît successivement d'environ $1/10^e$ de degré à chaque retour. Encke a démontré que cet effet est dû à la résistance d'une substance éthérée qui, dans l'espace, modifie la vitesse d'impulsion, comme la force centrifuge des comètes, en augmentant la puissance attractive du soleil qui les attire ainsi de plus en plus. L'action alternative de la chaleur et du froid qu'elles éprouvent dilate d'abord en nuages visibles, et puis en gaz invisibles, leurs molécules diaphanes.

La présence *d'un fluide plus ou moins dense*, circulant autour du soleil, en s'opposant à la chute des comètes sur cet astre, peut aussi accélérer ou retarder leur marche, selon qu'elle est directe ou rétrograde, c'est-à-dire dans le même sens ou à l'opposé de la rotation solaire.

Le refoulement qu'on a observé dans la queue de quelques comètes à leur périhélie, contrairement aux lois de l'attraction et même à toutes notions du mouvement de la matière; les émissions latérales ou celles qui sont dirigées vers le soleil du noyau d'une comète, et leur rejet vers leur point de départ; d'autres faits nombreux et encore inconcevables, annoncent l'existence d'un *fluide résistant ou impulsif*, agissant dans l'espace, et que la science parviendra sans doute à expliquer.

Les masses plus compactes des planètes principales paraissent n'éprouver aucune résistance à travers l'éther, puisque les grands axes de leurs ellipses demeurent invariables; mais il n'en est pas ainsi peut-être pour les planètes plus rapprochées de l'astre central, autour duquel peuvent circuler des molécules plus condensées, comme les couches de l'atmosphère environnant notre globe. Il est difficile, en effet, de concevoir à quelles limites s'arrête la dilatation de l'air qui participe à la rotation et qui circule avec la terre autour du soleil; cette difficulté est encore plus grande pour l'atmosphère de cet astre, relativement à son étendue et à sa nature, par conséquent, à la résistance qu'elle présente à ses différentes zones.

Les oscillations d'un pendule mis en mouvement se raccourcissent de plus en plus, non-seulement par l'attraction qui l'attire au centre, mais encore par la résistance de l'air dans lequel a lieu le mouvement.

C'est aussi la résistance de l'air qui diminue la vitesse des aérolithes tombant quelquefois sur la terre; autrement la masse de certains de ces corps, et l'éloignement de leurs points de départ, y laisseraient des traces plus profondes.

Les corps en mouvement déplacent dans l'air, comme dans l'eau, les molécules inertes qui se trouvent sur leur passage, et cette résistance peut être considérée comme une force agissant à l'opposé du mouvement qu'elle tend sans cesse à diminuer.

L'air de notre atmosphère devient de plus en plus raréfié, et doit, dans ses régions les plus élevées, n'offrir qu'une faible résistance aux corps qui les traverse. On conçoit que ces couches concentriques, qui tournent avec la terre, peuvent se raréfier de plus en plus jusqu'à ce qu'enfin elles soient de la même nature que l'éther ou l'air céleste dans lequel les planètes et autres corps opaques circulent sans résistance apparente, puisque depuis les premiers temps astronomiques les grands axes de leurs orbites n'ont éprouvé aucune altération de grandeur, et qu'il en est de même à l'égard de leur rotation.

RÉTICULE. Cet appareil, inventé par Gascoigne en 1640, est devenu l'un des plus utiles à l'astronomie pratique.

Il consiste communément dans une plaque à ouverture circulaire traversée verticalement par un, trois ou cinq fils très-fins, et croisés horizontalement par un autre fil, au foyer des lunettes d'observations.

On peut ainsi mesurer le diamètre des astres par le temps qu'ils emploient à traverser le fil central ou leur mouvement angulaire, par le temps employé par eux pour passer de l'un à l'autre des fils.

D'autres réticules, plus généralement désignés sous le nom de *micromètres*, ont un réseau, ou une espèce de treillis, dont chaque intervalle doit correspondre, par exemple, à une seconde de degré, servant alors à déterminer les diamètres verticaux et horizontaux des astres observés.

Un fil mobile au moyen d'une vis dont la valeur de chaque tour a été éprouvée, fait connaître celle des déplacements, rapportés au fil fixe des foyers communs, et donne, par fraction de seconde, les mesures cherchées.

Les fils de ces instruments peuvent s'éclairer la nuit par une lampe, ou momentanément par l'électricité.

RETOUR DES COMÈTES. On ne remarquait dans les temps anciens que les comètes d'un éclat extraordinaire ; mais, depuis que ces corps errants sont bien observés, on a reconnu, dans quelques-uns, des mouvements elliptiques qui les ramènent dans notre système solaire après une absence qui varie depuis trois ans un tiers jusqu'à cinq cent soixante quinze ans.

Sénèque croyait fermement à cette périodicité de leurs mouvements, et dit que les siècles à venir reconnaîtront cette vérité. Ce n'est que depuis 300 ans que cette ancienne idée s'est confirmée.

C'est à la résistance de l'éther, et surtout à l'influence des planètes dont les comètes s'approchent, qu'on attribue les variations dans la périodicité de leurs retours. Clairaut fit voir que la comète de Halley avait dû être retardée de 100 jours par l'attraction de Saturne, et de 518 jours par l'attraction de Jupiter. Uranus, qui n'était pas alors plus connu que Neptune, pouvait aussi retarder la marche de ces corps, et empêcher l'exactitude des calculs. On peut même supposer avec vraisemblance que d'autres planètes, encore *plus éloignées* que Neptune et aussi considérables, occasionnent aux comètes qui s'en approchent des perturbations d'autant plus fortes que l'attraction du soleil se fait moins sentir dans les régions où circulent *ces mondes inconnus.*

Les comètes à courtes périodes ont des retours plus réguliers, parce qu'elles sont moins exposées à la rencontre de ces planètes perturbatrices.

Quant à l'influence de l'éther, Arago a expliqué qu'elle serait une cause d'avance, et non de retard, parce que la force d'un milieu résistant doit agir dans le *sens tangentiel,* en diminuant la force centrifuge, et augmentant ainsi la puissance de l'attraction solaire. *Voyez* COMÈTES.

RETOURNEMENT (DES LUNETTES). Pour vérifier la ligne de collimation, et rectifier au besoin l'axe optique des instruments d'observation, comme la lunette méridienne, on les retourne sur leurs supports, et, si dans cette nouvelle position, la mire placée dans le plan du méridien correspond toujours à la croix du réticule, on est assuré que l'instrument a conservé son exactitude.

Dans le cas contraire, on corrige l'ajustement au moyen des vis et des leviers destinés à cet usage.

Pour les lunettes de grandes dimensions, les astronomes ont d'autres moyens de les rectifier.

RÉTROGRADATION. Lorsqu'on observe attentivement la marche des planètes, on les voit s'éloigner du soleil, ralentir leur mouvement, s'arrêter et revenir sur leurs pas, pour recommencer de l'autre côté les mêmes évolutions, stations et rétrogradations. Mercure et Vénus surtout présentent ces apparences qu'on ne pouvait expliquer autrefois, et qui sont produites par la translation annuelle de notre planète autour de l'astre central, avec des vitesses différentes.

En réalité, il n'y a dans le mouvement des corps célestes, ni stations ni rétrogradations.

Ce qu'on entend aujourd'hui par mouvement *rétrograde* ou indirect est celui qu'affectent certaines comètes, ainsi que les satellites d'Uranus, dont la marche a lieu d'orient en occident , c'est-à-dire, relativement au soleil, comme font les aiguilles d'une horloge relativement au centre du cadran. Tous les autres mouvements sont appelés *directs*, parce qu'ils s'effectuent comme celui de la terre, d'occident en orient, ou en sens inverse des aiguilles.

La lune paraît aussi *rétrograder* contre l'ordre des signes, avec une vitesse équivalant à 1º 25' par mois lunaire, ou 19º 1/3 par année, faisant une révolution entière en 18 ans et 7 mois 1/2 environ. Cet effet est produit par la *nutation*, qui force l'axe de la terre à décrire une petite ellipse autour des pôles, en changeant continuellement l'obliquité de l'écliptique.

Par un changement d'inclinaison , le mouvement *direct* d'une planète et de ses satellites peut devenir *rétrograde;* il suffit que l'axe de rotation vienne à s'incliner au delà de 90º pour que la révolution primitive d'occident en orient paraisse s'effectuer en sens contraire ; c'est le *même mouvement* qui se continue dans une position renversée, c'est-à-dire que le pôle supérieur est devenu le pôle inférieur, et réciproquement , ainsi que nous l'avons supposé pour les satellites d'Uranus dans notre Introduction.

Le mouvement apparent du soleil *rétrograde,* ou plutôt retarde d'environ 4ᵐ par jour sur les étoiles.

Les points équinoxiaux *rétrogradent* aussi dans une direction constante, c'est-à-dire que chaque année le soleil paraît répondre à des endroits du ciel de plus en plus éloignés vers la gauche du Bélier et de la Balance ; signes dans lesquels ces phénomènes arrivaient il y a deux mille années. Cet effet est attribué au ménisque équa o-rial, qui fait balancer lentement l'axe de la terre dans le sens opposé.

RÉVOLUTIONS. On entend généralement par la révolution des planètes et des satellites, leur mouvement dans l'espace autour d'un centre d'attraction. A part de légères perturbations périodiques ou accidentelles, ces courbes sont régulières et tracées selon des lois universelles régissant notre monde solaire, et sans doute aussi tous les globes semés dans les cieux.

La *révolution de la terre,* ou le retour au même équinoxe, se fait en 365ʲ 5ʰ 48ᵐ 51ˢ.

La *révolution sidérale,* ou le retour à la même étoile, est de 365ʲ 6ʰ 9ᵐ 11ˢ 5.

La révolution *anomallistique,* ou le retour à l'apside, exige 365ʲ 6ʰ 15ᵐ 58ˢ 8.

La révolution *synodique* des planètes, ou leur retour à la même position relativement au soleil et à la terre, est aussi très-différente de leur révolution sidérale. *Voyez* les noms de ces planètes.

RIGEL. Étoile double et de première grandeur, située à l'angle inférieur du quadrilatère d'Orion, au-dessous et à droite des Trois Rois. *Voyez* ORION.

ROEMER. Né en Suède, mais admis à l'Académie des sciences ; il y fit, en 1675, l'exposé de sa théorie sur le mouvement et la vitesse de la lumière, dont la *déviation* prouvait la translation de la terre.

ROIS (Les Trois). On désigne ainsi trois étoiles voisines et en ligne oblique qui se distinguent dans la constellation d'Orion. Les deux secondaires à droite sont doubles et se nomment Mintakah et Anilam ; la 3ᵉ à gauche, qui est une belle tertiaire, se nomme Alnitak ; elles indiquent le Baudrier dans cette figure ; on les appelle aussi communément : le Râteau ou le Bâton de Jacob.

ROTATION. Dans un tel mouvement, une certaine ligne demeure immobile, pendant que tous les autres points du même corps décrivent des cercles d'une étendue proportionnelle à leur distance de cette ligne, dont les extrémités sont les pôles de rotation.

Tous les cercles décrits sont parallèles entre eux et perpendiculaires à l'axe du mouvement, qui se perpétue éternellement sans se modifier dans les corps primaires, tels que le soleil et les planètes ayant une circulation propre autour de cet astre central.

Dans les satellites qui se meuvent lentement, en retombant sans cesse vers le centre du corps principal qui les entraîne, cette espèce de rotation se modifie avec la vitesse des planètes dans leurs orbites et les perturbations qu'elles exercent les unes sur les autres.

Tous les corps sphériques, comme la terre et les autres planètes circulant dans l'espace, ont reçu *nécessairement*, hors de leur centre de gravité, un choc ou une impulsion qui leur a imprimé le mouvement de rotation dont leur figure a déterminé l'axe et les pôles, ainsi que leur balancement dans l'orbite que ces corps décrivent autour du soleil.

Les satellites, qui présentent toujours le même hémisphère à leurs planètes, n'en tournent pas moins sur eux-mêmes; seulement, cette rotation insensible s'effectue dans la même durée que leur mouvement de translation.

La lune, par exemple, dont nous voyons constamment la même surface, tourne autour de la terre en 27 jours 8 heures à peu près, et met le même temps à pivoter ou plutôt à glisser sur elle-même, comme si une tige matérielle fixée au centre de cet astre le guidait dans une rainure pratiquée autour de notre planète.

On se fera peut-être une idée plus claire de ce phénomène en se figurant la lune comme un caillou posé dans une fronde et présentant toujours le même côté vers la main qui donne l'impulsion, tandis que ses autres parties sont aperçues successivement de chaque point situé dans le même plan, en dehors du cercle qu'on lui fait décrire.

En cet état, la pierre ne tourne pas en réalité autrement que la lune sur elle-même ; et cependant, lorsque la fronde a fait un cercle complet autour de la main qui imprime le mouvement, elle a montré tous ses côtés aux observateurs.

Les anneaux de Saturne, et tous les autres satellites dont la surface est allongée vers leur planète, présentent le même phénomène ; mais nous pouvons apercevoir successivement leurs différentes parties, comme, du soleil ou des autres corps célestes, on peut voir se succéder toutes les parties de la surface lunaire.

Dans le vide, un globe librement suspendu et mis en rotation tournerait éternellement sur son axe.

La rotation de la terre démontrée principalement par la translation diurne de la voûte étoilée est parfaitement régulière, et c'est sa durée qui est pour nous *la mesure du temps la plus exacte*.

Cette durée, indiquée par le retour d'une étoile quelconque au méridien de chaque lieu, a été divisée en vingt-quatre parties égales qui marquent le temps moyen, ainsi qu'une bonne horloge.

La vitesse rotative de notre globe ne pourrait s'accélérer que par la diminution de son volume ; et comme *depuis les temps histori-ques* le jour sidéral ne paraît pas avoir changé, l'état d'incandescence intérieure doit être encore à peu près le même qu'il y a deux mille ans.

L'axe de rotation n'est pas perpendiculaire à la trace de l'écliptique, c'est-à-dire à la ligne que décrit la terre autour du soleil ; son obliquité détermine les saisons pour chaque lieu du globe dont les points se meuvent avec une vitesse qui croît progressivement depuis les pôles jusqu'à l'équateur, où cette vitesse rotative est de 463 mètres par seconde; elle est de 369ᵐ sous le 35° de latitude, de 325ᵐ à 45°, et ainsi en diminuant de plus en plus jusqu'aux pôles, où elle doit être entièrement nulle.

Il serait curieux d'observer les phénomènes qu'un tel état de repos peut y produire; mais l'abord de ces points extrêmes paraît maintenant interdit à tous les efforts humains par les glaces qui les environnent.

Les mêmes points ont à parcourir à la surface du soleil environ 2,000ᵐ, ou une demi-lieue par seconde; sa rotation ne pouvant être reconnue et mesurée que par les taches observées à la surface, leur mobilité est cause que cette rotation présente encore quelque incertitude. Elle est estimée à 25ʲ 13ʰ 40ᵐ; mais, la circulation de la terre autour de cet astre se faisant *dans le même sens*, ce n'est qu'en 27 jours 1/2 à peu près que les taches nous paraissent accomplir leur révolution, quand elles persistent pendant cette durée.

La translation de la terre, démontrée par le phénomène de l'aberration, impliquait nécessairement le mouvement de rotation; aussi, malgré les apparences, a-t-il été généralement adopté, par l'impossibilité de concevoir le système contraire, c'est-à-dire de faire circuler tous les astres et tous les mondes autour de notre petite planète avec une vitesse si prodigieuse.

Aujourd'hui cette rotation est *matériellement prouvée* par les expériences du pendule, instrument que Galilée, martyr du mouvement de la terre, a lui-même inventé.

Un observateur placé dans un ballon immobile dans l'espace verrait chaque point de la surface de la terre passer sous lui dans une direction qui dépendrait de la latitude du lieu où ce ballon serait arrêté.

Sous l'équateur, les objets terrestres décriraient des lignes droites d'occident en orient; sous les pôles, les objets *précisément au-dessous* de l'aérostat sembleraient immobiles; et ceux qui seraient à distance paraîtraient tracer des cercles réguliers autour de l'observateur.

Enfin, sous les latitudes intermédiaires, comme celle de Paris par exemple, chaque point décrirait des *lignes obliques*.

Cela étant bien compris, si l'on établit un pendule convenablement suspendu, d'une certaine hauteur, et que, l'écartant de son centre de gravité, on le rende ensuite à l'action de la pesanteur, on remarquera bientôt que les oscillations ne se feront pas comme avec le balancier disposé dans une horloge. Au lieu de se porter et de revenir constamment vers *deux mêmes points opposés*, le poids librement suspendu se portera de plus en plus *vers l'orient*, ou plutôt vers la gauche du spectateur, jusqu'à ce que les oscillations, devenant chaque fois moins étendues, cessent tout à fait. La déviation oblique qui s'est manifestée, et qui était sensible après quelques minutes, ne peut avoir d'autre cause que la rotation de la terre dans le même sens. Cette rotation tend, en effet, *à renverser le pendule* au moment où la force attractive est la moins grande , c'est-à-dire, lorsque cesse d'agir, d'un côté et de l'autre, la force impulsive qui a mis le pendule en mouvement.

Si la force de pesanteur qui le ramène toujours au même centre venait à cesser complétement , ce pendule décrirait alors une courbe oblique, comme les objets terrestres le feraient pour un spectateur dans la position précédemment supposée.

L'écart vers la gauche qu'on voit faire au pendule n'est autre chose que cette courbe oblique qui *se fractionne* presque insensiblement à chaque oscillation.

Un autre appareil, que M. Foucault nomme *gyroscope*, démontre : 1° que tout corps tournant autour d'un axe libre de se diriger, sans sortir du plan horizontal, amène cet axe vers le méridien et le dispose à tourner dans le sens de la rotation terrestre ; 2° que si l'axe est libre de se diriger sans sortir du méridien, le corps tend à s'orienter parallèlement à l'axe du monde , c'est-à-dire à tourner dans le même sens que la terre. Ces deux expériences prouvent évidemment sa rotation.

Ce mouvement du globe rejette *à l'opposé*, c'est-à-dire, vers l'ouest, les masses océaniques échauffées, et par conséquent plus légères, des régions tropicales, que viennent incessamment remplacer celles des pôles, occasionnant ainsi de grands courants, tels que celui du *Golf-Stream*, dont la température se fait si heureusement sentir vers les côtes et les contrées occidentales de l'Europe.

S

SACS A CHARBON. On remarque, dans certaines parties les plus brillantes de la Voie lactée, des espaces nus, à travers lesquels il semble qu'on entrevoit les déserts de l'infini. Les marins désignent ces espèces de trous sans étoiles, sous le nom de *sacs à charbon*.

La plus remarquable de ces places obscures, aperçue et mentionnée par Améric Vespuce dans son troisième voyage, est située au milieu d'une large masse d'un grand éclat, vers la Croix du Sud et le Centaure, dans l'hémisphère austral. Cet espace, indiqué au planisphère austral à gauche de la Croix du Sud, est d'environ 8° sur 5°, et ne présente à l'œil nu qu'une seule petite étoile; mais au télescope on peut en apercevoir un certain nombre, de sorte que ces trous noirs ne sont en réalité que des effets de contraste.

Une place de la même nature peut s'observer dans la constellation du Cygne entre les étoiles ε et γ, d'où rayonnent trois courants stellaires de la couleur laiteuse qui distingue *la galaxie* sur la voûte céleste de notre hémisphère. Un autre peut aussi se remarquer dans la constellation de Cassiopée entre les étoiles α et γ; cette place est très-noire comparativement aux parties environnantes; l'un de ces espaces était connu des anciens sous le nom du Chien noir. *Voyez* pl. I et II.

SAGITTAIRE (LE), ↦. Constellation du zodiaque, s'élevant très-peu sur notre horizon. Elle comprend un petit trapèze dont les angles sont marqués par des étoiles tertiaires; une cinquième μ se trouve au-dessus, vers Ophiucus, et marque le bout supérieur de l'arc de cette figure; ε indique l'autre bout, et δ la main gauche au milieu; une quartaire γ marque la pointe de la flèche dirigée vers le Scorpion. L'étoile double ζ, à l'angle inférieur du trapèze, se sépare distinctement, même avec un faible grossissement.

SAISONS. Elles sont déterminées pour toutes les régions de la terre, par l'inclinaison de l'axe de rotation dans son orbite.

Aux solstices, c'est-à-dire à son apogée ou à son périgée, notre planète étant, relativement au soleil, à ses plus grandes déclinaisons, l'un des hémisphères est tout éclairé dans le mouvement diurne, et ses régions polaires ont des jours de six mois.

Dans cette position et pendant la même durée, l'autre pôle est dans l'obscurité; les points intermédiaires ont des étés et des hivers plus ou moins longs, selon leur position relativement à l'équateur ou aux pôles.

Aux équinoxes, le plan de l'équateur est perpendiculaire à l'écliptique, et la terre présente successivement tous ses points au soleil, qui les éclaire pendant douze heures.

Si une telle position s'était établie primitivement, ou si un jour la diminution d'obliquité pouvait l'amener : chaque lieu jouirait constamment de la même température, dont l'intensité dépendrait toutefois de sa proximité de l'équateur.

En raison de la différence de vitesse dans le mouvement de translation, les saisons sont pour nous d'une durée un peu inégale. Cette année, 1856, le printemps est de 92^j 20^h 49^m; l'été, de 93^j 14^h 14^m; l'automne, de 89^j 17^h 56^m; et l'hiver, de 89^j 1^h '^{m}. Ainsi l'automne sera plus courte que le printemps de 3^j 3^h 3^m.

SAROS. Nom de la période sacrée des Chaldéens, renfermant 235 mois lunaires équivalant à 19 années tropiques, ou 223 lunaisons, comprenant 18 années 15^j 10^h solaires environ. Le renouvellement de cette période devait ramener les éclipses aux mêmes jours et dans le même ordre que dans la période précédente, non toutefois avec l'exactitude que l'astronomie moderne met dans l'annonce de ces phénomènes. C'est le cycle que Méton fit connaître aux Grecs, et dont les Athéniens firent graver les calculs en lettres d'or.

Bailly prétend que cette période avait été enseignée aux Chaldéens par des peuples plus anciens venus du Nord, où la population comme les sciences se sont d'abord développées. Il est certain qu'on a retrouvé cette période chez les Chinois, les Indiens et les Égyptiens, peuples séparés par de grandes distances, et qui n'avaient entre eux aucunes relations. *Voyez* PÉRIODE, CYCLE, etc.

SATELLITE. Tous les corps célestes qui circulent autour d'un autre plus considérable prennent cette dénomination.

Les satellites dont on a pu reconnaître le diamètre, présentant la même surface à leur planète, comme la lune le fait à la terre, on est fondé à croire que, dans l'état de malléabilité primitive, une loi générale a allongé la forme de tous ces corps vers la planète originaire qui les retient ainsi dans son attraction. La différence d'éclat qu'on observe parfois dans ces petits corps provient sans doute de l'atmosphère qui les environne; néanmoins le père Secchi, directeur de l'Observatoire du Collége romain, a cru récemment reconnaître dans le troisième satellite de Jupiter des taches dont le mouvement ne serait pas le même que celui de la révolution de ce satellite autour de la planète.

La durée de révolution des quatre satellites de Jupiter s'étend depuis 1ʲ 18ʰ 28ᵐ, jusqu'à 16ʲ 2/3; et ce n'est qu'après 437 ans qu'ils se retrouvent dans la même position relative.

Suivant Herschell, le premier (découvert par Huygens) est jaune, à peu près du volume de Mars et plus brillant que les trois autres; le deuxième est un peu bleuâtre, et d'une densité plus grande que la planète même; le troisième, d'une teinte jaunâtre, est égal à une étoile de cinquième à sixième grandeur, et serait toujours visible à l'œil nu, sans l'éclat de la planète; le quatrième est d'un rouge sombre. Leurs distances à la planète sont respectivement de 1′ 51″, 2′ 57″, 4′ 42″, et 8′ 16″.

Les trois premiers de ces satellites s'éclipsent à chaque conjonction et à chaque opposition; mais le quatrième ayant une inclinaison plus grande sur l'équateur de la planète, ses occultations sont moins fréquentes. Le diamètre du premier, vu de la planète, est de 33′ 11″, et doit ainsi paraître à ses habitants d'une grandeur égale à celle que nous trouvons à notre satellite.

On connaît maintenant huit satellites à Saturne en outre de ses anneaux, qui paraissent des corps fluides ou d'une densité très-faible, irrégulièrement allongés et soudés ensemble; six de ces satellites se meuvent à peu près dans le plan des anneaux concentriques.

Le septième est incliné de 30° sur le plan équatorial; on les désigne ainsi :

1° *Mimas*, le plus excentrique, dont la révolution sidérale est de	0ʲ	22ʰ	37ᵐ	22ˢ
2° *Encelade*	1	8	53	6
3° *Téthys*	1	21	18	25
4° *Diane*	2	17	41	8
5° *Rhéa*	4	12	35	10
6° *Titan*	15	22	41	25
7° *Hypérion*	22	12	»	»
8° *Japet*, dont l'orbite est inclinée de 12° 14 sur le plan équatorial	79	7	53	40

Leur distance moyenne à la planète (son rayon équatorial étant pris pour unité) varie depuis 3,36 jusqu'à 64,36.

Herschell a reconnu six satellites à Uranus, dont le deuxième et le quatrième avaient seuls été revus; mais le premier et le troisième ont été aperçus en 1847 par Lassell et Struve, sans qu'on ait pu déterminer si le mouvement en est rétrograde, comme celui des deux précédents.

Le premier satellite observé autour de Neptune fait sa révolution en 5ᴶ 20ʰ 50ᵐ 45ˢ, à la distance de six fois le diamètre de la planète. La découverte d'un second par M. Lassell paraît maintenant confirmée.

SATURNE, ♄. Cette planète a l'apparence d'une petite étoile terne et plombée. Après Jupiter, elle est cependant la plus grosse des planètes; son diamètre est près de dix fois plus grand que celui de la terre, c'est-à-dire de 32,000 lieues de 4,000 kilomètres, et son volume 734 fois plus considérable. La durée de sa révolution sidérale est de 29 ans, 166ᴶ 23ʰ 16ᵐ. Son axe est incliné de 74° sur le plan de son orbite inclinée elle-même, de 2° 29′ 36″ sur l'écliptique. Sa distance moyenne au soleil est de 9 fois 54 celle de la terre, soit 144 millions de myriamètres (360 millions de lieues). Alors son diamètre apparent est de 18″.

Cette planète tourne sur elle-même en 10 heures 29ᵐ 17ˢ, ce qui donne une vitesse de plus de 52 myriamètres (130 lieues) que chaque point de son équateur doit décrire par minute; aussi l'axe des pôles, a, d'après Bessel, 1/17ᵉ de moins que le diamètre équatorial.

La chaleur et la lumière doivent y être 90 fois moins fortes que sur la terre. Enfin la masse de cette planète est la 3500ᵉ partie de la masse solaire; et sa densité, qui est moins grande à la surface, est tout au plus le septième de la densité de notre globe, ou les 3/5 de celle de l'eau; ce qui rend impossible l'existence de mers analogues aux nôtres sur la surface de cette planète, comme sur celles encore plus éloignées et dont la densité est de plus en plus faible. Il est dès lors probable que des vapeurs seules enveloppent ces planètes, et c'est ce qui paraît confirmé par les récentes observations de son anneau intérieur. Herschell cependant, à l'aide de son grand télescope, a dit avoir aperçu distinctement les taches de sa surface.

Plusieurs anneaux concentriques entourent cette planète, et tournent avec la même vitesse, à une distance d'environ 3,700 myriamètres, en y comprenant les intervalles qui les séparent, et à travers l'un desquels on peut apercevoir les étoiles. Ces anneaux se présentent pendant quelque temps à la planète, comme une grande arche lumineuse par réflexion; mais ils cachent aussi le soleil pendant plusieurs années, à certaines régions de sa surface. *Voyez* ANNEAUX.

Aux équinoxes de Saturne, le plan des anneaux étant le même que l'équateur du soleil, leur tranche est si étroite qu'elle disparaît presque dans les lunettes, même dans celles assez fortes pour faire distinguer les parties intérieures, éclairées, non directement par le soleil, mais par la *réfraction de l'atmosphère* qui paraît les environner.

Dans ce cas, on peut seulement apercevoir une ligne lumineuse de chaque côté de la planète; ce phénomène peut s'observer à peu près tous les 15 ans, demi-durée de sa révolution sidérale.

On reconnaît dans ces parties obscures des points plus lumineux, qui confirment l'opinion déjà émise sur la nature des anneaux, considérés comme une multitude de satellites agrégés et étendus selon l'attraction de la planète.

Suivant Herschell, le plus grand diamètre ne serait *pas celui de l'équateur* et la planète serait placée un peu à l'ouest du centre des anneaux; ce qui indique que le centre de gravité est en dehors de cette région. Les pôles de Saturne, aplatis d'un 10e selon quelques observateurs, lui donnent l'aspect d'un rectangle arrondi, et expliquent ainsi le parallélisme des anneaux.

S'il en était autrement, l'attraction du soleil devrait les incliner diversement, et occasionnerait leur prompte rupture. Ces anomalies, inconcevables dans les formations, suivant les conjectures de Laplace, s'accordent, au contraire, avec les idées émises dans la deuxième partie de notre Introduction.

En outre des anneaux, on compte maintenant huit satellites autour de Saturne; quatre furent découverts par Dom... Cassini et par Huygens; deux par Herschell, et un par M. Lassell, à Liverpool, la même nuit que M. Bond observait le huitième à Cambridge, aux États-Unis.

La surface de cette planète offre plusieurs bandes obscures, parallèles aux anneaux, et qu'Herschell attribuait à une atmosphère nuageuse, très-épaisse. Cependant des taches permanentes ou d'une longue persistance ont été observées sur ces bandes.

On distingue aussi, vers les régions polaires, des taches blanchâtres qui semblent indiquer des neiges perpétuelles. *Voyez* SATELLITES.

SCHEAT. Étoile secondaire marquée β, et formant l'angle supérieur à droite du grand carré de Pégase.

SCHEINER. Astronome allemand, mort en 1650, et qui eut l'idée de placer des verres colorés avant l'oculaire des premières lunettes ; il put ainsi distinguer sans danger les taches du soleil aperçues par Galilée, qui perdit la vue en observant cet astre sans une telle précaution.

SCHUMACHER (HENRICH-CHRISTIAN). Né en septembre 1780, à Bremstedt, en Holstein. Ce célèbre astronome se livra d'abord à l'étude du droit, dont, en 1805, il devint professeur à l'université de Dorpat. Sa vocation pour l'astronomie le ramena à Gœttingue, où il se perfectionna dans cette science sous la direction de Gauss, avec lequel il conserva toute sa vie les rapports les plus intimes.

Ce fut à Hambourg, pendant qu'il y enseignait les mathématiques, que Schumacher fit les premières observations, qu'il continua plus à loisir à l'observatoire de Manheim, dont il fut nommé directeur en 1813.

Rappelé en Danemark par le gouvernement, qui lui confia en 1817 la mesure de l'arc du méridien entre Skagen et Lawemburg, ainsi que le relevé topographique du Schleswig et du Holstein, il établit, dans l'intérêt de ces travaux, un observatoire à Altona, d'où commencèrent en 1820 les publications astronomiques qui lui acquirent une si grande renommée. L'Académie de Berlin adopta en 1829, pour ses Annuaires, les bases sur lesquelles Schumacher avait fondé les premiers principes de ses *Éphémérides* et de ses *Tables*, donnant les moyens de calculer rapidement le résultat des observations, c'est-à-dire *d'opérer la réduction*, qui seule peut les rendre théoriquement utiles.

Il acquit de nouveaux droits à la reconnaissance des astronomes en fondant son journal (*Astronomischen-Nachrichten*), qui devint le précieux recueil et le messager rapide de leurs travaux et de leurs découvertes.

Dans l'Annuaire qu'il publia de 1836 à 1844, afin de vulgariser en Allemagne les études astronomiques, les savants eux-mêmes trouvaient d'utiles conseils et des renseignements particuliers d'un grand intérêt.

On doit encore à Schumacher les premières déterminations chronométriques de la différence de longitude, si importante à connaître exactement, entre deux stations ou deux observatoires.

Suivant Bessel, la mesure du méridien danois exécutée par Schumacher a, par son extrême précision, fourni les documents les plus précieux pour décider la question sur la figure de la terre.

Les événements politiques de 1848, en troublant sa position, altérèrent de plus en plus la santé de Schumacher, qui mourut le 28 décembre 1850, regretté de tous ceux qui s'intéressent à la science.

SCINTILLATION. Ce phénomène consiste en de rapides changements d'éclat et de couleurs dans la lumière des étoiles et celle de presque tous les corps lumineux, soit qu'on les regarde à l'œil nu, ou bien avec une lunette. Il est ordinairement accompagné d'altérations dans le diamètre apparent des astres observés, ou dans la longueur des rayons divergents qu'ils émettent.

Quelques-uns des anciens observateurs ont prétendu, fort à tort, que les planètes pouvaient se distinguer des étoiles fixes par la raison que celles-ci *scintillent* (dit Aristote), et non les premières.

En réalité, tous les corps célestes ont une scintillation plus ou moins forte, selon leur hauteur au-dessus de l'horizon, l'état de l'atmosphère, leurs distances relatives et le lieu d'où on les observe. Même en Orient, Mercure et Vénus scintillent beaucoup, malgré la pureté de l'air.

La scintillation des étoiles a exercé la sagacité d'un grand nombre de savants, depuis Ptolémée jusqu'à nos jours. Avesrhoës, Alhazeu, Vitellion, Scaliger, Hooke, Newton, Mitchell, de Saussure, Young, et en dernier lieu Biot, Forster, Capoci de Naples et d'autres physiciens dont M. F. Arago a discuté les opinions, n'ont indiqué que certains côtés du problème. Il paraît complétement résolu par notre habile astronome, dont les démonstrations, appuyées de calculs, prouvent que la scintillation tient, d'une part, à la loi des interférences lumineuses, et ensuite à la densité différente des couches d'air inégalement traversées par les rayons partis d'un même point

Sur l'œil comme sur la lentille d'une lunette, dit Arago, la moindre inégalité entre deux rayons partis d'une même étoile doit produire la destruction totale ou partielle du faisceau lumineux, *par leur traversée dans l'atmosphère*, et donner ainsi des teintes prismatiques différentes.

Selon les circonstances de leur marche, deux rayons peuvent, en effet, s'ajouter ou se détruire; donner au point de réunion, une lumière plus vive, une diminution d'éclat, ou même de *l'obscurité*. Il suffit de la plus légère différence (un demi-millième de millimètre) dans le chemin parcouru, dans la déviation ou le retour à la direction primitive, pour produire tous les phénomènes d'intermittence, de trépidation et de coloration qu'on peut observer alternativement dans la lumière des étoiles.

Les nombreuses couches de notre atmosphère sont plus ou moins réfringentes, plus ou moins dilatées, sèches, humides ou agitées ; les faisceaux lumineux qui les traversent doivent donc, *malgré leur contiguité*, éprouver des diférences accidentelles qui tantôt les annulent tout à fait, tantôt détruisent seulement la lumière rouge, ou la verte, ou toute autre couleur du spectre ; ainsi se produisent les rapides changements observés dans la scintillation.

A ces causes assignées par M. Arago, un physicien moderne ajoute encore les réflexions et réfractions totales que doivent subir les rayons lumineux dans notre atmosphère.

Sous les tropiques, pendant une grande partie de l'année ; dans l'Inde, au Pérou, en Arabie, en Écosse même, ou sur de hautes montagnes, partout enfin où l'air est d'*une grande homogénéité*, la scintillation est presque insensible.

M. de Humboldt a écrit que ce phénomène annonce sous l'équateur l'approche de la saison des pluies, et que la fine poussière orangée qui trouble l'atmosphère avant les tremblements de terre augmente la scintillation, même lorsque les astres sont à une grande hauteur.

On rapporte à des effets de scintillation les images colorées et mobiles, remarquées à l'instant où les éclipses de soleil vont devenir ou cesser d'être totales.

Les feux électriques, soleils factices de la nuit, pourraient aussi présenter les mêmes circonstances de réfraction et de scintillation, s'ils étaient convenablement disposés.

SCORPION (LE), ♏. Constellation zodiacale au-dessus de l'écliptique, et dont la principale étoile est *Antarès*, entre Altaïr et l'Épi de la Vierge, mais plus bas sous l'écliptique. Un peu à droite cinq à six étoiles, dont une β est secondaire et deux tertiaires, forment un arc convexe vers la Balance. Trois autres tertiaires se trouvent plus bas à gauche, mais ne sont guère visibles sur notre horizon.

La queue du Scorpion, composée d'une file d'étoiles de troisième à quatrième grandeur, descend à gauche, et se relève en ligne courbe vers Antarès.

SÉCANTE. C'est un rayon prolongé hors de la circonférence, et coupant la tangente élevée perpendiculairement à un autre rayon. Ces trois lignes forment ainsi un triangle très-usité en astronomie.

SECONDE DE DEGRÉ. La circonférence d'un cercle se divise en 360 parties ou degrés; chaque degré, en 60 parties ou minutes; chaque minute, en 60 secondes. Les grands instruments d'observation ont même des subdivisions par dixièmes et centièmes de seconde, afin d'obtenir une exactitude plus rigoureuse dans les mesures parallactiques.

SECTEUR ZÉNITHAL. Cet appareil, auquel est adapté une lunette astronomique, sert à obtenir les distances angulaires avec la plus grande exactitude possible, dans l'observation des étoiles voisines du zénith.

Il comprend seulement un arc de cercle de quelques degrés, aux subdivisions, desquelles on peut ainsi donner plus d'étendue que dans les cercles complets.

Il est surtout employé pour la détermination des latitudes, dans les opérations géodésiques.

SECTIONS CONIQUES. Les différents plans qu'on peut obtenir par la section d'un cône sont du domaine de la géometrie; mais, comme ils peuvent se rapporter à la figure ou aux mouvements des corps célestes, il n'est peut-être pas inutile d'en donner une idée succincte.

Le cône peut être engendré par un triangle rectangle pivotant sur l'un des côtés de l'angle droit; on peut encore le considérer comme un solide à base circulaire, autour de laquelle, et d'un point fixe, élevé perpendiculairement au centre de cette base, tournerait une ligne droite.

Un tel cône, coupé verticalement du sommet à la base, présente deux triangles rectilignes; toutes les autres sections offrent des lignes courbes.

Ainsi la coupe horizontale, par un autre plan, donne *un cercle* d'autant plus grand qu'elle est faite plus près de la base.

Si elle est oblique, le plan de la figure est *une ellipse* plus ou moins allongée.

Le section faite parallèlement à l'un des côtés ou obliquement à la base donne la parabole.

Enfin la coupe verticale et parallèle à l'axe du cône donne l'hyperbole.

L'équateur de la terre et les degrés de latitude coupés par un plan donneraient des cercles. Le diamètre des pôles et les degrés de longitude donneraient des ellipses.

Les orbites planétaires présentent toutes cette dernière figure; celles des comètes sont très-excentriques ou paraboliques; le mouvement hyperbolique était attribué à quelques-uns de ces corps; mais, mieux observé, il paraît se renfermer dans le précédent.

SEGMENT. Section d'une sphère, donnée par un arc quelconque, tournant comme sur un axe autour d'un point fixe.

C'est la portion de la terre que peut apercevoir un observateur d'une position quelconque au-dessus de la surface, et dont l'étendue s'accroît proportionnellement avec la hauteur du point central d'observation.

On cite comme le plus grand segment terrestre qui ait été jusqu'à présent vu tout à la fois, l'étendue circulaire que M. Gay-Lussac a eue sous les yeux dans son ascension de 7,000 mètres au-dessus du niveau de la mer. La profondeur du segment terrestre égalant à peu près la hauteur à laquelle ce savant était parvenu, ce segment avait alors une surface de 20,000 lieues carrées, c'est-à-dire environ le double de l'étendue qu'on peut embrasser circulairement, du haut des points les plus élevés du globe.

En général, la surface convexe du segment qu'on peut apercevoir est, à la surface totale de la terre (32 millions de lieues carrées), comme l'épaisseur du segment est au diamètre total.

En mer, ou dans une plaine déserte, la vue s'étend à peu près à 13,000 mètres (3 lieues 1/4), pourvu qu'à cette limite, se trouve quelque objet élevé d'au moins trois mètres au-dessus du niveau de l'observateur, afin de compenser la courbure de la terre.

SÉLÉNOGRAPHIE. On désigne ainsi tout ce qui a rapport à notre satellite, de deux mots grecs qui signifient *description de la lune.*

A l'article *Montagne planétaires*, nous avons donné quelques détails sur les élévations dont est parsemée sa surface visible, et probablement aussi la partie qui nous est inconnue.

Ces hautes montagnes, sur un globe relativement aussi petit, tiennent aux lois de la pesanteur, six fois moins puissantes sur la lune que sur notre planète, et ayant dû produire sur la première, par voie de soulèvements ou d'affaissements, des effets bien plus grands. Aussi ses cratères volcaniques sont en hauteur et en diamètre d'une étendue d'autant plus considérable que l'action des eaux n'a pu niveler la surface ou combler les profondeurs des autres parties.

La lune n'est pas sensiblement aplatie sous ses pôles de rotation, mais l'attraction de la terre sur ses molécules, à l'état fluide, a, dans l'origine, renflé son diamètre équatorial en deux points toujours dirigés vers le centre de notre planète.

Faute d'atmosphère, il n'y a sur ce satellite ni réfraction ni lumière diffuse, et par conséquent pas d'état intermédiaire entre le jour et la nuit. Même pendant ses jours de 354 heures 30 minutes à l'équateur, il n'y a d'éclairé à sa surface que les points frappés des rayons solaires ; les parties voisines où ils ne pénètrent pas sont dans une obscurité complète ; c'est ce qui explique ces places si lumineuses tranchant fortement à la surface quand on l'examine avec une forte lunette. Pour ces parties non directement frappées du soleil, le ciel est noir et l'on pourrait y voir briller les étoiles en plein midi, en garantissant seulement ses yeux des rayons directs du soleil. Les nuits sont de quinze fois 24 heures, pendant lesquelles la surface rayonnant vers l'espace, sans être protégée par une atmosphère, doit y éprouver un froid excessif.

Vers ses pôles les jours sont plus ou moins longs, mais non pas autant que sur la terre, à cause de la faible obliquité de l'équateur lunaire sur le plan de l'écliptique.

Sauf quelques parties presque plates qu'on a fort improprement désignées par des noms de *mer*, de *lac*, etc., etc., la surface de notre satellite présente généralement des vallées circulaires en forme de cratères avec un piton au milieu, mais non les formes de montagnes qui parcourent les continents de la terre. Il semble que l'action des forces volcaniques a seule produit ces inégalités qui depuis, en l'absence d'eau et d'atmosphère, ne se sont pas modifiées.

SEMAINE. Quelques commentateurs ont prétendu que cette période était en usage de toute antiquité ; d'autres, qu'elle était inconnue aux Persans, en Grèce, à Rome et à Carthage. Quoi qu'il en soit, il paraît évident que le nom de ces jours est tiré de celui des planètes connues des anciens, qui, les observant à la vue simple, les avaient classées, selon l'étendue de leurs mouvements apparents, dans l'ordre qui suit : *la Lune, Mercure, Vénus, le Soleil,*

Mars, Jupiter et *Saturne*. Chaque jour étant alors divisé en quatre parties égales, la lune présidait à la première partie du premier jour portant son nom ; les heures suivantes étaient consacrées à *Mercure*, à *Vénus* et au *Soleil ;* la première heure du second jour (celui de Mars) se trouvait donc consacrée à cette planète, et les trois autres heures à *Jupiter,* à *Saturne* et à la *Lune.* Le troisième jour (celui de Mercure) avait aussi sa première heure présidée par cette planète ; les heures suivantes, comme les quatre autres jours, continuaient dans le même ordre, en sorte que la 1ʳᵉ heure du huitième jour se trouvait encore présidée par la lune qui recommençait une nouvelle série.

Le dimanche, qui signifie chez nous le jour du Seigneur, celui pendant lequel il a dû se reposer, est encore, chez les Anglais, le jour du Soleil (Sunday), et le second jour, lundi (Munday), le jour de la Lune.

Hérodote attribue aux Égyptiens la première idée de cette division du temps, qui paraît à peu près la quatrième partie du mois lunaire d'abord en usage. Cette période a été conservée sous l'influence des idées mystiques de la création, selon nos Écritures.

Dion Cassius, écrivain du troisième siècle, consul en 229, indique que les jours ont été classés suivant l'ordre que *les anciens* donnaient à la révolution des planètes, et qui était : Saturne, Jupiter, Mars, le Soleil, Vénus, Mercure et la Lune ; chaque jour prenait le nom de la planète qui présidait à sa première heure, en commençant par Saturne ; la Lune présidait alors à la 7ᵉ à la 14ᵉ et à la 21ᵉ heure ; la 22ᵉ était présidée par Saturne, la 23ᵉ par Jupiter et la 24ᵉ par Mars. — Le jour suivant, la 1ʳᵉ heure était donc consacrée au soleil, la 2ᵉ à Vénus, etc. En continuant cette série, dans le même ordre ; la première heure du troisième jour se trouvait consacrée à Mars, qui lui donnait son nom, etc. Cette division chaldéenne du temps s'est retrouvée en Chine, aux Indes chez les brahmes, avec nos dénominations, et en Arabie, avec les mêmes noms et dans le même ordre (quoique le premier jour de la semaine ne fût pas partout le même). Elle indique donc une source commune d'où les sciences se sont imparfaitement répandues, puisque, longtemps après, les peuples de ces pays n'avaient aucune connaissance de la plupart des planètes. Homère et Hésiode ne font mention que de Vénus ; c'est donc une tradition conservée chez eux, et qui s'est perpétuée jusqu'à nous, depuis les migrations des peuples primitifs.

Ainsi, nous avons encore, pour désigner les jours de la semaine, les dénominations païennes des premiers temps astronomiques. La semaine des Égyptiens était d'abord de dix jours.

Pour expliquer la coïncidence de la distance des planètes avec l'ordre des jours de la semaine, Arago attribue aux astrologues la figure ci-contre, dans laquelle les signes des sept planètes, y compris le soleil, sont rangés autour d'un cercle qu'ils divisent en sept parties égales, et d'où sont menées, aux signes opposés, des lignes droites formant ainsi autant de triangles mixtilignes égaux entre eux.

En partant de la lune, par exemple, l'un des côtés du triangle

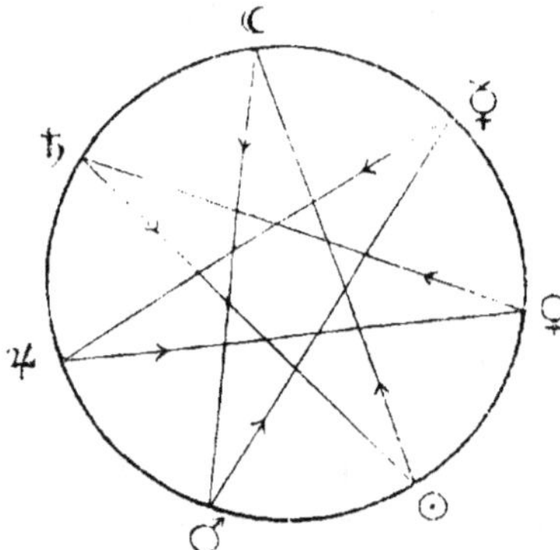

conduit à Mars, dont l'autre côté revient à Mercure, puis à Jupiter, à Vénus, à Saturne, et au Soleil d'où l'on revient à la Lune ; cette figure cabalistique donne donc ainsi, les jours de la semaine dans leur ordre ancien et actuel, c'est-à-dire : lundi, mardi, mercredi, jeudi, vendredi, samedi et dimanche. Ce n'est pas impunément, dit encore Arago, qu'en Égypte, en Grèce et à Rome, on eut annoncé la découverte de nouvelles planètes, qui auraient troublé l'ordre établi.

Les Perses n'avaient pas adopté cette division du temps, qui ne pénétra que fort tard en Grèce, en Italie et dans l'Occident avec le christianisme. On n'est pas encore d'accord sur le jour qui doit commencer la semaine. Suivant les Juifs, le jour du repos (le septième jour) est le samedi ; pour eux, comme pour les auteurs du Dictionnaire de l'Académie, le dimanche est alors le premier jour. Selon les traditions et l'usage de l'Église, les chrétiens en ont fait, au contraire, le dernier de la semaine ; celui pendant lequel, Dieu, selon la Genèse, a dû se reposer !

Le premier jour de notre ère étant un samedi, on peut savoir le jour de la semaine correspondant à tel événement, si l'on connaît le nombre de jours écoulés depuis ou avant une autre date.

Les Péruviens avaient cette division du mois, quoiqu'ils fussent sans aucune connaissance des jours de la création suivant Moïse.

SERPENT (LE). Une ligne sinueuse d'étoiles forme cette constellation boréale qui s'étend de la Couronne vers l'Aigle, en entourant Ophiucus. — La tête comprend trois tertiaires, une quartaire et une quintaire à peu près disposées comme le V des Hyades; au-dessous se trouve une belle tertiaire α, qui est double et indique le cœur; le corps est marqué plus bas à gauche par une faible tertiaire ε, puis par une 6ᵉ à 5° de l'équateur, une autre μ à 3° au-dessous, et enfin par deux tertiaires voisines δ et ζ à 3 et 4° au-dessous vers la gauche de cette ligne. La queue est indiquée par de petites étoiles, et va se perdre sous le Taureau de Poniatowsky dans les figures qui représentent ces anciennes constellations.

SEXTANT. Cet appareil portatif, dont la première idée vient de Halley, ami de Newton, est fort utile aux marins pour mesurer la hauteur des astres, celle du pôle, et obtenir l'heure par le soleil ou les étoiles. Le sextant à miroir est établi sur le principe que l'angle de deux réflexions, faites dans le même plan, par un rayon lumineux, est double de celui que les deux surfaces réfléchissantes font entre elles.

Ainsi un châssis en forme de secteur de cercle gradué jusqu'à 60 degrés, porte, d'un côté, un petit miroir fixe dont une portion seulement est étamée; l'autre bras est muni d'une petite lunette dirigée sur la ligne qui sépare les deux parties de ce miroir, de sorte que l'observateur voit en même temps l'image directe de l'objet qu'il veut examiner et sa réflexion renvoyée par un second miroir fixé sur une alidade mobile au centre du secteur. La moitié de l'angle formé par les réflexions des deux miroirs se mesure au moyen d'un *vernier* placé sur l'alidade et par les degrés compris entre celle-ci et le bras qui porte la lunette.

Lorsqu'à bord d'un navire, on a obtenu par cet instrument la hauteur d'un astre au-dessus du niveau de la mer, il faut en déduire la valeur de la *dépression horizontale*, qui est de 4′ 19″ pour une élévation de 5ᵐ, mesurés de la ligne de flottaison à l'œil de l'observateur.

Les Arabes se servaient d'un quart de cercle qu'ils appelaient *instrument des sinus*. Ce sextant donnait, sans calcul, le temps *vrai*, par une simple observation de la hauteur du soleil. — La nuit, cet instrument donnait l'heure, par l'observation d'une étoile dont la déclinaison était connue, en réduisant les degrés en temps.

On désigne aussi sous ce nom une petite constellation coupée par la ligne de l'équateur, au-dessous de Régulus et ne renfermant que deux étoiles quartaires, ainsi que d'autres, d'une grandeur moindre et peu visibles.

SIDÉRAL. L'heure *sidérale* est l'heure régulière donnée par le mouvement apparent des étoiles. Le jour *sidéral* marque la durée qui s'écoule entre le passage et le retour des mêmes étoiles au méridien supérieur; il est plus court que le jour solaire moyen d'environ 4 minutes de temps, équivalant à un arc d'un degré, dont chaque jour le soleil paraît être en retard sur les étoiles.

La révolution *sidérale* des planètes s'exprime par le temps qu'elles emploient à revenir au même point de leur orbite. La pendule sidérale ou astronomique, usitée dans les observatoires, doit avoir fait (à Paris) 86,400 oscillations de son balancier, pendant la durée d'un jour *sidéral.* *Voyez* PLANÈTES, HEURE et TEMPS.

SIÈCLE. Ce mot n'a pas toujours exprimé, comme aujourd'hui, une durée de 100 années, mais des périodes plus ou moins longues, puisque Pline ne lui donne que 30 ans, et Horace 110 ans.

Le premier entendait la durée moyenne de la vie humaine, et le second une période d'années civiles.

Le premier jour d'un siècle doit s'entendre du 1ᵉʳ *janvier qui suit la centième année du précédent.* Ainsi le 1ᵉʳ janvier 1801 est le premier jour du dix-neuvième siècle. Le 31 décembre de l'année 1800 appartenait encore au *dix-huitième,* comme toute la centième année du *même siècle,* qui, autrement, n'aurait été composé que de 99 années.

SIGNES DU ZODIAQUE. Les Égyptiens, pour régler les travaux de l'agriculture, avaient partagé la zone que le soleil semblait parcourir chaque année de droite à gauche, en douze signes ou figures qui occupaient à peu près également la ceinture céleste; on les nommait comme aujourd'hui : le Bélier, le Taureau, les Gémeaux, le Cancer, le Lion, la Vierge, la Balance, le Scorpion, le Sagittaire, le Capricorne, le Verseau et les Poissons.

Ces signes avaient rapport à des époques ou à des phénomènes propres à ce pays dans les temps anciens; mais, par suite de la précession des équinoxes, le signe du Bélier ♈, qui sert toujours à marquer l'équinoxe de printemps, ne se place plus dans cette constellation, puisque cette époque arrive aujourd'hui dans la précédente, c'est-à-dire dans les Poissons. Il rétrogradera ainsi successivement dans les autres signes, ainsi que celui de la Balance, ♎ indiquant l'équinoxe d'automne et qui se marque aujourd'hui dans la Vierge.

On a expliqué la fable grecque des douze travaux d'Hercule par les figures du zodiaque, alors que ce héros, sous l'emblème du soleil, s'avançait dans sa carrière avec les attributs propres à chaque époque de l'année. Ces signes ne sont plus d'aucun usage dans l'astronomie moderne. *Voyez* ZODIAQUE.

SINUS. On appelle *sinus droit*, ou simplement *sinus* d'un arc ou d'un angle, la perpendiculaire AB (*fig.* ci-contre) abaissée de l'extrémité A de l'arc AD sur le rayon CD, qui passe par l'autre extrémité D de cet arc, ou de l'angle ACD.

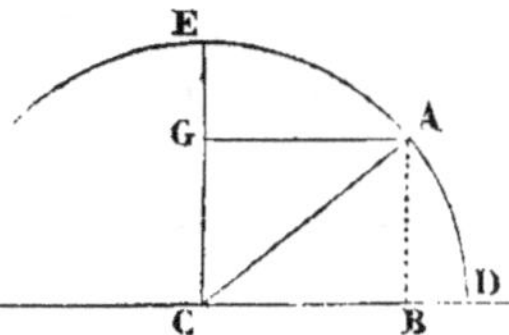

Le *sinus* versé est la partie BD du rayon compris entre le sinus droit et l'extrémité de l'arc ou de l'angle.

Le *cosinus* est la mesure AG complémentaire à 90° de l'arc AD ou de l'angle ACD, dont la valeur est le sinus AB; c'est le sinus *du complément*, ou *cosinus*, qui est toujours égal à la partie du rayon comprise entre le centre du cercle et le sinus; ainsi le cosinus AG est égal à BC.

On conçoit que le sinus AB peut devenir *de plus en plus grand*, jusqu'à tomber sur le rayon EC formant avec CD un arc de 90°, ou un angle droit. Dans un angle ou un arc de cette mesure, le sinus est donc égal au rayon. On voit aussi que l'angle droit ECD, ou *le quart de la circonférence*, a pour mesure le *sinus* et le *cosinus*.

Au moyen des sinus et des tangentes, on arrive très-approximativement au rapport du diamètre d'un cercle avec sa circonférence, ainsi qu'à une grande précision dans le résultat des observations faites avec le sextant et autres instruments usités en astronomie.

La *loi des sinus*, retrouvée, dit-on, par Descartes, est du domaine de la physique naturelle; nous expliquerons seulement ici qu'elle établit des rapports constants, entre les sinus des angles d'incidence et ceux de réfraction, quand la lumière vient à passer d'un milieu dans un autre.

De l'air dans l'eau, le rapport est comme 4 est à 3, ce qui donne, par exemple, 32° environ à l'angle de réfraction pour une incidence de 45 degrés.

Lorsque les inclinaisons sont très-faibles, la valeur du *sinus* étant presque la valeur angulaire, on peut prendre celle-ci sans avoir recours à la loi des sinus.

SIRIUS. C'est la plus belle étoile du ciel; située à gauche sur le prolongement du Baudrier d'Orion, elle marque l'angle supérieur à droite du quadrilatère du grand Chien.

Sirius était nommé Sothis ou Canis (le Chien), et annonçait en Égypte la prochaine inondation du Nil vers le solstice d'été; le cycle sothiaque ou *caniculaire*, de 1461 années vagues, avait été institué pour ramener le jour initial de l'année civile, avec le lever de cette étoile et le phénomène du débordement du fleuve nourricier de ce pays.

Plusieurs de ses monuments portent l'image du Phénix, accompagné d'une étoile qu'on croit être Sirius.

Le catalogue de Ptolémée l'indique comme une étoile rougeâtre; Sénèque dit même qu'elle est plus rouge que Mars; elle est aujourd'hui très-blanche, quoique sa scintillation nous envoie des rayons vivement colorés, qui lui ont fait donner par les Arabes le nom de *Baraker*, qui signifie *l'étoile aux mille couleurs*. Suivant une note, au dernier volume du *Cosmos*, M. de Humboldt croit que ce changement de couleur a dû s'effectuer entre l'époque de Ptolémée et celle des astronomes du moyen âge.

D'après les observations de Galle, la distance de cette étoile évaluée par sa parallaxe est de 896,000 millions de fois celle de la terre au soleil, et ne peut nous parvenir en moins de 14 années. Son image était si éclatante quand elle était réfléchie dans le grand télescope d'Herschell qu'il n'en pouvait pas plus supporter la vue que celle du soleil levant.

Son mouvement propre, bien constaté, a fait penser que cette étoile était le satellite d'un corps opaque plus considérable. *Voyez* PROCYON.

SOLEIL, ☉. Cet astre, lumineux par lui-même, a 144,000 myriam. (360,000 lieues) de diamètre; sa surface est 12,550 fois celle de la terre, et son volume est un million quatre cent sept mille cent vingt-quatre fois plus grand; mais sa masse n'est que trois cent cinquante-cinq mille fois plus forte, ce qui réduit sa densité moyenne au quart de celle de notre planète.

M. de Humboldt a fait remarquer que, si le globe du soleil était creusé et que la terre fût placée au centre, la lune pourrait se mouvoir autour d'elle, lors même que son orbite serait étendue 63,000 lieues plus loin qu'elle ne l'est actuellement.

Le soleil tourne sur lui-même en 25^j 13^h environ; mais, par l'effet de la translation de la terre, cette rotation paraît se faire en 27 jours 13 heures environ. *Voyez* TACHES.

Le soleil étant quatre cents fois plus loin de la terre que la lune, et celle-ci étant quatre cents fois moins grande que le soleil, il en résulte que les deux diamètres apparents sont à peu près les mêmes, c'est-à-dire, d'environ un demi-degré.

Son plan équatorial, incliné de 7° 9' sur celui de l'écliptique, fait ainsi avec cette ligne de notre translation dans l'espace un angle de cette valeur.

La distance du soleil à la terre varie depuis 37 1/2 et jusqu'à 39 millions de lieues, que sa lumière franchit en huit minutes 6/10.

L'intervalle qui sépare cet astre de l'étoile la plus voisine (*a* du Centaure) est d'à peu près deux cent mille fois cette distance, que la lumière ne peut traverser en moins de trois ans. En sorte que si le soleil était aussi éloigné de la terre que Sirius, il ne serait plus pour nous qu'une étoile tertiaire.

En l'état actuel, son intensité est 1,300 fois plus grande au zénith que lorsqu'il est à l'horizon.

A. *Nature du soleil.*

Dès la plus haute antiquité, on a voulu deviner ce que cet astre pouvait être. Anaxagore ne le croyait pas plus grand que le Péloponèse; Eudoxe estimait son diamètre à neuf fois celui de la lune. Archélaüs disait, il y a 2,300 ans : *Le soleil n'est qu'une étoile plus grande que toutes les autres.* Zénon le supposait d'un feu pur, et plus grand que la terre. Au siècle d'Auguste, Cléomène ne lui donnait qu'un de nos pieds de diamètre. Galilée pensait qu'il était lumineux par lui-même, mais entouré d'une atmosphère nuageuse qui occasionnait les taches aperçues sur son disque.

Huygens croyait sa masse liquide et enflammée; cette opinion fut partagée depuis par Buffon et Laplace.

Lalande admettait que ses parties solides et obscures étaient recouvertes par une matière lumineuse.

Elliot, Wilson, Mittchel, Schroëter, etc., le croyaient aussi environné d'une telle atmosphère, ayant une grande profondeur.

Enfin Herschell et les astronomes modernes pensent que cet astre est un corps solide, entouré à distance d'une atmosphère nuageuse, surmontée elle-même d'une photosphère concentrique et lumineuse. Le changement quelquefois très-rapide des taches, ainsi que les expériences d'Arago sur la polarisation de la lumière et l'intensité calorifique des bords et du centre du soleil, prouvent l'identité de cette photosphère avec le gaz qui nous éclaire.

Les taches se produisant toujours vers les régions équatoriales indiquent que le soleil n'est pas solidifié, au moins à l'extérieur, et que des substances opaques se portent dans cette zone, par suite de son mouvement de rotation sur lui-même.

L'observation des dernières éclipses totales a fait reconnaître, autour du disque lumineux, des protubérances attribuées à des nuages ou à des corps considérables d'une couleur ignée, s'allongeant en crêtes circulaires, et même isolés pour certaines parties de ces étranges appendices. Jusqu'à présent l'on n'a pu les distinguer quand la lune ne recouvre pas entièrement la photosphère gazeuse et incandescente; mais ces apparitions font supposer à M. Arago qu'une troisième atmosphère, douée d'un mouvement de rotation peu rapide, et se rattachant à la lumière zodiacale, si visible dans nos climats vers les équinoxes, peut encore exister autour du soleil. En l'absence de ces phénomènes, cette dernière région reste invisible, par la réflexion des rayons solaires sur les particules aériformes qui enveloppent notre planète. (*Voyez* pl. vii, fig. 1).

On a récemment émis l'idée que la lumière zodiacale était la matière météorique, entretenant la chaleur du soleil à la surface duquel elle venait continuellement se condenser.

Après ces théories sur la constitution physique de l'astre qui nous éclaire, on peut encore admettre avec Brewster, et conformément aux idées que l'auteur de ce dictionnaire a exposées dans l'Introduction, que le corps même du soleil émet les vapeurs et les gaz qui l'environnent pendant les réactions, les effervescences et les soulèvements qui se manifestent à sa surface. Ces émanations alimenteraient les rayons solaires, qui, en effet, semblent toujours à l'état de combinaison, et expliqueraient comment, dans les périodes où le soleil a été tellement couvert de taches qu'on pouvait les distinguer à l'œil nu, la température terrestre a été plutôt au-dessus qu'au-dessous de la température moyenne et ordinaire.

Herschell pensait que le soleil pouvait être habité, en admettant que son enveloppe nuageuse suffisait à le garantir contre la cha-

leur de l'atmosphère supérieure, laquelle d'ailleurs pouvait n'avoir
que l'intensité d'une aurore boréale de *mille lieues de profondeur*,
ou n'être qu'une agitation magnétique dont les courants et l'éclat
produisaient tous les phénomènes observés : ce qu'on sait aujour-
d'hui sur la vitesse de l'électricité paraît contraire à cette dernière
supposition.

B. *Mouvement du soleil.*

Comme la rotation d'un corps implique son mouvement de translation, les astronomes modernes cherchent à déterminer la direction et la vitesse de l'astre qui nous emporte avec lui dans
l'espace.

La comparaison faite par Halley des places occupées par Sirius,
Arcturus et Aldébaran, avec les positions assignées à ces étoiles
dans les catalogues de Ptolémée; les mêmes calculs par Mayer,
W. Herschell, Bessel et Argelander, ont démontré le mouvement
propre d'un grand nombre d'étoiles, même depuis les observations
exactement constatées avec des instruments perfectionnés.

Notre soleil, qui n'est réellement qu'une étoile, devait donc se
mouvoir comme toutes les autres, et c'est un fait aujourd'hui reconnu que notre monde solaire se porte *actuellement* vers un point
situé entre π et μ de la constellation d'Hercule, à 260° 30' d'ascension droite et 34° 20' de déclinaison boréale.

Herschell a fait remarquer que cette région céleste présente aux
télescopes, et dans des limites fort resserrées, des *millions d'étoiles*
qui doivent être des centres d'attraction d'une grande puissance.

Toutefois, si, comme cela est fort vraisemblable, notre soleil
fait partie d'une strate étoilée tournant autour d'un centre commun
de gravité, le calcul des déplacements relatifs, d'où l'on a déduit la
direction indiquée précédemment, ne serait pas applicable à l'a-
venir, et devrait plus tard être modifié; c'est un point fort intéressant, qui exige encore quarante ou cinquante années d'observations
pour être fixé avec certitude.

Déjà, Argelander a cherché le centre de gravité dans la constellation de Persée; Madler l'indique vers le groupe des Pléiades, près
d'Alcyone, dont la lumière met plus de 500 ans à nous parvenir.

En admettant la réalité de ce point central, la distance parallactique assignée à cette étoile et la vitesse de translation trouvée à
notre soleil par les calculs d'Argelander, de Struve et de Péters, sa
révolution complète exigerait environ 18 millions d'années.

Quelle que soit la direction de notre soleil et de tous les corps qu'il entraîne à sa suite dans la profondeur des cieux, la vitesse de son mouvement angulaire annuel, 0″ 40, ou linéaire, 1,620 (le rayon de l'orbite terrestre étant l'*unité*), est au-dessus de 28,000 myr. par jour (70,000 lieues), vitesse qui exigerait encore plus de *quinze cent mille années* pour que notre monde solaire pût arriver *directement* à l'étoile vers laquelle il paraît se porter, mais qui sans doute est elle-même en mouvement dans l'espace.

Selon les calculs de Struve aîné, cette vitesse propre du soleil serait de plus de cent lieues par minute, ou, par seconde, d'environ 6,666 mètres.

C. *Taches du soleil.*

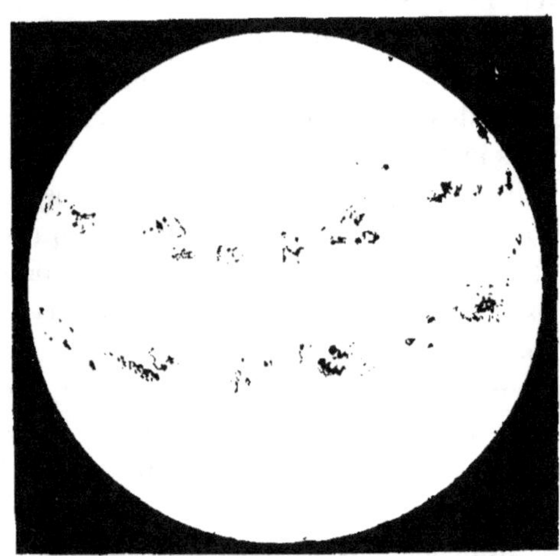

En observant cet astre avec de fortes lunettes, on voit souvent sur son disque des taches de diverse intensité, paraissant le traverser obliquement *de gauche à droite*, et suivant en réalité, sa rotation d'occident en orient, dans le sens de tous les corps planétaires soumis à son attraction.

Les Chinois avaient remarqué, dès l'an 321 avant notre ère, des taches dont l'étendue devait être très-grande, puisqu'elles étaient visibles à la vue simple ; Wilson en a mesuré dont le diamètre était cinq fois aussi grand que celui de la terre ; il en a été question aux temps de Virgile et de Charlemagne ; les Péruviens eux-mêmes avaient reconnu ce phénomène.

Ce fut Jordan Bruno, victime de l'inquisition, qui le premier paraît en avoir déduit la rotation du soleil, découverte attribuée à Galilée, mais revendiquée aussi justement par Fabricius.

Mieux observées depuis, ces taches paraissent enfin expliquées d'une manière satisfaisante.

On les distingue maintenant : 1° en taches à noyau noir, avec ou sans pénombre ; 2° en rides lumineuses sans pénombre, dites lucules ; 3° en rides avec pénombre , dites facules ; et 4° enfin , en larges pénombres sans noyau.

D'après la constitution physique qu'on reconnaît au soleil, la première catégorie pourrait s'observer à la suite d'une ouverture ou d'un soulèvement *simultané* des deux photosphères, qui laisseraient entrevoir le *corps* du soleil , *obscur relativement* aux bords plus éclairés de ces ouvertures.

Si l'atmosphère *inférieure* ne s'écarte que *çà et là*, on voit au-dessous de l'ouverture *supérieure*, plusieurs noyaux obscurs, séparés alors par les pénombres que forment les matières nuageuses, ainsi que, du haut d'une montagne, on entrevoit les pays au-dessous, à travers les éclaircies des nuages atmosphériques.

Que des courants ascendants se développent, et agitent seulement les régions supérieures de la zone lumineuse, on aura les rides plus éclatantes, ou *lucules*, qui parcourent toute la surface avec une rapidité prodigieuse.

Si des courants inférieurs de vapeurs se mêlent à l'atmosphère lumineuse, et que celle-ci résiste à la pression, il en résultera des *facules* ou rides brillantes, bordées de rides plus obscures.

Quand, enfin, l'enveloppe lumineuse vient *seule* à s'écarter, on n'aperçoit que la photosphère nuageuse , sous la forme de *pénombre sans noyaux*. *Voyez* TACHES.

SOLIDITÉ. La solidité d'un corps peut s'évaluer, suivant sa nature, par le nombre de ses parties constituantes , ou par l'étendue qu'occupent ses molécules, en longueur, largeur et profondeur.

Tous les corps célestes ayant la forme sphérique, on obtient facilement leur solidité en cubant la masse circonscrite par leur surface extérieure, quand on a pu mesurer l'étendue de leur diamètre.

Les principes de la géométrie démontrent que la surface d'une sphère est égale à la circonférence d'un de ses grands cercles, multipliée par le diamètre, et que ce produit multiplié par le tiers du rayon donne le volume de la sphère ou sa solidité totale.

Ainsi : la circonférence de la terre étant de 40,000 kilomètres environ, et le diamètre moyen de 12,730 kilomètres, ces deux quantités étant multipliées par 2122 , tiers du rayon moyen, donnent en myriamètres et en nombres ronds, (en ayant égard à l'aplatissement d'environ 1/300° sous les pôles), une valeur de *cent huit millions de myriamètres cubes* pour la solidité, c'est-à-dire *pour le volume total du globe*. *Voyez* SURFACE, FIGURE, etc.

SOLSTICE. Lorsque, dans son mouvement annuel, la terre est arrivée à l'un des points de son orbite où son équateur est au maximum d'inclinaison, soit au-dessus, soit au-dessous du plan de l'écliptique céleste, elle est, dans le premier cas, au solstice d'hiver qui répond aux jours les plus courts pour les habitants de l'hémisphère boréal, vers le 23 décembre.

Six mois après, la terre est au solstice d'été pour le même hémisphère, qui jouit alors des jours les plus longs. A ces deux époques l'effet contraire a lieu pour l'hémisphère austral.

Le soleil paraît alors aux points les plus bas et les plus hauts du méridien de chaque lieu. L'ombre à midi est la plus longue au solstice d'hiver; la plus courte de l'année se remarque à la même heure, le jour du solstice d'été.

L'arc éclairé par le soleil sur chaque parallèle détermine la longueur du jour à raison d'une heure par 15° Ainsi, à Paris, cet arc étant de 240°, le jour du solstice d'été, le jour y dure 16 heures. C'est le contraire au solstice d'hiver; mais alors le crépuscule et l'aurore y sont ensemble de 4 heures.

SOTHIAQUE. Période de 1461 années vagues de 365 jours, équivalant à 1460 années *solaires* de 365 jours 1/4, dont le premier jour coïncidait avec le lever héliaque de Sirius, que les Égyptiens nommaient Sothis ou Canis, et qui leur annonçait *alors* la prochaine inondation du Nil, ainsi que le renouvellement de l'année solaire.

Pendant cette période, l'année vague recommençant un jour plus tôt tous les quatre ans, il en résultait que le premier jour de l'année parcourait successivement toutes les saisons qui variaient également, ainsi que l'époque des fêtes et des travaux de l'agriculture.

Les prêtres égyptiens, pour se réserver le règlement de ces complications, faisaient jurer aux rois de ne jamais consentir à l'intercalation de bisextiles.

SOULÈVEMENTS (SYSTÈME DES). Parmi les géologues modernes, M. Élie de Beaumont persiste à enseigner que les montagnes qui hérissent le globe terrestre ont été produites, en général, par le soulèvement de la surface, aux époques pendant lesquelles il n'était pas encore assez refroidi et consolidé pour résister aux efforts de la masse intérieure cherchant à se faire jour, comme les éruptions volcaniques et les tremblements de terre nous le montrent encore aujourd'hui.

La doctrine contraire paraît s'appuyer sur des faits et des observations d'une plus grande force et que nous avons exposés aux articles *Affaissement* et *Surface de la terre* (*Voyez* ces mots).

SPHÈRE. Cette figure, pour être régulière et parfaite, doit
avoir tous les points de sa surface également éloignés du centre.

La voûte des cieux semble partout comme une demi-sphère
dont l'autre moitié est sous l'horizon de chaque lieu, au-dessus duquel les constellations, par suite de la rotation diurne, semblent décrire des courbes dont l'étendue décroît insensiblement vers l'un
ou l'autre pôle.

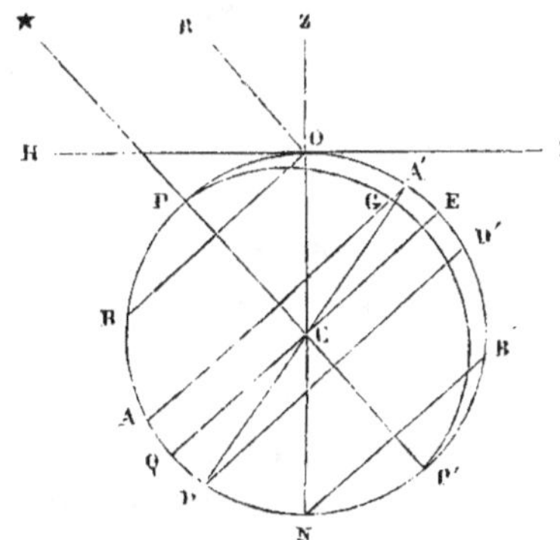

Que dans la figure ci-contre,
on suppose d'abord la circonférence PEP'Q représentant la
terre, où se trouve un observateur en O, la ligne HH' sera son
horizon et celle OZ une verticale se prolongeant à travers le
globe jusqu'au point N, qui serait les antipodes de O. La ligne
OB inclinée de 48°50'28", et par
conséquent parallèle à l'axe de la
terre, sera la latitude de Paris.

Si maintenant on admet que l'orbite de la terre (dont l'étendue est presque insensible, relativement à la prodigieuse distance
des étoiles), occupe le point C, au milieu de la voûte céleste ; on
voit que la courbe PA'D'P', passant par le zénith et les deux pôles,
est une méridienne ou un cercle horaire comme celle PGP' ; la ligne
Q E indiquera l'équateur ; celles AA' et DD' les tropiques du cancer
et du Capricorne à 23°28' de chaque côté de l'équateur ; DA sera la
trace de l'écliptique entre les tropiques, et enfin les lignes BO et NB
figureront les cercles polaires à la même distance des pôles.

La sphère céleste est dite *parallèle* pour les habitants de ces pôles
qui voient toutes les étoiles circuler comme le soleil, parallèlement au
plan de leur horizon ; elle est *droite* pour les régions de l'équateur,
où ces astres paraissent monter et descendre perpendiculairement ;
enfin elle est plus ou moins *oblique* pour tous les lieux intermédiaires, où, comme dans nos climats, le soleil et les étoiles tracent
toujours des cercles plus ou moins inclinés sur l'horizon.

On représente la sphère céleste sur des globes ou des cartes qui indiquent les positions relatives des principales étoiles à l'époque où ces représentations sont faites ; et comme le mouvement de précession des équinoxes amène continuellement des modifications dans l'aspect du ciel, on a ainsi reconnu que certains astronomes grecs avaient donné des projections de la sphère pour le résultat de leurs travaux, tandis qu'elles représentaient un état du ciel bien antérieur à leur temps, et sous une latitude fort différente.

La sphère d'Ératosthène, par exemple, n'avait pas été faite à Alexandrie, 255 ans avant notre ère ; mais plus anciennement et sous le parallèle d'Esné ou de Thèbes, alors que l'astronomie y florissait.

La sphère donnée par Eudoxe était aussi de dix siècles avant lui.

Celle de Méton dénote également des observations recueillies cinq cents ans avant le temps où il l'apporta dans la Grèce.

SPHÉROIDE. Corps à peu près sphérique, comme la terre et les planètes, *toutes aplaties aux pôles*, par l'effet de la rotation, à l'époque de leur fluidité primitive.

SPIRES. Dans son mouvement annuel *apparent*, le soleil ne décrit pas autour de nous des cercles diurnes parallèles à l'équateur terrestre, mais une spirale dont l'étendue s'augmente depuis le solstice d'hiver jusqu'à celui d'été et qui diminue ensuite dans la même proportion, jusqu'à ce que cet astre paraisse revenu au solstice d'hiver. Chacune de ces traces diurnes est ce qu'on appelle *un spire*, ou un tour de spirale.

Le jouet nommé *toupie*, autour duquel s'enroule une petite corde, peut donner l'idée de cette marche apparente du soleil ; car on sait que chaque tour de la corde avance sur le précédent de bas en haut, ou diminue de même si l'on renverse la toupie pour la corder en sens contraire. Ce mouvement en spirale est produit par l'inclinaison de l'axe de la terre pendant sa translation annuelle ; il est d'autant plus prolongé pour chaque lieu, qu'il se rapproche davantage des pôles ou que sa latitude est plus grande.

STABILITÉ DU SYSTÈME SOLAIRE. Les conséquences de l'attraction universelle sembleraient devoir, dans la suite des temps, réunir à la masse du soleil tous les corps planétaires qu'il entraîne dans sa sphère d'activité. Newton, Euler et plusieurs autres grands géomètres, en observant les nombreuses perturbations et les forces contraires qui s'exerçaient dans notre système, ne le croyaient pas constitué pour une éternelle durée.

On pouvait se demander si la ligne des apsides devait éprouver quelque diminution, et si par conséquent l'hiver de l'hémisphère boréal serait un jour l'été; si, les excentricités planétaires s'augmentant indéfiniment, ces corps ne seraient pas arrachés dans l'avenir, à l'influence de notre soleil; ou si leurs mouvements n'auraient pas, au moins, comme ceux de certaines comètes, des aphélies si éloignés que leur retour vers cet astre n'aurait plus lieu qu'après des centaines d'années.

Mais Laplace a calculé que les grands axes des orbites, qui auraient dû subir les premiers effets des perturbations redoutées, n'étaient sujets qu'à un léger déplacement dans l'espace, tout en conservant leur étendue invariable.

En expliquant aussi la faible variation, dans une très-longue période, des excentricités de Jupiter et de Saturne (planètes les plus grosses et des plus éloignées), la distribution des masses et enfin toutes les inégalités d'accélération et de ralentissement, par des formules mathématiques tirées des principes mêmes de l'attraction dont on craignait les effets progressifs, ce grand géomètre a pu rassurer tout à fait le monde savant sur le sort de notre monde solaire.

Il a prouvé, de plus, que la mobilité des mers, dont la densité moyenne est inférieure à celle de la masse solide de la terre, était, par cela même, une cause de *stabilité* et d'équilibre pour notre globe.

Si donc, aux époques primitives, les eaux de l'Océan, déposées par une atmosphère plus étendue, ont pu recouvrir les parties de la terre maintenant à sec, elles ne peuvent plus y revenir; les retraites, et les cavités intérieures qui les contiennent, doivent plutôt les absorber de plus en plus, que les rejeter de nouveau sur nos continents.

Ces éléments de stabilité, qui sont en quelque sorte la vie des planètes, dépendent de leurs actions mutuelles, dans les limites où elles sont renfermées.

L'état actuel serait nécessairement troublé par l'action imprévue d'un corps cosmique considérable, arrivant des régions extérieures et ajoutant de nouvelles forces à celles qui sont maintenant balancées.

Sans doute que dans ce cas, après de graves désordres et une longue perturbation, un autre équilibre se rétablirait dans notre univers, mais la possibilité d'un tel cataclysme n'en est pas moins inquiétante pour les esprits que le calcul des probabilités ne peut rassurer.

Il est certain que la faible masse des comètes ne saurait avoir par elle-même un effet sensible sur notre planète, puisque celle de Lexell a passé deux fois en 1767 et 1779 entre les satellites de Jupiter sans déranger leurs mouvements; mais l'une d'elles pourrait cependant frapper la terre, comme ces ouragans qui renversent tout à sa surface, si l'un de ces amas de vapeurs, animé *d'une énorme vitesse* la rencontrait dans l'espace.

Quant aux comètes intérieures de notre système, elles sont moins dangereuses pour sa stabilité que la grande inclinaison des orbites planétaires de quelques-uns des astéroïdes circulant entre Mars et Jupiter.

La puissance de la nature, après des milliers de siècles de convulsions, a dû établir, en balançant toutes les forces contraires, l'état actuel de notre système, qui semble indiquer dans sa création l'effort d'une intelligence suprême, pour arriver *savamment à la stabilité* qu'elle pouvait *plus simplement obtenir* en isolant tous les corps, au lieu de les soumettre à des influences réciproques *si compliquées.*

Deux petites planètes peuvent, en effet, se rencontrer; et le choc, changeant leur direction primitive, les porterait peut être vers une des planètes principales dont l'attraction leur ferait décrire une hyperbole, ainsi que la masse de Jupiter occasionna pour la comète de Lexell citée précédemment.

Les orbites de Jupiter, de Saturne, d'Uranus et de Neptune sont maintenant établies d'une manière stable; mais pour la Terre, Mars, Vénus, Mercure et surtout pour les nombreuses petites planètes nouvellement découvertes, cette stabilité n'est pas aussi certaine. Notre année tropique a été trouvée par Laplace de dix secondes plus courte que du temps d'Hipparque. Depuis le même temps, la lune s'est déplacée de deux degrés.

STATIONS. L'éloignement des planètes et notre position relative, les vitesses différentes dont elles sont animées dans leur translation sidérale, les fait paraître stationnaires aux points opposés de leur orbite, parce qu'elles marchent alors, dans la direction du lieu que nous occupons nous-mêmes. En réalité, chacun de ces corps célestes parcourt uniformément son cercle plus ou moins excentrique autour du soleil ; et il n'y a pas plus de *stations* que de rétrogradations. Ces apparentes stations observées de la terre ont lieu : pour Mercure, quand son élongation est de 15 à 20°, selon les circonstances d'obliquité ; pour Vénus, lorsque son élongation est de 29°. *Voyez* ÉLONGATION.

STELLAIRE. L'astronomie stellaire embrasse tous les astres et tous les phénomènes au delà de notre système solaire ; c'est aujourd'hui la partie la plus intéressante de la science, celle vers laquelle sont spécialement dirigées les études et les observations d'un grand nombre d'astronomes modernes, pourvus d'instruments dont la puissance pénètre de plus en plus dans les profondeurs de l'espace.

La distance des étoiles, l'intensité de leur lumière, leur nombre, leurs couleurs, leur disposition, leur mouvement propre ou combiné avec d'autres, la résolution des nébuleuses, les changements qui s'y manifestent, la matière cosmique elle-même, tous les sujets enfin qui semblaient offrir des difficultés insurmontables aux anciens observateurs, ont déjà des solutions, ou promettent des résultats d'une grande importance.

L'astronomie stellaire se propose surtout de reconnaître si le mouvement de notre soleil est indépendant de tous les autres, ou si, avec le groupe d'étoiles qui forment la Voie lactée, il est emporté dans une circulation commune autour d'un autre groupe de soleils dont l'attraction serait plus puissante.

Les bolides, les étoiles filantes, quoique d'une autre nature, rentrent aussi dans le domaine de l'astronomie stellaire, qui cherche à déterminer leur périodicité ainsi que leur nature.

STÉRÉOGRAPHIE. C'est une méthode de projection qui montre en perspective l'étendue d'un hémisphère ou l'une de ses parties, dont toutes les lignes convergent vers le pôle où l'œil du spectateur est censé placé.

L'axe optique peut être pris arbitrairement ; mais les constellations figurées suivant cette base sont nécessairement comprimées vers le centre.

STYLE. On désigne ainsi la tige ou gnomon fixé sur le plan d'un cadran ou d'une surface quelconque, afin d'obtenir par l'ombre de ce style exposé au soleil, soit l'heure *vraie*, soit le moment où cette ombre, étant la plus courte ou la plus longue, indique les solstices d'été ou d'hiver.

On dit aussi *le style grégorien* pour indiquer l'ère en usage depuis la réforme ordonnée par le pape Grégoire XIII en 1582. Accepté par les Allemands en 1700 et par les Anglais en 1752, il ne l'est pas encore par les Grecs d'Orient ni par les Russes. *Voyez* GNOMON.

SURFACE DE LA TERRE. La circonférence de la terre étant de 40,000 kilomètres et son diamètre moyen de 12,730 kilom., ces deux valeurs multipliées l'une par l'autre donnent un produit de 510 millions de kilomètres carrés ou 51 mille millions d'hectare pour la surface totale du globe dont les trois quarts sont submergés, et le tiers de l'autre quart à peine connu et exploré. La surface de la France est de cinquante-trois millions d'hectares.

Quelle que soit l'origine de notre planète, il est certain qu'elle a d'abord été fluide et incandescente. Pour expliquer les irrégularités, les excavations et les reliefs du sol actuel, deux opinions ont jusqu'à présent partagé les géologues, savoir : le système des soulèvements par une force sous-jacente à la croûte primitivement formée, et le système des affaissements par le retrait de la masse intérieure, dont le refroidissement aurait occasionné les cassures, les plis et la dislocation de l'écorce originaire.

Le dernier système admet néanmoins le soulèvement de quelques masses au-dessus de leur niveau primitif, entre les parties brisées; là, c'est la force centrifuge; ici, c'est la force centripète qu'on met en action.

En général la mesure des affaissements est supérieure à celle des soulèvements; ainsi on estime de 7 à 8,000 mètres la profondeur moyenne de l'océan Pacifique, et à 8,000^m celle de l'Atlantique; tandis que le niveau moyen des continents les plus élevés n'est pas de 400 mètres. La tendance de l'écorce terrestre est de se contracter et de s'affaisser sur elle-même, non de saillir, par une force sous-jacente.

La loi de *parallélisme*, dans les accidents d'un même système de montagnes, ne paraît pas d'ailleurs s'accorder avec l'action d'un agent dont les efforts devraient converger de plus en plus vers le point qui aurait cédé d'abord, et non se diviser sur des lignes parallèles.

La *contraction* du noyau planétaire, et le *ridement* de son enveloppe, sont les résultats nécessaires du *refroidissement inégal* de ces parties, et les conséquences d'une loi scientifiquement reconnue.

L'hypothèse des soulèvements impliquerait, entre autres conséquences, l'élévation *du niveau général* des mers et l'augmentation du volume de la terre.

La théorie des dislocations, par suite du refroidissement, implique des faits contraires, et *conformes aux faits observés.*

Les *causes actuelles* sont d'ailleurs généralement reconnues comme pouvant occasionner de grands changements à la surface du globe; les vents, les marées, les pluies, les grands courants d'eau, les déluges partiels, les tremblements de terre, les éruptions volcaniques suffisent, *avec le temps,* pour modifier, augmenter ou même produire les irrégularités de l'enveloppe; et ces causes ont pu agir bien plus énergiquement pendant les longues périodes qui ont précédé la nôtre.

Certaines contrées, comme les régions voisines de la mer d'Aral, paraissent s'enfoncer de plus en plus, tandis que d'autres, telles que la Suède et les côtes de la mer Baltique, se relèvent d'une manière sensible.

SYNODIQUE. Lorsqu'un corps céleste est revenu *au mêm nœud,* c'est-à-dire au même point du ciel, sur la trace de l'écliptique, ou à la même position relativement au soleil et à la terre, on dit qu'il a accompli sa *révolution synodique.*

La révolution synodique de la lune est de 29^j 1/2, ou de 2^j 4^h plus longue que la révolution sidérale, qui est de 27^j 1/3.

Comme les nœuds rétrogradent constamment contre l'ordre des signes, de manière à parcourir à peu près sur l'écliptique 19° 1/3 chaque année de 346^j,62, ou 1° 28′ par mois lunaire périodique, il en résulte que la révolution entière des nœuds est d'environ dix-huit ans et demi, c'est-à-dire qu'après cet intervalle, la lune et le soleil se retrouvent dans la même position relativement aux étoiles.

Les attractions combinées de ces astres sur la terre occasionnent cette rétrogradation des nœuds, soit au-dessus, soit au-dessous de l'écliptique.

Les révolutions *synodiques* des planètes sont aussi fort différentes de leurs révolutions *sidérales.* Pour Mercure, par exemple, la première est de 116^j, tandis que la dernière n'est que de 88^j. Pour

Uranus, au contraire, celle-ci st de 370°, lorsque celle-là est de quatre-vingt-quatre ans.

SYSTÈME PLANÉTAIRE. Dans la conception qui a été pendant quinze siècles le guide des astronomes, Ptolémée s'était efforcé d'expliquer les mouvements des corps célestes d'après les apparences, en supposant un système compliqué de cercles, d'épicycles, de sphères ou de déférents ingénieusement conçus, pour laisser la terre au centre de l'univers.

Les philosophes grecs, initiés aux mystères religieux et scientifiques des prêtres égyptiens, annonçaient cependant, mais avec réserve, que le soleil seul était immobile, et que les planètes tournaient autour de lui.

En consultant les écrits de ces philosophes, Copernic reconnut et rétablit la véritable organisation du monde; son système fut généralement adopté, aussitôt que l'Église permit de l'enseigner *comme une ingénieuse hypothèse.*

Tycho-Brahé, qui, avant l'invention des lunettes, fit de si nombreuses et si admirables observations, tenta malheureusement de rétablir, dans le système connu sous son nom, les erreurs de celui de Ptolémée, en les compliquant encore.

Aujourd'hui que l'œuvre de la création nous est dévoilé dans toute sa grandeur, on s'étonne que l'esprit humain ait été trompé, ou se soit égaré si longtemps, après avoir été tant de fois si près de la vérité.

On conçoit bien moins que certains esprits, qui s'appuient sur le texte littéral des saintes Écritures, veuillent soutenir encore aujourd'hui que le soleil pourrait tout aussi bien tourner autour de la terre, que celle-ci autour de l'astre du jour. Si Dieu l'a voulu ainsi, disent-elles, sa toute-puissance a dû donner au soleil toute la vitesse nécessaire à l'accomplissement journalier du cercle immense que suppose un tel mouvement !

Cette vitesse, qui devrait être de 2,888 *lieues par seconde,* serait encore à la vérité 26 fois moins grande que celle de la lumière; mais, en faisant ainsi tourner le soleil autour de notre petite planète 1,400,000 fois plus petite, il faut, de toute nécessité, que toutes les étoiles tournent en même temps ; et comme la plus proche ne peut nous envoyer sa lumière *en moins de trois années,* il faudrait alors que cette étoile fit 5 milliards de lieues par seconde, vitesse égale à soixante-cinq mille fois celle de la lumière ! On conviendra que ce serait pousser bien loin la possibilité de mouvement, surtout quand il faudrait encore l'accélérer dix fois, cent fois, mille fois pour les étoiles situées à une distance proportionnelle. Nous n'avons présenté ces calculs que pour montrer jusqu'à quel point, dans l'état actuel de la science, il faudrait pousser l'aveuglement, pour défendre le texte des traditions qui impliquent de telles impossibilités. D'autres objections tout aussi fortes, ont fait renoncer sans retour à l'immobilité de la terre. *Voyez* CONTEMPLATION, ÉTOILES, MOUVEMENT DES CORPS CÉLESTES, etc.

Notre monde solaire n'est qu'une fraction imperceptible de l'univers, où sont répandus dans toutes les directions, et à des distances inimaginables, des soleils sans nombre, et probablement d'autres mondes autour de chacun de ces astres lumineux.

Des nébuleuses formées comme celles où nos plus forts miroirs font distinguer des millions d'étoiles ne nous offrent encore que des lueurs diffuses à peine entrevues ; d'autres, plus rapprochées, laissent apercevoir leurs formes différentes , selon les faces qu'elles offrent à notre vue, mais disposées sans doute suivant des lois générales de condensation ou de concentration. La Voie lactée, dont notre système particulier fait partie, est l'un de ces amas d'étoiles, tellement séparées entre elles cependant, que la lumière de la plus voisine ne peut nous atteindre en moins de trois années.

C'est autour de l'une de ces étoiles que la terre circule, avec soixante-deux autres corps déjà reconnus. Ces globes soumis à son attraction, éclairés de sa lumière, échauffés de ses feux, tournent sur eux-mêmes et se meuvent dans le même sens. Des milliers de comètes, dont une grande partie échappe à nos investigations, sont soumises à la même puissance, mais semblent graviter vers elle comme au hasard, arrivant de tous les points et dans toutes les directions.

Si maintenant nous examinons particulièrement le système dans lequel nous occupons un rang si modeste, nous apercevrons à ses dernières limites et à la vue télescopique :

Neptune avec deux satellites, circulant à onze cents cinquante millions de lieues du soleil ;

Uranus, accompagné de six petits corps dont quatre seulement ont été revus avec certitude depuis Herschell, et qui, par exception, paraissent animés d'un mouvement rétrograde ;

Saturne, planète la plus éloignée pour les anciens observateurs, qui pouvaient difficilement la distinguer à l'œil nu, ou à l'aide d'artifices optiques très-imparfaits ; aussi ne connaissaient-ils pas les huit satellites qui l'entourent.

Un peu plus près de nous, cette brillante planète, 1400 fois plus grosse que la nôtre, est *Jupiter* avec ses quatre lunes ; puis *Mars*, bien moins volumineux que la terre.

Entre Mars et Jupiter on peut suivre déjà la trace de quarante deux *astéroïdes*, que d'autres encore croisent sans doute de leurs orbites, et que l'on reconnaîtra plus tard.

Notre globe n'a qu'un satellite ; *Vénus*, plus près que nous du soleil, en est dépourvue, ainsi que *Mercure*, difficile à apercevoir à la vue simple.

Tel est le vrai système planétaire, établi sur des faits incontestables et des preuves mathématiques que rien ne peut plus détruire. (*Voyez* la planche III.)

SYSTÈMES DES FORMATIONS. Un grand nombre d'illustrations scientifiques, telles que Descartes, Leibnitz, Bailly, Buffon et Laplace, ont émis des théories hypothétiques sur les causes physiques qui ont produit les différents corps de notre monde solaire, dont notre globe n'est qu'une fraction presque imperceptible.

Dans un tel sujet, les preuves mathématiques étant impossibles, le degré de vraisemblance peut seul faire adopter provisoirement ou rejeter les opinions qui se produisent.

La communauté des mouvements, une espèce d'enchaînement dans les positions relatives des planètes principales ; des rapports approximatifs de vitesse, de volume et de densité, ont fait généralement admettre une même cause originaire, une même impulsion, un même état de fluidité primitive.

Les idées cosmogoniques de Laplace, plus généralement adoptées par l'astronomie moderne, sont encore loin de la satisfaire. On ne peut, en effet, s'empêcher de convenir que le milieu originaire qu'elles supposent n'est pas suffisamment justifié ; que l'état régulier qu'elles exigeraient n'existe pas, et que les causes de perturbations qu'elles indiquent, sont aujourd'hui reconnues comme insuffisantes ou improbables.

En indiquant la cause des formations, là où les observations modernes la surprennent presque sur le fait ; en faisant intervenir les forces de projection que la nature semble partout employer dans ses œuvres, nous aurons peut-être ajouté d'heureuses modifications aux conjectures du savant illustre qui hésitait à les présenter.

Quand la base manque aux calculs; quand les observations directes ne sont plus possibles, il faut bien recourir aux hypothèses; car, si toutes pouvaient se présenter, *la vérité serait nécessairement l'une d'elles*.

Dans tous les cas, elles servent à réunir les faits, à les coordonner et à les éclairer, en préparant la voie pour de plus profonds ou de plus heureux penseurs. *Voyez l'Introduction*, deuxième partie.

SYZYGIES. Ce sont les points où la lune se trouve, soit en conjonction avec le soleil, c'est-à-dire du même côté; soit en opposition, ou de l'autre côté, relativement à la terre.

Ces positions donnent les nouvelles et les pleines lunes, et, lorsqu'elles sont exactement en ligne droite, il y a nécessairement éclipse de l'un des deux astres pour la terre.

T

TABLES ASTRONOMIQUES. Elles contiennent des indications numériques sur la position des corps célestes pour une époque ou un moment désignés.

La première donnée de ces tables se trouve dans l'Almageste, où Ptolémée avait réuni ses observations et les observations antérieures sur le cours du soleil, de la lune et des planètes; cette collection de documents astronomiques manquait malheureusement de la précision nécessaire pour guider sûrement les marins et les observateurs.

Au treizième siècle, Alphonse X, roi de Castille, les fit améliorer à grands frais par une société des astronomes de son temps, et publier sous le nom de *Tables Alphonsines*.

Elles manquaient aussi d'exactitude, parce qu'elles avaient pour base le faux principe des épicycles. (*Voy.* ce mot.)

Ce ne fut qu'en 1627 que Képler parvint à leur donner une rigueur suffisante et qui fit autorité, sous le nom de *Tables Rodolphines*, jusqu'au dix-huitième siècle; alors les lois de l'attraction universelle permirent de les calculer et de les établir avec une plus grande perfection.

Depuis cette époque, les astronomes de tous les pays se sont occupés à les étendre et à les multiplier ; Lahire, Lacaille, Lemonnier, Lalande, Delambre, Laplace, Mayer, etc., ont mis toute leur activité à en calculer les éléments ; les tables du soleil, de la lune et de Mercure ont maintenant toute la précision désirable.

En outre des tables principales, les savants modernes ont dressé des tables dites *auxiliaires*, pour que les observateurs aient à l'instant les indications nécessaires sur l'aberration, la diffraction et la réfraction de la lumière ; la dépression horizontale, la nutation, la parallaxe de hauteur ; les différences entre le temps vrai et le temps moyen, etc., etc.

Tous ces renseignements, qui évitent de longs calculs très-difficiles à faire dans certaines positions, se trouvent aujourd'hui dans le recueil intitulé : *Connaissance des Temps,* que fait publier chaque année notre Bureau des Longitudes, ainsi que dans les ouvrages d'autres sociétés étrangères.

TACHES. Le soleil est souvent parsemé de taches paraissant se mouvoir dans une même direction, et qui ont fait reconnaître la rotation de cet astre ; elles disparaissent en s'approchant du bord occidental, et reviennent parfois, après douze jours seize heures environ, au bord opposé ; parfois aussi elles se dissipent en quelques heures ou en quelques jours ; puis il en revient d'autres, soit ailleurs, soit à la même place sous un aspect différent, mais toujours décrivant des courbes à 30° tout au plus, de chaque côté de l'équateur solaire.

La terre se trouvant au-dessous de ce plan depuis l'équinoxe du printemps jusqu'à celui d'automne, et au-dessus pendant les six autres mois, la concavité des traces décrites doit nous paraître dirigée tantôt vers le pôle nord, tantôt vers le pôle sud du soleil.

La révolution de ces taches aurait lieu en 25 jours et demi environ, si la translation de la terre autour du soleil n'augmentait pas pour l'observateur, d'un tour entier chaque année, le nombre de ces relations apparentes, et ne portait à 27 jours et demi à peu près le retour des mêmes taches, quand elles persistent pendant cette durée.

En se produisant toujours vers les régions équatoriales, elles indiquent que les substances qui enveloppent cet astre sont d'une nature gazeuse, et qu'elles se portent vers ces régions en vertu des lois de la dynamique, relativement aux corps malléables tournant sur eux-mêmes.

On a vu des taches noires se briser en rayonnant dans tous les sens, d'autres revenir et disparaître à plusieurs reprises, au centre d'une pénombre très-brillante, et à l'instar des ouragans, qui sur la terre se reproduisent plus fréquemment dans certaines localités.

Quand ces taches disparaissent sous les yeux de l'observateur, la partie centrale se contracte toujours sur un ou plusieurs points qui s'effacent avant les bords.

Ces taches occupent quelquefois sur le soleil des espaces de 2 minutes de degré, correspondant à une longueur de 45,000 kilomètres à raison de 744 kilomètres pour une seconde de degré, ce qui suppose des taches dix fois plus étendues que le diamètre de notre planète. En 1769, Wilson a mesuré dans l'une de ces taches un *abaissement* de 600 myriamètres.

En 807, au temps de Charlemagne, Aldémus aperçut un corps opaque qui mit plusieurs jours à traverser le disque du soleil.

Pic de la Mirandole cite un fait semblable observé par Aven-Rodan dans le même siècle ; des taches ainsi visibles sans le secours des lunettes devaient être prodigieusement étendues.

Sous Justinien, le soleil fut obscurci pendant quatorze mois, ainsi que sous Héraclius, en 626, pendant huit mois.

En 1719, une grande tache a persisté six mois ; lorsqu'elle parvenait au bord du soleil, elle y faisait l'effet d'une forte échancrure.

Il se passe aussi des mois et même des années pendant lesquels le soleil paraît exempt de taches ; alors sa photosphère est égale, et partout aussi lumineuse.

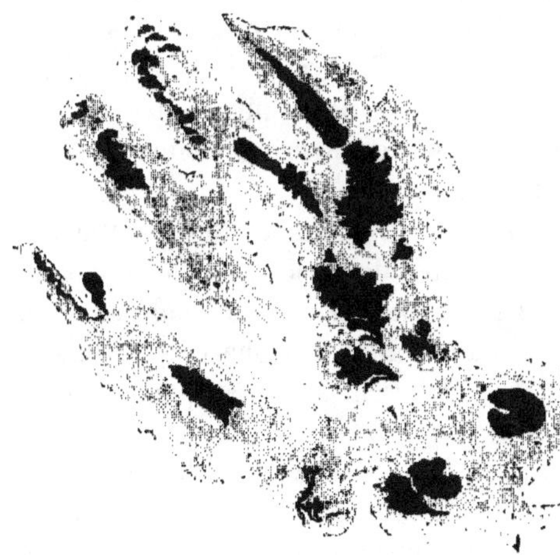

En 1849, la moyenne des taches observées a été de dix à onze, et en 1850 de sept à huit. La figure ci-contre représente, mais avec exagération, l'une des nombreuses taches observées par J^n Herschell. Leur périodicité, d'environ onze ans, commence à être admise par quelques astronomes. (*Voyez* PÉRIODICITÉ.)

Lors de la dernière éclipse totale du 28 juillet

1851, on a vu très-distinctement des taches s'immerger sous les bords de la lune, et s'émerger de même à l'autre bord.

Généralement le soleil paraît pointillé, pommelé, inégal comme la peau d'une orange; des rides plus brillantes semblent parcourir rapidement sa surface dans tous les sens. Ces apparences s'accorderaient avec celles qui devraient s'observer si, en effet, la lumière solaire était entretenue par une agitation magnétique provenant d'une cause extérieure, telle que la résistance de l'éther au double mouvement de cet astre.

Quant aux taches qui persistent plus ou moins longtemps, on peut supposer que des éléments gazeux accumulés à l'intérieur soulèvent les atmosphères du soleil, en y produisant des écarts et des agitations d'une intensité différente, ou que des corps opaques, dont les formes varient fréquemment, flottent dans cette photosphère lumineuse, s'y dissipent et se reproduisent accidentellement.

Si, comme on l'a récemment prétendu, la lumière zodiacale est la matière météorique dont s'alimente la chaleur du soleil, les taches seraient alors produites dans le dépôt de cette matière par des espèces de tourbillons orageux qui la feraient se refroidir par places, au point de présenter des parties obscures comparativement au reste de la surface.

Ce fut en 1611 que Fabricius, observant les taches du soleil, en découvrit la rotation. A peu près dans le même temps, Scheiner, du collége d'Ingolstadt, vit aussi que des taches nombreuses se formaient et se dissipaient sur le disque du soleil.

Un peu plus tard, selon quelques documents, un peu plus tôt, suivant d'autres témoignages, Galilée faisait observer ces taches au moyen des premières lunettes qu'il venait de construire, et démontrait ainsi le mouvement rotatif du soleil. Ses compatriotes ont persisté à lui faire honneur de cette belle découverte, comme de la révélation du mouvement de la terre.

Les taches permanentes de la lune proviennent de la nature de sa surface, qui réfléchit là moins qu'ailleurs les rayons du soleil; ces places plus obscures affectent d'une manière informe les traits d'un visage, et sont les mêmes dans toutes les phases; tandis que les ombres des montagnes lunaires changent avec leur position relativement au soleil.

On aperçoit aussi des taches à la surface de Vénus, de Mars et de Jupiter; les places plus obscures sur la première de ces planètes sont persistantes comme sur la lune, et paraissent tenir à la nature des régions qui les présentent. Les taches de Mars ne sont distinctes que vers les pôles, dont la teinte blanchâtre semble montrer des amas de neige, ainsi qu'il en existe aux mêmes régions du globe terrestre.

Jupiter, sur lequel on remarque des bandes plus brillantes dans le plan de son équateur, présente aussi des parties obscures dont le mouvement paraît indépendant de la rotation de cette planète, et que des vents impétueux semblent emporter dans son atmosphère, avec une vitesse de 40 myriamètres par heure.

Les régions polaires de Saturne ont, suivant Herschell, des teintes plus ou moins blanches, selon que le soleil les a éclairées plus ou moins longtemps.

TANGENTE. On appelle ainsi une ligne AB rasant une circonférence, c'est-à-dire qui la touche en un point D, où cette ligne coupe perpendiculairement un rayon CD. Elle sert de mesure à l'arc DE ou à l'angle DCB sous-tendu par le rayon CD, et par un autre CE prolongé hors de la circonférence jusqu'en B sur cette *tangente.*

Lorsqu'un corps, par l'effet d'une force perturbatrice, cesse d'obéir aux forces combinées qui le faisaient circuler autour d'un autre, on dit *qu'il s'échappe par la tangente,* pour indiquer qu'il reprend sa direction primitive, modifiée par l'attraction, ou qu'il obéit à une nouvelle impulsion.

TAUREAU (LE) ♉. Constellation zodiacale entre le Bélier et les Gémeaux, comprenant : 1º les Hyades, disposées en V oblique ayant sa branche inférieure terminée par *Aldébaran,* étoile primaire d'une teinte rougeâtre, et au sommet une tertiaire γ; 2ᵘ les Pléiades, groupe de six petites étoiles visibles à l'œil nu, et dont Alcyone, de troisième grandeur, est la principale. Ce groupe, très-serré à la vue simple, est situé au-dessus et à droite des Hyades ; β, étoile secondaire, au bas du pentagone de la constellation du Cocher, indique la corne boréale du Taureau, dans les cartes qui représentent cette figure de Jupiter enlevant Europe, selon les anciennes fables. Une tertiaire ζ se remarque encore au milieu de l'intervalle qui sépare cette dernière étoile de Bételgeuse de la constellation d'Orion.

Le taureau de Poniatowski est une petite constellation ajoutée à la gauche et aux dépens de celle d'Ophiucus ; elles contient plusieurs quartaires dont une n° 72 se trouve sur la ligne des solstices et une autre 0 vers l'Aigle.

TÉLESCOPE. Instrument d'observation, dont le nom est formé de deux mots grecs signifiant *voir de loin*.

L'invention en est attribuée à Jansen, au commencement du seizième siècle ; il diffère d'une lunette, en ce que les images y sont rendues visibles *par réflexion*, et que {dans ce dernier instrument les objets sont vus *par réfraction ;* aussi désigne-t-on souvent les premiers instruments sous le nom de réfracteurs et les télescopes par celui de réflecteurs.

L'objectif en métal, placé au fond du tube des télescopes dits newtoniens, réfléchit les objets situés dans le champ que leur ouverture peut embrasser, *sur un petit miroir*, où, amplifiés par une loupe, l'observateur va les examiner. Le télescope fait en 1671 par Newton n'avait que 23 centim. (9 pouc.) de long, avec un miroir de 5 à 6 centimètres (2 pouc. 4 lign.) d'ouverture ; il lui montrait cependant des objets fort éloignés, et une image très-distincte de la lune. Dans les télescopes dits *Frontview*, ou système Lemaire, le miroir plan est supprimé ; l'objectif, placé un peu obliquement, rejette latéralement les images, et l'observateur peut les voir par une ouverture, en tournant le dos aux objets.

C'est à ce perfectionnement, qui évite en grande partie la déperdition de la lumière, qu'Herschell dut ses principales découvertes.

Son grand télescope avait près de douze mètres de distance focale, un mètre et demi d'ouverture, et pouvait supporter des grossissements de six mille cinq cents fois. Cet astronome se servait habituellement de télescopes de 6 mètres 1/2, ayant des objectifs d'un mètre, qui lui faisaient apercevoir les étoiles de 900me grandeur ; avec le premier il pénétrait dans l'espace jusqu'à la 1344e grandeur de ces astres.

Le télescope d'Herschell a donné son nom à une petite constellation composée d'étoiles de cinquième et de sixième grandeurs, situées sur les limites des Gémeaux, du Lynx et du Cocher, entre la sixième et la huitième heure.

Lord Rosse ayant fait disposer, d'après le système Lemaire, le gigantesque télescope newtonien qu'il possède à Parsontown en

Irlande, ce réflecteur, de 1^m,83 d'ouverture et de 16^m de distance focale, a près du double de la lumière qu'il avait auparavant; son petit miroir plan a été récemment fait en argent, ce qui réduit encore beaucoup la perte de lumière occasionnée par la réflexion. Jupiter et Saturne y brillent comme des lampes ardentes, et les plus petites particularités de la lune peuvent s'y distinguer.

Sa puissance peut décomposer en étoiles des nébuleuses qu'Herschell considérait comme formées seulement d'une matière diffuse, dont la condensation devait plus tard former des astres.

La force de cet instrument étant dix fois plus grande que celle du fameux télescope d'Herschell, on devrait distinguer, avec un tel appareil, des étoiles *dix fois plus éloignées* que les astres classés dans la 2,016^e grandeur, dont la lumière ne peut parvenir à la terre en moins de vingt mille années, et des nébuleuses qu'on ne pourrait apercevoir *si elles n'existaient pas depuis un million d'années*.

Suivant W. Struve, l'augmentation de la force optique d'un télescope n'ajoute pas beaucoup aux limites de la vision : en ce cas, le gigantesque télescope de lord Ross ne posséderait qu'un sixième de plus de la force qu'avait le plus grand des télescopes d'Herschell. La proportion entre ces deux réflexions, qui est de 422 à 368, serait de 3450 à 3120 (l'unité étant l'orbite de la terre), sans l'extinction qu'éprouve la lumière en traversant l'espace, c'est-à-dire que celui-ci ne ferait distinguer qu'à 3120 fois 40 millions de lieues une lueur de la même intensité que celui-là ferait apercevoir à 3450 fois une telle distance.

L'effet des grands instruments est bien d'étendre les bornes de la vue, mais principalement de présenter des images d'une intensité plus grande. Ils donnent aussi plus *de détails* et de nuances que les télescopes de moindre dimension.

Le télescope de M. Lassell, à Liverpool, a 60 centimètres d'ouverture et 6 mètres de distance focale; il est monté équatorialement et tourne sous un dôme.

Un télescope inventé par M. Barclay, et offrant la combinaison des deux systèmes, paraît avoir une force encore plus grande que le télescope de lord Ross. *Voyez* LUNETTES.

TEMPÉRATURE. La distance d'un pays relativement à l'équateur, ou sa latitude, n'en détermine pas seule la température; le voisinage de la mer, des lacs, des grands cours d'eau, l'étendue des forêts et la hauteur des montagnes, ont une grande influence sur l'état habituel de l'air ; en sorte que certaines contrées plus au midi sont plus froides que d'autres situées plus au nord.

Les basses températures de l'hiver sont occasionnées, d'abord par la plus longue absence du soleil sur l'horizon ; ensuite par la direction de ses rayons, qui nous arrivent de moins loin, mais frappent plus obliquement la surface de la terre que nous occupons. Ils ont aussi à traverser des vapeurs et des nuages plus épais et plus fréquents dans l'atmosphère, à cette époque.

La température la plus basse n'a pas lieu simultanément avec les causes déterminantes ; ainsi la plus forte chaleur du jour ne s'observe qu'après midi, comme la plus grande de l'année, après le 23 juin.

Le volume de l'air augmente de $\frac{1}{266}$ par chaque degré de chaleur ; celle-ci croît pour nous depuis le 5 janvier, et commence à diminuer depuis le 5 juillet.

La température du globe né paraît pas avoir *sensiblement* diminué depuis les temps historiques, puisque le mouvement de la lune est le même que lors des plus anciennes observations. Si, en effet, la terre s'était refroidie, son volume eût diminué, et par conséquent la force de son attraction sur notre satellite, dont la vitesse se serait affaiblie proportionnellement. Arago a fait remarquer que la culture de la vigne et du palmier réussissent aujourd'hui comme autrefois dans la Palestine ; que, l'une ne pouvant se cultiver en grand sous une latitude moyenne de plus de 22°, et le dernier arbuste exigeant au moins 21°, il s'ensuivrait que, depuis le temps de Moïse, la température n'aurait pas varié de plus d'un degré. Les déboisements, les dessèchements et autres travaux des hommes contribuent néanmoins à changer le climat d'un pays, en rendant les hivers moins froids et les étés moins chauds ; aussi est-il reconnu qu'en France on cultivait autrefois la vigne beaucoup plus au nord qu'aujourd'hui. — En Amérique, les froids extrêmes paraissent diminuer avec les progrès de la colonisation et des défrichements.

M. Dureau de la Malle, en consultant : 1° les indications données par Columelle à son régisseur de Gadès, vers l'an 35 de notre ère ; 2° les indications relatives aux phénomènes climatériques de Cordoue, Cadix, etc., vers l'an 970, selon le calendrier latin de l'évêque astronome Harib ; 3° l'almanach d'Al-Scharki, fait en 1551 pour l'Andalousie, a récemment établi, par la culture du citronnier de Médie, que depuis dix-huit siècles le *thermomètre végétal*, et par conséquent la température de l'Italie et de l'Espagne, ne s'étaient pas modifiés sensiblement. Il faudrait alors admettre que notre globe perd par le rayonnement à travers l'espace et par le refroidissement de la masse intérieure, autant de calorique qu'il en reçoit du soleil.

Cette température du globe, maintenant consolidé, était certainement beaucoup plus haute aux époques des retraits et des affaissements successifs dont sa surface porte les traces évidentes; les plantes et les animaux qu'on retrouve à l'état fossile dans les différentes couches de son enveloppe attestent que la chaleur a été partout plus forte; mais ces périodes des grands cataclysmes ont sans doute précédé l'existence des hommes sur la terre, ou ne sont pas restées dans la mémoire de ses habitants.

Sous la permanence des rayons solaires, au sud de l'Afrique et dans l'Australie, la surface du sol paraît calcinée, et donne plus de 54° centigrades; la plus basse température observée a été 60° centigrades le 21 janvier 1838, suivant Néveroff, sous le 62° 45′ de latitude; on voit ainsi que l'équateur *thermal* n'est pas celui de l'équateur *terrestre*.

La température intérieure, qui ne peut résulter que d'une chaleur propre ou originaire de notre globe, augmente généralement avec la profondeur des couches que l'on peut sonder, d'environ un degré centigrade par 30 mèt.; mais rien ne prouve que cette progression doive se continuer, et qu'à une certaine distance, la chaleur ne soit pas partout la même dans la masse centrale.

En s'élevant dans l'atmosphère, on trouve sous nos latitudes que la température décroît d'un degré par 230 mètres en hiver,.et par 160ᵐ en été. Dans une ascension faite en août 1852 par MM. Walsh et Nicklin, leur thermomètre, qui marquait au départ 22° 1/2 au-dessus de zéro, était descendu à 15° au-dessous, lorsque ces aéronautes furent parvenus à 6,000 mètres; cette différence de 37° 1/2 est concordante avec l'appréciation ci-dessus. Elle explique comment la limite des neiges perpétuelles est à une plus grande élévation dans les pays méridionaux que dans le nord.

La température de la mer, au moins dans ses couches superficielles, est à peu près celle de la latitude moyenne du lieu; mais il n'en est pas de même pour les couches plus profondes, qui paraissent fortement modifiées par les courants sous-marins transportant les eaux plus denses des mers glaciales vers l'équateur, où l'on trouve jusqu'à 25 degrés de différence, avec la température la plus basse observée à la surface.

La Méditerranée, qui ne reçoit pas ces courants, ne présente en aucun point de ses profondeurs une grande différence avec les couches superficielles et avec la température moyenne des mêmes lieux. D'autres courants portent les eaux échauffées par le soleil équatorial vers les deux pôles, mais en plus grande quantité vers celui de notre hémisphère : le principal, connu sous le nom de *Gulf stream*, marche à l'ouest de l'ancien monde vers le nouveau ; entretient le golfe du Mexique ; court au nord, longeant le banc de Terre-Neuve, et revient vers l'Europe, à la hauteur des îles Britanniques et de la Norwége ; de là, refoulé sur les côtes occidentales de la France et du Portugal, il se porte sur celles de l'Afrique, pour rentrer dans le grand courant des tropiques, après un circuit dont la durée dépasse trois années.

Il en résulte d'abord de plus grandes facilités pour aller d'Europe aux États-Unis que pour en revenir, et surtout une température plus douce vers nos régions boréales, où règne constamment un vent d'ouest ayant traversé la surface de ces eaux chaudes.

On sait en effet que, sous les mêmes latitudes, les côtes des États-Unis sont stériles et obstruées par les glaces, quand celles de l'Angleterre en sont toujours exemptes, et qu'à Boston, par exemple, sous la même latitude que Perpignan, des étangs d'eau douce y gèlent chaque année à un mètre de profondeur.

Au sud de l'Atlantique, un courant semblable au précédent emporte les eaux tropicales au midi, longe les côtes orientales de l'Amérique du Sud, se brise à sa pointe, et revient en grande partie vers l'équateur, ce qui fait que les régions polaires opposées aux nôtres ont une température beaucoup plus basse. L'océan Pacifique roule aussi vers l'occident ses eaux échauffées par le soleil des tropiques ; elles arrivent aux îles de la Sonde, à l'Australie et aux côtes de l'Asie ; puis, comme celles de l'Atlantique, remontent au nord, en longeant la Chine et le Japon ; donnant à la Colombie, sous l'influence des vents d'ouest, la bonne température du nord de l'Europe.

On s'est aussi beaucoup occupé de la température de *l'espace* où circulent les corps célestes, mais nos savants diffèrent tellement dans leurs évaluations qu'on ne peut avoir confiance dans aucune. Fourier l'indique de 50 à 60° ; Arago, de 57° ; Pouillet, de 140° ; Poisson, de 18° 7', et J^n Herschell la croit de 75°. Selon des observations thermométriques au mont Blanc, et dans l'ascension de MM. Biot et Gay-Lussac à plus de 7,000 mètres, elle serait de 70°. Cette question doit se résoudre avec les problèmes relatifs à l'existence et à la nature de l'éther, absorbant le calorique produit dans l'espace par le rayonnement de tous les soleils; elle peut dépendre aussi de la transformation de la matière nébuleuse, si des étoiles se forment encore par sa condensation.

TEMPS VRAI ET MOYEN. Le temps est pour nous, suivant la définition de Laplace, l'impression laissée dans la mémoire par une succession d'événements dont l'existence nous paraît certaine.

Sa mesure est généralement indiquée par les mouvements uniformes de certains corps animés de la même force; ainsi les oscillations d'un pendule peuvent marquer la durée des secondes, des minutes et des heures. La rotation de la terre, ou le retour apparent du soleil au méridien de chaque lieu, donne le jour astronomique.

Son retour au même équinoxe ou au même solstice indique la durée des saisons et celle des années tropiques formées de 365^j, 242217 solaires (365^j 5^h 48^m, 47^{s}551.) L'année sidérale, c'est-à-dire le retour du soleil à la même étoile, compte un jour de plus, en sorte que le jour solaire moyen équivaut à 1^j 3^{m}56^s,555 de temps sidéral.

Bien des gens croient encore que le soleil est le meilleur régulateur du temps, et qu'une montre doit se régler sur un cadran solaire. C'est le contraire qui est la vérité; car une bonne montre ne doit s'accorder avec le midi marqué par cet astre que quatre jours par année, savoir : les 15 avril, 15 juin, 1er septembre et 25 octobre, époques auxquelles le temps *moyen* est le même que le temps *vrai*. Cette différence provient en réalité du mouvement de la terre, qui s'accélère ou se ralentit alternativement, en s'approchant ou s'éloignant du soleil : il en résulte que le midi vrai, c'est-à-dire le moment où le soleil paraît chaque jour à son plus haut point sur l'horizon de chaque lieu, n'est pas le milieu du jour; tandis qu'une horloge bien réglée marquant 86,400 oscillations dans vingt-quatre heures, doit diviser l'année comme le jour, en temps moyen, ou en fractions parfaitement égales.

On peut cependant user des cadrans solaires pour régler les pendules; mais il faut savoir de combien alors le temps vrai retarde ou avance sur le temps moyen.

Pour mieux comprendre cette différence, il faut se rappeler que la terre, tournant autour du soleil en 365^j,242217 dans une orbite un peu elliptique, est animée d'une vitesse tantôt plus grande, tantôt plus petite que la vitesse uniforme avec laquelle cette trace, à peu près circulaire, pourrait se parcourir dans le même espace de temps qui constitue ce qu'on appelle l'*année tropique*.

Si maintenant on suppose qu'une autre planète, ou tout autre corps, partant du même point, vienne à décrire l'orbite terrestre avec une vitesse régulière, l'arc diurne parcouru par ce mobile fictif sera de 59′ 8″ 3, ou de la même valeur que l'arc décrit par la terre aux jours précédemment indiqués.

A toute autre époque, ce mobile régulier devancera ou suivra notre planète, à une distance qui, réduite en temps, pourra donner jusqu'à 14ᵐ 32ˢ d'avance dans le premier cas, et jusqu'à 16ᵐ 17ˢ de retard dans le dernier.

Il ne s'agit plus que d'appeler *temps vrai* celui réellement marqué par le milieu de l'arc diurne et variable décrit par la terre, et *temps moyen*, celui invariable que décrirait uniformément, chaque jour, le mobile supposé.

En substituant les apparences à la réalité, le *temps vrai* serait donné par le passage du soleil au méridien, et le temps moyen, par le moment auquel le mobile fictif arriverait le même jour au même point du ciel, si, au lieu d'être en mouvement avec la terre, on le suppose marchant avec le soleil.

C'est ainsi que les annuaires indiquent encore les différences entre le temps comme on le comptait autrefois, et le temps plus rationnel adopté généralement aujourd'hui pour toutes les horloges.

Le temps *sidéral* donné par les étoiles est régulier comme la rotation de la terre qui le produit; il se compte de 0 à 24 heures à partir du moment où le signe ♈, marquant l'équinoxe du printemps, passe au méridien supérieur de chaque lieu.

Le temps moyen est égal au temps vrai, plus l'équation du temps; donc le midi moyen précède toujours le midi vrai.

Quand même on dit, par exemple, que le 26 octobre 1856 il est 11ʰ 44ᵐ à midi vrai, il est évident que 16ᵐ après, lorsqu'il sera *midi au temps moyen, le midi vrai* sera précédé alors par le midi moyen.

Une durée sidérale se réduit en durée moyenne, si l'on retranche de celle-ci 3ᵐ 55ˢ 901 par jour; et réciproquement on convertit le temps moyen en temps sidéral, en ajoutant à celui-ci la même fraction de temps, ou la quantité dont le soleil paraît retarder chaque jour sur les étoiles. Ainsi une seconde de temps moyen vaut 1ˢ 002740 de temps sidéral.

Les degrés célestes s'évaluent chacun à quatre minutes approximativement, ou à une heure de temps pour 15 degrés; donc une

ville située à 10° de longitude d'un autre point compte quarante
minutes de plus ou de moins à ses horloges, selon qu'elle est à l'est
ou à l'ouest du point de comparaison. Londres, par exemple,
étant à 2° 25' à l'ouest du méridien de Paris, la montre bien réglée d'un voyageur parti de la première ville doit être en avance
d'environ dix minutes à son arrivée dans notre capitale (9^m,2063,
selon les expériences faites au moyen du télégraphe électrique
entre les observatoires de Paris et de Greenwich.) *Voyez* HEURE,
VRAI, MOYEN, etc., etc.

TERRE (LA), ♁. La planète que nous habitons n'a que la
1,384,000^e partie du volume du soleil ; mais, comme celui-ci est
quatre fois moins dense, leur masse comparative n'est que dans la
proportion de 1 à 355,000, et leur diamètre comme 1 est à 112.

Malgré les apparences contraires à la réalité, on sait généralement
aujourd'hui que le soleil ne tourne pas autour de la terre. On dit
bien encore, comme autrefois : Le soleil se lève ou se couche à telle
heure ; le soleil entre dans le signe du Bélier à l'équinoxe du printemps ; le soleil parcourt l'écliptique, etc., etc. On ne doit voir
dans ces locutions (dont peut-être le Bureau des Longitudes a tort
de donner l'exemple) qu'un moyen de faire matériellement comprendre les phénomènes réels.

Les bornes de l'horizon, la courbure des eaux, la vue des mâts
et des clochers avant qu'on puisse distinguer la masse des vaisseaux
et des monuments, les voyages autour du monde sont autant de
preuves de la sphéricité de notre planète ; mais il était plus difficile
de prouver sa rotation sur elle-même et sa translation dans l'espace.

D'après Théophraste, Cicéron écrivait cependant : Nicétas enseigne que tous les astres sont en repos, et que la terre seule est en
mouvement autour de son axe.

Avant l'heureuse découverte qui démontre matériellement l'un
de ces mouvements, dont l'autre (selon les lois de la mécanique)
est la conséquence nécessaire, le simple bon sens suffisait pour
comprendre qu'un astre quatorze cent mille fois plus grand, que
des planètes quatorze cents fois plus considérables, ne pouvaient
tourner en un seul jour, avec des vitesses inimaginables, autour
d'un corps comparativement aussi faible que la terre.

Mais quand on a pu mesurer la vitesse de la lumière, et savoir
que les rayons émis par les étoiles les plus voisines emploient
tout au moins trois ans à nous parvenir, la raison s'est révoltée

contre les anciennes croyances qui admettaient aveuglément la circulation impossible de tout l'univers autour de nous, et l'évidence scientifique a triomphé des illusions comme des préjugés.

D'un consentement unanime, on a laissé tourner la terre, comme Galilée, Copernic, et, vingt-quatre siècles avant eux, les philosophes de la Grèce, de l'Égypte et des Indes le démontraient *à qui savait ou voulait les comprendre*.

Si l'astronomie a replacé la terre au rang plus modeste qu'elle occupe maintenant dans notre monde solaire, elle nous en a dédommagés par les découvertes qui ont ajouté tant de merveilles au spectacle de l'univers.

Notre demeure, qu'on croyait une surface plate d'une étendue bornée, se trouve un globe suspendu, où des continents nouveaux et des mers immenses se succèdent sans aucunes lacunes, emportés avec une vitesse de 30,000 mètres 7 lieues 1/2 environ par seconde, en outre du mouvement rotatif qui fait décrire à l'équateur la moitié de cette courbe par minute.

En circulant ainsi autour du soleil en 365^j, 25,971 ($6^h\ 9^m\ 10^s 75$), notre planète conserve l'axe de sa rotation incliné de 66° 38′ sur la trace de l'écliptique.

Cet axe est lui-même assujetti à un mouvement elliptique autour des pôles de rotation, et dont la période est d'environ dix-neuf années.

Enfin notre planète, si immobile en apparence, éprouve encore un *quatrième mouvement* qui fait alternativement incliner ou relever son axe de rotation sur la trace de l'écliptique, dans une période de vingt-six mille années. *Voyez* NUTATION, OBLIQUITÉ.

Le rayon moyen de la terre est d'environ 672 myriamètres (1,685 lieues). Sous l'équateur, ce rayon a près de deux myriamètres de plus que sous les pôles, ce qui répond à un aplatissement d'environ $\frac{1}{300}$ de notre sphéroïde, dont la surface a environ six millions de myriamètres carrés.

La densité moyenne du globe, en supposant qu'elle croisse proportionnellement de la surface au centre, serait cinq fois plus forte que celle de l'eau.

Le quatorzième pic de l'Himalaya, élevé de 8,580 mètres, ne représenterait proportionnellement qu'une tête d'épingle sur un globe ayant sept mètres de rayon. Les plus grandes profondeurs connues ne font pénétrer dans l'intérieur de la terre que jusqu'à 18,000 mètres.

La profondeur de la mer a été sondée récemment jusqu'à $13{,}643^m$

dans l'océan Austral, vers le 36° de latitude, à 40° environ de longitude de Paris.

Dans son mouvement de translation autour du soleil, la terre décrit une orbite dont l'excentricité est de $\frac{168}{10,000}$ (environ $\frac{1}{60}$); c'est-à-dire qu'à son aphélie sa distance au soleil étant de 39 millions de lieues, au périhélie cette distance est de 37,700,000 lieues, ou de 1,300,000 lieues de moins au solstice d'hiver qu'au solstice d'été : la distance moyenne est donc de 38,300,000 lieues.

La parallaxe d'où l'on a déduit ces distances est de 8″,62, et de 8″,58 sous les pôles, en raison de l'aplatissement du globe. *Voyez* MOUVEMENTS, OBLIQUITÉ, ROTATION, FIGURES DES PLANÈTES.

THALÈS. Philosophe, né à Milet 641 ans avant notre ère, et chef de l'école ionienne, la première des trois qui fleurirent dans la Grèce.

Voyageant en Égypte pour s'instruire, ce fut lui cependant qui apprit aux prêtres de ce pays à mesurer la hauteur des Pyramides par la longueur des ombres qu'elles portaient au soleil.

A son retour, il enseignait que la terre était ronde et divisée en cinq zones; que les étoiles étaient des planètes enflammées; que la lune ne recevait sa lumière que du soleil, etc., etc.

Il fit connaître, d'après la période sacrée des Chaldéens, nommée *saros*, qu'une éclipse de soleil aurait lieu dans l'année, mais sans en préciser l'instant. Suivant les calculs rétrospectifs des astronomes modernes, elle a dû avoir lieu le 28 mai 585 avant J. C. Les mêmes calculs indiquent aussi le lieu pour lequel cette éclipse a dû être totale. On peut aussi connaître la place où la bataille entre les Mèdes et les Grecs a dû s'effectuer, puisque c'est pendant cette bataille que l'éclipse a été remarquée.

Thalès expliquait les causes de ces phénomènes, ainsi que l'obliquité de l'écliptique produisant les saisons.

On lui a attribué l'invention des cercles de la sphère céleste, ainsi qu'une représentation de l'état du ciel, reconnue depuis comme antérieure à son siècle, et par conséquent comme n'étant pas le résultat de ses propres observations.

THALIE. Petite planète trouvée le 15 décembre 1852 par M. Lind, et ayant l'apparence d'une étoile bleuâtre de 10ᵉ grandeur.

Elle circule en 1454ʲ 4ʰ environ entre Irène et Eunomia, dans une orbite très-excentrique et inclinée de 10″ 14′ sur l'écliptique, à une distance de 2,625878 du soleil (celle de la terre étant l'unité). L'étendue de son mouvement diurne est de 833″,8635.

THÉMIS. Petite planète trouvée, le 6 avril 1853, par M. de Gasparis, à l'observatoire de Naples.

L'apparence de cet astéroïde, qui est le 25ᵉ dans l'ordre des découvertes, est celle d'une étoile de 10ᵉ grandeur; l'inclinaison de son orbite sur l'écliptique n'est que de 0° 49′ 26″, en sorte qu'elle est presque parallèle à cette ligne. Son mouvement moyen diurne étant de 637,2174, donne 1825 1/5 pour le temps de sa révolution annuelle. Sa distance au soleil est proportionnellement de 3,141564.

THÉODOLITE. Instrument d'observation inventé par Reichenbach, dont le nom est dérivé de deux mots grecs qui signifient *voir* et *distance*. Il se compose de cercles gradués perpendiculaires entre eux; de lunettes qui y sont fixées; de niveaux à bulles d'air pour vérifier si l'axe de cet instrument est vertical, et si par conséquent le cercle horizontal lui est exactement perpendiculaire; et enfin de *verniers* indiquant sur le limbe des deux cercles les plus petites divisions de degré.

Le cercle horizontal sert à mesurer les azimuts.

Les résultats d'observations faites alternativement sur les deux cercles se corrigent en prenant leur moyenne, qui alors est très-exacte.

THÉORÈME. En astronomie, comme en toute autre science, on appelle ainsi l'exposition de vérités théoriques pouvant se démontrer.

Citons pour exemple le théorème de *Lagrange*, considéré comme la grande charte de notre système : « La masse de chaque planète « étant multipliée par la racine carrée du grand axe de l'orbite, et « le résultat, par le carré de la tangente de l'inclinaison sur un plan « fixe, le total de ces produits sera constamment le même, quelle « que soit l'influence de leurs attractions mutuelles. »

Il ressort de ce beau théorème que la stabilité du système solaire, dont nous faisons partie, est indéfiniment certaine, et n'est sujette qu'à des perturbations périodiques ou à de légères modifications partielles qui n'altèrent en rien les bases constitutives aujourd'hui reconnues.

THÉORIE DE LA TERRE. C'est à la science géologique à rechercher et à nous dire comment, de son état de fluidité primitive,
notre globe est successivement parvenu à son état actuel.

L'astronomie cherche à pénétrer plus loin dans le mystère des
transformations et dans les causes physiques qui ont pu lancer
dans l'espace tous les corps de notre système solaire.

Descartes croyait la terre un soleil éteint et encroûté; les cinquante-cinq planètes ou satellites connus aujourd'hui seraient donc
aussi des astres successivement éteints : mais alors comment le hasard aurait-il pu mettre tous ces corps en mouvement dans le même
sens et la même direction?

Les théories plus scientifiques de Buffon et de Laplace ont été
exposées dans l'Introduction de cet ouvrage avec celles de l'auteur;
à défaut des preuves mathématiques qu'on ne peut apporter dans
un tel sujet, la vraisemblance et le caractère de probabilité doivent
décider du mérite de ces conjectures, et marquer leur place dans
la science. *Voyez* l'Introduction, deuxième partie.

THERMOMÈTRE. Cet instrument, inventé par Galilée et fort usité
dans la vie civile, est aussi utile aux astronomes pour avoir la température des lieux d'observation, afin d'en rectifier la hauteur, indiquée par celle du mercure dans le baromètre.

Ces thermomètres, dont l'académie *del Cimento* fit construire un
grand nombre, et dont une caisse fut retrouvée à Florence cent
cinquante ans après leur confection, avaient été d'abord fort répandus en Italie; mais un peu plus tard la cour de Rome les fit détruire,
ainsi qu'une grande partie des recueils d'observations qui avaient
été faites avec leur secours. On reconnut donc, en 1828, qu'ils étaient
divisés en 50 parties; que leur zéro correspondait à la division
indiquant 15° au-dessous de glace dans celui de Réaumur, le 50°
degré au 44° de ce dernier, et le 13°,5 à la glace fondante.

Cette échelle, au moyen de laquelle on put comparer les observations échappées au zèle des inquisiteurs avec les observations modernes, fit reconnaître qu'en Toscane, par exemple : de 1655 à 1670,
les hivers étaient moins froids et les étés moins chauds qu'aujourd'hui.

On emploie aussi le thermomètre pour apprécier les phénomènes
de réfraction, la densité de l'air dans le tube des lunettes, et faire
ensuite les corrections nécessaires dans les résultats.

10° du thermomètre centigrade équivalent à 8° Réaumur, et à 50°
du thermomètre anglais de Fahrenheit, dont 32° marquent le zéro du

centigrade ; son 14ᵉ degré équivaut à notre 10ᵒ au-dessous de 0ᵒ, ou à la température de la glace fondante ; le zéro Fahrenheit, à — 17ᵒ78 centigrades ; — 4ᵒ = 20ᵒ centigrades. 96ᵒ Fahrenheit, correspondant à 35ᵒ 1/2 environ, expriment la plus basse température éprouvée à Paris en juillet 1852. En résumé, la différence entre les degrés de Fahrenheit et les degrés centigrades se compte par 0ᵒ 55 1/2 pour chaque degré centigrade ; ainsi, au thermomètre de Fahrenheit, 0 égalant 17ᵒ : 78, centigrade, — 13ᵒ, température du 6 février 1855 à New-York (même latitude que Paris), indiquent qu'on y éprouvait un froid de plus de — 25ᵒ centigrades.

Il a d'ailleurs été reconnu qu'avec le temps les meilleurs thermomètres deviennent faux en marquant 1ᵒ et même 1ᵒ,5 *plus* élevé que la température réelle, en sorte que, par exemple, ils indiquent au 1ᵒ,5 de 0, terme de la glace fondante, + 1ᵒ et jusqu'à +1ᵒ,5 ; au lieu de + 1ᵒ, ils marquent + 2ᵒ ou 2ᵒ,5, etc., etc.

Le *thermomètre naturel* ou *végétal*, appliqué à la recherche de la température ancienne d'un pays ou de contrées différentes, résulte des indications conservées sur leurs cultures et leurs productions végétales, comparées à l'époque actuelle. *Voyez* TEMPÉRATURE.

THÉTIS. C'est le 16ᵉ astéroïde trouvé, le 17 avril 1852, par M. Luther ; il a l'apparence d'une étoile de 10ᵉ grandeur, circulant entre Victoria et Vesta, en 1420ʲ.3ʰ 12ᵐ, dans une orbite inclinée de 5ᵒ 35′ 28″ sur l'écliptique, avec une excentricité de 0ᵒ,1267732. Sa distance au soleil est représentée, relativement à celle de la terre, par 2,47360.

TRADITIONS. Un écrit d'Aristote, cité par Censorin, mais qui ne s'est pas retrouvé, dit que l'hiver de *la grande année* est un déluge, et l'été un incendie.

Bérose, auteur chaldéen, annonce, suivant Sénèque, que la terre sera réduite en cendres quand tous les astres errants correspondront à la première étoile du Cancer, et submergée quand ils seront sur une seule ligne avec le Capricorne.

Ces idées fort anciennes avaient, dit-on, fait construire en Asie des pyramides sur lesquelles étaient gravées les connaissances humaines ; les unes étaient de briques, pour les préserver du feu, et les autres de pierres, pour les préserver de l'eau.

La tradition des quatre âges du monde, figurés par le siècle d'or, celui d'argent et ceux d'airain et de fer, était aussi généralement répandue dans l'Orient; elle devait être mesurée par ces longues périodes usitées chez tous les anciens peuples, et qui ne peuvent s'établir qu'à la suite d'observations séculaires.

Les révolutions successives du globe, l'anéantissement ou la dispersion qu'elles ont occasionnés dans les populations déjà formées; ont rendu fort différentes les traditions sur l'origine du monde. En outre de la confusion produite par le laps de temps plus ou moins grand dont on composait les années, chaque peuple reconstitué a voulu faire remonter fabuleusement sa formation.

Sans parler des traditions chrétiennes (en dehors de toute controverse), les Égyptiens, les Perses, les Indiens et les Chinois assignent à la création de la terre des dates qui ne s'accordent nullement entre elles, et que démentent les calculs de la science comme les observations de la géologie moderne.

Les chronologistes religieux se contredisent également dans la supputation des temps qui, selon les récits de Moïse, ont précédé ou suivi le déluge de Noé. Depuis la naissance de J. C., ils comptent même *une année de trop* jusqu'à sa mort, en faisant figurer (contre l'exactitude astronomique) la première année pour une unité; ce qui porte à trente-trois ans la durée de sa vie, au lieu de trente-deux ans !

Quelques auteurs ont cité des *traditions astronomiques* apportées en Asie par les peuples descendus du nord ou des montagnes; mais elles se sont corrompues, ou bien elles étaient fort imparfaites, si l'on en juge sur les notions transmises aux Grecs par les corporations religieuses de l'Orient et même par l'école d'Alexandrie.

THUBAN. Belle étoile tertiaire, indiquée α dans la constellation du Dragon, placée entre les gardes de la petite Ourse et la dernière étoile de la queue de la grande Ourse. *Voyez* DRAGON.

TOURBILLONS. Le système imaginé par Descartes a été longtemps adopté comme donnant une explication satisfaisante des mouvements des corps célestes alors connus. Cet illustre mathématicien supposait une immense quantité de matière tournant autour d'un centre commun, en sorte que les molécules plus éloignées marchaient avec une vitesse proportionnelle à l'espace qu'elles avaient à parcourir comparativement avec les molécules les plus voisines du soleil. Cette matière subtile emportait toutes les planètes dans le même sens, comme tous les corps légers sont emportés par le vent dans la même direction. Les satellites étaient entraînés par le tourbillon particulier de chaque planète autour d'elle, et notre tourbillon solaire tournait comme tous les autres autour du centre de l'univers.

L'observation des comètes ayant fait reconnaître qu'elles marchaient dans toutes les directions, le système des tourbillons n'a pu résister davantage à ses adversaires, et l'attraction newtonienne a depuis réuni tous les suffrages.

TRAMONTANE. On donnait autrefois ce nom à l'étoile polaire, comme le meilleur point pour s'orienter la nuit; c'est pourquoi l'on dit de quelqu'un qui se fourvoie : qu'*il perd la tramontane.*

TRANSLATION. Selon les lois de la mécanique, un corps frappé hors de son centre de gravité tourne sur lui-même, et acquiert, de plus, un mouvement dans une courbe proportionnelle à la force de projection, et dépendant aussi du point de la surface où l'impulsion a été produite.

Bernoulli, admettant qu'un choc a lancé la terre dans l'espace, a calculé qu'en raison de la vitesse rotative et du mouvement de translation, le point d'impulsion a dû être près du centre, à environ la cent soixantième partie de son rayon, c'est-à-dire à 4 myriamètres (10 lieues) du centre de gravité.

Cette translation de 365^j 1/4 autour du soleil, qui a lieu d'occident en orient, dans un *plan oblique* et sur un *axe incliné*, produit les saisons.

La translation du soleil emportant dans l'espace tous les corps qu'il retient dans son attraction est maintenant un fait reconnu; la vitesse de ce mouvement est évaluée à 28,000 myr. par jour, ou environ 50 lieues par minute.

TRANSPARENCE. La transparence des corps tient à l'arrangement de leurs molécules à travers lesquelles les vibrations lumineuses ont la faculté de passer, sans que la différence de réfrangibilité des rayons colorés vienne à se manifester.

Relativement à la réfraction, cette disposition de la matière est comme le poli des surfaces dans les phénomènes de la réflexion.

Aucun corps ne se laisse d'ailleurs traverser par la lumière blanche sans en retenir une certaine portion; Rumford avait trouvé qu'un verre bien poli, d'une épaisseur ordinaire, ne laissait passer que les 4/5e des rayons lumineux qui le traversaient; Herschell n'a trouvé qu'un dixième de perte pour un verre d'optique d'une faible épaisseur, en sorte que, plus les verres sont épais et convexes plus la déperdition de lumière est considérable.

La transparence de l'atmosphère dépend de la quantité ou de la nature des vapeurs qui y sont tenues en suspension; elle est bien différente pour le même observateur, selon qu'il dirige sa vue vers l'horizon ou le zénith, parce que, dans le premier cas, les couches de l'atmosphère qui l'environne sont beaucoup plus étendues; c'est ce qui donne aux astres qui se lèvent ou qui se couchent, *une apparence* plus grande que lorsqu'ils sont à une certaine élévation. C'est aussi l'une des raisons qui font établir les observatoires aux lieux les plus élevés.

Chacun a pu remarquer aussi, que l'apparition des montagnes éloignées qui ne sont pas ordinairement visibles, est le présage d'une pluie prochaine; cette pureté apparente de l'atmosphère indique qu'en réalité elle est chargée de globules aqueux dont les réfractions multipliées font l'effet d'un verre de lunette. Ainsi, lorsque de Lyon on voit distinctement le mont Blanc ou la chaîne des Basses-Alpes, on est presque assuré de la pluie pour le lendemain.

Les planètes entourées d'atmosphères ont toujours leurs bords mal définis, à cause des couches plus épaisses que leur lumière réfléchie doit traverser pour nous parvenir.

Arago a ainsi expliqué la cause de la disparition des taches de Mars vers les bords de son disque, de même que la diminution progressive de la teinte rouge qui s'aperçoit au centre de cette planète.

La transparence de l'anneau obscur de Saturne est un fait établi par les récentes observations du capitaine Jacob à Madras et de M. Lasell à Malte, puisque à travers cet espace intermédiaire on peut apercevoir, avec une teinte plus grise, les bords de la planète.

Il faut que la *transparence* de l'espace, et de l'éther qui le remplit, soit bien grande pour nous laisser apercevoir les corps lumineux les plus éloignés, qui néanmoins perdent de leur intensité proportionnellement à leurs distances.

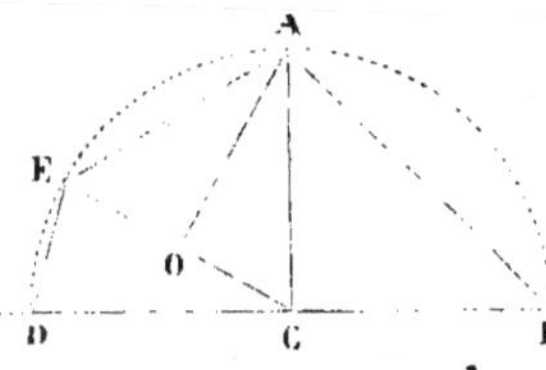

TRIANGLE. Espace renfermé entre trois lignes, et dont les propriété sont fort utiles en astronomie.

Le triangle AEC (figure ci-contre), dont les côtés sont égaux, est équilatéral; le triangle ECD, qui n'a que deux côté semblables, est dit *isocèle;* le triangle *scalène* AOC a ses trois côtés inégaux.

Les trois angles de tout triangle rectiligne valent 180°; donc, si l'on connaît la mesure de deux angles, on a la valeur du troisième. Dans un triangle *rectangle*, ACB étant un angle droit ou de 90°, si l'on a la mesure d'un second, le troisième est connu, puisque sa mesure est le complément de 90°. Le côté le plus grand AB est celui qu'on appelle *hypothénuse*, ou celui dont le carré vaut la somme des deux autres.

Deux angles d'un triangle étant égaux, les côtés qui leur sont opposés sont aussi égaux, et réciproquement.

De ces éléments géométriques, et de quelques autres qui en sont les conséquences, on déduit les distances, la position et le diamètre des objets les plus éloignés, et même des astres à la terre.

Le *Triangle boréal* est une petite constellation située au-dessus du Bélier; son étoile la plus remarquable est une tertiaire α, qui est double, et marque vers les Poissons le sommet de cette figure. *Voyez* ANGLE, PARALLAXE.

Le Triangle austral est l'une des constellations les plus voisines du pôle de ce nom, entre l'Autel et la Croix du Sud. (*Voyez* planche 2.)

TROPIQUE. On désigne ainsi les situations de la terre dans son orbite aux points les plus écartés du plan équatorial du soleil et entre lesquels ses ascensions droites sont renfermées. Cet astre paraît décrire pour nous son parallèle le plus grand dans la région supérieure du ciel, indiquée par le *tropique du Cancer*, et six mois après, le plus petit, dans la partie inférieure, indiquée par le *tropique du Capricorne*.

La distance de ces tropiques à l'un ou l'autre pôle est de 66° 32′, et l'inclinaison à l'équateur, de 23° 28′, complément de 90°. A la surface de la terre, les lignes correspondant à ces plans se désignent aussi par le même nom.

L'année tropique, c'est-à-dire le temps que le soleil paraît employer pour se retrouver au même point du ciel, est de 366ᴶ 5ʰ 48ᵐ 47ˢ, 55 en temps sidéral.

TYCHO-BRAHÉ. Astronome danois, né le 13 décembre 1546, et mort quelques années avant l'invention des lunettes.

On lui doit cependant de nombreuses observations faites pendant vingt et une années dans l'île de Huen, où il avait fait bâtir un observatoire, sous la protection de Frédéric II. Ces observations, admirables d'exactitude, ont grandement aidé les découvertes de Képler.

A l'occasion d'une étoile qui parut tout à coup dans Cassiopée, en 1572, Tycho-Brahé, ainsi qu'Hipparque l'avait fait dans son temps, entreprit un catalogue de ces astres, dont il détermina la position de plus d'un millier, avec une précision surprenante pour une époque antérieure à la vision télescopique.

Cet astronome, qui croyait fermement à l'astrologie, combattit malheureusement le système de Copernic, et voulut en faire un autre, qui compliquait encore les erreurs de celui de Ptolémée, pour en faire accorder les mouvements avec les intervalles des sons musicaux.

Le ministre du successeur de Frédéric lui ayant fait défendre de continuer ses observations, il se retira à Prague. où il mourut à l'âge de cinquante-sept ans.

U

ULUG-BEG. Ce roi d'une province orientale de la Perse naquit à Sulchanieh en 1394, et s'adonna de bonne heure à l'astronomie. Il fit bâtir un observatoire à Samarcande, où il s'occupait assidûment des choses célestes. Il mesura l'obliquité de l'écliptique, qu'il détermina à 23° 30′ 17″. C'est l'auteur des quatre tables astronomiques dites *Royales*, au moyen desquelles on calcule encore en Orient les latitudes et les longitudes. Il croyait à l'astrologie, et, pour éviter le sort dont les astres le menaçaient, par l'un de ses fils, il fut trahi par un autre qui le fit assassiner, après l'avoir battu et fait prisonnier en 1449.

UNITÉ DE RAPPORT. Afin d'éviter une longue suite de chiffres qui devraient exprimer les rapports de mesure entre les corps célestes, on emploie, pour *unité comparative*, une quantité généralement reconnue comme exacte.

C'est ainsi qu'on fait en physique lorsqu'on prend la pesanteur de l'air ou de l'eau distillée, pour la comparer aux gaz, aux vapeurs, aux liquides, et même à toutes substances simples ou composées.

Le diamètre, le rayon, le volume, la densité de la terre et la pesanteur à sa surface, servent d'unités pour apprécier les mêmes éléments dans les autres planètes, ainsi que ceux de notre soleil;

la masse de celui-ci est prise pour unité, quand on lui compare tous autres corps.

Le rayon moyen de l'orbite, c'est-à-dire la distance de la terre au soleil, est l'unité choisie pour rapporter les distances de toutes les planètes à ce foyer commun de lumière : ainsi 1 étant ce rayon de 15 millions 1/5 de myriam., 1,52 représenteront la distance de Mars au soleil, ou 23 millions de la même mesure; 5,20, indiquant la distance de Jupiter au soleil, donneront 79 millions de myriam., etc.

Mais, pour exprimer la distance prodigieuse des étoiles, cette unité était encore trop petite, puisqu'elle exigeait au moins dix chiffres pour indiquer la distance des plus rapprochées.

John Herschell, considérant que les observations et les calculs des astronomes modernes ne donnaient à aucune étoile une seconde de degré de parallaxe, c'est-à-dire une distance que la lumière ne peut franchir *en moins de trois ans et demi*, a proposé de prendre cette mesure pour *unité parallactique*.

C'est l'étoile α du Centaure qui approche le plus de cette unité, sa parallaxe étant de 0″,913, ou environ 10/11e de seconde. Une telle fraction exprime que sa lumière emploie 3 ans 1/2 plus 1/11e, c'est-à-dire 45 mois à nous parvenir.

Sirius ayant 0″,230 pour parallaxe (moins d'un quart de seconde), sa distance est ainsi représentée par une fraction de l'unité parallactique exprimant plus de quatre fois 3 ans 1/2, c'est-à-dire 14 ans, durée nécessaire pour que la lumière émise par cette étoile puisse arriver jusqu'à la terre.

L'étoile polaire, dont la parallaxe est 0″,067 ou 1/15e de seconde, a pour mesure 15 unités conventionnelles de 3 ans 1/2 ou 52 ans 1/2, temps employé par ses rayons pour nous parvenir.

On voit par ces exemples que les distances ainsi représentées augmentent proportionnellement, à mesure que diminue la fraction de l'*unité parallactique*. Donc, si des étoiles pouvaient supporter des parallaxes de 2 et de 3″, elles seraient alors à une distance deux et trois fois moins grande que la distance indiquée par 1 ; en d'autres termes, leur lumière ne mettrait que 22 mois 1/2 et 15 mois à nous parvenir.

UNIVERS. Depuis que le véritable système du monde présenté par Copernic a été reconnu par les autorités scientifiques et religieuses; depuis surtout que la découverte des lunettes a permis à Galilée d'observer les phases de Vénus, les quatre lunes de Jupiter, les taches et la rotation du soleil, ainsi que la prodigieuse quantité des étoiles composant la Voie lactée, chaque siècle a amené la connaissance de nouveaux corps célestes, soit dans les limites de notre monde particulier, soit dans les champs infinis de l'espace, où ce monde n'occupe relativement qu'une très-petite place.

Des étoiles innombrables, inconnues aux générations précédentes ; des nébuleuses de toutes les formes, pépinières inconcevables d'astres lumineux en voie de concentration ; des milliers de soleils doubles, triples, quadruples et de toutes couleurs, en relations mutuelles, comme le sont avec le nôtre les nombreuses planètes circulant autour de lui, donnent *à l'univers* des proportions qui dépassent toute idée.

Les merveilles de la création ne se bornent plus à notre petit globe et aux deux luminaires chargés d'éclairer ses jours et ses nuits ; ce qu'on appelait autrefois le monde n'est qu'une faible portion du grand œuvre et de l'ensemble qui fait de l'Univers un spectacle digne d'un Créateur. *Voyez* MONDE.

URANIE. Petite planète découverte, le 22 juillet 1854, par M. Hind, et la 30ᵉ de la série ; elle circule, comme tous les autres astéroïdes, entre Mars et Jupiter, à la distance de 2,3656, dans une orbite inclinée seulement de 2° 5′26″ sur l'écliptique.

La durée de sa complète révolution est d'environ 1328ʲ, et son mouvement moyen diurne, de 975″,20.

URANOGRAPHIE. C'est particulièrement la science ou la description des cieux. L'astronomie, dans un sens plus général, s'occupe d'objets ayant des rapports plus ou moins directs avec les mouvements, la nature et les dimensions des corps répandus dans l'univers.

Une *machine uranographique* est un appareil qui représente matériellement la sphère céleste, la rotation du soleil, le mouvement des planètes, des satellites, et même des ·corps cométaires.

URANOLOGIE. Ce mot a la même signification que celui ci-dessus ; il est employé par M. de Humboldt à la description de ce que nous connaissons dans les espaces célestes, soit sous la forme de globes, soit en ce qui concerne la matière qui les remplit, quel que soit son état de concentration.

34.

URANOMÉTRIE. Cette partie de la science astronomique a pour but la mesure des distances entre les corps célestes, au moyen de la trigonométrie sphérique ou de triangles de différente nature.

URANUS, ♅. W. Herschell, ayant découvert cette planète, le 13 mars 1781, en recherchant les étoiles doubles, l'avait annoncée d'abord comme une comète ; mais Saron, géomètre français, prouva la nature de ce nouvel astre en donnant les vrais éléments de son orbite, qui ne pouvaient se rapporter à la marche d'un corps cométaire.

Plusieurs astronomes l'ayant observé en 1690, 1715, 1753 et 1769, avec des lunettes trop faibles pour en faire ressortir le disque, l'avaient noté comme une étoile de neuvième grandeur. Mayer l'avait comprise dans son catalogue sous le n° 964.

Le volume de cette planète est quatre-vingt-deux fois celui de la terre ; mais sa densité est quatre fois et demie moins grande. Son diamètre réel a 4 fois 1/3 celui de notre globe, et son diamètre apparent, 4″ seulement.

Uranus décrit en 84 ans 5ʲ 19ʰ 42ᵐ, autour du foyer commun, un orbe elliptique dont le rayon moyen est 19 fois 1/5 la distanc de la terre au soleil, soit 288 millions de myr. (730 millions de lieues), donnant une vitesse de translation de 6,800ᵐ par seconde.

L'axe de rotation de cette planète étant incliné de 0° 46′ 1/2 sur l'écliptique, ses pôles sont toujours tournés vers nous, ce qui empêche de mesurer leur aplatissement avec exactitude. Cette compression a été évaluée par Madler à 1/10, et doit être proportionnelle à la vitesse de rotation, encore inconnue, mais qu'on estime à environ 10 heures, comme pour Jupiter et Uranus. Elle ne serait que de 7ʰ 1/4, si cette planète était d'une nature homogène. — Ce sont les anomalies observées dans le mouvement de cette planète qui ont fait rechercher dans l'attraction d'une planète inconnue la cause des perturbations qu'on ne pouvait expliquer par l'attraction de Saturne et de Jupiter. La découverte de Neptune a récompensé M. Leverrier des immenses calculs entrepris seulement pour se rendre compte de l'action perturbatrice dont les effets étaient évidents, mais dont la cause restait à trouver.

Herschell, au moyen de son grand télescope, a pu observer six satellites à cette planète ; mais, depuis, on n'avait revu distinctement que les satellites indiqués comme les deuxième et quatrième, dont le mouvement presque perpendiculaire, et du nord au sud, paraît en sens inverse de la direction des autres corps célestes. Leurs orbites sont presque circulaires et inclinées de 17° sur l'écliptique.

La durée des révolutions indiquées par. W. Herschell était 5^j 21^h 3/4 environ pour le premier; 8^j 17^h pour le deuxième; 10^j 23^h pour le troisième; 13^j 11^h pour le quatrième; 32^j pour le cinquième, et 107^j 16^h pour le dernier.

En octobre et novembre 1851, M. Lassell a reconnu deux autres satellites plus près de la planète que le premier observé par W. Herschell; la durée de leurs révolutions serait de 2^j 1/2 et 4 jours. Ces deux nouveaux corps ont reçu les noms d'Umbriel et d'Ariel.

Uranus a été pendant plus de trente ans dans une position très-défavorable pour l'observation, de sorte qu'on n'a pu constater convenablement les déclarations d'Herschell sur son système de satellites; mais la révolution sidérale de cette planète la ramènera, dans quelques années, à peu près dans les mêmes circonstances que lors de sa découverte. Tous les astronomes du monde pourront alors éclaircir les doutes existant encore sur les deux satellites reconnus à notre observatoire, ainsi que sur deux autres aperçus par MM. Lassell et Struve en 1847 et 1850, sans qu'il ait été possible de reconnaître le sens de leur circulation. Le 1er a été revu par Lassell et Struve en 1847; le 6e, par Lamout en 1837; le 3e, ar Lassell, mais avec incertitude.

C'est à *Uranus*, fils d'Orus, que les traditions indiennes attribuent les premières notions astronomiques données aux hommes, 4,000 années environ avant notre ère.

V

VARIATIONS. On appelle ainsi les inégalités et les changements qui peuvent s'observer dans le mouvement de tous les corps célestes.

Ainsi la *variation annuelle* s'entend du mouvement de précession qui fait rétrograder continuellement sur la ligne de l'écliptique le point des équinoxes, et qui semble faire parcourir aux étoiles le cercle entier du ciel en 26,000 années environ, soit à peu près 50″ de degré par année.

Par l'effet de ce mouvement apparent, les constellations s'éloignent ou se rapprochent insensiblement des pôles; des étoiles invisibles auparavant sous une latitude viennent y apparaître, tandis que les étoiles opposées cessent de s'y montrer.

Ce déplacement n'est pas de la même quantité pour toutes les étoiles, et dépend de leur position relativement à l'équateur, c'est-à-dire de leur ascension droite et de leur déclinaison. L'étoile polaire se rapproche du point central de 19″,47 par année, ou d'une minute de degré en trois ans. Comme elle en est aujourd'hui à 1° 24′, il lui faut encore 165 ans pour être à 30′ du pôle, dont ensuite elle s'éloignera de plus en plus; β de la même constellation s'en écarte de 14″ 8 par année.

La *variation lunaire* se compose d'une série de perturbations occasionnées par l'attraction combinée de la terre et du soleil dans l'orbite épicycloïdale que la lune décrit autour de nous, à des distances qui varient sans cesse.

Son maximum est de 0°,6611 quand la lune et le soleil sont à une distance mutuelle de 50°; elle est nulle dans les conjonctions et dans les oppositions, ainsi que dans les éclipses. La même cause détermine la révolution rétrograde de ses nœuds; la direction et le balancement de l'axe dans son orbite relativement à l'écliptique, etc.

Il en est de même pour l'orbite de la terre dont les *variations* sont produites par l'attraction du soleil modifiée par celle des autres planètes, et par une cause encore inconnue qui rend incertaine la détermination du périgée.

Aboul-Wefa, l'un des astronomes arabes du dixième siècle, avait découvert cette troisième inégalité lunaire, que Tycho-Brahé fit connaître six cents ans plus tard.

Les *variations magnétiques* paraissent dépendre de la position de la terre relativement au soleil, et peut-être aussi de la périodicité de ses taches, dont l'intervalle serait de 5 ans, moyenne entre les maxima et les minima d'intensité.

VENTS. Une multitude de causes, telles que la décroissance de la température de l'équateur aux pôles; la résistance de l'atmosphère au mouvement de rotation de la terre ; les forces horizontales, auxquelles une théorie nouvelle attribue le phénomène des marées ; les grands courants océaniques circulant autour des continents, etc., modifiées par les circonstances locales et particulières, produisent les agitations et le déplacement de l'air qui nous environne; mais les vents plus habituels et ceux des équinoxes dépendent surtout de la situation de la terre relativement au soleil.

Sous les tropiques, et selon que cet astre paraît parcourir les signes au nord ou au sud de l'équateur ; l'air, constamment dilaté, s'élève et se refroidit sans cesse dans les hautes régions, d'où il est attiré en s'abaissant vers celui des deux pôles *exposé aux rayons solaires ;* constamment aussi, les couches inférieures des régions tempérées se précipitent, pour remplacer à la surface les couches équatoriales qui s'élèvent. La rotation de la terre concourt à l'établissement des courants contraires et réguliers, tel que les *vents alisés* soufflant du S. O. ou du N. O ; ainsi que des *moussons,* qui soufflent *six mois* d'un côté et *six mois* du côté opposé.

On conçoit ainsi que des lieux élevés, tels que le pic de Ténériffe, soient presque toujours frappés à leur sommet de vents très-forts, quand le calme ou des brises contraires règnent à leur base.

En se portant vers les pôles, les courants supérieurs dégagent le calorique dont ils sont chargés ; ce qui donne lieu sans doute, aux phénomènes des aurores boréales.

Comme la période des vents réguliers, et celle des calmes pendant lesquels l'air s'élève constamment sous le soleil, changent successivement selon les latitudes géographiques, il en résulte que les deux zones sans pluies qui existeraient sans ce déplacement apparent du soleil ont, au contraire, pendant un certain temps, soit des pluies tropicales, soit une saison sèche. Ces variations principales déterminent à leur tour celles qui se remarquent aux limites des premières zones, c'est-à-dire dans les régions tempérées. D'autres causes encore occasionnent des combinaisons atmosphériques qui amènent les vents, la pluie ou la sécheresse à la surface de la terre.

Sur les côtes de la mer, les vents du soir ou du matin proviennent de l'inégalité avec laquelle s'échauffent et se refroidissent les surfaces terrestres et la masse des eaux.

Les couches d'air pesant sur les plages se raréfient la nuit, plus que celles au-dessus de la mer ; elles se portent donc le matin vers celles-ci, qui sont *plus dilatées.*

Le soir c'est le contraire, parce que la terre sous les rayons solaires s'échauffe plus que la mer pendant le jour ; la dilatation de l'air, y étant aussi plus forte, attire donc alors les couches *plus rarefiées* qui reposaient sur les eaux.

Ces circonstances, occasionnant une densité différente entre les couches supérieures et les couches inférieures de l'atmosphère, donnent lieu aux phénomènes de mirage, si fréquemment observés vers les plages.

Un effet analogue a lieu sur les grandes surfaces sablonneuses de l'Afrique et des continents échauffés par la présence continuelle du soleil.

Des phénomènes d'aspirations sont remarquables, selon Franklin, lors des ouragans qui ravagent les côtes occidentales des États-Unis, en se propageant *à reculons*, comme s'ils venaient du nord, tandis que c'est vers ce point qu'ils se dirigent.

On a reconnu que des vents partis des côtes occidentales de l'Afrique étaient arrêtés par la rencontre des masses chaudes du Gulf-Stream, qui les rejetaient alors vers les côtes de l'Europe ;

Que même, de chaque coté de ce courant, régnaient parfois des vents contraires venant s'éteindre dans la basse température des eaux tropicales qui les séparaient.

La vitesse ordinaire du vent est d'environ 2 mètres 1/2 par seconde ; mais dans les ouragans elle devient quelquefois vingt fois plus grande, ce qui donnerait encore plus de quatre heures d'avance à une *dépéche électrique* annonçant, à cent lieues de distance, les dangers d'un ouragan qui se propagerait dans cette direction.

La vitesse de certaines comètes, et surtout des queues qu'elles projettent, est encore *dix mille fois* plus considérable que celle de ces ouragans.

VÉNUS, ♀. On disait à Copernic que, si les planètes tournaient autour du soleil, Vénus devait avoir des phases comme la lune. Cette objection fut détruite par les lunettes, au moyen desquelles Galilée put montrer ce phénomène aux incrédules.

Le volume, la masse et la densité de Vénus sont un peu moins considérables que ces mêmes éléments de notre globe ; il en est ainsi de la vitesse de rotation de la première de ces planètes, dont l'atmosphère permet difficilement de distinguer les taches au moyen desquelles on reconnaît la durée de ce mouvement pour d'autres corps célestes. De Vico l'a évalué à $23^h\ 21^m\ 24^s$.

Cette planète circule autour du soleil en $224^j\ 16^h\ 49^m$, à une distance moyenne de 11 millions de myr. (27 millions 1/2 de lieues), dans une orbite presque circulaire et inclinée de $3°\ 23'\ 29''$ sur l'écliptique ; son équateur paraît incliné de 17° sur cette ligne, et ses plus grandes élongations vont à 48°. Mais elle paraît stationnaire lorsqu'elle se trouve à environ 29° du soleil. Son retour aux mêmes positions relativement au soleil est de 584 jours.

La chaleur et la lumière y doivent être deux fois plus intenses que sur la terre. Tous les 19 mois, Vénus est si brillante qu'on la voit en plein jour ; alors son éclat égale vingt fois celui d'une étoile de première grandeur, et projette sur un fond blanc l'ombre d'un corps interposé. Ce maximum d'intensité lumineuse a lieu quand la planète se trouve à 40° environ du soleil, c'est-à-dire soixante-neuf jours avant ou après sa plus grande élongation ; dans cette position son diamètre apparent n'est que de 40″ environ, et la portion du disque éclairé de 10″ seulement, tandis qu'à l'époque de la conjonction inférieure, ou quand la planète est au point de son orbite le plus rapproché de la terre, son diamètre apparent peut s'élever à 63″.

De telles situations se renouvellent à des intervalles de 29 mois environ, mais les circonstances amenant les plus grandes intensités lumineuses ne se représentent qu'après huit années.

Les inégalités de sa surface seraient plus grandes que les nôtres, d'après quelques astronomes estimant ses montagnes à plus de 40,000 mètres ; mais des évaluations modernes ne les portent pas à des hauteurs aussi considérables.

Il existe encore à sa surface une série de taches à formes persistantes, occupant une grande partie du diamètre ; des points plus brillants ont été aussi observés.

Le diamètre apparent de cette planète varie depuis 10″ jusqu'à 63″, surpassant alors le diamètre de toutes les autres planètes, quoique pourtant ce soit le plus difficile à bien déterminer avec les lunettes, à cause de l'éclat de sa lumière. Le diamètre moyen est de 17″, équivalant à 3,150 lieues à son point le plus rapproché de la terre ; sa parallaxe est de 30″ 4 environ. Cette mesure a été obtenue par ses passages sur le soleil en 1761 et surtout en 1769, époque à laquelle ce phénomène a été observé, de vingt-trois stations différentes. Le plus prochain aura lieu le 8 décembre 1874; puis le 6 décembre 1882, avec une périodicité de 105 ans 1/2 et de huit années.

Ces passages ont lieu *de gauche à droite*, sous l'aspect d'une petite tache noire employant 7ʰ 52 à 54ᵐ à traverser le disque solaire, lorsqu'elle passe par le centre.

D'après la durée de sa révolution, l'arc diurne est 1° 36′ ou de 32″ pour huit heures, qui sont à peu près le temps du passage, et donnent ainsi le diamètre apparent du soleil. Gruithuisen de Munich estime à 1/306 l'aplatissement aux pôles de cette planète.

Comme Vénus paraît suivre le soleil sous l'horizon, et le précéder le matin, on a cru longtemps que c'était deux étoiles différentes qu'on nommait : *Vesper*, étoile du soir ou du berger ; *Lucifer*, ou étoile du matin. L'identité de cette planète était l'un des mystères astronomiques que les prêtres égyptiens révélaient à leurs initiés.

Plusieurs astronomes ont reconnu autour de cette planète un satellite à peu près du même volume que celui de notre lune, mais il serait alors d'une nature moins dense et moins réfléchissante.

La lumière de Vénus est plus blanche que celle de tous les autres corps célestes ; ce qui fait penser que des feux brûlent encore à sa surface. En outre de la lumière *polarisée* qu'elle réfléchit, cette planète paraît avoir, ainsi que la terre et d'autres corps cosmiques, une lumière *propre*, accidentellement produite par des aurores boréales ou la phosphorescence de son atmosphère.

On a effectivement reconnu maintes fois la *visibilité* de la partie de cette planète qui ne pouvait être éclairée directement par les rayons solaires. Cette lumière cendrée, semblable à celle que la lune laisse apercevoir vers ses conjonctions, n'a pas encore été expliquée d'une manière satisfaisante.

VERNIER. Appareil au moyen duquel on peut distinguer les fractions les plus minimes d'un cercle gradué, en le divisant d'abord en 10 et en 100 parties ; puis en divisant la même étendue, un peu plus bas, par 9 et 99 ; on a ainsi des *centièmes* et des *millièmes* de millimètre, visibles avec une loupe fixée à l'extrémité des alidades usitées dans les observations exigeant une grande exactitude.

VERRES (DES LUNETTES). La transparence de leurs éléments de composition, et surtout leur propriété de *réunir* ou de *diviser* les rayons de la lumière suivant le plan de leurs surfaces, ont d'abord et par hasard fait trouver les moyens d'étendre la vision naturelle par le grossissement ou le rapprochement des objets vus à travers. Depuis cette heureuse découverte faite à Nuremberg, en 1608, l'art de fondre et de polir les verres ou lentilles des instruments d'observation a fait de tels progrès que les merveilleux résultats déjà obtenus seront certainement dépassés.

Les verres employés pour les lunettes ou les télescopes peuvent être, soit convexes ou concaves des deux cotés, soit ayant une face convexe ou concave avec l'autre plane, soit enfin avec des surfaces d'une convexité ou d'une concavité différente, c'est-à-dire plus élevées ou plus creuses sur une face que sur l'autre. C'est dans la combinaison de tels plans, ainsi que dans le nombre et la disposition des verres, que les opticiens recherchent les perfectionnements qui se succèdent sans cesse.

On entend par verre *collectif*, celui qui est placé à l'ouverture la plus grande d'une lunette ; il est destiné à rassembler les rayons lumineux partant d'un *objet* situé à distance , et c'est pour cela qu'il prend aussi le nom d'*objectif*. Convergents au centre de la lentille, ces rayons, en la traversant, divergent au delà et portent les images vers l'œil qui les observe, ou plutôt sur le *verre oculaire* qui les amplifie. Voyez LUNETTE, TÉLESCOPE, ACHROMATISME , etc.

VERSEAU (LE) ♒. Cette constellation zodiacale annonçait aux Égyptiens l'inondation du Nil.

Elle est indiquée à l'horizon, sous l'étoile ε de Pégage, par deux tertiaires α et β, dont la première touche l'équateur ; la seconde est double ; une file de petites étoiles forme des sinuosités au-dessus et au-dessous de l'écliptique, autour de λ, étoile tertiaire placée sur cette ligne.

VERTICAL. Le fil à plomb prolongé vers le ciel marque ce point, qui est aussi le zénith de l'observateur ; la direction verticale est donc perpendiculaire à l'horizon, c'est-à-dire à la surface des eaux tranquilles.

Les cercles *verticaux* sont ceux qui passent par le zénith et le nadir, et d'où se compte la hauteur des objets observés, au-dessous comme au-dessus de l'horizon.

Le *premier vertical* est un grand cercle perpendiculaire au méridien, et qui passe ainsi par les points est et ouest de l'horizon.

VESTA ⚶. Petite planète trouvée, le 29 mars 1807, par Olbers. Comme tous les autres astéroïdes, elle circule entre Mars et Jupiter, à la distance de 36 millions de myriamètres (90,000,000 de lieues du soleil, en 1325^j 16^h. Son orbite, inclinée de 7° 8′ 15″ sur l'écliptique et peu excentrique, se trouve placée entre celles de Thétis et de Massalia.

VIBRATION LUMINEUSE. Il est maintenant reconnu que le phénomène de la lumière est produit par le frottement tangentiel du *fluide éthéré* sur la surface du soleil , par suite de son double mouvement de translation dans l'espace et de rotation sur lui-même.

La transmission des ondes lumineuses n'a pas lieu comme celle du son, parallèlement à la ligne de propagation, mais dans le plan même de ces ondes, ou *perpendiculairement* à une concavité, ayant pour point de départ le centre de l'astre.

Les expériences d'Arago ont en effet démontré la non interférence de deux rayons polarisés *à angles droits;* les vibrations ne peuvent donc pas se produire perpendiculairement au plan de l'onde.

Or, toute lumière naturelle pouvant se décomposer en deux rayons ainsi polarisés, équivalant chacun à la demi-intensité, il en résulte qu'elle n'a pas de composante dans le sens de sa propagation.

La chute d'un corps dans l'eau ne produit pas non plus d'agitation dans sa direction parallèle ; mais, en écartant le liquide de tous les cotés, les ondulations ou les *vibrations* qui en résultent se propagent horizontalement à la surface, c'est-à-dire perpendiculairement à la chute.

La vitesse des vibrations lumineuses dépend de la nature des milieux qu'elles ont à traverser, c'est-à-dire de l'étendue des interstices moléculaires des corps; elle est donc différente dans les espaces interplanétaires, remplies par les molécules de l'éther et dans les couches très-inégales de notre atmosphère.

VICTORIA (CLIO). Petite planète trouvée par M' Hind de Londres, le 13 septembre 1850, et circulant entre Melpomène et Thétis.

Elle a l'apparence d'une étoile de neuvième grandeur, d'un bleu pâle : son inclinaison sur l'écliptique est de 8° 23′ 7″.

La durée de sa révolution est de 1,303ᶠ 6ʰ 5ᵐ 14ˢ dans un orbitre très-excentrique, dont le rayon moyen ou la distance au soleil est de 2,335 (celle de la terre étant l'unité) soit environ 36 millions de myriamètres (90,000,000 de lieues).

VICO (LE PÈRE DE). Né le 19 mai 1805, à Macerata, marche d'Ancône, et admis en décembre 1823 dans la Société de Jésus. Son aptitude pour les mathématiques le fit d'abord nommer professeur au collège Romain, puis, directeur de son observatoire en 1839.

Ses observations sur les taches et la rotation de Vénus, ainsi que sur les particularités de l'anneau de Saturne, lui donnèrent une réputation qui s'augmenta bientôt par la découverte de six comètes, dont la première, le 22 août 1844, la seconde en 1845, et les quatre dernières en 1846.

Celle qui a conservé son nom a été quelques jours visible à l'œil nu, en septembre 1844. Sa révolution périodique serait d'environ cinq ans et demi, suivant les calculs des astronomes ; mais elle n'a pas été revue en février 1850, ni en août 1855, par une cause encore ignorée.

Lors de l'expulsion des Jésuites en 1848, les instances même de leurs adversaires ne purent le décider à conserver la direction de l'observatoire du collége Romain, et, après un voyage aux États-Unis, il revint mourir à Chelsea, le 15 novembre de la même année.

VIDE. Les philosophes de l'antiquité ont longtemps débattu la question du plein et du vide absolu, qui en bonne physique ne peuvent exister ni l'un ni l'autre.

Quand l'astronomie admettait des firmaments solides se mouvant avec les étoiles ou avec le soleil, et chacune des planètes alors connues, il fallait bien que l'espace fût complétement *plein* et *inaltérable*, comme l'écrivait Aristote.

Newton, reconnaissant l'éternelle et régulière translation des corps célestes à travers les cieux, croyait au *vide absolu*, sans lequel leurs mouvements devaient être continuellement retardés.

Le science moderne a démontré l'erreur de ces deux systèmes contradictoires, en admettant que les espaces interplanétaires étaient remplies d'un fluide assez léger pour n'opposer aucune résistance à la marche des corps célestes, et cependant capable de nous transmettre les vibrations lumineuses des autres agents de la nature.

Le *vide absolu* ne peut s'obtenir même au moyen des meilleures machines pneumatiques, mais on s'en approche assez pour reconnaître qu'alors les objets les plus légers dans l'air qui nous presse tombent avec une vitesse aussi grande que les corps les plus denses.

En outre des atomes élémentaires répandus dans l'espace, il est traversé dans tous les sens avec une vitesse prodigieuse par les émanations d'étoiles innombrables ; il faut donc que *l'éther*, ainsi qu'on nomme le fluide interplanétaire, soit rempli de molécules assez espacées pour permettre entre elles, le passage de la lumière, ainsi que des courants électriques dont l'influence se fait sentir, du soleil à la surface de la terre.

L'auteur de la *Philosophie naturelle*, déjà cité, estime à *un vingtième* au moins le rapport du vide à l'espace occupé par les atomes simples et impénétrables dans ce milieu céleste.

VIERGE (LA), ♍. Cette constellation désignait l'époque des moissons, qui se faisaient en mars, sous le climat de l'Égypte.

Elle est figurée sur les cartes par une femme tenant une gerbe de blé qu'indique une belle primaire nommée *l'Épi*, située près de l'écliptique, sur le prolongement de la grande diagonale du carré de la grande Ourse. Cette étoile forme un triangle équilatéral avec Arcturus et Denebola, étoile secondaire indiquant l'angle oriental et inférieur du trapèze du Lion.

A droite de l'épi, quatre tertiaires et une quartaire γ, qui est double, dessinent une grande ogive dont l'étoile du milieu η est sur l'équateur. La première étoile de cette courbe ζ se trouve à gauche, vers la chevelure de Bérénice et se nomme *Vindemiatrix* ou la Vendangeuse; la dernière à droite β, qui est double, touche l'écliptique.

VISION (VISIBILITÉ). La vision naturelle a donné les premières notions astronomiques; les anciens peuples ont ensuite trouvé différents moyens artificiels pour l'étendre et la faciliter.

Ils se servaient de longs tubes, de conduits, de diaphragmes à étroites ouvertures, d'armilles, d'astrolabes et même d'artifices optiques, si on en juge par quelques passages de Strabon, d'Aristote et de Pline.

Quoi qu'il en soit, il est certain que, dès le temps d'Hipparque, on connaissait des planètes dont le mouvement ne peut s'observer à la vue simple, les principales inégalités de la lune, et la position exacte d'un grand nombre d'étoiles.

Avant l'invention des lunettes, Tycho-Brahé avait fait de nombreuses et justes observations; Copernic avait déjà retrouvé et publié le véritable système du monde; Képler, enfin, avait trouvé les lois universelles qui le régissent.

En général, on distingue à l'œil nu jusqu'aux étoiles de *sixième grandeur*, et il paraît qu'il en était ainsi dans les temps anciens; mais, la scintillation affaiblissant leurs images, il en résulte que les étoiles de sixième grandeur sont habituellement invisibles, tandis que, par un temps très-pur et quand la scintillation n'a pas lieu, les étoiles classées dans la septième grandeur deviennent perceptibles. Certaines personnes jouissent d'une vue bien plus étendue et même fort extraordinaire. Ainsi, dans la constellation des Pléiades, où communément l'on ne voit que *six* étoiles, quelques observateurs en comptent *sept*, pouvant y distinguer l'étoile *Séléno*, qui est de septième grandeur. Mayer rapporte même que Moslin, professeur de Képler, distinguait à l'œil nu, dans ce groupe, quatorze de ses étoiles.

L'étoile secondaire ζ, au milieu de la queue de la grande Ourse, a près d'elle *Alcor*, étoile de cinquième grandeur, appelée par les Arabes *le Témoin*, parce qu'elle peut servir d'épreuve à la vision naturelle : il faut, en effet, avoir une très-bonne vue pour la distinguer de sa voisine *Mizar*, à cause de l'éclat de celle-ci.

On ne s'explique pas toutefois que la lumière si vive des étoiles ne s'aperçoive pas au lever de ces astres sur l'horizon, quand, à la même hauteur, les bords de la lune, dont la lumière *réfléchie* est comparativement très-faible, frappent aussitôt les yeux.

Il a été constaté que certains individus distinguaient à la vue simple les satellites de Jupiter, ainsi que des nébuleuses, dont la perception exige ordinairement de bonnes lunettes.

Quelques personnes disent avoir aperçu des étoiles en plein jour, soit du sommet des plus hautes montagnes, soit en regardant le ciel par l'orifice d'un puits, d'une mine ou d'une cheminée. Un tel phénomène ne peut avoir eu lieu que par la réunion de causse atmosphériques tout à fait extraordinaires.

Des expériences ont démontré que, pour distinguer la forme des objets terrestres placés à une certaine distance, par exemple, un cercle d'un carré, il fallait que le diamètre angulaire de ces figures fût au moins de 2' de degré pour les objets brillants, et de 5' pour les objets d'une couleur terne ; une tache noire sur un papier blanc, doit avoir 30' de valeur angulaire, pour être sensible à l'œil ; tandis qu'une ligne blanche sur un fond noir s'aperçoit lorsqu'elle soustend un angle de 1″ 2/16 seulement, et des fils métalliques bien éclairés, lorsqu'ils ont 2/10 de seconde.

Ainsi, à égale distance, les lignes se distinguent mieux que des points isolés, et des objets blancs sont plus visibles que des objets noirs du même diamètre ; les corps en mouvement se voient aussi de beaucoup plus loin que lorsqu'ils sont en repos.

La lumière totale du corps observé détermine l'étendue de la vision, soit naturelle, soit télescopique, et cette dernière est proportionnelle à la puissance des instruments ; en d'autres termes, l'intensité de l'image d'une seule étoile vue au télescope est à celle de cette image vue à l'œil nu, comme la surface de l'objectif est à celle de la pupille de l'œil de l'observateur.

L'éclat concentré de plusieurs étoiles de septième grandeur, et même de plus petits, très-rapprochées les unes des autres, rende ce groupe visible à l'œil nu, de même que les lunettes font distinguer isolement des étoiles d'une intensité très-faible.

Avec un télescope de 6 mètres, Herschell pénétrait dans l'espace 75 fois plus loin qu'à l'œil nu ; 96 fois avec un télescope de 7 mèt. 60, et 192 fois avec celui de 12 mètres. Avec un grossissement de 500 fois, on peut apercevoir des corps célestes de 3/10e de seconde . de diamètre.

Les dernières étoiles visibles naturellement étant de sixième grandeur, il résulte de ces déterminations que ce dernier télescope faisait apercevoir des astres que leur lumière classait dans la treize cent quarante-quatrième grandeur.

Si l'on admet que la visibilité soit proportionnelle à l'intensité totale des corps lumineux, un groupe très-resserré, comprenant 25,000 étoiles de cette dernière grandeur, s'apercevrait encore à une distance 158 fois plus grande, c'est-à-dire à un éloignement tel que la lumière de cette nébuleuse mettrait au moins *cinq cent mille années à nous parvenir*.

Les lunettes, en augmentant l'intensité des rayons lumineux, amplifient de même la distance qui existe entre les particules aériformes : le champ de la vue étant ainsi obscurci, l'image des étoiles est rendue plus vive, et l'on aperçoit alors celles qui échappent à la vue simple par l'effet de la diffusion de la lumière dans l'espace.

C'est donc la *différence* produite dans la masse de l'air et l'objet observé qui le rend visible, pourvu que cette différence soit au moins d'*un soixantième*.

La vision télescopique est plus nette par un temps humide et même brumeux que par un temps sec ou subitement variable, surtout si l'on emploie de fortes amplifications ; les instruments doivent aussi être à la même température que l'air extérieur, au moment des observations ; autrement les images réfléchies sont allongées et déformées.

On a calculé qu'en Angleterre on ne jouit pas de plus de 100^h pour faire de parfaites observations. En France, les heures très-favorables sont à peu près du double par année.

Il convient aussi de se préparer aux observations en restant quelques minutes dans l'obscurité, et même pour distinguer des objets très-minimes, tels que les deux composantes de certaines étoiles doubles, d'y procéder par degrés, en portant successivement la vision sur des objets de plus en plus difficiles à percevoir.

Arago a indiqué qu'en poussant l'oculaire d'une lunette achromatique hors du foyer de vision distincte, les disques stellaires vacillent et paraissent se succéder en se surmontant, avec accompagnement de couleurs différentes émises de tous les côtés.

En frappant rapidement le tube de ces lunettes dirigées vers une étoile, on voit aussi apparaître une suite de rubans colorés.

Le déplacement de l'oculaire donne encore lieu à des images stellaires ayant au centre un trou successivement obscur ou lumineux, selon l'étendue de cette manœuvre.

Ce n'était qu'après *un quart d'heure* d'observation attentive à l'oculaire de ses grands télescopes, qu'Herschell pouvait apercevoir les satellites d'Uranus.

Depuis deux cent quarante-trois ans que Galilée put tourner vers les cieux sa première lunette ne grossissant que quatre fois, l'optique, unie à la géométrie, a sans cesse reculé les bornes de la vision, soit au moyen de puissants *réflecteurs* ou de télescopes, tels que celui de lord Rosse, pouvant supporter des grossissements de 10,000 fois ; soit par le système des *réfracteurs*, ou des lunettes comme celles de Dorpat, de Cambridge et de Pulkova, dont les dimensions moins colossales donnent cependant des résultats presque aussi satisfaisants, pour certaines observations.

La lunette parallactique qu'on dispose maintenant à notre observatoire aura, tout au moins, la même étendue et les mêmes avantages que les réfracteurs ci-dessus indiqués.

VITESSE. La vitesse est le rapport de l'espace parcouru au temps employé ; si l'on représente l'un par un mètre, l'autre par une seconde, on peut alors comparer ces deux éléments de la vitesse dans tous les corps.

C'est aussi l'expression du temps pendant lequel les mouvements s'exécutent ; il n'y a donc que des vitesses relatives, et notre esprit ne se fait pas une idée plus juste de la rapidité absolue que du temps et de l'espace.

Les rapports de temps, de force et de vitesse sont l'objet de la mécanique.

Une des lois générales de notre système est que la vitesse de translation des planètes autour du soleil augmente proportionnellement à leur proximité du foyer commun.

En d'autres termes, et selon la troisième loi de Képler, *les carrés des temps des révolutions sont entre eux comme les cubes des grands axes des orbites.*

Ainsi, Mercure fait 254 myriamètres en une minute, tandis que la terre n'en fait que 180 (7 lieues 1/2 environ par seconde), et Uranus seulement 38 dans la même durée. Ce sont les vitesses toujours observables des planètes qui ont permis d'en déterminer les masses. Selon Struve, la vitesse de translation du soleil serait de plus de 100 lieues par minute.

Quant aux vitesses de rotation, aucun rapport proportionnel n'existe entre les corps célestes ; Mercure emploie le même temps que la terre à tourner sur son axe ; Saturne, dont le volume est moitié de celui de Jupiter, ne met que 35^m de plus à accomplir sa révolution. Le soleil, 1,400,000 fois plus gros que la terre, ne tourne sur lui-même que 3 fois plus vite, chaque point de l'équateur terrestre décrivant 490 mètres par seconde, et ceux de l'équateur solaire seulement 1300^m dans le même temps.

La vitesse des comètes est parfois prodigieuse ; celle de 1470 décrivit en un jour un arc de 40 degrés, équivalant, d'après sa distance, à une vitesse de 190 lieues ou de 750,000 mètres par seconde. La comète de 1680 a développé en deux jours une queue de vingt millions de lieues, ce qui donnait aux molécules ainsi projetées une vitesse de 460,000 mètres par seconde.

Ces mesures sont, la première, *quinze mille*, et la seconde, *neuf mille fois* plus grandes que la vitesse des plus forts ouragans à la surface de la terre.

Faut-il croire néanmoins, avec l'un de nos plus savants professeurs, que la rencontre de ces masses de vapeurs serait de nulle conséquence pour notre planète, ou conserver l'opinion contraire, émise par de très-illustres astronomes ?

En bonne physique, *la force* d'un corps est le produit combiné de sa masse avec sa vitesse originaire ou communiquée.

Quelle que soit donc la ténuité des matières qui forment les comètes, il est certain qu'au moins dans leurs noyaux, quelques-unes ont une certaine consistance ; quelle est d'ailleurs la consistance visible de tous les agents naturels, dont la puissance est cependant irrésistible ?

La seule pression des vents soulève les eaux de l'Océan ; les trombes et les ouragans renversent ou transportent au loin des masses considérables ; les explosions, les éruptions volcaniques, les ravages de la foudre, les tremblements de terre enfin, sont produits par des molécules gazeuses n'ayant isolément aucune puissance.

On peut donc supposer raisonnablement que le choc de légères vapeurs animées d'une vitesse excessive modifieraient les mouvements de notre planète dans son orbite ou dans sa rotation. *Voyez* VENTS, LUMIÈRE, ÉTOILES, etc., etc.

La vitesse de la lumière est d'à peu près 31,000 myr. par seconde (78,000 lieues) dans l'espace; mais elle doit dépendre de la nature des milieux qu'elle traverse. Delambre avait trouvé, par les éclipses du premier satellite de Jupiter, que la lumière mettait $8^m 13^s 2$ à traverser la moitié du grand axe de l'orbite terrestre. W. Struve avait fixé cette vitesse à $8^m 17^s 8$, et M. Richardson à $8^m 19^s 28$: c'est donc un problème qui exige encore de nouvelles études, avant d'être résolu plus exactement.

VOIE LACTÉE. Cette trace irrégulière et d'un blanc laiteux qui semble partager le ciel en coupant l'écliptique vers les solstices, se divise vers le nord, pour former une autre bande se réunissant plus loin à la tranche principale, vers la région que notre soleil paraît occuper presque au centre de cette ceinture étoilée. (*Voyez* les planches 1 et 2).

W. Struve, dans ses *Études stellaires*, montre qu'elle approche seulement, selon *sa trace moyenne*, d'un cercle parallèle, à environ 92° de son pôle boréal, situé aux limites de la Chevelure de Bérénice et des Chiens de chasse, vers $12^h 38^m$ d'ascension droite et $31^o 5'$ de déclinaison ; ce lieu est marqué par un petit cercle pointillé sur le planisphère de la planche 1re.

Cette déviation de la forme d'un grand cercle de la sphère céleste est attribuée par Struve à l'irrégularité du plan de la courbe la plus condensée des étoiles, ou bien à ce qu'elle se trouve dans deux plans inclinés l'un sur l'autre d'environ 10°. L'intersection de ces plans étant à peu près dans celui de l'équateur céleste, le soleil se trouverait ainsi à une petite distance de cette rencontre, vers la treizième heure.

Démocrite, et Manilius avant lui, disaient que l'éclat de cette partie du ciel provenait d'étoiles si pressées et si prodigieusement éloignées, que leurs images se confondaient.

Galilée, avec ses premières lunettes, aperçut en effet trente-six étoiles dans les Pléiades, au lieu de six ou sept visibles à l'œil nu; les autres constellations et les lueurs les plus intenses de la voûte céleste lui offrirent le même accroissement.

Suivant Herschell, la Voie lactée se compose d'étoiles également espacées, et dont l'ensemble, formant une couche ou strate profonde, est évidemment soumis à une certaine loi de condensation vers un point principal. Notre monde solaire étant placé à peu près au milieu de cette espèce de meule lumineuse, *son grand diamètre* nous cache ce qui est au delà, tandis qu'à droite et à gauche l'étendue comparativement très-faible de cet amas d'étoiles nous laisse apercevoir l'espace infini, parsemé d'astres différents en éclat, soit par leur grandeur, soit par leurs distances relatives.

On comprendra mieux cet effet de perspective en se supposant placé dans un espace très-boisé en avant et en arrière, tandis qu'à droite et à gauche, il n'existerait que quelques arbres disséminés çà et là.

Alors on ne verrait dans la longueur du bois qu'un massif de plus en plus épais, à travers lequel le ciel même ne serait plus visible, lorsque, de chaque côté, on pourrait distinguer au loin tous les arbres isolés.

La Voie lactée, dont le grand diamètre a peut-être *plusieurs milliers de fois la distance de Sirius à notre soleil*, nous offre à la vue simple une longue trace blanche, irrégulière et confuse, qui, au télescope, se change en fourmilières d'étoiles de grandeurs différentes.

Herschell ayant *jaugé les cieux* avec ses énormes télescopes par cercles de 15′ de degré, a reconnu que la branche principale de la Voie lactée est au moins cinq cents fois plus étendue en longueur qu'en largeur, et il estimait à plus de 18 millions les étoiles qu'on peut y distinguer. L'autre couche qui s'en sépare vers Cassiopée et s'y rattache vers le Sagittaire, présente aussi des millions de ces astres agglomérés, ayant un éclat très-faible.

Quant à la profondeur, elle peut s'apprécier aussi par les observations d'Herschell, qui, en certaines parties, a compté plus de 500 étoiles placées sur la même ligne, l'une derrière l'autre, mais chacune séparée par un intervalle égal à celui qui sépare notre soleil de l'étoile la plus voisine. A raison de douze millions de milles par minute, la lumière de ces astres, les plus éloignés dans *notre nébuleuse*, devrait employer *un million d'années* à nous parvenir !

Dans ses dernières années le grand astronome de Slough a modifié ses idées sur l'égalité d'espacement comme sur la profondeur de cette nébuleuse étoilée, en la déclarant *insondable* même aux instruments les plus puissants. Il déclarait aussi que le nombre des étoiles indiqué dans *les jauges* se rapportait, en réalité, plutôt à l'état de leur condensation qu'à la quantité de ces astres, dont l'étendue pouvait se prolonger à l'infini.

Disséminés dans cette zone, 157 groupes distincts par leur teinte particulière, ont pris place dans les catalogues de nébuleuses, ainsi que 18 autres, situés sur les bords de cette *rivière céleste*.

Entre le Sagittaire et Persée on peut compter, à l'œil nu, plus de quinze places d'un éclat différent.

Sur une largeur d'environ 5° (à peu près dix fois le diamètre de la lune), Herschell a compté, entre deux étoiles de la constellation du Cygne, 360 étoiles, dont la moitié paraît marcher d'un côté et l'autre moitié dans une direction opposée, paraissant obéir à une force de concentration observée dans plusieurs autres nébuleuses, et devant, selon lui, en amener un jour la dislocation.

Le même astronome croyait qu'une matière diffuse, *non résoluble en étoiles*, était mêlée, dans une certaine proportion, aux astres qu'on peut distinguer dans tous ces groupes, et même devait former seule des amas nébuleux irréductibles en étoiles ; mais des instruments plus forts que ceux d'Herschell ont déjà opéré cette résolution sur quelques-uns des groupes notés comme tels. Il est donc maintenant très-probable que tous sont de la même nature, et que ceux qui cachent encore leurs étoiles aux miroirs actuels les laisseront distinguer, si l'on parvient à en établir d'une plus grande puissance. *Voyez* GALAXIE.

VOLCANS LUNAIRES. On a remarqué quelquefois sur la lune des points plus brillants, qu'Herschell lui-même a pris pour des volcans en activité.

Ces apparences n'étaient sans doute que des effets de contraste entre des parties diversement éclairées par les rayons du soleil. Cependant M. Hart, qui s'occupe assidûment de notre satellite, a observé pendant 5 heures et fait voir à d'autres personnes, dans la nuit du 27 décembre 1854, deux points jaunes se détachant encore sur la partie éclairée de la lune, alors dans son 9e jour.

Comme des volcans semblables aux nôtres ne pourraient brûler sans atmosphère, il faudrait supposer que ceux de la lune dégagent par eux-mêmes assez d'oxygène pour suffire à leur ignition, ou qu'ils sont d'une nature particulière pouvant, comme certains corps connus, produire une lumière très-vive sans dégagement d'oxygène.

Ce qui est plus certain, c'est que de très-nombreux et immenses

volcans ont été autrefois en ignition sur notre satellite ; au télescope de lord Rosse, d'énormes cratères présentent des écoulements
de lave dans toutes les directions. — Albategnius, l'un de ces
cratères, jonché au fond de blocs distincts, est figuré pour
exemple au bas de la planche IV. D'autres sont hachés tout à l'entour par des brèches profondes rayonnant vers le centre : ces cratères sont, en général, deux ou trois fois plus profonds au-dessous
du niveau du disque lunaire qu'élevés au-dessus. Ératosthène, figuré
de l'autre côté de la même planche, a 28 milles de diamètre.

Laplace attribuait aux volcans de la lune les aérolithes qui tombent parfois sur la terre ; mais, d'après ce qui a été dit précédemment, ils doivent être le résultat d'anciennes projections circulant
autour de notre globe, jusqu'à ce qu'un choc fortuit les projette à
sa surface.

VOLUME. Plus les particules de matières qui forment un corps
sont dilatées, plus les dimensions et le *volume* de ce corps sont relativement considérables. Il ne faut donc pas confondre cette désignation avec celle qui exprime la quantité de matières pondérables
réunies dans un même corps et constituant ce qu'on appelle sa
masse.

Ainsi toutes les planètes prises ensemble, en y ajoutant même
deux cent cinquante corps aussi gros que notre globe, ne seraient
pas encore la 550ᵉ partie du volume du soleil, évalué à 1,407,000 fois
celui de la terre, qui est cinquante-cinq fois au moins celui de la lune.

Suivant les théories de l'impulsion ou des ondulations, les corps
seraient portés les uns vers les autres, non pas en raison de leurs
masses, mais en raison de leur *volume*, ou plutôt du carré de leur
diamètre.

La théorie de l'éther, qui tire ses formules des éléments observables, n'exprime pas les forces attractives ou répulsives des corps
célestes, en raison des masses hypothétiques, mais proportionnellement au produit du *volume* de l'astre prépondérant par le carré de
sa vitesse, modifié par le rapport des rayons aux distances et par
la rotation.

VOUTE CÉLESTE. Il faut un certain effort d'esprit pour se
persuader, malgré le témoignage des sens, que la terre au-dessus
de laquelle on peut s'élever, sur laquelle on peut se mouvoir ou
rester en repos, soit elle-même animée de plusieurs mouvements.

dont celui de rotation fait seul parcourir à ses régions équatoriales plus de sept lieues par minute.

Aussi, chez tous les peuples et pendant une longue suite de siè- cles, les observateurs, voyant chaque nuit les mêmes étoiles rouler sur leurs têtes, en conservant entre elles le même ordre et les mêmes distances, croyaient tous ces points étincelants *fixés à la voûte céleste* tournant d'une seule pièce, de l'orient à l'occident, autour de la terre immobile.

Comme on ne supposait pas qu'un corps pût, sans nul support, se soutenir et circuler dans l'espace, on s'imagina que la lune, le soleil et les cinq planètes, successivement reconnus comme des astres *errants*, étaient fixés à autant de sphères concentriques, d'une matière invisible, et à chacune desquelles présidait une divi- nité.

On conçoit difficilement qu'un système aussi invraisemblable ait été la base de l'astronomie, avant et depuis Ptolémée jusqu'au seizième siècle, malgré les révélations pythagoriciennes qui, faisant tourner notre globe sur lui-même, expliquaient si simplement les apparentes complications des mouvements célestes.

Ce dôme mobile, qui semble s'abaisser partout autour de nous, n'est en réalité que l'espace immense, infini, peuplé dans tous les sens, et à des profondeurs inimaginables, de mondes et de soleils sans nombre dont quelques milliers seulement ont été visibles aux précédentes générations, privées de nos instruments d'optique. Sa couleur azurée est celle de l'air éclairé des rayons du soleil et de leur réfraction dans ses différentes couches.

En l'absence de la lune, le fond de la voûte céleste est presque noir, parce que la lumière des étoiles est trop faible pour éclairer notre atmosphère, et qu'au delà de ses limites doit régner une obs- curité à peu près complète. L'espace rempli d'un éther subtil se laisse en effet traverser directement par les rayons lumineux, mais sans les réfracter, en sorte que, tout autour de ces lignes presque sans diamètres lorsqu'elles arrivent à la terre, la vue naturelle ne peut rien percevoir. Les lunettes, en augmentant l'intensité des images, en même temps *qu'elles affaiblissent la densité de l'atmosphère* que leur lumière doit traverser pour parvenir à nos yeux, font ainsi découvrir des lueurs qui autrement resteraient confondues dans la nuit qui les environne.

Quant au surbaissement qui nous paraît exister vers tous les côtés de l'horizon, ce n'est qu'un effet de perspective, occasionné d'abord par l'étendue et l'intensité plus considérables des couches atmosphériques, ensuite par l'existence d'objets intermédiaires, qui nous fait juger plus loin, et par conséquent plus gros, les astres voisins de la surface. On peut souvent remarquer cet effet pour la lune et le soleil, à leur lever ou à leur coucher. Il en est de même à l'égard des constellations peu élevées sur l'horizon, où elles paraissent plus étendues qu'au zénith, quoique les distances angulaires mesurées entre leurs étoiles *demeurent exactement les mêmes* dans toutes les positions.

VRAI (Temps). C'est l'heure marquée par les cadrans solaires, et qui est tantôt en avance, tantôt en retard sur l'heure moyenne que donne une horloge marchant toujours avec la même vitesse. *Voyez* Temps, Heure, Moyen, Cadrans, etc.

W

WÉGA (**VÉGA**). Étoile primaire de la Lyre, située au sommet d'un triangle rectangle dont Arcturus et l'étoile polaire marquent les deux autres angles. C'est l'une des étoiles les plus voisines de notre soleil, et par conséquent de notre système planétaire.

Près de Véga, qui est double, se trouve une petite étoile ε, que de bonnes lunettes séparent en quatre petits corps lumineux paraissant en dépendance mutuelle.

Cette belle étoile est à environ 45° du pôle, ainsi que la Chèvre, située de l'autre côté; en sorte que, si l'une est au zénith, l'autre est à l'horizon. Dans 12,000 années, Wéga, à 5° près, sera devenue *l'étoile polaire!*

Z

ZÉNITH. La ligne du fil à plomb, prolongée verticalement, marque dans le ciel le *zénith* de chaque lieu; l'extrémité opposée, en traversant la terre dans la même direction, indique le *nadir*, ou ses antipodes. Les fils réticulaires d'une lunette, réfléchis dans un vase rempli de mercure, donnent ces deux points aussi rigoureusement que possible, au moyen d'un cercle gradué disposé à l'entour.

Si chaque jour, à la même heure, une étoile marquait le zénith d'un observateur, on doit comprendre que, s'il s'avance vers le nord, l'étoile lui paraîtra s'abaisser vers le midi ; il en serait de même à l'opposé, quel que soit le point vers lequel il se dirigerait.

Cette remarque peut donner le moyen de mesurer *approximativement* la circonférence de la terre, et par conséquent son épaisseur et son rayon.

Ainsi, par exemple, si l'on s'est éloigné de 11 myr. 1119^m (27 lieues 775, mesure d'un degré terrestre), et que, tenant compte de l'avance journalière des étoiles (environ 4^m), on reconnaisse que celle qui marquait le zénith *au lieu du départ* s'est abaissée d'*un degré* relativement au point zénithal de l'endroit où l'on est arrivé, il est évident qu'en multipliant la distance parcourue, ou 11 myr. 1119 par 360°, on aura pour le tour de la terre 4,000 myr. 2,840^m ou environ 10,000 lieues 7/10.

Le rapport 113 à 355 du diamètre à la circonférence donnera alors 1,273 myr. (3,200 lieues) pour l'épaisseur de la terre, et 636 myr. 1/2 (1,600 lieues) pour le rayon, ou pour mesure de la surface, au centre du globe.

A Paris, le zénith fait avec le pôle, selon la valeur moyenne des plus récentes observations, un angle de 41° 9' 7'', complément à 90° de 48° 50' 13'', valeur de la latitude. Une étoile qui aurait cette déclinaison pourrait donc être utilisée pour une telle expérience.

ZODIAQUE. Les anciens peuples, pour régler leurs travaux ou prévoir les inondations qui venaient les interrompre, avaient appris à reconnaître les étoiles visibles sur leur l'horizon.

Remarquant ensuite que le soleil répondait chaque mois à d'autres étoiles ou d'autres groupes d'étoiles, ils en firent *les demeures* successives de cet astre dans le ciel, en les indiquant par des *signes* ou des figures allégoriques rappelant les saisons et les époques de l'agriculture.

C'est ainsi que le zodiaque, dont la signification est *animaux*, a été inventé, soit chez les Égyptiens, soit chez les Indiens, et qu'il a été plus tard modifié par les Grecs.

On avait donné à cette ceinture céleste une largeur de 9° au-dessus comme au-dessous de l'écliptique, parce que telle était la limite dans laquelle Vénus, celle des planètes qui s'écartait le plus du soleil, renfermait son mouvement. Aujourd'hui cette zone n'est plus assez large pour contenir l'orbite de quelques-unes des nouvelles planètes; elle n'a d'ailleurs qu'un intérêt historique, depuis que les astronomes ont déterminé la position de toutes les étoiles, en distinguant chacune par un nom, une lettre ou un numéro.

Les signes du zodiaque sont, par ordre et en procédant de droite à gauche : le Bélier, le Taureau, les Gémeaux, le Cancer, le Lion, la Vierge, la Balance, le Scorpion, le Sagittaire, le Capricorne, le Verseau et les Poissons.

Chaque signe de 30° se divisait encore chez les Égyptiens par 10° ou décans, à chacun desquels présidait une divinité.

Le zodiaque des Grecs n'avait que onze signes, d'une étendue différente.

On a beaucoup discuté sur l'antiquité des zodiaques sculptés aux voûtes des temples de Dendérah, d'Esné, de Salcette, etc., parce que, selon les interprétations différentes, ces monuments astronomiques faisaient remonter l'histoire à quinze mille années, ou seulement à quarante-six siècles depuis leur édification.

La précession des équinoxes amenant, en effet, un nouveau signe en 2156 ans, si l'on admet, par exemple, que la *Balance,* figurant l'équinoxe d'automne, était indiquée par les étoiles de cette constellation lorsqu'elles s'apercevaient *le soir à l'horizon,* c'est-à-dire par leur lever *héliaque,* on trouvera par la rétrogradation de *sept signes,* que l'édification du zodiaque représentant un tel état du ciel, remonte au moins à cent quinze siècles; mais si, comme Fourier et d'autres commentateurs le soutiennent, cette même disposition doit s'entendre du lever *cosmique,* c'est-à-dire du moment où les étoiles de la Balance, au jour de l'équinoxe, étaient sur l'horizon avant le lever du soleil, alors le zodiaque, ainsi expliqué, n'aura pas 4,600 ans d'existence, puisque aujourd'hui la rétrogradation ne serait pas encore de deux signes.

Le zodiaque de Salcette, qui représente la Vierge au *solstice d'été,* aurait, dans tous les cas, au moins cinq mille années.

Si l'on ajoute à cette durée les siècles nécessaires pour amener les hommes de l'état de nature à celui de civilisation que font supposer de telles connaissances astronomiques, ainsi que les monuments et les sculptures destinés à en perpétuer la mémoire, on conviendra que le législateur des Hébreux aurait pu se rapprocher davantage des vérités connues de son temps par les corporations religieuses de l'Inde, de l'Égypte et de Babylone.

Selon Letrone, les zodiaques trouvés dans ces contrées n'auraient été sculptés que dans la période romaine entre Auguste et Antonin. D'autres commentateurs contestent la haute antiquité des zodiaques Indiens, en se fondant sur quelques passages de l'*Amarakoscha* et du *Ramayana;* mais on peut croire aussi que les passages dont il s'agit dans ces poëmes y ont été intercalés depuis que la connaissance des zodiaques grecs est parvenue dans l'Inde.

Quoi qu'il en soit de ces interprétations, aucun document n'indique que les zodiaques trouvés dans les temples ruinés de l'Orient aient été connus d'Hipparque et de Ptolémée.

Aujourd'hui le *signe du Bélier* indique toujours l'équinoxe du printemps, et le *signe de la Balance* l'équinoxe de l'automne; mais le premier arrive dans les Poissons, très-près du Verseau; et le second dans la Vierge, près du Lion. *Voyez* Signes.

ZONE. Pour indiquer la température habituelle de chaque lieu de la terre, on a partagé sa surface en trois parties ou zones, soit au-dessus, soit au-dessous de la ligne de l'équateur.

La *zone torride* ou tropicale s'étend de chaque côté à 23° 28′, et comprend la trace de l'écliptique que le soleil n'abandonne jamais. Cet astre est au zénith deux fois par année sur chaque point de cette ligne où les jours et les nuits sont à peu près de la même durée. Comme le soleil s'élève ou descend presque perpendiculairement, l'aurore et le crépuscule sont très-courts pour cette zone occupant les 2/5ᵉ de la surface de la terre.

Les *zones tempérées* s'étendent des tropiques jusqu'à 23° 28′ des pôles : elles ont ensemble 86° 8′, ou à peu près la moitié de la surface terrestre; les arcs diurnes s'y allongent chaque jour, et diminuent de la même quantité d'un équinoxe à l'autre.

Les *zones glaciales* s'étendent des zones tempérées jusqu'aux pôles; ces latitudes extrêmes sont éclairées par le soleil pendant six mois, et en sont privées pendant la même durée; mais, en raison de l'obliquité qui maintient cet astre très-longtemps *à moins de* 18° sous l'horizon, les aurores comme les crépuscules y sont de trois mois, ce qui réduit à la même durée les nuits de ces régions.

Les zones glaciales, n'occupant qu'un dixième superficiel de notre planète, sont d'ailleurs presque périodiquement illuminées par les aurores boréales ou australes; des clairs de lune très-éclatants viennent encore y diminuer la longueur des nuits.

On comprend que, soit pour les zones tempérées, soit pour les zones glaciales, les résultats indiqués dépendent de la latitude particulière de chaque lieu, c'est-à-dire de la place qu'il occupe dans l'une ou l'autre de ces régions relativement au pôle de son hémisphère.

ZOROASTRE. Ce législateur de la Perse avait recueilli, dans ses voyages au nord de l'Asie, des notions astronomiques qu'il communiqua à ses disciples, et qui prouvent leur origine; ainsi, en disant que le plus long jour de l'été est le double du jour le plus court de l'hiver, il indique la latitude de la Tartarie, qui est de 49°, comme celle de Paris, où le plus grand jour est d'environ 16^h, et le plus court d'à peu près 8^h. La latitude de la Perse étant beaucoup moins haute, cette indication ne peut s'y appliquer. Les annales indiennes conservent la trace de son séjour auprès des brahmes, dont les successeurs dégénérés montrent encore la place où habitait ce philosophe, mais ne savent plus rien des sciences renfermées dans les livres qu'il était venu consulter.

FIN.

ERRATA ET ADDENDA.

Pages.	Lignes.	
xxxj,	26,	*après :* montagnes, *ajoutez :* relativement.
xxxvj,	4,	*supprimez le mot :* de.
xxxviij,	19,	*après :* par, *lisez :* un choc ou.
—	29,	*au lieu de :* qu'existent, *lisez :* qui existent.
1,	13,	*au lieu de :* 11°, *lisez :* 41°.
2,	35,	*au lieu de :* elle, *lisez :* la terre.
10,	1,	*lisez :* révélation.
19,	28,	*au lieu de :* deux tertiaires, *lisez :* une tertiaire et une quartaire.
23,	29,	*au lieu de :* pl. IV, *lisez :* pl. VI.
28,	39,	*après :* 354ᵈ, *ajoutez :* 8ʰ 8ᵐ 25ˢ.
42,	11,	*au lieu de :* s'élevait, *lisez :* se levait.
44,	34,	*après :* autres, *ajoutez :* astres.
49,	7,	*au lieu de :* 39, *lisez :* 42.
—	35,	*au lieu de :* Eucharis, *lisez :* Léda, *et ajoutez :* Laetitia, harmonia, Isis et Daphné.
—		*après la dernière ligne, ajoutez :* ces diamètres récemment évalués d'après l'intensité lumineuse, par M. Bruhns de Berlin, auraient depuis 3 myriamètres ³/₁₀ pour Atalante, jusqu'à 37 myr. ⁴/₁₀ pour Vesta. Leur ensemble n'égalerait pas le 6ᵉ du volume de la lune, et il en faudrait plus de 900,000 pour former une sphère comme notre planète.
55,	3,	*au lieu de :* 1355, *lisez :* 1855.
65,	12,	*au lieu de :* 28,500, *lisez :* 29,500.
73,	27,	*au lieu de :* dessus, *lisez :* dessous.
—	36,	*après :* 0,15468, *ajoutez :* sa révolution sidérale est de 1688ᵈ 13ʰ environ.
90,	12,	*au lieu de :* de, *lisez :* à.
120,	11,	*au lieu de :* 1952, *lisez :* 1852.
126,	16,	*après :* à, *ajoutez :* 48.
142,	20,	*au lieu de :* le total 4,713, *lisez :* l'année actuelle, la 6569ᵉ de l'ère Julienne, est donnée par 1856 avec 4713 qui...
—	23,	*après :* adopté, *ajoutez :* Le cycle scaligérien, recommencerait ainsi avec l'année 3268 de l'ère chrétienne.
143,	19,	*après la lettre initiale :* D, *lisez :* Daphné, planète télescopique, reconnue à Paris, le 22 mai 1856, par M. Goldchmidt. Ce 41ᵉ des astéroïdes paraît circuler en 1340ᵈ, dans une orbite très-excentrique dont la distance moyenne serait d'environ 2 ⁴/₁₀ de fois celle de la terre au soleil.
166,	32,	*après :* l'Amérique, *ajoutez :* voyez pl. VII, fig. 2.
172,	18,	*au lieu de :* 5,500, *lisez :* 55,000.
178,	9,	*après :* astronomiques, *supprimez :* les éphémérides.

Pages.	Lignes.	
178,	36,	*au lieu de :* l'écliptique , *lisez :* du signe équinoxial ♈
179,	1,	*au lieu de :* longitude, *lisez :* déclinaison.
188,	15,	*au lieu de :* dixaines , *lisez :* milliers.
200,	31,	*au lieu de :* Canapus, *lisez :* Canopus.
208,	23,	*au lieu de :* 0 , *lisez :* α.
220,	27,	*au lieu de :* 2083^j 7^h, *lisez :* 2048^j.
	28,	*au lieu de :* 3192^j 7^h, *lisez :* 3456^j.
251,	33,	*au lieu de :* sans recourir aux moyens de... *lisez :* ce que ne peut faire...
260,	34,	*au lieu de :* III, *lisez :* I.
264,	4 et 9,	*au lieu de :* 119 et 132, *lisez :* 122.
277,	3,	*après :* résulter, *ajoutez :* on a récemment reconnu qu'à une hauteur d'environ 3,000^m, le rayonnement de la lune avait la même intensité calorifique qu'une chandelle placée à 5^m.
326,	32,	*après :* nébuleuse, *lisez :* dite...
333,	11,	*après :* mettent, *ajoutez :* lors des marées maxima des syzygies environ.
335,	18,	*après :* passages, *ajoutez :* alors plus éloignés des deux astres, de tout le diamètre de la terre.
338,	8,	*au lieu de :* 6,600 , *lisez :* 1600.
345,	4,	*au lieu de :* le, *lisez :* celui du.
362,	4,	*après :* terrestres, *ajoutez :* Le colonel Waugh vient de mesurer à 40 lieues de celle-ci , un pic qu'il a nommé *Everest*, et qui a 9,371 mètres !
402,	23,	*après :* position, *ajoutez :* renversée.
423,	8,	*au lieu de :* apogée, *lisez :* périgée.
429,	6,	*après :* pour, *ajoutez :* aussi.
438,	34,	*après :* hauteur, *ajoutez :* et qu'aux lunettes leurs disques s'augmentent avec la force de ces instruments.
465, 23 et 24,		*au lieu de :* 42^m et de 46^m, *lisez :* 42 et 46.
489,	15,	*au lieu de :* versé , *lisez :* verse...
497,	29,	*au lieu de :* DA , *lisez :* DA'...
524,	14,	*au lieu de :* 1° 5 , *lisez :* lieu...

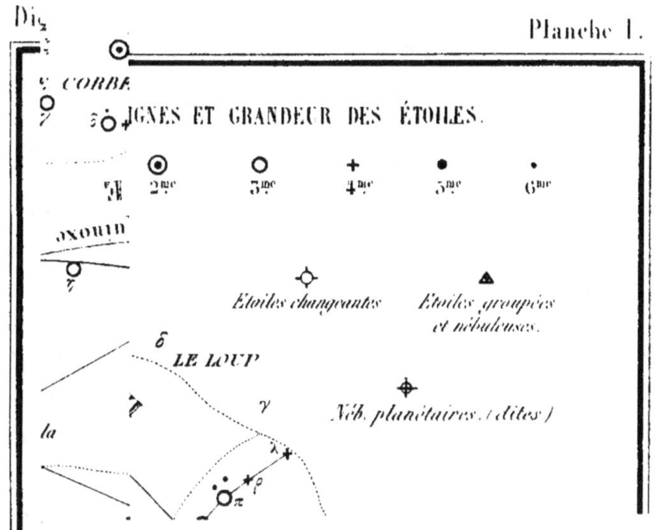

A. de Guynemer del.t

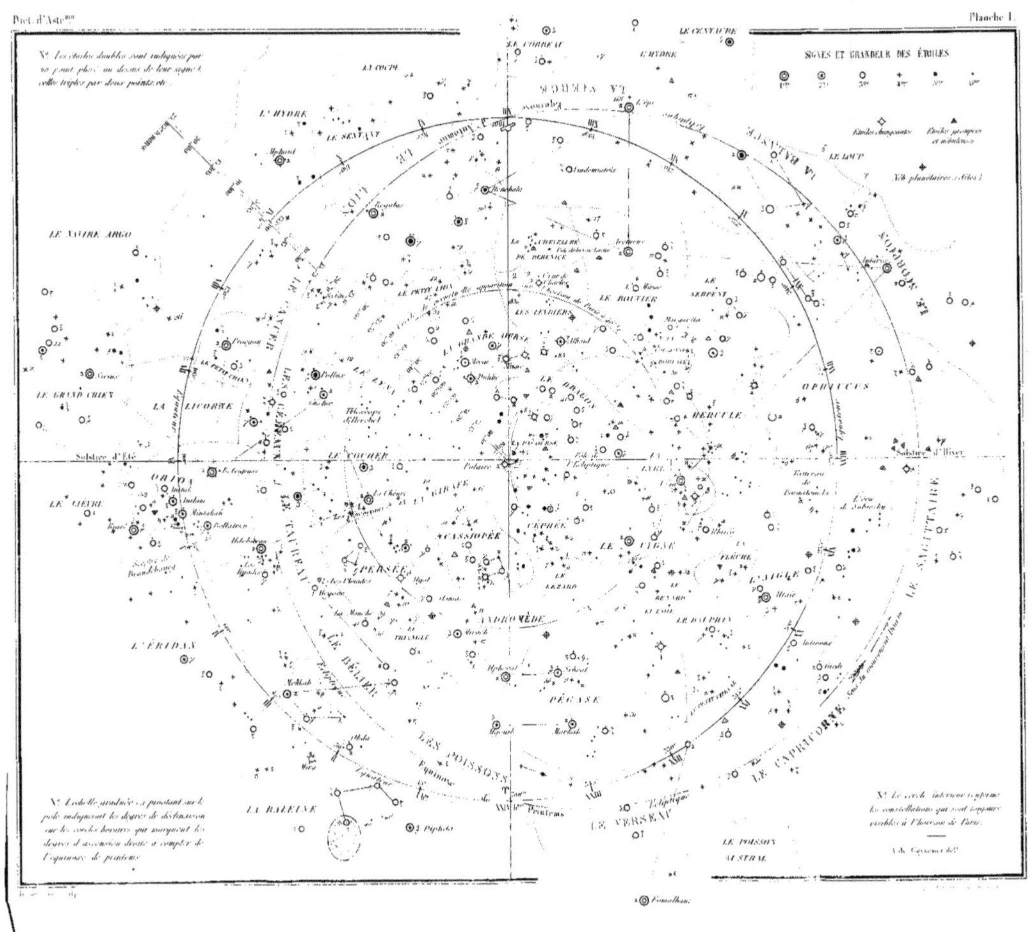

SIGNES ET GRANDEUR DES ÉTOILES
LE CENTAURE
LE CORBEAU
L'HYDRE
LA VIERGE
LA COUPE
L'HYDRE
LE SERPENT
LE NAVIRE ARGO
LE PETIT LION
LA CHEVELURE DE BÉRÉNICE
LE BOUVIER
LE SERPENT
LA GRANDE OURSE
LE DRAGON
OPHIUCUS
LE GRAND CHIEN
LA LICORNE
LE COCHER
HERCULE
Solstice d'Été
ORION
LA GIRAFE
CÉPHÉE
LYRE
Solstice d'Hiver
LE LIÈVRE
LE TAUREAU
CASSIOPÉE
LE CYGNE
FLÈCHE
LE SAGITTAIRE
PERSÉE
LE LÉZARD
L'AIGLE
L'ÉRIDAN
LE BÉLIER
ANDROMÈDE
LE DAUPHIN
LE TRIANGLE
PÉGASE
LE CAPRICORNE
LES POISSONS
Équinoxe
LA BALEINE
Printemps
LE VERSEAU
Écliptique
LE POISSON AUSTRAL
V. de Cayenne del.

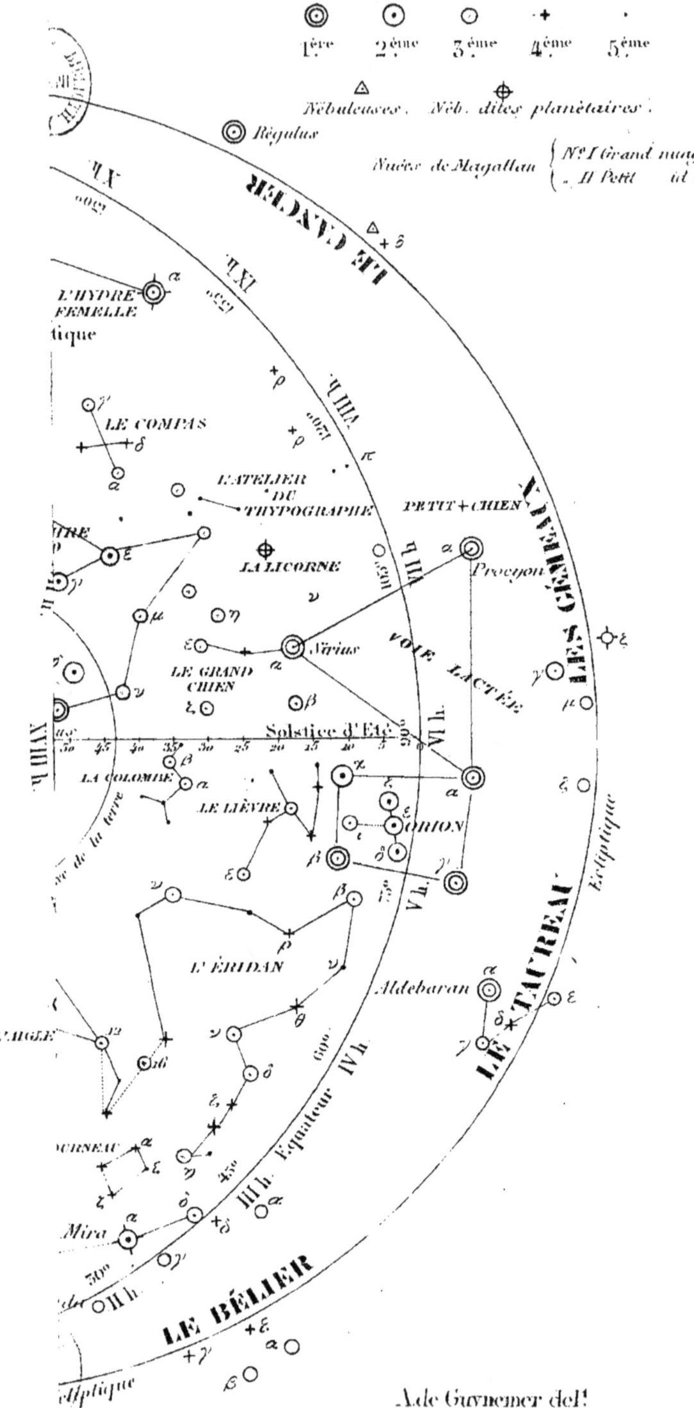
SIGNES INDICATIFS DES INTENSITÉS LUMINEUSES.
1ère 2ème 3ème 4ème 5ème
Nébuleuses. Néb. dites planétaires.
Régulus
Nuées de Magellan N.º I Grand nuage
II Petit id.
AL.
Dict
LE CANCER
L'HYDRE FEMELLE
tique
LE COMPAS
L'ATELIER DU THYPOGRAPHE
PETIT CHIEN
LA LICORNE
Procyon
LES GÉMEAUX
Sirius
LE GRAND CHIEN
VOIE LACTÉE
Solstice d'Été
LA COLOMBE
LE LIÈVRE
ORION
LE TAUREAU
Écliptique
Aldebaran
L'ÉRIDAN
L'AIGLE
ORNEAU
Équateur
Mira
LE BÉLIER
cliptique
A de Guynemer del.t

HÉMISPHÈRE AUSTRAL

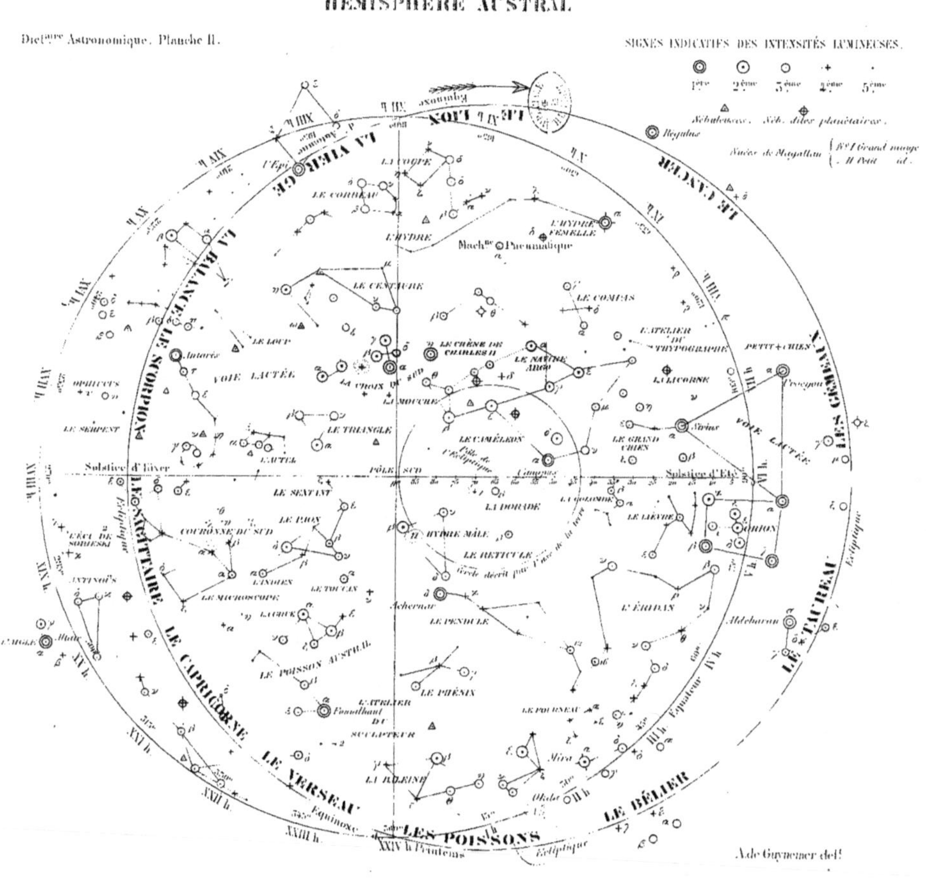

PL. III.

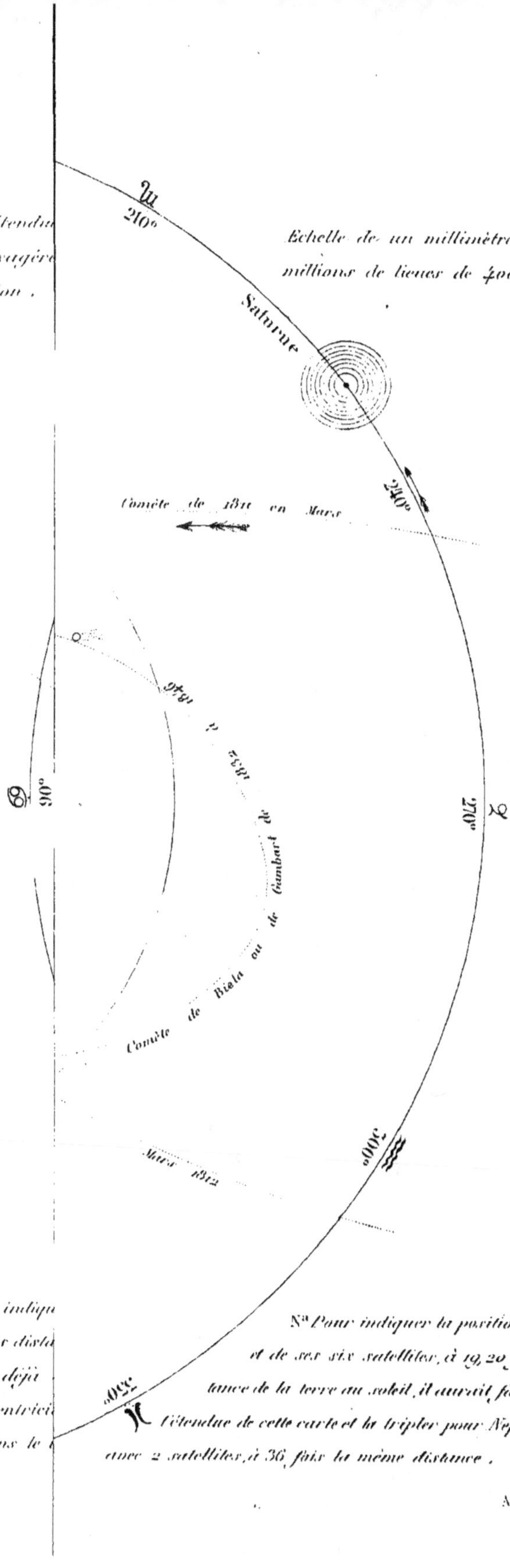

N.a L'étendu
à été exagéré
confusion .

Echelle de un millimètre pour deux millions de lieues de 4000 mètres.

N.a On à indiqu
ides à leurs dista
sur les 42 déjà
L'excentrici
chacune dans le

N.a *Pour indiquer la position d'Uranus et de ses six satellites, à 19,20 fois la distance de la terre au soleil, il aurait fallu doubler l'étendue de cette carte et la tripler pour Neptune, placé avec 2 satellites, à 36 fois la même distance.*

A. de G. del.

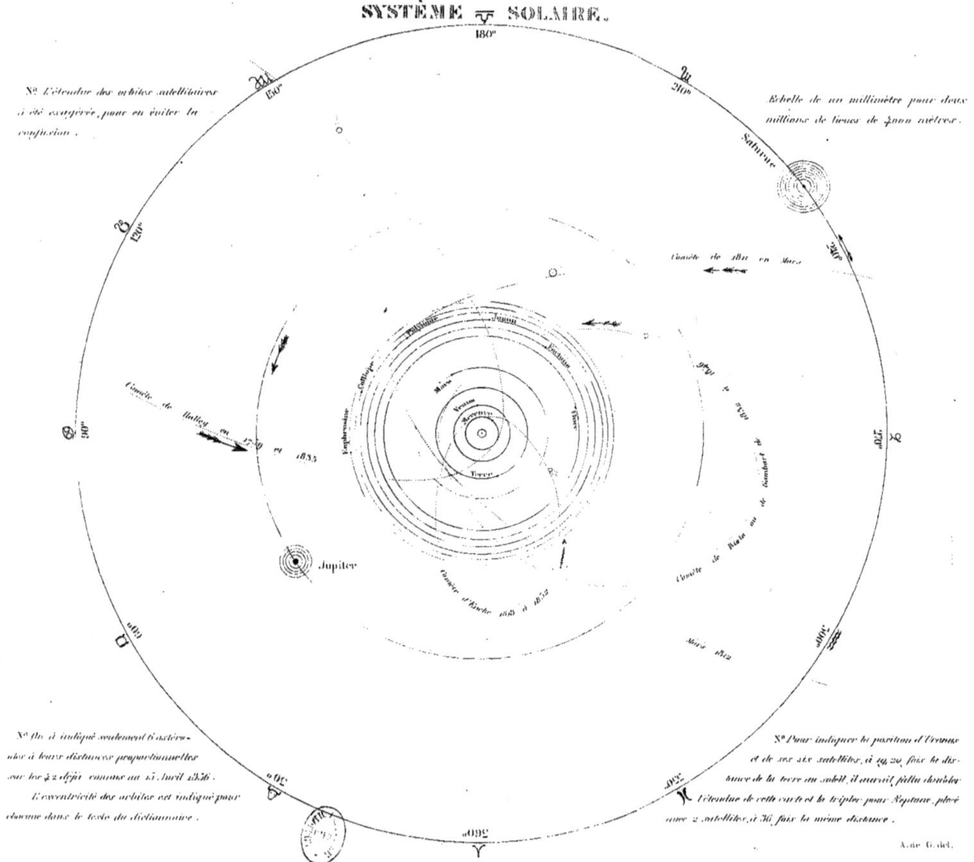
Pl. III.
SYSTÈME ☿ SOLAIRE.
180°
N. L'étendue des orbites satellitaires a été exagérée, pour en éviter la confusion.
Échelle de un millimètre pour deux millions de lieues de 4000 mètres.
Saturne
Comète de 1811 en Mars
Polymnie
Junon
Cérès
Mars
Vénus
Mercure
Terre
Comète de Halley en 1759 et 1835
Jupiter
Comète de Biéla ou de Gambart
Comète d'Encke 1828 à 1832
Mars 1822
N. On n'a indiqué seulement 6 astéroïdes à leurs distances proportionnelles sur les 42 déjà connus au 13 Avril 1856. L'excentricité des orbites est indiqué pour chacune dans le texte du dictionnaire.
N. Pour indiquer la position d'Uranus et de ses six satellites, à 19,20 fois la distance de la terre au soleil, il aurait fallu doubler l'étendue de cette carte et la tripler pour Neptune, placé avec 2 satellites, à 36 fois la même distance.
A. de G. del.
360°

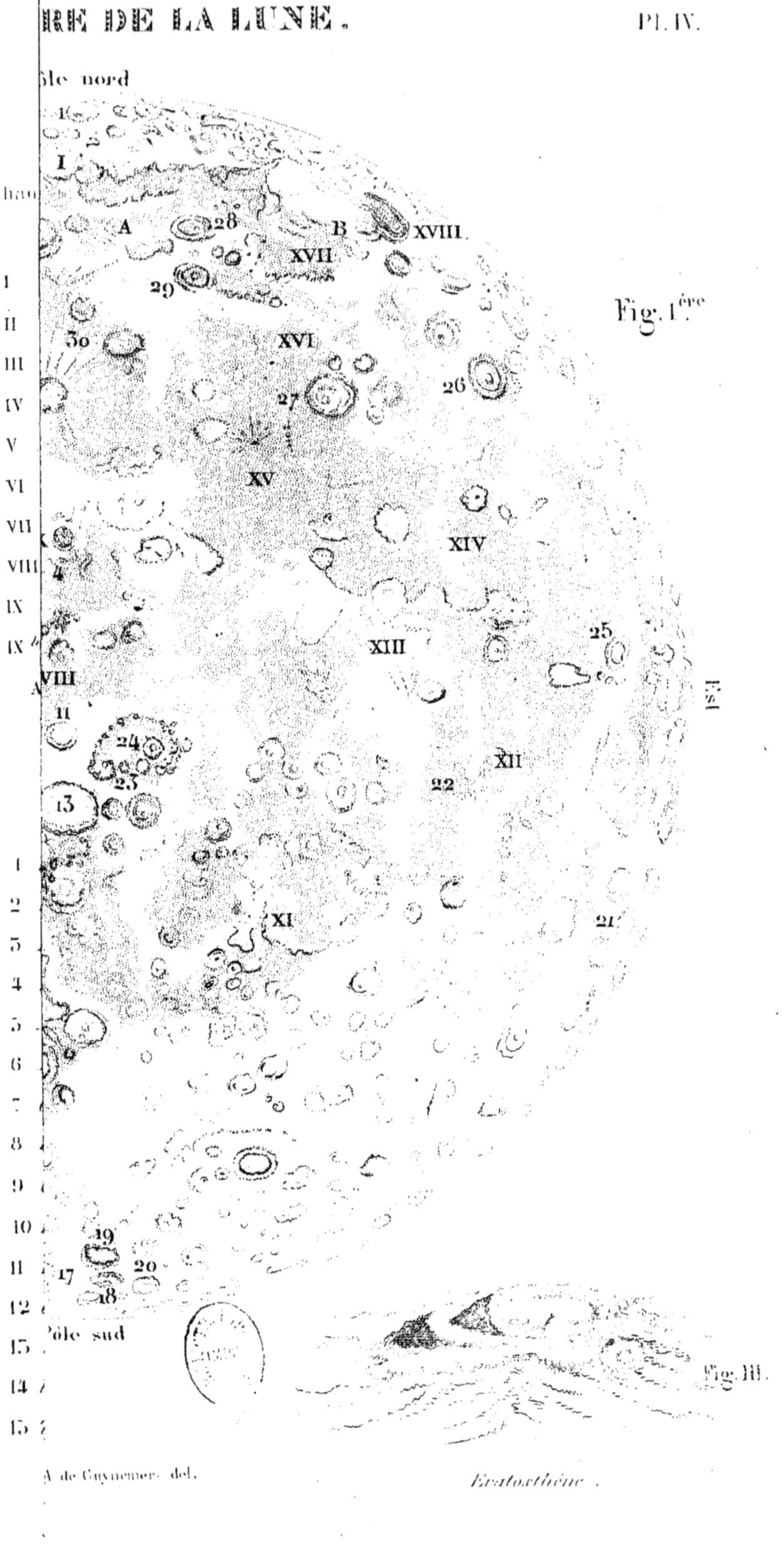

A de Guynemer del.   Eratosthène.

PLANISPHÈRE DE LA LUNE.

N.B. Les chiffres indicatifs commencent par le
haut à gauche et vont de... à droite...

I	Mer glaciale.	X	Mer des nuages.
II	Golfe des rosées.	XI	Monts Altaï.
III	des fleurs.	XII	Mer de la fécondité.
IV	Marais des brouillards.	XIII	de la tranquillité.
V	Mer des pluies.	XIV	du sommeil.
VI	Monts Karpathes.	XV	de la sérénité.
VII	Océan des tempêtes.	XVI	Lac des songes.
VIII	Mer du milieu.	XVII	de la mort.
IX	des nuages.	XVIII	Mer de Humboldt.
IX bis	des vapeurs.		
A	lac noir.	B	Vallée d'Endymion.

MONTAGNES VOLCANS ET CRATÈRES.

1	Platon	16	Posidius
2	Laplace cap	17	Fontenelle
3	Archimède cay	18	Schort
4	Huyghens Mont	19	Purbach
5	Aristarque	20	Ramsaupault
6	Kepler	21	Humboldt
7	Copernic	22	Guttemberg
8	Eratosthène	23	Mädler
9	Grimaldi	24	Hipparque
10	Lalande	25	Tenga
11	Herschel	26	Geminus
12	Gassendi	27	Callipus
13	Ptolémée	28	Aristote
14	Longomontanus	29	Eudoxe
15	Tycho	30	Cassini

NÉBULEUSES OBSERVÉES AU TÉLESCOPE DE LORD ROSSE.
Page 375.

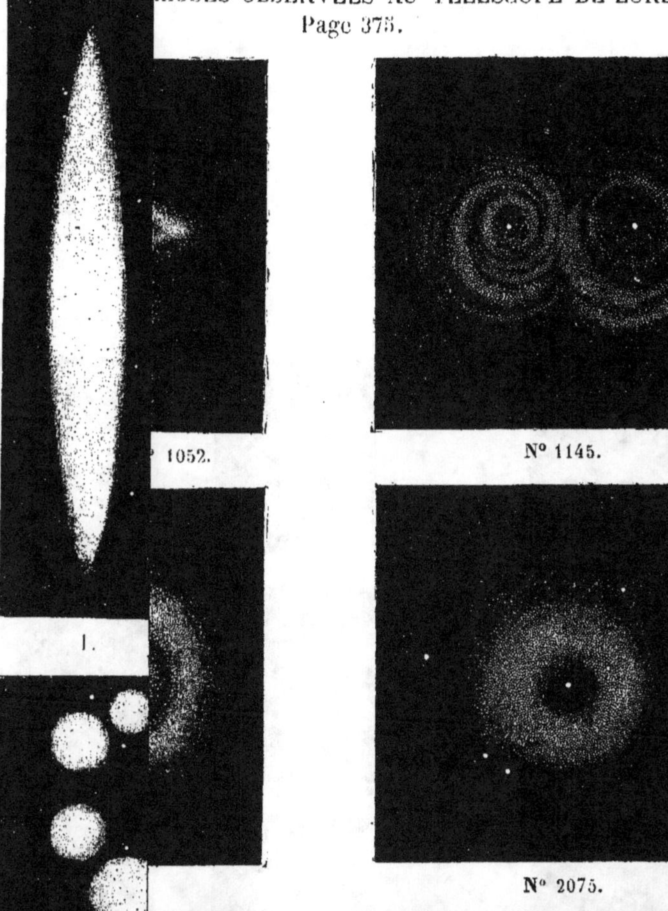

N° 1052.

N° 1145.

1.

N° 2075.

3.

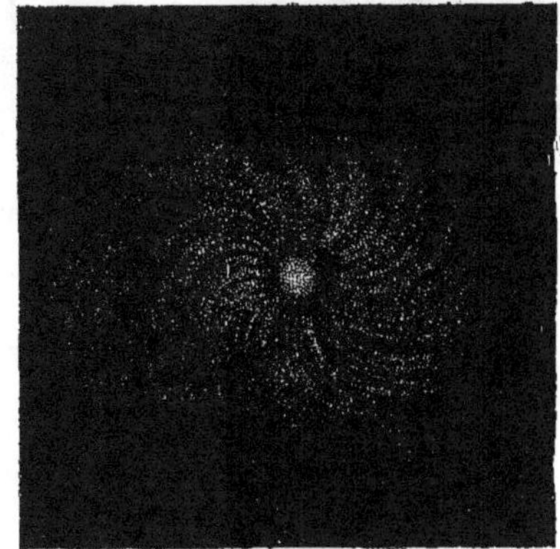

5.

N° 1173.

1.

2.

3.

5.

4.

FORMES DE NÉBULEUSES OBSERVÉES AU TÉLESCOPE DE LORD ROSSE.
Page 375.

Herschell. — N° 1952.

N° 1145.

N° 450.

N° 2075.

N° 2341.

N° 1475.

FORMES APPARENTES DES COMÈTES.

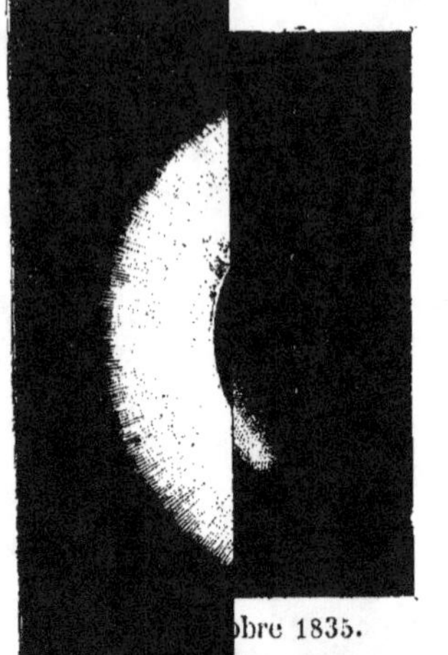

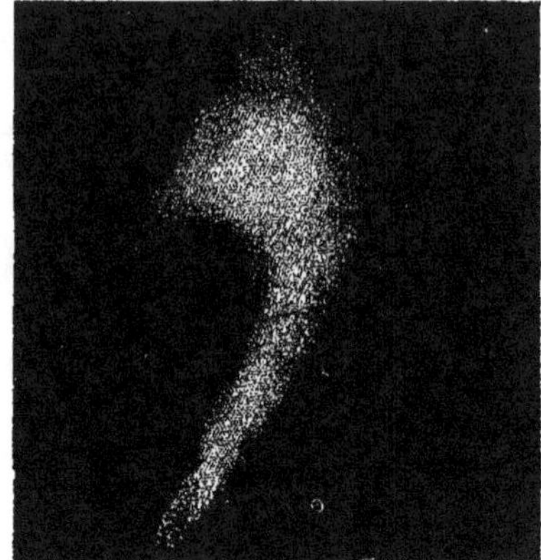

...bre 1835.

3. — De Halley, du 27 janvier 1836.

N° 1. — É

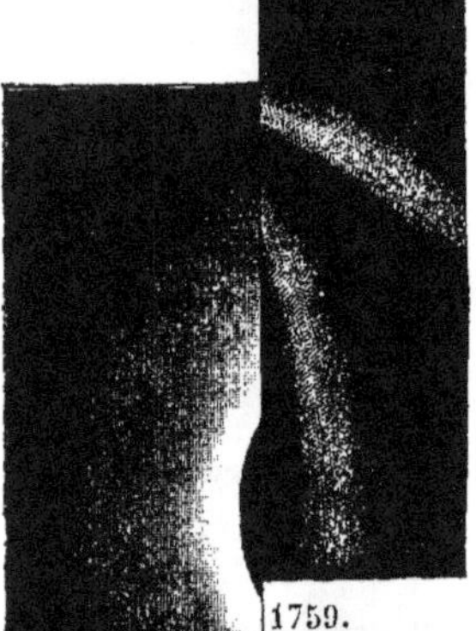

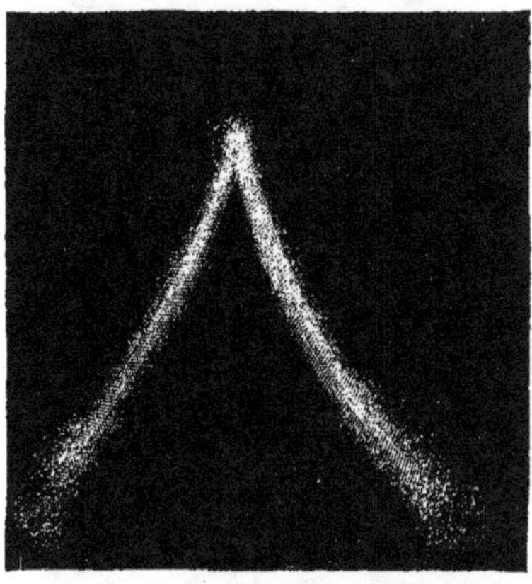

1759.

4. — De 1807, observée par Herschell.

N° 2. — ÉC

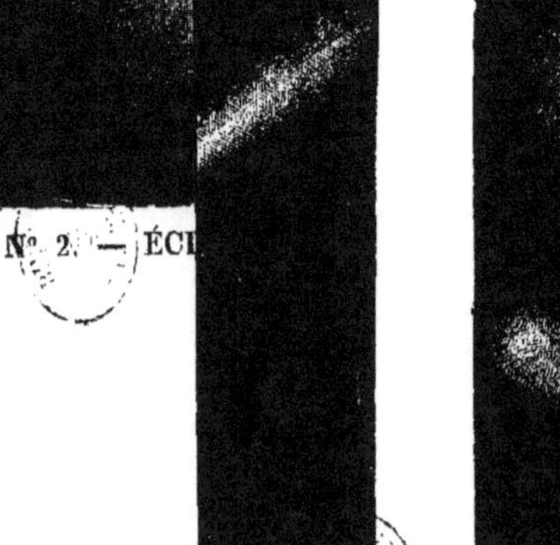

— Enc

6. — De Biéla, 7 février 1846. — Struve.

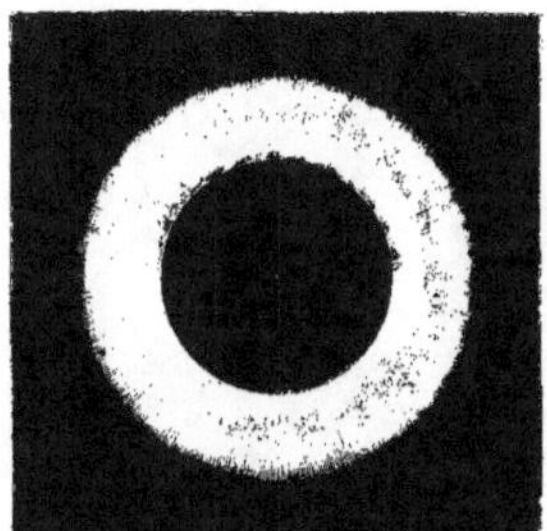

N° 1. — ÉCLIPSE TOTALE DU SOLEIL.

N° 2. — ÉCLIPSE ANNULAIRE DU SOLEIL.

FORMES APPARENTES DES COMÈTES.

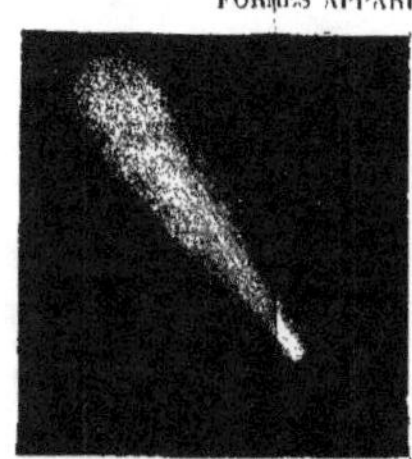

2. — De Halley, 12 octobre 1835.

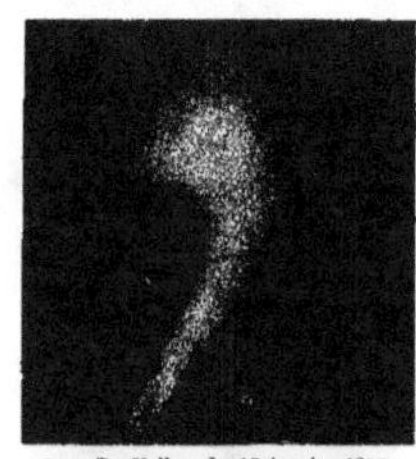

3. — De Halley, du 27 janvier 1836.

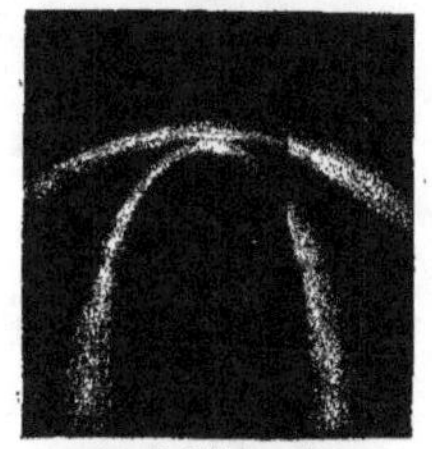

1. — De Halley, en 1759.

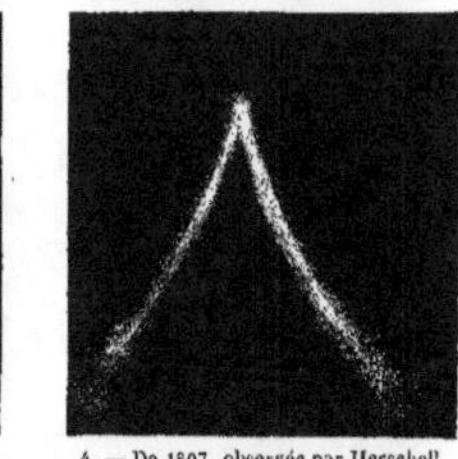

4. — De 1807, observée par Herschell.

5. — Du 31 janvier 1824. — Encke.

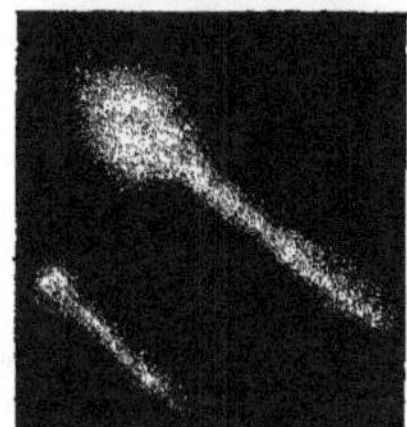

6. — De Biéla, 7 février 1846. — Struve.

www.ingramcontent.com/pod-product-compliance
Lightning Source LLC
LaVergne TN
LVHW010600180726
843502LV00001B/88